圖解建築構造

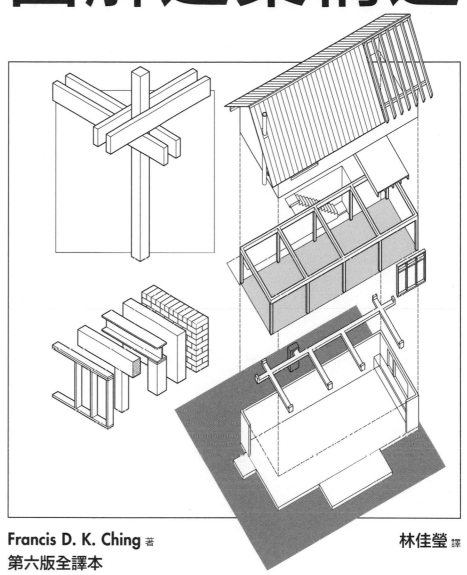

Francis D. K. Ching 著
第六版全譯本

林佳瑩 譯

繁體中文版作者序

　　感謝城邦出版集團易博士出版社，將這本書翻譯並推薦給台灣建築界的學子與專業人士。《圖解建築構造》（第六版）將帶領讀者清楚而直接地認識建築構造對建築物的影響。

　　本書也如同我的其他著作，以圖像做為啟發靈感和闡釋理論概念的工具。非常榮幸能將這樣的專業內容介紹給大眾，我希望這本書不僅僅在於提供知識，更能激勵讀者努力不懈、去追尋更高的成就。

Francis Dai-Kam Ching
西雅圖華盛頓大學榮譽教授
寫於美國華盛頓西雅圖市華盛頓大學

原版序

　　1975年，這本圖文並茂的建築構造指南問世，宗旨是向建築學子和相關建造者介紹如何將建築物豎立起來的基本原則。此書的出版開啟了一扇以「視覺化方法」理解建築設計和建築構造彼此關係的嶄新大門。

　　1991年，第二版將結構鋼、鋼筋混凝土、和帷幕牆納入論述範圍。2001年的第三版，除了保留建築構造的核心原則，亦精進前兩版的圖形格式和編排手法、結合建築結構原理、元素、與系統的深入討論，並且參考美國身心障礙者法案之無障礙執行準則（Americans with Disabilities Act Accessibility Guidelines）和美國施工規範協會（Construction Specifications Institute, CSI）所制定的綱要編碼（MasterFormat™）系統，以便統整工程資訊。

　　2008年出版的第四版大幅修訂內容架構，在第一章提出LEED綠建築評分認證系統（LEED® Green Building Rating System™），書中適用的構造處亦標示出特定的LEED準則供讀者參照；此外，還根據2004年版的CSI綱要編碼系統更新了書中的篇章編碼（section numbers）；並且遵行國際建築規範（International Building Code®）2006年版本的各項要求。2014年出版的第五版除了延續最新版LEED標準，亦併入2016年版的CSI建築施工規範系統，更新燈光科技，以及在建築物中節約能源使用的方法。雖說這些增修內容大多很細微，但加入這些標準，能將建築物帶向智能與永續。

　　本次修訂的第六版和前五版的態度一脈相承，主張應以對環境具有敏感度的方式來計畫和發展建築物與基地，回應基地條件與氣候以減少對主動式環境控制系統與能源的依賴。因此這個版本也會持續參照最新版的LEED準則與2016年版CSI建築施工規範系統，拓展在永續設計與構造議題的討論；並且依照2018年版本的國際建築法規更新修訂；以圖例說明重要的安全坡壩規定，並且介紹大型木構造產品。

　　要在一本書之中涵蓋當今所有的建築材料和建築技術幾乎是天方夜譚，本書的豐富建築知識應該足以因應大多數住宅與商業建築所面臨的種種情形。即使施工技術會隨著新型建材、產品、和標準的制定日新月異，但是建築元素和如何建構系統的基本原理並不會輕易改變。這本圖解指南著重的就是這些基本原理，期許在規劃、設計、和建造建築物的不同階段，都能做為評估和應用新資訊的指引。

　　書中的每一項建築元件、構件、或系統都是以其最終的用途來描述。元件和構件的具體形式、品質、性能和可用程度，均會因為製造商和地域差異而有所不同。因此，重要的不僅是在材料或產品的使用上遵照製造商的建議而已，還必須特別留意建築規範對於規劃之建築物用途與位置的要求。讀者本身也應該就書中資訊的適當性做進一步地確認，並且判斷該資訊是否適用於特定的用途。必要時，請務必諮詢相關的專業人士。

單位轉換

國際單位制（The International System of Units）是國際通用的一貫物理單位系統，分別使用公尺、公斤、秒、安培、克爾文、和燭光做為長度、質量、時間、電流、溫度、發光強度的基本單位。為了加強讀者對國際單位制的理解，全書所涉及的公制（metric）尺寸皆依以下慣例進行轉換：

- 除非特別註明，否則所有括弧中的長度單位都是指公厘。
- 3 英吋以上的尺寸則以 5 公厘的倍數進行最接近的四捨五入。
- 標稱尺寸直接轉換；例如，標稱 2×4 工法可直接轉換為 51×100 公厘，而其實際的尺寸則是1-1／2 英吋×3-1／2英吋，轉換為 38 公厘×90 公厘。
- 請注意 3487 公厘＝ 3.487 公尺
- 所有其他尺寸的公制單位都會特別加以註明。
- 請參考附錄 A.08 ～ A.09 公制換算係數。

推薦序 （依姓名筆劃順序排列）

建築是一門藝術，也是一門技術。技術部分，主要就在建築構造（也就是營造）領域發揮。台灣營造的演進固然隨著時代潮流從磚、石、木、鋼筋混凝土、及至鋼結構，其中除了 1990 年代預鑄工法和模板系統化稍露曙光，一般觀念、工具、工法其實變化不大。

本人從事建築營造超過數十載，接觸各種類型與材料的建築，面對已經完整呈現的建築設計，要進行施工都還是必須仔細規劃方法與流程，並且再製許多細部施工圖，才能將實體呈現於地表上。

這幾年本人負責營造的全鋼筋混凝土曲牆穹體台中國家歌劇院、3D曲面鋼構玻璃帷幕故宮南院、特殊造型中台灣產創研發園區、國內第一棟智慧型醫院員林基督教醫院、全球最高SRC清水混凝土建築富邦文心大樓等，甚至必須再研擬工法、分析、和多次試作。

所有這些過程，若有合適的參考書籍，對從事營造者、或前端的設計者將有莫大助益。欣聞國際圖學大師 Francis D. K. Ching 所著《圖解建築構造》第六版將在國內出版全譯本，這本書涵蓋所有建築從基礎、結構、裝修到機電，以及材料與節能的每一部分，鉅細靡遺地闡述所有項目的組成、分解、方法、流程與步驟，而且採用大量的圖例加以分析與解說，令人一目了然，不僅提供建築設計者做為設計參考手冊，對於營造施工更將是最具價值的經典。

吳春山
麗明營造董事長

在當下多數以創新與概念設計為專業前導時，回頭檢視專業的基本功及整合能力，其實是創新能否永續的基礎，對建築專業而言，紮實地了解從基地分析到材料認識、建築物所有的構成元素及系統運作，並為永續環境設計任務的執行做好準備。

作者以手感表現的方式圖解如何建築，無疑是希望讀者能享受如同繪本般的教科書以為做好建築的根本，唯有根本強固才能在執行創意類的工作時，帶給使用者及更好的未來環境。

張清華
九典聯合建築師事務所
主持建築師

拿到《圖解建築構造》第六版的書稿後，我翻出2000年時在美國購買的　《Building Construction　Illustrated》第三版與其擺在一起，細細回想此書曾對我的幫助，並且思索它對初學建築者和一般非建築專業讀者的意義。這本書確實引發我對構造更深入的認識：

（一）構造之於形式：對初入門的設計者而言，形式的操作往往大於一切，然而，構造如果無法成立，再怎樣絢麗的形式也只能是紙上建築；對非專業者來說，看到「皮層」或「表象」的建築，除了讚嘆之外，應有機會透過對於構造的理解，而「看到」皮層之下的真功夫。

（二）構造之於機能：有些人試著從反面去辯證美國現代建築奠基者——路易・蘇利文（Louis Sullivan）建築師的觀點「Form follows function（形隨機能）」而提出「Function follows form（機能隨形）」，當中難以迴避的一個關鍵是使用者的感受，使用者的感受從建築所表現的各個方面收集而來，像是空間的形狀、尺度、溫度、音場等因素都會影響到人們的感受，同樣的形式可以使用不同的構造去完成，進而帶來截然不同的感受，因此，辨識構造之獨特性是區分機能所必須的。

（三）構造之於細節：無須在此贅述細節之美，建築的世界裡，美麗的細節絕非一蹴可幾，而是　步步精心策劃將每一件手工製品或工業產品，有條不紊地組構成前述兩點所需要的形式與機能，構造便是將這一系列的細節與過程統合在一起的重要學問。

最後，對於本書作者程博士所做的研究，並將其用圖文歸納成建築各個系統的苦心與才識，我佩服到五體投地。如果仔細閱讀本書，會發現雖然當中某些工法、標準、尺寸是美國才會採用，台灣較少使用，但所有的英吋、英呎都加上了公制尺寸的標示，免去讀者動手換算之苦，著實值得稱許；我也對此書的譯者林佳瑩佩服萬分，能夠逐字逐句地將英文版翻譯成中文，造福讀者。此外，台灣的建築施工業界混雜著來自日、美、歐等不同體系的觀念，此書在台灣會比較像是一本參考書，如果是要到美國深造建築、工作，此書就會成為一本不可或缺的入門工具書。

楊恩達

準建築人手札網站
Forgemind ArchiMedia
創辦人、總編輯

吾友嘗言，或許一萬人之中僅有五百人閱讀，但這五百人可能會是真正對社會有影響者。感謝產學經驗均優的林佳瑩老師充滿熱忱地翻譯此一鉅作。翻譯是非常耗費心力的工作，若非對文化傳遞有使命感，是不會輕易嘗試的。

　　Francis D. K. Ching 博士著作等身，他的眾多著作會長銷三、四十年不是沒道理。筆者負笈美國、在美工作時，受惠程博士的著作良多，他親手描繪每一幅圖，連說明文字都出自手寫，令人百看不厭。更令人感動的是，程博士退而不休，持續推廣建築速寫與城市觀察。People watch without seeing, listen without hearing. 或許透過手繪與速寫，我們才能真正打開心眼，看見這大千世界。

　　本書一如程博士的所有著作，深入淺出，涵蓋敷地等各項建築基本議題，每幅插圖都是傑作，堪稱為必要之經典，非常值得收藏。他的用心與台灣建築學會提高建築水準、研究建築學會的宗旨不謀而合。今能共襄盛舉，備感榮幸。

趙夢琳

台灣建築學會
第22屆祕書長

導讀

記得第一次到聯合國世界遺產印尼爪哇島上的婆羅浮屠（Borobudur）參觀，每層逐漸退縮的九層建築塔上有2,670片用石塊雕刻出來的佛教故事。當地朋友告知這就是以前的佛教學校，學生每天若看一張圖學習，七年多方可修成正道成為菩 ，那時就深深佩服在一千多年前就有人將深奧的知識圖畫化，讓學習成為有趣的事情。這也許是因為當時的文盲較多而不得不採用的圖畫教學方法，但現在的學生則不一樣，他們成長在充滿圖像的數位時代，圖像與符號是他們再熟悉不過的語言。

Francis D. K. Ching 教授很有遠見地在40多年前就出版了一系列的圖解建築叢書，特別是這本《圖解建築構造》在現代建築專業教育重設計、輕構築的情況下，透過系統化的圖說將一個個基本的建築概念轉換成一棟實實在在的物質空間，足能彌補這一缺憾。也讓同學憑藉他們熟悉的圖像語言，較輕易地進入建築的構造技術領域，從清楚的步驟中來了解建築的構築工法與施工程序。本書亦配合美國建築師協會（American Institute of Architects）出版的《建築標準圖集》第11版 （Architectural Graphic Standards, 11th Edition）最新的編碼系統，也符合台灣計畫採用的工程發包編碼系統，增加其實用性。

最新的第六版《圖解建築構造》補充了許多這幾年來重要的建築環境議題，像第一章基地篇所探討的建築周邊工程，就以綠建築與永續的概念切入建築對環境與基地的配置影響，提醒建築在基地安排上如何考慮與環境結合，並藉出合理的方位選擇和利用大自然所給予的條件建構出舒適的建築空間。書中也提供了最新版的LEED準則做為減少對主動式環境控制系統與能源依賴的參考。第二、三章的建築物與基礎系統篇，舉例了很多有關建築在各種不同類別的構築方式中要注意的結構因素，將原本艱深的結構力學概念用有條例步驟的圖說逐項解說，清楚易讀，可以有效提高學習興趣。建築原本最重要的就是建築圖，或說是施工圖，知名的建築大師都出版建築圖集，本書提醒著漸漸習慣用文字記錄建築的建築論述**不要忽略圖像的重要性，因為這些建築圖說解釋了很多構築的細部巧思，以及如何克服施工問題的方法**，與密斯・凡德羅（**Mies van der Rohe**）所說的：「上帝存在於細部之中。」互相呼應。

第四到六章則從建築的最基本元素——牆、版、屋頂講起，新書版本增加了很多木構造以外的常用材料構造，像是鋼筋混凝土構造、預鑄混凝土構造、磚石構造、玻璃和鋼構造等，很詳細地介紹了各種的構築工法及其帶來的相關細部處理，像預力混凝土的拉法、鋼筋混凝土的鋼筋接合、屋頂的防水等。先前描述較多的木構造部分仍然保留，近年來許多國家的木構造建築大舉來台爭取業務，2×4的輕木構造與CLT直交式集成板材工法也逐漸在台灣各地被接受使用。然而，台灣一般討論木構造的資料大都是由森林相關科系提供，專業的文字與繁瑣的計算公式並不是建築師所需要的，反而簡潔易懂的圖解才是很好的參考資料，這部分的整理就非本書莫屬了。

第七章進階到台灣比較少人討論的建築控制，提醒讀者建築除了物質因素，也要考慮如何提供舒適的建築物理環境，如何透過開窗、通風、採光、防水、隔熱、保溫、除溼、阻絕蒸氣等來達到適住的室內空間環境，同時減低對能源的依賴與消耗。但由於台灣大部分都是鋼筋混凝土建築，牆體的構成雖與輕木構造不同，達到良好的物理環境卻是不變的原則。第八到十章是門窗、垂直系統樓梯、電梯及衛浴廚房、裝修工程（完成面作業）。很清楚地介紹各項工種的施工工法與步驟，層層解釋其構築細部，並在傳統工法以外介紹其他較新的工種，包括了結構玻璃與安全玻璃的使用，也更強調了裝修材料的防火與無障礙執行準則的重要性。此外，也增加目前因節能而大量被採用的智慧型建築的屋面設計概念。

　　第十一章的機電系統除了冷暖系統、給排水、熱水供應、電力弱電、消防等，還向讀者解釋如何利用最基礎的機電設備來達到空間的環境舒適，並且討論人體的平衡舒適感知，以因應通常人們的使用習慣都會超過身體舒適度，容易造成浪費的情形。本書相信在使用替代能源來回應地球暖化的議題上，建築的構築可以扮演積極的角色。最後的材料篇，介紹了一般建築材料的基本資料，雖然可能有區域尺寸的差別，但材料本質的原則是不變的。

　　「建築」是一種分工的事業，建築師在其中扮演著領導統御的角色，為了更加了解自己設計的房子如何能夠被建造起來，必須深入了解不同的構造系統，不能全數交給營造廠施工就不去管了。因此，建築師需具備建築構造的概念認知，才不會等設計都完成後才討論構造方法，這是極不合理卻是經常發生的順序，建築設計和建築構造應該要同步進行。《圖解建築構造》提供了清楚、高實用性、又有系統的構造圖解，幫助我們快速地搜尋到有效的資料，在做設計的時候就思考該採用什麼樣的構造方式，以及如何將設計具體地構築起來。對正在學習建築的同學們也一樣，可以從中認識如何將建築設計與構造結合的方法，也因此，本書極具學習參考價值，樂於推薦。

彭康健

前總務長
校務工程顧問

目錄

1 基地
The Building Site

建築物不會獨自存在。建築物被認為具備了提供人類居住、支援的用途，同時也回應社會文化、經濟、或政治需求，啟發一連串的人類活動。建築物矗立在自然與人為環境中，雖然建築物的建造一方面有條件上的限制，另一方面卻也提供了發展的契機。因此，我們應該審慎思考基地的涵構對建築物設計規劃和構造的影響。

在相當初期的設計階段，基地的微型氣候、地形、和自然棲息地都會影響設計決策。而為了提高人們居住的舒適度並保存能源與物質資源，適應自然的設計與永續設計特別重視原生地的特質，讓建築物的形式與規劃布局適應風景地貌，並且將太陽的軌跡、風的流動、和基地水文都納入規劃的考量之中。

除了涵構因素，基地還會受到土地使用分區管制的影響。這些法規考量現有的土地利用模式，設計出容許的使用與活動方式，並規範建築物的尺寸、形狀、和座落位置。

就像環境與法規決定建築該座落的位置和發展方式一樣，建築的施工、使用、維護保養也無可避免地與交通系統、公用設施、及其他的服務需求息息相關。我們必須思考的根本問題是，在不超過服務負載量、不消耗太多能源、不造成環境衝擊的前提下，一塊基地究竟可以承受多大的發展量？

唯有透過討論「永續」這個議題，我們才能考量上述涵構對基地與建築設計的影響。

西元1987年，由挪威前總理格羅‧哈萊姆‧布倫特蘭（Gro Harlem Brundtland）領導的聯合國世界環境與發展委員會發表了一份報告——《我們的共同未來》（Our Common Future）。文中將永續發展定義為：能夠滿足當前的需求、且不危害未來世代滿足其需求的發展形式。

在氣候變遷與資源耗減的推波助瀾下，人們對環境問題的意識與日俱增。永續發展成為主宰建築設計產業操作的重要課題。永續議題的規模必然是宏大的，深深牽引著資源管理與社區建立的方式，因此我們需要一個整體性的辦法，不僅考量發展可能引發的社會、經濟、與環境衝擊，也需要規劃者、建築師、建商、建築物所有權人、營建承包商、製造商、以及政府與非政府機構的重視。

為了尋求降低發展造成環境負面衝擊的辦法，永續性強調有效率且適度地運用材料、能源、和空間資源。以永續觀點打造建築物時，不論是從概念發想到建築物的座落、設計、施工、使用、新建築物的養護，或是修復既有建築物和重塑社區與城市時，我們都必須關注因為我們的決策、行為、或任何事件而導致的所有可預期且廣泛的結果。

原則
- 減少資源使用量
- 資源再利用
- 資源回收再利用
- 保護大自然
- 消除有毒物質
- 生命週期成本法的應用
- 重視品質

永續發展的架構
1994年，國際建築與營建研發聯盟（CIB）第十六任務組提出永續發展的三維架構。

資源
- 土地
- 材料
- 水
- 能源
- 生態系統

階段
- 規劃
- 發展
- 設計
- 施工
- 使用與操作
- 維護保養
- 改造
- 解構

1.04 綠建築

綠建築與永續設計這兩個可以互相通用的名詞常來描述以具環境敏感度的方法所設計的建築物。不過,永續性呼籲採用更全面的發展方法,不僅包含綠建築的概念,還涉及更廣泛的社會、倫理和經濟議題,以及建築物群的整體社區環境。綠建築做為永續的核心要素,目標是在基於生態的準則下,有效率地運用資源來打造健康的環境。

LEED®

綠建築設計的指導標準日益增加,像是領先能源與環境設計(LEED®, Leadership in Energy and Environmental Design)綠建築評分認證系統™,提供一系列可量化的準則來推廣環境永續建設。這一套評分認證系統是由美國綠建築協會(United States Green Building Council, USGBC)召集其成員——聯邦政府/州政府/地方各級局處機關、供應商、建築師、工程師、承包商與建築物所有權人共同開發,並不斷因應新資訊和回饋意見來評估改進。這套設計準則一開始只有美國國內採用,但由於LEED準則允許在地與區域的內容跟原始參考標準進行對等轉換,因而至今全球已經有超過135個國家使用。

因應不同的建築物或案件類型,有以下幾種LEED綠建築評分認證系統可以選擇:
• LEED v4 建築物設計與施工標準——新建築與重大增改建
• LEED v4 室內設計與施工——室內空間
• LEED v4 建築物操作與維護——現存建築物進行改造
• LEED v4 社區開發——新土地改善與再造案

每一種評分認證系統中都各自有許多內容的變動,可以因應特定終端使用者的要求,例如建築物核心與外殼開發、學校、零售百貨業、數據中心、倉庫與配送中心、商務旅館業、和醫療保健設施等。

LEED綠建築評分認證系統針對新建築提出九大發展指標。

1. 整合程序
對於在早期設計過程中,有關能源與水資源系統的調查分析給予獎勵。

2. 位置與交通
提倡密集發展,以在現有的發展模式之下保護敏感的基地,在建造新基層建設與硬質景觀時降低材料成本與環境成本;針對私家車使用者推行實際的替代方案,例如建設步道和腳踏車專用道、增進公共交通可及性、並且提供得以接近社區服務與福利設施的管道;提倡使用環保車輛。

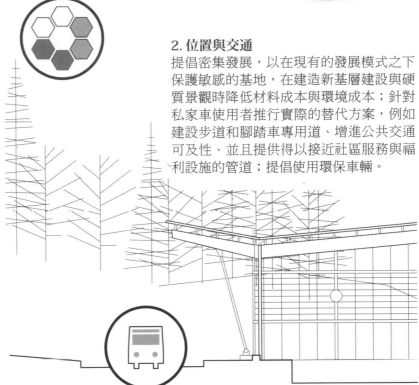

3. 永續基地
鼓勵選擇適當的開發地點、使用低衝擊的開發方法來減少施工污染、保護環境敏感區、恢復遭到破壞的棲息地、尊重基地的天然水文以利管理雨水逕流,並減少熱島效應與光污染。

4. 水資源效率

降低自來水的需求量,並使用省水設備以減少汙水的產生,收集雨水、回收灰水(譯注:輕汙染汙水)做為廁所排泄物沖排使用。結合天然景觀以減少澆灌用水,並採用現地(短距)系統處理當地的廢水。

5. 能源與人氣

藉由降低能源需求量與提高能源使用效率的設計,從整體來考量能源的使用。增加再生、無污染能源的使用,以減少石化燃料對環境與經濟的衝擊;將造成臭氧層消耗與溫室效應的廢氣排放量降到最低。

6. 材料與資源

從材料和產品的生命週期,即從供應鏈生產、使用到回收、廢棄的過程中減少重量、體積、或毒性,將廢棄物的產生最小化;並利用現有材料與建築體,以減少生產與運送新的材料;進行材料回收,減少垃圾進到垃圾掩埋場;研發廢棄物轉製能源的方法,來替代石化能源。

7. 室內環境品質

促進並改善室內空氣品質、增加自然光照射進室內的光量、並且設置可調節的系統,讓使用者能依照使用需求與喜好控制燈光與溫度的舒適度,進而提升使用者的舒適感、生產效率與福祉。減少讓使用者暴露於有害微粒與化學污染物中機會,例如減少使用含有揮發性有機化合物的黏著劑、塗料、與黏著木料時使用的尿素甲醛樹脂。

8. 創新

獎勵超越 LEED 綠建築評分認證系統的標準要求,以及(或者)LEED 綠建築評分認證系統未具體指明,卻能展現其創新特色與永續設計策略的建築物。

9. 區域優先性

鼓勵重視地域特殊性與在地環境優先性的建築物。

英國建築研究環境評估方法之評估項目

BREEAM 英國建築研究環境評估方法

BREEAM英國建築研究環境評估方法（Building Research Establishment Environmental Assessment Method）是由英國建築科學中心（Building Research Establishment, BRE）設立，用來測量與評鑑新市鎮、建築物、大型裝修的永續狀況與環境表現。該機構創立於1990年，是世界上歷史悠久且最被廣泛採用的綠建築評分認證系統之一。除了在歐洲被普遍採用之外，也落實使用於世界各地的構造物。

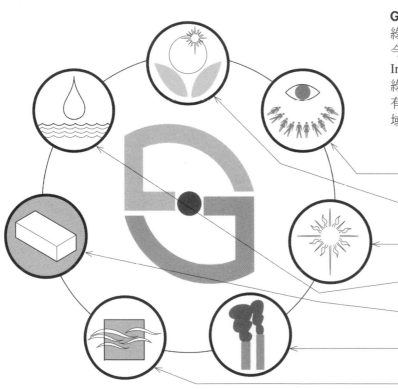

Green Globe 綠色環球認證

綠色環球源於英國建築研究環境評估系統，如今在美國是由綠建築倡議組織（Green Building Initiative, GBI）所管轄；在加拿大則是由加拿大綠建築倡議組織（GB Initiative Canada）全資擁有的非營利子公司。綠色環球系統專注於七大領域的生命週期評估：

- 專案管理：結合設計進程、績效目標與環境管理
- 基地：對生態的衝擊、暴雨水管理、景觀設計、室外光汙染
- 能源：燈光、暖通空調系統與控制、再生能源的測量與驗證
- 水：消耗量、高耗水量應用、處理、備用水源、灌溉
- 材料與資源：建築物組構、再利用、廢棄物、資源保存
- 氣體排放：臭氧消耗潛能值、全球升溫潛能值
- 室內環境：空調、燈光設計和系統、溫度舒適性、聲學舒適性

被動式節能屋

被動式節能屋（德文：Passivhaus，英文：Passive House）是一套在歐洲發展的房屋標準，藉由結合熱回收通風系統（又譯做全熱交換器）的極佳熱性能表現與空間氣密性，提供新鮮空氣以改善室內空氣品質，只會有極低的耗能。其目標是在提供使用者舒適感的同時，僅使用非常少量的能源做為暖氣或冷氣用途。雖然被動式節能這名詞主要用在住宅領域，但其原理也可以應用在商業、工業、和公共建築。

被動式節能屋的標準包括以下兩點：預測設計目標──能源需求量的最大值為每平方公尺120千瓦小時（kWh），即每平方英呎11.1千瓦小時；以及在50帕斯卡（Pa）的氣壓下，空氣滲透率的實際效能目標是每小時不大於換氣量的0.6倍。針對上述空氣滲透率的要求，必須經過嚴謹的構造細節設計，以限制空間裡的空氣滲透情形，也就是能源用量升高的主因。

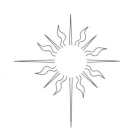

• 改善來自太陽的熱能

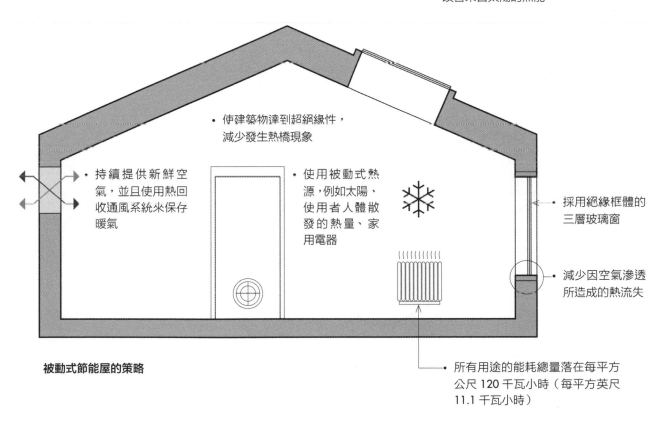

• 使建築物達到超絕緣性，減少發生熱橋現象

• 持續提供新鮮空氣，並且使用熱回收通風系統來保存暖氣

• 使用被動式熱源，例如太陽、使用者人體散發的熱量、家用電器

• 採用絕緣框體的三層玻璃窗

• 減少因空氣滲透所造成的熱流失

被動式節能屋的策略

• 所有用途的能耗總量落在每平方公尺 120 千瓦小時（每平方英尺 11.1 千瓦小時）

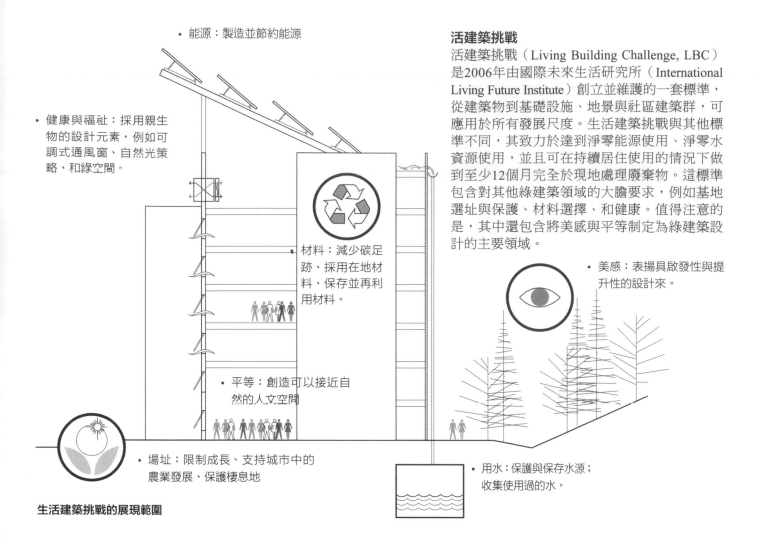

- 能源：製造並節約能源
- 健康與福祉：採用親生物的設計元素，例如可調式通風窗、自然光策略、和綠空間。
- 材料：減少碳足跡、採用在地材料、保存並再利用材料。
- 平等：創造可以接近自然的人文空間
- 場址：限制成長、支持城市中的農業發展、保護棲息地
- 美感：表揚具啟發性與提升性的設計來。
- 用水：保護與保存水源；收集使用過的水。

生活建築挑戰的展現範圍

活建築挑戰

活建築挑戰（Living Building Challenge, LBC）是2006年由國際未來生活研究所（International Living Future Institute）創立並維護的一套標準，從建築物到基礎設施、地景與社區建築群，可應用於所有發展尺度。生活建築挑戰與其他標準不同，其致力於達到淨零能源使用、淨零水資源使用，並且可在持續居住使用的情況下做到至少12個月完全於現地處理廢棄物。這標準包含對其他綠建築領域的大膽要求，例如基地選址與保護、材料選擇、和健康。值得注意的是，其中還包含將美感與平等制定為綠建築設計的主要領域。

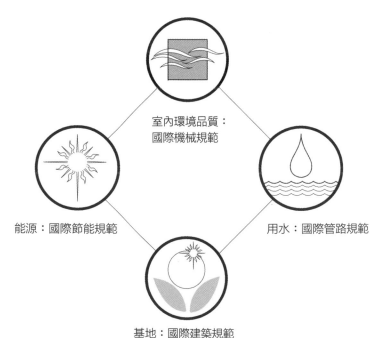

- 室內環境品質：國際機械規範
- 能源：國際節能規範
- 用水：國際管路規範
- 基地：國際建築規範

國際建築規範

國際建築規範（International Building Code, IBC）是由國際規範委員會開發、發表與維護管理的綜合模式規範；美國絕大多數轄區都以國際建築規範做為其管轄的基礎依據。國際建築規範及其相關規範涵蓋廣泛的綠建築條款，包括國際節能規範中對節約能源的要求、國際機械規範中對於通風的要求、國際管路規範中對於水資源保護的要求。

在2010年，國際規範委員會與美國建築師學會、美國綠建築協會、美國供暖製冷與空調工程師學會、照明工程學會、以及美國材料與試驗協會合作發表國際綠建築規範。國際綠建築規範的內容兼具國際規範委員會的所有建築規範，並期望對於商用與住宅建築物的永續建設都能有所助益。

在以合乎規定方式建造的建築物裡面，居住或工作者會有舒適的感受，但建築物如果因為地震、洪水、野火、或是一些災害而變得無法使用，討論能源效率也就沒什麼意義。這樣的災害發生可能性使得抗災能力設計成為廣泛討論的領域，抗災設計研究所（Resilient Design Institute）將抗災設計（編按：又稱為韌性設計）定義為「因應自然與人為的災害與干擾──以及氣候變遷造成的長期改變──包含海平面上升、更加頻繁的熱浪、與區域性的乾旱，而對建築物、景觀、社區與區域環境所進行的刻意設計」。抗災設計的目標是使建築物的設計、施工、修復有能力處理自然災害，同時在長期喪失能源與熱能的情況下仍然可以保持建築物的可居住性。

抗災設計的原理與策略不僅可以應用於建築物，也適用於社區與區域環境。我們還要認識到，災害與干擾會因為當地狀況而所不同。舉例來說，疾風與洪水可能盛行於某一地區；暴風雪或劇烈溫差變化則可能是另一地區很大的潛在問題。再到其他地區，地震活動可能是最主要的顧慮。

永續設計與抗災設計的原則與策略或許有時候不太一致，但仍有許多重疊的部分。

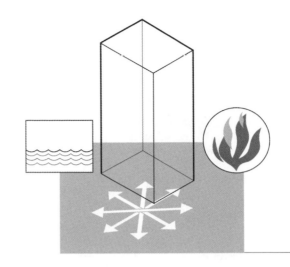

- 提供人類基本需求，例如自來水、安全的空氣、居民健康、與食物，並且要公平分配。
- 電力、用水、交通設施這類需求應依賴多樣、備用的系統。
- 暖氣或冷氣加強使用被動式系統。
- 使用簡單且彈性的系統，而不是操作複雜且需要不斷養護的系統。
- 在設計回應潛在干擾的策略時，必須具有精確的在地性。
- 耐久與穩固的設計與施工，使建築物能夠抵抗可能的災害和長時間損耗。
- 將建築物設計成能夠隨著時間推移，去適應新的用途或複合用途。

抗災設計

- 建造能源與用水能夠自主使用的建築物。
- 使用在地取材、再生、回收的材料或產品。
- 聘用當地的專業技術人員。

- 減少能源需求量並增加能源使用效率。
- 增加再生、無汙染的能源來源。
- 減少自來水和汙水處理的需求。
- 針對私家車的使用提供實際的替代方案。
- 復育整治生物棲息地與棕地（編按：指被棄置的工業或商業用地，受汙染但可以重複使用，需要適當地清理），並且保護環境較為敏感的區域。
- 尊重基地的自然水文。
- 在既有的發展紋理之下提倡緊密式開發。
- 改善室內空氣品質、盡可能增加室內的自然光照，並且設置由使用者自行控制照明與溫度舒適度的系統。

永續設計

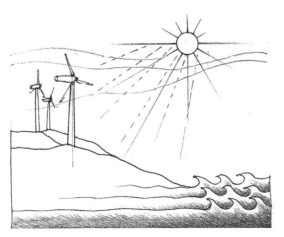

1.10 2030年的挑戰

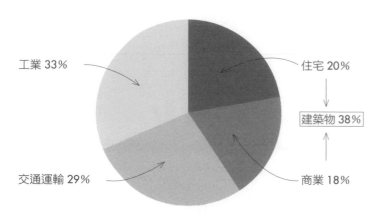

工業 33%

住宅 20%

建築物 38%

商業 18%

交通運輸 29%

美國能源使用量（依不同的類別分述）
資料來源：美國能源部 2017 年年度能源報告

建築2030是一個提倡「在建築與規劃領域中提供資訊與創新解決方案，致力處理全球氣候變遷問題」的團體。此團體的創始人——新墨西哥州的建築師愛德華·馬茲里亞（Edward Mazria）從美國能源資訊局提供的資料中指出，建築物消耗了一半以上的美國能源，而且年年都在排放全球性的溫室氣體。馬茲里亞認為，實際的數據更甚於此。

建築物消耗能源的主因並不在於材料的生產製造過程或施工過程，反而是在建築物的運作過程中，像是供暖、冷卻、照明等。這表示，如果想減少建築物在生命週期內運作的能源消耗和溫室氣體排放，適當的設計、基地選址、建築物塑形、兼蓄天然熱能、冷能、通風與自然採光的策略均不可或缺。

2030年的挑戰由建築2030所於2006年提出，該團體倡導所有新建築與新開發計畫都應該以一般石化燃料消耗量的一半來設計，而既有建築地區也應該更新成相似的能源消耗標準。建築2030更進一步提倡石化燃料用量減少的標準：從2015年減少70%的用量、2020年減少80%的用量、2025年減至90%，到了2030年，所有的新建築物都應該要能達到零排碳量的程度（也就是必須使用不消耗石化燃料且零溫室氣排放的建造和運作方式）。

要降低建築物對製造溫室氣體的石化燃料的需求，有兩種做法。消極的做法是在設計、選址、決定建築座向時就同步考量基地的氣候情況，並且應用被動式冷卻、供熱技術來降低整體的能源需求。積極的做法則是加強建築物獲取或生產在地豐富的再生能源（如太陽能、風力、地熱能、低環境衝擊性水力、生質能、生物沼氣）的能力。但即便目標是在節約能源和製造再生能源之間努力維持適當、又有成本效益的平衡點，不管使用再生能源與否，第一步都是必須減少能源的使用量。

3. 一部分被地表釋放的長波紅外線會經過大氣層，一部分則被大氣中的溫室氣體分子和水蒸氣所吸收，並且放射狀地再釋放到各個方向。

4. 這些往地表放射的紅外線輻射能就是所謂的「溫室效應」，高度較低的大氣層與地表的溫度因此上升。

2. 被吸收的能量以長波紅外線的形式從地球表面釋放出來。

1. 部分進入地球大氣層的太陽輻射能被地球與氣體反射回到太空中，但絕大多數的輻射都被地球表面與大氣層內的氣體吸收，使地球變得溫暖。

氣候變遷和溫室效應
溫室氣體如二氧化碳、甲烷、氧化亞氮被排放至空氣中。其中二氧化碳占美國溫室氣體總量中的最大比例，而石化燃料的燃燒則是二氧化碳的主要來源。

譯注

1. 地役權（easement）：藉由他人的土地，提供自己土地通行、汲水、採光、眺望、裝設電信設備、或其他特定便利用途為目的之權利。

基地分析是指調查涵構有何影響力的過程，影響的層面包括建築物在該基地上的座落方式、空間平面該如何規劃、如何決定空間的方向、如何形塑與連結所圍塑的空間、以及如何建立基地與環境地貌的關係等。所有的基地調查都是從收集物理性資料著手進行。

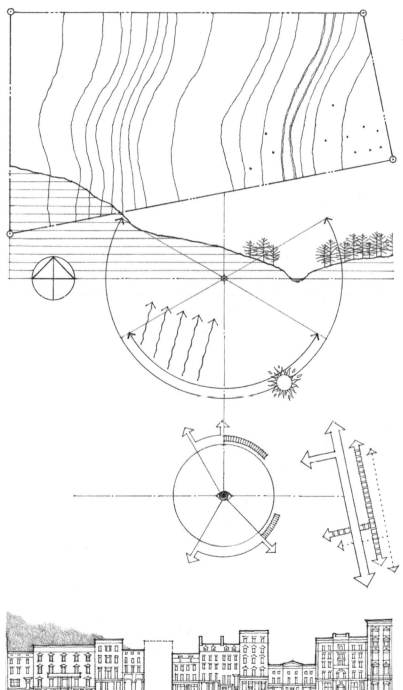

- 依據法定地界線畫出基地的區域與形狀。
- 指出建築退縮深度的要求、既有的地役權[1]和路權。
- 估算建築方案的面積與容積、基地環境舒適度，若有需要則計算未來的擴展性。

- 分析地面坡度、底土狀態，並依據資料決定哪個區域適合建設施工、哪個區域適合建造成為戶外活動區。
- 確認是否位在不適合開發的斜坡與緩坡的區域上。
- 如果適合開發，定位出排水良好的土壤區域。
- 繪製出既有的排水樣式。（LEED永續基地認證4：雨水管理）
- 確認地下水位的海拔高度。
- 確認是否位在容易遭受過大的逕流量或洪水侵襲、或沖蝕的區域。

- 記錄既有的樹木和需要保護的原生植物。
- 將需要保護的既有水文特徵製成圖表，如溼地、溪流、分水嶺、洪泛平原、或海岸線。（LEED永續基地認證2：基地開發——棲息地的保護或修復）

- 以地圖方式繪製氣候概況：太陽軌跡、盛行風向、和預估降雨量。
- 考量地貌和相鄰結構在取得日照、盛行風向、以及會不會造成眩光的各種影響。
- 評估日射量，視為潛在能源。

- 決定通往公路與公車站的可能交通節點。（LEED基地地理位置與交通認證5：優質公共運輸可及性）
- 研究從這些可能的交通節點到建築物入口的行人路徑與車行動線。
- 確認建築設備系統是否可導入使用：例如給供水總管、衛生下水道、雨水下水道、瓦斯管線、電力管路、電話線與電信線、和消防栓等。
- 確定與其他市政服務的聯繫管道，例如警政系統與消防保護系統。

- 確認是否有怡人的景色、或令人不悅的景觀。
- 指出交通壅塞和噪音的來源。
- 評估基地的土地使用與鄰地是否協調。
- 以地圖方式繪製出需要保留的文化與歷史資源。
- 考量現有鄰近區域的尺度與特色是否會影響建築物的設計。
- 以地圖方式繪製出鄰近的公共空間、商業空間、醫療院所、和娛樂設施。（LEED位置與交通認證1：社區開發地理位置的LEED認證 & LEED位置與交通認證4：基地周圍密度與多功能使用）

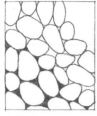
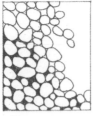

• 礫石　　　　• 砂　　　　• 泥土

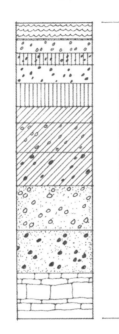

土壤分為兩大類——粗粒土壤與細粒土壤。粗粒土壤包括礫石與砂，由肉眼可見的顆粒組成；細粒土壤包括泥土與黏土，由更細的顆粒組成。美國材料與試驗協會（The American Society for Testing and Materials, ASTM）在土壤統一分類法（Unified Soil Classification）中，進一步地依據物理成分與性質將礫石、砂、泥土、與黏土做更細部的土壤分類，如本頁下表。

建築基地底下的土壤實際上包含了許多不同的土壤層，每一層土壤都是經風化或分解作用形成的混合型土壤層。為了描述這種連續的土壤層（或稱之為水平線的地層），大地工程師透過試驗井或鑽探方式收集土壤資料，以土壤垂直剖面圖的方式繪製出從地表到最裡層的物質。

建築結構的整體性最終取決於基礎下方土壤或岩盤的穩定性與強度來決定。土床的層理、組成、以及密度、粒質粗細變化、地下水的出現或消失，都關係著該土壤層是否適合做為建築基礎。在設計單戶家庭住宅以外的任何建築案種時，建議可延請大地工程師先進行地質調查。

地下調查作業（依據美國施工規範協會綱要編碼 CSI Master Format™ 02 32 00）需開鑿三公尺深的試驗井、或以更深的鑽探方式進行土壤分析與試驗，以取得土壤的結構、抗剪性能和抗壓強度、含水量、滲透率、承受載重的程度、和硬化程度等資料。大地工程師可以從這些資料中計算出基地土壤承受載重時，在提議的基礎系統中會出現怎樣可預期且不一致的沉降表現。

土壤分類 *		符號	描述	推定承載 †		冰凍作用的膨脹度	滲透率和排水力
				磅／平方英呎（psf）‡	千帕（kPa）		
礫石 6.4～76.2 公厘（mm）	淨礫石	GW	高級礫石	10,000	479	無	優良
		GP	次級礫石	10,000	479	無	優良
	礫石和細粉	GM	淤泥礫石	5,000	239	低度	差
		GC	黏土礫石	4,000	192	低度	差
砂 0.05～6.4 公厘（mm）	淨砂層	SW	高級砂	7,500	359	無	優良
		SP	次級砂	6,000	287	無	優良
	砂與細粉	SM	淤泥砂	4,000	192	低度	良
		SC	黏土砂	4,000	192	中度	差
淤泥 0.002～0.05 公厘（mm）	LL>50 §	ML	無機淤泥	2,000	96	非常高度	差
		CL	無機黏土	2,000	96	中度	不透水
& 黏土 <0.002 公厘（mm）	LL<50 §	OL	有機淤泥黏土			非常弱	高度	不透水
		MH	彈性無機淤泥	2,000	96	非常高度	差
		CH	塑形無機黏土	2,000	96	中度	不透水
		OH	有機黏土與淤泥			非常弱	中度	不透水
高有機土		Pt	泥炭土			不適用	低度	差

* 依據美國材料與試驗協會土壤統一分類法（ASTM Unified Soil Classification System）
† 經諮詢大地工程師與建築法規得到的可容許承載力預估值。
‡ 1 磅／平方英呎 = 0.0479 千帕（kPa）
§ 含水量限制（LL = liquid limit），土質由乾燥固體到液體狀態所需的水含量。

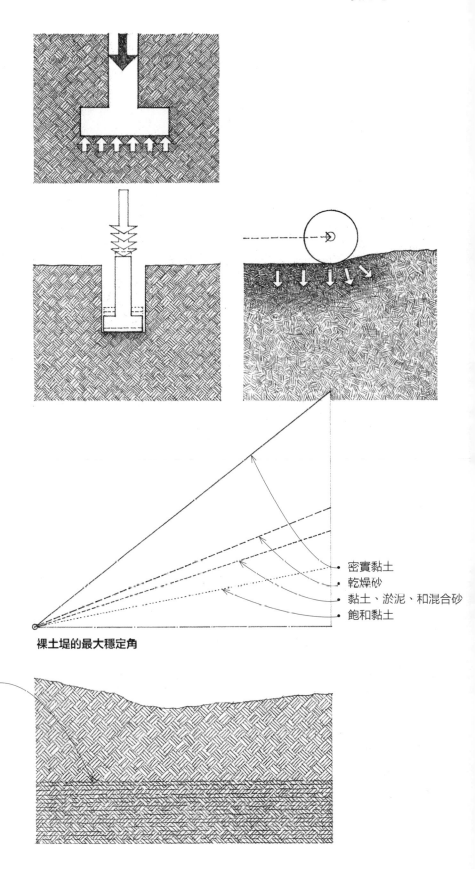

土壤的可容許承載力,是指土壤能夠承受來自基礎的垂直方向或側向的單位壓力最大值。在缺乏土質調查與試驗的情況下,建築法規可能僅允許應用土壤分類中某些較保守的承載數據。如果高承載力的土壤出現問題,低承載力土壤也許能夠支配特定的基地類型和載重分配樣式,最終也影響建築物的形式和配置。

密度是決定粒狀土壤承重能力的重要因素。標準貫入試驗在量測鑽孔底部的顆粒土壤密度與某些黏土的黏稠度時,會記錄下夯錘推進土壤取樣器的撞擊次數。在某些情況下,以輾壓、搗實、或浸漬等夯實手段達到最佳含水量,也能夠增加底土的密度。

粗粒土壤的空洞孔隙較小,比起淤泥或黏土,是較為穩定的基礎材料。而黏土土壤因為在溼度改變時收縮或隆起的變動幅度相當大,所以特別不穩定。這種不穩定的土壤在基地分析時即被認定為不適合建造的區域,除非有精密的工程技術和造價昂貴的基礎系統,才有可能在這類土壤上建造。

土壤的抗剪強度是指當外力來襲時,土壤的內聚力與內部摩擦力總合而成可抵抗位移的力學度量。在斜坡和平地開挖時,無圍束的土壤比較容易發生側向移動。但像黏土之類的黏性土壤,在無圍束的情況下也仍然保有強度;而顆粒土壤如礫石、砂、或某些類型的淤泥,則需要側向圍束才能抵抗剪力,並且形成較緩和的穩定角。

地下水位以下的土壤層中飽含了地下水。有些建築基地很容易受到季節性水位漲落的影響。其實,任何一種形態的地下水都必須從基礎系統中排乾,以避免降低土壤承載力,並且減少地下水滲入地下室的可能。粗粒土壤比細粒土壤更容易滲透與排出水分,因此也比較不容易發生凍結的情形。

密實黏土
乾燥砂
黏土、淤泥、和混合砂
飽和黏土

裸土堤的最大穩定角

1.14 地形

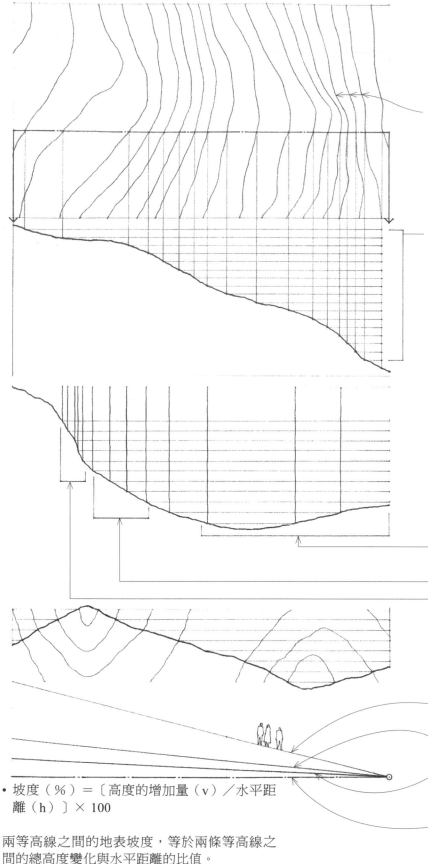

地形是指一塊土地的地表輪廓特徵。地形會影響基地的建造方式和建築物的位置。我們可以利用一系列的地形剖面圖或有等高線的基地圖，來研究建築設計該如何回應基地的地形。

等高線是根據資料和基準點，將相同海拔高度的點連接而成的虛構線。每一條等高線的軌跡都顯示出該海拔位置上的陸地組成形狀。需留意等高線是連續且不重疊的，只有當地形呈垂直狀態時（如懸崖），等高線才會在平面圖上匯合重疊在一處。

地形圖或基地圖上等高線間的間距代表著任意兩條相鄰等高線在高度上的不同。其間距會因為圖面的比例尺、基地的尺寸、或地形的自然形態而有所不同。面積愈大與坡度愈陡峭的基地，等高線間的實際距離愈大。此種基地可以採用20英呎或40英呎（5或10公尺）的間距。面積較小的緩坡基地則可依實際需要採用1英呎、2英呎、或5英呎（0.5或1公尺）的間距。

透過閱讀等高線的水平間距和形狀，我們能辨別出基地的地形特質。

- 寬鬆的等高線間距顯示出坡度相對較平緩的地表。
- 平均的等高線間距代表固定的坡度。
- 緊密的等高線間距顯示地表坡度急劇上升。
- 如果等高線的形狀指向較低海拔，則顯示出山脊；形狀指向較高的海拔，則顯示出山谷。

- 地表坡度超過25％，表示此地容易受到沖刷侵蝕，建築物很難立於上方。
- 地表坡度超過10％，表示此地的戶外活動會受限制，造價也會比較昂貴。
- 地表坡度介於5％～10％之間，表示此地可以進行非正式的戶外活動，在建造上並不困難。
- 地表坡度在5％以內，表示此地可以進行絕大多數的戶外活動，相對來說也最容易建造建築物。

- 坡度（％）＝〔高度的增加量（v）／水平距離（h）〕× 100

兩等高線之間的地表坡度，等於兩條等高線之間的總高度變化與水平距離的比值。

基於美觀、經濟、和生態考量，基地開發的一般目標都是對既有的地貌與特徵做最小程度的干擾，並且善用基地的天然坡度與微氣候的優點。

- 基地的開發與施工應該盡可能地減少對基地和鄰地自然排水紋理的干擾。
- 在地形改造時，要預留地表排水系統和地下排水系統。
- 試著在建造基礎和開發基地時，讓基地所需的開挖量與回填量達到平衡。
- 避免讓建築物座落在易受沖蝕、或有滑動危險的陡峭斜坡上。
- 溼地與野生動植物的棲息地可能需要保護，並且限制其中的基地可建面積。
- 位在洪泛平原或鄰近沖積平原的建築物限制，需特別留意。

- 利用桿柱或墩柱將結構架高，可減少對自然地形和植被現況的干擾。
- 沿著斜坡施作台階結構或階梯式結構時，需進行開挖，並使用擋土牆或梯田化。
- 將結構置入斜坡中或部分埋入地底，能夠減輕劇烈溫差造成的影響，並降低在寒冷氣候中受風吹和熱損失的程度。

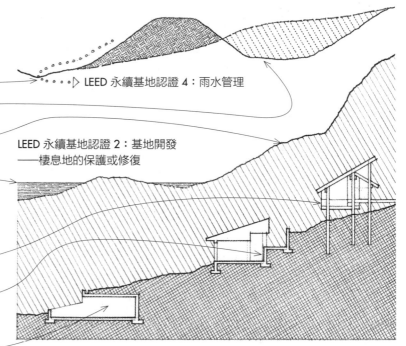

▷ LEED 永續基地認證 4：雨水管理

LEED 永續基地認證 2：基地開發
——棲息地的保護或修復

- 大氣的溫度會因海拔升高而降低——每上升 400 英呎約下降華氏溫度 1 度（°F）〔每上升 122 公尺約下降攝氏溫度 0.56 度（°C）〕。

- 熱空氣上升
- 較重的冷空氣下沉到低窪的區域

基地的微氣候受到基地的標高、地形的本質與方位、以及水文的影響。

- 太陽輻射使得朝南的坡度較為溫暖，形成溫度帶。
- 白天的微風取代陸地的溫暖上升氣流，可達到華氏10度（10°F）或攝氏5.6度（5.6°C）的冷卻效果。
- 草地和其他土壤植被透過吸收太陽輻射來降低地表溫度，蒸發作用亦可加強冷卻效果。
- 硬質表面會使地面的溫度升高。
- 淺色系的物體表面會反射太陽輻射；深色系的物體表面則會吸收並保留輻射能。

大面積水域
- 可做為熱能的儲存庫並調和當地氣溫；
- 白天時通常會比陸地還要涼爽，夜間則比陸地溫暖，並產生離岸微風。
- 冬季通常會比陸地溫暖，夏季時則比陸地涼爽。
- 水分蒸發能形成冷卻效果，因此在乾熱氣候中，即便再小的水域在心理和生理層面都是十分讓人嚮往的。

LEED 永續基地認證 5：減少熱島效應

美國施工規範協會綱要編碼 31 10 00：基地清理
美國施工規範協會綱要編碼 31 20 00：土方移除
美國施工規範協會綱要編碼 32 70 00：溼地

植物具有節省能源、構成景觀或遮蔽視線、減少噪音、減緩沖刷現象、以及在視覺上將建築物與基地連結在一起等功能，同時提供了美學和機能的優點。景觀設計時，選用植物材料的考量因素如下：

- 樹木的結構與形狀
- 季節性的葉片密度、紋理、和顏色
- 生長速度或速率
- 樹木成熟時的高度和葉片覆蓋率
- 對土壤、水、日照、和溫度範圍的要求
- 樹根結構的深度與廣度

- 樹木與其他植物的生長形態如何適應該地氣候。

LEED 永續基地認證 4：雨水管理
LEED 永續基地認證 5：減少熱島效應
LEED 用水效率認證 1：減少室外用水

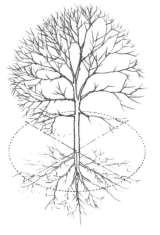

- 基地上既有的健康樹木與原生植物應盡可能地保留下來。在施工過程中、以及基地坡度有所改變時，既有的樹木應該以相當於樹冠直徑的範圍加以圍護。樹木的根部系統如果種得太靠近建築物，可能會干擾到建築物的基礎系統。根部結構也可能會妨礙建築物的地下管線配布。
- 為了讓植物順利生長，土壤必須能吸收水分、供應適當的養分、具備通氣能力、並且避免鹽分集中。

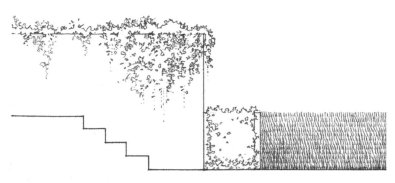

草地和其他地表植被：
- 可透過吸收太陽輻射來降溫，並透過蒸發作用來促進空氣冷卻。
- 有助於穩定土堤和避免沖蝕。
- 增加空氣和水對土壤的滲透率。
- 藤蔓植物透過提供遮蔭和蒸發作用使周遭環境冷卻，減少受日照牆面的熱能傳導。

美國施工規範協會綱要編碼 32 90 00：植栽

樹木影響建築物周遭環境的方式包括右列項目：

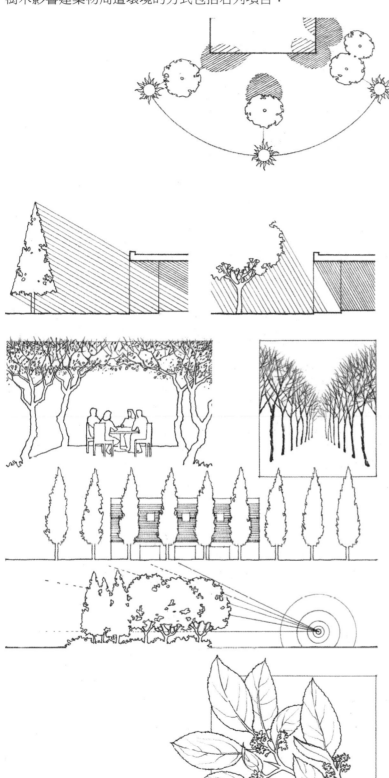

提供遮蔭

樹木能夠阻絕或過濾掉太陽輻射的程度多寡取決於下列因素：
• 面向太陽的方位
• 靠近建築物或靠近戶外空間
• 形狀、覆蓋範圍、和高度
• 樹葉的密度和樹枝結構

• 樹木陰影遮蔽建築物或戶外空間最有效率的時段分別是早晨、樹木位在建築物東南方時，以及黃昏、樹木位在建築物西南方時，太陽高度較低，使樹木形成長陰影。
• 中午時分的太陽位置較高、樹木形成短陰影時，向南的懸挑可提供較有效的遮陽效果。
• 落葉林在夏季可提供遮蔭和避免眩光，在冬季時則能讓太陽輻射穿過樹枝結構。
• 常綠林除了提供一年四季的遮蔽效果，也能緩和冬季下雪時引發的眩光情形。

做為防風林
• 常綠林能形成有效的防風林，並且在冬季時減少建築物的熱損失。
• 葉片能減少風帶來的砂粒和塵埃。

定義空間
• 樹木可以形塑戶外空間的活動方式與動線。

引導或遮蔽景觀
• 樹木能框架出怡人的景觀。
• 樹木能遮蔽掉令人不悅的景觀，並且在戶外空間提供隱私性。

減弱噪音
• 落葉林和常綠林的組合能夠發揮阻隔與減弱空氣傳音的最佳效率，若能再搭配土丘，效果更佳。

改善空氣品質
• 樹木透過樹葉來捕捉空氣中的懸浮粒子，再經由雨水沖洗讓懸浮粒子落至地面。
• 樹葉也能夠吸收氣體的、和其他的汙染物質。
• 光合作用可代謝掉有害的氣體和其他氣味。

穩定土壤
• 樹根結構有助於穩定土讓，促進土壤對水和空氣的滲透率，並且避免沖刷侵蝕。

1.18 太陽輻射

建築物的位置、形式、座向、和空間都應善用日照在熱、衛生、和心理等面向上的優點。不過，太陽輻射並非都是有益的，它的好壞會取決於基地所在的緯度與氣候。在規劃建築物時，設計的目標應該是，在太陽輻射有利的低溫時期、和太陽輻射不利的高溫時期之間取得平衡。

太陽在天空中的運行軌跡會隨著季節和建築基地的緯度而改變。特定基地的太陽角度範圍可以從氣候年曆或相關服務單位取得資訊，建築設計時，再計算可取得的太陽熱能與遮蔭需求。

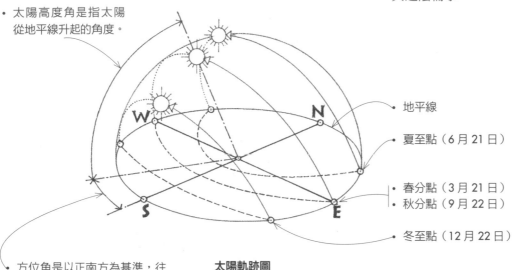

- 太陽高度角是指太陽從地平線升起的角度。

- 地平線
- 夏至點（6月21日）
- 春分點（3月21日）
- 秋分點（9月22日）
- 冬至點（12月22日）

太陽軌跡圖

- 方位角是以正南方為基準，往順時針方向水平偏移的角度。

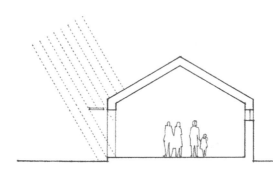

代表都市的太陽角度

北緯	代表都市	正午時的太陽高度角		日出和日落時的太陽方位角	
		12月22日	3月21日／9月22日	2月22日	6月21日
48°	西雅圖（Seattle）	18°	42°	54°	124°
44°	多倫多（Toronto）	22°	46°	56°	122°
40°	丹佛 （Denver）	26°	50°	58°	120°
36°	塔爾薩（Tulsa）	30°	54°	60°	118°
32°	鳳凰城（Phoenix）	34°	58°	62°	116°

* 日出時的方位角為南偏東方，日落時的方位角為南偏西方。

以下是針對不同氣候區內獨棟建築物的形式和座向的建議。這些資訊應該與其他有關涵構和計畫性的需求一併考量。

寒帶
使建築物的表面積最小化，減少暴露在低溫之中。
- 讓太陽輻射吸收最大化
- 減少因輻射、傳導、和蒸發所造成的熱損失
- 提供防風保護

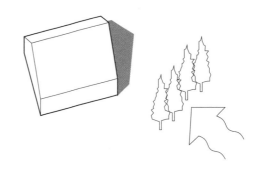

溫帶
將建築物往東西向延伸，使向南的牆面面積最大化。
- 盡量減少東、西向曝曬。因為與向南的建築物相比，面朝東、西向通常會有夏季更熱、冬季更冷的情形。
- 基於不同的季節性，透過陰影的屏障來平衡來自太陽的熱獲得。
- 炎熱的時候促進空氣流動，寒冷時則防止風吹進屋內。

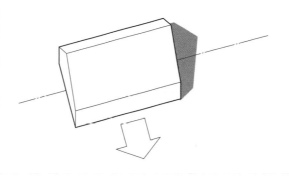

炎熱乾旱帶
建築物應該設計成有天井空間的形式。
- 減少來自太陽與傳導的熱獲得。
- 利用水文和植物的蒸發作用來促進冷卻。
- 設置窗戶和戶外空間的遮陽措施。

炎熱潮溼帶
建築物往東西向延伸，盡量減少正東面與正西面的曝曬。
- 減少來自太陽熱的熱獲得。
- 透過風的蒸發作用來促進冷卻。
- 設置窗戶和戶外空間的遮陽措施。

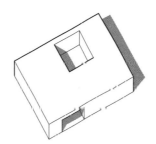

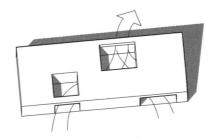

LEED 能源與大氣認證 2：能源性能最佳化

1.20 被動式太陽能設計

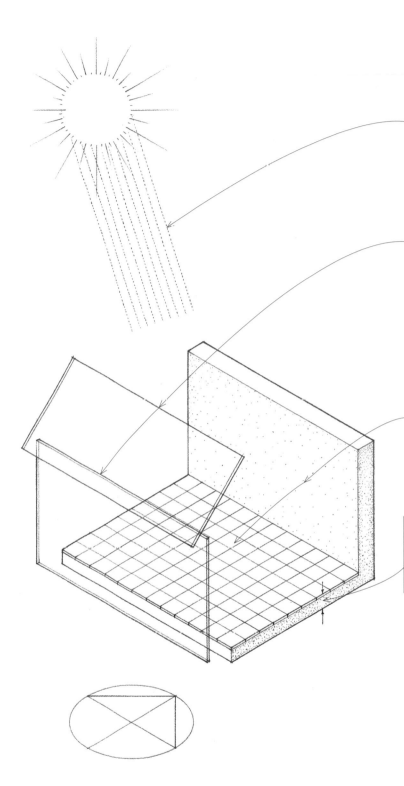

被動式太陽能是指以太陽能來溫暖室內空間,而不使用會消耗額外能源的機械裝置。被動式太陽能系統靠著傳導、對流、和輻射等自然的熱傳遞過程,來收集、儲存、分配、與控制太陽能。

• 太陽常數是太陽輻射能被地球接收的平均量,相當於每小時每平方英呎430Btu(英制熱單位),即1,353W/m²/hr(瓦/平方公尺/小時),用來計算太陽輻射在建築物上的影響。

每一種被動式太陽能系統都會有兩個要素:

1. 使用向南的玻璃或透明塑膠來收集太陽能。
• 在氣候寒冷的地區,玻璃窗的面積和地板面積的比例應為30%~50%;在氣候溫暖的地區則應為15%~25%。這是依據冬季室外平均溫度和相對熱損失所計算出來的比例。
• 玻璃窗應該選用可預防劣化的抗紫外線材質。
• 必須使用雙層玻璃和絕緣材料來減少夜間的熱損失。

2. 具收集、儲存、和分配功能的熱質量,應設置在可獲取最大的日曬量的方位。
• 熱能儲存材料包括混凝土、磚、石頭、瓷磚、夯實土、砂、水或其他液體。相變材料像是共晶鹽和石蠟,也可以儲存熱質量。

• 混凝土:12~18英吋(305~455公厘)
• 磚:10~14英吋(255~355公厘)
• 土坯:8~12英吋(200~305公厘)
• 水:6英吋(150公厘)或以上
• 相較於淺色表面,深色表面可吸收更多的太陽輻射。

• 通風口、風門、移動式絕緣板、和遮陽裝置皆有助於平衡熱的分配。

根據太陽、室內空間、和熱收集系統之間的關係,被動式太陽能的取得方式可分為三種:直接取得、間接取得、和分離式取得。

LEED 能源與大氣認證 5:再生能源製造
LEED 能源與大氣認證 7:綠能與碳補償

美國施工規範協會綱要編碼 23 56 00:太陽能供熱設備

直接獲得

直接獲得系統直接在室內空間中收集熱。儲熱質量的表面與室內空間結合為一體，應占整體室內空間表面積的50%～66%。在寒冷的季節時，活動式的窗戶與牆面可做為自然通風或誘導型通風之用。

間接獲得

間接獲得是透過建築物的外部皮層來控制熱獲得的情形。太陽輻射先照射在熱質量上，熱質量可能是混凝土、磚石造的太陽能吸熱牆（Trombe wall，又譯做特朗布牆），或是以充滿水的圓桶或水管組成、並設置在日照處和起居空間之間的鼓牆（drumwall）。然後將吸取的太陽能利用傳導作用穿過牆面，並以輻射和對流方式散布到空間中。

日光空間

日光室是另一種間接獲得熱的媒介。日光空間裡有以高度熱質量製成的地板，和主要起居室之間以一道儲熱牆區隔開來，需要的時候即可由日光空間引入熱。需要冷卻時，也能從日光空間將熱散發出去。

儲熱屋頂池

另一種間接獲得熱的形式是，在屋頂上設置可吸收和儲存太陽能的液態質量。夜晚時，隔熱板會橫移過屋頂池上方，使熱向下輻射至下方空間。在夏季，這個程序會反過來，夜晚時將白天吸取的內熱輻射至室外。

分離式獲得

分離式獲得系統是從與增溫空間相隔一段距離的地方，收集並儲存太陽輻射。當收集器中的空氣或水被太陽加熱後，會上升至服務的空間、或儲存在熱質量中以備不時之需。同一時間，熱質能的底部會從空間中吸入較冷的空氣或水再重新加熱，整體形成自然的對流迴路。

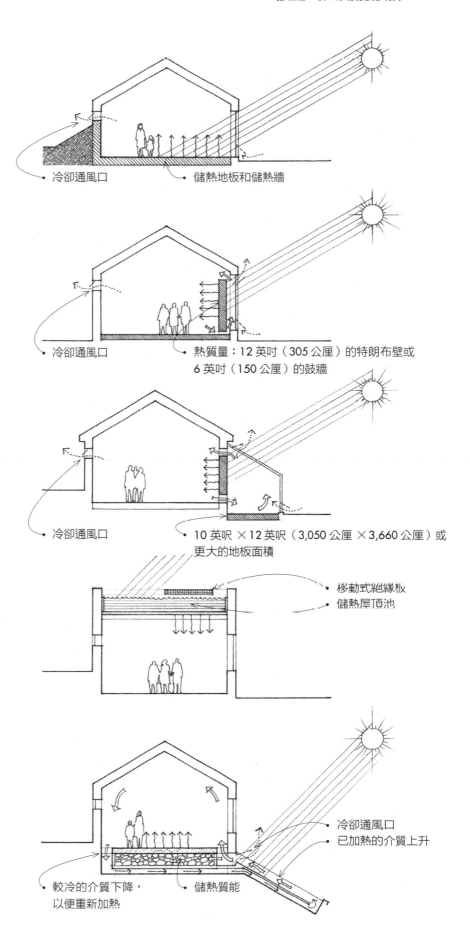

- 冷卻通風口
- 儲熱地板和儲熱牆

- 冷卻通風口
- 熱質量：12英吋（305公厘）的特朗布壁或 6英吋（150公厘）的鼓牆

- 冷卻通風口
- 10英呎×12英呎（3,050公厘×3,660公厘）或更大的地板面積

- 移動式絕緣板
- 儲熱屋頂池

- 冷卻通風口
- 已加熱的介質上升
- 較冷的介質下降，以便重新加熱
- 儲熱質能

1.22 遮陽設施

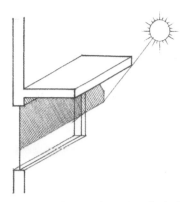

• 水平窗簷在面南向時最為有效。

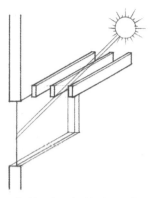

• 和牆面平行的水平式百葉，可讓空氣貼近牆面循環，減少傳導熱的獲得。
• 百葉可以手動調整、依時間自動調整、或光電控制的自動調整等不同方式，來因應日照的角度。

防止直接日照的遮陽窗戶和其他玻璃面，是為了能在溫暖氣候中減少眩光和過量的太陽熱獲得。遮陽設施的效能取決於設施的形式，以及在不同時間點和不同季節時，遮陽設施與太陽高度與方位的相對關係。室外遮陽設施因為能在太陽輻射到達牆面和窗戶前就將其攔截，因此會比室內遮陽設施更有效率。

本頁呈現的是基本的遮陽設施類型，設施的形式、方位、材質、和構造，可能會因應實際情況而有所改變。此外，遮陽設施的樣式、紋理、韻律、以及所形成的陰影，都應在設計建築物立面時一併考慮。

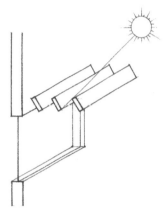

• 傾斜的百葉比平行牆面的百葉有更好的遮陽效果。
• 百葉的角度可依照太陽射的角度範圍調整。

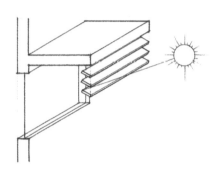

• 從屋簷垂落的百葉可抵擋較低的日照角度。
• 百葉可能會干擾視線。

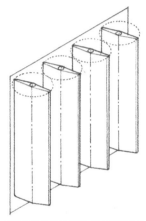

• 垂直型百葉對於面東和面西向曝曬的遮蔽效率最好。
• 百葉可以手動調整、依時間自動調整、或光電控制的自動調整等方式，來因應日照的角度。
• 與牆面隔開能減少傳導熱的獲得。

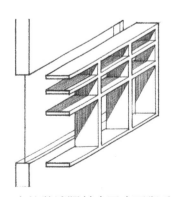

• 方格狀遮陽結合了水平與垂直百葉的遮陽特色，遮陽率較高。
• 方格狀遮陽有時候指的是遮陽板，在熱帶氣候地區的遮陽率很好。

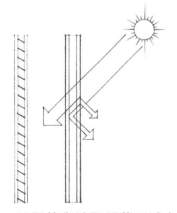

• 遮陽簾與遮陽屏幕可減少高達50％的太陽輻射，實際效能視其反射率而定。
• 吸熱玻璃的表面可吸收高達40％的太陽輻射。

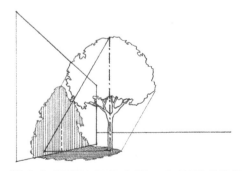

• 樹木和相鄰建築物之間，會依兩者的距離、高度和方位形成陰影。

美國施工規範協會綱要編碼 10 71 13: 室外陽光控制裝置

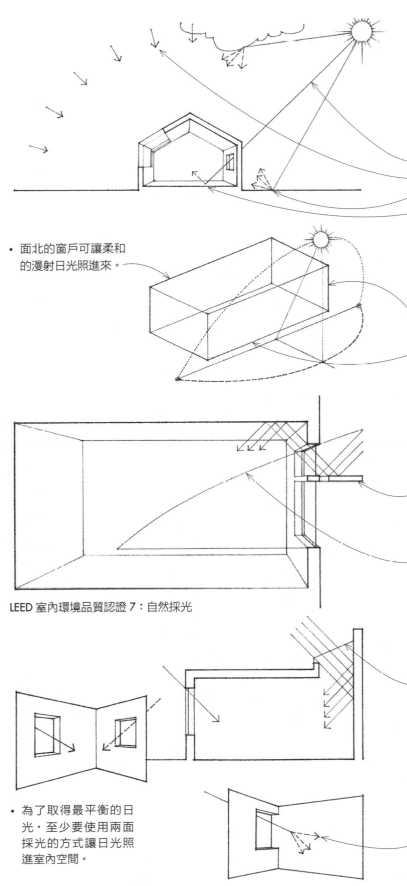

太陽輻射供應建築物室內空間的不只有熱,還有光線。日光不僅對心理有助益,在減少使用人造光的節能方面也有實質功效。當強烈直接的陽光隨著每日的不同時間、季節更迭、從一個地方照射到另一個地方而產生各種變化時,也會因為籠罩的雲層、薄霧、或降雨而形成漫射光,並且從地面和周遭物體上反射出來。

- 直接陽光
- 日光透過空氣分子反射與漫射
- 從地面和鄰近建築物形成戶外反射
- 從房間內部的表面形成室內反射

- 面北的窗戶可讓柔和的漫射日光照進來。

空間中的日照量和日照品質均取決於窗戶開口的尺寸與方位、玻璃的穿透率、戶外和室內表面的反射程度、以及窗簷或鄰近樹木的阻斷程度。

- 面東和面西的窗戶都需要設置遮陽設施,以避免清晨和黃昏時明亮的太陽光。
- 如果附屬的水平遮陽設施可以控制過量的太陽輻射和眩光,那麼面南的窗戶將是最理想的自然採光來源。

當光線照入室內後,日光的照明程度就會逐漸下降。一般而言,窗戶愈高愈大,可引入的光量就愈多。

LEED 室內環境品質認證 7:自然採光

- 擋光板透過將直射日照反射至天花板的方式,來防止陽光直接照射在玻璃上。一序列平行的白色不透光百葉也可以達到遮陽、並且將漫射光引入室內的效果。
- 在此提供一個好用的經驗法則:日光的有效照明範圍為,從窗戶往室內延伸兩倍窗戶高度的範圍。
- 空間的天花板和背面牆比起側面牆和地板,能更有效地反射與散布日光。淺色表面在反射與散布光線上效果很好,但大面積帶有光澤的表面則會引起眩光。
- 裝有半透明玻璃的天窗可有效地將日光由上方引進室內空間,而不必擔心取得過量的熱能。
- 採光屋頂(roof monitor,又譯做鐘樓式屋頂)是另一種將日光反射進室內的方式。

過度的亮度比例會導致眩光,損害視覺功能。可透過遮陽設施、將物體表面調整到適當的方位、或以至少兩面採光的方式來控制眩光。

- 為了取得最平衡的日光,至少要使用兩面採光的方式讓日光照進室內空間。

- 在靠近牆側邊的位置安裝窗戶,可增加反射與照明。

1.24 降水

建築物基地的預估年度降雨量或季節降雨量，將會影響屋頂結構的設計和構造、建材選擇、以及外牆的組裝細節。此外，從屋頂區域和鋪面傾瀉而下的雨水和雪水，也會增加必須從基地排出的雨水總量。

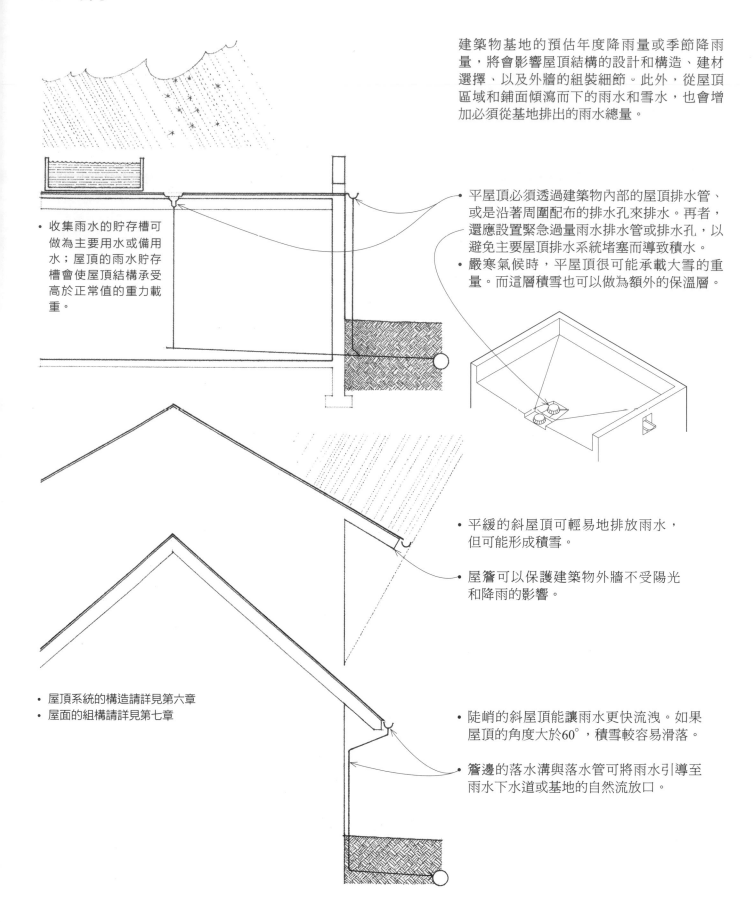

- 收集雨水的貯存槽可做為主要用水或備用水；屋頂的雨水貯存槽會使屋頂結構承受高於正常值的重力載重。

- 平屋頂必須透過建築物內部的屋頂排水管、或是沿著周圍配布的排水孔來排水。再者，還應設置緊急過量雨水排水管或排水孔，以避免主要屋頂排水系統堵塞而導致積水。
- 嚴寒氣候時，平屋頂很可能承載大雪的重量。而這層積雪也可以做為額外的保溫層。

- 平緩的斜屋頂可輕易地排放雨水，但可能形成積雪。

- 屋簷可以保護建築物外牆不受陽光和降雨的影響。

- 屋頂系統的構造請詳見第六章
- 屋面的組構請詳見第七章

- 陡峭的斜屋頂能讓雨水更快流洩。如果屋頂的角度大於60°，積雪較容易滑落。

- 簷邊的落水溝與落水管可將雨水引導至雨水下水道或基地的自然流放口。

基地開發可能會影響既有的排水模式，造成屋頂區域和鋪面表層出現額外的水流量。建議應限制對基地自然水文的干擾，並利用可透水鋪面和覆蓋植被的綠屋頂來促進滲透。為了避免新建工程造成過量的地表水或地下水集中和沖蝕，基地排水是必要的。

基地排水有兩種類型：地下排水和地表排水。地下排水由地下管路系統組成，可將地下水運送到一個處置點，像是位在基地較低層的雨水下水系統或自然流放口。由於過量的地下水會降低基礎土壤的承重能力，並且提高作用在建築基礎上的流體靜壓力。因此，在接近地下水位、或是地下水位下方的地下室結構，必須施作防水層。

地表排水是指在基地表面施作洩水坡度和鋪面，以便將雨水或其他地表水轉送到自然排放模式中、或是都市雨水排水系統（下水道）。當地表逕流總量超過公用雨水排水系統的容許量時，施作滯洪池可能就非常必要。

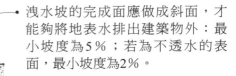

- 洩水坡的完成面應做成斜面，才能夠將地表水排出建築物外；最小坡度為5％；若為不透水的表面，最小坡度為2％。

- 地下水大多都是因為地表水透過多孔隙的土壤滲入地下累積而成。

- 基礎排水系統，請詳見3.14。

地表洩水坡度
- 草地或野外的洩水坡度建議為1.5％～10％
- 有鋪面的停車場的洩水坡度建議為2％～3％

- 淺溝是由兩側地面斜坡所形成的低淺處，用於引導和分散地表逕流。有植被覆蓋的淺溝可以增加雨水滲透率。
- 草皮覆蓋淺溝：洩水坡度建議為1.5％～2％
- 鋪面覆蓋淺溝：洩水坡度建議為4％～6％
- 區域型排水收集來自地下室或鋪面區域的地表水。
- 乾井是一種與礫石、粗石呈直線排列的排水坑，用於接收地表水，並容許地表水滲出至能吸水的土壤中。

- 集水井是用來收集地表逕流的容器。集水井有一個水槽或沉澱槽，在排放到地下排水管之前，先將較重的沈積物攔阻下來。
- 涵管是指路面下、或人行道下方各種排水管和管線通路的收納空間。

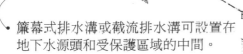

- 簾幕式排水溝或截流排水溝可設置在地下水源頭和受保護區域的中間。
- 法式排水溝是簾幕式排水溝的一種，在排水溝裡鬆散地堆砌石塊或碎石、一直填滿到地面層。

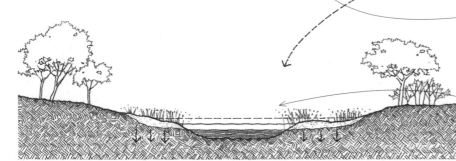

- 集水區可以設計成外觀和功能都類似於池塘或沼澤的形式。
- 建造人工溼地，不論是策劃、設計和建造上的目的，都是希望以自然途徑處理廢水和改善水質。

LEED 永續基地認證 4：雨水管理

美國施工規範協會綱要編碼 32 70 00：溼地
美國施工規範協會綱要編碼 33 40 00：雨水排水公用事業

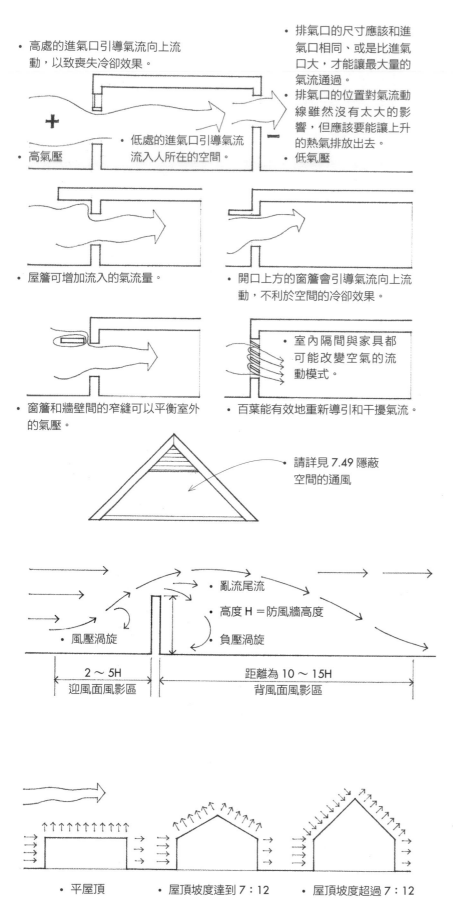

- 高處的進氣口引導氣流向上流動,以致喪失冷卻效果。
- 高氣壓
- 低處的進氣口引導氣流流入人所在的空間。
- 排氣口的尺寸應該和進氣口相同、或是比進氣口大,才能讓最大量的氣流通過。
- 排氣口的位置對氣流動線雖然沒有太大的影響,但應該要能讓上升的熱氣排放出去。
- 低氣壓

- 屋簷可增加流入的氣流量。

- 開口上方的窗簷會引導氣流向上流動,不利於空間的冷卻效果。

- 窗簷和牆壁間的窄縫可以平衡室外的氣壓。

- 室內隔間與家具都可能改變空氣的流動模式。
- 百葉能有效地重新導引和干擾氣流。

- 請詳見 7.49 隱蔽空間的通風

- 亂流尾流
- 高度 H = 防風牆高度
- 負壓渦旋
- 風壓渦旋

2～5H	距離為 10～15H
迎風面風影區	背風面風影區

- 平屋頂
- 屋頂坡度達到 7:12
- 屋頂坡度超過 7:12

在所有氣候區域中,盛行風的方向和速度對基地開發來說都是非常重要的考量因素。不論是季節性、或是一天當中的風力變化,例如在天氣溫暖時室內空間與室外庭院可能的通風情形、或是天氣寒冷時可能的熱損失,以及風施加在建築結構上的側向作用力,都應該謹慎地評估考量。

風誘導式的通風方式,有助於室內空間的氣流交換,對健康和消除異味十分必要。當天氣炎熱時,尤其在潮溼型氣候的環境下,通風有利於對流或蒸發冷卻。這樣的自然通風還可以降低機械式風扇與設備的能源需求。(LEED室內環境品質認證1:室內空氣品質強化策略)

空氣通過建築物的流動情形是由不同氣壓和不同溫度所引起。影響空氣流動模式的主要因素是建築物的幾何形狀和座向,而不是風速。

隱蔽式屋頂與地下室管線空間需有通風,才能排除溼氣和控制冷凝現象。天氣炎熱時,閣樓的通風還能夠減少頭頂的輻射熱獲得

在寒冷氣候中,建築物應具備緩衝機制,以防冷風滲進室內並減少熱損失。防風牆可以是土堤、花園牆、或者密集的樹林。防風牆可以降低風速,在防風牆的背風面形成一個相對平靜無風的區域。風影區的基線範圍則取決於防風牆的高度、深度、密度、面對風的方位、和風速。

- 具有部分可穿透性的風屏可讓風的壓力差變小,使風屏的背風面風影區變大。

建築物的結構、組件、和包覆材都必須固定好,以抵擋風引起的傾覆、上抬、和滑動現象。風會在建築物的迎風面和坡度大於30°的斜屋頂表面形成正壓;在建築物的側面和背風面、以及坡度小於30°的迎風屋頂面形成負壓和吸力。更多風力的相關資訊請詳見2.11。

聲音需要有發出聲音的源頭和傳遞路徑。令人不悅的室外聲音或噪音可能來自交通運輸、飛機、和其他機器。聲音能量會從四面八方的聲音源頭穿透空氣、以連續擴展波的形式向外傳送。不過，聲音能量傳送到寬廣的區域時，強度會逐漸衰減。所以為了降低室外的噪音，首先要考量的應該是距離——盡可能將建築物蓋在遠離噪音源的地方。但如果座落位置或基地尺度無法符合這個要求，建築物的室內空間也可以利用下列方式來屏蔽噪音干擾：

• 透過建築物的空間區劃，規劃出一些可接受不同噪音程度的緩衝區域，例如機械空間、服務空間、設備空間等。
• 使用可減少空氣傳音與結構傳音的材料和構造組件。
• 門窗開口在定位時應該遠離噪音源。
• 在噪音源和建築物之間放置物質塊體，例如土堤。
• 利用茂密的樹木或灌木植栽，可以有效地分散噪音。
• 種植草地或其他植被，都會比硬質易反射的表層鋪面有更好的吸音效果。

基地規劃有一個重要的觀點，即是讓建築物的室內空間面向舒適、且具特色的基地景觀。有了適當的座向後，窗戶開口的設置不僅要能滿足自然採光與通風的需求，還要能揭示並框架出宜人的景致。隨著基地所座落的位置，可能有著或近或遠的自然風景。即便沒有期望中的風景，也能透過景觀設計，在基地內打造出令人愉悅的視野。

隨著自然景色的不同、以及在牆體構造中框架景致的方式不同，光是一道牆面上的一面窗戶，設計方式就可能有很多種。重要的是，需留意窗戶的尺寸與位置，因為這關乎著空間的品質和房間的自然採光、以及熱的獲得或損失。

• 向南的窗戶在引入日光的同時，也能有效地遮陽。
• 氣候寒冷時，向北的窗戶經常會暴露在冬季季風中。
• 向東和向西的窗戶會因為受到過度曝曬，而難以達到良好的遮陽效果。

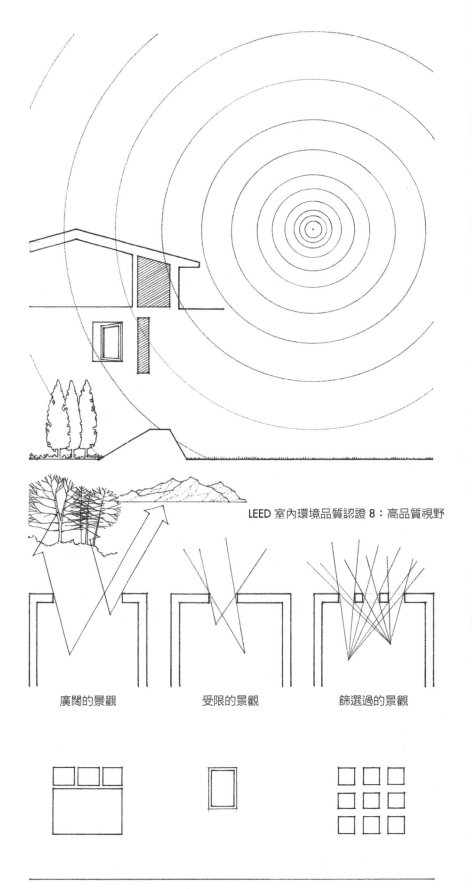

LEED 室內環境品質認證 8：高品質視野

廣闊的景觀　　　受限的景觀　　　篩選過的景觀

1.28 法規因素

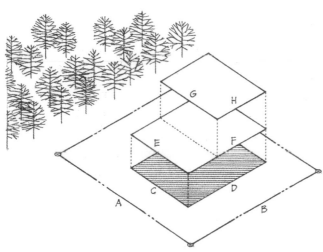

- 容許建蔽率＝（C×D）／（A×B）
- 容許容積率＝［（C×D）＋（E×F）＋（G×H）］／（A×B）

- 容許的寬度比或深度比＝ C／A 或 D／B

- 建築物前側、旁側、和後側的規定建築退縮線
- 可建面積

- 地界線

土地使用分區管制是市政當局或在土地使用劃分時，用來管理區域發展、管制土地使用型態、控制建築物密度、引導區域發展方向，使區域享有足夠的服務與公共福利設施、保護環境的敏感區域、以及保存開放空間的方式。

.

對任一建築物基地來說，土地使用分區管制均會規範兩部分，基地上可能進行的活動類型，以及建築物的位置與容積、或是為容納這些活動而建造的建築物。有一種特定的土地使用分區管制稱為「計畫單元整體開發」（Planned Unit Development），允許大尺度的土地做整體性的開發，以便增加配置、分類、丈量、和結構使用的靈活性。

了解土地使用分區管制對建築物的尺寸與形狀有何限制十分重要。因為建築物的容積會直接受到建築尺寸的各種明訂規範所影響。

- 一塊土地上，可被建築結構覆蓋的土地面積有多大（建蔽率），以及可興建的總樓板面積（容積率）有多大，都會以土地面積的百分比來表達。
- 建築物可達到的最大寬度與最大深度（即基地的容積），也是以基地尺度的百分比來表達。
- 土地使用分區管制也明訂出建築結構可蓋到多高。

透過明訂出建築結構到基地界線的最小需求距離，有利提供適度的空氣、光線、日照、和隱私權，也等同於間接控制了建築物的尺寸和形狀。

既有的地役權和路權可能進一步地限制基地的可建造面積。

- 地役權是一項法律上的權利，可讓一塊土地的使用者對另一塊土地提出有限度的使用需求，像是提出路權、或是為了獲得採光與空氣等。
- 路權也是一項法律上的權利，用來保障當特定的一方或公眾有進入設備管線空間、或進行管線施工和保養維護等需求時，能夠穿越他人的土地。

上述的所有規定，連同對類型和使用密度的任何限制，共同定義出一個建築物不得超出的三維度外層。其他特殊規定，可參考適用的土地使用分區管制。

在一般的土地使用分區管制限制之外，也可能出現特例或是放寬的情形。一般建築物退縮規定出現特例的情形可能是因為：

- 建築特徵的凸出部分，例如屋簷、簷口、凸窗、和陽台
- 裝飾性結構，例如低層露天平台、柵欄、獨立的無牆車棚或車庫
- 既有鄰接結構已建立的先例

特例也經常會因應斜坡上的基地，或是鄰近公共開放空間的基地而設。

- 斜屋頂、煙囪、和其他屋頂凸出物得以超出正常的高度限制。
- 高度限制和基地的坡度有直接關聯。
- 如果基地傾斜、或是基地的正面面對開放空間，建築線退縮的規定可以放寬。

為了提供適當的光線、空氣和空間，以及強化街道景觀與行人的通行環境，可能訂出下列規定：

- 開放空間需讓公眾進入使用
（LEED 永續基地認證3：開放空間）
- 建築物結構達到一定高度時，退縮距離必須增加
- 面對公共空間的建築立面必須調整
- 車輛通道和道路外停車場

土地使用分區管制也包括僅適用於特定使用類型的規定，以及請求變更的程序。

- 限制性契約是一項地主與地主之間的正式協議，內容限定契約任何一方的行為，明確地指出地主的土地只能做為某種特定用途。但種族性或是宗教性的使用限制並不具法律效力。

除了上述規定，其他規範工具也會影響建築的座落與建造。這些法規（通常指建築規範）建立在下列各點之間的相互關係上：
- 建築物的使用類別
- 結構和構造的耐火等級
- 可容許的建築物高度與建築面積，以及建築物和鄰近結構的距離

- 更多資訊請詳見2.07建築規範。

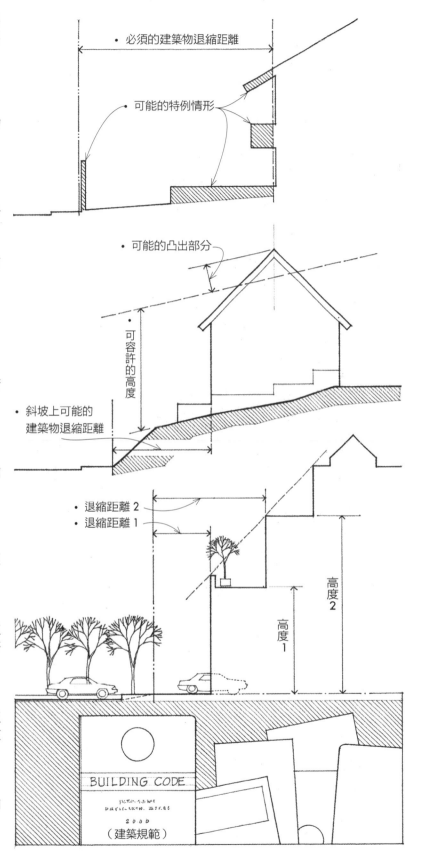

- 必須的建築物退縮距離
- 可能的特例情形

- 可能的凸出部分
- 可容許的高度
- 斜坡上可能的建築物退縮距離
- 退縮距離 2
- 退縮距離 1
- 高度 1
- 高度 2

BUILDING CODE
2000
（建築規範）

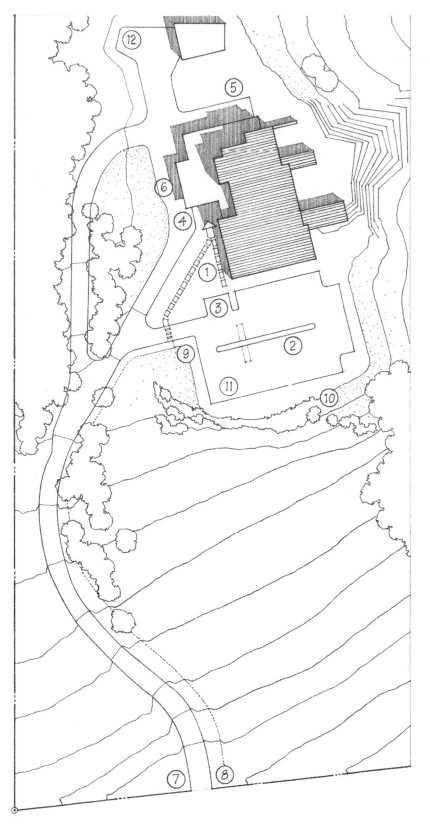

提供行人、汽機車、與服務型車輛行駛的通道和循環動線是基地規畫中的重要環節,影響了建築物在基地上的位置和出入口方位。本頁下方和次頁所列出的是估量與計畫人行道、車道、和地面停車場的基本準則。

1. 在停車場出入口或大眾運輸車站到建築物之間提供安全便捷、且最少十字路口的行人通道。
2. 依據土地使用分區管制規定和單位總數、樓地板使用面積,決定必須設置多少停車空間。
3. 依據當地法規、州立法規、或聯邦法規,決定無障礙停車位的數量、區隔人車的路緣石位置、無障礙坡道、以及通往無障礙建築物入口的通道。
4. 以適當的地點做為大眾運輸系統的上下車區帶。
5. 將服務動線和貨車卸貨區從人行道與汽車道中區隔開來。
6. 提供通道給緊急救援車輛使用,例如消防車與救護車。
7. 設定區隔人車的路緣石寬度和鋪設位置、以及路緣石到公共道路交叉路口的適當距離。
8. 確保車輛開入公共道路時的交通標誌線清楚可辨。
9. 進出停車區域的通道須在必要的位置規畫出入管制。
10. 提供景觀空間;停車場的屏蔽形式可能受到土地使用分區管制的限制。
11. 在人行道和停車場施作有坡度的洩水鋪面,以利排水。
12. 在寒冷氣候地區,須預留可供剷雪設備運作的空間。

• 左圖為路易・卡雷之家(Carré House)的基地平面圖,由建築師阿爾瓦・奧圖(Alvar Aalto)設計。

美國施工規範協會綱要編碼 32 10 00:基層、碎石料與鋪面
美國施工規範協會綱要編碼 32 30 00:基地補強

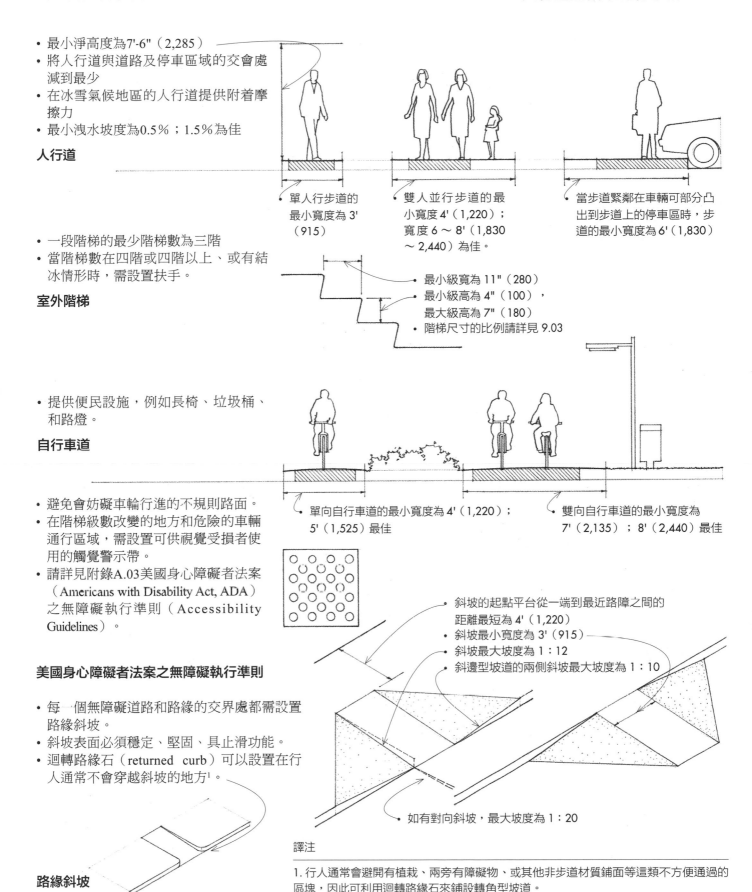

- 最小淨高度為7'-6"（2,285）
- 將人行道與道路及停車區域的交會處減到最少
- 在冰雪氣候地區的人行道提供附着摩擦力
- 最小洩水坡度為0.5％；1.5％為佳

人行道

- 單人行步道的最小寬度為 3'（915）
- 雙人並行步道的最小寬度4'（1,220）；寬度 6 ～ 8'（1,830 ～ 2,440）為佳。
- 當步道緊鄰在車輛可部分凸出到步道上的停車區時，步道的最小寬度為 6'（1,830）

- 一段階梯的最少階梯數為三階
- 當階梯數在四階或四階以上、或有結冰情形時，需設置扶手。

室外階梯

- 最小級寬為 11"（280）
- 最小級高為 4"（100），最大級高為 7"（180）
- 階梯尺寸的比例請詳見 9.03

- 提供便民設施，例如長椅、垃圾桶、和路燈。

自行車道

- 單向自行車道的最小寬度為 4'（1,220）；5'（1,525）最佳
- 雙向自行車道的最小寬度為 7'（2,135）；8'（2,440）最佳

- 避免會妨礙車輪行進的不規則路面。
- 在階梯級數改變的地方和危險的車輛通行區域，需設置可供視覺受損者使用的觸覺警示帶。
- 請詳見附錄A.03美國身心障礙者法案（Americans with Disability Act, ADA）之無障礙執行準則（Accessibility Guidelines）。

美國身心障礙者法案之無障礙執行準則

- 每一個無障礙道路和路緣的交界處都需設置路緣斜坡。
- 斜坡表面必須穩定、堅固、具止滑功能。
- 迴轉路緣石（returned curb）可以設置在行人通常不會穿越斜坡的地方[1]。

- 斜坡的起點平台從一端到最近路障之間的距離最短為 4'（1,220）
- 斜坡最小寬度為 3'（915）
- 斜坡最大坡度為 1：12
- 斜邊型坡道的兩側斜坡最大坡度為 1：10
- 如有對向斜坡，最大坡度為 1：20

路緣斜坡

譯注

1. 行人通常會避開有植栽、兩旁有障礙物、或其他非步道材質鋪面等這類不方便通過的區塊，因此可利用迴轉路緣石來鋪設轉角型坡道。

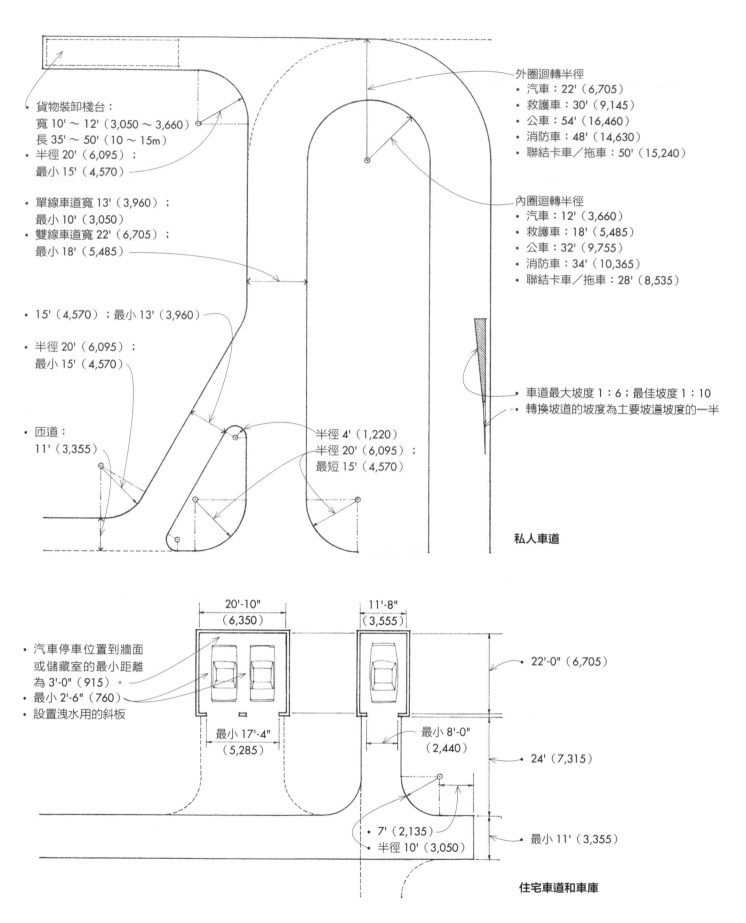

• 貨物裝卸棧台：
  寬 10' ～ 12'（3,050 ～ 3,660）
  長 35' ～ 50'（10 ～ 15m）
• 半徑 20'（6,095）；
  最小 15'（4,570）

• 單線車道寬 13'（3,960）；
  最小 10'（3,050）
• 雙線車道寬 22'（6,705）；
  最小 18'（5,485）

• 15'（4,570）；最小 13'（3,960）

• 半徑 20'（6,095）；
  最小 15'（4,570）

• 匝道：
  11'（3,355）

半徑 4'（1,220）
半徑 20'（6,095）；
最短 15'（4,570）

外圈迴轉半徑
• 汽車：22'（6,705）
• 救護車：30'（9,145）
• 公車：54'（16,460）
• 消防車：48'（14,630）
• 聯結卡車／拖車：50'（15,240）

內圈迴轉半徑
• 汽車：12'（3,660）
• 救護車：18'（5,485）
• 公車：32'（9,755）
• 消防車：34'（10,365）
• 聯結卡車／拖車：28'（8,535）

• 車道最大坡度 1：6；最佳坡度 1：10
• 轉換坡道的坡度為主要坡道坡度的一半

私人車道

20'-10"
（6,350）

11'-8"
（3,555）

• 汽車停車位置到牆面
  或儲藏室的最小距離
  為 3'-0"（915）。
• 最小 2'-6"（760）
• 設置洩水用的斜板

最小 17'-4"
（5,285）

最小 8'-0"
（2,440）

22'-0"（6,705）

24'（7,315）

最小 11'（3,355）

• 7'（2,135）
• 半徑 10'（3,050）

住宅車道和車庫

車輛尺寸
- 小型車輛：5'-8" x 16'
（1,725 x 4,875）
- 標準車輛：6'-6" x 18'
（1,980 x 5,485）

停車位
- 標準車輛：8'-6" ～ 9'
（2,590 ～ 2,745）x 18'
～ 20'（5,485 ～ 6,095）
- 小型車輛：8'（2,440）
x 16'（4,875)
- 排水坡度 1%～ 5%；
建議為 2% ～ 3%

停車場
- 最小垂直淨高度 7'（2,135）
- 8%
- 16%　8%
- 轉換坡道的坡度為斜坡坡度的一半；
長 10'（3,050）

車庫坡道

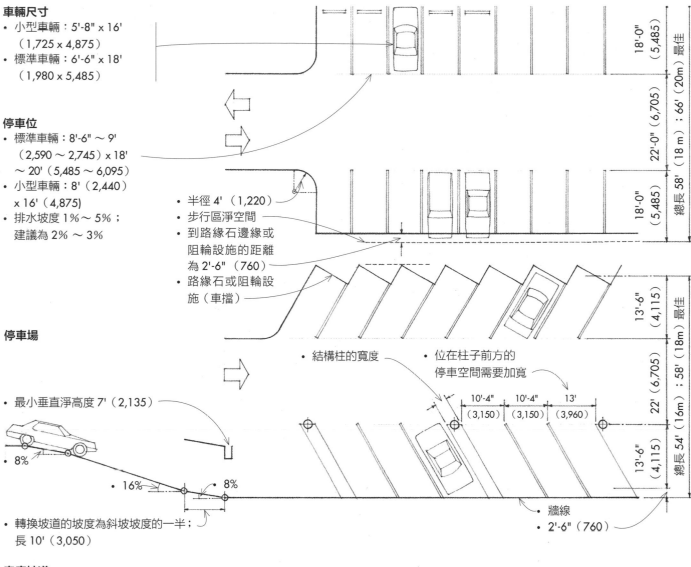

- 半徑 4'（1,220）
- 步行區淨空間
- 到路緣石邊緣或阻輪設施的距離為 2'-6"（760）
- 路緣石或阻輪設施（車擋）
- 結構柱的寬度
- 位在柱子前方的停車空間需要加寬
- 10'-4"（3,150）　10'-4"（3,150）　13'（3,960）
- 牆線
- 2'-6"（760）

18'-0"（5,485）最佳　22'-0"（6,705）；66'（20m）總長 58'（18 m）；18'-0"（5,485）

13'-6"（4,115）最佳　22'（6,705）；58'（18m）；13'-6"（4,115）總長 54'（16m）

- 當地、州立、和聯邦法規都訂定了無障礙空間的需求數量。
- 盡可能將無障礙停車位規劃在最靠近建築物或設施出入口的位置。
- 無障礙空間和通道的最大坡度為 1：50

- 最小寬度為 8'（2,440）
- 無障礙通道的最小寬度為 5'（1,525）；可由兩個停車位共用。
- 以國際通用的無障礙設施標誌來標示無障礙停車位。
- 身障人士專用箱型車的無障礙停車位，淨高度應為 9'-2"（2,490），該車位的無障礙通道寬度最少要 8'（2,440）。

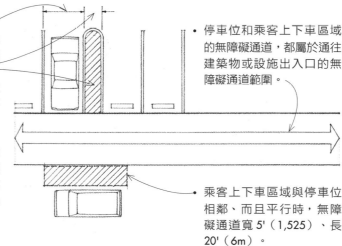

- 停車位和乘客上下車區域的無障礙通道，都屬於通往建築物或設施出入口的無障礙通道範圍。
- 乘客上下車區域與停車位相鄰、而且平行時，無障礙通道寬 5'（1,525）、長 20'（6m）。

美國身心障礙者法案之無障礙執行準則
（ADA Accessibility Guidelines）

1.34 坡面防護

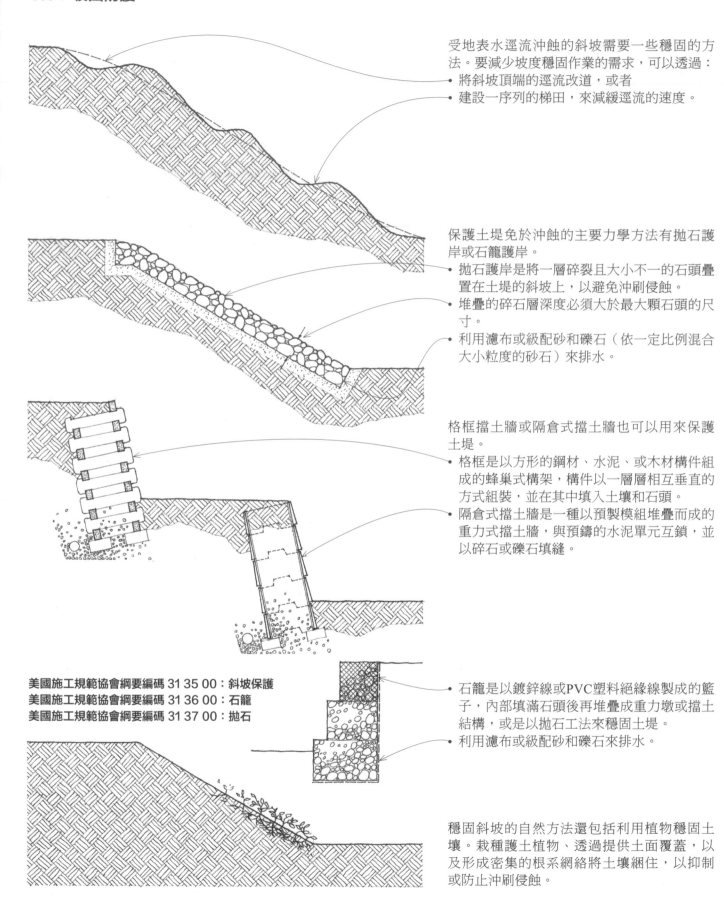

受地表水逕流沖蝕的斜坡需要一些穩固的方法。要減少坡度穩固作業的需求，可以透過：
- 將斜坡頂端的逕流改道，或者
- 建設一序列的梯田，來減緩逕流的速度。

保護土堤免於沖蝕的主要力學方法有拋石護岸或石籠護岸。
- 拋石護岸是將一層碎裂且大小不一的石頭疊置在土堤的斜坡上，以避免沖刷侵蝕。
- 堆疊的碎石層深度必須大於最大顆石頭的尺寸。
- 利用濾布或級配砂和礫石（依一定比例混合大小粒度的砂石）來排水。

格框擋土牆或隔倉式擋土牆也可以用來保護土堤。
- 格框是以方形的鋼材、水泥、或木材構件組成的蜂巢式構架，構件以一層層相互垂直的方式組裝，並在其中填入土壤和石頭。
- 隔倉式擋土牆是一種以預製模組堆疊而成的重力式擋土牆，與預鑄的水泥單元互鎖，並以碎石或礫石填縫。

美國施工規範協會綱要編碼 31 35 00：斜坡保護
美國施工規範協會綱要編碼 31 36 00：石籠
美國施工規範協會綱要編碼 31 37 00：拋石

- 石籠是以鍍鋅線或PVC塑料絕緣線製成的籃子，內部填滿石頭後再堆疊成重力墩或擋土結構，或是以拋石工法來穩固土堤。
- 利用濾布或級配砂和礫石來排水。

穩固斜坡的自然方法還包括利用植物穩固土壤。栽種護土植物、透過提供土面覆蓋，以及形成密集的根系網絡將土壤綑住，以抑制或防止沖刷侵蝕。

為了達到期望的地面高度，需要改變的幅度有可能超出土壤的穩定角時，必須在高度改變的上坡側，利用擋土牆穩固好大量土壤。

擋土牆的設計與建造，是為了抵抗被阻擋的土壤所產生的側向力。這種主動的壓力會從零壓力值的擋土牆最頂端，往承受最大壓力值的最底部深處，等比例地增加。可以假定總壓力或外推力從三角形壓力分配圖中的質心穿出，穿出的高度剛好是擋土牆基座到擋土牆頂端的1／3。

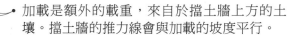

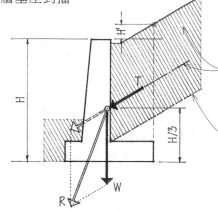

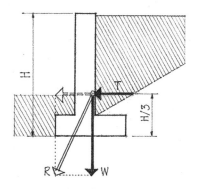

- T = 0.286 x SH² ／ 2

- T = 0.833 x S（H＋H'）² ／ 2
（擋土牆和加載的總壓力）

- T ＝總壓力或外推力
- S ＝擋土的總重量；一般為 100 磅／立方英呎（pcf）或 1,600 公斤／立方公尺（kg／m3）
- W ＝從牆體剖面質心穿過的牆體複合重量
- R ＝T 和 W 的合力

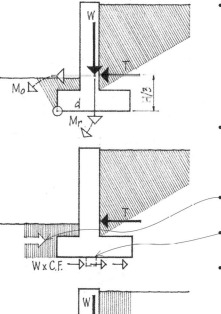

加載是額外的載重，來自於擋土牆上方的土壤。擋土牆的推力線會與加載的坡度平行。

大部分的土壤穩定角都假定為33°。請詳見 1.13 土堤穩定角的圖例。

擋土牆可能因為傾覆作用、水平滑移、或過度沉降而傾倒。

- 外推力容易在擋土牆基座的牆趾位置引發擋土牆傾覆。
- 為了防止擋土牆傾覆，擋土牆的複合重量和基座承受的任何土壤重量（W×d）所形成的阻力矩（Mr），必須與土壤壓力（T×H／3）所引發的傾覆力矩（Mo）方向相反。安全係數2，代表Mr ≥ 2Mo。

- 為了防止擋土牆滑移，擋土牆複合重量乘以支撐擋土牆的土壤摩擦係數（W×C.F.）必須與作用於牆面的側向外推力的方向相反（T）。安全係數1.5，代表W×C.F. ≥ 1.5T.
- 鄰近擋土牆較低處的土壤具有被動壓力，有助於擋土牆抵抗側向力（T）。
- 抗剪榫也可以用來加強擋土牆滑移的抵抗力。
- 平均摩擦係數：礫石0.6；淤泥／乾黏土0.5；砂0.4；溼黏土0.3

- 為了防止擋土牆沉降，垂直作用力（W）不能超過土壤的承載力（B.C）。W＝擋土牆自重和任何作用在擋土牆底部的土壤載重，加上牆體加載土壤外推力的垂直分力的總和。使用安全係數1.5，B.C. ≥ 1.5 W／A。

美國施工規範協會綱要編碼 32 32 00：擋土牆

1.36 擋土牆

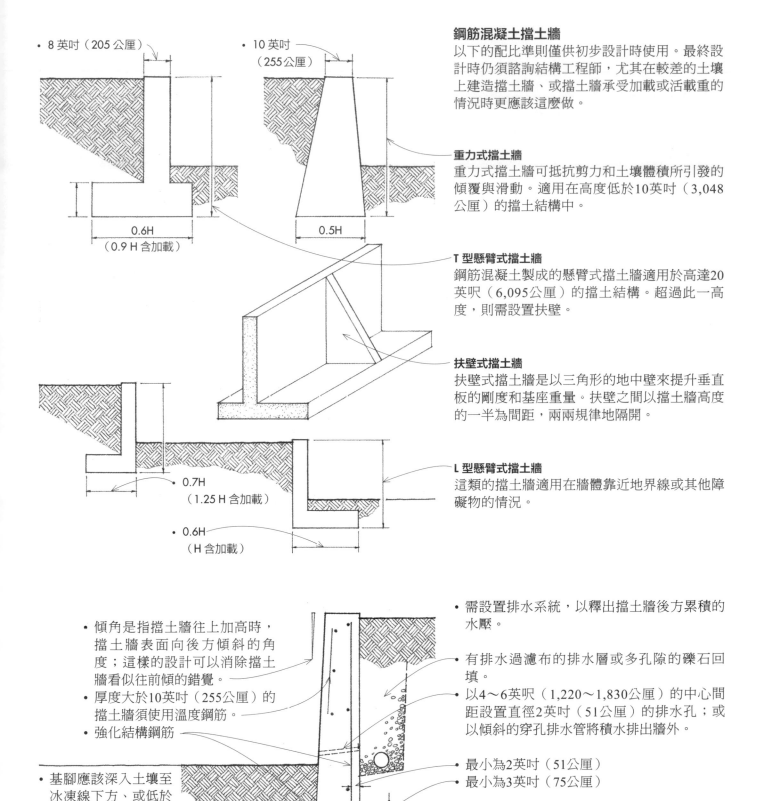

- 8 英吋（205 公厘）
- 10 英吋（255公厘）

0.6H
（0.9 H 含加載）

0.5H

0.7H
（1.25 H 含加載）

0.6H
（H 含加載）

鋼筋混凝土擋土牆

以下的配比準則僅供初步設計時使用。最終設計時仍須諮詢結構工程師，尤其在較差的土壤上建造擋土牆、或擋土牆承受加載或活載重的情況時更應該這麼做。

重力式擋土牆

重力式擋土牆可抵抗剪力和土壤體積所引發的傾覆與滑動。適用在高度低於10英吋（3,048公厘）的擋土結構中。

T 型懸臂式擋土牆

鋼筋混凝土製成的懸臂式擋土牆適用於高達20英呎（6,095公厘）的擋土結構。超過此一高度，則需設置扶壁。

扶壁式擋土牆

扶壁式擋土牆是以三角形的地中壁來提升垂直板的剛度和基座重量。扶壁之間以擋土牆高度的一半為間距，兩兩規律地隔開。

L 型懸臂式擋土牆

這類的擋土牆適用在牆體靠近地界線或其他障礙物的情況。

- 傾角是指擋土牆往上加高時，擋土牆表面向後方傾斜的角度；這樣的設計可以消除擋土牆看似往前傾的錯覺。
- 厚度大於10英吋（255公厘）的擋土牆須使用溫度鋼筋。
- 強化結構鋼筋
- 基腳應該深入土壤至冰凍線下方、或低於地面2英呎（610公厘）處，以盡量深為準則。

- 需設置排水系統，以釋出擋土牆後方累積的水壓。
- 有排水過濾布的排水層或多孔隙的礫石回填。
- 以4～6英呎（1,220～1,830公厘）的中心間距設置直徑2英吋（51公厘）的排水孔；或以傾斜的穿孔排水管將積水排出牆外。
- 最小為2英吋（51公厘）
- 最小為3英吋（75公厘）
- 以中心間距25英呎（7,620公厘）設置垂直控制縫，而且每四道控制縫須再設置一道垂直伸縮縫。

美國施工規範協會綱要編碼 32 32 13：現場澆置混凝土擋土牆

木材和混凝土、磚、或是石砌工程，
均可用來建造相對低矮的擋土牆。

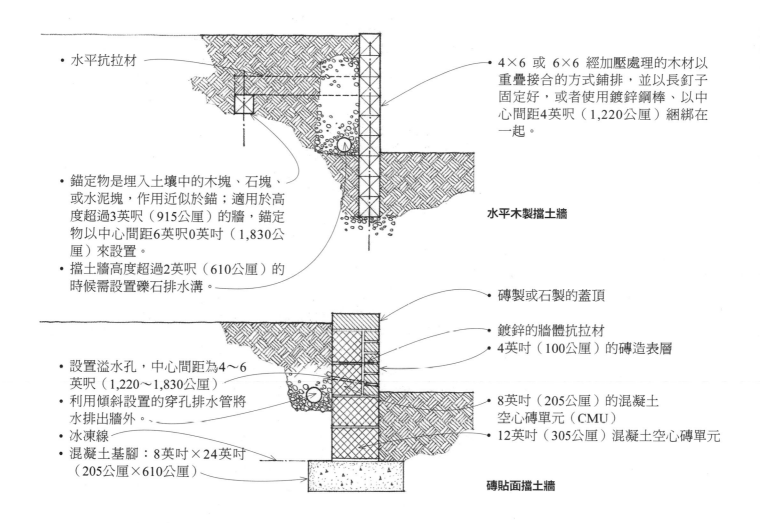

• 水平抗拉材

• 錨定物是埋入土壤中的木塊、石塊、
或水泥塊，作用近似於錨；適用於高
度超過3英呎（915公厘）的牆，錨定
物以中心間距6英呎0英吋（1,830公
厘）來設置。

• 擋土牆高度超過2英呎（610公厘）的
時候需設置礫石排水溝。

• 4×6 或 6×6 經加壓處理的木材以
重疊接合的方式鋪排，並以長釘子
固定好，或者使用鍍鋅鋼棒、以中
心間距4英呎（1,220公厘）綑綁在
一起。

水平木製擋土牆

• 磚製或石製的蓋頂

• 鍍鋅的牆體抗拉材
• 4英吋（100公厘）的磚造表層

• 設置溢水孔，中心間距為4～6
英呎（1,220～1,830公厘）
• 利用傾斜設置的穿孔排水管將
水排出牆外。
• 冰凍線
• 混凝土基腳：8英吋×24英吋
（205公厘×610公厘）

• 8英吋（205公厘）的混凝土
空心磚單元（CMU）
• 12英吋（305公厘）混凝土空心磚單元

磚貼面擋土牆

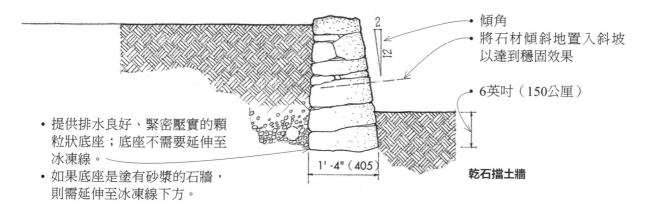

• 傾角
• 將石材傾斜地置入斜坡
以達到穩固效果

• 6英吋（150公厘）

• 提供排水良好、緊密壓實的顆
粒狀底座；底座不需要延伸至
冰凍線。
• 如果底座是塗有砂漿的石牆，
則需延伸至冰凍線下方。

1'-4" (405)

乾石擋土牆

美國施工規範協會綱要編碼 32 32 19：砌體單元擋土牆
美國施工規範協會綱要編碼 32 32 29：木製擋土牆

1.38 鋪面

鋪面是鋪設在基地上供行人或車輛通行的磨損表層。鋪面是一種複合結構，其厚度與構造和直接關乎著交通的類型與密度、載重、以及路基的承載力和滲透率。

- 鋪面會直接承受交通造成的磨損，保護著基底、並且將路面的重量轉移至基底結構。鋪面可分為兩種：柔性鋪面與剛性鋪面。
- 基底是由級配良好的骨材聚集而成的基礎，可將重量傳遞至路基，同時也防止毛細管水向上滲透。高負載的鋪面則需要額外添加一層由粗骨材（例如碎石）填充的底層來因應。
- 路基，最終必須承載鋪面的重量，所以應該以未攪動的土壤或其他密實材料填充。而且因為路基可能會被溼氣滲透，所以也必須施作洩水坡度。

美國建築標準學會施工規範 32 10 00：基層、碎石料與鋪面

柔性鋪面是由置放在砂床上的混凝土、磚、或石頭所組成，有少許彈性，且會以輻射狀的方式將載重分散至路基。柔性鋪面需利用木材、鋼材、石頭、磚石、或混凝土製的收邊物件來防止鋪面材水平移動。特殊設計的鋪面單元可能具滲透性或是孔隙，使雨水或暴雨滲進底下的儲存槽，逕流再從此處滲透至底下的土壤中，或是經由地下排水系統排放出去。

LEED 永續基地認證 4：雨水管理 ⟵

剛性鋪面，例如鋼筋混凝土板、或以灰漿黏固在混凝土板上的鋪面單元，可將載重分配至鋪面內部、再傳遞至範圍廣大的路基當中。剛性鋪面需做強化，並且需沿著鋪面的邊緣延伸基底材。

- 洩水坡度最小為 1%；紋理較深的鋪面需要比較陡峭的洩水坡度。

單位：英呎-英吋（公厘）

- 磚鋪面：4" x 4"、8"、12"；厚 1" ～ 2"（100 x 100、205、305；厚 25 ～ 57）

- 混凝土單元鋪面：12"、18"、24" 見方；厚 1-1/2 " ～ 3"（305、455、610 見方；厚 38 ～ 75）

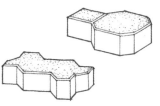

- 互鎖式鋪面：厚 2-1/2" ～ 31/2"（厚 64 ～ 90）

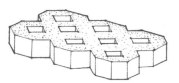

- 網格或植草磚：厚 3-1/2"（厚 90）

- 花崗岩石塊：4" 或 6" 見方；厚 6"（100 或 150 見方；厚 150）

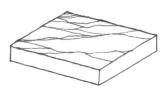

- 切割石材：寬度和長度有多種變化；厚 1" ～ 2"（25 ～ 51）

鋪面材料
- 向當地供應商諮詢可取得的形狀、尺寸、顏色、紋理、吸收性能、壓縮強度、和建議的安裝方式。

 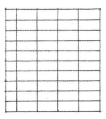 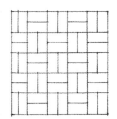 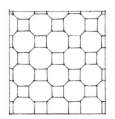 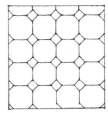 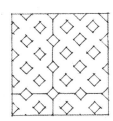 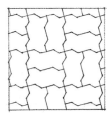  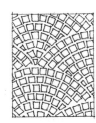

- 順砌法　　・對縫砌法　　・編織砌法　　・互鎖式編織砌法　　・八角形與點砌法　　・羅馬卵石砌法

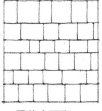 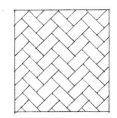 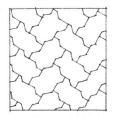 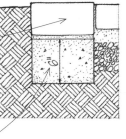 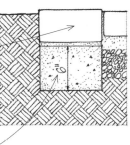 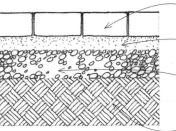 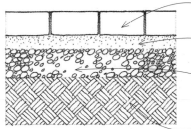  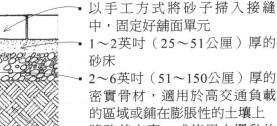

- 層狀方石砌　　・人字紋砌法　　・互鎖式人字紋砌法　　・互鎖式編織砌法　　・植草磚　　・亂石砌法

鋪面樣式

- 鋪面單元在砂漿床上方，置於邊緣或鋪平。

- 混凝土基腳；如果寒冷時的冰凍深度比基腳還要深，就要將碎石鋪在基腳下方。

- 鋪面單元垂直地放在砂漿床上方；鋪面單元可以凸出單元長度的1／2，做為路緣石。

- 混凝土基腳
- 2×、4×、或6×經加壓處理的木材邊緣或路緣石
- 2英吋（51公厘）厚的木片層、碎石層、或小卵石層
- 2英吋（51公厘）厚的土壤水泥混合物基底或碎石基底
- 2×2或2×4經加壓處理的木樁，長24英吋（610公厘），以中心間隔3～4英呎（915～1,220公厘）來設置。

柔性底層

剛性底層

邊緣的情形

鋪面的細部

- 以手工方式將砂子掃入接縫中，固定好鋪面單元
- 1～2英吋（25～51公厘）厚的砂床
- 2～6英吋（51～150公厘）厚的密實骨材，適用於高交通負載的區域或鋪在膨脹性的土壤上
- 將路基夯實、或使用未攪動的土壤

- 磚或混凝土鋪面
- 3／4英吋（19公厘）厚的瀝青底床
- 4～6英吋（100～150公厘）厚的混凝土板
- 視需求放置密實骨材

- 植草磚
- 表層土壤混合物可以植草或地被植物
- 2英吋（51公厘）厚的砂床
- 2～6英吋（51～150公厘）厚的密實骨材

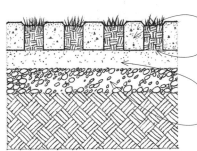 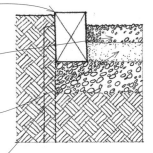

1.40 基地平面圖

基地平面圖（site plan）標示出基地上既有的自然與人為特色，並且說明與這些既有特色有關的建議工程。基地平面圖通常會經過工程師實際的土地調查，因此是整套施工文件中不可或缺的一部分。一張完整的基地平面圖應該包括下列項目：

1. 土地所有權人的姓名與地址
2. 土地的地址（與土地所有權人的地址不同時才需提供）
3. 土地的法定地號和說明
4. 土地調查的來源和日期
5. 地界線說明：地界線尺寸、地界線和北方的相對方位、轉角的角度、曲線半徑
6. 契約或專案中的特別限制，如果與基地界線不同時須特別註明。
7. 指北針和圖面比例尺
8. 水準點的位置和說明，用以確立新建工程的位置和高度參考點
9. 鄰近街道、通道、和其他公共路權的鑑定與尺度測定
10. 任何跨越基地的地役權和路權的定位與尺度測定
11. 土地使用分區管制所規定的基地退縮尺度
12. 既有結構物的定位和尺寸，以及任何新建工程需拆除結構物的說明
13. 建議的工程地點、形狀、和結構尺寸，包含屋簷和其他凸出物
14. 既有與建議鋪設的走道、車道、和停車場的地點與尺度
15. 既有公用設施的位置：供水總管、衛生排水系統、雨水排水系統、瓦斯管線、電力管線、電信管線、消防栓、建議的連結點
16. 既有的等高線、以及車道、人行道、草地的新等高線和完成面，或是施工或整地工程完成後的其他改良面
17. 要保留或即將遷移的既有植栽
18. 既有的水文特徵，例如排水窪地、小溪流、洪泛平原、分水嶺、或海岸線
19. 建議設置的景觀特徵，例如圍籬、擋土牆、植栽；如果範圍太廣，可以另一張圖面來表示景觀和其他基地改良計畫
20. 註明圖面與細部的參考資料

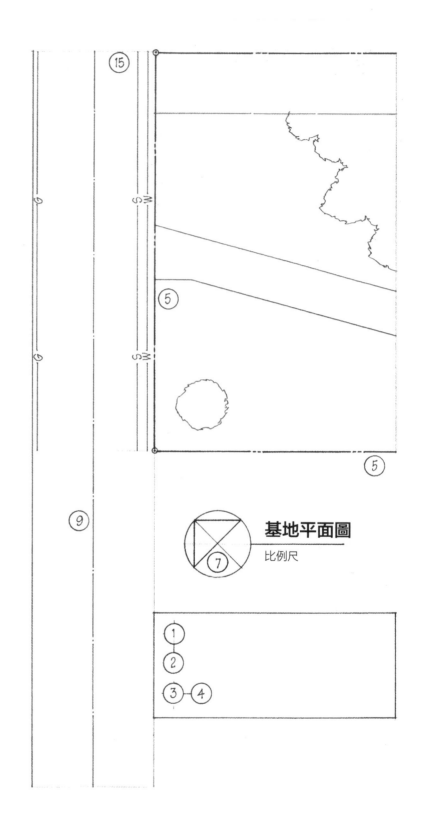

基地平面圖
比例尺

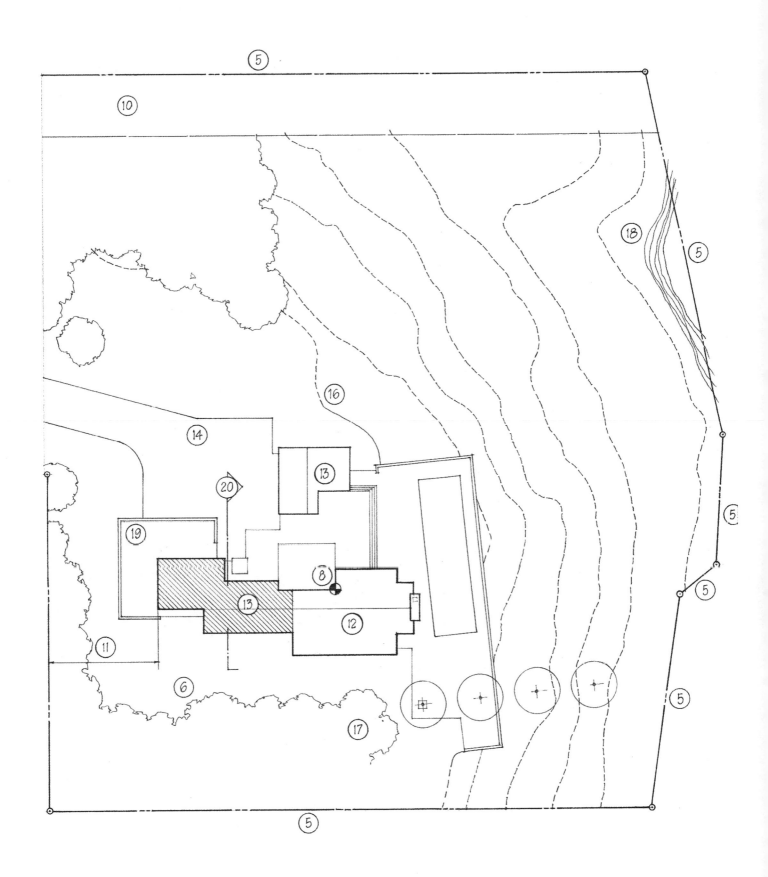

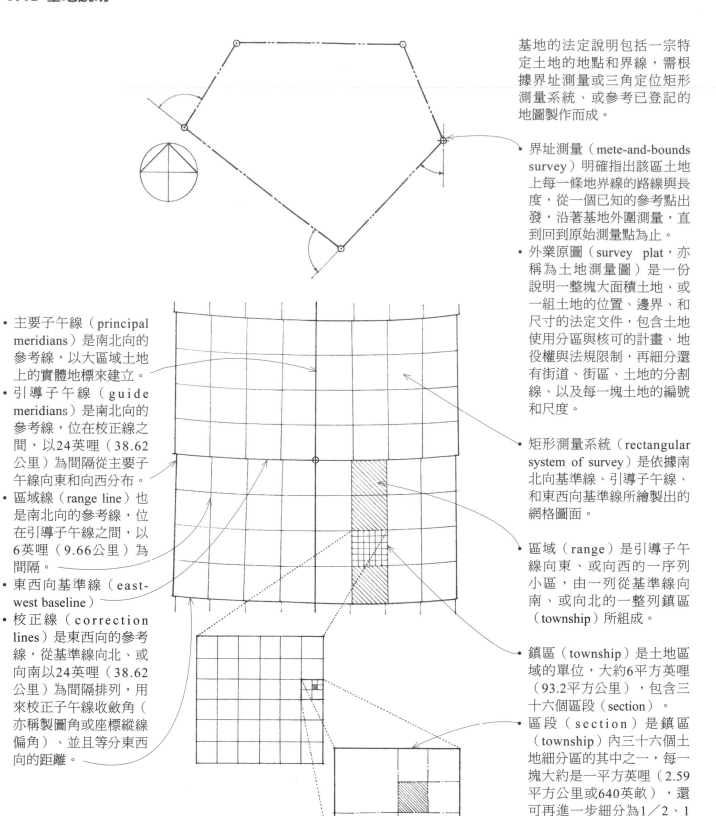

基地的法定說明包括一宗特定土地的地點和界線，需根據界址測量或三角定位矩形測量系統、或參考已登記的地圖製作而成。

- 界址測量（mete-and-bounds survey）明確指出該區土地上每一條地界線的路線與長度，從一個已知的參考點出發，沿著基地外圍測量，直到回到原始測量點為止。
- 外業原圖（survey plat，亦稱為土地測量圖）是一份說明一整塊大面積土地、或一組土地的位置、邊界、和尺寸的法定文件，包含土地使用分區與核可的計畫、地役權與法規限制，再細分還有街道、街區、土地的分割線、以及每一塊土地的編號和尺度。
- 矩形測量系統（rectangular system of survey）是依據南北向基準線、引導子午線、和東西向基準線所繪製出的網格圖面。
- 區域（range）是引導子午線向東、或向西的一序列小區，由一列從基準線向南、或向北的一整列鎮區（township）所組成。
- 鎮區（township）是土地區域的單位，大約6平方英哩（93.2平方公里），包含三十六個區段（section）。
- 區段（section）是鎮區（township）內三十六個土地細分區的其中之一，每一塊大約是一平方英哩（2.59平方公里或640英畝），還可再進一步細分為1／2、1／4、1／16。

- 主要子午線（principal meridians）是南北向的參考線，以大區域土地上的實體地標來建立。
- 引導子午線（guide meridians）是南北向的參考線，位在校正線之間，以24英哩（38.62公里）為間隔從主要子午線向東和向西分布。
- 區域線（range line）也是南北向的參考線，位在引導子午線之間，以6英哩（9.66公里）為間隔。
- 東西向基準線（east-west baseline）
- 校正線（correction lines）是東西向的參考線，從基準線向北、或向南以24英哩（38.62公里）為間隔排列，用來校正子午線收斂角（亦稱製圖角或座標縱線偏角）、並且等分東西向的距離。

美國施工規範協會綱要編碼 02 21 13：基地測量

2 建築物
The Building

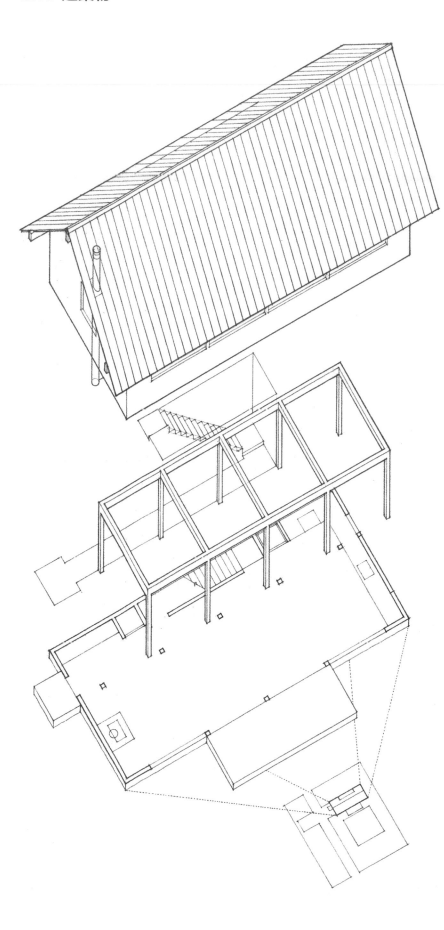

建築和建築構造並非一致、也不是同一件事情。在設計與建造建築物時,都有必要多了解各種材料、元素和構件的組合方法。這樣的了解雖然已經讓人有能力蓋建築物,然而,並不保證建造得出來。建築構造的工作知識僅是諸多實現建築的關鍵因素之一。當我們將建築視為建築物藝術來討論時,除了構造的物理性整合之外,還需思考下列的秩序概念系統:

• 建築物內部空間的定義、尺度、比例、與組織方式
• 人類活動秩序的尺度和尺寸
• 依據目的和用途所做的建築物空間功能性分區
• 貫穿建築物內部的垂直與水平動線入口
• 建築物的知覺性特質:形式、空間、光線、顏色、紋理、與樣式
• 建築物是自然與人為環境中一種經過整合的構件。

本書最主要關注的,正是定義、組織、和強化建築物的感知秩序與概念秩序的實體系統。

系統,可定義為由相互關聯、或相互依存的元素所形成的組合,以達成一個更複雜而統一的整體,並且服務共同目標。建築物可以被理解為由一序列密切相關、相互協調、彼此整合的系統與子系統組成,與三維的形式和空間組織整合為一體的具體表現。

結構系統

建築物結構系統的設計和構造目的是要在結構部件不超出容許應力下,安全地支撐、並將重力載重和側向載重傳遞至地面。

- 上部結構是建築物在基礎上方的垂直延伸部分。
- 柱、樑、與承重牆用於支撐樓地板與屋頂結構。
- 底部結構是形成建築物基礎的下方結構。

包覆系統

建築物包覆系統是建築物的外殼或外層,包括屋頂、室外牆、窗戶、與門。

- 屋頂和外牆可以庇護內部空間不受嚴酷的氣候侵擾,並透過分層的構造組合來控制溼度、熱、和氣流。
- 外牆和屋頂還能阻擋噪音,並且提供建築物使用者安全性與隱私性。
- 門提供實際使用的通行出入口。
- 窗戶提供光線、空氣流通、觀景通道。
- 室內牆和隔間將建築物內部空間細分成多個空間單元。

機械系統

機械系統提供建築物所需的必要服務。

- 給水系統提供飲用水與衛生用水。
- 廢水排放系統可將建築物的廢水和有機物質排出。
- 暖氣、通風、空調系統用於調節建築物的室內空間,提供使用者舒適的環境。
- 電力系統用來控制、計量、與保護建築物的電源供給,並以安全的方式將電力分配至動力、照明、保全、與通訊系統中。
- 垂直運輸系統可將中層建築和高層建築內的人員或物資從某一樓層運往另一樓層。
- 消防系統可以偵測火災和滅火。
- 結構也可能需要廢棄物處理與回收系統。

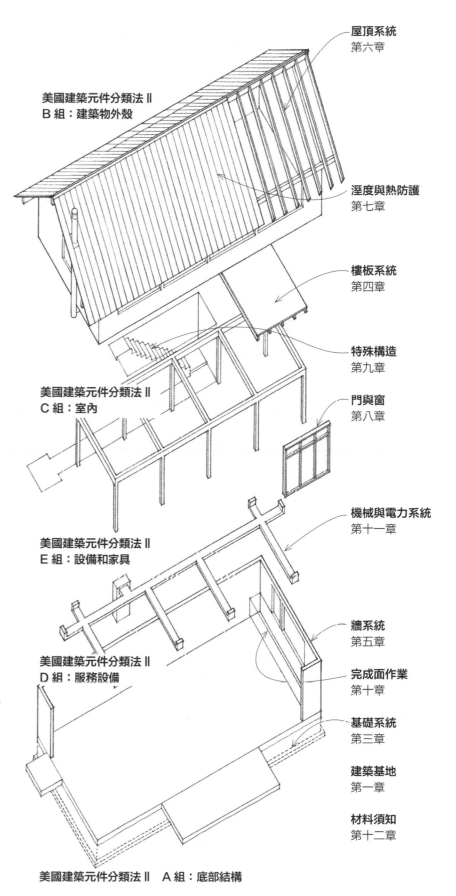

美國建築元件分類法 II
B 組:建築物外殼

美國建築元件分類法 II
C 組:室內

美國建築元件分類法 II
E 組:設備和家具

美國建築元件分類法 II
D 組:服務設備

美國建築元件分類法 II　A 組:底部結構

屋頂系統
第六章

溼度與熱防護
第七章

樓板系統
第四章

特殊構造
第九章

門與窗
第八章

機械與電力系統
第十一章

牆系統
第五章

完成面作業
第十章

基礎系統
第三章

建築基地
第一章

材料須知
第十二章

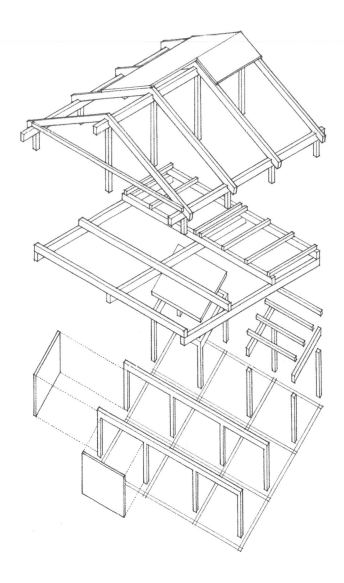

在選擇、組裝、和整合各種建築物系統的構造方式時,應將下列因素列入考量:

性能要求

- 結構協調性、整合性、安全性
- 耐火性、防火性、安全性
- 構造組件的容許厚度或期望厚度
- 透過建築物組件來控制熱和氣流
- 控制水蒸氣的移動與凝結
- 容許建築物因沉降或結構撓曲造成的移動,以及溫度和溼度造成的膨脹與收縮情形
- 降低噪音、隔離噪音、聽覺隱私
- 耐磨損、防腐蝕、防風化
- 完成面、清潔、保養維護的要求
- 使用安全性

美學特質

- 建築物和基地、鄰近建築物、與鄰近社區之間的期望關係
- 形式、量體、色彩、樣式、紋理、細部的品質喜好

法規限制

- 遵守土地使用分區管制和建築法規

經濟考量

- 起始成本包含材料、運輸、設備、與人員工資等費用
- 生命週期成本不只包含起始成本,還包含了維護和運作成本、能源消耗、使用年限、拆除與替換成本,以及這些投入資金的利息成本

環境衝擊

- 透過基地規劃和建築物設計來節約能源與資源
- 機械系統的能源使用效率
- 使用節約型且無毒的建築材料
- 請詳見1.03～1.06

施工實務

- 安全規定
- 容許的誤差和適當的安裝
- 符合工業標準和品質保證
- 工廠和現場的工作劃分
- 建築工種的勞力劃分和協調
- 預算限制
- 施工機具的需求
- 所需的營建期間
- 因應惡劣天候的預防措施

美國職業安全與健康法案(The U.S. Occupational Health and Safety Act, OSHA)針對必須施工的建築物,規範該工作場所的設計,並且設置安全標準。

前一章的1.05～1.08小節概述了綠建築的標準與評分認證系統，包含設計過程的管理與涵構因素，例如選址準則、連接到高品質交通運輸的通道、生物棲息地與敏感區域的保護。本頁與次頁主要聚焦於建築物與建築物系統的重要設計與構造特色，相關內容由LEED綠建築評分認證系統的必要項目與認證項目規劃而成。

總體目標是要降低建築物對環境的衝擊、打造長壽又有用處的建築物，並為使用者提供健康舒適的環境。

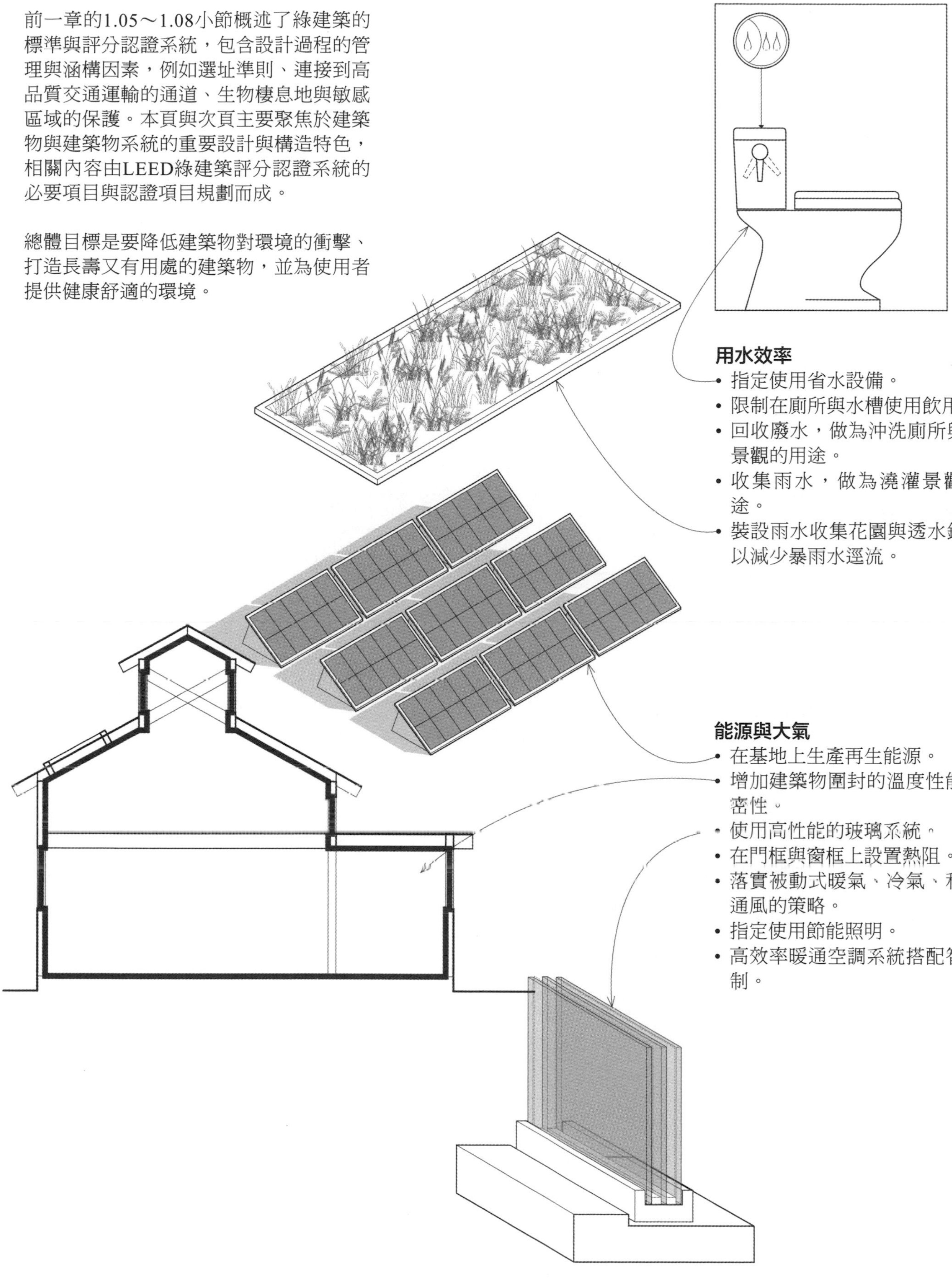

用水效率

- 指定使用省水設備。
- 限制在廁所與水槽使用飲用水。
- 回收廢水，做為沖洗廁所與澆灌景觀的用途。
- 收集雨水，做為澆灌景觀的用途。
- 裝設雨水收集花園與透水鋪面，以減少暴雨水逕流。

能源與大氣

- 在基地上生產再生能源。
- 增加建築物圍封的溫度性能與氣密性。
- 使用高性能的玻璃系統。
- 在門框與窗框上設置熱阻。
- 落實被動式暖氣、冷氣、和自然通風的策略。
- 指定使用節能照明。
- 高效率暖通空調系統搭配智慧控制。

2.06 構築綠色

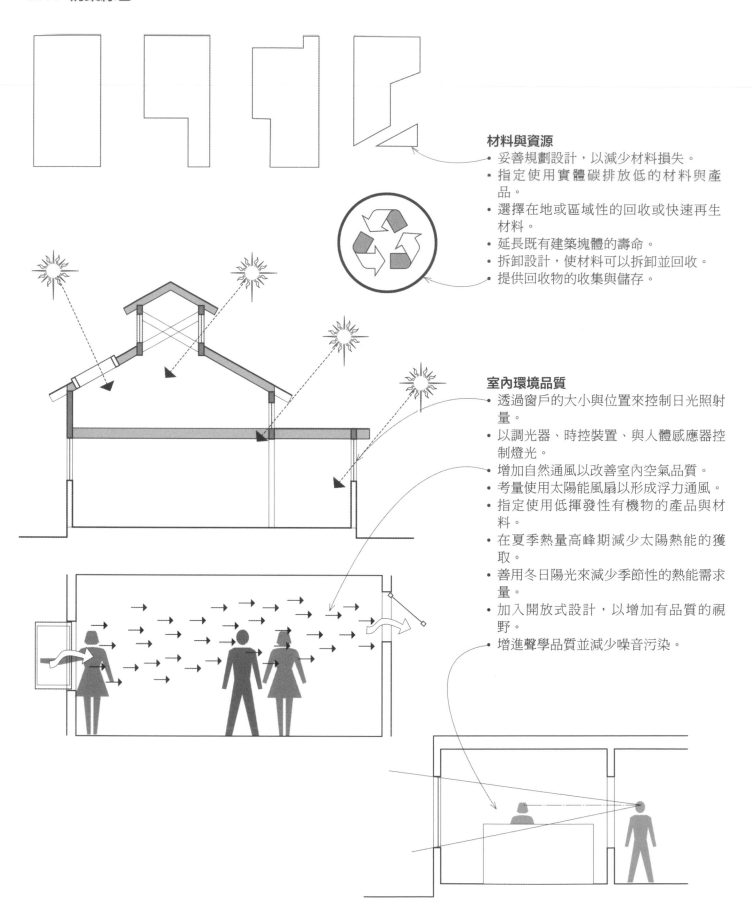

材料與資源
- 妥善規劃設計，以減少材料損失。
- 指定使用實體碳排放低的材料與產品。
- 選擇在地或區域性的回收或快速再生材料。
- 延長既有建築塊體的壽命。
- 拆卸設計，使材料可以拆卸並回收。
- 提供回收物的收集與儲存。

室內環境品質
- 透過窗戶的大小與位置來控制日光照射量。
- 以調光器、時控裝置、與人體感應器控制燈光。
- 增加自然通風以改善室內空氣品質。
- 考量使用太陽能風扇以形成浮力通風。
- 指定使用低揮發性有機物的產品與材料。
- 在夏季熱量高峰期減少太陽熱能的獲取。
- 善用冬日陽光來減少季節性的熱能需求量。
- 加入開放式設計，以增加有品質的視野。
- 增進聲學品質並減少噪音污染。

地方政府機構採用建築規範來控管建築物的設計、構造、改建、與修復，目的是保障公眾的安全、健康與福祉。建築規範通常是依據建築物的構造與使用類別、材料和建造方法的最低標準、以及結構和防火安全的規格來制定。建築規範的本意不只在於規定，還包括性能準則，明文規定了特定構件或系統需有的運作機能，但並非提供達到此結果的工作方法。建築規範通常參考了美國試驗與材料協會（American Society for Testing and Materials, ASTM）、美國國家標準協會（American National Standards Institute, ANSI）、與其他技術協會和同業公會所建立的標準，用以指示材料或構件應有的特性，以及證實產品性能所需的試驗方法。

標準規範

標準規範是由國家組織的法規官員、材料科學和生命安全專家、專業協會、與同業工會共同發展而成的建築規範，做為地方團體必須遵行的法律規定。若有某些規定需要修改或增加以因應當地的需求或疑慮時，則由市政當局頒布修正案。

國際建築規範

自上世紀初期以來，由國際建築官員與規範管理人員協會（Building Officials and Code Administrators International, Inc.,BOCA）、國際建築官員會議（International Conference of Building Officials, ICBO）、和南方建築規範會議（Southern Building Code Conference, SBCC）所發展的三個主要標準規範已經應用在美國各地。1994年，這些標準規範團體合併為國際規範委員會（International Code Council, ICC），目標是發展出一套全面且協調一致的國家標準規範。2000年，國際規範委員會公布了第一版的國際建築規範（International Building Code®, IBC）。

由於之前已有標準規範，因此國際建築規範從定義建築物的使用類別、設定和建築物用途相關的高度與面積限制、應採用的構造類型、並且根據耐火等級和可燃性程度制定出五種構造類型。國際建築規範亦涵蓋室內完成面、防火系統、緊急逃生、無障礙設施、室內環境、能源效率、外牆與屋頂、結構設計、建築材料、升降機與運輸系統、以及既有結構等不同面向。

相關規範

國際住宅規範（The International Residential Code®, IRC）針對獨棟的單戶和雙戶住宅、以及三層樓以下有獨立逃生通道的連棟別墅構造均制定出相關規範。國際既有建築物規範（The International Existing Building Code®）則因應日漸重要的歷史建築物保存與既有建築物永續再利用的議題，制定出改建、維修、與修復既有設施的相關內容。其他相關規範還包括國際節能規範（International Energy Conservation Code®）、國際消防規範（International Fire Code®）、國際機械規範（International Mechanical Code®）、與國際管道規範（International Plumbing Code®）等。

其他重要規範

國家防火協會（The National Fire Protection Association, NFPA）發展了一套名為NFPA 5000的新建築規範，做為國際建築規範的替代方案。此外，國家防火協會還頒布了其他法規文件。

• NFPA－70 國家電氣規範（National Electric Code），旨在確保人員的安全與建築物的防護措施，亦包括照明、加熱、動力設備使用電力時所引發的危害內容。
• NFPA－101 生命安全規範（Life Safety Code），建立消防安全的最低標準、預防火、煙、瓦斯等危險，火災偵測與警報系統、滅火系統、和緊急逃生出口
• NFPA－13 管理消防灑水頭的裝置。

聯邦政府規定

除了當地採行的標準規範版本外，聯邦政府對設施設計與構造的特別法規也必須納入考量。

• 1990年聯邦政府民權法案中的美國身心障礙者法案（American with Disabilities, ADA）要求建築物必須提供方便行動不便者與某些受明確定義的精神障礙者使用的無障礙通行設施。美國身心障礙者法案之無障礙執行準則（ADA Accessibility Guidelines）〔2010年ADA無障礙設計標準（2010 ADA Standards for Accessible Design）〕由獨立政府機構——美國無障礙委員會（U.S. Access Board）維護，相關規章則由美國司法部管理。聯邦設施必須遵守建築障礙法案（Architecture Barriers Act, ABA）所頒布的標準。在最新頒布的版本中，無障礙委員會將ADA準則融入ABA所涵蓋的設施中，並將兩者合併頒布為ADA—ABA無障礙準則。此外，無障礙委員會還進一步與國際規範委員會（ICC）合作，將ADA和ABA準則和無障礙條款併入國際建築規範（IBC）之中。
• 1988年的聯邦公平住房法案（Federal Fair Housing Act, FFHA）中，包含了美國住房與城市發展部（Department of Housing and Urban Development, HUD）要求所有在1991年3月31日後建造的四戶以上集合住宅，必須適合身心障礙者使用的規定。

使用類別
• 詳見 2.07

構造類型
• 詳見 2.08

最大高度與面積

2.08 構造類型

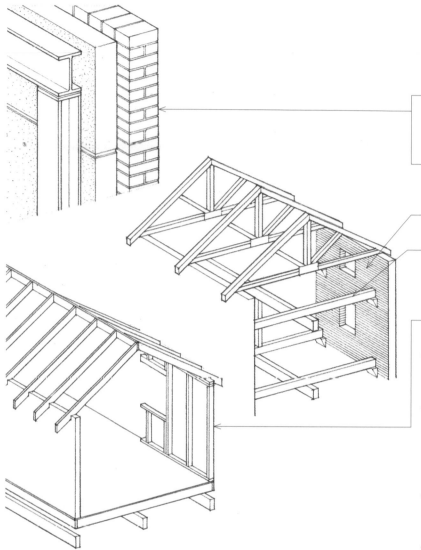

國際建築規範（IBC）將建築物的構造依其主要元素的耐火性能進行分類，這些主要元素包括：結構構架、外部與內部承重牆、非承重牆與隔間、樓地板與屋頂組件。

- 第一類建築物的主要建築元素由不燃材料製成，例如混凝土、砌體、或鋼材。某些可燃材料如果僅附屬於該建築物的主結構，則可能被允許。
- 第二類建築物除了主要建築元素必須的耐火等級降低之外，其他規定皆與第一類建築物類似。
- 第三類建築物有不燃的外牆，主要室內元素須為法規允許的材料。
- 第四類建築物（重木構造；Heavy Timber, HT）須有不燃的外牆，主要室內元素為符合最小尺寸規定、而且無封閉空間的實心木材或膠合木材。
- 第五類建築物的結構元素、外牆與內牆均使用法規允許的材料。
- 第五類的防火構造，除了非承重室內牆與隔間，所有的建築元素都必須有一小時的防火時效。
- 第五類的非防火構造，除非因應規範要求，外牆鄰近地界線、或外牆接近同一基地內的其他建築物時需具備的防護性之外，並無其他防火時效的規定。

- 下表列出各類構造類型的主要建築元素所須的耐火等級。更多特定的規定請參考國際建築規範表601。
- 詳見附錄所載之代表性構造組件的防火時效等級。

耐火等級規定（小時）

構造類型	第一類		第二類		第三類		第四類	第五類	
	A	B	A	B	A	B	HT	A	B
建築物元素									
結構構架	3	2	1	0	1	0	HT	1	0
承重牆									
外部	3	2	1	0	2	2	2	1	0
內部	3	2	1	0	1	0	1/HT	1	0
非承重牆	因使用類別、構造類型、建築線的位置、以及和鄰近結構的距離而有所不同。								
樓地板構造	2	2	1	0	1	0	HT	1	0
屋頂構造	1-1/2	1	1	0	1	0	HT	1	0

國際建築規範依據構造類型和使用類別來限制建築物的最大高度與樓地板面積,藉以傳達在耐火等級、建築物尺寸、和使用類別本質之間的內在關係。建築物愈大,使用者愈多,使用的危險性愈高,所以應該有耐火等級較高的設施。這樣規範的目的是為了保護建築物不遭受火災、或是在火災發生時遏止火勢以提供足夠的時間讓人員安全疏散,讓消防機制有充足時間反應。如果建築物設有自動灑水系統、或以防火牆將空間劃分成小於尺寸限制的區域,就可以突破尺寸上的限制。

• 防火牆必須有足夠的防火等級,才能防止火勢由建築物的一處延燒到另一處。防火牆必須從基礎連續地延伸到屋頂上方的女兒牆、或延伸到不燃屋頂的下方。防火牆的所有開口都必須限制在牆面長度的一定比例以下,而且必須以自動關閉式防火門、防火窗組件、以及在通風管內安裝防煙防火匣門等措施來保護。

• 使用分區指的是以垂直或水平的耐火構造,防止混合型使用建築物中的火勢從一使用區域延燒到另一處。

• 防火間隔指的是地界線或相鄰建築物與符合耐火等級規定的外牆之間的距離。

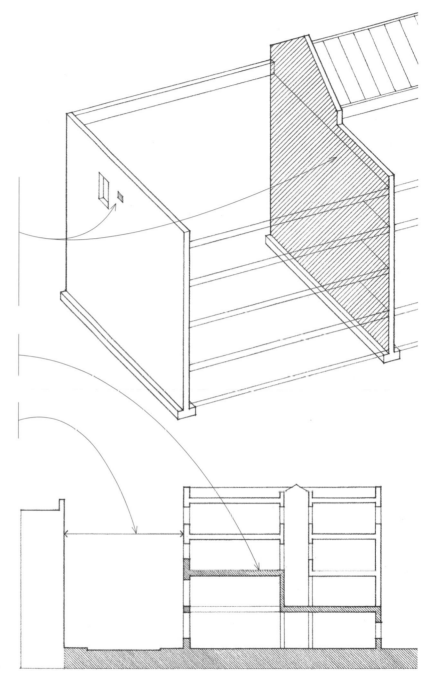

建築物使用類組的例子

A 公共集會類 Assembly
禮堂、劇院、體育館

B 辦公類 Business
辦公室、實驗室、高等教育設施

E 文教類 Educational
12 年級以下的兒童照護設施和學校

F 工廠類 Factories
製造、組裝或生產設施

H 危險物品類 Hazardous uses
該設施用來處理在性質和數量上具有一定危險性的材料

I 機構類 Institutional
監護設施,如醫院、護理之家、感化院

M 商業類 Mercantile
展示與銷售商品的商店

R 住宅類 Residential
住宅、公寓、旅館

S 倉儲類 Storage
倉儲設施

在封閉的居住空間裡，建築物的結構系統必須能夠支撐兩種載重類型——靜載重和活載重。

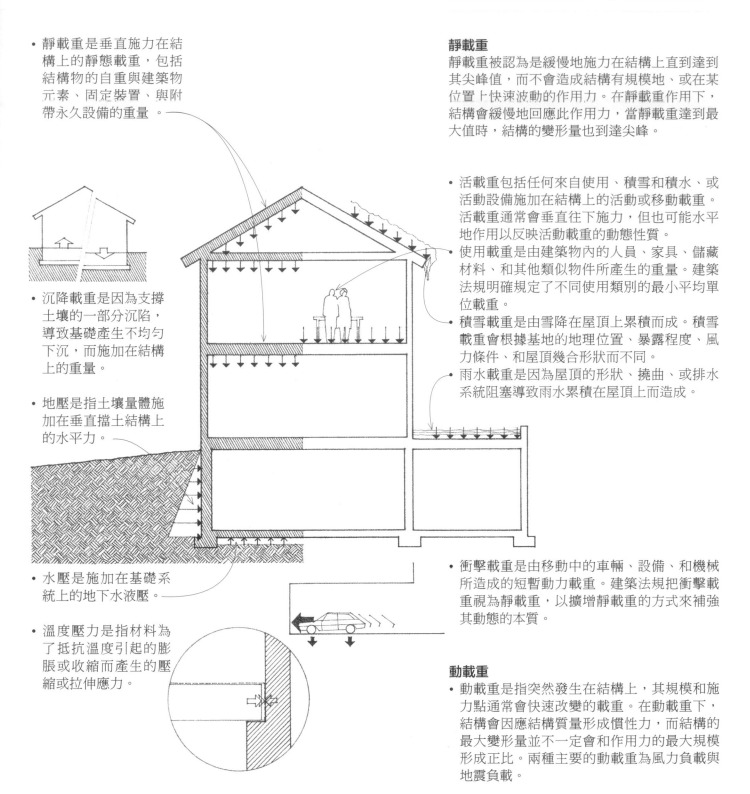

- 靜載重是垂直施力在結構上的靜態載重，包括結構物的自重與建築物元素、固定裝置、與附帶永久設備的重量。

- 沉降載重是因為支撐土壤的一部分沉陷，導致基礎產生不均勻下沉，而施加在結構上的重量。

- 地壓是指土壤量體施加在垂直擋土結構上的水平力。

- 水壓是施加在基礎系統上的地下水液壓。

- 溫度壓力是指材料為了抵抗溫度引起的膨脹或收縮而產生的壓縮或拉伸應力。

靜載重
靜載重被認為是緩慢地施力在結構上直到達到其尖峰值，而不會造成結構有規模地、或在某位置上快速波動的作用力。在靜載重作用下，結構會緩慢地回應此作用力，當靜載重達到最大值時，結構的變形量也到達尖峰。

- 活載重包括任何來自使用、積雪和積水、或活動設備施加在結構上的活動或移動載重。活載重通常會垂直往下施力，但也可能水平地作用以反映活動載重的動態性質。

- 使用載重是由建築物內的人員、家具、儲藏材料、和其他類似物件所產生的重量。建築法規明確規定了不同使用類別的最小平均單位載重。

- 積雪載重是由雪降在屋頂上累積而成。積雪載重會根據基地的地理位置、暴露程度、風力條件、和屋頂幾合形狀而不同。

- 雨水載重是因為屋頂的形狀、撓曲、或排水系統阻塞導致雨水累積在屋頂上而造成。

- 衝擊載重是由移動中的車輛、設備、和機械所造成的短暫動力載重。建築法規把衝擊載重視為靜載重，以擴增靜載重的方式來補強其動態的本質。

動載重
- 動載重是指突然發生在結構上，其規模和施力點通常會快速改變的載重。在動載重下，結構會因應結構質量形成慣性力，而結構的最大變形量並不一定會和作用力的最大規模形成正比。兩種主要的動載重為風力負載與地震負載。

風力負載是由空氣質量移動的動能所產生的力；被假設為來自任何水平的方向。

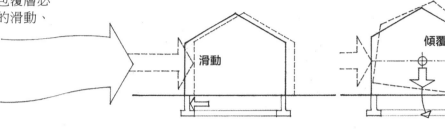

- 結構、構件、以及建築物的包覆層必須被設計成能夠抵抗風引起的滑動、上抬、和傾覆作用。

- 總風力負載等於，每平方英呎的風力負載乘以建築物或結構投影在垂直於風向之平面面積的總乘積。
- 風力被假設為來自任何水平方向；風壓則被假設為垂直施加在該建築物的表層。
- 風不只會在建築物上產生正壓，也會同時形成吸力或負壓，因此必須抵抗任何一種垂直於建築物表層的風力。

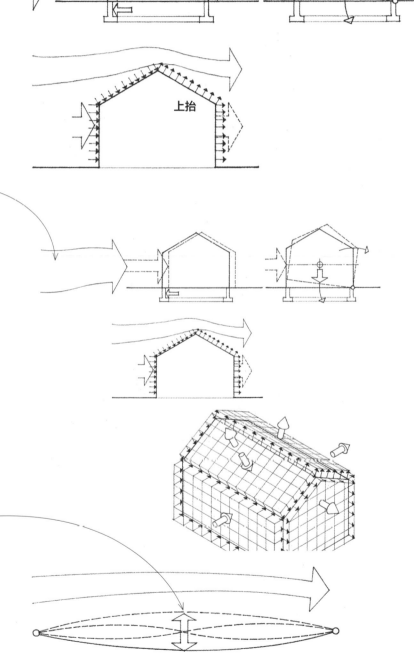

- 設計風壓是指，關鍵風速施加在建築結構外部表層、換算成靜態壓力的最小設計值；相當於在33英呎（10公尺）高測得的參考風壓，再依據建築結構暴露條件的影響、建築物高度、陣風、以及結構在撞擊氣流作用下的幾何形狀和方位等係數加以修正後所得的參考值。
- 建築物的使用類別廣、具潛在危險性、或本身就位在颶風或地震頻繁的地區，都是提高風力或地震力設計值的重要因素。

- 顫動是指有彈性的纜索或薄膜結構受到風的氣動效應而引起的快速震盪。

- 高瘦型建築物、形狀特殊或複雜的結構、以及輕巧有彈性的結構都很容易受到顫動的影響，因此需要透過風洞實驗或電腦模擬的方式，來研究建築物或結構回應風壓的配置方式。

2.12 地震負載

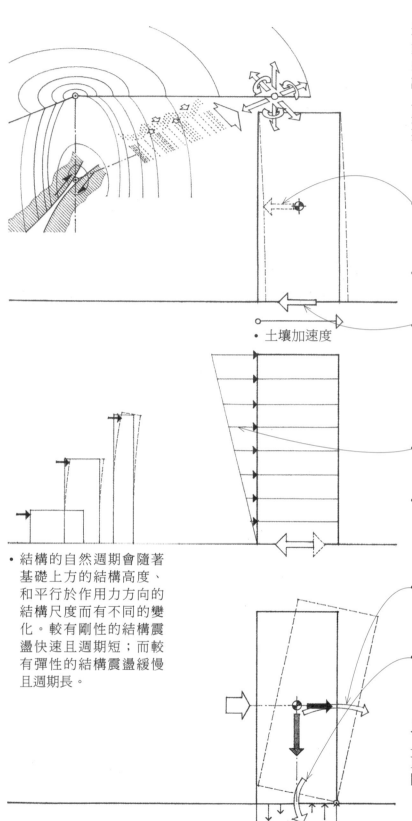

• 土壤加速度

• 結構的自然週期會隨著基礎上方的結構高度、和平行於作用力方向的結構尺度而有不同的變化。較有剛性的結構震盪快速且週期短；而較有彈性的結構震盪緩慢且週期長。

地震是指一連串因地殼內部板塊突然沿著斷層移動，而引發的縱向與橫向震動。地震的衝擊以波的形式沿著地面傳播，並且從震央由內而外隨距離增加而相對地減弱。雖然這些地表活動在本質上是三維向度的運動，但地震的水平分力被認為是結構設計的關鍵。結構的垂直載重元素通常都要能夠抵抗這種額外的垂直載重。

• 上部結構的質量具有慣性力，當基礎因為地震而位移時，使上部結構傾向於保持靜止。由牛頓第二運動定律得知，地震作用力等於物體質量乘以加速度。

• 靜態等效側向力和基底剪力，可用於計算高度240英呎（73公尺）以下的規則結構、五層樓以下的不規則結構、和低地震危險性的結構。

• 基底剪力被假設為作用在結構任一水平方向的總側向地震力的最小設計值。基底剪力是由總結構靜載重乘以一個係數後計算得出，以反映地震帶的地面運動特徵和強度、基礎下方的土壤剖面類型、使用類型、結構質量與剛度的分配情形、以及結構的自然週期，也就是一次完整震盪所需的時間。

• 在規則結構中，基底剪力會被分配到基底上方的各個水平隔板上，並且按照每一層樓板的重量、和樓板到基底之間的距離成比例分配。

• 對高樓層建築物、形狀不規則的結構或構架系統、或是建造在柔軟或塑性土壤中而容易受地震破壞或崩塌的結構來說，進行較複雜的動態分析是必要的。

• 任何作用在離地面上方一段距離上的側向力，都會在結構基底引發傾覆力矩。為了達到平衡，傾覆力矩須由外部恢復力矩、以及柱或剪力牆產生的內部抵抗力矩來抵消。

• 恢復力矩是由作用在幾近傾覆力矩旋轉點上的結構靜載重所提供。建築法規通常規定恢復力矩應至少要大於傾覆力矩的一半以上。

以下簡單介紹結構系統是如何解決施加在建築物上的作用力、並且將作用力引導至地面的方式。更多建築物的結構設計與分析的相關資訊，請參閱書末所列出的參考書目。

結構系統必須分解所有作用在建築物上的力量，並且導引到地面，其方式的簡介如下。有關建築物結構設計與分析的更完整資訊，請詳見書末的參考書目。

力是讓一件物體產生形狀或運動變化的任何影響作用。力被視為一種具有大小與方向的向量，常以箭頭來表示。箭頭的長度與力的大小成比例，箭頭方向則代表力的作用方向。單一力量作用在剛性物體上時，可視為此力量沿著其力量作用線的任何位置作用，而不改變力量的外部效應。兩股或兩股以上的力會有以下幾種關係：

• 共線力沿著直線發生，共線力的向量和，也就是力量大小的代數總和，會沿著同一直線作用。

• 共點力有許多條作用線相交在一個共同點上，在這個點上的向量總和等同於好幾股力的作用，產生如同好幾股力的向量作用在一剛性物體上的相同效應。

• 平行四邊形定律說明了，兩股共點力的向量和或合力可以用平行四邊形對角線來表示，對角線的相鄰兩邊代表這兩股被相加在一起的共點力。

• 以此類推，任何一股單一力量都可以分解成兩股或多股對剛性物體產生淨效應的共點力，而此共點力和起始力等量。為了更方便結構分析，上述情形通常會以長方形、或是起始力的笛卡兒分量來表示。

• 多邊形法是指利用繪圖法來找尋共面系統中多股共點力的向量和。多邊形法按照比例、連續地繪出每一股向量，並且將每一股力的尾端接在前一股力的最前端。從第一股向量力的尾端往最後一股向量力的最前端延伸，將多邊形繪製完成的這一股單力，即是向量和或合力。

• 非共點力的作用線均不交會在同一點。非共點力的向量和是一股會造成物體平移或旋轉的單力，和原始作用力的組合一樣。

• 力矩是指可讓物體沿著點或線旋轉的力量趨向，力矩的大小等同於力量乘以力臂長，並以順時針或逆時針方向作用。

• 力偶是由等量、平行、但作用方向相反的兩股單力所組成的力量系統，容易造成旋轉但不會造成平移。力偶的力矩大小等同於其中一股單力乘以兩股力的垂直距離。

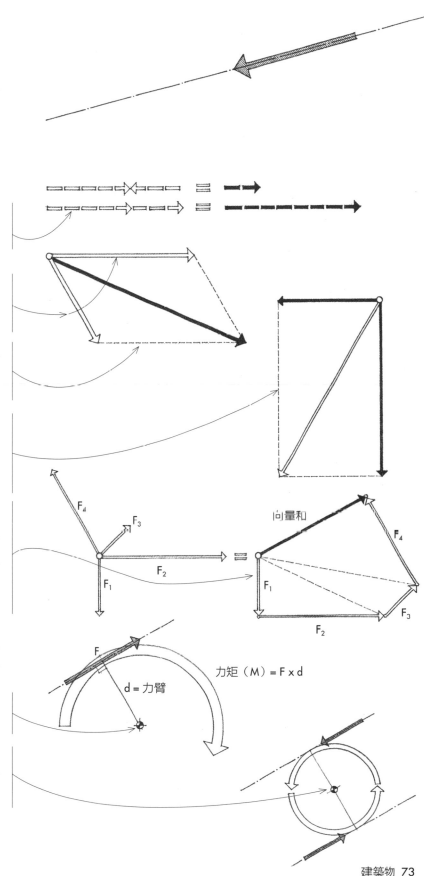

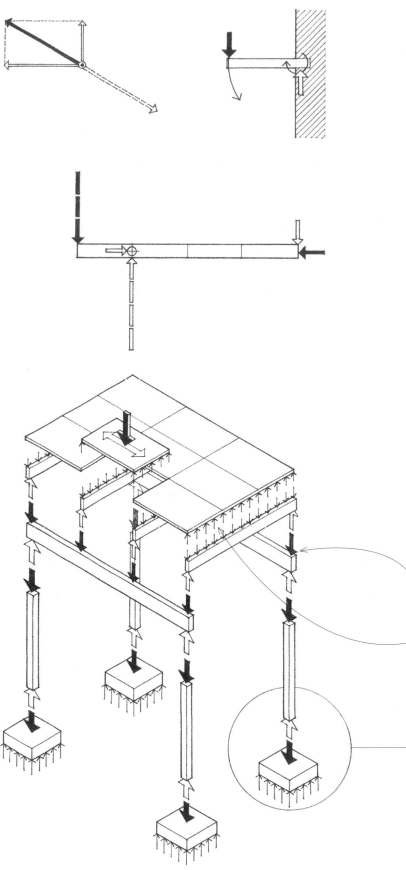

在結構設計與分析時，我們首先考慮的是力的大小、方向、施力點、分解力，以及達到平衡的辦法。平衡是來自相反力量的均等作用所形成的均衡或靜止狀態。換句話說，每個結構元素在承接載重的時候，結構中的支撐元素必須以等量但方向相反的力量來因應。剛性物體如果要達到平衡狀態，下列兩個條件都是必要的。

- 第一，作用在剛性物體上所有力的向量總和必須等於零，以確保平移平衡：
  $\Sigma Fx = 0; \ \Sigma Fy = 0; \ \Sigma Fz = 0$
- 第二，點或線上的所有力矩代數和必須等於零，以確保旋轉平衡：$\Sigma M = 0$

- 牛頓第三運動定律，即作用力與反作用力定律，說明了當在物體上施加每一股作用力，物體也會在同一條作用線上產生方向相反、大小相等的力。

- 集中載重會作用在支撐結構元素的一塊非常小的區域上、或是一個點上，例如當一根樑承重在一根柱上、或一根柱承重在一根基腳上的載重。
- 均布載重是指大小均勻的載重延伸分布在支撐結構元素的長度或面積上，例如活載重均布在樓地板或格柵上、或是風力均布在於牆上。

- 自由體圖（free-body diagram）以圖表呈現出作用力與反作用力施加在一個物體上、或在結構的某一分離部位時的完整傳力系統。結構系統的每一個基本部分都有因應該部分結構平衡所需的反作用力，就像較大型的結構系統會在支撐上形成反作用力以維持整體的平衡。

柱是具有剛性且相對細長的結構部件（members），主要用於支撐施加在結構元素兩端的軸向壓縮載重。相對較為粗短的柱容易受壓碎破壞，而非挫屈破壞。破壞的發生是因為軸向載重的直接壓力超過了材料斷面的抗壓強度。偏心載重會造成彎曲，並導致斷面上出現不均等壓力分布。

• 核心區是指柱或牆體水平斷面的中心區域，只要有壓縮應力出現在斷面上，所有壓縮載重的合力就會通過核心區。如果壓縮載重作用在核心區之外，則會導致斷面上產生拉伸應力。

• 外部力量會引發結構元素的內部壓力

細長的柱容易受挫屈破壞，而非斷裂破壞。挫屈是細長結構部件在達到材料降伏應力之前，由軸向載重引發的瞬間側向或扭矩不穩定性。在挫屈載重下，柱子開始往側向撓曲，而且無法形成使柱恢復原本直線狀態的內力。任何額外的載重都會導致柱形成更大的撓曲，直到柱在彎曲下傾倒。柱的細長比愈高，導致柱挫屈的臨界應力值就愈低。柱的主要設計目標，就是透過縮短柱的有效長度、或加大斷面的迴轉半徑等做法，盡可能將細長比降低。

• 細長比是指柱的有效長度（L）和最小迴轉半徑（r）的比值。對於不對稱的柱斷面來說，挫屈易發生在較弱的軸向、或是在最小尺度的方向。

• 迴轉半徑（r）是指物體質量的假想集中軸（形心軸）到轉軸的距離。在柱的斷面，迴轉半徑等於慣性矩除以柱斷面面積所得商數的平方根。

• 有效長度（L）是指柱承受挫屈時彎曲點之間的距離。當柱的有效長度挫屈了，整根柱就會破壞。
• 有效長度係數（k）是依據柱端部的狀況來修正實際長度的係數，藉此決定柱的有效長度。例如，將一根長柱的兩端固定，會使有效長度縮短一半，並且增加四倍的承重能力。

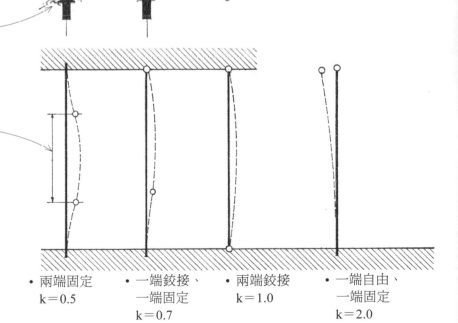

• 兩端固定
k＝0.5

• 一端鉸接、一端固定
k＝0.7

• 兩端鉸接
k＝1.0

• 一端自由、一端固定
k＝2.0

2.16 樑

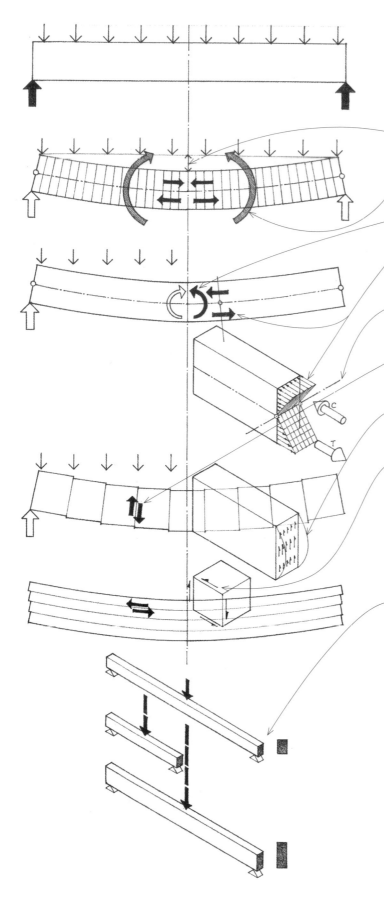

樑是剛性的結構部件，用來承接橫向載重，以及將載重橫越空間傳遞至支撐元素上。由於非共點力的模式會使樑彎曲和撓曲，因此必須藉由材料的內部力量來抵抗。

- 撓度是指跨距部件在橫向載重作用下，偏移原本位置的垂直距離。撓度會隨著載重與跨距增加，並且隨著斷面的慣性矩或材料彈性係數的增加而減少。
- 彎曲力矩是一種容易造成部分結構旋轉或彎曲的外部力矩，相當於該斷面中心軸周圍力矩的代數和。
- 阻力矩則是與彎曲力矩均等、但方向相反的內部力矩。阻力矩由力偶產生，用以維持該斷面的平衡。
- 彎曲應力是由結構部件斷面上的壓縮應力與拉伸應力結合而成，可以抵抗橫向作用力，彎曲應力的最大值會出現在離中心軸最遠的表面上。
- 中心軸是當樑或其他部件受到作用力彎曲時，假想有一條穿過橫斷面中心點的線段，沿著這條中心軸線不會有任何彎曲應力產生。
- 橫向剪力會發生在受彎折的樑或其他部件斷面上，相當於施加在該斷面某一側的橫向作用力代數和。

- 垂直剪應力是為了抵抗橫向剪力而產生。剪應力的最大值發生在中心軸上，並且會朝向表面呈非線性遞減。
- 水平向或縱向剪應力可避免樑在受到橫向載重作用時沿著水平面滑移，而任一處的剪應力都會與該點的垂直剪應力相等。

要提升樑的承重效率，可將樑設計成以其最小可行的橫斷面面積來提供所需的慣性矩或斷面模數，因此通常會在形成最大彎曲應力的部件末端配置大部分的材料，以增加樑斷面的深度。舉例來說，使樑的跨距減半或寬度加倍，可降低二倍的彎曲應力；深度加倍則可降低四倍的彎曲應力。

- 慣性力矩（轉動慣量）是將每一慣性元素的面積乘以該元素到轉動共面軸的距離平方、再將這些乘積相加所得出的總量。慣性力矩是一種幾何性質，能顯示出慣性力分布在結構部件橫斷面面積上的情形，但並無法反映出材料本身的物理特性。
- 斷面模數則是橫斷面的一種幾何性質，由斷面的慣性矩除以從中心軸到最遠端表面的距離來定義。

- 一根簡支樑有兩個支撐端點，兩端皆能自由轉動且不具力矩抵抗力。就像任何一種靜定結構，簡支樑上的所有反作用、剪力、和力矩的數值都不受樑的橫斷面形狀與材質影響。

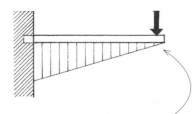

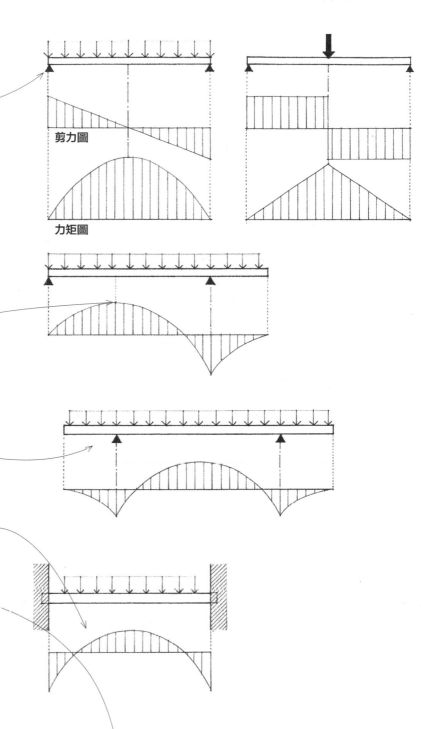

剪力圖

力矩圖

- 懸挑是指支撐處只有一端被固定住的凸出樑或其他剛性結構部件。
- 懸臂樑是指簡支樑的一端延伸出支撐之外。懸臂外伸的部分，會在橫越支撐的懸挑基部形成負向力矩，削弱跨距中央處的正向力距。假設載重均勻分布，當凸出支撐的長度大約是跨距的3／8時，凸出部分的力矩會與跨距中央的力矩相等、但方向相反。
- 雙懸臂樑是指簡支樑的兩端均延伸出支撐之外。假設載重均勻分布，當凸出支撐的長度大約是跨距的1／3時，凸出部分的力矩會與跨距中央的力距相等、但方向相反。
- 端點固定樑會使樑的兩端在平移或轉動時受到限制。但固定住端點可以傳遞彎曲應力、增加樑的剛性，以及縮減樑的最大撓曲程度。
- 懸跨樑也是一種簡支樑，由兩道相鄰跨距的懸臂支撐著，並在零力矩處以鉸接的施工縫接合起來。
- 連續樑因為延伸超過兩個以上的支撐，可產生比一序列跨度與載重都相似的簡支樑更大的剛性和更小的力矩。端點固定樑和連續樑都是靜不定結構，因此不論是反作用力、剪力、或力矩的數值都不只取決於跨距和載重，也會受到樑的橫斷面形狀與材料影響。

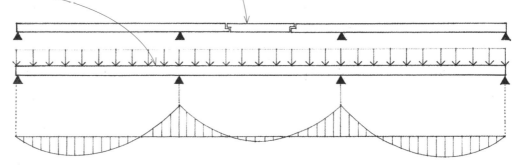

2.18 桁架

桁架是依據三角形的幾何剛性,由只能承受軸向拉力或壓縮力的線性部件組成的結構構架。

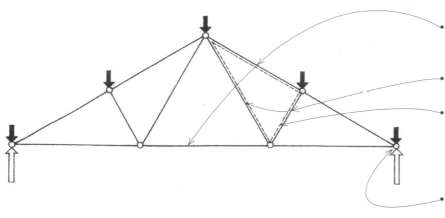

- 上、下弦材是桁架從一端延伸至另一端的主要部件,兩者之間由腹桿部件連接起來。
- 腹桿是用來連接桁架上下弦材部件的整合系統。
- 桁格是指在一根弦材上的任意兩個節點和一個對應接頭、或是由相對弦材上的一對接頭所圍塑出來的空間。

- 跟座是桁架低處的支撐端點。

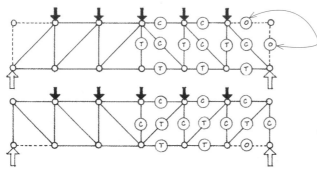

- 桁格節點是位在主要腹桿部件和一根弦材之間的任何一個接頭。桁架只能在桁格節點處承接載重,而且部件必須只能承受軸向拉力或壓縮力。為了防止二次應力的產生,桁架部件的質心軸線和接頭上的載重必須通過一個共同點。

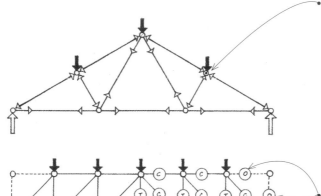

- 零力部件在理論上並不會承接任何直接載重,因此即便缺少這種部件也不會改變桁架輪廓的穩定性。

- 桁架的類型與輪廓請詳見6.09

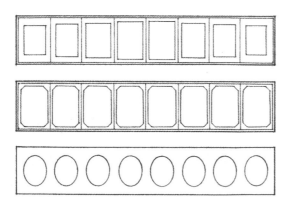

- 范倫迪爾桁架(Vierendeel truss)是將垂直腹桿部件和平行的上、下弦材剛性連接成的框架樑結構。因為部件會承受非軸向的彎力,所以范倫迪爾桁架並不是真正的桁架。

樑如果僅以兩根柱簡單支撐，除非另做支撐，否則無法抵抗側向力。如果連接柱、樑的接頭能同時抵抗力與力矩，這樣的組合就是剛性構架。由於剛性接頭會抑制部件終端的自由旋轉，因此應力會在構架的所有部件上產生軸向力、彎力、和剪力。此外，垂直載重也會在剛性構架的基座發展出水平外推力。剛性構架只有在面內才是靜不定（超靜定）並且具有剛性。

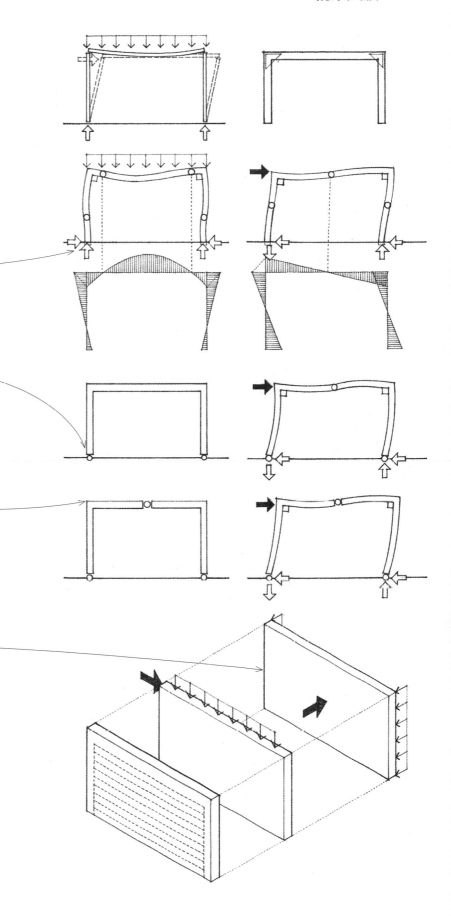

- 固定構架是指剛性構架和支撐元素之間以固定接頭相連。固定構架比鉸接構架更能抵抗撓曲，但比較容易發生支撐沉降與熱漲冷縮的情形。

- 鉸接構架是指剛性構架和支撐之間以鉸接接頭（pin joint）相連。鉸接接頭可讓構架在支撐沉降而拉緊時，像一個獨立單元般地旋轉，以及在受到溫度改變的應力下，讓構架小幅度地伸縮，以避免高彎曲應力。

- 三點鉸接構架是以鉸接接頭將兩個剛性斷面相互連接，並與支撐接合起來的結構組合。雖然相較於固定構架或鉸接構架，三點鉸接構架對撓曲作用更為敏感，但最不容易受到支撐沉降和溫度壓力的影響。三點鉸接的接頭形式也使得構架被歸類為靜不定結構。

如果將兩根柱和一根橫樑框出的平面填滿，就會變成一道承重牆，形成如細長柱子將壓縮力傳遞至地面一樣的作用。承重牆在承載共面的均布載重時最有效；而在承受與牆面垂直的作用力時最不穩固。就側向穩定性來說，承重牆必須倚賴附有壁柱的扶壁、地中壁（cross wall）、橫向剛性構架、或水平樓板來支撐。

任何在承重牆上的開口都會破壞結構的整體性。楣樑或拱必須能夠支撐門窗開口上方的重量，並且讓壓縮應力繞過開口周圍，傳至牆體的相鄰斷面上。

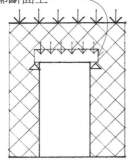

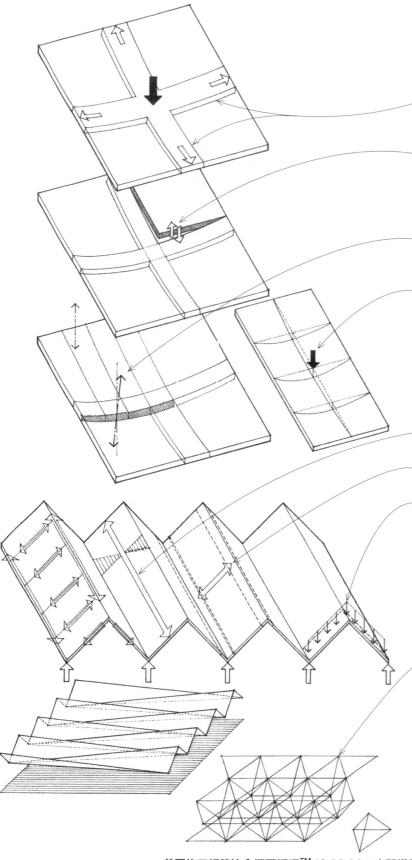

板結構具有剛性又平坦、通常為一整體的結構，可將承受的載重循著最短且最堅固的路徑，朝多重方向分散傳遞到支撐上。最常見的板結構例子是鋼筋混凝土板。

板可以假想為一序列相鄰的樑帶，沿著長度方向連續地相互銜接著。就像載重藉由一道樑帶的彎曲作用傳遞到支撐上，載重也會透過撓曲樑帶所形成的垂直剪力而傳遞到相鄰樑帶上，再分散到整個板片中。一道樑帶上的彎曲力也會使橫向帶扭轉，而引發的橫向帶扭轉抵抗力則提高了板的整體剛度。因此，當彎曲力與剪力在受力樑帶方向上傳遞載重時，剪力與扭轉力則是在受力樑帶的垂直方向上傳遞載重。

板應該呈正方形或接近正方形，以確保達到像雙向結構一樣的行為方式。當板愈近似長方形而非正方形時，雙向承重行為愈弱，單向系統則會因為較短的板帶剛度較大、能承載更大的載重，而使載重持續跨向短邊。

摺板結構是由又薄又深的元素沿著邊緣堅固地相連，並組成相互支撐的銳角以抵抗側向挫屈。每一片板就像在長邊方向發揮作用的樑。在短向上，因為凹摺使跨距縮短而形成剛性支撐。橫向帶的表現則像在摺點處受到支撐的連續樑。垂直隔板或剛性構架可強化摺板，避免摺板輪廓變形。摺板橫斷面的剛度，必須足以讓摺板跨越相對較長的距離。

空間構架是指利用短而具剛性的線性元素朝三維向度組成三角形，而且是僅能承受軸向拉力與壓縮力的構架。空間構架中最簡單的空間單元是以四個接點和六個結構部件組成的四面體。因為空間構架的結構行為類似板結構，其中的支撐間隔應呈正方形或近似於正方形，才能達到雙向結構的效果。支撐件的承重面積如果擴大，則需增加可傳遞剪力的部件數量，以降低作用在部件上的作用力。更多資訊請詳見6.10空間構架。

美國施工規範協會綱要編碼™13 32 00：空間構架

藉由柱、樑、板與承重牆等主要結構元素，可堆疊出能夠定義與包覆空問量體並提供居住空間的基本結構單元。這樣的結構單元是構成建築物結構系統與空間組織的基本建築塊體。

支撐方式的選擇

由兩根柱子撐住一根樑或大樑，創造開放式骨架，可以將兩個相鄰空間分開並同時連結起來。任何為了形成實體遮蔽感或視覺隱私的圍封都要利用非承重牆來撐起，而承重牆可以由結構骨架支撐，或是以自身承重。

柱子承受集中載重。當柱子數量增加，柱子間距縮短時，支撐面會愈來愈堅實而非虛空，並且愈具備承重牆的特性，可以承受分散的載重。

承重牆在提供支撐的同時，也可以將一個空間劃分為不同的區域。任何為了連結不同空間而在牆面設置的開口，都會弱化牆體的完整性。

柱樑構架與承重牆可以相互搭配，用來發展任意的空間構成數量。

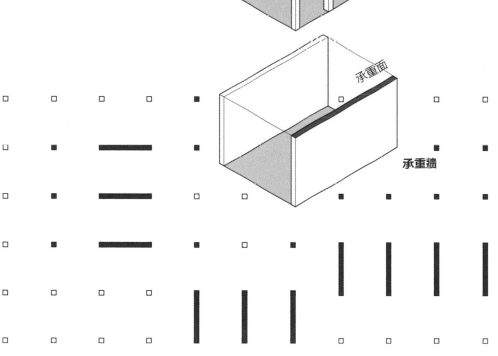

空間量體

承重面

柱與大樑

承重面

柱列

承重面

承重牆

跨距方案

要創造一個空間量體，最少需要兩個垂直向度的支撐面，可以是柱樑構架、承重牆、或是兩者的結合。為了提供氣候異常時的遮蔽所，以及某種程度上的包覆層，會需要某種結構跨距系統來橋接支撐系統之間的空間。當我們尋找能夠跨越兩個支撐面的基本跨距方法時，必須考量載重分配到結構面的方式，以及結構跨距系統的形式。

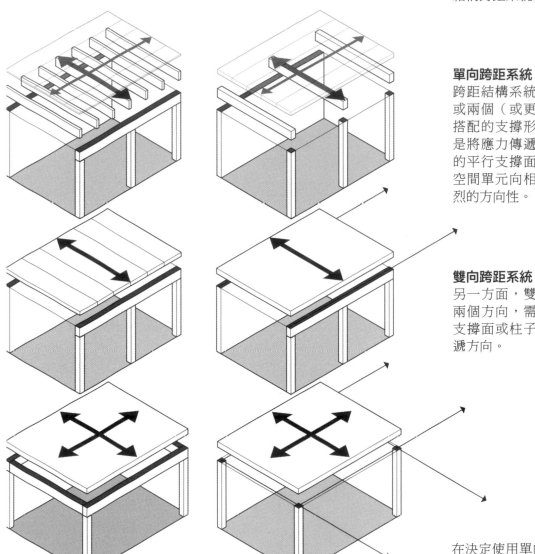

單向跨距系統

跨距結構系統將載重傳遞或分配到一個或兩個（或更多個）方向，會決定需要搭配的支撐形式。單向系統顧名思義，是將應力傳遞到兩個、或是更多或更少的平行支撐面。這樣的配置能使兩側的空間單元向相鄰的空間開放，賦予其強烈的方向性。

雙向跨距系統

另一方面，雙向系統則是將載重傳遞到兩個方向，需要兩組大致上互相垂直的支撐面或柱子，而且要垂直於載重的傳遞方向。

在決定使用單向或雙向系統時，需要考量一些變動因素：
- 尺寸、比例、和結構間隔的距離
- 應用的結構材料
- 構造組裝的深度

水平元素的跨距能力決定了垂直支撐件的間距。這種結構元素的跨度和間距的基本關係，會影響一棟建築物中由結構系統所定義的空間尺度及比例。反過來說，結構間隔的尺度與比例也會與空間的計畫需求息息相關。

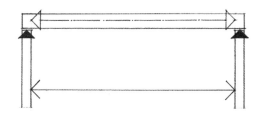

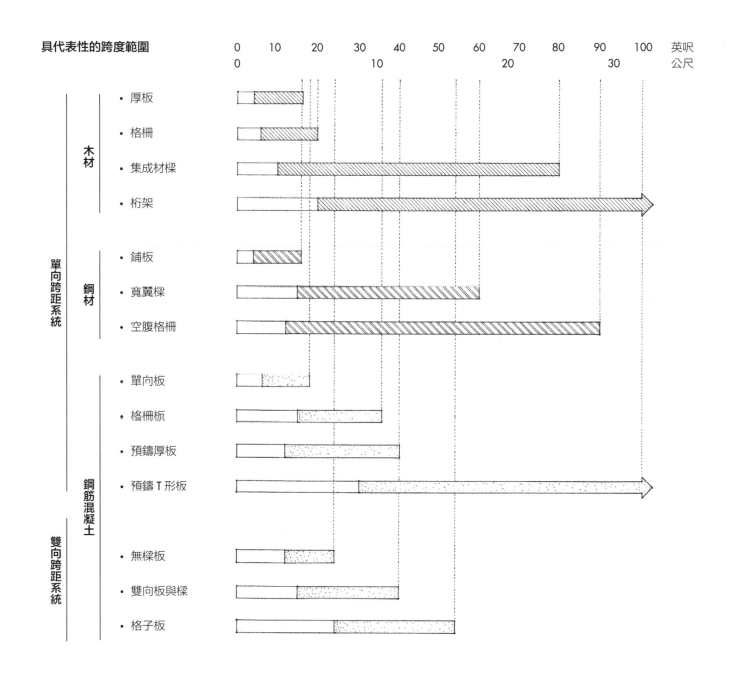

具代表性的跨度範圍

英呎	0 10 20 30 40 50 60 70 80 90 100	
公尺	0 10 20 30	

單向跨距系統

木材
- 厚板
- 格柵
- 集成材樑
- 桁架

鋼材
- 鋪板
- 寬翼樑
- 空腹格柵

鋼筋混凝土
- 單向板
- 格柵板
- 預鑄厚板
- 預鑄 T 形板

雙向跨距系統
- 無樑板
- 雙向板與樑
- 格子板

2.24 結構網格

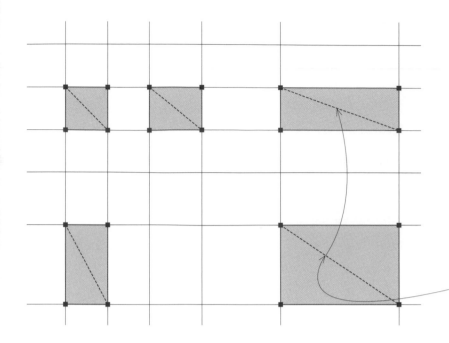

一般來說，結構系統的主要支撐點位與線位規劃會施作成網格樣式。關鍵的點位即是設置柱子與承重牆的位置，用以集合來自樑與其他水平跨距構件的載重，並將這些載重垂直傳遞到地基。

結構網格內在的幾何秩序可以用來開展並強化建築物設計的機能與空間組織。在發展結構網格時，必須考量下列幾項重要特性對建築想法、計劃活動的容納、和結構設計等方面的衝擊。

比例

結構間隔的比例會影響或限制水平跨距系統的材料與結構選擇。單向系統比較有彈性，並且能在正方形或長方形結構間隔的任一方向延伸，相較之下雙向系統最適用於正方形或接近正方形跨距的結構間隔。

尺寸

結構間隔的尺寸對水平跨距的方向與長度都有明顯的影響。

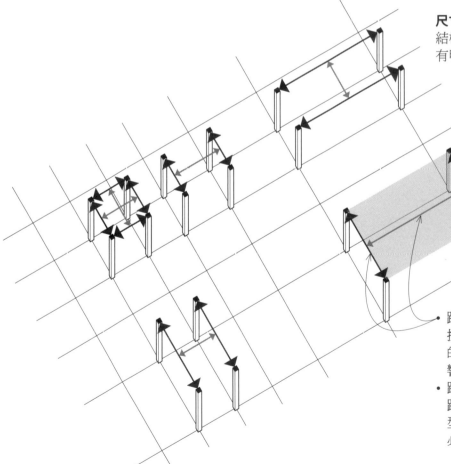

- 跨距方向：水平跨距的方向取決於垂直支撐面的位置與走向，除了會影響空間構成的性質、被界定空間的品質，也多少會影響營建的經濟效益。
- 跨距長度：垂直支撐面的間距會決定水平跨距的長度，也會影響材料和跨距系統類型的選擇。跨距愈大，跨距系統的深度就必須愈深。

尺度

我們使用大尺度、小尺度、精細和粗糙等語彙
來描述對事物所感知或判斷其相對尺寸的看法
和評論。在開展結構網格時,我們同樣可以參
考網格的尺度,判斷結構間距的尺寸與比例相
較於我們認為正常的結構,是相對精細還是粗
糙。結構網格的尺度與下列條件相關:

• 空間容納的活動類型
• 特定跨距系統的有效跨越範圍
• 建築基地的基礎所具有的土壤特性

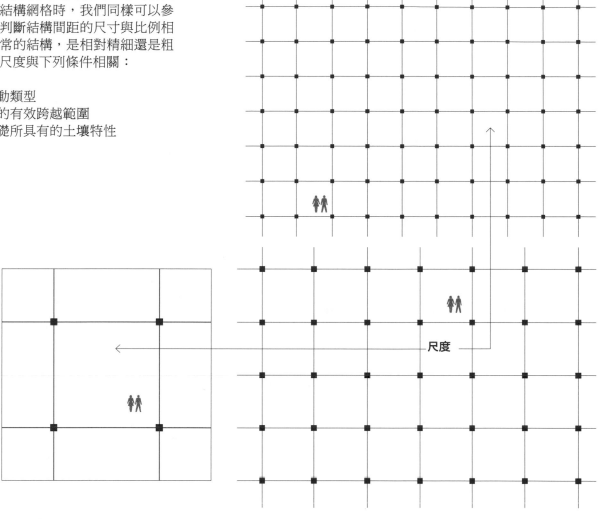

尺度

此外,尺度也用來判斷採用構件的相對尺寸。
有些結構採用粗大的構件來承載集中載重,因
此看起來自然就有種聚集感。有些結構則利用
多樣化的小型構件,再將載重分配給大量的小
尺寸構件。

結構系統的最後一種特性是紋理,這部分取決
於其跨距元素的方向、尺寸和排列。

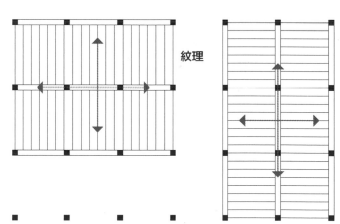

紋理

2.26 側向穩定性

水平隔板

- 剛性樓板結構的作用近似於一根又平又深的樑，將側向力傳遞至垂直剪力牆、斜撐構架、或剛性構架。

建築物的結構元素必須經過尺寸量測、設定輪廓、和相互聯結，才能形成在任何載重情況下都能穩定的結構。因此，結構系統的設計不只要能抵抗垂直重力載重，還要能抵抗來自任何的側向風力與地震力。以下是確保側向穩定性的基本機制。

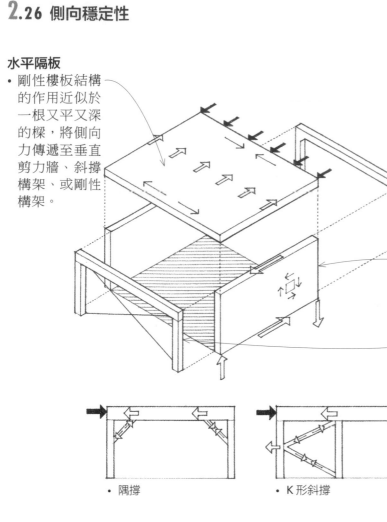

剛性構架

- 以剛性接頭接合的鋼製或鋼筋混凝土構架可以抵抗角度關係的改變。

剪力牆

- 木牆、混凝土牆、或砌體牆皆可抵抗形狀的改變，並將側向力傳遞至地面基礎。

斜撐構架

- 木構架或鋼構架以對角部件固定。

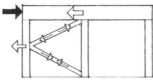 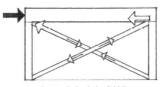

- 隅撐
- K 形斜撐
- 交叉（十字）斜撐

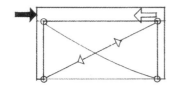 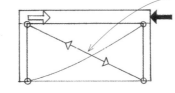

當使用纜索斜撐時，必須使用兩條纜索才能抵抗來自任何方向的側向力，使結構穩定。從個別方向來看，當一條纜索有效地發揮張力時，另一條纜索會呈現挫屈。但如果使用的是剛性斜撐，因為單一部件就可以穩定結構，這也意味著構架已經具備某種程度的贅餘度。

上述這些系統皆可單獨或合併使用，以達到結構穩定。在這三種垂直系統中，剛性構架的效率最低。雖然在剛性構架中置入斜撐構架或剪力牆會有幫助，但也會在相鄰空間之間形成不需要的障礙。

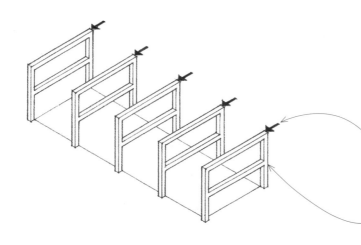

側向力對於長方形建築物的短向十分關鍵，因此在短向上一般都會使用較有效率的剪力牆或斜撐構架來輔助。在長向上，則可以使用任何側向力的抵抗元素。

- 排架是斜撐或剛性的構架，設計來承接橫向作用在構架結構長度上的垂直載重和側向載重。

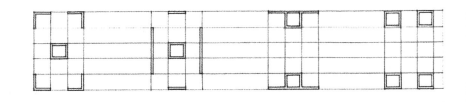

為避免破壞性的扭轉效應發生，承受側向力的結構應該以結構體的質心與阻力中心盡可能重合的方式，進行對稱的配置與緊固。不規則結構中的不對稱配置通常需要透過動態分析，才能判斷側向力帶來的扭轉效應。

不規則結構的特色是具有各種平面或垂直向度的不規則性，例如不對稱的平面配置或不對稱的側向力抵抗元素、軟層或弱層、或是不連續的剪力牆或隔板。

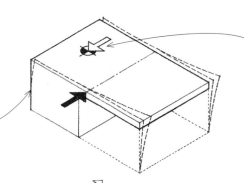

- 扭轉的不規則性是指因為質量或側向力抵抗元素的不對稱配置，導致質心與阻力中心無法重合在同一點上。

- 阻力中心是側向力抵抗系統中的垂直元素中心點，側向力作用時引起的剪力反作用力會通過這個中心點。

- 凹角是指在結構的平面輪廓上，從轉角處伸出明顯大於給定方向平面尺度的凸出部分。凹角很容易在不同結構部分引發差速運動，導致局部應力集中在轉角。解決方式包括以抗震伸縮縫將建築物分隔成數個簡單的形狀、將建築物的轉角更牢固地繫結在一起、或是拓寬轉角。

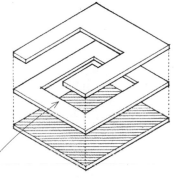

- 不連續的隔板是一種有大型開口或開放區域，或是剛度明顯小於上下層的水平隔板。

- 抗震伸縮縫實際上是將相鄰的建築量體分隔開來，讓每一個分隔部分能夠獨立於其他部分而自由震動運動。

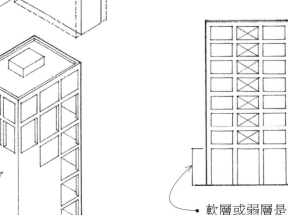

- 一道不連續的剪力牆會產生很大的偏移、或是水平向度上的劇烈變化。

- 軟層或弱層是指一樓層的側向剛度或強度遠遠小於其上方的樓層。

美國施工規範協會綱要編碼 13 48 00：聲音、震動與地震控制

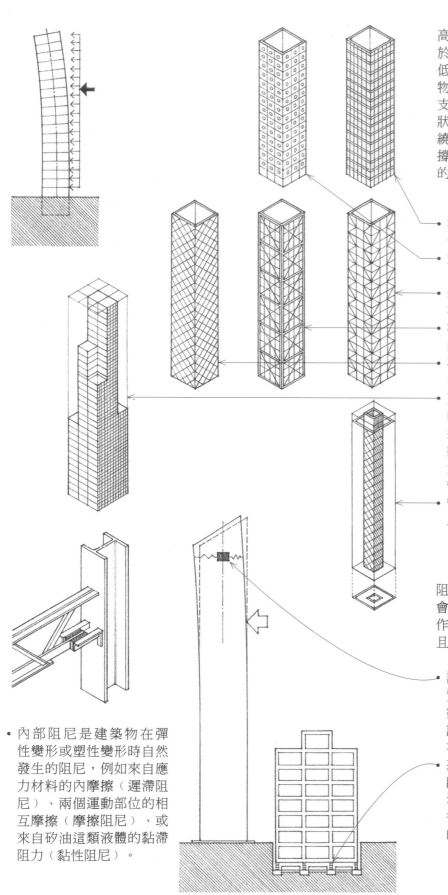

高層建築物特別容易受到側向力的影響。由於剛性構架在達到側向穩定性方面的效率最低，因此只適用於低至中樓層結構。當建築物高度增加時，剛性構架就必須加上額外的支撐裝置，例如斜撐或剛性核心來輔助。管狀結構是一種高效型的高層結構，其外圍環繞的側向力抵抗系統由內部的剛性樓板支撐。這種結構行為基本上就像是抵抗側向力的懸挑箱型樑一樣。

• 構架管周圍的密集柱列是以深繫樑進行剛性連接。

• 穿孔外殼管的四周以剪力牆包圍，外殼開口的面積占表面積的30%以下。

• 斜撐管是一種以對角斜撐系統繫結而成的構架結構。

• 桁架管是以對角或交叉斜撐固定間隔寬鬆的柱列、交錯桁架而成的牆構架。

• 格狀桁架管的四周以間隔緊密的斜撐包圍，不配置垂直柱。

• 束型管是直接將一群窄管相互綁繫起來的集合體，形成作用與多單元箱型大樑相近、懸挑於地面的模組結構。由於高層建築物的較低部分對於側向抵抗力的需求較大，因此有時候也會在此處提供較多的束管。

• 管中管結構的外圍管內部設有斜撐核心，以增進用來抵抗側向力的剪力剛度。

阻尼機制是一種具有黏滯彈性的裝置，通常會設在結構的接合處以吸收風力或地震力的作用力，逐漸地吸收、消除震動或震盪，並且防止破壞性的共振發生。

• 調諧質量阻尼器是一種架設在滾輪上的重質量，與彈簧阻尼機制一起安裝在高層建築較上方的部分，利用重質量的慣性傾向讓建築物保持靜止，進而抵消並消除作用在建築物上的任何運動。

• 基礎隔震是以建築物基部的阻尼裝置來隔離土壤與建築物，讓上部建築物成為一個浮動的剛體，使得結構的自然震動週期變得和地面週期不同，進而防止破壞性共振的發生。

• 內部阻尼是建築物在彈性變形或塑性變形時自然發生的阻尼，例如來自應力材料的內摩擦（遲滯阻尼）、兩個運動部位的相互摩擦（摩擦阻尼）、或來自矽油這類液體的黏滯阻力（黏性阻尼）。

斜肋構架（斜向網格）是由斜向的結構構件在特殊節點上連接所組成的三角形構架，有能力抵抗側向力與重力載重。這樣的室外構架可以減少室內支撐構件的使用數量，節省空間與建築材料，並且讓室內空間的規劃更具彈性。

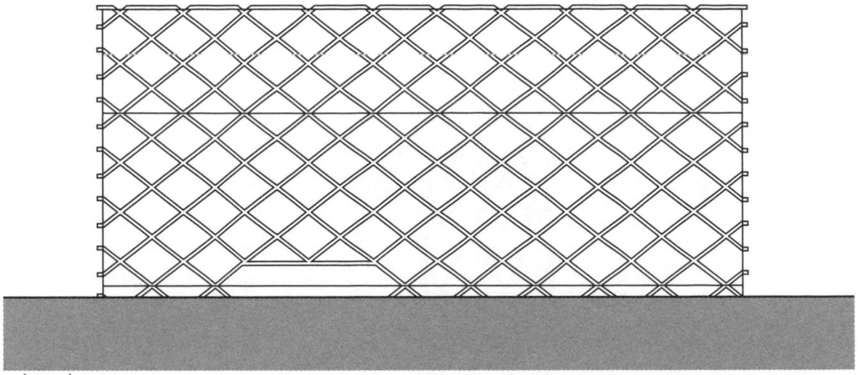

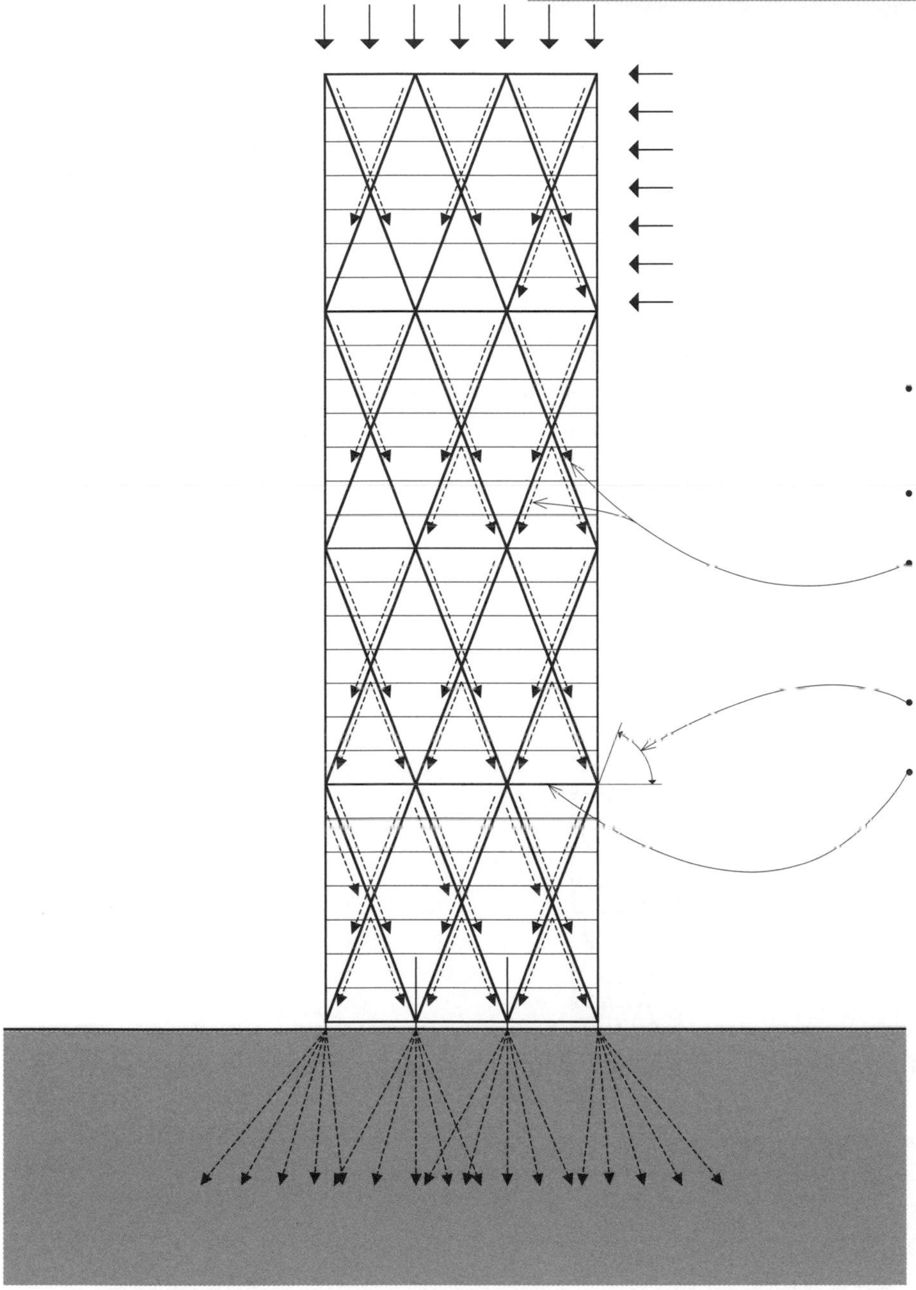

- 一組斜肋構架搭配另一組可以抵抗任意方向載重的連續剛性外殼，使用分散式元件就能建造而成。
- 斜肋構架最常使用的材料是鋼，但也可以採用混凝土或木質材料來建造。
- 每一根斜向構件都可以視為將載重傳遞到地面的連續路徑。可行的載重傳遞路徑數量加總起來，會導致高冗餘度。
- 斜肋構架的最佳角度取決於建築物的高度，通常是60度或70度。
- 水平環狀構件將三角形的構件繫結在一起，幫助三維度構架抵抗挫屈。

2.30 斜肋構架

這是近期運用斜肋式三角形構架來設計與建造的高層建築物。斜肋構架具有剪力與彎曲力的剛性，能抵抗偏移與傾覆力矩。斜肋構架也具有高冗餘性，即使某一處的結構失效，仍可透過其他路徑去傳遞載重。

- 因為斜肋構架的結構效率高，相較於其他類型的高層建築，其需要的鋼材使用量較少。
- 斜肋構架系統可以容納多樣化的開放式樓板配置規劃。除了服務核之外，一般的樓板配置也可以不受柱子或其他結構構件的限制。
- 設計研究指出，在高層建築上運用可變角度的斜肋構架時，寬高比超過7，會有很高的結構效率。不過，如果只採用單一角度和寬高比小於7的斜肋構架來建造建築物，使用的鋼材數量會比較少。

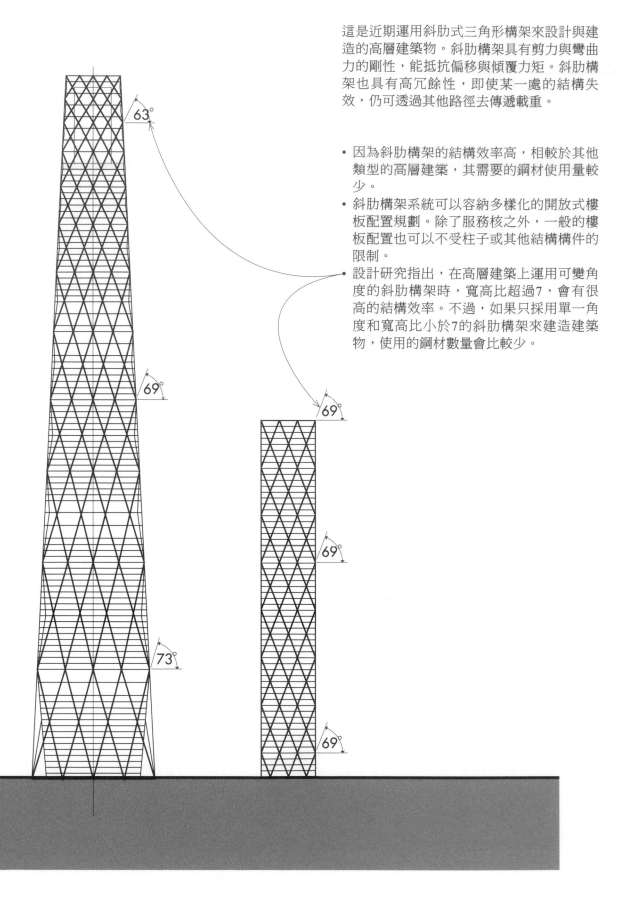

柱、樑、板、和承重牆是最普遍的結構元素，因為這些元素可以組成直線形的建築幾何。雖然還是有其他跨越空間和圍塑空間的元素，不過這些通常都是形態作用（form-active）元素，也就是藉由材料的形狀與幾何，有效地運用材料來跨越一段距離。雖然這個部分超出了本書範圍，以下仍提供簡要的描述。

拱是一種橫跨開口的曲線結構，設計來承受軸向壓縮力所造成的垂直載重。拱將承載載重的垂直力轉換為傾斜的分力，並且將傾斜分力傳遞至拱道兩側的拱墩柱上。

• 砌石拱則由一塊塊獨立的楔形石、楔形拱磚所組成；更多砌石拱的資訊，請詳見5.20。
• 剛性拱是由木材、鋼材、或鋼筋混凝土組成的曲線剛性結構，可以承接一些彎曲應力。

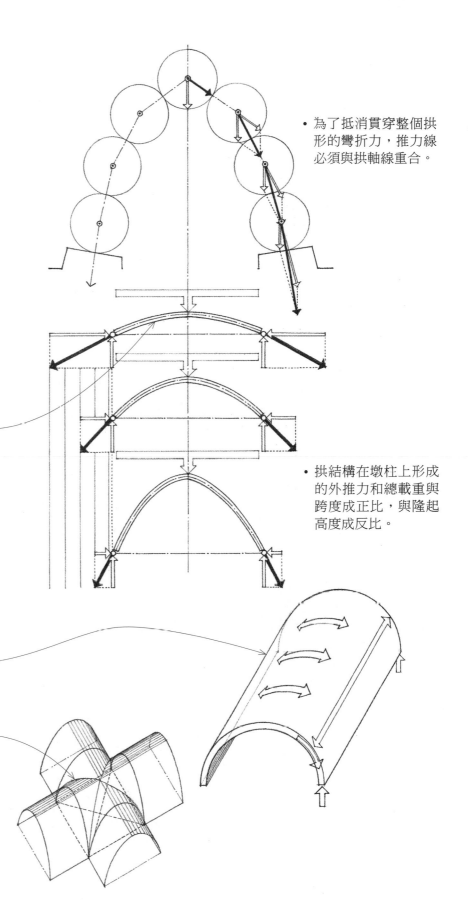

• 為了抵消貫穿整個拱形的彎折力，推力線必須與拱軸線重合。

• 拱結構在墩柱上形成的外推力和總載重與跨度成正比，與隆起高度成反比。

拱頂是由石材、磚材、或鋼筋混凝土製的拱形結構，在大廳、房間、或其他完全或部分封閉空間的上方形成天花或屋頂。由於拱頂像是一座朝三維向度延伸的拱，拱頂的縱向支撐牆必須用扶壁支撐以抵消拱作用的外推力。

• 桶形拱頂有半圓形的橫斷面。

• 交叉拱或交叉拱頂是拱頂的集合體，由兩個拱頂垂直相交，形成稱為「交叉拱」的拱形對角線隆起的情形。

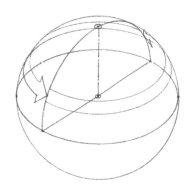

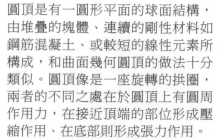

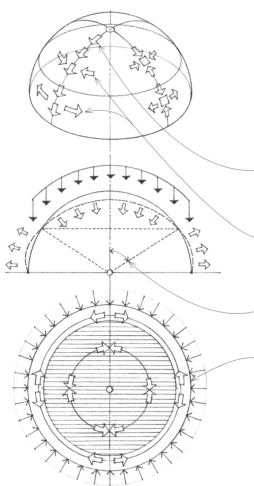

圓頂是有一圓形平面的球面結構，由堆疊的塊體、連續的剛性材料如鋼筋混凝土、或較短的線性元素所構成，和曲面幾何圓頂的做法十分類似。圓頂像是一座旋轉的拱圈，兩者的不同之處在於圓頂上有圓周作用力，在接近頂端的部位形成壓縮作用、在底部則形成張力作用。

- 沿著切穿圓頂表面的垂直斷面作用的南北向經線（子午線），在承受完全垂直載重的情形下，一直是受壓狀態。
- 圍箍作用力可抑制圓頂殼上南北向經線帶的面外運動，會在圓頂較上方區域形成壓縮力作用，在較下方區域則是形成張力作用。
- 從壓縮圍箍力轉換成拉張圍箍力的現象，會出現在垂直軸的45°到60°角之間。
- 張力環圍住圓頂的基座，以控制經線作用力的向外分力。在混凝土圓頂構造中，張力環因為經過加厚和強化，得以抑制張力環和外殼因不同彈性變形所造成的彎折應力。

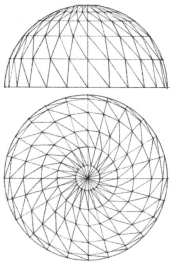

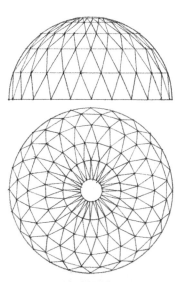

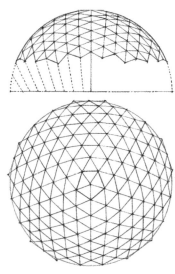

- 施威德勒（Schwedler）圓頂為鋼構圓頂結構，其部件依照經緯線方向排列，再由第三組對角元素完成三角形的配置。

- 晶格圓頂為鋼構圓頂結構，其部件依照東西向的緯線做環形排列，再加上兩組對角元素，形成一序列的等腰三角形。

- 曲面幾何圓頂為鋼構圓頂結構，其部件依照三個以60°度交叉接合的主要大圓來排列，將圓頂的表面分割成一序列的等邊球狀三角形。

美國施工規範協會網要編碼 13 33 00：曲面幾何結構

薄殼是輕薄的曲面板結構，通常由鋼筋混凝土建造而成。利用薄殼形狀來傳遞薄膜應力所產生的作用力，也就是作用在結構表面上的壓縮力、張力、和剪力。薄殼在均布載重的情況下可以承受相對大的力量。但也由於輕薄，薄殼結構的抗彎折性較低，不適合承接集中載重。

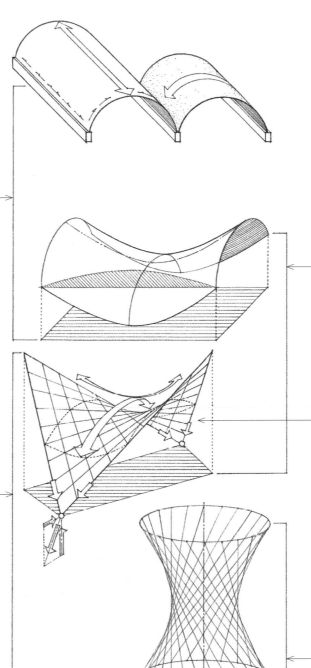

• 平移面是沿著直線滑移平面曲線、或是將平面曲線滑移過另一個平面曲線所形成。

• 直紋面是透過直線的移動而形成。因為具有直線幾何的特性，直紋面一般會比旋轉面或平移面更容易成形和施工。

• 桶形殼是圓桶狀的薄殼結構。如果桶形殼的長度是橫向跨距的三倍或更多倍，其縱向長邊的結構行為就會類似於一道以曲形斷面跨越長向的深樑。如果桶形薄殼的長度較短，則會展現出類似拱的結構行為。因此必須以繫桿或橫向剛性構架來抵消拱作用所產生的外推力。

• 雙曲線拋物面是將曲度向下的拋物線沿著另一條曲度向上的拋物線滑移、或是將直線線段的兩端沿著兩條斜線移動而形成的面域。雙曲線拋物面可以同時視為是平移面和直紋面。

• 鞍形面的某一方向形成曲度向上的拋物線、並在其垂直方向形成另一條曲度向下的拋物線。在鞍形面薄殼結構中，下彎拋物線的區域展現出拱的作用，上彎曲拋物線的區域則展現出類似纜索結構的作用。如果薄殼的邊緣不受支撐，也可能會出現類似樑的結構行為。

• 單葉雙曲面是一種直紋面，在兩個水平圓形上滑移傾斜的線段而形成。單葉雙曲面的垂直斷面是雙曲線。

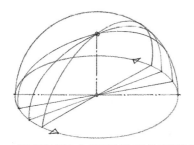

• 旋轉面是由繞著軸線旋轉的平面曲線所形成。球形、橢圓形、拋物線形的圓頂表面都是旋轉面的例子。

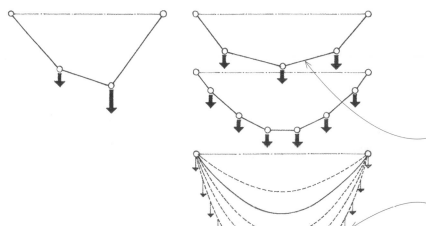

纜索結構是以纜索做為主要的支撐方式。因為纜繩具有高張力，但毫無抵抗壓縮力與彎折力的能力，所以僅適於單純的張力系統。承受集中重量時，纜繩的形狀會呈現數個直線線段；在均布載重下，纜索則會呈現倒置的拱形。

- 索形被認為是纜索直接回應外力大小與位置自由變形後的形狀。纜索會不斷地調整形狀，才能在承受載重時單純以張力來回應。

- 鏈狀是指一條具完美彈性且均勻的纜索，從不同垂直線上的兩點自由垂掛而下所形成的曲線。假設載重呈水平向均勻分布，這條曲線會非常接近拋物線的形狀。

- 拉索可吸收懸吊或斜張結構中推力的水平分力，再將分力傳遞至地面基礎。
- 桅桿是懸吊或斜張結構中垂直或傾斜的受壓構件，支撐著主纜索和拉索的垂直分力總和。將桅桿傾斜，也可以承接部分水平纜索的外推力，並縮減施加於拉索的作用力。

懸掛結構是利用纜索在受壓部件之間懸吊和預拉而成的網絡，用來直接支撐載重。

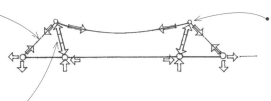

- 單曲率結構利用一序列平行的纜索來支撐形成表面的樑或板。這種結構容易受到風的氣動效應而顫動，但可以透過增加結構的靜載重、或以橫向拉索將主纜索錨定至地面的做法來緩解。

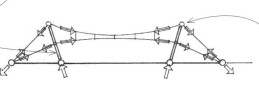

- 雙纜索結構有上、下兩組不同曲率的纜索，可透過繫結或受壓撐桿形成預張力，使系統更具剛性和抵抗顫振。

- 雙曲率結構是由曲率不同、且通常方向相反的交叉纜索組合成面域。而由於每套纜索的自然震動週期都不同，因此形成更能抵抗顫動的自阻尼系統。

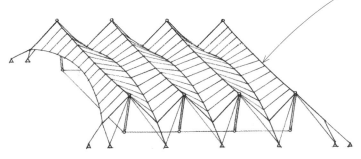

- 斜張結構具有垂直或傾斜的桅桿，纜索從桅桿處向外延伸，以支撐配置成平行樣式、或放射樣式的水平跨距部件。

美國施工規範協會綱要編碼 13 31 23：張力織物結構

薄膜是又薄又有彈性的表面，主要透過拉應力來承受載重。薄膜可以懸吊或拉伸在兩根柱子之間，或者以氣壓支撐。

帳篷結構是一種利用外部作用力施加預應力、而且在承受所有預期載重時會完全繃緊的薄膜結構。為了避免極高的拉力，薄膜結構中相反的方向應展現出相對明顯的曲率。

充氣式結構這種薄膜結構利用壓縮空氣的壓力形成張力狀態，可以穩定地抵抗風力與降雪載重。薄膜部分通常是織品或玻璃纖維，外覆合成材料如矽利康（矽氧樹脂）。半透明薄膜可提供自然採光、在冬天時收集太陽、並且在夜間冷卻內部空間。反光薄膜能減少太陽熱獲得。織物襯墊可以捕捉氣隙，以改善結構的熱阻。

充氣式結構分為兩種：空氣支撐式結構和氣膨式結構。

• 空氣支撐式結構是利用內部氣壓稍高於正常大氣壓力而形成支撐的單一薄膜構造，四周經過牢固錨定並且密封，以防氣體洩漏。出入口設有氣閘以維持內部氣壓。

• 氣膨式結構則是利用在可充氣的建築元素內充入加壓空氣做為支撐。建築元素成形後便以傳統的方式承受載重，而被封閉住的建築物空氣量體則維持在正常的氣壓。雙膜結構容易從中央隆起的情形，可利用壓縮環、內部繫件、或膜片加以控制。

• 薄膜和鋼纜透過拉力，將外部載重傳送至桅桿和地錨。

• 邊緣強化纜索能使帳篷結構的自由邊更加穩固。

• 薄膜可透過強化索圈綁繫在桅桿上，或延伸至分力套環上。

• 桅桿是設計用來抵抗壓縮載重下的挫屈情形。

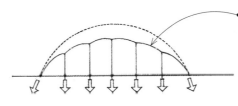

• 有些空氣支撐式結構會以膨脹作用力拉緊的纜索網，來抑止薄膜自然發展出的膨脹輪廓。

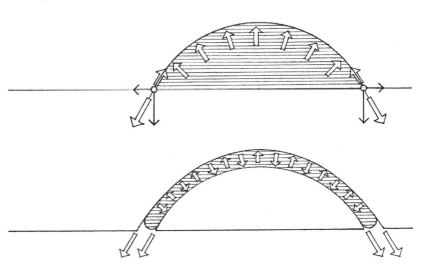

美國施工規範協會綱要編碼 13 31 13：充氣式織物結構

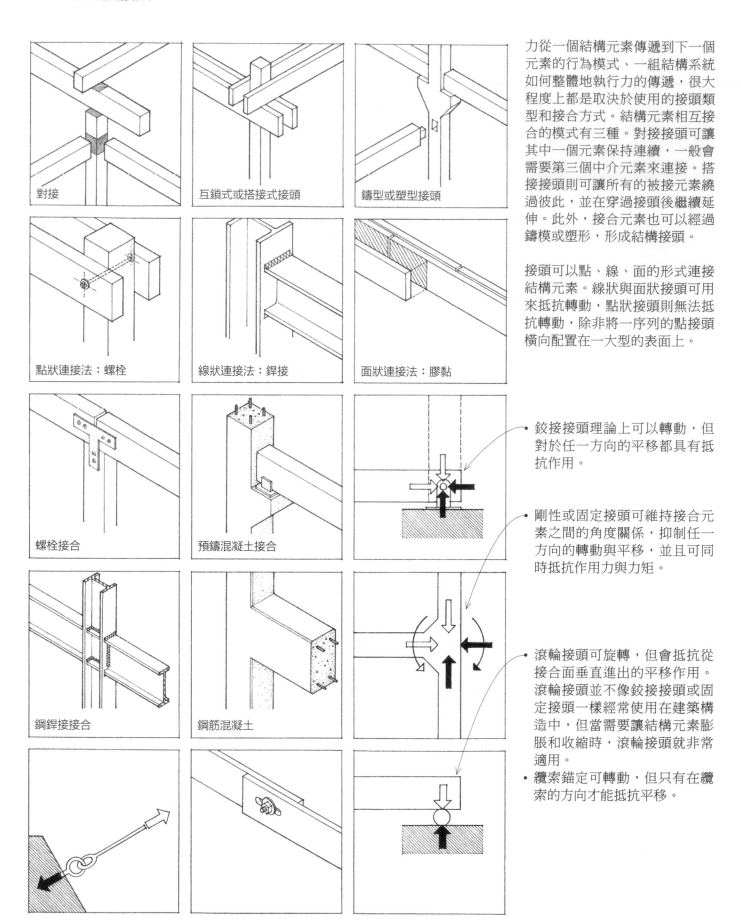

對接

互鎖式或搭接式接頭

鑄型或塑型接頭

點狀連接法：螺栓

線狀連接法：銲接

面狀連接法：膠黏

螺栓接合

預鑄混凝土接合

鋼銲接接合

鋼筋混凝土

力從一個結構元素傳遞到下一個元素的行為模式、一組結構系統如何整體地執行力的傳遞，很大程度上都是取決於使用的接頭類型和接合方式。結構元素相互接合的模式有三種。對接接頭可讓其中一個元素保持連續，一般會需要第三個中介元素來連接。搭接接頭則可讓所有的被接元素繞過彼此，並在穿過接頭後繼續延伸。此外，接合元素也可以經過鑄模或塑形，形成結構接頭。

接頭可以點、線、面的形式連接結構元素。線狀與面狀接頭可用來抵抗轉動，點狀接頭則無法抵抗轉動，除非將一序列的點接頭橫向配置在一大型的表面上。

- 鉸接接頭理論上可以轉動，但對於任一方向的平移都具有抵抗作用。

- 剛性或固定接頭可維持接合元素之間的角度關係，抑制任一方向的轉動與平移，並且可同時抵抗作用力與力矩。

- 滾輪接頭可旋轉，但會抵抗從接合面垂直進出的平移作用。滾輪接頭並不像鉸接接頭或固定接頭一樣經常使用在建築構造中，但當需要讓結構元素膨脹和收縮時，滾輪接頭就非常適用。
- 纜索錨定可轉動，但只有在纜索的方向才能抵抗平移。

3 基礎系統
Foundation Systems

3.02 基礎系統

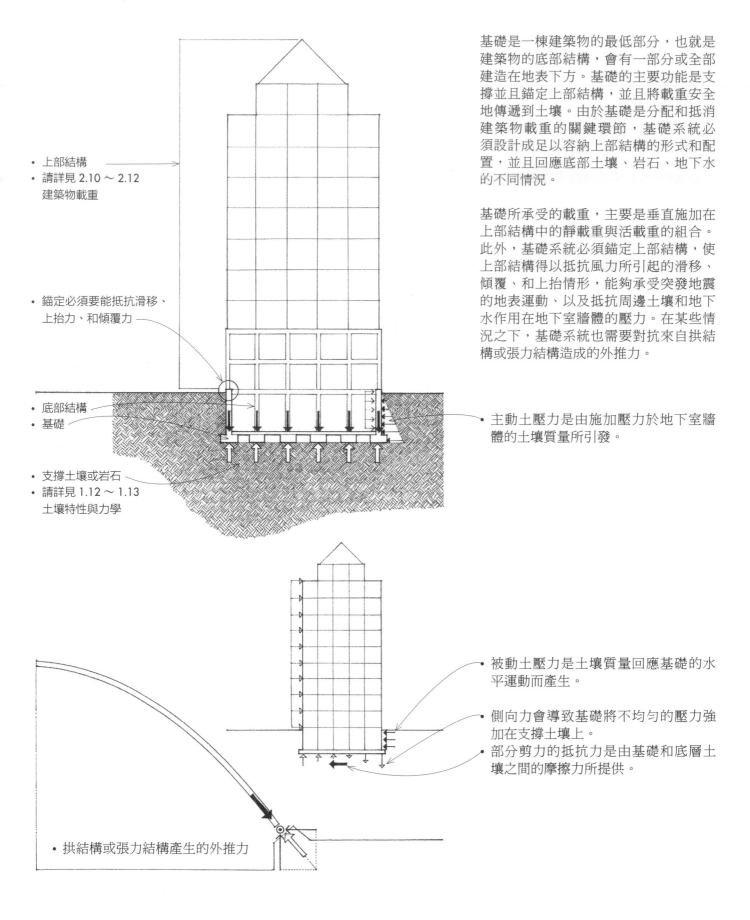

基礎是一棟建築物的最低部分,也就是建築物的底部結構,會有一部分或全部建造在地表下方。基礎的主要功能是支撐並且錨定上部結構,並且將載重安全地傳遞到土壤。由於基礎是分配和抵消建築物載重的關鍵環節,基礎系統必須設計成足以容納上部結構的形式和配置,並且回應底部土壤、岩石、地下水的不同情況。

基礎所承受的載重,主要是垂直施加在上部結構中的靜載重與活載重的組合。此外,基礎系統必須錨定上部結構,使上部結構得以抵抗風力所引起的滑移、傾覆、和上抬情形,能夠承受突發地震的地表運動、以及抵抗周邊土壤和地下水作用在地下室牆體的壓力。在某些情況之下,基礎系統也需要對抗來自拱結構或張力結構造成的外推力。

• 上部結構
• 請詳見 2.10 ～ 2.12 建築物載重

• 錨定必須要能抵抗滑移、上抬力、和傾覆力

• 底部結構
• 基礎

• 主動土壓力是由施加壓力於地下室牆體的土壤質量所引發。

• 支撐土壤或岩石
• 請詳見 1.12 ～ 1.13 土壤特性與力學

• 被動土壓力是土壤質量回應基礎的水平運動而產生。

• 側向力會導致基礎將不均勻的壓力強加在支撐土壤上。
• 部分剪力的抵抗力是由基礎和底層土壤之間的摩擦力所提供。

• 拱結構或張力結構產生的外推力

沉降作用是指基礎下方的土壤受建築物的載重壓實，造成結構逐漸下沉。建築物在建造時，已經能預期會發生某些沉降作用，因為基礎載重不斷增加，導致底層土壤中原本內含空氣或水的土壤孔隙體積減少。這種壓實作用通常很輕微，但是當載重施加在密集的粒狀土壤像是粗砂土和礫石時，就會變得很快。如果底層是潮溼的黏性土壤，因為土壤呈鱗片狀結構、孔隙數量的比例比較高，長時間下來，壓實作用的程度也會比較大。

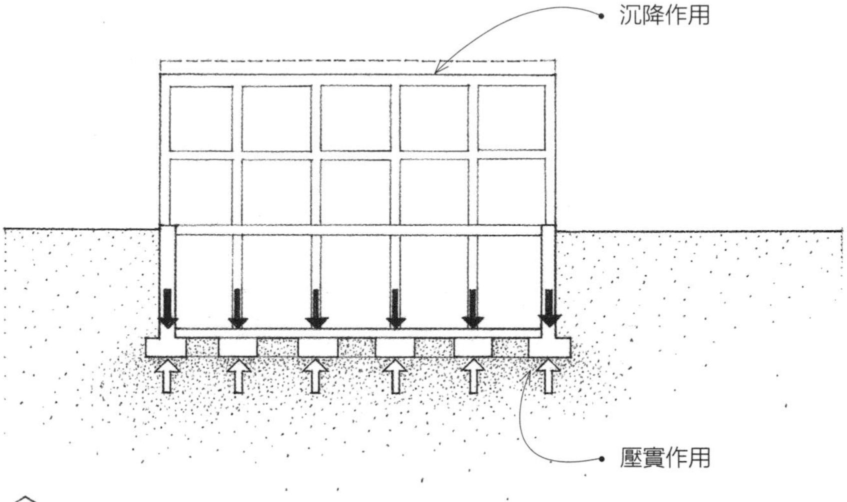

經過妥善設計與建造的基礎系統必須能分散載量，不是讓沉降作用最小化，就是將載重平均分配到結構中每一個部位的下方。透過基礎支撐的平面規劃和比例配置，可以在不超過支撐土壤或岩石的承載力情況下，將等量的載重傳遞到每一個單位面積之中。

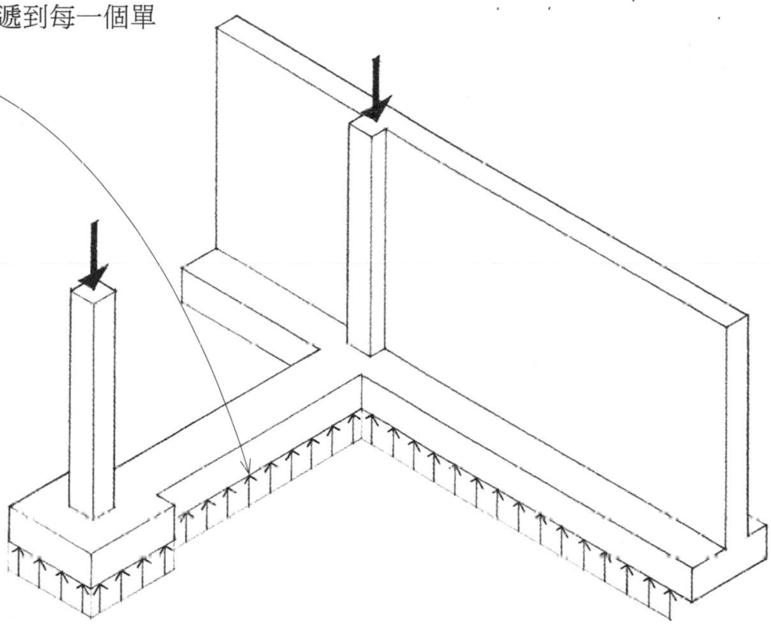

沉降作用

壓實作用

不均勻沉降，是因為基礎土壤的不均勻壓實作用引發不同結構部位產生相對運動，可能造成建築物偏離鉛錘線，並且在基礎、結構、完成面上形成裂縫。更極端的不均勻沉降則可能導致建築物的結構完整性失效。

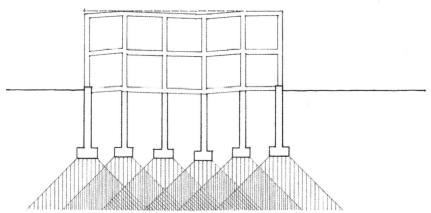

3.04 基礎系統的類型

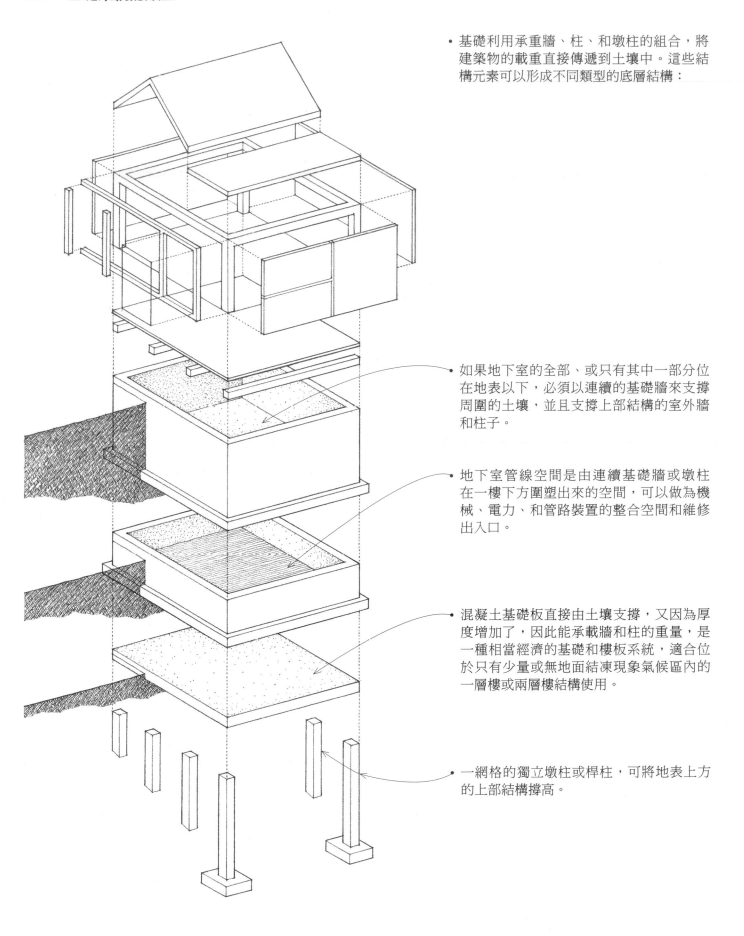

- 基礎利用承重牆、柱、和墩柱的組合,將建築物的載重直接傳遞到土壤中。這些結構元素可以形成不同類型的底層結構:

- 如果地下室的全部、或只有其中一部分位在地表以下,必須以連續的基礎牆來支撐周圍的土壤,並且支撐上部結構的室外牆和柱子。

- 地下室管線空間是由連續基礎牆或墩柱在一樓下方圍塑出來的空間,可以做為機械、電力、和管路裝置的整合空間和維修出入口。

- 混凝土基礎板直接由土壤支撐,又因為厚度增加了,因此能承載牆和柱的重量,是一種相當經濟的基礎和樓板系統,適合位於只有少量或無地面結凍現象氣候區內的一層樓或兩層樓結構使用。

- 一網格的獨立墩柱或桿柱,可將地表上方的上部結構撐高。

基礎系統可以分成兩種類型——淺基礎和深基礎。

淺基礎

淺基礎或擴展式基礎使用於當承載力充足的穩定土壤層較為靠近地表面的時候。淺基礎直接設置在底部結構最底部位的下方，並且以垂直壓力直接將建築物載重傳遞到支撐土壤上。

深基礎

深基礎使用於當基礎下方土壤不穩定、或承載力不足時。深基礎向下延伸穿越不合適的土壤，將建築物載重傳遞到上部結構下方更適合承重的岩層、或緻密的砂層和礫石層中。

選擇和設計建築物基礎系統的類型時，都必須考量下列因素：

- 建築物載重的樣式和規模
- 地表下和地下水的情形
- 基地地形
- 對相鄰建築物的影響
- 建築法規的要求
- 施工方法和風險

基礎系統必須經由合格結構工程師專業的分析與設計。在穩定土壤上設計單戶住宅以外的任何建築案時，建議可延請大地工程師先進行地下調查，再決定建築設計該採用何種類型和規模的基礎系統。

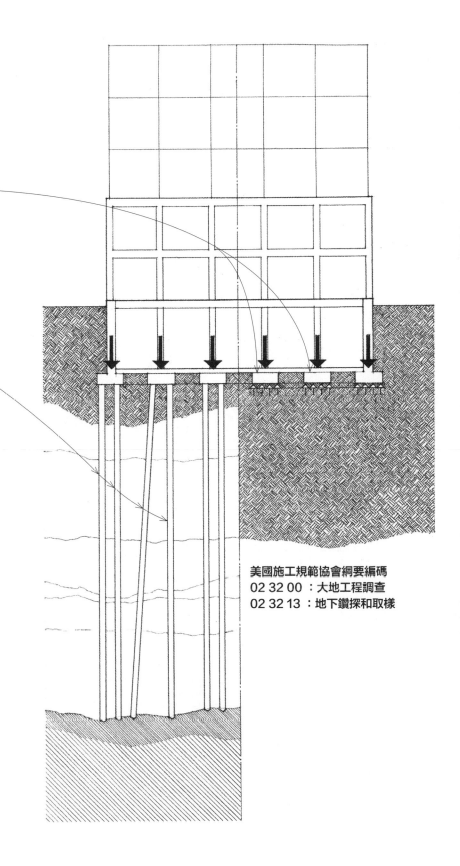

美國施工規範協會綱要編碼
02 32 00：大地工程調查
02 32 13：地下鑽探和取樣

3.06 托底工程

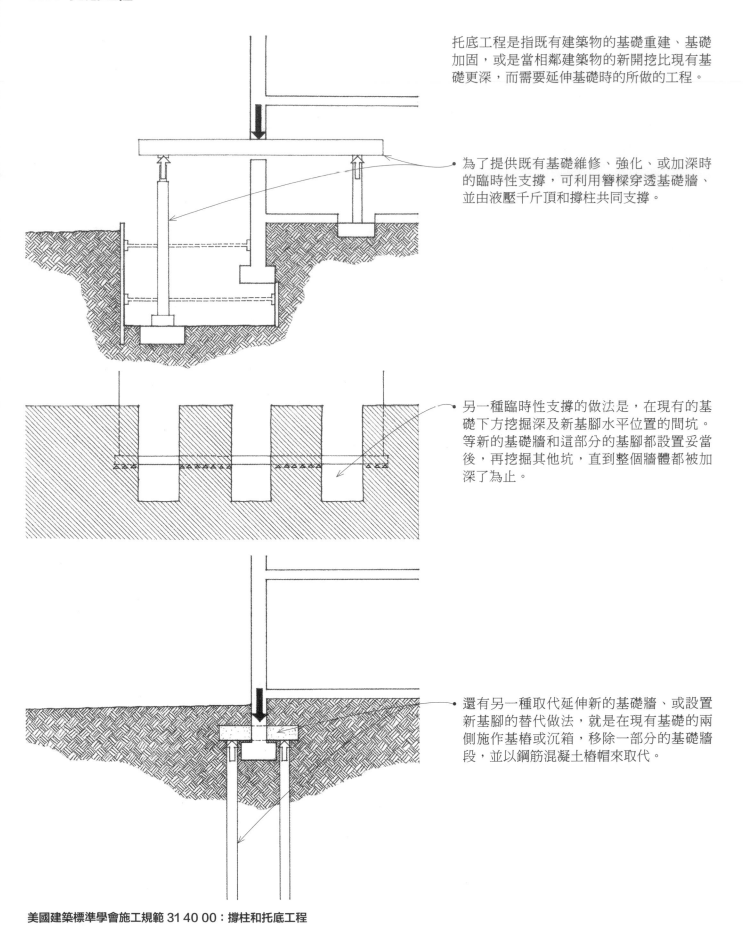

托底工程是指既有建築物的基礎重建、基礎加固，或是當相鄰建築物的新開挖比現有基礎更深，而需要延伸基礎時的所做的工程。

為了提供既有基礎維修、強化、或加深時的臨時性支撐，可利用簀樑穿透基礎牆、並由液壓千斤頂和撐柱共同支撐。

另一種臨時性支撐的做法是，在現有的基礎下方挖掘深及新基腳水平位置的間坑。等新的基礎牆和這部分的基腳都設置妥當後，再挖掘其他坑，直到整個牆體都被加深了為止。

還有另一種取代延伸新的基礎牆、或設置新基腳的替代做法，就是在現有基礎的兩側施作基樁或沉箱，移除一部分的基礎牆段，並以鋼筋混凝土樁帽來取代。

美國建築標準學會施工規範 31 40 00：撐柱和托底工程

如果建築基地的範圍大到可以將開挖的削切邊整成平台階梯狀，或是斜坡角度小於土壤的穩定角時，則不需要支撐結構。但如果深開挖的削切邊超過土壤的穩定角時，就必須採用臨時的支撐方式或支柱來穩固土壤，直到永久性構造完工且就定位為止。

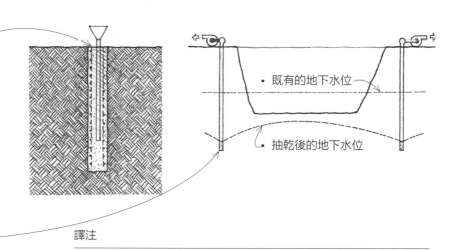

• 板樁是由木材、鋼材、或預鑄混凝土板製成，垂直地緊鄰並排，做為擋土、並防止水滲入開挖處。鋼板樁和預鑄混凝土板樁可以留在原地，做為建築物底層結構的一部分。

• 兵樁或兵樑都是H型鋼，垂直插進土壤後支撐水平的擋土條板。
• 擋土條板是指將重木厚板緊鄰著拼接在一起，用來維持住開挖的表面。

• 有擋土條板的板樁和兵樑，都是透過承重在墊塊或基腳上的水平十字鋼支撐件、或對角鋼斜撐所固定的連續水平橫擋來支撐。

• 以牽索固定於岩石或土層錨桿的做法，可應用在交叉支撐或斜撐會干擾挖掘或建造作業的情況下（美國施工規範協會綱要編碼 31 51 00）。牽索由鋼纜或鋼腱組成，穿過預先鑽透板樁的孔洞後，進入岩石或合適的土壤底層，以壓力式灌漿將牽索錨定在岩石或土壤內，並以液壓千斤頂施加後拉力。然後將牽索固定到連續的鋼製橫擋[1]上，以保持張力作用。

• 地下連續壁（泥漿牆）是一種在溝槽內灌漿而形塑成板狀的混凝土牆，常做為永久的基礎牆（美國施工規範協會綱要編碼31 56 00）。地下連續壁的做法是，開挖一道短溝槽，先灌入膨潤土[2]和水混合成的泥漿以避免側壁倒塌、置入鋼筋，然後再以漏斗管將混凝土澆入溝槽內以置換泥漿。

• 基礎排水是指降低地下水位、或是預防新開挖的基礎被地下水填滿的過程（美國施工規範協會綱要編碼31 23 19）。做法是將一種稱為「井點」（wellpoints）的穿孔管鑽入土壤中，收集周邊區域的水分以便將水抽掉。

• 既有的地下水位

• 抽乾後的地下水位

譯注

1. 橫擋（wale）：將擋土牆所承受的土壓力、水壓力傳遞到撐樑、角撐等彎曲材的水平構件，又稱做圍令。
2. 膨潤土（bentonite）：火山灰風化後形成的膠狀黏土，又稱做皂土。

美國施工規範協會綱要編碼 31 50 00：開挖的支撐和保護

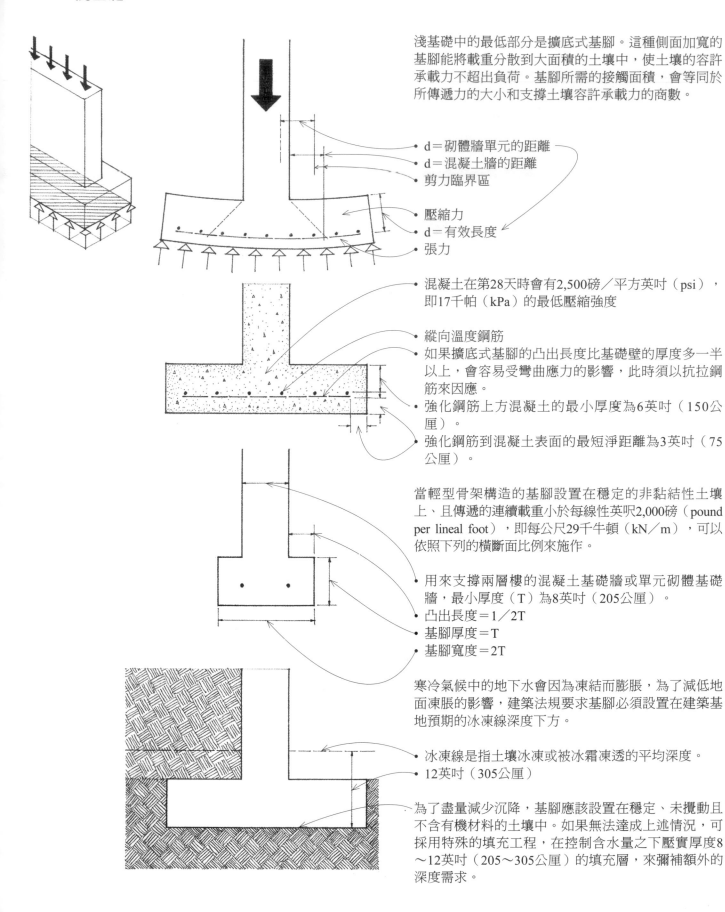

淺基礎中的最低部分是擴底式基腳。這種側面加寬的基腳能將載重分散到大面積的土壤中，使土壤的容許承載力不超出負荷。基腳所需的接觸面積，會等同於所傳遞力的大小和支撐土壤容許承載力的商數。

- d＝砌體牆單元的距離
- d＝混凝土牆的距離
- 剪力臨界區

- 壓縮力
- d＝有效長度
- 張力

- 混凝土在第28天時會有2,500磅／平方英吋（psi），即17千帕（kPa）的最低壓縮強度

- 縱向溫度鋼筋
- 如果擴底式基腳的凸出長度比基礎壁的厚度多一半以上，會容易受彎曲應力的影響，此時須以抗拉鋼筋來因應。
- 強化鋼筋上方混凝土的最小厚度為6英吋（150公厘）。
- 強化鋼筋到混凝土表面的最短淨距離為3英吋（75公厘）。

當輕型骨架構造的基腳設置在穩定的非黏結性土壤上、且傳遞的連續載重小於每線性英呎2,000磅（pound per lineal foot），即每公尺29千牛頓（kN／m），可以依照下列的橫斷面比例來施作。

- 用來支撐兩層樓的混凝土基礎牆或單元砌體基礎牆，最小厚度（T）為8英吋（205公厘）。
- 凸出長度＝1／2T
- 基腳厚度＝T
- 基腳寬度＝2T

寒冷氣候中的地下水會因為凍結而膨脹，為了減低地面凍脹的影響，建築法規要求基腳必須設置在建築基地預期的冰凍線深度下方。

- 冰凍線是指土壤冰凍或被冰霜凍透的平均深度。
- 12英吋（305公厘）

為了盡量減少沉降，基腳應該設置在穩定、未攪動且不含有機材料的土壤中。如果無法達成上述情況，可採用特殊的填充工程，在控制含水量之下壓實厚度8～12英吋（205～305公厘）的填充層，來彌補額外的深度需求。

最常見的擴底式基腳是條狀基腳和獨立基腳。

• 條狀基腳是指基礎牆的連續擴底式基腳。

擴底式基腳的其他類型如下：

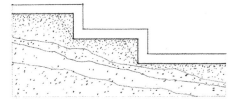

• 階梯式基腳是改變了台座水平高度的條狀基腳，以便適應基地的傾斜坡度，並且維持建築物周圍每一個基腳點所需的深度。

• 懸挑基腳或連樑基腳的組成，是由繫樑連接柱基腳和另一基腳，以平衡不對稱施加的載重。

• 聯合基腳是由基礎牆的邊緣、或柱子延伸成的鋼筋混凝土基腳，可支撐室內柱的載重。

• 懸挑基腳和聯合基腳常使用在因為基礎緊鄰建築線，不可能建造對稱載重基腳的情況。為了防止不對稱載重可能產生的轉動或不均勻沉降，連續基腳和懸挑基腳必須依比例設置，才能形成均勻的土壤壓力。

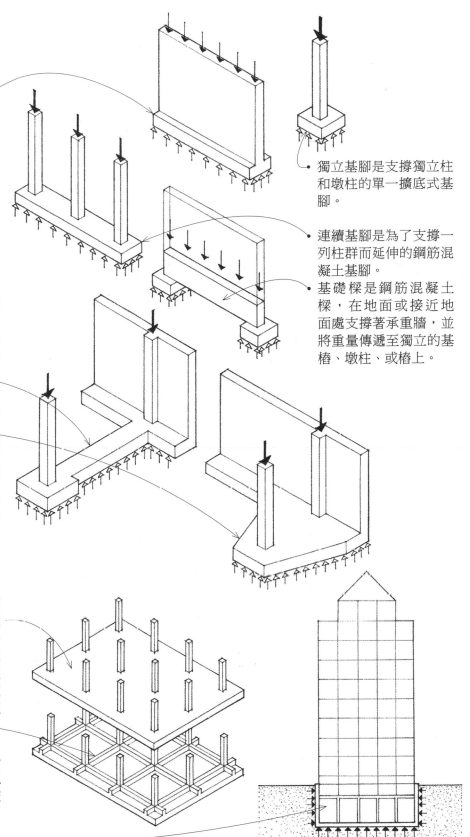

• 獨立基腳是支撐獨立柱和墩柱的單一擴底式基腳。

• 連續基腳是為了支撐一列柱群而延伸的鋼筋混凝土基腳。

• 基礎樑是鋼筋混凝土樑，在地面或接近地面處支撐著承重牆，並將重量傳遞至獨立的基椿、墩柱、或椿上。

• 蓆式基礎或筏式基礎是一塊厚重的鋼筋混凝土板，對於多個柱群或整體建築物來說就像是獨立的大型基腳一樣。筏式基礎使用於基礎土壤容許承載力較建築物載重低時，以及內部柱基腳太大，將基腳合併成單一塊板反而更經濟實惠等情形。筏式基礎可以格子筋、樑、或牆進行強化。

• 浮式基礎使用在鬆軟的土壤上，由於基腳立於蓆基上且設置得夠深，所以開挖出的土壤重量會等於、或大於被支撐的構造重量。

3.10 基礎牆

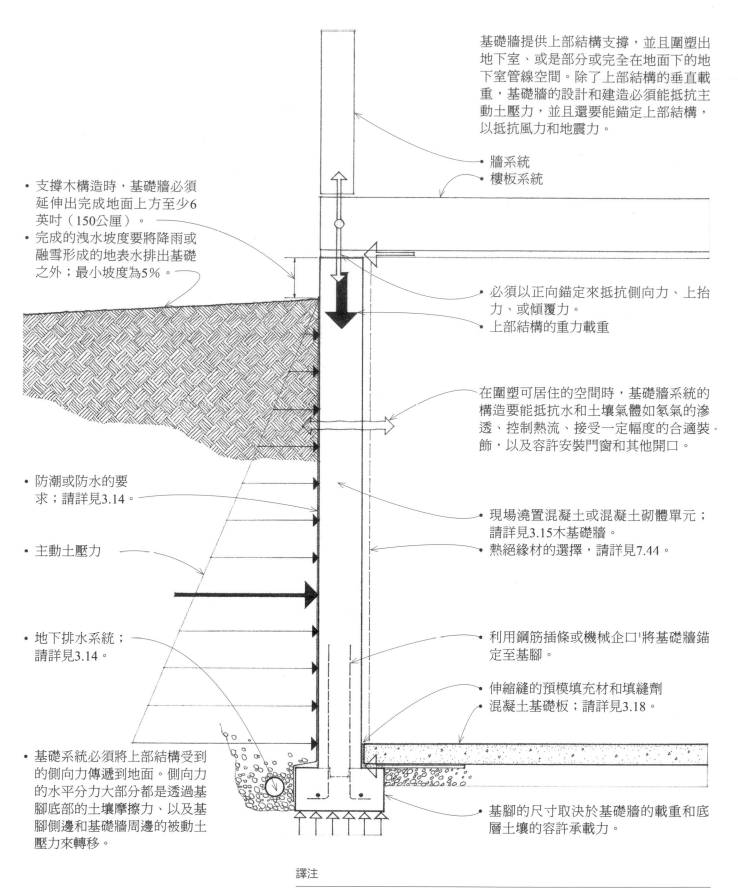

基礎牆提供上部結構支撐，並且圍塑出地下室、或是部分或完全在地面下的地下室管線空間。除了上部結構的垂直載重，基礎牆的設計和建造必須能抵抗主動土壓力，並且還要能錨定上部結構，以抵抗風力和地震力。

• 牆系統
• 樓板系統

• 支撐木構造時，基礎牆必須延伸出完成地面上方至少6英吋（150公厘）。
• 完成的洩水坡度要將降雨或融雪形成的地表水排出基礎之外；最小坡度為5%。

• 必須以正向錨定來抵抗側向力、上抬力、或傾覆力。
• 上部結構的重力載重

在圍塑可居住的空間時，基礎牆系統的構造要能抵抗水和土壤氣體如氡氣的滲透、控制熱流、接受一定幅度的合適裝飾，以及容許安裝門窗和其他開口。

• 防潮或防水的要求；請詳見3.14。

• 現場澆置混凝土或混凝土砌體單元；請詳見3.15木基礎牆。
• 熱絕緣材的選擇，請詳見7.44。

• 主動土壓力

• 地下排水系統；請詳見3.14。

• 利用鋼筋插條或機械企口¹將基礎牆錨定至基腳。

• 伸縮縫的預模填充材和填縫劑
• 混凝土基礎板；請詳見3.18。

• 基礎系統必須將上部結構受到的側向力傳遞到地面。側向力的水平分力大部分都是透過基腳底部的土壤摩擦力、以及基腳側邊和基礎牆周邊的被動土壓力來轉移。

• 基腳的尺寸取決於基礎牆的載重和底層土壤的容許承載力。

譯注

1. 企口：凹凸相接處，泛指一側有凹槽，另一側有凸榫，兩端可以互相搭合拼接的邊緣設計。業界的水泥板、木地板、天花板等板材多以此方法製造，以利施工。

地下室管線空間是由連續的基礎牆或墩柱在一樓下方圍塑而成的空間，可做為機械、電力和配管設備的整合空間和維修出入口。

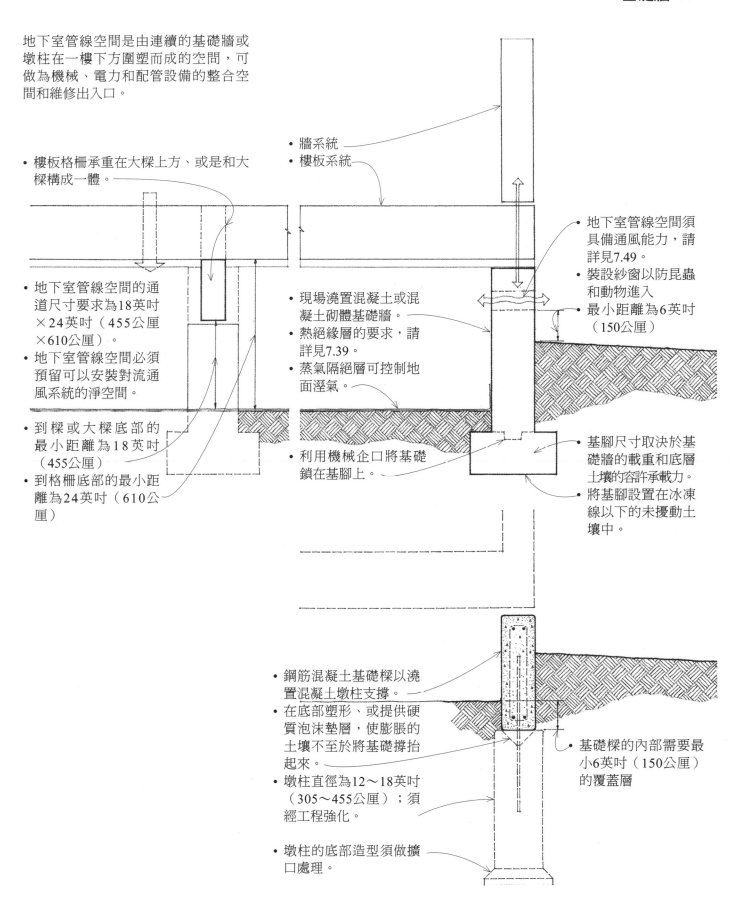

- 牆系統
- 樓板系統

- 樓板格柵承重在大樑上方、或是和大樑構成一體。

- 地下室管線空間的通道尺寸要求為18英吋×24英吋（455公厘×610公厘）。
- 地下室管線空間必須預留可以安裝對流通風系統的淨空間。

- 到樑或大樑底部的最小距離為18英吋（455公厘）
- 到格柵底部的最小距離為24英吋（610公厘）

- 現場澆置混凝土或混凝土砌體基礎牆。
- 熱絕緣層的要求，請詳見7.39。
- 蒸氣隔絕層可控制地面溼氣。

- 利用機械企口將基礎鎖在基腳上。

- 地下室管線空間須具備通風能力，請詳見7.49。
- 裝設紗窗以防昆蟲和動物進入
- 最小距離為6英吋（150公厘）

- 基腳尺寸取決於基礎牆的載重和底層土壤的容許承載力。
- 將基腳設置在冰凍線以下的未擾動土壤中。

- 鋼筋混凝土基礎樑以澆置混凝土墩柱支撐。
- 在底部塑形、或提供硬質泡沫墊層，使膨脹的土壤不至於將基礎撐抬起來。
- 墩柱直徑為12～18英吋（305～455公厘）；須經工程強化。

- 墩柱的底部造型須做擴口處理。

- 基礎樑的內部需要最小6英吋（150公厘）的覆蓋層

3.12 基礎牆

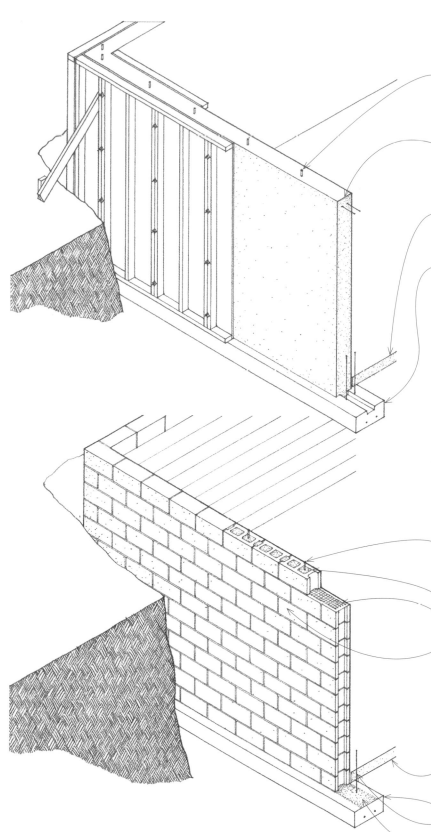

混凝土基礎牆

現場澆置混凝土基礎牆時，需有模板和通道以進行混凝土澆置作業。

• 錨栓（基礎螺栓）使用在輕型構架構造的檻板（又譯做繫底板）上；請詳見3.13和4.28。

• 牆的最小厚度為8英吋（205公厘）
• 依工程分析規定的水平和垂直鋼筋；請詳見5.06。

• 混凝土基礎板；請詳見3.18。

• 混凝土基腳；請詳見3.08～3.09。
• 使用鋼筋插條將基礎牆錨定在基腳上。
• 企口可提供額外的側向滑動抵抗力。

混凝土砌體基礎牆

混凝土砌體基礎牆使用容易處理、且不需模板輔助的小型單元。因為混凝土砌體是一種模組化的材料，所有主要尺寸都是根據8英吋（205公厘）標準混凝土塊的模組製成。

• 輕型構架構造的檻板錨栓；請詳見3.13和4.28。

• 將灌漿填入上層的空隙。
• 放置篩網以穩固泥漿。

• 砌體單元以順砌法製作，使用M型砂漿或S型砂漿。
• 牆的最小標稱厚度為8英吋（205公厘）。

• 根據工程分析的要求，在灌漿空室中加入垂直鋼筋和水平聯結樑。
• 請詳見5.18鋼筋強化砌體牆。
• 混凝土基礎板；請詳見3.18。

• 混凝土基腳；請詳見3.08～3.09。
• 使用鋼筋插條將基礎牆錨定在基腳上。
• 在粗糙化的基腳上鋪滿填縫砂漿。

美國施工規範協會綱要編碼 03 30 00：現場澆置混凝土
美國施工規範協會綱要編碼 04 20 00：單元砌體

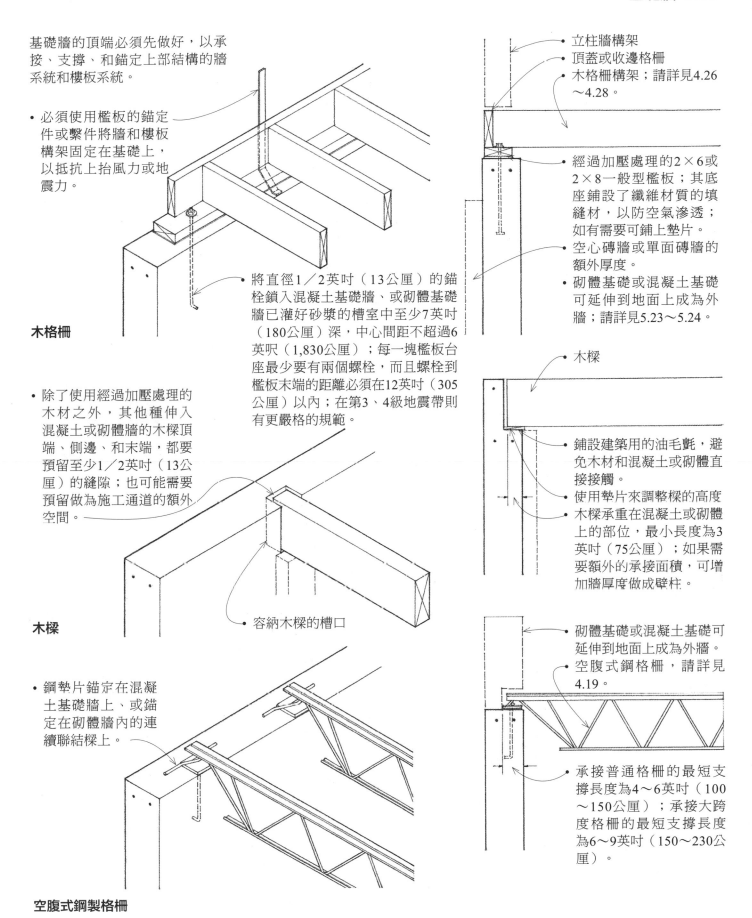

基礎牆的頂端必須先做好，以承接、支撐、和錨定上部結構的牆系統和樓板系統。

- 必須使用檻板的錨定件或繫件將牆和樓板構架固定在基礎上，以抵抗上抬風力或地震力。

木格柵

- 除了使用經過加壓處理的木材之外，其他種伸入混凝土或砌體牆的木樑頂端、側邊、和末端，都要預留至少1／2英吋（13公厘）的縫隙；也可能需要預留做為施工通道的額外空間。

木樑

- 鋼墊片錨定在混凝土基礎牆上、或錨定在砌體牆內的連續聯結樑上。

將直徑1／2英吋（13公厘）的錨栓鎖入混凝土基礎牆、或砌體基礎牆已灌好砂漿的槽室中至少7英吋（180公厘）深，中心間距不超過6英呎（1,830公厘）；每一塊檻板台座最少要有兩個螺栓，而且螺栓到檻板末端的距離必須在12英吋（305公厘）以內；在第3、4級地震帶則有更嚴格的規範。

容納木樑的槽口

空腹式鋼製格柵

- 立柱牆構架
- 頂蓋或收邊格柵
- 木格柵構架；請詳見4.26～4.28。

- 經過加壓處理的2×6或2×8一般型檻板；其底座鋪設了纖維材質的填縫材，以防空氣滲透；如有需要可鋪上墊片。
- 空心磚牆或單面磚牆的額外厚度。
- 砌體基礎或混凝土基礎可延伸到地面上成為外牆；請詳見5.23～5.24。

- 木樑

- 鋪設建築用的油毛氈，避免木材和混凝土或砌體直接接觸。
- 使用墊片來調整樑的高度
- 木樑承重在混凝土或砌體上的部位，最小長度為3英吋（75公厘）；如果需要額外的承接面積，可增加牆厚度做成壁柱。

- 砌體基礎或混凝土基礎可延伸到地面上成為外牆。
- 空腹式鋼格柵，請詳見4.19。

- 承接普通格柵的最短支撐長度為4～6英吋（100～150公厘）；承接大跨度格柵的最短支撐長度為6～9英吋（150～230公厘）。

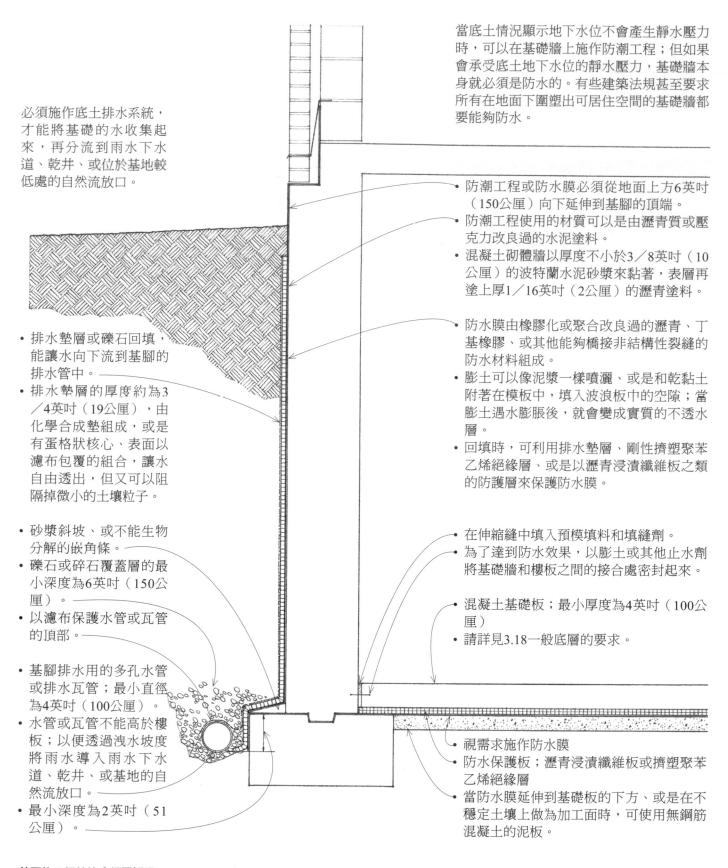

當底土情況顯示地下水位不會產生靜水壓力時，可以在基礎牆上施作防潮工程；但如果會承受底土地下水位的靜水壓力，基礎牆本身就必須是防水的。有些建築法規甚至要求所有在地面下圍塑出可居住空間的基礎牆都要能夠防水。

必須施作底土排水系統，才能將基礎的水收集起來，再分流到雨水下水道、乾井、或位於基地較低處的自然流放口。

• 防潮工程或防水膜必須從地面上方6英吋（150公厘）向下延伸到基腳的頂端。
• 防潮工程使用的材質可以是由瀝青質或壓克力改良過的水泥塗料。
• 混凝土砌體牆以厚度不小於3／8英吋（10公厘）的波特蘭水泥砂漿來黏著，表層再塗上厚1／16英吋（2公厘）的瀝青塗料。

• 排水墊層或礫石回填，能讓水向下流到基腳的排水管中。
• 排水墊層的厚度約為3／4英吋（19公厘），由化學合成墊組成，或是有蛋格狀核心、表面以濾布包覆的組合，讓水自由透出，但又可以阻隔掉微小的土壤粒子。

• 防水膜由橡膠化或聚合改良過的瀝青、丁基橡膠、或其他能夠橋接非結構性裂縫的防水材料組成。
• 膨土可以像泥漿一樣噴灑、或是和乾黏土附著在模板中，填入波浪板中的空隙；當膨土遇水膨脹後，就會變成實質的不透水層。
• 回填時，可利用排水墊層、剛性擠塑聚苯乙烯絕緣層、或是以瀝青浸漬纖維板之類的防護層來保護防水膜。

• 砂漿斜坡、或不能生物分解的嵌角條。
• 礫石或碎石覆蓋層的最小深度為6英吋（150公厘）。
• 以濾布保護水管或瓦管的頂部。

• 在伸縮縫中填入預模填料和填縫劑。
• 為了達到防水效果，以膨土或其他止水劑將基礎牆和樓板之間的接合處密封起來。

• 基腳排水用的多孔水管或排水瓦管；最小直徑為4英吋（100公厘）。
• 水管或瓦管不能高於樓板；以便透過洩水坡度將雨水導入雨水下水道、乾井、或基地的自然流放口。
• 最小深度為2英吋（51公厘）。

• 混凝土基礎板；最小厚度為4英吋（100公厘）
• 請詳見3.18一般底層的要求。

• 視需求施作防水膜
• 防水保護板；瀝青浸漬纖維板或擠塑聚苯乙烯絕緣層
• 當防水膜延伸到基礎板的下方、或是在不穩定土壤上做為加工面時，可使用無鋼筋混凝土的泥板。

美國施工規範協會綱要編碼 07 10 00：防潮與防水
美國施工規範協會綱要編碼 33 41 13：基礎排水

經過處理的木造基礎系統可以用來建造地下室和地下室管線
空間。牆體的部分可在現場建造，或是在工廠製造以節省現
場組構的時間。所有用來建造基礎系統的木材和膠合材都要
經過加壓處理、和合格的防腐處理，才能使用在與地面接觸
的部位；所有的現場切割材也必須具備相同等級的防腐性。
而所有金屬繫件也都應該使用不鏽鋼或熱浸鍍鋅鋼材。

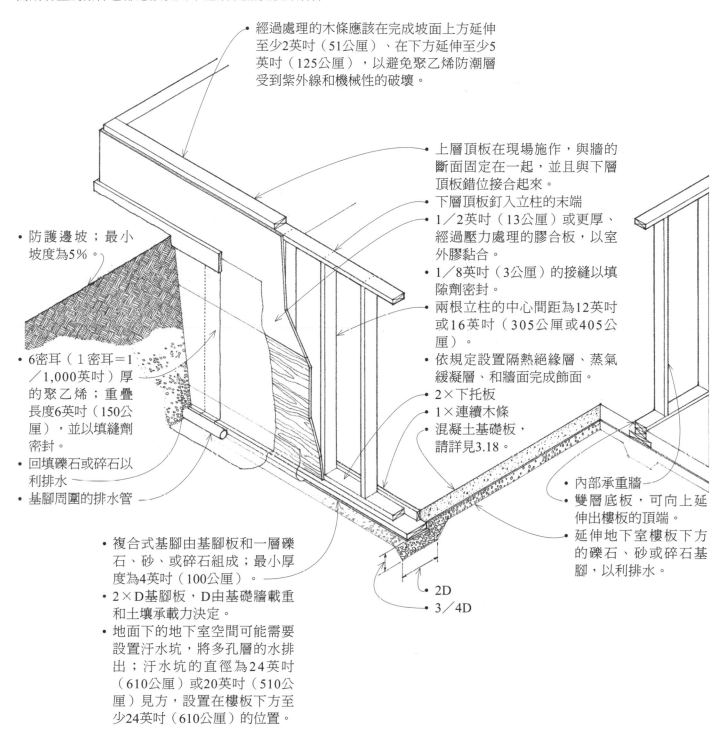

• 經過處理的木條應該在完成坡面上方延伸
至少2英吋（51公厘）、在下方延伸至少5
英吋（125公厘），以避免聚乙烯防潮層
受到紫外線和機械性的破壞。

• 上層頂板在現場施作，與牆的
斷面固定在一起，並且與下層
頂板錯位接合起來。
• 下層頂板釘入立柱的末端
• 1／2英吋（13公厘）或更厚、
經過壓力處理的膠合板，以室
外膠黏合。
• 1／8英吋（3公厘）的接縫以填
隙劑密封。
• 兩根立柱的中心間距為12英吋
或16英吋（305公厘或405公
厘）。
• 依規定設置隔熱絕緣層、蒸氣
緩凝層、和牆面完成飾面。
• 2×下托板
• 1×連續木條
• 混凝土基礎板，
請詳見3.18。

• 防護邊坡；最小
坡度為5%。

• 6密耳（1密耳＝1
／1,000英吋）厚
的聚乙烯；重疊
長度6英吋（150公
厘），並以填縫劑
密封。
• 回填礫石或碎石以
利排水
• 基腳周圍的排水管

• 內部承重牆
• 雙層底板，可向上延
伸出樓板的頂端。
• 延伸地下室樓板下方
的礫石、砂或碎石基
腳，以利排水。

• 2D
• 3／4D

• 複合式基腳由基腳板和一層礫
石、砂、或碎石組成；最小厚
度為4英吋（100公厘）。
• 2×D基腳板，D由基礎牆載重
和土壤承載力決定。
• 地面下的地下室空間可能需要
設置汙水坑，將多孔層的水排
出；汙水坑的直徑為24英吋
（610公厘）或20英吋（510公
厘）見方，設置在樓板下方至
少24英吋（610公厘）的位置。

美國建築標準學會施工規範 06 14 00：特殊處理木造基礎

3.16 柱基腳

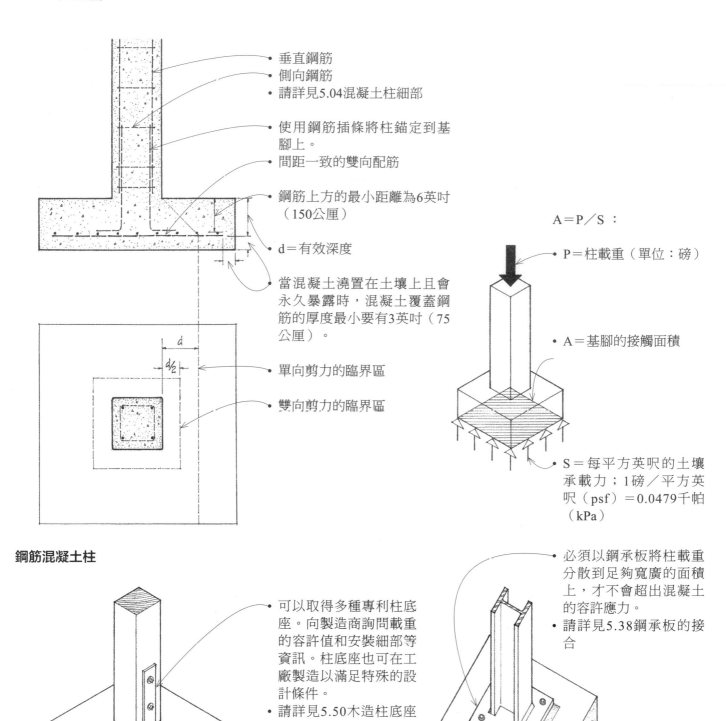

- 垂直鋼筋
- 側向鋼筋
- 請詳見5.04混凝土柱細部

- 使用鋼筋插條將柱錨定到基腳上。
- 間距一致的雙向配筋

- 鋼筋上方的最小距離為6英吋（150公厘）

- d＝有效深度

- 當混凝土澆置在土壤上且會永久暴露時，混凝土覆蓋鋼筋的厚度最小要有3英吋（75公厘）。

- 單向剪力的臨界區
- 雙向剪力的臨界區

$A＝P／S：$

- $P＝$柱載重（單位：磅）

- $A＝$基腳的接觸面積

- $S＝$每平方英呎的土壤承載力；1磅／平方英呎（psf）＝0.0479千帕（kPa）

鋼筋混凝土柱

- 可以取得多種專利柱底座。向製造商詢問載重的容許值和安裝細部等資訊。柱底座也可在工廠製造以滿足特殊的設計條件。
- 請詳見5.50木造柱底座的接合

木柱

- 必須以鋼承板將柱載重分散到足夠寬廣的面積上，才不會超出混凝土的容許應力。
- 請詳見5.38鋼承板的接合

鋼柱

美國施工規範協會綱要編碼 03 30 00：現場澆置混凝土
美國施工規範協會綱要編碼 03 31 00：結構混凝土

當結構和基礎所在地位於、或接近坡度超過
100％的地面時，應遵循下列規定：

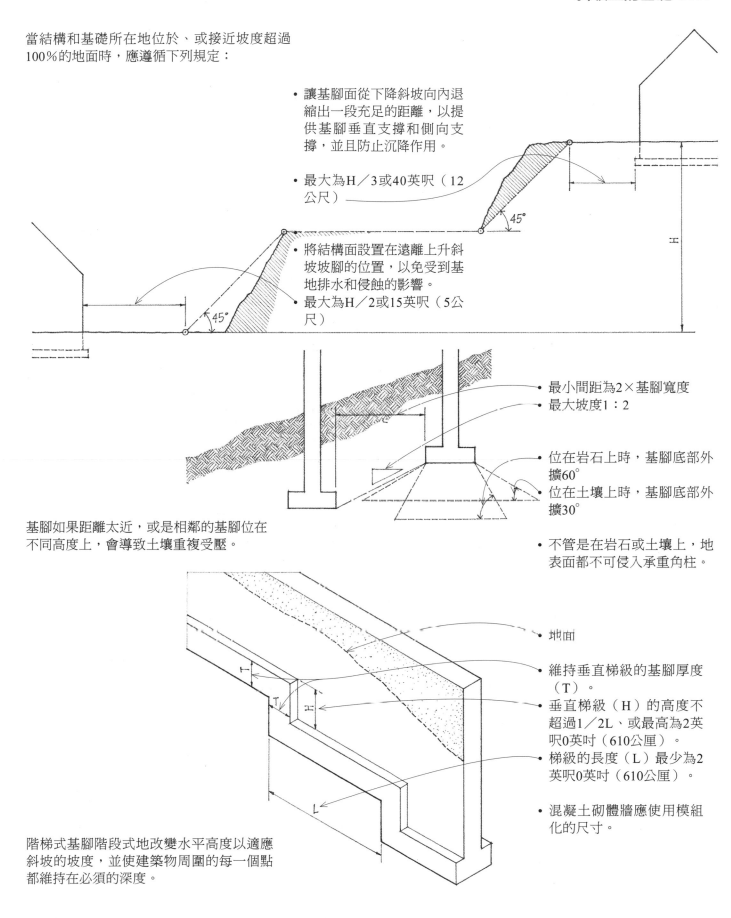

- 讓基腳面從下降斜坡向內退
  縮出一段充足的距離，以提
  供基腳垂直支撐和側向支
  撐，並且防止沉降作用。

- 最大為H／3或40英呎（12
  公尺）

- 將結構面設置在遠離上升斜
  坡坡腳的位置，以免受到基
  地排水和侵蝕的影響。
- 最大為H／2或15英呎（5公
  尺）

- 最小間距為2×基腳寬度
- 最大坡度1：2

- 位在岩石上時，基腳底部外
  擴60°
- 位在土壤上時，基腳底部外
  擴30°

基腳如果距離太近，或是相鄰的基腳位在
不同高度上，會導致土壤重複受壓。

- 不管是在岩石或土壤上，地
  表面都不可侵入承重角柱。

- 地面

- 維持垂直梯級的基腳厚度
  （T）。
- 垂直梯級（H）的高度不
  超過1／2L、或最高為2英
  呎0英吋（610公厘）。
- 梯級的長度（L）最少為2
  英呎0英吋（610公厘）。

- 混凝土砌體牆應使用模組
  化的尺寸。

階梯式基腳階段式地改變水平高度以適應
斜坡的坡度，並使建築物周圍的每一個點
都維持在必須的深度。

3.18 混凝土基礎板

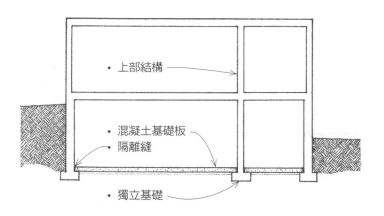

- 上部結構
- 混凝土基礎板
- 隔離縫
- 獨立基礎

混凝土板設置在地面上、或靠近地面的位置,做為聯合樓板和基礎系統。這種雙重用途的混凝土板是否合適,取決於基地的地理位置、地形、和土壤特性,以及上部結構的設計。

混凝土板設置在地面上時,底層土壤必須是水平、穩定、密度均勻、或是經過適當壓實且不含有機物質。如果設置在承載力低、高壓縮或膨脹的土壤上,混凝土基礎板就必須設計得像是蓆式基礎或筏式基礎一樣,並且需要由合格的結構工程師進行專業的分析與設計。

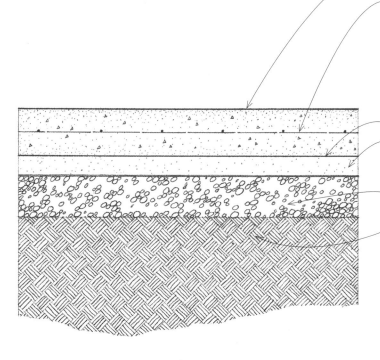

- 最小板厚度為4英吋(100公厘);所需的厚度取決於預期的使用用途和載重條件。
- 點銲鋼絲網放置在中間、或中間偏上方的深度位置時,可以控制溫度帶來的壓力、收縮裂縫、和土壤層的輕微差異運動;當樓板需承載超過一般樓板的載重時,樓板內必須設置鋼筋網格。
- 玻璃、鋼、或聚丙烯纖維的掺合物可以加到混凝土混合物中,以減少收縮裂縫的產生。
- 混凝土添加物可以提高表面的硬度和耐磨性。
- 厚度6密耳(0.15公厘)的聚乙烯防潮層
- 美國混凝土協會(American Concrete Institute)建議在防潮層上方鋪設一層2英吋(51公厘)的砂,以吸收混凝土固化過程中多餘的水分。
- 礫石或碎石的底層可防止地下水位因為毛細現象而上升;最小厚度為4英吋(100公厘)。
- 穩定、均勻緻密的土壤底層;可能需透過壓實來增加土壤的穩定性、承載力、抵抗水滲透的能力。

板的最大尺寸 英呎(公尺)	鋼筋間距 英吋(公厘)	鋼筋尺寸 (號碼)
最大到 45(14)	6 x 6(150 x 150)	W1.4 x W1.4
45 ~ 60(14 ~ 18)	6 x 6	W2.0 x W2.0
60 ~ 75(18 ~ 22)	6 x 6	W2.9 x W2.9

美國施工規範協會綱要編碼 03 30 00:現場澆置混凝土
美國施工規範協會綱要編碼 03 31 00:結構混凝土

為了容納混凝土板在地面上的移動，因而創造、或建造出三種不同的接合類型，分別是隔離接合、施工接合、和控制接合。

隔離接合

隔離接合通常也稱做伸縮接合，可讓建築物的混凝土板與鄰接的柱、牆之間有一位移的緩衝空間，稱之為隔離縫。

施工接合

施工接合提供施工過程中一個可暫停、下一階段的施工再由此銜接起的地方，稱之為施工縫。這樣的接合方式也有隔離縫或控制縫的作用，可採用企口、或插條的方式來防止相鄰的板之間出現垂直的差異運動。

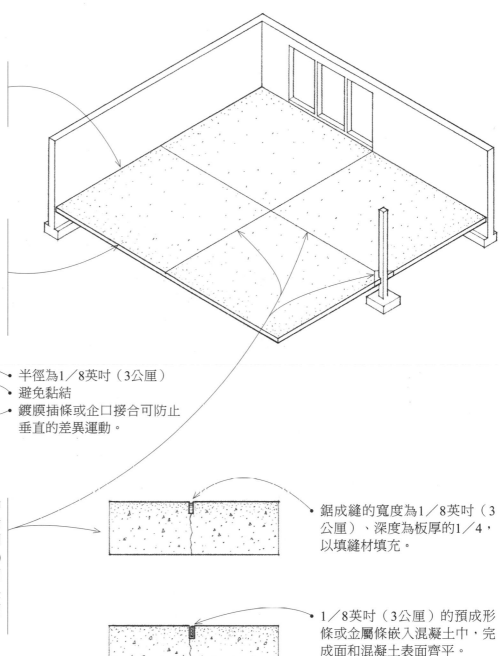

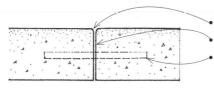

- 半徑為1／8英吋（3公厘）
- 避免黏結
- 鍍膜插條或企口接合可防止垂直的差異運動。

控制接合

控制接合是製造弱化線，使拉伸應力產生的裂紋沿著預定線發生。外露混凝土的控制縫中心間距為15～20英呎（4,570～6,100公厘），或是在任何需將不規則混凝土板分割成多個正方形或長方形區塊的位置，都能施作控制縫。

- 鋸成縫的寬度為1／8英吋（3公厘）、深度為板厚的1／4，以填縫材填充。

- 1／8英吋（3公厘）的預成形條或金屬條嵌入混凝土中，完成面和混凝土表面齊平。

- 企口接合
- 防止黏結的做法，可使用預成形金屬或塑膠接合材料，或是在另一塊板置入前先在第一塊板上塗布混凝土養護劑。

3.20 混凝土基礎板

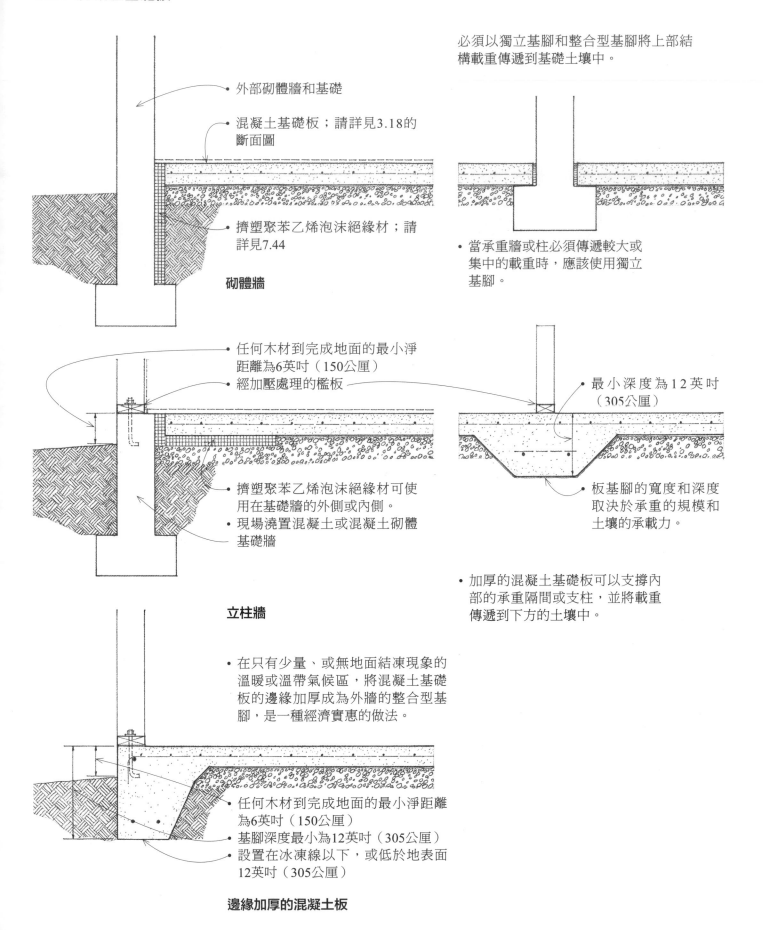

外部砌體牆和基礎

混凝土基礎板;請詳見3.18的斷面圖

擠塑聚苯乙烯泡沫絕緣材;請詳見7.44

砌體牆

任何木材到完成地面的最小淨距離為6英吋（150公厘）

經加壓處理的檻板

擠塑聚苯乙烯泡沫絕緣材可使用在基礎牆的外側或內側。

現場澆置混凝土或混凝土砌體基礎牆

立柱牆

- 在只有少量、或無地面結凍現象的溫暖或溫帶氣候區，將混凝土基礎板的邊緣加厚成為外牆的整合型基腳，是一種經濟實惠的做法。

任何木材到完成地面的最小淨距離為6英吋（150公厘）

基腳深度最小為12英吋（305公厘）

設置在冰凍線以下，或低於地表面12英吋（305公厘）

邊緣加厚的混凝土板

必須以獨立基腳和整合型基腳將上部結構載重傳遞到基礎土壤中。

- 當承重牆或柱必須傳遞較大或集中的載重時，應該使用獨立基腳。

最小深度為12英吋（305公厘）

板基腳的寬度和深度取決於承重的規模和土壤的承載力。

- 加厚的混凝土基礎板可以支撐內部的承重隔間或支柱，並將載重傳遞到下方的土壤中。

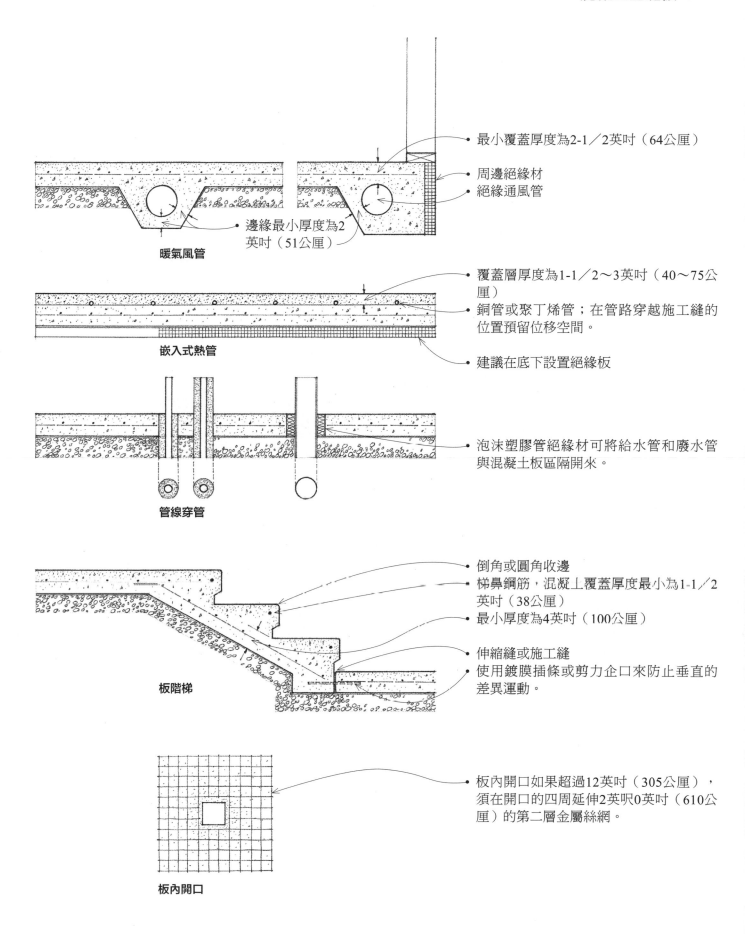

- 最小覆蓋厚度為2-1／2英吋（64公厘）

- 周邊絕緣材
- 絕緣通風管

- 邊緣最小厚度為2英吋（51公厘）

暖氣風管

- 覆蓋層厚度為1-1／2～3英吋（40～75公厘）
- 銅管或聚丁烯管；在管路穿越施工縫的位置預留位移空間。

- 建議在底下設置絕緣板

嵌入式熱管

- 泡沫塑膠管絕緣材可將給水管和廢水管與混凝土板區隔開來。

管線穿管

- 倒角或圓角收邊
- 梯鼻鋼筋，混凝土覆蓋厚度最小為1-1／2英吋（38公厘）
- 最小厚度為4英吋（100公厘）

- 伸縮縫或施工縫
- 使用鍍膜插條或剪力企口來防止垂直的差異運動。

板階梯

- 板內開口如果超過12英吋（305公厘），須在開口的四周延伸2英呎0英吋（610公厘）的第二層金屬絲網。

板內開口

3.22 柱基礎

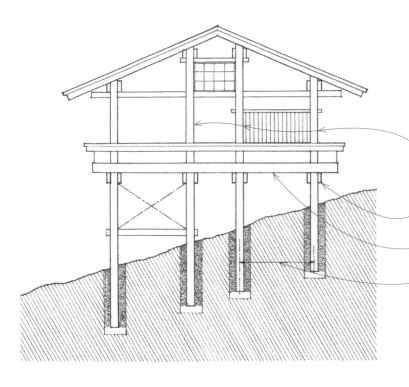

柱基礎將木結構架高於地平面上，僅需要最低限度的開挖，並且能保留基地的自然特徵和既有排水模式。柱基礎特別適用於座落在陡峭山坡地、和受週期性洪水侵擾地區的建築物。

經過處理的柱通常會沿著樑—格柵構架樣式所定義的網格來設置。柱與柱的間距決定了樑與格柵的跨距、以及柱必須承載的垂直載重。

- 直徑6～12英吋（150～305公厘）的木柱；塗上防腐劑以防止腐爛和蟲害。經過處理的柱可垂直延伸，形成上部結構的承重構架，或者結束在一樓，以支撐傳統的平台構架。
- 實心樑、組合樑、或間隔樑；懸臂的長度以後方跨距的1／4為限。
- 依據當地氣候條件施作地板、牆、和屋頂的絕緣工程。
- 柱間距為6～12英呎（1,830～3,660公厘），可支撐的樓地板或屋頂面積達144平方英呎（13.4平方公尺）。

柱設置在手鑿、或用電動螺旋鑽孔機鑿開的洞中。足夠的埋入長度、適當的回填、和適當的接合，對柱結構發展出必要的剛性和抵抗側向風力與地震力來說，都是十分必要的。必要的埋入長度會依據下列情況而有所不同：
- 基地的坡度
- 地表下的土壤條件
- 柱的間距
- 柱的未支撐高度
- 地震帶

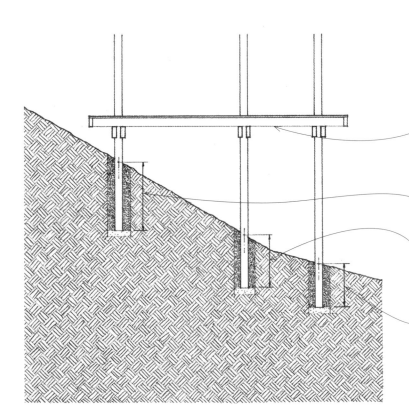

- 樓板應設計並建造成水平隔板，將上坡柱的剛性傳遞到結構的其他地方。

埋入陡坡的長度
- 上坡柱的埋入深度為5～8英呎（1,525～2,440公厘）；上坡柱的未支撐高度較短，需要較深的埋入長度，才能提供結構需要的剛性。
- 下坡柱的埋入深度為4～7英呎（1,220～2,135公厘）。

埋入緩坡的長度
- 4～5英呎（1,220～1,525公厘）

如果無法達到必要的埋入長度，像是建造在岩石坡上時，可使用搭配螺絲扣的鋼桿交叉斜撐、混凝土剪力牆、或砌體剪力牆來提供側向穩定性。
- 柱結構的設計與建造應向合格的結構工程師諮詢，特別是位在陡峭的斜坡基地、容易受到強風或洪水傾擾的建築物。

美國施工規範協會綱要編碼 06 13 16：柱構造

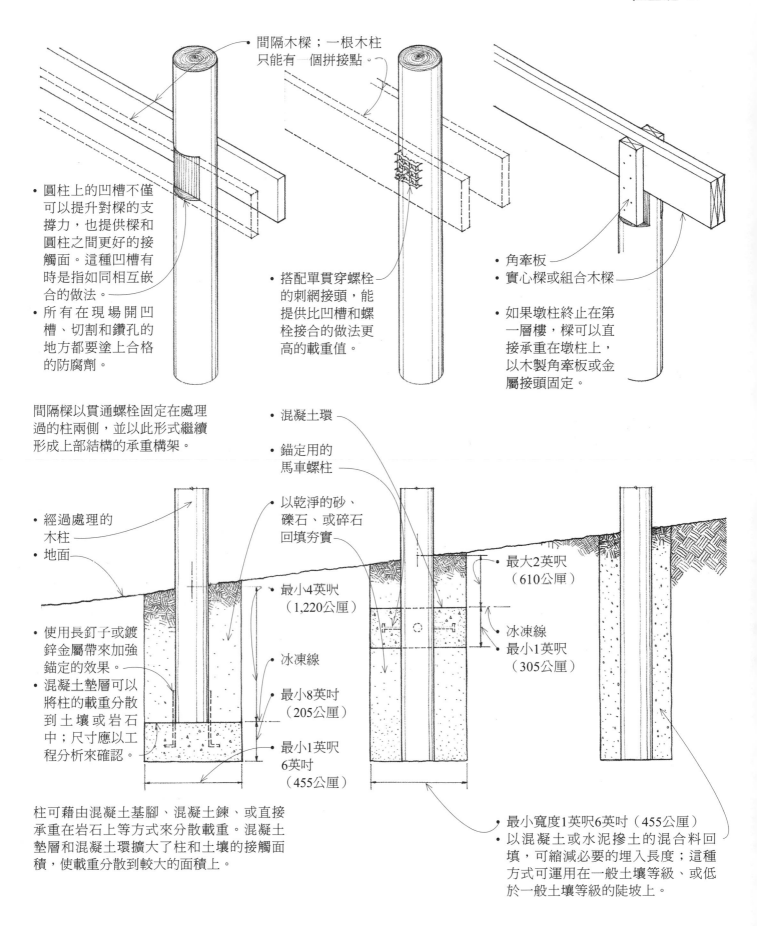

• 間隔木樑；一根木柱只能有一個拼接點。

• 圓柱上的凹槽不僅可以提升對樑的支撐力，也提供樑和圓柱之間更好的接觸面。這種凹槽有時是指如同相互嵌合的做法。
• 所有在現場開凹槽、切割和鑽孔的地方都要塗上合格的防腐劑。

• 搭配單貫穿螺栓的刺網接頭，能提供比凹槽和螺栓接合的做法更高的載重值。

• 角牽板
• 實心樑或組合木樑

• 如果墩柱終止在第一層樓，樑可以直接承重在墩柱上，以木製角牽板或金屬接頭固定。

間隔樑以貫通螺栓固定在處理過的柱兩側，並以此形式繼續形成上部結構的承重構架。

• 混凝土環
• 錨定用的馬車螺柱

• 以乾淨的砂、礫石、或碎石回填夯實

• 經過處理的木柱
• 地面

• 最小4英呎（1,220公厘）

• 最大2英呎（610公厘）

• 冰凍線
• 最小1英呎（305公厘）

• 使用長釘子或鍍鋅金屬帶來加強錨定的效果。
• 混凝土墊層可以將柱的載重分散到土壤或岩石中；尺寸應以工程分析來確認。

• 冰凍線
• 最小8英吋（205公厘）
• 最小1英呎6英吋（455公厘）

柱可藉由混凝土基腳、混凝土鍊、或直接承重在岩石上等方式來分散載重。混凝土墊層和混凝土環擴大了柱和土壤的接觸面積，使載重分散到較大的面積上。

• 最小寬度1英呎6英吋（455公厘）
• 以混凝土或水泥摻土的混合料回填，可縮減必要的埋入長度；這種方式可運用在一般土壤等級、或低於一般土壤等級的陡坡上。

3.24 深基礎

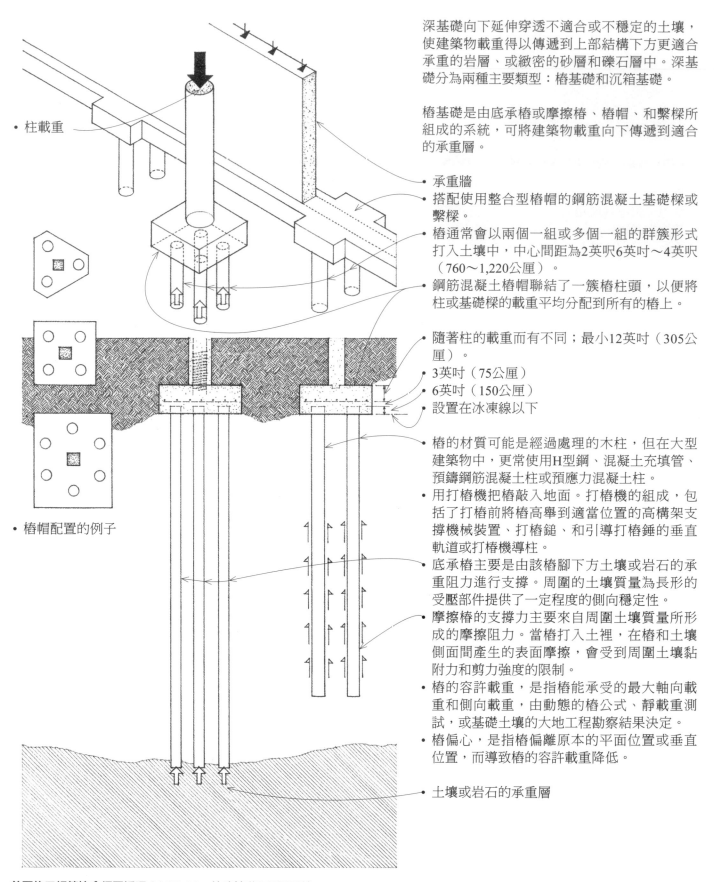

深基礎向下延伸穿透不適合或不穩定的土壤，使建築物載重得以傳遞到上部結構下方更適合承重的岩層、或緻密的砂層和礫石層中。深基礎分為兩種主要類型：椿基礎和沉箱基礎。

椿基礎是由底承椿或摩擦椿、椿帽、和繫樑所組成的系統，可將建築物載重向下傳遞到適合的承重層。

• 柱載重

• 承重牆
• 搭配使用整合型椿帽的鋼筋混凝土基礎樑或繫樑。
• 椿通常會以兩個一組或多個一組的群簇形式打入土壤中，中心間距為2英呎6英吋～4英呎（760～1,220公厘）。
• 鋼筋混凝土椿帽聯結了一簇椿柱頭，以便將柱或基礎樑的載重平均分配到所有的椿上。

• 隨著柱的載重而有不同；最小12英吋（305公厘）。
• 3英吋（75公厘）
• 6英吋（150公厘）
• 設置在冰凍線以下

• 椿的材質可能是經過處理的木柱，但在大型建築物中，更常使用H型鋼、混凝土充填管、預鑄鋼筋混凝土柱或預應力混凝土柱。
• 用打椿機把椿敲入地面。打椿機的組成，包括了打椿前將椿高舉到適當位置的高構架支撐機械裝置、打椿鎚、和引導打椿錘的垂直軌道或打椿機導柱。
• 底承椿主要是由該椿腳下方土壤或岩石的承重阻力進行支撐。周圍的土壤質量為長形的受壓部件提供了一定程度的側向穩定性。
• 摩擦椿的支撐力主要來自周圍土壤質量所形成的摩擦阻力。當椿打入土裡，在椿和土壤側面間產生的表面摩擦，會受到周圍土壤黏附力和剪力強度的限制。
• 椿的容許載重，是指椿能承受的最大軸向載重和側向載重，由動態的椿公式、靜載重測試，或基礎土壤的大地工程勘察結果決定。
• 椿偏心，是指椿偏離原本的平面位置或垂直位置，而導致椿的容許載重降低。

• 椿帽配置的例子

• 土壤或岩石的承重層

美國施工規範協會綱要編碼 31 60 00：特殊基礎和承重元件

- 木椿通常是指以類似摩擦椿方式打入的圓木。通常在底部裝有鋼椿靴和護椿箍,以避免木椿從軸心裂開或粉碎。
- 合成椿由兩種以上的材料組成,例如一根木椿,但上部以混凝土製成,可避免在地下水位上方的部分腐爛。
- H型椿是H形斷面的鋼材,有時候會將直到地下水位下方的部分都用混凝土包裹起來,以免遭到腐蝕。在打椿的過程中,H形斷面可以銲接成任何所需的長度。
- 管椿是重型鋼管,較低一端的端口可以開放,或是以重型鋼板、或做成尖端狀封閉起來,並且填入混凝土。開放式管椿在填充混凝土前必須進行事前調查和開挖。
- 預鑄混凝土椿的橫斷面有圓形、正方形、或多邊形,有時候是開放核心的形式。預鑄椿往往都會備有預應力。

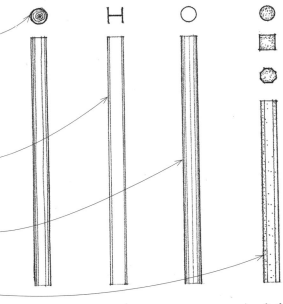

- 現場澆置混凝土椿的建造,是在已打入地面下的豎管中注入混凝土。混凝土椿可以加上套管或不加套管。

- 套管椿的建造,是先將鋼管或套管打入地面,直到達到所需的抵抗力,再注入混凝土。套管通常是圓柱形的鋼斷面,有時也會做成波浪狀或錐形以增加剛度。心軸的組成方式是先將一個重型鋼管或重型鋼核心插入薄壁套管中,以免套管在打椿過程中倒塌,然後在澆置混凝土之前從套管中取出移除。

- 無套管椿的建造,則是將混凝土塞隨著鋼套管一起打入地面,直到達到了所需的抵抗力,接著在撤出鋼套管的同時注入並夯實混凝土。

- 擴底椿是指椿腳擴大的無套管椿,以提高椿的承重面積、透過壓縮力強化承重層。擴底椿的跟部是透過迫使混凝土從套管底部外溢、混入周圍土壤而形成。

- 微型椿是一種大容量、小口徑(5〜12英吋;125〜305公釐)、能就地進行鑽孔和灌漿的強化椿。微型椿基礎通常應用在都市地區、出入通道受限的地點,以及托底工程或緊急維修工程上,由於微型椿只會對既有結構產生極小的震動和干擾,因此幾乎能在任何地形條件下施作。

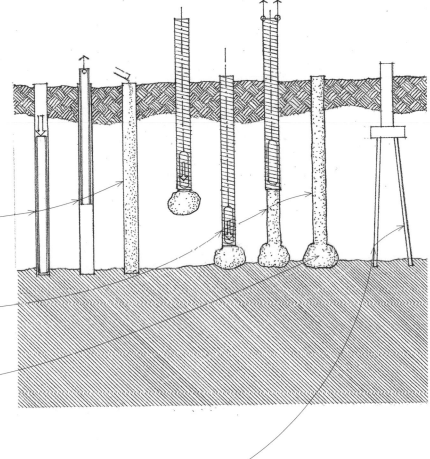

美國施工規範協會綱要編碼 31 62 00:打擊式基椿
美國施工規範協會綱要編碼 31 63 00:鑽掘式基椿

3.26 沉箱基礎

沉箱是現場澆置形成的無鋼筋或有鋼筋混凝土墩柱，建造方式是以大型鑽孔機具或人工開挖的方式，在地面下挖掘出深入合適承重層的豎井，再將混凝土注入豎井中塑形。因此，沉箱也稱為鑽孔樁或鑽孔墩柱。

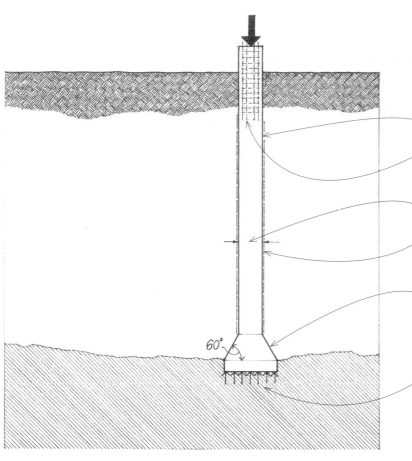

- 沉箱

- 豎井上部的鋼筋可提供額外的抵抗力，以對抗側向力或偏心載重引起的彎折情形。

- 鑽孔的直徑通常為2英呎6英吋（760公厘）或更寬，以便進行底部檢查。
- 可能需要用臨時套管密封，以防止開挖過程中有水、砂、或鬆落的填充物滲入豎井中。

- 沉箱底部可擴大成鐘形，以增加支撐的承重面積，並抵抗土壤膨脹引發的上抬力。鐘形沉箱底部可由人工開挖、或是利用鑽土機在鏟斗上附接一組伸縮刀片挖掘而成。

- 適當的土壤或岩石承重層

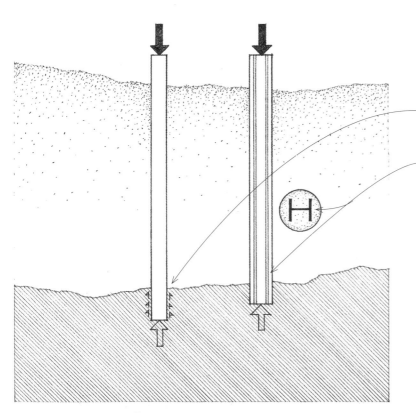

- 嵌入式沉箱鑽入堅硬的岩石層，藉此獲取額外的摩擦支撐。

- 岩盤沉箱是一種在混凝土填充的套管內加入H型鋼核心的嵌入式沉箱。

美國施工規範協會綱要編碼 31 64 00：沉箱

4 樓板系統
Floor Systems

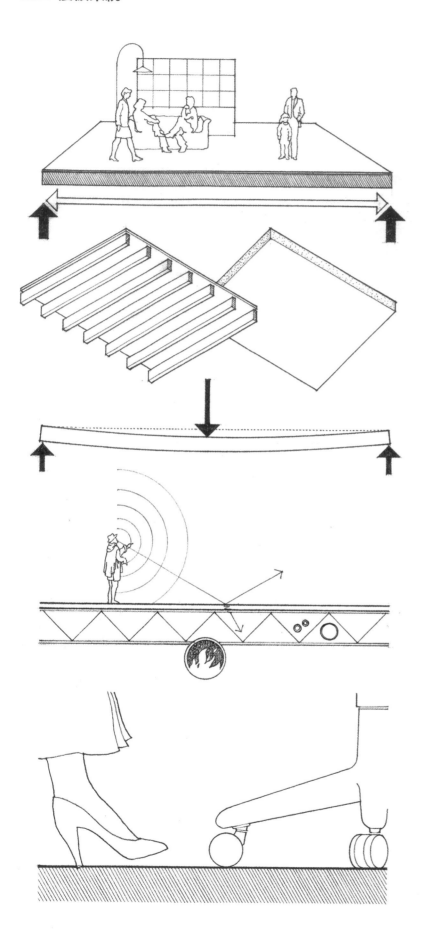

樓板系統是水平的平板，必須能同時支撐活載重，例如人、家具、和移動式設備的重量，以及靜載重，例如樓板構造的自重。樓板系統必須將載重水平地跨越空間傳遞到樑、柱、或承重牆上。剛性樓板也能設計得像水平隔板一樣，作用近似於寬扁狀的樑，將側向力傳遞到剪力牆上。

樓板系統可能是由一序列線性的樑與格柵所組成，上方鋪設外覆板或鋪板、或由幾近均質的鋼筋混凝土板組成。樓板系統的厚度直接關係著結構間隔必須跨越的尺寸、比例，以及材料強度。樓板內任何懸挑和開口的尺寸與位置，都必須與樓板結構支撐的配置方式一併考量。樓板結構的邊緣情況，以及與支撐基礎和牆系統的連接，都會影響建築物的結構完整性與實體外觀。

樓板必須安全地支撐移動載重，因此不但要有相當的剛度，也要維持彈性。由於過度的撓曲和震動會對完成的樓板和天花板材料造成不利的影響，再加上考量使用者的舒適度，撓曲成為比彎曲更為關鍵的控制因素。

樓板的構造深度和其中的空心部分如果需容納機械或電力管線的話，設計時就應該加以考量。對於這些在起居空間裡層層交疊而上的樓板系統，其他的考量還包括阻止空氣傳音和結構傳音，以及組件的耐火等級。

除了位於外部的鋪板，樓板系統並不常暴露在天候中。但因為樓板必須負荷往來交通，所以耐用性、耐磨性和養護需求都是選擇樓板完成面和支撐系統的考量因素。

混凝土

- 現場澆置混凝土樓板依據跨距與鑄造形式來分級;請詳見4.05～4.07。
- 預鑄混凝土板可由樑或承重牆支撐。

鋼材

- 以鋼樑支撐鋼承板或預鑄混凝土板。
- 樑可由大樑、柱、或承重牆支撐。
- 樑構架通常是鋼骨構架系統中不可或缺的一部分。
- 密集排列的輕型鋼或空腹格柵可由樑或承重牆支撐。
- 鋼承板或木厚板的跨距較短。
- 格柵的懸臂潛能有限。

木材

- 木樑支撐結構厚板或鋪板。
- 樑可由大樑、柱、或承重牆支撐。
- 集中載重和地板開口可能需以額外的構架來輔助。
- 地板結構的底面可以直接露出,或是加上天花板。
- 相對小且間隔密集的格柵可由樑或承重牆支撐。
- 底層地板、底層襯墊、和天花板完成面的跨度相對較短。
- 格柵構架的形狀和形式皆可彈性調整。

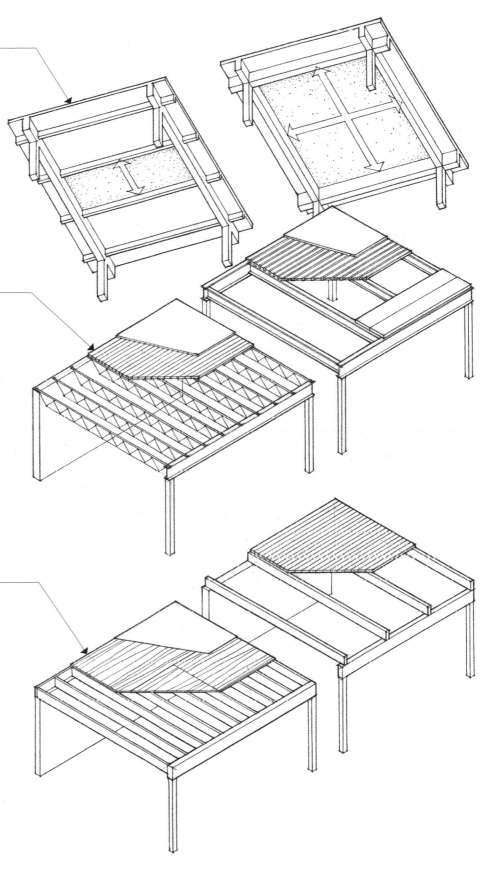

4.04 混凝土樑

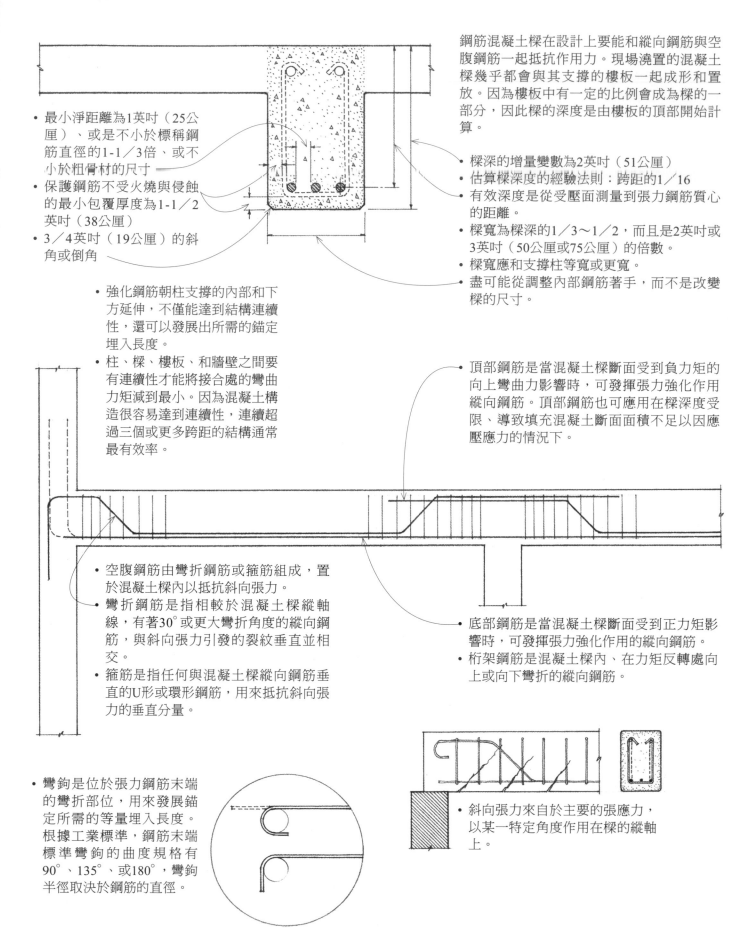

鋼筋混凝土樑在設計上要能和縱向鋼筋與空腹鋼筋一起抵抗作用力。現場澆置的混凝土樑幾乎都會與其支撐的樓板一起成形和置放。因為樓板中有一定的比例會成為樑的一部分，因此樑的深度是由樓板的頂部開始計算。

- 最小淨距離為1英吋（25公厘）、或是不小於標稱鋼筋直徑的1-1／3倍、或不小於粗骨材的尺寸。
- 保護鋼筋不受火燒與侵蝕的最小包覆厚度為1-1／2英吋（38公厘）
- 3／4英吋（19公厘）的斜角或倒角。

- 樑深的增量變數為2英吋（51公厘）
- 估算樑深度的經驗法則：跨距的1／16
- 有效深度是從受壓面測量到張力鋼筋質心的距離。
- 樑寬為樑深的1／3～1／2，而且是2英吋或3英吋（50公厘或75公厘）的倍數。
- 樑寬應和支撐柱等寬或更寬。
- 盡可能從調整內部鋼筋著手，而不是改變樑的尺寸。

- 強化鋼筋朝柱支撐的內部和下方延伸，不僅能達到結構連續性，還可以發展出所需的錨定埋入長度。
- 柱、樑、樓板、和牆壁之間要有連續性才能將接合處的彎曲力矩減到最小。因為混凝土構造很容易達到連續性，連續超過三個或更多跨距的結構通常最有效率。

- 頂部鋼筋是當混凝土樑斷面受到負力矩的向上彎曲力影響時，可發揮張力強化作用縱向鋼筋。頂部鋼筋也可應用在樑深度受限、導致填充混凝土斷面面積不足以因應壓應力的情況下。

- 空腹鋼筋由彎折鋼筋或箍筋組成，置於混凝土樑內以抵抗斜向張力。
- 彎折鋼筋是指相較於混凝土樑縱軸線，有著30°或更大彎折角度的縱向鋼筋，與斜向張力引發的裂紋垂直並相交。
- 箍筋是指任何與混凝土樑縱向鋼筋垂直的U形或環形鋼筋，用來抵抗斜向張力的垂直分量。

- 底部鋼筋是當混凝土樑斷面受到正力矩影響時，可發揮張力強化作用的縱向鋼筋。
- 桁架鋼筋是混凝土樑內、在力矩反轉處向上或向下彎折的縱向鋼筋。

- 彎鉤是位於張力鋼筋末端的彎折部位，用來發展錨定所需的等量埋入長度。根據工業標準，鋼筋末端標準彎鉤的曲度規格有90°、135°、或180°，彎鉤半徑取決於鋼筋的直徑。

- 斜向張力來自於主要的張應力，以某一特定角度作用在樑的縱軸上。

混凝土板是經過強化、可橫跨單向或雙向間隔的板結構。有關混凝土板所需的鋼筋尺寸、間距、和配置方式的相關資訊，請向結構工程師諮詢，並參考建築法規。

美國施工規範協會綱要編碼 ™ 03 20 00：鋼筋混凝土
美國施工規範協會綱要編碼 03 30 00：現場澆置混凝土
美國施工規範協會綱要編碼 03 31 00：結構混凝土

單向板

單向板的厚度均勻，在一個方向上進行強化，並與平行的支撐樑鑄成一體結構。

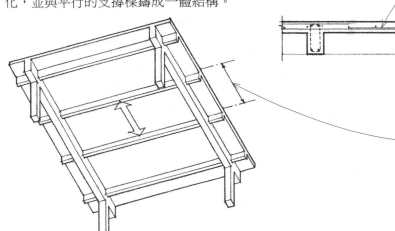

• 張力鋼筋
• 收縮和溫度鋼筋垂直於主要的張力鋼筋。

• 估算厚度的經驗法則：
樓板厚度為跨距的1／30；最小值為4英吋（100公厘）
屋頂板厚度為跨距的1／36
• 適用於較短跨距（6英呎～18英呎；1830公厘～5490公厘）的輕、中量載重。
• 板的兩側由樑或承重牆支撐；樑由大樑或柱支撐。

單向格柵板

格柵板或肋板是將板與一序列間隔密集的格柵鑄成一體，再由一組平行的樑支撐。因為格柵板的設計類似於一序列的T形樑，所以比單向板更適合用在長跨距與高載重的情況。

• 張力鋼筋配置在板的肋筋位置。
• 收縮和溫度鋼筋配置在板中。

• 板厚度為3～4-1／2英吋（75～115公厘）；經驗法則：總厚度為跨距的1／24
• 格柵寬度為5～9英吋（125～230公厘）
• 格柵底盤是可以重複使用的金屬或坡璃纖維模具，可取得的寬度有20英吋和30英吋（510公厘和760公厘）；深度則是6～20英吋（150～510公厘），增量變數2英吋（51公厘）。錐形側邊造型較便於模具拆除。
• 末端做成錐形是為了加厚格柵的端部，以提升剪力抵抗力。
• 將分支肋筋做成和格柵垂直，以便將可能的集中載重分配到較大的面積上；分支肋筋的跨距應在20英呎和30英呎（6公尺和9公尺）之間，當跨距超過30英呎（9公尺）時，分支肋筋的中心間距則不超過15英呎（4.5公尺）。
• 格柵帶是一道又寬又淺的支撐樑，因為其深度與格柵相同，製作上十分經濟。
• 適用於跨距15～36英呎（4～10公尺）的輕、中量活動載重。如果跨距更長，可能需要施加後拉力。

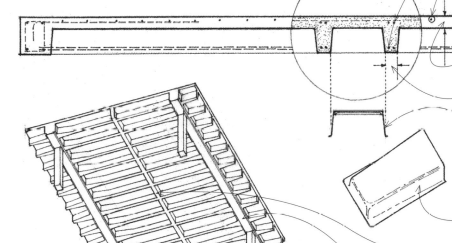

• 請詳見12.04～12.05混凝土做為構造材料的討論。

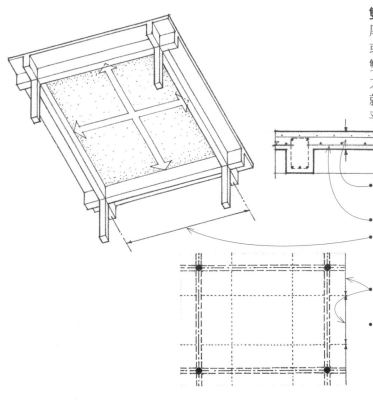

雙向有樑板

厚度均勻的雙向板可以在雙向配置鋼筋，並與正方形、或近似正方形間隔四邊上的樑、柱澆鑄為一體。有樑的雙向板構造應用在中跨距與高載重、或是對側向力抵抗力有高需求的建築物時，能展現出很好的結構效率。但就經濟效益來說，雙向板一般都會建造成中間不配樑的平板或厚板。

- 最小板厚為4英吋（100公厘）；板厚度的經驗法則：板周長的1／180
- 張力鋼筋
- 雙向板應用在跨越正方形、或近似正方形的間隔時結構效率最高，適用於承接跨距15～40英呎（4.6～12公尺）的中、高量載重。
- 為了簡化鋼筋的配置，雙向板被區分為柱位帶和中央帶，並假設其中的每呎力矩是固定的。
- 當連續樓板在給定方向上橫跨了三個或更多支撐，而延伸成一個結構單元時，所承受的彎矩會比一序列分離、只做簡單支撐的樓板還要低。

雙向格子板

格子板是在兩個方向上以肋筋強化的雙向混凝土板。格子板能夠承載更高的載重，比平板跨越更長的距離。

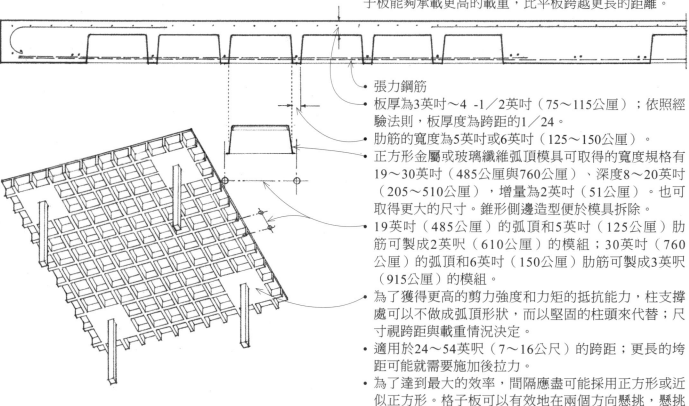

- 張力鋼筋
- 板厚為3英吋～4 -1／2英吋（75～115公厘）；依照經驗法則，板厚度為跨距的1／24。
- 肋筋的寬度為5英吋或6英吋（125～150公厘）。
- 正方形金屬或玻璃纖維弧頂模具可取得的寬度規格有19～30英吋（485公厘與760公厘），深度8～20英吋（205～510公厘），增量為2英吋（51公厘）。也可取得更大的尺寸。錐形側邊造型便於模具拆除。
- 19英吋（485公厘）的弧頂和5英吋（125公厘）肋筋可製成2英呎（610公厘）的模組；30英吋（760公厘）的弧頂和6英吋（150公厘）肋筋可製成3英呎（915公厘）的模組。
- 為了獲得更高的剪力強度和力矩的抵抗能力，柱支撐處可以不做成弧頂形狀，而以堅固的柱頭來代替；尺寸視跨距與載重情況決定。
- 適用於24～54英呎（7～16公尺）的跨距；更長的垮距可能就需要施加後拉力。
- 為了達到最大的效率，間隔應盡可能採用正方形或近似正方形。格子板可以有效地在兩個方向懸挑，懸挑長度可達主跨度的1／3。如果不做懸挑，周圍板帶的格子可以不做成弧頂形狀。
- 底面的格子狀通常會保持外露。

雙向無樑平板（無降板的無樑平板；又稱做無樑板）
無樑平板是厚度均勻且在兩個或多個方向上配置鋼筋
的混凝土板，直接以柱支撐，柱與柱之間沒有任何樑
或大樑。雙向無樑平板的形式簡單、樓板間的高度較
低，又因為柱位具有可些微調整的彈性，因此適用於
公寓和旅館的構造。

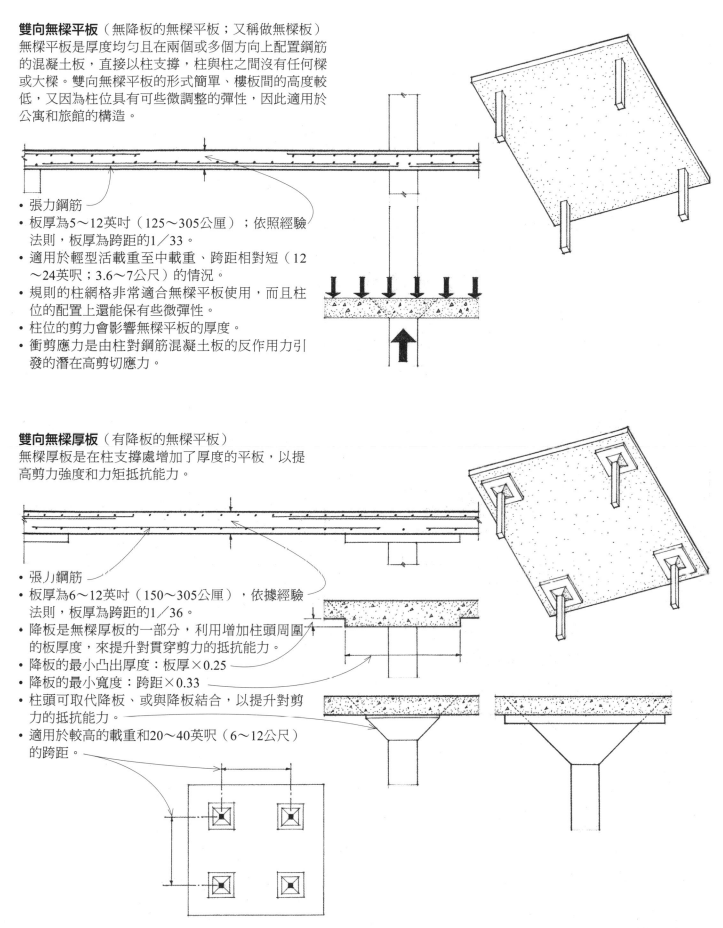

- 張力鋼筋
- 板厚為5～12英吋（125～305公厘）；依照經驗
  法則，板厚為跨距的1／33。
- 適用於輕型活載重至中載重、跨距相對短（12
  ～24英呎；3.6～7公尺）的情況。
- 規則的柱網格非常適合無樑平板使用，而且柱
  位的配置上還能保有些微彈性。
- 柱位的剪力會影響無樑平板的厚度。
- 衝剪應力是由柱對鋼筋混凝土板的反作用力引
  發的潛在高剪切應力。

雙向無樑厚板（有降板的無樑平板）
無樑厚板是在柱支撐處增加了厚度的平板，以提
高剪力強度和力矩抵抗能力。

- 張力鋼筋
- 板厚為6～12英吋（150～305公厘），依據經驗
  法則，板厚為跨距的1／36。
- 降板是無樑厚板的一部分，利用增加柱頭周圍
  的板厚度，來提升對貫穿剪力的抵抗能力。
- 降板的最小凸出厚度：板厚×0.25
- 降板的最小寬度：跨距×0.33
- 柱頭可取代降板、或與降板結合，以提升對剪
  力的抵抗能力。
- 適用於較高的載重和20～40英呎（6～12公尺）
  的跨距。

- 首先,將鋼腱橫放在兩座支墩間的張拉台座上進行拉伸,直到產生預定的張力為止。

- 再將混凝土澆置在拉伸鋼腱周圍的模板內,等待完全養護。為了盡量減少彎折引發的壓應力,鋼腱採取偏心的配置方式。

- 當預力鋼腱被切斷或解開時,鋼腱的內部張力會透過握裹應力傳遞至混凝土中。預應力的偏心作用則會使部件微微向上彎曲或拱起。

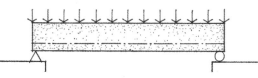

- 在承受載重時,部件的撓度往往會平衡向上的曲率。

預力混凝土是由仍維持在彈性限度內的預拉、或後拉高強度鋼腱來進行強化,用以積極抵抗服務載重。鋼腱中的拉伸應力轉移至混凝土,使彎曲部件的整個斷面都在壓縮力的作用之下。載重產生的壓縮應力會與拉伸彎曲應力相互抵消,使得預力部件的撓度降低,所以能比尺寸、比例、重量都相同的傳統強化構件承受較高的承重或跨越較長的距離。

預應力技術有兩種類型。預拉法在預鑄廠完成;後拉法則是在建築工地現場作業,特別適用於當結構單元太大,而無法從工廠運送到現場的情形。

預拉法
預拉法是在澆置混凝土之前,透過拉伸強化鋼腱的方式,在混凝土部件裡施加預應力。

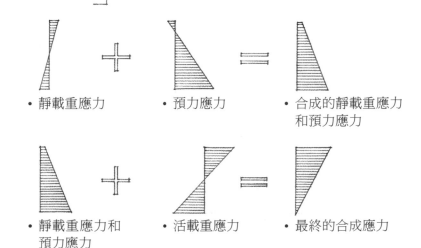

- 靜載重應力   - 預力應力   - 合成的靜載重應力和預力應力

- 靜載重應力和預力應力   - 活載重應力   - 最終的合成應力

美國施工規範協會綱要編碼 03 38 00:後拉力混凝土
美國施工規範協會綱要編碼 03 40 00:預鑄混凝土

- 定量的起始預力會因為混凝土的彈性壓縮或潛變、鋼腱鬆弛、摩擦損失,以及錨定滑動等綜合性影響而損失。

- 極高強度的鋼腱可能是纜索型、束絪型、或棒條型。

- 無應力鋼腱懸掛在樑或板的模板內，外層會加上塗料或包覆層，避免混凝土澆置時造成結合。

- 待混凝土養護完成，將鋼腱的其中一端夾緊，另一端則以千斤頂拉伸，直到產生需要的應力為止。

後拉法

後拉法是等混凝土凝固後再拉緊強化鋼腱，使混凝土部件具有預應力的方法。

- 後拉部件會因為彈性壓縮、收縮和潛變而隨著時間變短。可能受到此運動影響的相鄰元素，應該在後拉程序全部完成後再行建造，並且以伸縮縫將後拉部件隔開。

- 將千斤頂拉伸端的鋼腱穩固錨定後，移除千斤頂。經過了後拉程序，鋼腱可能不會與周圍混凝土結合，但也可以透過灌漿至受包覆鋼腱周圍的環狀空間，使鋼腱與周圍的混凝土結合。

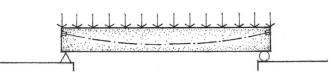

- 在承受載重時，部件的撓度往往會平衡向上的曲率。

- 載重均衡的概念是，以懸垂的彎折鋼腱在混凝土部件中施加預力，在給定的載重條件下，理論上會形成零撓曲的狀態。

- 曲線鋼腱的拋物線軌跡，反映了在均布重力載重下的力矩圖。被拉緊時，鋼腱會隨著部件長度上的彎曲力矩而變化，形成可變動的偏心。

- 彎折鋼腱是由一節一節的直線鋼腱組成，曲率類似於曲線鋼腱。在預應力所施加的量不允許彎曲鋼腱時使用。豎琴狀鋼腱則是一序列斜率不一的曲線鋼腱。

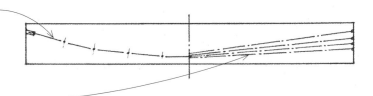

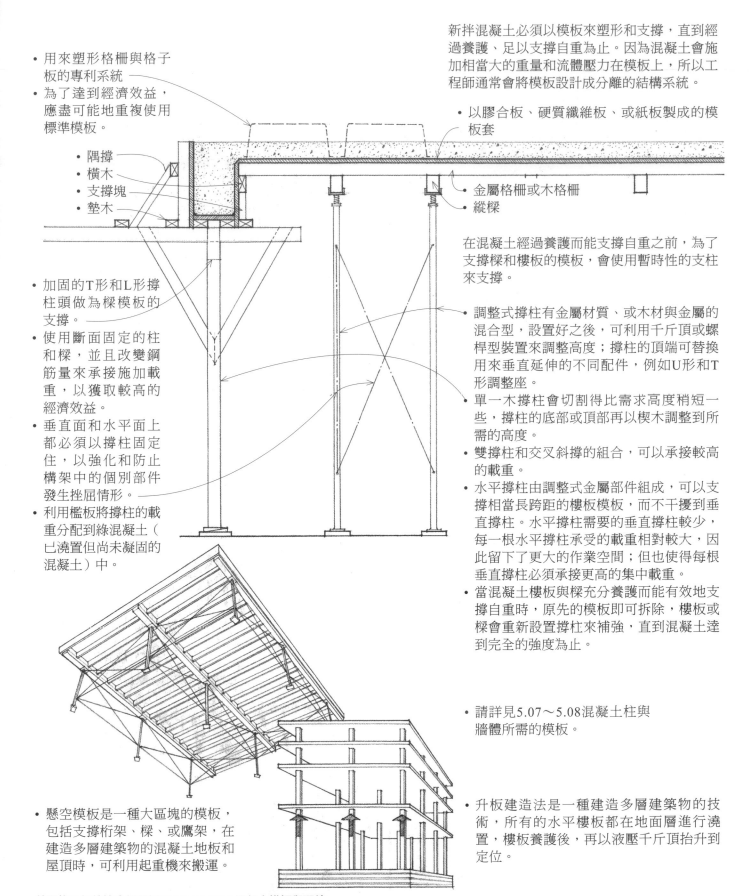

新拌混凝土必須以模板來塑形和支撐，直到經過養護、足以支撐自重為止。因為混凝土會施加相當大的重量和流體壓力在模板上，所以工程師通常會將模板設計成分離的結構系統。

- 用來塑形格柵與格子板的專利系統。
- 為了達到經濟效益，應盡可能地重複使用標準模板。

- 以膠合板、硬質纖維板、或紙板製成的模板套

- 隔撐
- 橫木
- 支撐塊
- 墊木

- 金屬格柵或木格柵
- 縱樑

在混凝土經過養護而能支撐自重之前，為了支撐樑和樓板的模板，會使用暫時性的支柱來支撐。

- 加固的T形和L形撐柱頭做為樑模板的支撐。
- 使用斷面固定的柱和樑，並且改變鋼筋量來承接施加載重，以獲取較高的經濟效益。
- 垂直面和水平面上都必須以撐柱固定住，以強化和防止構架中的個別部件發生挫屈情形。
- 利用檻板將撐柱的載重分配到綠混凝土（已澆置但尚未凝固的混凝土）中。

- 調整式撐柱有金屬材質、或木材與金屬的混合型，設置好之後，可利用千斤頂或螺桿型裝置來調整高度；撐柱的頂端可替換用來垂直延伸的不同配件，例如U形和T形調整座。
- 單一木撐柱會切割得比需求高度稍短一些，撐柱的底部或頂部再以楔木調整到所需的高度。
- 雙撐柱和交叉斜撐的組合，可以承接較高的載重。
- 水平撐柱由調整式金屬部件組成，可以支撐相當長跨距的樓板模板，而不干擾到垂直撐柱。水平撐柱需要的垂直撐柱較少，每一根水平撐柱承受的載重相對較大，因此留下了更大的作業空間；但也使得每根垂直撐柱必須承接更高的集中載重。
- 當混凝土樓板與樑充分養護而能有效地支撐自重時，原先的模板即可拆除，樓板或樑會重新設置撐柱來補強，直到混凝土達到完全的強度為止。

- 請詳見5.07～5.08混凝土柱與牆體所需的模板。

- 懸空模板是一種大區塊的模板，包括支撐桁架、樑、或鷹架，在建造多層建築物的混凝土地板和屋頂時，可利用起重機來搬運。

- 升板建造法是一種建造多層建築物的技術，所有的水平樓板都在地面層進行澆置，樓板養護後，再以液壓千斤頂抬升到定位。

美國施工規範協會綱要編碼 03 10 00：混凝土模板與配件

預鑄混凝土樓板、樑、T形鋼都是單向跨距單元，可由場鑄混凝土、預鑄混凝土、或砌體做的承重牆支撐，也可由鋼構架、場鑄或預鑄混凝土構架支撐。預鑄單元使用密度正常的結構用輕質混凝土，並施加預應力以提高結構效率，因而使得預鑄單元的深度縮小、重量減輕，並且能夠橫跨更長的跨距。

預鑄單元在工廠澆置並以蒸汽養護，再運送到工地，然後像剛性構件一樣利用起重機吊至定位。因此單元的尺寸與比例會受到運輸方式的限制。工廠環境的生產過程使單元具有一致的強度、耐久性、和完成面品質，也省去了現場模板作業的需要。不過，標準尺寸單元的模組化特性，可能不適合用在不規則形狀的建築物中。

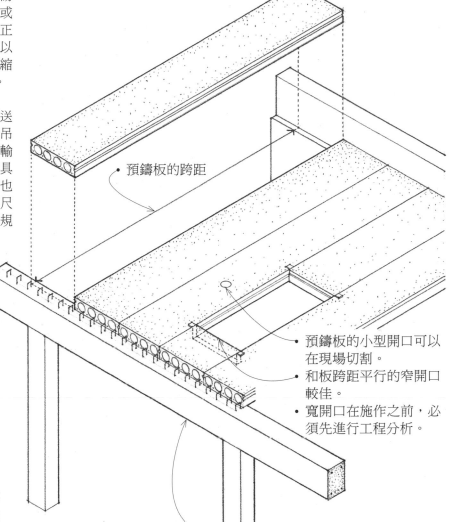

* 預鑄板的跨距

* 預鑄板的小型開口可以在現場切割。
* 和板跨距平行的窄開口較佳。
* 寬開口在施作之前，必須先進行工程分析。

* 厚度2～3-1／2英吋（51～90公厘）的混凝土頂層以點銲鋼筋網強化、或以鋼筋條綁繫預鑄單元，形成複合結構單元。
* 灌漿填縫栓（企口）

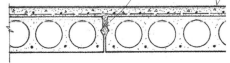

* 混凝土頂層還可以遮蔽任何表面上的不平整、提升樓板的耐火等級，以及容納地板下方的管線通道。
* 當地板完成面將鋪上地墊與地毯，如果採用的是光滑表面單元時，就可以不做頂層。

* 預鑄板可以由場鑄或預鑄的混凝土大樑與柱結構構架，或由砌體、場鑄混凝土、預鑄混凝土做的承重牆支撐。

* 如果樓板做為水平隔板使用，並且需將側向力傳遞至剪力牆的話，就必須在樓板的支撐部位和承重端部，將鋼筋和預鑄板單元相互綁繫固定。

* 預鑄板的底面可以填隙和塗裝；也可以施作天花板、或從樓板懸吊天花板。

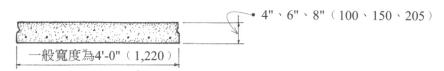

實心平樓板

• 4"、6"、8"（100、150、205）

一般寬度為4'-0"（1,220）

• 跨距範圍為12'～24'（3.6～7公尺）
• 一般經驗法則：深度為跨距的1／40

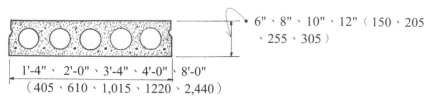

中空樓板

• 6"、8"、10"、12"（150、205、255、305）

1'-4"、2'-0"、3'-4"、4'-0"、8'-0"
（405、610、1,015、1220、2,440）

• 跨距範圍為12'～40'（3.6～12公尺）
• 一般經驗法則：深度為跨距的1／40

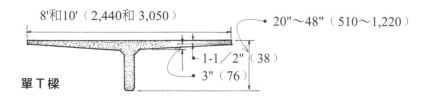

單 T 樑

8'和10'（2,440和3,050）

• 20"～48"（510～1,220）
• 1-1／2"（38）
• 3"（76）

• 跨距範圍為30'～120'（9～36公尺）
• 一般經驗法則：深度為跨距的1／30

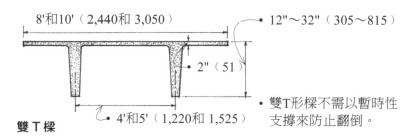

雙 T 樑

8'和10'（2,440和3,050）

• 12"～32"（305～815）
• 2"（51）

4'和5'（1,220和1,525）

• 雙T形樑不需以暫時性支撐來防止翻倒。

• 跨距範圍為30'～100'（9～30公尺）
• 一般經驗法則：深度為跨距的1／28

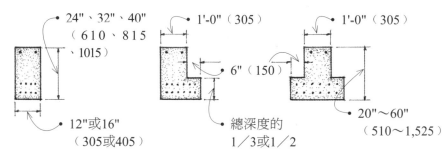

矩形樑　　　　　L 形樑　　　　倒 T 形樑

• 24"、32"、40"（610、815、1015）
• 12"或16"（305或405）
• 1'-0"（305）
• 6"（150）
• 總深度的1／3或1／2
• 1'-0"（305）
• 20"～60"（510～1,525）

• 跨距範圍為15'～75'（4.5～22公尺）
• 一般經驗法則：深度為跨距的1／15

• 僅於初期測量時使用上述的跨距範圍。向製造商諮詢可取得的尺寸、精確的尺度、接合細部和跨距─載重表。

AASHTO 大樑

• 3'-0"、3'-9"、4'-6"（915、1145、1,370）

1'-0"、1'-4"、1'-8"（305、405、510）

• 美國國家高速公路與交通運輸協會（American Association of State Highway and Transportation Officials, AASHTO）
• 最初是為了橋樑結構而設計，但在有時用也會用於建築施工。

• 跨距範圍為36'～60'（10～18公尺）

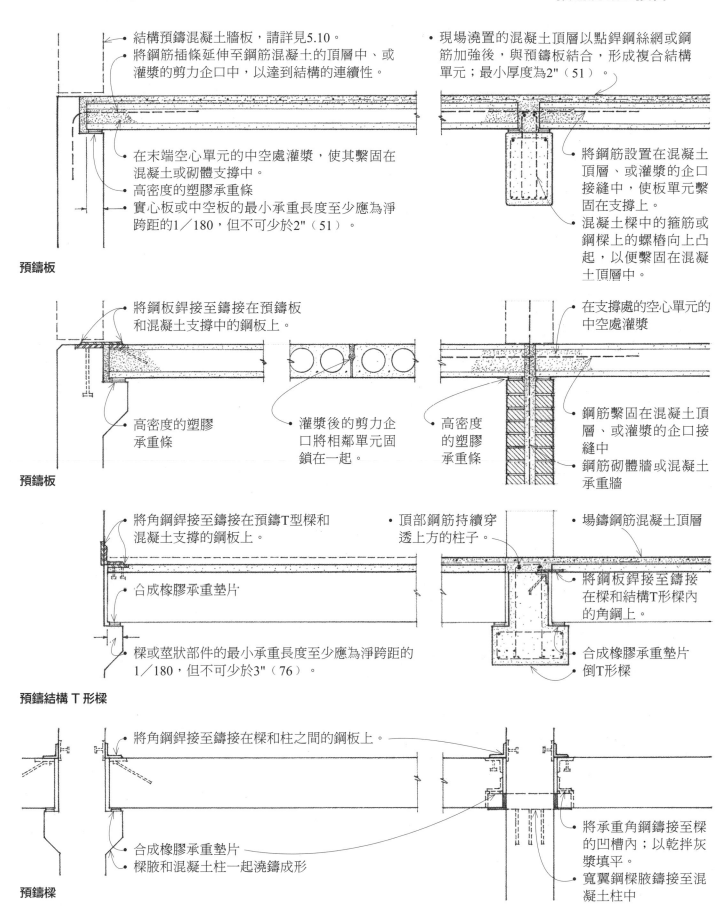

- 結構預鑄混凝土牆板，請詳見5.10。
- 將鋼筋插條延伸至鋼筋混凝土的頂層中、或灌漿的剪力企口中，以達到結構的連續性。
- 在末端空心單元的中空處灌漿，使其繫固在混凝土或砌體支撐中。
- 高密度的塑膠承重條
- 實心板或中空板的最小承重長度至少應為淨跨距的1／180，但不可少於2"（51）。

預鑄板

- 現場澆置的混凝土頂層以點銲鋼絲網或鋼筋加強後，與預鑄板結合，形成複合結構單元；最小厚度為2"（51）。
- 將鋼筋設置在混凝土頂層、或灌漿的企口接縫中，使板單元繫固在支撐上。
- 混凝土樑中的箍筋或鋼樑上的螺樁向上凸起，以便繫固在混凝土頂層中。

- 將鋼板銲接至鑄接在預鑄板和混凝土支撐中的鋼板上。
- 高密度的塑膠承重條
- 灌漿後的剪力企口將相鄰單元固鎖在一起。
- 高密度的塑膠承重條

預鑄板

- 在支撐處的空心單元的中空處灌漿
- 鋼筋繫固在混凝土頂層、或灌漿的企口接縫中
- 鋼筋砌體牆或混凝土承重牆

- 將角鋼銲接至鑄接在預鑄T型樑和混凝土支撐的鋼板上。
- 合成橡膠承重墊片
- 樑或莖狀部件的最小承重長度至少應為淨跨距的1／180，但不可少於3"（76）。

預鑄結構 T 形樑

- 頂部鋼筋持續穿透上方的柱子。
- 場鑄鋼筋混凝土頂層
- 將鋼板銲接至鑄接在樑和結構T形樑內的角鋼上。
- 合成橡膠承重墊片
- 倒T形樑

- 將角鋼銲接至鑄接在樑和柱之間的鋼板上。
- 合成橡膠承重墊片
- 樑腋和混凝土柱一起澆鑄成形

預鑄樑

- 將承重角鋼鑄接至樑的凹槽內；以乾拌灰漿填平。
- 寬翼鋼樑腋鑄接至混凝土柱中

4.14 結構鋼構架

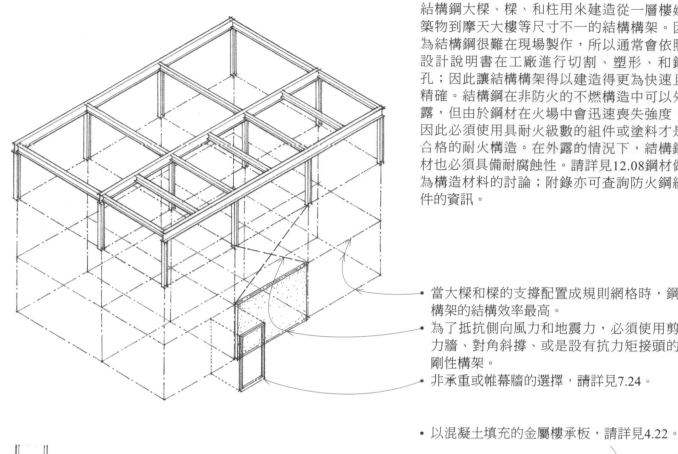

結構鋼大樑、樑、和柱用來建造從一層樓建築物到摩天大樓等尺寸不一的結構構架。因為結構鋼很難在現場製作,所以通常會依照設計說明書在工廠進行切割、塑形、和鑽孔;因此讓結構構架得以建造得更為快速且精確。結構鋼在非防火的不燃構造中可以外露,但由於鋼材在火場中會迅速喪失強度,因此必須使用具耐火級數的組件或塗料才是合格的耐火構造。在外露的情況下,結構鋼材也必須具備耐腐蝕性。請詳見12.08鋼材做為構造材料的討論;附錄亦可查詢防火鋼組件的資訊。

- 當大樑和樑的支撐配置成規則網格時,鋼構架的結構效率最高。
- 為了抵抗側向風力和地震力,必須使用剪力牆、對角斜撐、或是設有抗力矩接頭的剛性構架。
- 非承重或帷幕牆的選擇,請詳見7.24。

- 以混凝土填充的金屬樓承板,請詳見4.22。

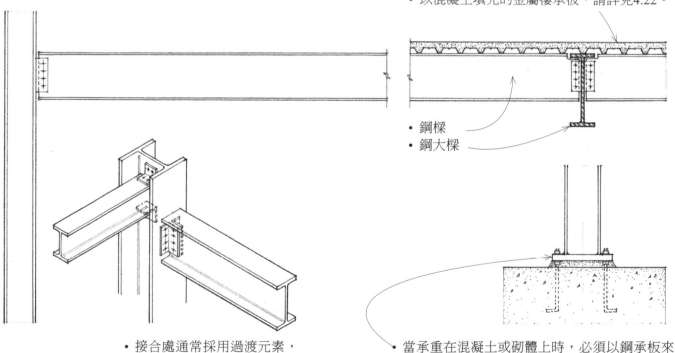

- 鋼樑
- 鋼大樑

- 接合處通常採用過渡元素,例如角鋼、T形鋼、或鋼板。實際接合時可能使用鉚釘,但更常以螺栓或銲接來接合。

- 當承重在混凝土或砌體上時,必須以鋼承板來分配來自柱或樑的集中載重,讓單元承重的總合壓力不超出支撐材料的容許單元應力。

美國施工規範協會綱要編碼 05 12 00:鋼結構構架

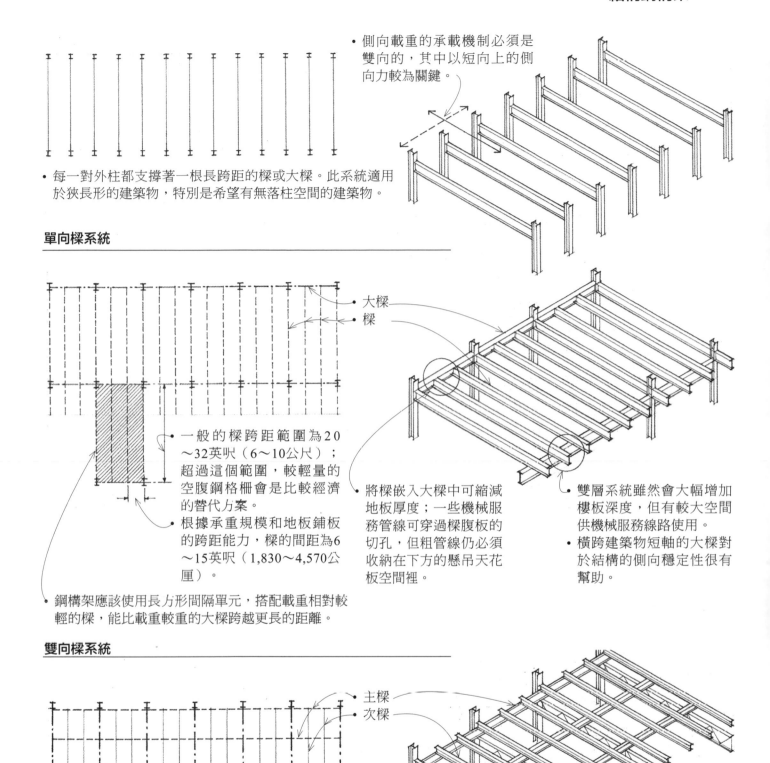

- 側向載重的承載機制必須是雙向的,其中以短向上的側向力較為關鍵。

- 每一對外柱都支撐著一根長跨距的樑或大樑。此系統適用於狹長形的建築物,特別是希望有無落柱空間的建築物。

單向樑系統

- 大樑
- 樑

- 一般的樑跨距範圍為20～32英呎(6～10公尺);超過這個範圍,較輕量的空腹鋼格柵會是比較經濟的替代方案。
- 根據承重規模和地板鋪板的跨距能力,樑的間距為6～15英呎(1,830～4,570公厘)。

- 鋼構架應該使用長方形間隔單元,搭配載重相對較輕的樑,能比載重較重的大樑跨越更長的距離。

- 將樑嵌入大樑中可縮減地板厚度;一些機械服務管線可穿過樑腹板的切孔,但粗管線仍必須收納在下方的懸吊天花板空間裡。

- 雙層系統雖然會大幅增加樓板深度,但有較大空間供機械服務線路使用。
- 橫跨建築物短軸的大樑對於結構的側向穩定性很有幫助。

雙向樑系統

- 主樑
- 次樑

- 如果需要大型的無落柱空間,可使用長跨距的板樑、或桁架來支撐主樑,然後再以主樑支撐次樑。

- 長跨距部件

三層樑系統

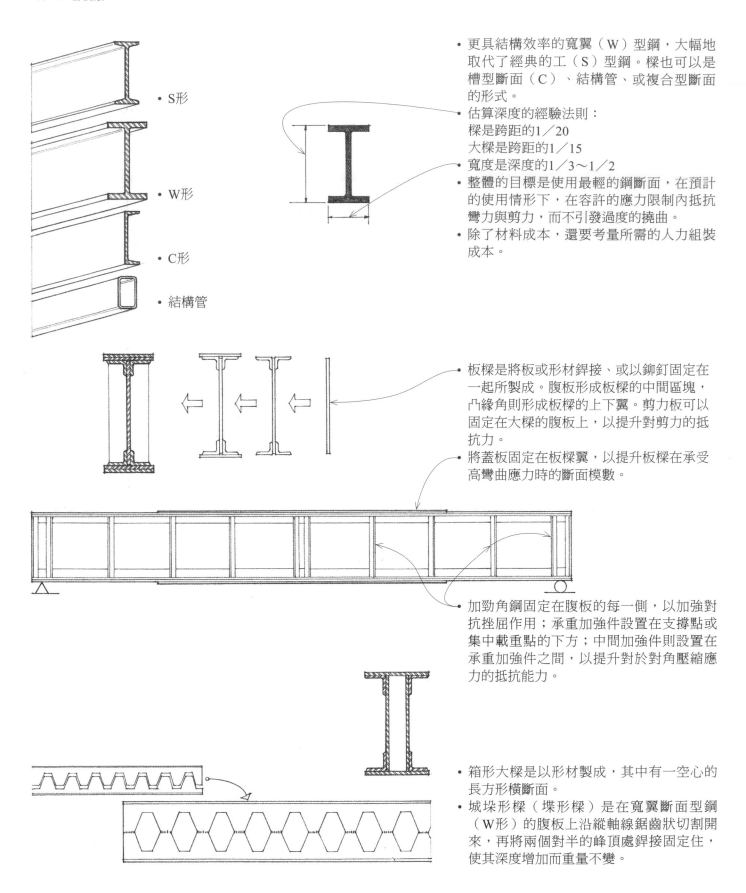

- S形
- W形
- C形
- 結構管

- 更具結構效率的寬翼（W）型鋼，大幅地取代了經典的工（S）型鋼。樑也可以是槽型斷面（C）、結構管、或複合型斷面的形式。
- 估算深度的經驗法則：
  樑是跨距的1／20
  大樑是跨距的1／15
- 寬度是深度的1／3～1／2
- 整體的目標是使用最輕的鋼斷面，在預計的使用情形下，在容許的應力限制內抵抗彎力與剪力，而不引發過度的撓曲。
- 除了材料成本，還要考量所需的人力組裝成本。

- 板樑是將板或形材銲接、或以鉚釘固定在一起所製成。腹板形成板樑的中間區塊，凸緣角則形成板樑的上下翼。剪力板可以固定在大樑的腹板上，以提升對剪力的抵抗力。
- 將蓋板固定在板樑翼，以提升板樑在承受高彎曲應力時的斷面模數。

- 加勁角鋼固定在腹板的每一側，以加強對抗挫屈作用；承重加強件設置在支撐點或集中載重點的下方；中間加強件則設置在承重加強件之間，以提升對於對角壓縮應力的抵抗能力。

- 箱形大樑是以形材製成，其中有一空心的長方形橫斷面。
- 城垛形樑（垛形樑）是在寬翼斷面型鋼（W形）的腹板上沿縱軸線鋸齒狀切割開來，再將兩個對半的峰頂處銲接固定住，使其深度增加而重量不變。

美國施工規範協會綱要編碼 05 12 23：建築物鋼結構

鋼的接合方式有很多種，分別使用了不同類型的接頭，以及多種螺栓和銲接的組合。請參閱美國鋼結構協會（American Institute of Steel Constructions, AISC）鋼構造手冊（Manual of Steel Construction）中的鋼斷面特性和尺寸、樑柱的容許載重表，以及對螺栓與銲接接合的規定。除了接合的強度和剛性，還應評估製造與組裝的經濟性，如果接合結構會外露出來，也要考量美觀性。

接合的強度會因為部件尺寸、T形接合件、角件、或板件的尺寸，以及螺栓形狀或使用的銲接方式而有所不同。美國鋼結構協會定義了三種鋼構架類型，進而決定相對應的部件尺寸，以及部件接合該採用力矩接合、剪力接合、或是半剛性接合的方法。

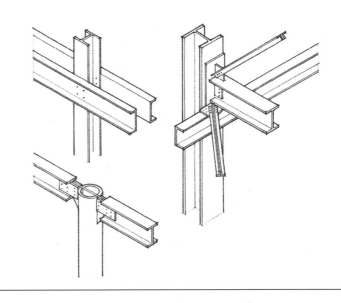

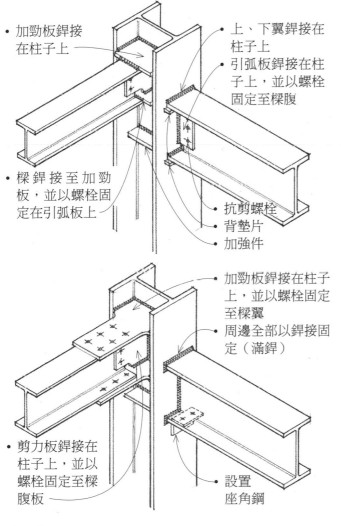

- 加勁板銲接在柱子上
- 樑銲接至加勁板，並以螺栓固定在引弧板上
- 上、下翼銲接在柱子上
- 引弧板銲接在柱子上，並以螺栓固定至樑腹
- 抗剪螺栓
- 背墊片
- 加強件
- 加勁板銲接在柱子上，並以螺栓固定至樑翼
- 周邊全部以銲接固定（滿銲）
- 剪力板銲接在柱子上，並以螺栓固定至樑腹板
- 設置座角鋼

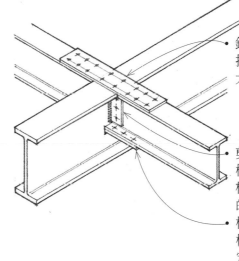

- 銲接樑翼、或將續接板以螺栓固定在大樑或樑的上翼
- 剪力是由銲接至大樑腹板、並且以螺栓固定在樑腹板上的剪力板來承接。
- 板銲接至大樑腹板、並且以螺栓固定在樑的下翼

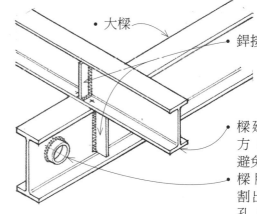

- 大樑
- 銲接腹板加強件
- 樑延伸越過大樑上方；用螺栓固定以避免樑偏移。
- 樑腹板內可以切割出小型開口或鑽孔；大型開口因為會降低樑腹板的剪力抵抗力，因此需做加勁或強化。

力矩接合

美國鋼結構協會（AISC）的第一種鋼接合類型——剛性構架，接合處在載重作用下，會產生特定的阻力矩來維持構架原有的角度，做法通常是將板銲接或以螺栓固定在樑翼和支撐柱上。

4.18 鋼樑接合

• 構架式接合是一種抵抗剪力的鋼接合法，以兩個角鋼或單一引弧板，將樑腹板銲接或以螺栓固定至支撐柱或大樑上。

• 兩個角鋼銲接或以螺栓固定到柱和樑腹板上。

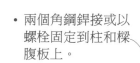

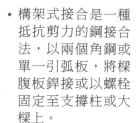

• 穩定角鋼

• 以座角鋼承接剪力。

• 托座接合是一種抵抗剪力的鋼接合法，以銲接或螺栓將樑翼固定到支撐柱之後，在下方設置一個座角鋼，以及在上方設置一個穩定角鋼。

• 可以透過提升托座接合的剛度來抵抗樑的巨大反作用力，做法通常是在座角鋼的水平構件下方加上垂直板或一對角鋼。

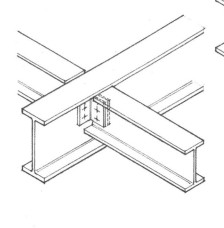

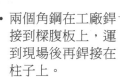

• 角鋼以螺栓固定或銲接在大樑和樑的腹板上；為了使樑的頂端與大樑的頂端齊平，樑的上翼必須加蓋或切除。

• 兩個角鋼在工廠銲接到樑腹板上，運到現場後再銲接在柱子上。
• 螺栓將樑固定在定位點上，直到現場銲接完成。

• 引弧板銲接到柱子上，再以螺栓固定到樑腹板。

剪力接合
美國鋼結構協會的第二種鋼接合類型——簡單構架，其接合方式僅能抵抗剪力，以及在重力載重下自由旋轉。需以剪力牆或對角斜撐來達到結構的側向穩定性。

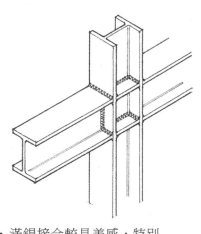

• 滿銲接合較具美感，特別是打磨整平後，但製作起來可能會非常昂貴。

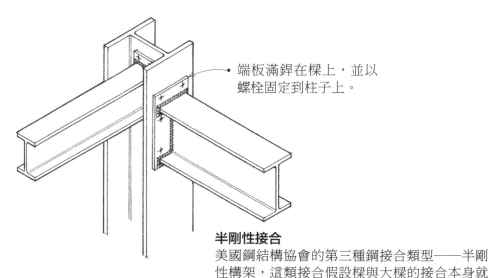

• 端板滿銲在樑上，並以螺栓固定到柱子上。

半剛性接合
美國鋼結構協會的第三種鋼接合類型——半剛性構架，這類接合假設樑與大樑的接合本身就具備有限、但已知的抵抗力矩能力。

- 空腹式鋼格柵是輕量、廠製、有桁架式樑腹的鋼部件。K系列格柵的腹板由單一彎桿組成，在上下弦桿之間呈現鋸齒狀的樣式。LH和DLH系列格柵的腹板與弦桿部件比較重，可支撐更大的載重和跨度。

- K系列為2-1／2"（64）；LH／DLH系列為5"（125）DHL18和19為7-1／2"（1,190）

- 最小支承長度：
  K系列在砌體上為4"～6"（100～150）；在鋼構上為2-1／2"（65）。
  LH／DLH系列在砌體上為6"～12"（150～305）；在鋼構上為4"（100）。

- 將下弦桿延伸，直接貼附到天花板上；有正方形端的格柵可供選擇。

- 空腹式鋼格柵的外形會因製造商而有所不同。

空腹式格柵的跨距範圍

- K系列標準格柵；深度8～30"（205～760）

8K1	12'～16'	（4～5公尺）
10K1	12'～20'	（4～6公尺）
12K3	12'～24'	（4～7公尺）
14K4	16'～28'	（5～9公尺）
16K5	16'～32'	（5～10公尺）
18K6	20'～36'	（6～11公尺）
22K9	24'～42'	（7～13公尺）
24K9	24'～48'	（7～15公尺）
28K10	28'～54'	（9～16公尺）
30K12	32'～60'	（10～18公尺）

- LH系列長跨距格柵；深度18～48"（455～1220）

18LH5	28'～36'	（9～11公尺）
24LH7	36'～48'	（11～15公尺）
28LH9	42'～54'	（13～16公尺）
32LH10	54'～60'	（16～18公尺）

- 弦桿編號
- 格柵系列
- 標稱格柵深度，單位為英吋。
- 向鋼格柵協會（Steel Joist Institute）諮詢相關規範和所有格柵類型的完整載重表。

- DLH系列長跨距深格柵可取得的深度為52"～72"（1,320～1,830）、跨距可達到144'（44公尺）。

美國施工規範協會綱要編碼 05 20 00：金屬格柵
美國施工規範協會綱要編碼 05 21 00：鋼格柵構架

4.20 空腹式格柵構架

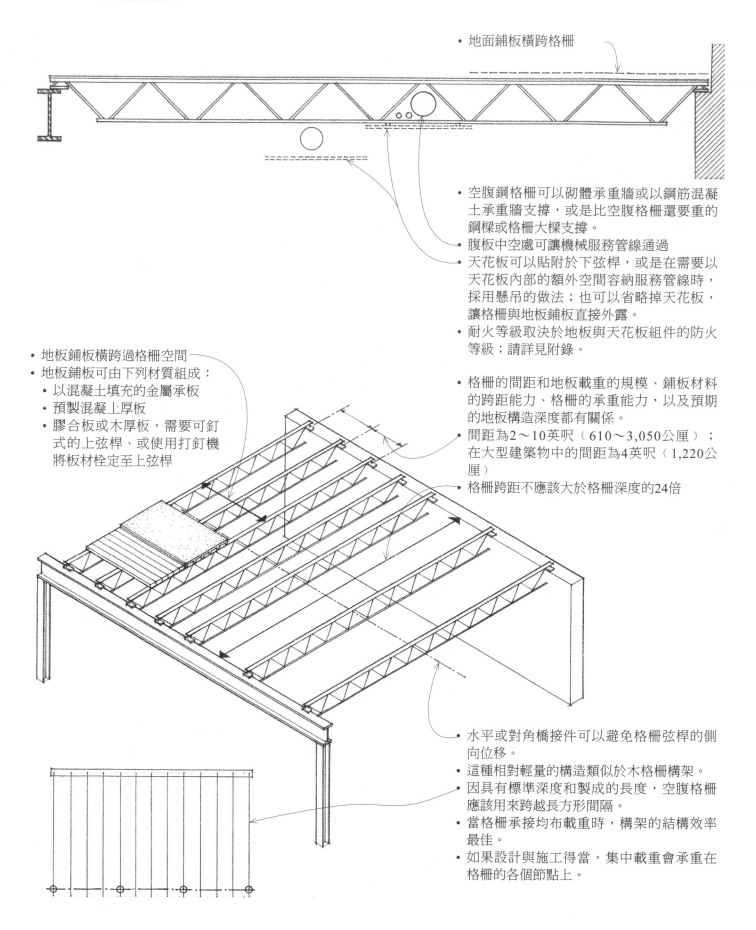

- 地面鋪板橫跨格柵

- 空腹鋼格柵可以砌體承重牆或以鋼筋混凝土承重牆支撐，或是比空腹格柵還要重的鋼樑或格柵大樑支撐。
- 腹板中空處可讓機械服務管線通過
- 天花板可以貼附於下弦桿，或是在需要以天花板內部的額外空間容納服務管線時，採用懸吊的做法；也可以省略掉天花板，讓格柵與地板鋪板直接外露。
- 耐火等級取決於地板與天花板組件的防火等級；請詳見附錄。

- 地板鋪板橫跨過格柵空間
- 地板鋪板可由下列材質組成：
  - 以混凝土填充的金屬承板
  - 預製混凝土厚板
  - 膠合板或木厚板，需要可釘式的上弦桿、或使用打釘機將板材栓定至上弦桿

- 格柵的間距和地板載重的規模、鋪板材料的跨距能力、格柵的承重能力，以及預期的地板構造深度都有關係。
- 間距為2～10英呎（610～3,050公厘）；在大型建築物中的間距為4英呎（1,220公厘）
- 格柵跨距不應該大於格柵深度的24倍

- 水平或對角橋接件可以避免格柵弦桿的側向位移。
- 這種相對輕量的構造類似於木格柵構架。
- 因具有標準深度和製成的長度，空腹格柵應該用來跨越長方形間隔。
- 當格柵承接均布載重時，構架的結構效率最佳。
- 如果設計與施工得當，集中載重會承重在格柵的各個節點上。

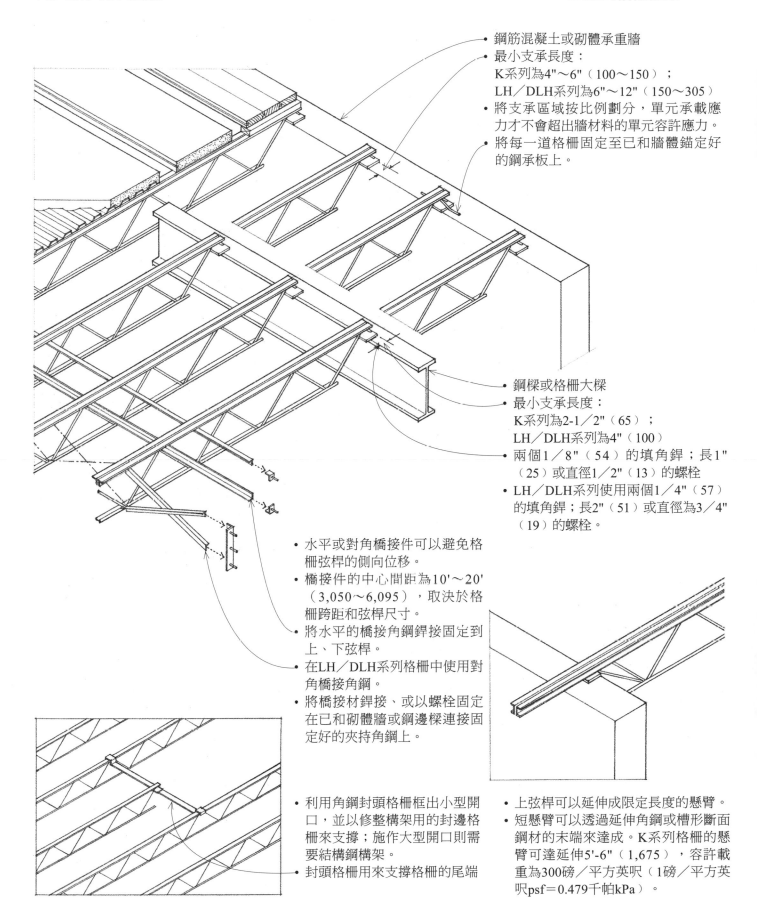

- 鋼筋混凝土或砌體承重牆
- 最小支承長度：
  K系列為4"～6"（100～150）；
  LH／DLH系列為6"～12"（150～305）
- 將支承區域按比例劃分，單元承載應力才不會超出牆材料的單元容許應力。
- 將每一道格柵固定至已和牆體錨定好的鋼承板上。

- 鋼樑或格柵大樑
- 最小支承長度：
  K系列為2-1／2"（65）；
  LH／DLH系列為4"（100）
- 兩個1／8"（54）的填角銲；長1"（25）或直徑1／2"（13）的螺栓
- LH／DLH系列使用兩個1／4"（57）的填角銲；長2"（51）或直徑為3／4"（19）的螺栓。

- 水平或對角橋接件可以避免格柵弦桿的側向位移。
- 橋接件的中心間距為10'～20'（3,050～6,095），取決於格柵跨距和弦桿尺寸。
- 將水平的橋接角鋼銲接固定到上、下弦桿。
- 在LH／DLH系列格柵中使用對角橋接角鋼。
- 將橋接材銲接、或以螺栓固定在已和砌體牆或鋼邊樑連接固定好的夾持角鋼上。

- 利用角鋼封頭格柵框出小型開口，並以修整構架用的封邊格柵來支撐；施作大型開口則需要結構鋼構架。
- 封頭格柵用來支撐格柵的尾端

- 上弦桿可以延伸成限定長度的懸臂。
- 短懸臂可以透過延伸角鋼或槽形斷面鋼材的末端來達成。K系列格柵的懸臂可達延伸5'-6"（1,675），容許載重為300磅／平方英呎（1磅／平方英呎psf＝0.479千帕kPa）。

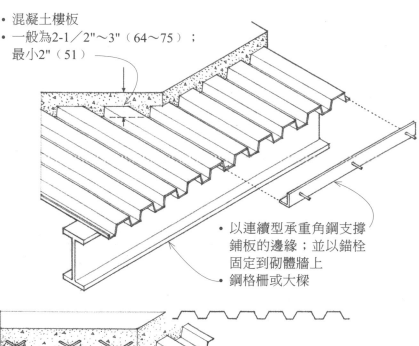

- 混凝土樓板
- 一般為2-1／2"～3"（64～75）；
  最小2"（51）

- 以連續型承重角鋼支撐鋪板的邊緣；並以錨栓固定到砌體牆上
- 鋼格柵或大樑

金屬樓承板製成波浪狀後，其剛度和跨距能力都會提升。樓承板在施工期間可做為工作平台，以及現場澆置混凝土的模板。

- 地板鋪板以熔銲法固定，或是將剪力釘銲入鋪板和支撐鋼格柵或樑之間，將兩者固定。
- 利用螺釘、銲接、或壓痕直立式接縫將相鄰鋪板沿著側邊連接固定起來
- 如果將鋪板當做結構隔板，得將側向力傳遞到剪力牆的話，鋪板的周圍就必須滿銲在鋼支撐上。此外，也可採取更嚴格的支撐和側邊重疊緊固的方式。

三種金屬樓承板的主要類型：

模型鋼承板
- 鋼承板是用來澆置鋼筋混凝土板的永久性模板，協助鋼筋混凝土板達到支撐自重和活載重的能力。

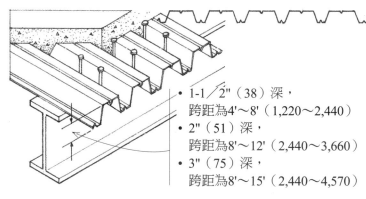

- 9／16"（14）深，
  跨距為1'-6"～3'（455～915）
- 1"（25）深，
  跨距為3'～5'（915～1,525）
- 2"（51）深，
  跨距為5'～12'（1,525～3,660）

複合承板
- 複合承板用來加強混凝土板的張力，複合承板以凹凸肋筋的樣式與鋼筋混凝土結合。混凝土板和樓板樑或格柵的複合行為，可透過將剪力釘銲接穿透到鋪板下方的支撐樑而達成。

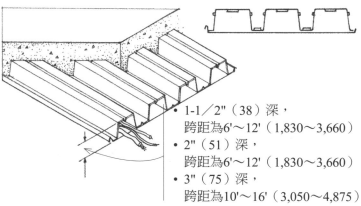

- 1-1／2"（38）深，
  跨距為4'～8'（1,220～2,440）
- 2"（51）深，
  跨距為8'～12'（2,440～3,660）
- 3"（75）深，
  跨距為8'～15'（2,440～4,570）

巢狀板
- 巢狀板是將波浪片板銲接到扁平的鋼板上，形成一系列可供電力與電信管線通過的空間或通道；另有符合地板出線口需要的特殊切除設計。如果在巢狀板的孔內填充玻璃纖維，還可做為吸音天花板。

- 1-1／2"（38）深，
  跨距為6'～12'（1,830～3,660）
- 2"（51）深，
  跨距為6'～12'（1,830～3,660）
- 3"（75）深，
  跨距為10'～16'（3,050～4,875）

- 估算整體深度的經驗法則：跨距的1／24。
- 向製造商諮詢更多樣式、寬度、長度、量規、完成面、和容許跨度的資訊。

美國施工規範協會綱要編碼 05 30 00：金屬板

輕型鋼格柵是由冷成形板或條鋼所製成。鋼樑成品的重量較輕、尺寸較穩定、能跨越比同尺寸的木樑更長的距離，但導熱程度較大，製造過程也耗費較多能源。冷成形鋼格柵可以簡單的工具輕易地切割和組裝，形成輕量、不燃、且防潮的地板結構。就像輕木構造一樣，輕型鋼格柵的構架也包括了可容納設備和設置熱絕緣材的中空空間，並能接受多樣的完成面處理。

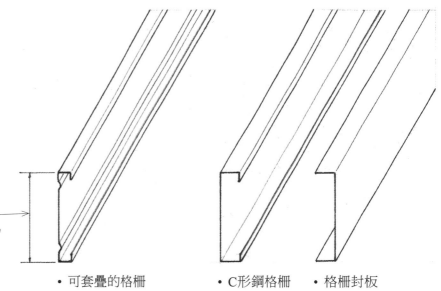

- 標稱深度：6"、8"、10"、12"、14"
  （150、205、255、305、355）
- 翼緣寬度：1-1／2"、1-3／4"、2"、2-1／2"
  （38、45、51、64）
- 量規：14至22號

- 可套疊的格柵 • C形鋼格柵 • 格柵封板

輕型鋼格柵的類型

- 預衝孔可減輕格柵的重量，並且可通過水管、電線、橋接帶。

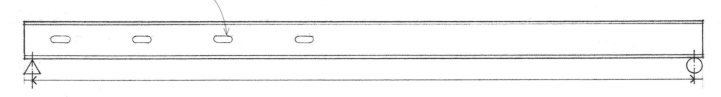

輕型鋼格柵的跨距範圍

- 6"（150）格柵的跨距為
  10'~14'（3,050~4,265）

- 8"（205）格柵的跨距為
  12'~18'（3,660~5,485）

- 10"（255）格柵的跨距為
  14'~22'（4,265~6,705）

- 12"（305）格柵的跨距為
  18'~26'（5,485~7,925）

- 估算格柵深度的經驗法則：跨距的1／20
- 向製造商諮詢精確的格柵尺寸、構架細部、以及容許的跨距與載重等資訊。

美國施工規範協會綱要編碼 05 40 00：冷成形金屬構架
美國施工規範協會綱要編碼 05 42 00：冷成形金屬格柵構架

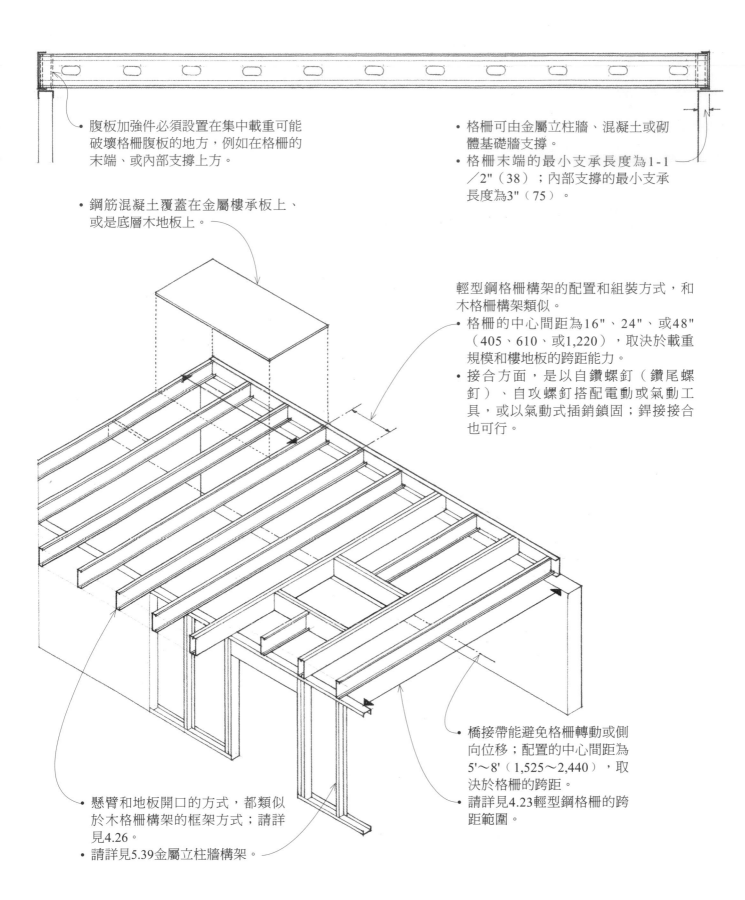

• 腹板加強件必須設置在集中載重可能
　破壞格柵腹板的地方，例如在格柵的
　末端、或內部支撐上方。

• 鋼筋混凝土覆蓋在金屬樓承板上、
　或是底層木地板上。

• 格柵可由金屬立柱牆、混凝土或砌
　體基礎牆支撐。
• 格柵末端的最小支承長度為1 - 1
　／2"（38）；內部支撐的最小支撐
　長度為3"（75）。

輕型鋼格柵構架的配置和組裝方式，和
木格柵構架類似。
• 格柵的中心間距為16"、24"、或48"
　（405、610、或1,220），取決於載重
　規模和樓地板的跨距能力。
• 接合方面，是以自鑽螺釘（鑽尾螺
　釘）、自攻螺釘搭配電動或氣動工
　具，或以氣動式插銷鎖固；銲接接合
　也可行。

• 橋接帶能避免格柵轉動或側
　向位移；配置的中心間距為
　5'～8'（1,525～2,440），取
　決於格柵的跨距。
• 請詳見4.23輕型鋼格柵的跨
　距範圍。

• 懸臂和地板開口的方式，都類似
　於木格柵構架的框架方式；請詳
　見4.26。
• 請詳見5.39金屬立柱牆構架。

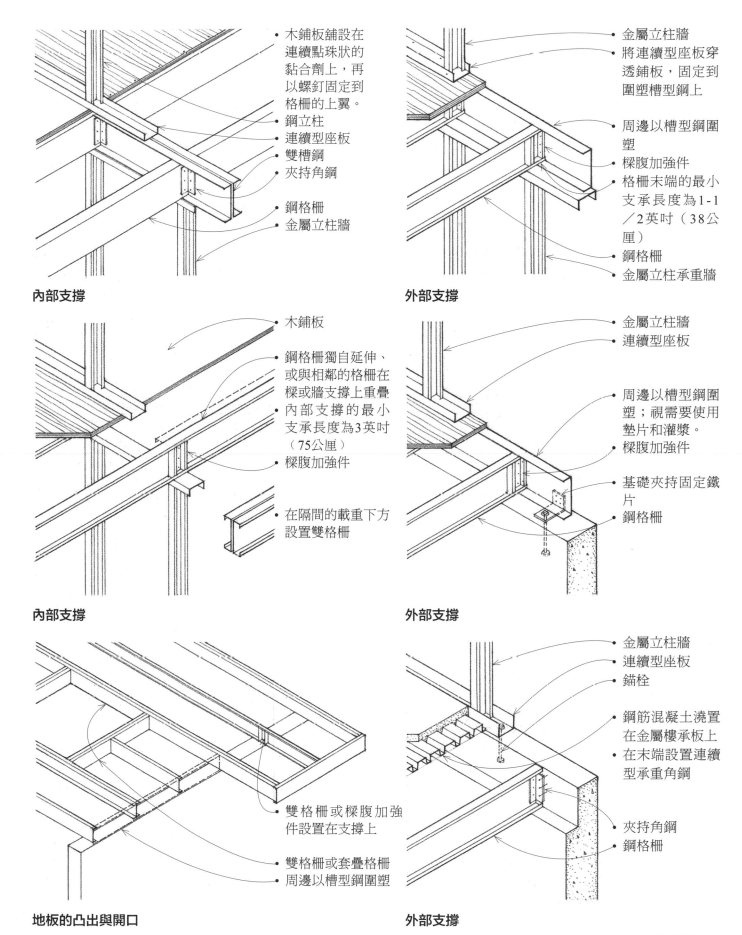

內部支撐

• 木鋪板鋪設在連續點珠狀的黏合劑上,再以螺釘固定到格柵的上翼。
• 鋼立柱
• 連續型座板
• 雙槽鋼
• 夾持角鋼
• 鋼格柵
• 金屬立柱牆

外部支撐

• 金屬立柱牆
• 將連續型座板穿透鋪板,固定到圍塑槽型鋼上
• 周邊以槽型鋼圍塑
• 樑腹加強件
• 格柵末端的最小支承長度為1-1／2英吋(38公厘)
• 鋼格柵
• 金屬立柱承重牆

內部支撐

• 木鋪板
• 鋼格柵獨自延伸、或與相鄰的格柵在樑或牆支撐上重疊
• 內部支撐的最小支承長度為3英吋(75公厘)
• 樑腹加強件
• 在隔間的載重下方設置雙格柵

外部支撐

• 金屬立柱牆
• 連續型座板
• 周邊以槽型鋼圍塑;視需要使用墊片和灌漿。
• 樑腹加強件
• 基礎夾持固定鐵片
• 鋼格柵

地板的凸出與開口

• 雙格柵或樑腹加強件設置在支撐上
• 雙格柵或套疊格柵
• 周邊以槽型鋼圍塑

外部支撐

• 金屬立柱牆
• 連續型座板
• 錨栓
• 鋼筋混凝土澆置在金屬樓承板上
• 在末端設置連續型承重角鋼
• 夾持角鋼
• 鋼格柵

4.26 木格柵

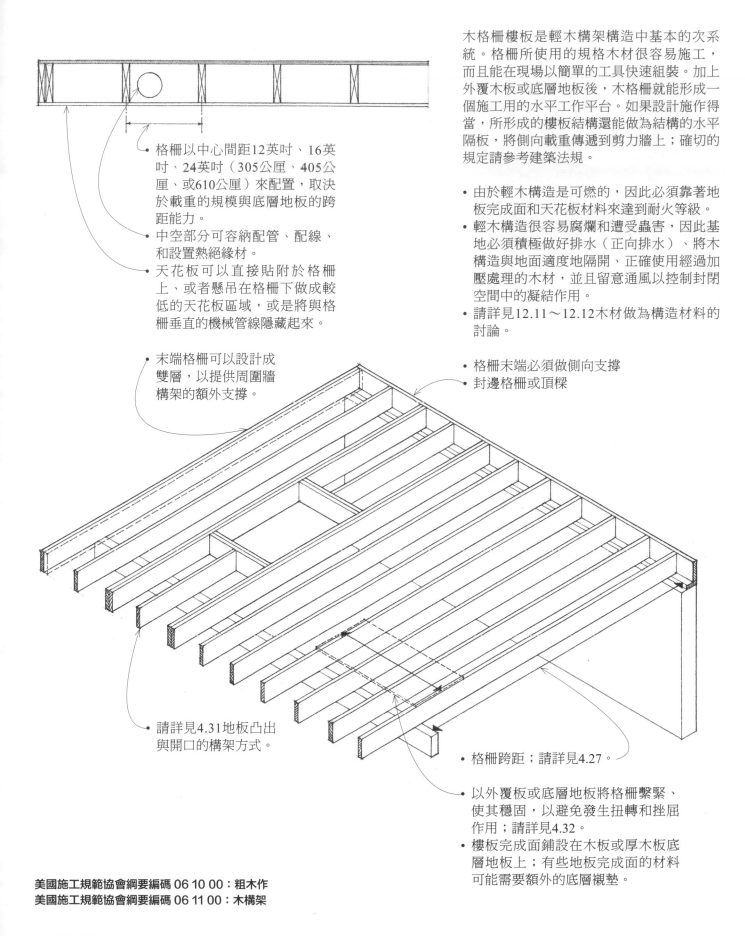

格柵以中心間距12英吋、16英吋、24英吋（305公厘、405公厘、或610公厘）來配置，取決於載重的規模與底層地板的跨距能力。

中空部分可容納配管、配線、和設置熱絕緣材。

天花板可以直接貼附於格柵上、或者懸吊在格柵下做成較低的天花板區域，或是將與格柵垂直的機械管線隱藏起來。

末端格柵可以設計成雙層，以提供周圍牆構架的額外支撐。

請詳見4.31地板凸出與開口的構架方式。

木格柵樓板是輕木構架構造中基本的次系統。格柵所使用的規格木材很容易施工，而且能在現場以簡單的工具快速組裝。加上外覆木板或底層地板後，木格柵就能形成一個施工用的水平工作平台。如果設計施作得當，所形成的樓板結構還能做為結構的水平隔板，將側向載重傳遞到剪力牆上；確切的規定請參考建築法規。

- 由於輕木構造是可燃的，因此必須靠著地板完成面和天花板材料來達到耐火等級。
- 輕木構造很容易腐爛和遭受蟲害，因此基地必須積極做好排水（正向排水）、將木構造與地面適度地隔開、正確使用經過加壓處理的木材，並且留意通風以控制封閉空間中的凝結作用。
- 請詳見12.11～12.12木材做為構造材料的討論。

- 格柵末端必須做側向支撐
- 封邊格柵或頂樑

- 格柵跨距；請詳見4.27。

- 以外覆板或底層地板將格柵繫緊、使其穩固，以避免發生扭轉和挫屈作用；請詳見4.32。
- 樓板完成面鋪設在木板或厚木板底層地板上；有些地板完成面的材料可能需要額外的底層襯墊。

美國施工規範協會綱要編碼 06 10 00：粗木作
美國施工規範協會綱要編碼 06 11 00：木構架

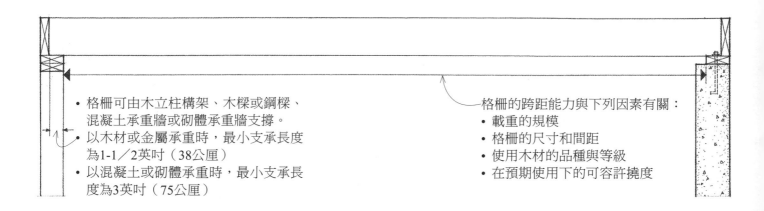

- 格柵可由木立柱構架、木樑或鋼樑、混凝土承重牆或砌體承重牆支撐。
- 以木材或金屬承重時，最小支承長度為1-1／2英吋（38公厘）
- 以混凝土或砌體承重時，最小支承長度為3英吋（75公厘）

格柵的跨距能力與下列因素有關：
- 載重的規模
- 格柵的尺寸和間距
- 使用木材的品種與等級
- 在預期使用下的可容許撓度

木格柵的跨距範圍

- 2×6
  最長可達10英呎（3,050公厘）

- 2×8
  8英呎～12英呎（2,440公厘～3,660公厘）

- 2×10
  10英呎～14英呎（3,050公厘～4,265公厘）

- 2×12
  12英呎～18英呎（3,660公厘～5,485公厘）

- 估算格柵深度的經驗法則：跨距的1／16
- 格柵撓度不應超過跨距的1／360
- 在應力作用下的格柵構架，剛度會比強度更為關鍵。
- 在整體構造深度可被接受的情況下，深度深、間距寬的格柵會比深度淺、間距窄的格柵有更大的構造剛度。
- 請向製造商諮詢積層單板材格柵的尺寸與跨距資訊。

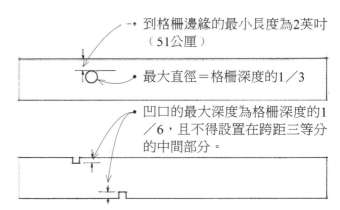

- 到格柵邊緣的最小長度為2英吋（51公厘）
- 最大直徑＝格柵深度的1／3
- 凹口的最大深度為格柵深度的1／6，且不得設置在跨距三等分的中間部分。

為了容許水管和電力線路通過樓板格柵，可按照上述標示來製作開口。

橋接件是以8英呎（2,440公厘）的間隔設置在每一格柵中間的木材或金屬交叉斜撐、或全深度的封塞材。如果格柵的深度是厚度的6倍以上，有些建築法規可能會要求設置橋接件。不過，當格柵末端設有側向支撐可抵抗轉動、格柵頂部的受壓邊緣也受到外覆板或底層地板約束時，通常就不需再設置橋接件。

4.28 木格柵構架

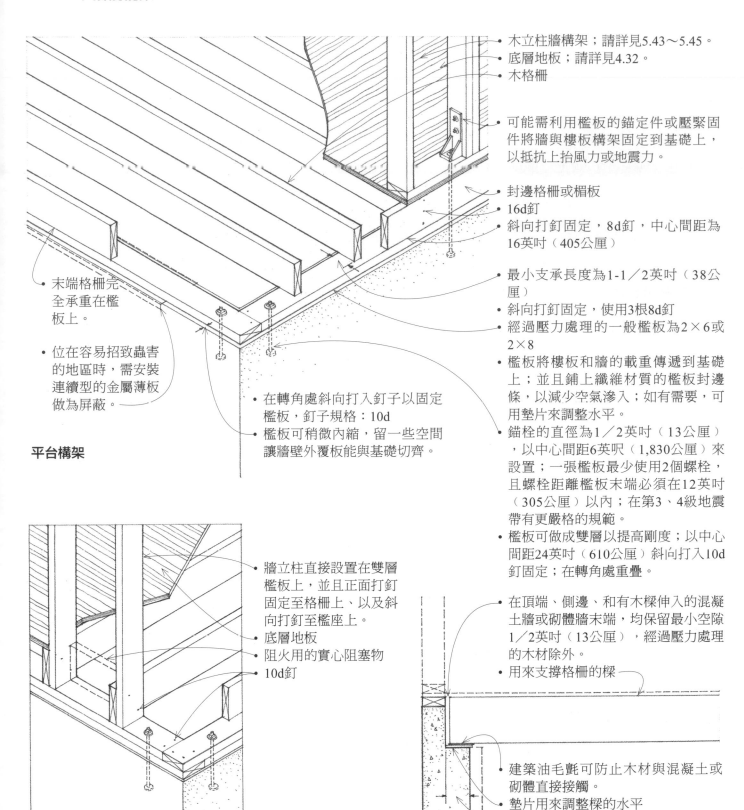

• 木立柱牆構架；請詳見5.43～5.45。
• 底層地板；請詳見4.32。
• 木格柵

• 可能需利用檻板的錨定件或壓緊固定件將牆與樓板構架固定到基礎上，以抵抗上抬風力或地震力。

• 封邊格柵或楣板
• 16d釘
• 斜向打釘固定，8d釘，中心間距為16英吋（405公厘）

• 最小支承長度為1-1／2英吋（38公厘）
• 斜向打釘固定，使用3根8d釘
• 經過壓力處理的一般檻板為2×6或2×8
• 檻板將樓板和牆的載重傳遞到基礎上；並且鋪上纖維材質的檻板封邊條，以減少空氣滲入；如有需要，可用墊片來調整水平。
• 錨栓的直徑為1／2英吋（13公厘），以中心間距6英呎（1,830公厘）來設置；一張檻板最少使用2個螺栓，且螺栓距離檻板末端必須在12英吋（305公厘）以內；在第3、4級地震帶有更嚴格的規範。
• 檻板可做成雙層以提高剛度；以中心間距24英吋（610公厘）斜向打入10d釘固定；在轉角處重疊。

• 末端格柵完全承重在檻板上。

• 位在容易招致蟲害的地區時，需安裝連續型的金屬薄板做為屏蔽。

• 在轉角處斜向打入釘子以固定檻板，釘子規格：10d
• 檻板可稍微內縮，留一些空間讓牆壁外覆板能與基礎切齊。

平台構架

• 牆立柱直接設置在雙層檻板上，並且正面打釘固定至格柵上、以及斜向打釘至檻座上。
• 底層地板
• 阻火用的實心阻塞物
• 10d釘

• 在頂端、側邊、和有木樑伸入的混凝土牆或砌體牆末端，均保留最小空隙1／2英吋（13公厘），經過壓力處理的木材除外。
• 用來支撐格柵的樑

• 建築油毛氈可防止木材與混凝土或砌體直接接觸。
• 墊片用來調整樑的水平
• 以混凝土牆或砌體牆支撐木樑時，最小支承長度為3英吋（75公厘）。
• 如果有額外的承重需求，可將牆壁加厚做成壁柱。

輕捷型構架（balloon flaming，又稱做充氣構架）

• 請詳見5.41～5.42輕捷型構架與平台構架的討論。

樑槽口

木格柵可由木樑或鋼樑支撐。不論使用哪一種,樑的高度都應該與周圍的檻座,並與樑支撐樓板格柵的方式相互協調。由於木材很容易在木紋的垂直方向上出現收縮的情形。因此在木構造中,檻板深度和格柵-樑接合所形成的總深度必須一致,才能避免樓板下陷。

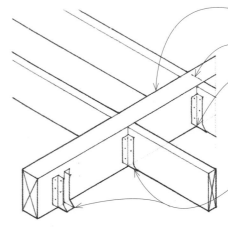

- 實木樑或組合木樑
- 樑兩側的格柵要相互對齊
- 一致的格柵和樑深度,可降低樓板結構的下陷程度。
- 僅使用經過良好風乾的木材
- 金屬格柵托架

有格柵托架的木樑

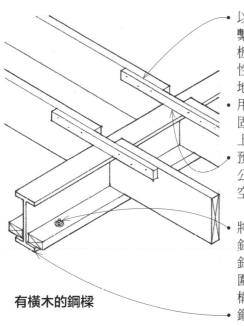

- 以木連接板將格柵繫緊固定,保持樓板結構的水平連續性,並且支撐底層地板。
- 用釘子將木連接板固定在每一道格柵上
- 預留1／2英吋(13公厘)的格柵收縮空間
- 將以螺紋桿固定的釘板銲接至樑翼;釘板的厚度應和周圍的檻座一致,使構造均衡地收縮。
- 鋼樑

有橫木的鋼樑

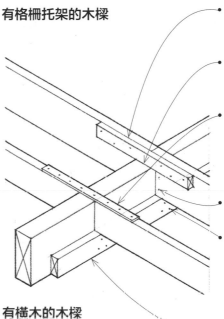

- 木連接板用釘子固定在每一道格柵上
- 預留1／2英吋(13公厘)的格柵收縮空間
- 如果格柵的頂邊和木樑的頂邊齊平,可用金屬條將格柵繫緊並對齊成一直線。
- 斜向打釘到樑內,10d釘
- 每一道格柵以三根16d釘固定;避免格柵上的切槽承受過大的載重。
- 2×4 橫木提供的最小支承長度為1-1／2英吋(38公厘)

有橫木的木樑

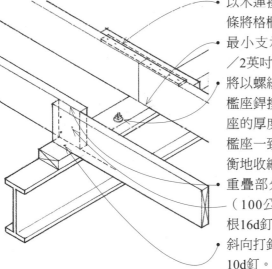

- 以木連接板或金屬繫條將格柵固定對齊。
- 最小支承長度為1-1／2英吋(38公厘)
- 將以螺紋桿固定的木檻座銲接至樑翼;檻座的厚度應與周圍的檻座一致,使構造均衡地收縮。
- 重疊部分最少4英吋(100公厘);以三根16d釘固定
- 斜向打釘到樑內,10d釘。

鋼樑在格柵下方

- 最小重疊長度為4英吋(100公厘);以三根16d釘固定
- 依實際需求在格柵之間加上實心墊木
- 以木連接板或金屬繫條將格柵固定對齊。
- 最小支承長度為1-1／2英吋(38公厘)

有搭接或疊合格柵的木樑

4.30 木格柵構架

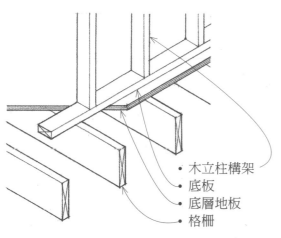

非承重隔間垂直（⊥）
於格柵──下方無隔間牆

- 木立柱構架
- 底板
- 底層地板
- 格柵

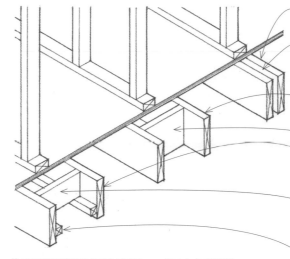

非承重隔間平行於格柵──下方無隔間

- 隔間下方設置雙格柵
- 2×4墊木，以中心間距16英吋（405公厘）設置
- 隔間承重在兩道格柵之間
- 兩個實心墊木
- 雙格柵的間隔可容納機械設備的服務管線通過
- 2×6實心墊木，以中心間距16英吋（405公厘）設置
- 2×2 橫木

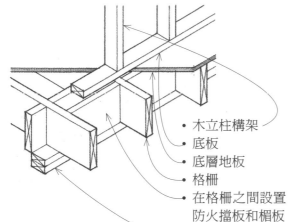

承重隔間垂直（⊥）於格柵

- 木立柱構架
- 底板
- 底層地板
- 格柵
- 在格柵之間設置防火擋板和楣板
- 在隔間牆下方設置雙頂板

- 連續的牆立柱設置在輕捷型構架內
- 雙格柵

承重隔間平行於格柵

- 隔間牆下方設置雙格柵
- 2×4墊木，以中心間距16英吋（405公厘）設置
- 在隔間下方設置雙頂板

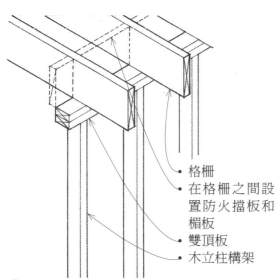

承重隔間垂直（⊥）
於格柵──上方無隔間

- 格柵
- 在格柵之間設置防火擋板和楣板
- 雙頂板
- 木立柱構架

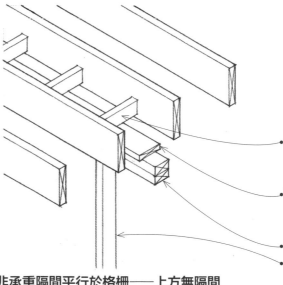

非承重隔間平行於格柵──上方無隔間

- 2×4墊木，以中心間距16英吋（405公厘）設置
- 設置1×6墊木，提供一道打釘面供天花板完成面使用
- 雙頂板
- 木立柱構架

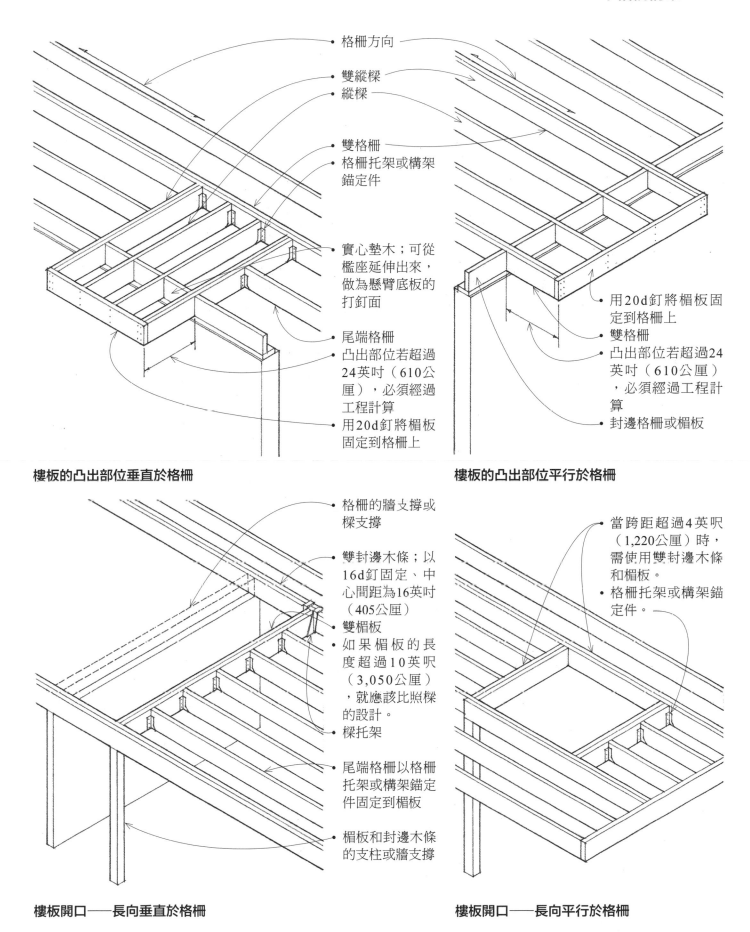

- 格柵方向
- 雙縱樑
- 縱樑
- 雙格柵
- 格柵托架或構架錨定件
- 實心墊木；可從檻座延伸出來，做為懸臂底板的打釘面
- 尾端格柵
- 凸出部位若超過24英吋（610公厘），必須經過工程計算
- 用20d釘將楣板固定到格柵上

樓板的凸出部位垂直於格柵

- 用20d釘將楣板固定到格柵上
- 雙格柵
- 凸出部位若超過24英吋（610公厘），必須經過工程計算
- 封邊格柵或楣板

樓板的凸出部位平行於格柵

- 格柵的牆支撐或樑支撐
- 雙封邊木條；以16d釘固定、中心間距為16英吋（405公厘）
- 雙楣板
- 如果楣板的長度超過10英呎（3,050公厘），就應該比照樑的設計。
- 樑托架
- 尾端格柵以格柵托架或構架錨定件固定到楣板
- 楣板和封邊木條的支柱或牆支撐

樓板開口——長向垂直於格柵

- 當跨距超過4英呎（1,220公厘）時，需使用雙封邊木條和楣板。
- 格柵托架或構架錨定件。

樓板開口——長向平行於格柵

底層地板	厚度 英吋 *	跨距等級	跨距 英吋（公厘）
底層地板			
等級	5／8	32／16	16（405）
外覆板 &	1／2，5／8	36／16	16（405）
結構等級 I	5／8，3／4，7／8	42／20	20（510）
& 結構等級 II	3／4，7／8	48／24	24（610）
底層襯墊			
底層襯墊	1／4	跨越在木板底層地板上	
或 C-C 栓塞補強板	3／8	跨越在木板底層地板上	
進階等級			
底層地板和底層襯墊的組合			
美國膠合板協會	5／8	16	16（405）
（APA）等級			
史特・埃（Sturd-i）	5／8，3／4	20	20（510）
地板等級	3／4，7／8，1	24	24（610）
2-4-1	1-1／8	48	48（1220）

* 英制公制單位換算
- 1／2 英吋（13 公厘）
- 5／8 英吋（16 公厘）
- 3／4 英吋（19 公厘）
- 7／8 英吋（22 公厘）
- 1 英吋（25 公厘）
- 1-1／2 英吋（29 公厘）

底層地板橫跨在樓板格柵上，做為施工期間的工作平台，以及地板完成面的基底。格柵和底層地板的組合如果依據合格標準建造的話，則可做為將側向力傳遞到剪力牆的結構隔板使用。相關規定請查詢建築法規。

- 底層地板一般都是由膠合板組成，但其他非單板的面板材料例如定向纖維板（oriented strand board, OSB）、大片刨花板（waferboard；又稱做方薄片粒片板）、和粒片板（particleboard；又稱做塑合板），只要依據合格標準製造，還是可以採用。相關規定可向美國膠合板協會（American Plywood Association, APA）查詢。
- 跨距等級是每一片板材背面都可看到的等級標章的一部分。第一個數字代表用做屋頂外覆板時最大的椽條間距，第二個數字代表用做底層地板時最大的格柵間距。
- 如果將 25／32 英吋（20 公厘）的木條地板垂直於格柵方向鋪設，跨距可達到 24 英吋（610 公厘）。
- 底層襯墊不僅提供衝擊載重的抵抗力，其平滑表面也提供給直接應用的非結構性地板材料使用；可以鋪在厚板或薄板底層地板上做為分隔層，或是與薄板底層地板結合成單一厚度。如果樓板有罕見的潮溼問題，可使用在外層塗膠的薄板材（暴露耐久性分類1）、或是室外用膠合板。

底層地板與底層襯墊

- 箭頭所指的跨距設定為板材的長邊垂直於格柵、並且連續橫跨兩個跨度以上。
- 將末端接縫交錯設置。
- 接縫的間隔為 1／8 英吋（3 公厘），除非板材製造商有其他建議；底層襯墊的接縫間隔為 1／32 英吋（1 公厘）。
- 板材沿著邊緣以中心間距 6 英吋（150 公厘）釘定；沿著中間支撐處以中心間距 12 英吋（305 公厘）釘定。使用 2-4-1 板材的話，沿著邊緣和中間支撐處皆以中心間距 6 英吋（150 公厘）釘定。
- 以厚板用的 6d 環紋釘或 8d 一般釘穿透 3／4 英吋（19 公厘）厚的板材；以 8d 環紋釘或一般釘穿透 7／8 英吋（22 公厘）厚或更厚的板材。
- 在板材邊緣的下方加上墊木，或將板材邊緣做成雌雄榫槽式；但如果錯開底層襯墊的接縫和底層地板的接縫，就不需做這項工序。

將底層地板和底層襯墊的組合板膠合固定至樓板格柵，能使組合板材和格柵形成一體的 T 形樑單元。這種應用系統可以減輕樓板的潛變和吱吱作響的情形、提升樓板的剛度，在某些案例中，還可以擴大格柵的容許跨距。這些優點，當然需以良好的應用品質為前提。除了膠合外，板材還可利用電動機具栓入的緊固件、或以 6d 環紋釘或螺紋釘固定。更詳細的相關建議請向美國膠合板協會（APA）諮詢。

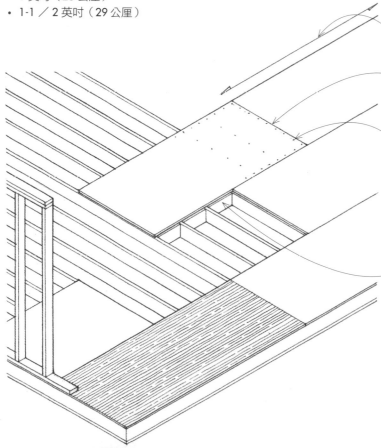

美國施工規範協會綱要編碼 06 16 23：底層地板；06 16 26：底層襯墊

預製、預工程的木格柵和桁架愈來愈常用
來代替規格木材以組構樓板，由於這種材
料大致上比較輕，尺寸也比一般的鋸木材
更為穩定，因此可製成較深、較長、而且
跨距也更大的規格。

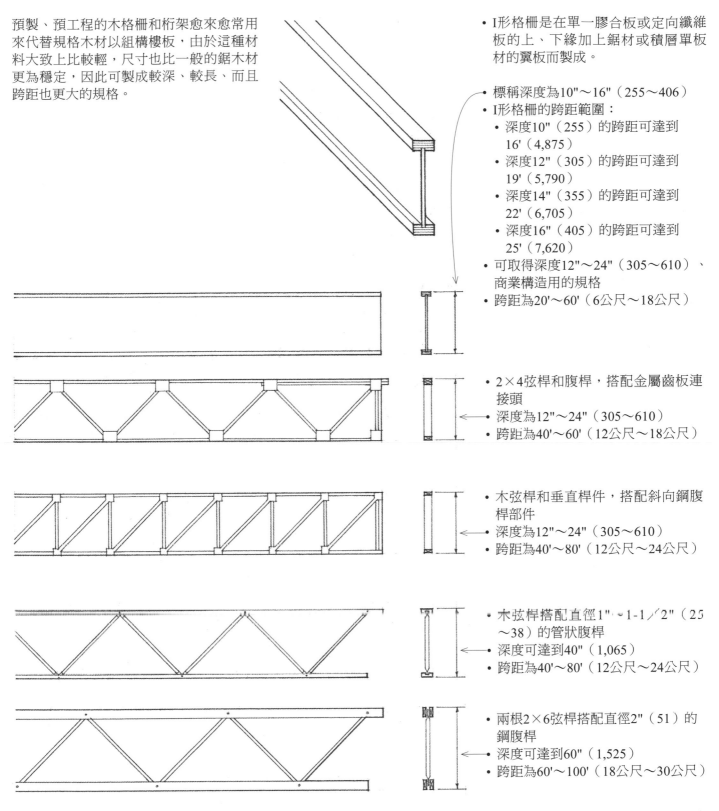

- I形格柵是在單一膠合板或定向纖維板的上、下緣加上鋸材或積層單板材的翼板而製成。

- 標稱深度為10"～16"（255～406）
- I形格柵的跨距範圍：
  - 深度10"（255）的跨距可達到16'（4,875）
  - 深度12"（305）的跨距可達到19'（5,790）
  - 深度14"（355）的跨距可達到22'（6,705）
  - 深度16"（405）的跨距可達到25'（7,620）
- 可取得深度12"～24"（305～610）、商業構造用的規格
- 跨距為20'～60'（6公尺～18公尺）

- 2×4弦桿和腹桿，搭配金屬齒板連接頭
- 深度為12"～24"（305～610）
- 跨距為40'～60'（12公尺～18公尺）

- 木弦桿和垂直桿件，搭配斜向鋼腹桿部件
- 深度為12"～24"（305～610）
- 跨距為40'～80'（12公尺～24公尺）

- 木弦桿搭配直徑1"～1-1/2"（25～38）的管狀腹桿
- 深度可達到40"（1,065）
- 跨距為40'～80'（12公尺～24公尺）

- 兩根2×6弦桿搭配直徑2"（51）的鋼腹桿
- 深度可達到60"（1,525）
- 跨距為60'～100'（18公尺～30公尺）

- 估算桁架格柵深度的經驗法則：跨距的1／18
- 樑腹開口可通過電力和機械管線
- 向製造商諮詢長度和深度、建議間距和容許跨距，以及規定的承重條件等資訊。

美國施工規範協會綱要編碼 06 17 00：廠製結構木材

4.34 預製格柵和桁架

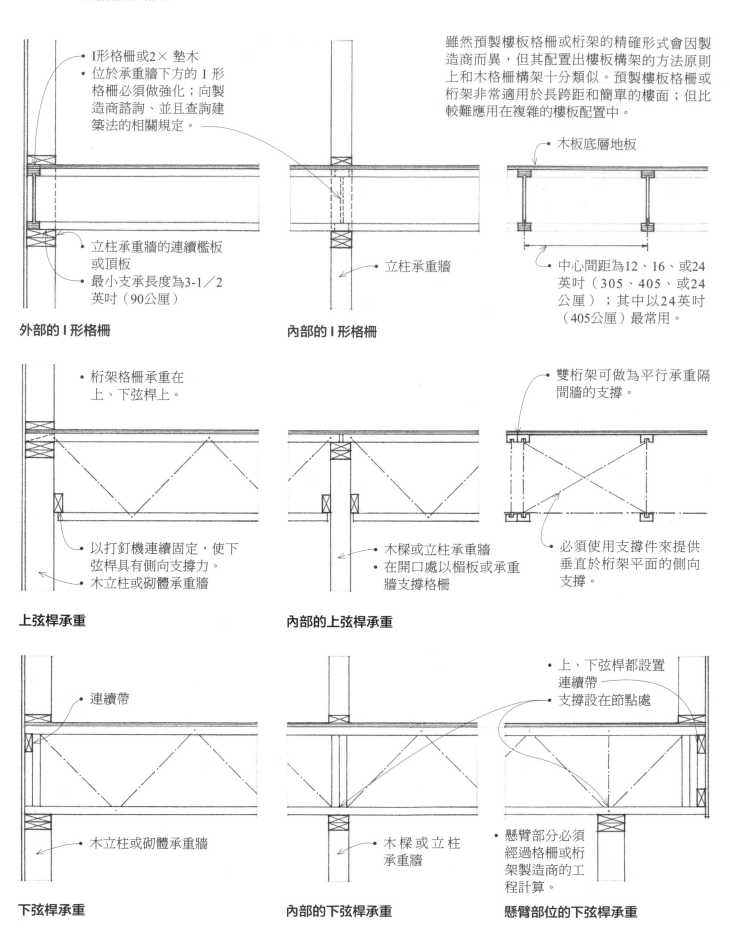

雖然預製樓板格柵或桁架的精確形式會因製造商而異，但其配置出樓板構架的方法原則上和木格柵構架十分類似。預製樓板格柵或桁架非常適用於長跨距和簡單的樓面；但比較難應用在複雜的樓板配置中。

- I形格柵或2× 墊木
- 位於承重牆下方的 I 形格柵必須做強化；向製造商諮詢、並且查詢建築法的相關規定。

- 木板底層地板

- 立柱承重牆的連續檻板或頂板
- 最小支承長度為3-1／2英吋（90公厘）

- 立柱承重牆

- 中心間距為12、16、或24英吋（305、405、或24公厘）；其中以24英吋（405公厘）最常用。

外部的 I 形格柵　　　　**內部的 I 形格柵**

- 桁架格柵承重在上、下弦桿上。

- 雙桁架可做為平行承重隔間牆的支撐。

- 以打釘機連續固定，使下弦桿具有側向支撐力。
- 木立柱或砌體承重牆

- 木樑或立柱承重牆
- 在開口處以楣板或承重牆支撐格柵

- 必須使用支撐件來提供垂直於桁架平面的側向支撐。

上弦桿承重　　　　**內部的上弦桿承重**

- 連續帶

- 上、下弦桿都設置連續帶
- 支撐設在節點處

- 木立柱或砌體承重牆

- 木樑或立柱承重牆

- 懸臂部分必須經過格柵或桁架製造商的工程計算。

下弦桿承重　　　　**內部的下弦桿承重**　　　　**懸臂部位的下弦桿承重**

實心鋸材

挑選木樑時應考量以下幾點：木材品種、結構等級、彈性模數、彎曲應力和剪力的容許值，以及在預期使用下的最小容許撓度。此外，還要注意確實的載重情形和接合類型。更詳細的跨距和載重表請查閱書末的參考書目。

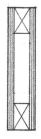
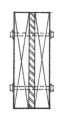

箱型樑
• 製造方式是將兩張或多張膠合板或定向纖維腹板，膠合在鋸成材或積層單板材（LVL）的板翼上。
• 經過工程計算，跨距可達到90英呎（27公尺）。

組合板樑
• 木材並排在鋼板或鋼斷面的兩側，彼此緊鄰並以螺栓固定好。
• 必須經過工程設計

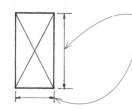

• 估算木樑深度的經驗法則：跨距的1／15
• 樑寬度＝樑深度的1／3～1／2
• 將撓度限制在跨距的1／360

組合樑
• 如果組合樑內的積層材不相互拼接，組合樑的強度會等同於所有個別木材的強度總和。
• 當有兩個部件時，以10d釘、中心間距16英吋（405公厘）錯開釘定；每一部件末端再以兩個10d釘固定。
• 當有三個或多個部件時，以20d釘、中心間距32英吋（815公厘）錯開釘定；每一部件末端再以兩個20d釘固定。

間隔樑
• 以較密的間隔設置墊木並釘牢，使獨立的部件能有一整體單元般的作用。

膠合積層材（Glue-laminated timber, GLT）

膠合積層材（美國施工規範協會綱要編碼06 18 00）是在受控制的環境條件下，將具應力等級的木材以黏合劑層層堆疊膠合而成，通常每一層的紋路會呈平行排列。膠合積層材相較於規格木材，一般來說具有較高的壓力容許值、較優良的外觀，以及各種斷面形狀的取得便利性等等優勢。膠合積層材的末端接頭可做成嵌接或指接的形式以延伸至需要的長度，也可將板的末端膠合，使板材更寬或更深。

• 經過工程計算的最長跨距可達到80英呎（24公尺）
• 估算膠合積層樑深度的經驗法則：跨距的1／20
• 樑寬度＝樑深度的1／4～1／3

積層平行束狀材（Parallel Strand Lumber, PSL）

積層平行束狀材是在高溫高壓的環境下，以防水黏合劑將又長又細的木條黏結固定的結構木製品。積層平行束狀材是Parallam商標下的一種專利產品，可做為柱樑構造中的柱材與樑材，以及輕木構造中的樑、楣板、和楣樑。

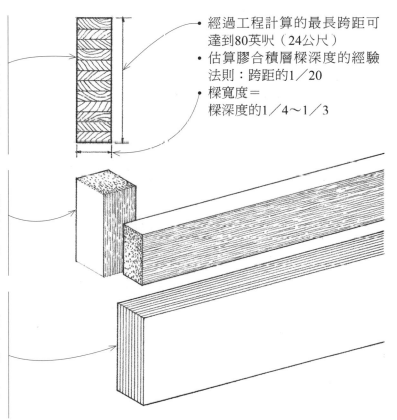

積層單板材（Laminated veneer lumber, LVL）

積層單板材是在高溫高壓的環境下，以防水黏合劑將許多層木單板黏結固定的結構木製品。因為每一層單板的紋理都是同一縱向的，因此不論做為邊緣承重的樑、或是面承重的厚板都具有足夠的強度。積層單板材的品牌有很多，例如Microlam，也可做為楣板和樑、或是預製I形木格柵的翼板。

4.36 木樑支撐

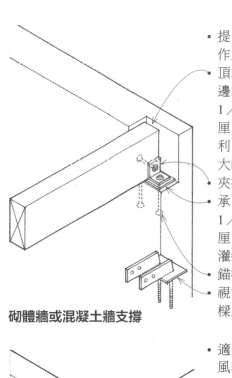

- 提供對上抬和水平作用力的抵抗力
- 頂端、末端、和側邊的最小淨距離為1／2英吋（13公厘）；為了施工便利，可能還需要更大的空間
- 夾持角鋼
- 承重板厚度至少1／4英吋（75公厘），設置在乾拌灌漿層上方
- 錨栓
- 視需求使用預製的樑底座

砌體牆或混凝土牆支撐

許多五金配件都可以做為木材—木材、木材—金屬、和木材—砌體牆之間的接合件，包括格柵和樑的托架、柱基座和柱帽、構架角鋼和錨定件、樓板繫件和壓緊構件等。向製造商諮詢更詳細的形狀與尺寸、容許載重、以及綁繫固定的要求。依據載重受到抵抗或傳遞的規模，接頭可採釘定或螺栓固定。

- 適用於輕型的構架構造
- 楣板與樑的深度相同
- 檻板
- 最小支承長度為3英吋（75公厘）
- 基礎牆

基礎牆支撐

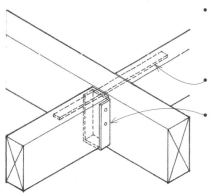

- 適用於已妥善風乾的樑或積層樑、以及輕型到中型載重
- 金屬張力條要越過大樑繫緊
- 有隱藏型或外露型翼板的樑托架

大樑支撐

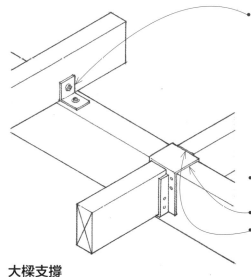

- 夾持角鋼用來固定樑與樑的重疊部位；必要時，可為受支撐的樑提供側向穩定性

- 適用於中型到重型載重
- 外露型樑托架
- 樑抬高到大樑的上方，以便直接設置在鞍型補強框上。

大樑支撐

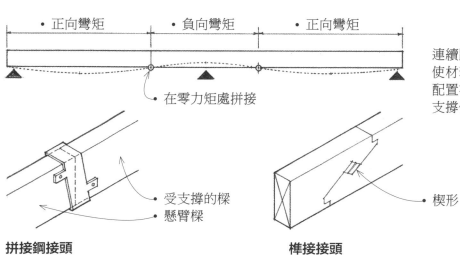

- 正向彎矩
- 負向彎矩
- 正向彎矩

- 在零力矩處拼接

連續跨距會產生比單一跨距均勻的應力，使材料的使用效率提高。任何拼接都應該配置在最小彎曲應力的位置，大約在內部支撐任一側跨距的1／4～1／3處。

- 受支撐的樑
- 懸臂樑

拼接鋼接頭

- 楔形

榫接接頭

接合時必須使用的螺栓,其尺寸與數量均取決於部件的厚度、木材品類、與木材紋理有關的載重規模和載重方向,以及金屬接頭的使用。由於剪力板或開環接頭可以提升單位承重應力,因此可以在必須貫穿一定數量的螺栓、但面積不足容納時使用。請詳見5.49開環接頭、剪力板接頭、和螺栓間距的應用資訊。

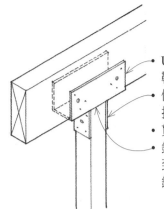

- U形鋼板或鞍型補強框
- 側板用來連接木柱
- 貫穿螺栓
- 銲接接合到鋼柱或鋼樑上

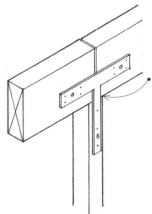

- 當兩根樑在支撐上方相接時,在樑跨距方向上的最小支承長度為6英吋(150公厘)。

外露柱帽

外露 T 形帶

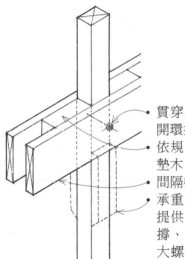

- 貫穿螺栓或開環接頭
- 依規定設置墊木
- 間隔樑
- 承重墊木可提供直接支撐、並且擴大螺栓的可固定面積。

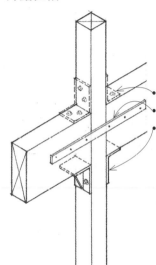

- 夾持角鋼
- 金屬帶繫件
- 有著腹板加強材和貫穿螺栓的鋼製吊架

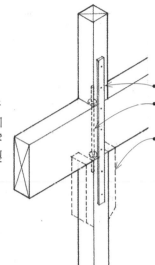

- 金屬帶繫件
- 剪力板和剪力銷
- 承重墊木可提供直接支撐,並且擴大螺栓的可固定面積。

連續柱

連續柱

連續樑

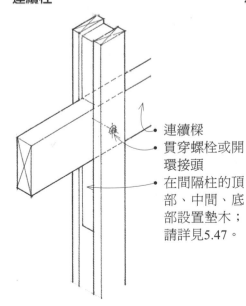

- 連續樑
- 貫穿螺栓或開環接頭
- 在間隔柱的頂部、中間、底部設置墊木;請詳見5.47。

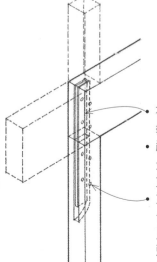

- 在鋸口內安裝金屬板
- 視需要設置金屬管和承重板
- 為了隱藏接合部位,使用埋頭螺栓頭與螺帽、塞子。

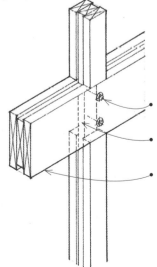

- 貫穿螺栓或開環接頭
- 連續的中間柱部件
- 連續的外部樑部件

間隔柱

隱蔽接合

互鎖接合

• 木鋪板的結構樓板面
• 其他選擇：2-4-1膠合板或預製應力蒙皮板；或大型木構造板材，請詳見4.39～4.42。

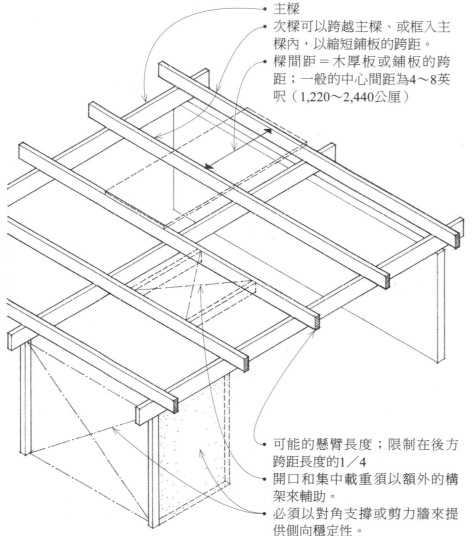

• 木樑的支撐可以是：
  • 木柱、鋼柱、混凝土柱
  • 木製大樑、鋼製大樑
  • 混凝土承重牆、砌體承重牆

• 應有充足的承重面積，以確保樑和承重材料的容許壓縮應力不會過大。

• 鋪板的底面可以外露，做為天花板完成面。

木厚板—樑樓板系統通常會結合柱或樑的支撐網格，形成構架結構。使用較大型但數量較少的結構部件來跨越較長的距離，可以省下材料與勞動力的成本。

• 主樑
• 次樑可以跨越主樑、或框入主樑內，以縮短鋪板的跨距。
• 樑間距＝木厚板或鋪板的跨距；一般的中心間距為4～8英呎（1,220～2,440公厘）

• 木厚板—樑構架在支撐中型均布載重時的效率最高；支撐集中載重時必須以額外的構架來輔助。
• 當這個結構系統外露，就像常見到的情況那樣，必須留意使用的木材品種和等級、接頭細部，特別是樑—樑之間和樑—柱之間的接合、以及施工的品質
• 如果結構是由不燃、耐火的外牆和部件支撐，鋪板也符合建築法規明定的最小尺寸，那麼木厚板—樑構架就能做為重木構造。
• 木厚板—樑樓板系統的缺點是容易受到衝擊噪音傳輸的干擾、內部缺乏可設置熱絕緣材、水管、線路、和配管的隱蔽空間。

• 可能的懸臂長度；限制在後方跨距長度的1／4
• 開口和集中載重須以額外的構架來輔助。
• 必須以對角支撐或剪力牆來提供側向穩定性。

美國施工規範協會綱要編碼 06 13 00：重木構造
美國施工規範協會綱要編碼 06 15 00：木鋪板

基於結構和視覺這兩個理由，在厚木鋪板—樑構架中，樑的支撐網格系統應該謹慎地與內部隔間的配置整合起來。一般來說，此系統中大多數的隔間都不是以承重為目的，設置的方式可參考本頁的圖示。需要承重隔間時，這些隔間不管如何都必須向下延伸到基礎牆，或是直接設置在大到足以承接施加載重的樑上。

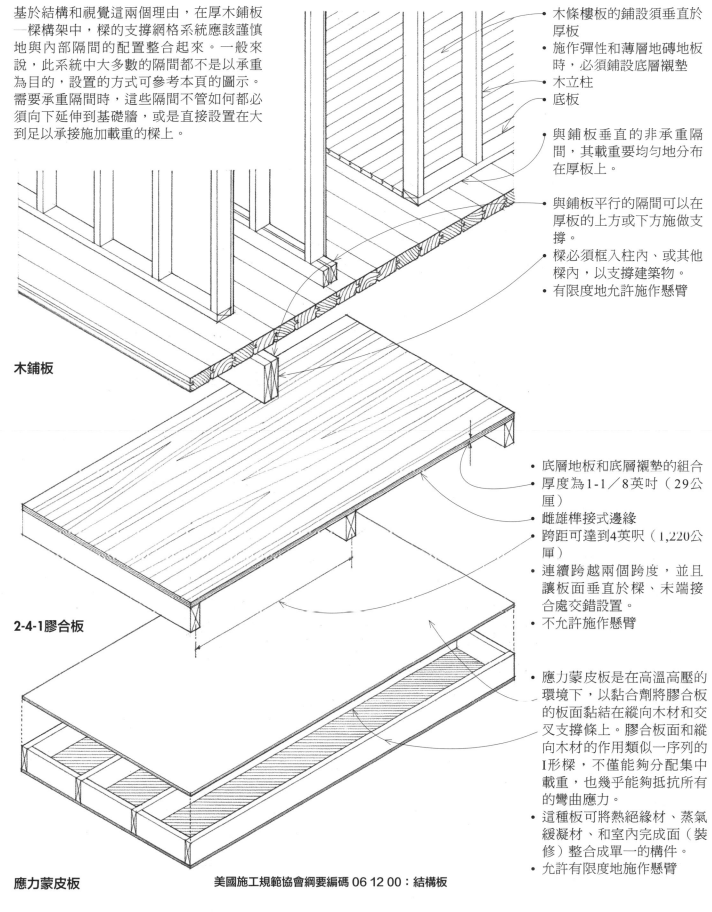

木鋪板

2-4-1膠合板

應力蒙皮板

美國施工規範協會綱要編碼 06 12 00：結構板

- 木條樓板的鋪設須垂直於厚板
- 施作彈性和薄層地磚地板時，必須鋪設底層襯墊
- 木立柱
- 底板

- 與鋪板垂直的非承重隔間，其載重要均勻地分布在厚板上。

- 與鋪板平行的隔間可以在厚板的上方或下方施做支撐。
- 樑必須框入柱內、或其他樑內，以支撐建築物。
- 有限度地允許施作懸臂

- 底層地板和底層襯墊的組合厚度為1-1／8英吋（29公厘）
- 雌雄榫接式邊緣
- 跨距可達到4英呎（1,220公厘）
- 連續跨越兩個跨度，並且讓板面垂直於樑、末端接合處交錯設置。
- 不允許施作懸臂

- 應力蒙皮板是在高溫高壓的環境下，以黏合劑將膠合板的板面黏結在縱向木材和交叉支撐條上。膠合板面和縱向木材的作用類似一序列的I形樑，不僅能夠分配集中載重，也幾乎能夠抵抗所有的彎曲應力。
- 這種板可將熱絕緣材、蒸氣緩凝材、和室內完成面（裝修）整合成單一的構件。
- 允許有限度地施作懸臂

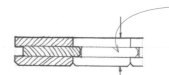
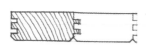

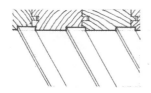

• 估算鋪板深度經驗法則：跨距的 1／30
• 將撓度限制在跨距的 1／240 以內。
• 向製造商諮詢可取得的尺寸與容許跨距。

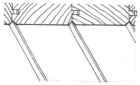

• 實心
• 標稱 2×6、2×8

• 實心
• 標稱 3×6、4×6

• 層壓
• 標稱 3×6、3×8、3×10；4×6、4×8；6×6、6×8

木鋪板類型

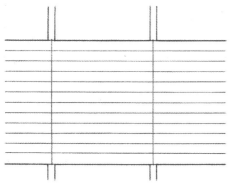
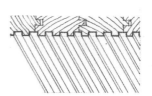

• V 形紋

• 槽型紋

• 平坦或模壓齒條

• 條紋

外露天花板的表面樣式

單跨度
• 僅在兩端做簡單支撐的厚板，在一給定載重下會有最大的撓度。

雙跨度
• 在給定長度內，材料的使用最具結構效率

連續跨度
• 厚板可連續跨越四個或多個支撐。
• 採用長度不一的板材以減少耗損。
• 配置方式要謹慎控制。
• 相鄰厚板末端接縫的最小間距為 2 英呎（610 公厘）
• 同一條線上的接縫必須設置在至少有一根支撐的位置。
• 在不相鄰的橫排中，將接縫以 12 英吋（305 公厘）或兩排厚板隔開。
• 支撐之間的鋪設範圍內只能有一個接縫。
• 每一張厚板必須至少鋪設在一根支撐上。
• 在跨距的末端，厚板長度應保留 1／3 不設置接縫。

跨度類型

• 2× 鋪板的跨距可達到 6'（1,830）
• 3× 鋪板的跨距可達到 6'～10'（1,830～3,050）
• 4× 鋪板的跨距可達到 10'～14'（3,050～4,265）
• 6× 鋪板的跨距可達到 12'～20'（3,655～6,095）

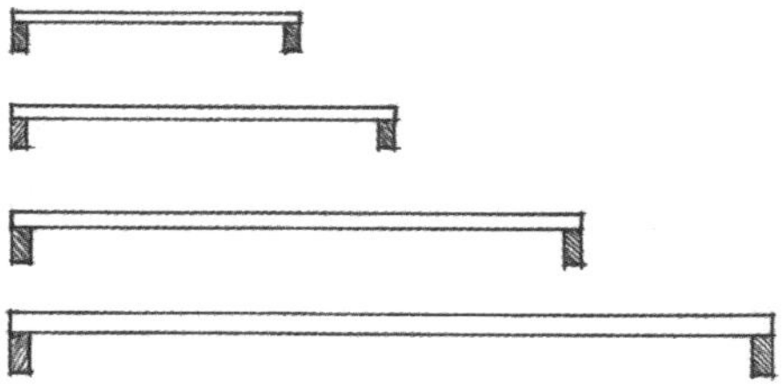

跨距範圍單位：英呎（公厘）

美國施工規範協會網要編碼 06 15 00：木鋪板

有許多大型木構造產品可以跨在樓板支撐樑的上方。這些產品包括直交式集成板材、釘接集成材、及銷接層壓集成材。假使這幾種產品的厚度最少達到3-1／2英吋（約90公厘）且內部沒有任何封閉的中空空間，則可以定義為第四類建築構造（Heavy Timber 重型木構）。

直交式集成板材

直交式集成板材（Cross-laminated timber,CLT）是一種預製的工程木料產品，有3、5、7層的規格板材，層與層之間以90度角交錯，並在受壓情況下使用黏著劑貼合固定，成為結構板材。

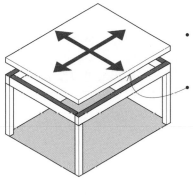

- 直交式集成板材可以用於需要雙向跨距作用的結構。
- 底層通常直接裸露，做為天花板完成面。

- 2～10英呎（610～2,440公厘）寬，最長可達60英呎（18,290公厘）
- 3～12英吋（75～305公厘）厚，國際建築規範規定CLT板材的實際厚度至少要4英吋（100公厘）。

- 支撐樑可以是實心鋸製材、膠合積層材、或結構性複合木料。
- 3層板材的跨距可達到10英呎（3,050公厘）
- 5層板材的跨距可達到15英呎（4,570公厘）
- 7層板材的跨距可達到18英呎（5,485公厘）

- 3-1／2～12英吋（90～305公厘）厚
- 2×4s 木料往側邊疊加，跨距可達到10～14英呎（3,050～4,265公厘）
- 2×6s 木料往側邊疊加，跨距可達到12～20英呎（3,660～6,095公厘）

- 寬度可達12英呎（3,660公厘）、長度可達100英呎（30,480公厘）；尺寸僅受運送與豎立時的情況所限制。

釘接集成材

釘接集成材（Nail-Laminated Timber,NLT）是將2×木料往側邊疊加，再使用鐵釘或螺釘固定，成為結構元件。

- 規格木料（規格材）可以在工地現場組裝。
- 接合細節必須妥善處理以承受側向應力。
- 不論曲面是垂直或者平行於木料的堆疊層壓方向，都有多種選擇。

4.42 銷接層壓集成材

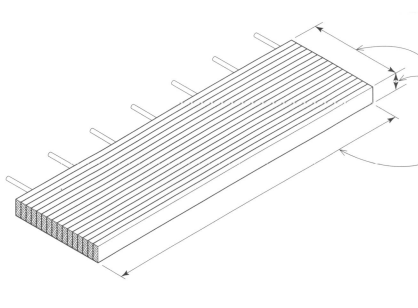

銷接層壓集成材（Dowel Laminated Timber, DLT）是將2×木料往側邊疊加（類似釘接集成材），再使用木釘藉由摩擦扣合方式固定而成。

- 寬度可達12英呎（3,660公厘）
- 厚度為3-1／2～14英吋（90～355公厘）

- 長度可達60英呎（18,290公厘）

- 2×4s 板材跨距可達10～12英呎（3,050～3,660公厘）
- 2×6s 板材跨距可達12～16英呎（3,660～4,875公厘）
- 2×8s 板材跨距可達16～20英呎（4,875～6,095公厘）
- 2×10s 板材跨距可達20～26英呎（6,095～7,925公厘）
- 2×12s 板材跨距可達26～30英呎（7,925～9,145公厘）

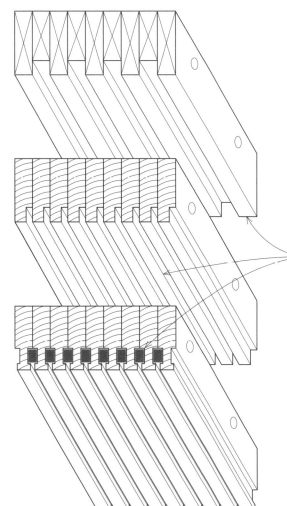

- 有多種輪廓樣式的選擇，包括使用不燃纖維絕緣材料來吸收聲音的吸音輪廓。

- 如果將多層膠合板覆蓋在板材的最上方，可形成雙向跨距作用。
- 木材與混凝土複合技術使得結構表現更佳，並且增進各樓層之間的聲音隔斷效果。

5 牆系統
Wall Systems

5.02 牆系統

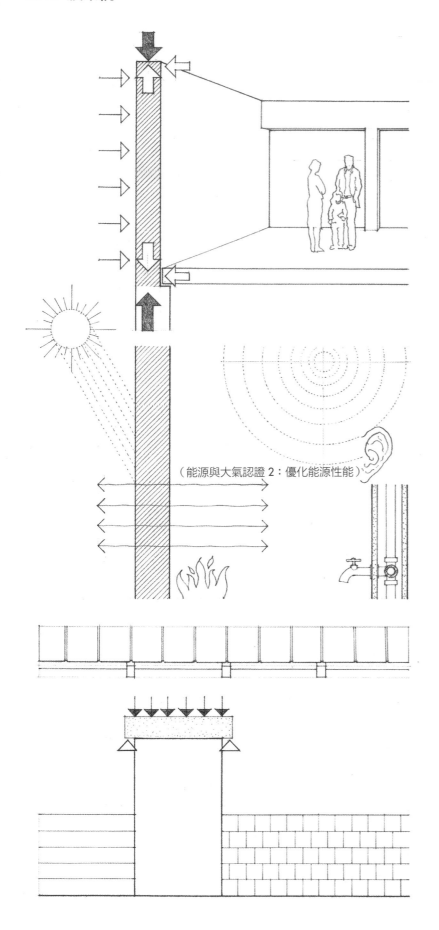

（能源與大氣認證 2：優化能源性能）

牆是圍塑、區隔，以及保護建築物內部空間的垂直構造。牆可以是用來支撐來自樓板和屋頂載重的同質承重結構或複合承重結構，或是由附有或填入非結構板的柱樑構架所組成。這些承重牆和柱子的樣式應該與建築物內部空間的配置相互協調。

除了支撐垂直載重以外，外牆構造還必須承受水平風壓。如果具備足夠的剛性，外牆可做為剪力牆，將側向風力和地震力傳遞到基礎。

外牆做為協助建築物內部空間抵擋氣候影響的保護層，構造上要能控制通過的熱、滲入的空氣、聲音、溼氣和水蒸氣。外層不論是貼覆在牆上或和牆結構結合在一起，都要耐久、且能抵抗日照、風、雨水等風化作用。建築法規明定了外牆、承重牆、和內部隔間的耐火等級。

內牆或隔間用來區隔建築物的空間，可以是結構牆或非承重牆。構造上要能支撐完成面材料、提供必須的噪音隔離級數，必要時還須容納機電服務的配置和出線口。

建築物中必須建造出門窗開口，才能讓任何來自上方的垂直載重分布到開口的周圍，而不直接傳遞到門窗單元本身。開口的尺寸和位置取決於自然光、通風、景觀、和實際的出入口，同時也會受到結構系統和模組化牆體材料的限制。

結構構架

- 混凝土構架通常都是剛性構架，符合不燃、耐火構造的資格。
- 不燃鋼構架可以使用力矩接合和防火設計，以符合耐火構造的資格。
- 木構架必須使用斜撐或剪力板才能達到側向穩定性；如果使用不燃的耐火外牆、部件也符合建築法規定的最小尺寸，才能符合重木構造的資格。
- 鋼構架和混凝土構架可以橫跨較長的距離，而且比木結構更能承受較重的載重。
- 結構構架可支撐、並且容受多種非承重系統或帷幕牆系統。
- 當構架直接外露時，接合的細部在結構和視覺上來說都十分關鍵。

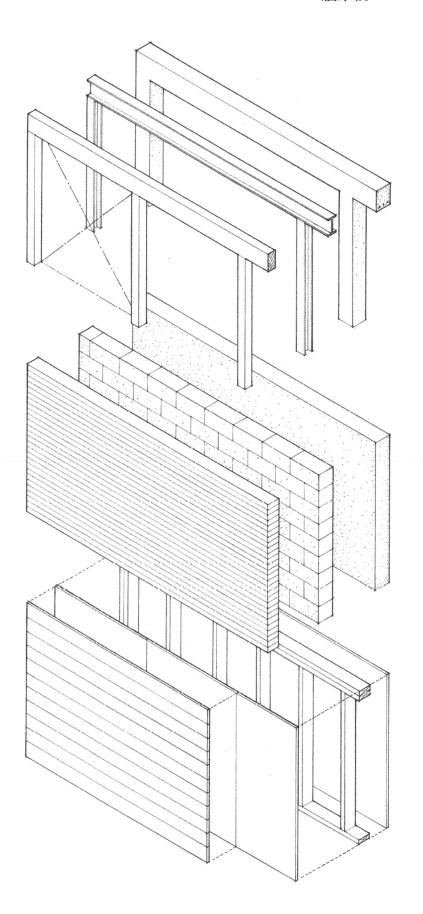

混凝土和砌體承重牆

- 混凝土牆和砌體牆都符合不燃構造，並且均倚賴牆體本身的質量來做為承載能力。
- 混凝土和砌體結構承受壓縮應力的能力很好，但必須經過強化才能處理拉伸應力。
- 高度－寬度比、側向穩定性的規定、以及適當的伸縮縫設置，都是牆體設計和施工的關鍵因素。
- 牆面直接外露

金屬和木立柱牆

- 冷成形鋼立柱或木立柱的一般中心間距為16英吋或24英吋（406公厘或610公厘）；間距與一般慣用外覆板材的寬度和長度有關。
- 立柱能承接垂直載重，外覆板或斜撐則能提升牆面的剛度。
- 牆構架的中空部位可容納熱絕緣材、蒸氣緩凝材、機械設備和機電服務的出線口。
- 立柱構架能容受多種內牆和外牆的完成面材料；某些完成面（裝修）材料需要有可釘定的外覆板。
- 完成面材料決定了牆組合的耐火等級。
- 立柱牆構架可以在施工現場組裝、在工地外嵌入板材。
- 立柱牆的組件相對較小、工作性高，加上固定方式多樣化，因此形式上比較有彈性。

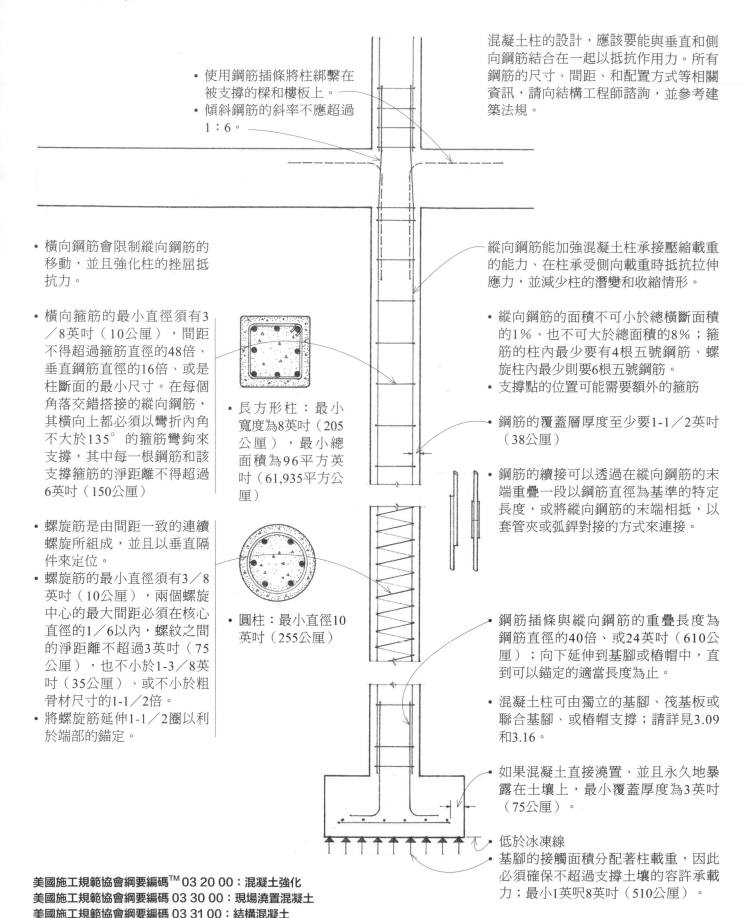

混凝土柱的設計,應該要能與垂直和側向鋼筋結合在一起以抵抗作用力。所有鋼筋的尺寸、間距、和配置方式等相關資訊,請向結構工程師諮詢,並參考建築法規。

• 使用鋼筋插條將柱綁繫在被支撐的樑和樓板上。
• 傾斜鋼筋的斜率不應超過1:6。

• 橫向鋼筋會限制縱向鋼筋的移動,並且強化柱的挫屈抵抗力。

• 橫向箍筋的最小直徑須有3／8英吋(10公厘),間距不得超過箍筋直徑的48倍、垂直鋼筋直徑的16倍、或是柱斷面的最小尺寸。在每個角落交錯搭接的縱向鋼筋,其橫向上都必須以彎折內角不大於135°的箍筋彎鉤來支撐,其中每一根鋼筋和該支撐箍筋的淨距離不得超過6英吋(150公厘)

• 長方形柱:最小寬度為8英吋(205公厘),最小總面積為96平方英吋(61,935平方公厘)

• 螺旋筋是由間距一致的連續螺旋所組成,並且以垂直隔件來定位。
• 螺旋筋的最小直徑須有3／8英吋(10公厘),兩個螺旋中心的最大間距必須在核心直徑的1/6以內,螺紋之間的淨距離不超過3英吋(75公厘),也不小於1-3／8英吋(35公厘)、或不小於粗骨材尺寸的1-1／2倍。
• 將螺旋筋延伸1-1／2圈以利於端部的錨定。

• 圓柱:最小直徑10英吋(255公厘)

縱向鋼筋能加強混凝土柱承接壓縮載重的能力、在柱承受側向載重時抵抗拉伸應力,並減少柱的潛變和收縮情形。

• 縱向鋼筋的面積不可小於總橫斷面積的1%、也不可大於總面積的8%;箍筋的柱內最少要有4根五號鋼筋、螺旋柱內最少則要6根五號鋼筋。
• 支撐點的位置可能需要額外的箍筋

• 鋼筋的覆蓋層厚度至少要1-1／2英吋(38公厘)

• 鋼筋的續接可以透過在縱向鋼筋的末端重疊一段以鋼筋直徑為基準的特定長度,或將縱向鋼筋的末端相抵,以套管夾或弧銲對接的方式來連接。

• 鋼筋插條與縱向鋼筋的重疊長度為鋼筋直徑的40倍、或24英吋(610公厘);向下延伸到基腳或樁帽中,直到可以錨定的適當長度為止。

• 混凝土柱可由獨立的基腳、筏基板或聯合基腳、或樁帽支撐;請詳見3.09和3.16。

• 如果混凝土直接澆置、並且永久地暴露在土壤上,最小覆蓋厚度為3英吋(75公厘)。

• 低於冰凍線
• 基腳的接觸面積分配著柱載重,因此必須確保不超過支撐土壤的容許承載力;最小1英呎8英吋(510公厘)。

美國施工規範協會綱要編碼™03 20 00:混凝土強化
美國施工規範協會綱要編碼 03 30 00:現場澆置混凝土
美國施工規範協會綱要編碼 03 31 00:結構混凝土

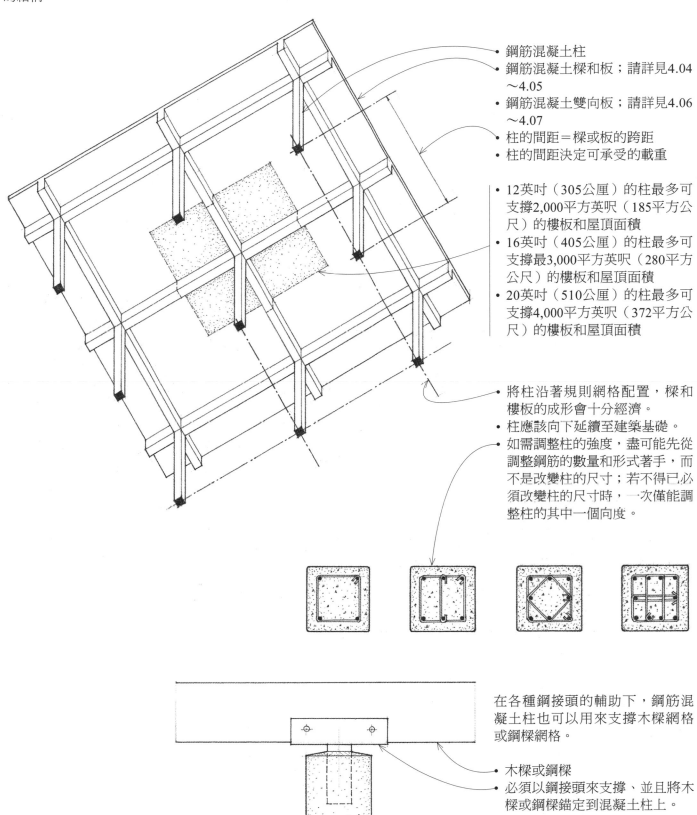

鋼筋混凝土柱通常會與混凝土
樑、樓板一起澆置，形成一體
的結構。

- 鋼筋混凝土柱
- 鋼筋混凝土樑和板；請詳見4.04
  ～4.05
- 鋼筋混凝土雙向板；請詳見4.06
  ～4.07
- 柱的間距＝樑或板的跨距
- 柱的間距決定可承受的載重

- 12英吋（305公厘）的柱最多可
  支撐2,000平方英呎（185平方公
  尺）的樓板和屋頂面積
- 16英吋（405公厘）的柱最多可
  支撐最3,000平方英呎（280平方
  公尺）的樓板和屋頂面積
- 20英吋（510公厘）的柱最多可
  支撐4,000平方英呎（372平方公
  尺）的樓板和屋頂面積

- 將柱沿著規則網格配置，樑和
  樓板的成形會十分經濟。
- 柱應該向下延續至建築基礎。
- 如需調整柱的強度，盡可能先從
  調整鋼筋的數量和形式著手，而
  不是改變柱的尺寸；若不得已必
  須改變柱的尺寸時，一次僅能調
  整柱的其中一個向度。

在各種鋼接頭的輔助下，鋼筋混
凝土柱也可以用來支撐木樑網格
或鋼樑網格。

- 木樑或鋼樑
- 必須以鋼接頭來支撐、並且將木
  樑或鋼樑錨定到混凝土柱上。

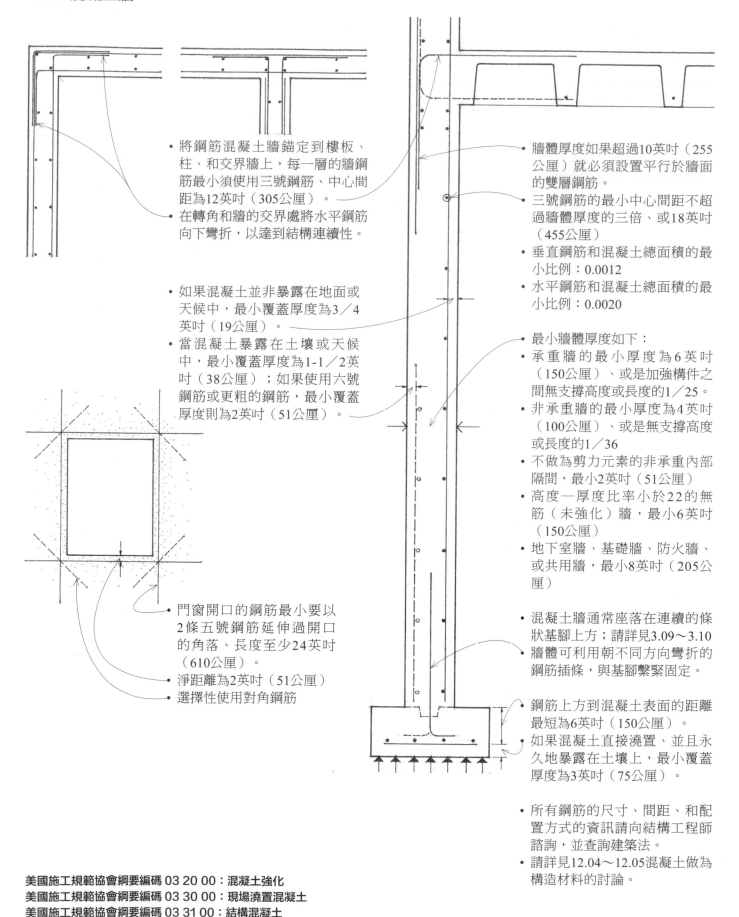

- 將鋼筋混凝土牆錨定到樓板、柱、和交界牆上,每一層的牆鋼筋最小須使用三號鋼筋、中心間距為12英吋(305公厘)。
- 在轉角和牆的交界處將水平鋼筋向下彎折,以達到結構連續性。

- 如果混凝土並非暴露在地面或天候中,最小覆蓋厚度為3／4英吋(19公厘)。
- 當混凝土暴露在土壤或天候中,最小覆蓋厚度為1-1／2英吋(38公厘);如果使用六號鋼筋或更粗的鋼筋,最小覆蓋厚度則為2英吋(51公厘)。

- 門窗開口的鋼筋最小要以2條五號鋼筋延伸過開口的角落、長度至少24英吋(610公厘)。
- 淨距離為2英吋(51公厘)
- 選擇性使用對角鋼筋

- 牆體厚度如果超過10英吋(255公厘)就必須設置平行於牆面的雙層鋼筋。
- 三號鋼筋的最小中心間距不超過牆體厚度的三倍、或18英吋(455公厘)
- 垂直鋼筋和混凝土總面積的最小比例:0.0012
- 水平鋼筋和混凝土總面積的最小比例:0.0020

- 最小牆體厚度如下:
- 承重牆的最小厚度為6英吋(150公厘)、或是加強構件之間無支撐高度或長度的1／25。
- 非承重牆的最小厚度為4英吋(100公厘)、或是無支撐高度或長度的1／36
- 不做為剪力元素的非承重內部隔間,最小2英吋(51公厘)
- 高度─厚度比率小於22的無筋(未強化)牆,最小6英吋(150公厘)
- 地下室牆、基礎牆、防火牆、或共用牆,最小8英吋(205公厘)

- 混凝土牆通常座落在連續的條狀基腳上方;請詳見3.09～3.10
- 牆體可利用朝不同方向彎折的鋼筋插條,與基腳繫緊固定。

- 鋼筋上方到混凝土表面的距離最短為6英吋(150公厘)。
- 如果混凝土直接澆置、並且永久地暴露在土壤上,最小覆蓋厚度為3英吋(75公厘)。

- 所有鋼筋的尺寸、間距、和配置方式的資訊請向結構工程師諮詢,並查詢建築法。
- 請詳見12.04～12.05混凝土做為構造材料的討論。

美國施工規範協會綱要編碼 03 20 00:混凝土強化
美國施工規範協會綱要編碼 03 30 00:現場澆置混凝土
美國施工規範協會綱要編碼 03 31 00:結構混凝土

柱和牆的混凝土模板雖然可以因應特殊需求而客製，但還是盡可能使用預製、可重複使用的模板。模板和斜撐必須能維持住一定的位置和形狀，直到混凝土凝固為止。

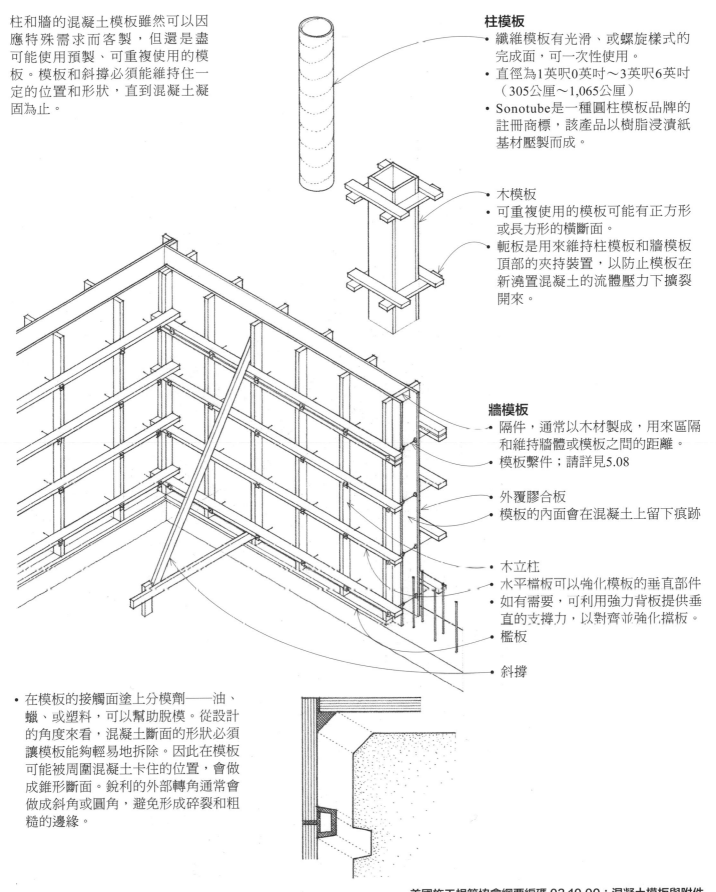

柱模板
- 纖維模板有光滑、或螺旋樣式的完成面，可一次性使用。
- 直徑為1英呎0英吋～3英呎6英吋（305公厘～1,065公厘）
- Sonotube是一種圓柱模板品牌的註冊商標，該產品以樹脂浸漬紙基材壓製而成。

木模板
- 可重複使用的模板可能有正方形或長方形的橫斷面。
- 軛板是用來維持柱模板和牆模板頂部的夾持裝置，以防止模板在新澆置混凝土的流體壓力下擴裂開來。

牆模板
- 隔件，通常以木材製成，用來區隔和維持牆體或模板之間的距離。
- 模板繫件；請詳見5.08

- 外覆膠合板
- 模板的內面會在混凝土上留下痕跡

- 木立柱
- 水平檔板可以強化模板的垂直部件
- 如有需要，可利用強力背板提供垂直的支撐力，以對齊並強化擋板。
- 檻板

- 斜撐

- 在模板的接觸面塗上分模劑──油、蠟、或塑料，可以幫助脫模。從設計的角度來看，混凝土斷面的形狀必須讓模板能夠輕易地拆除。因此在模板可能被周圍混凝土卡住的位置，會做成錐形斷面。銳利的外部轉角通常會做成斜角或圓角，避免形成碎裂和粗糙的邊緣。

美國施工規範協會綱要編碼 03 10 00：混凝土模板與附件

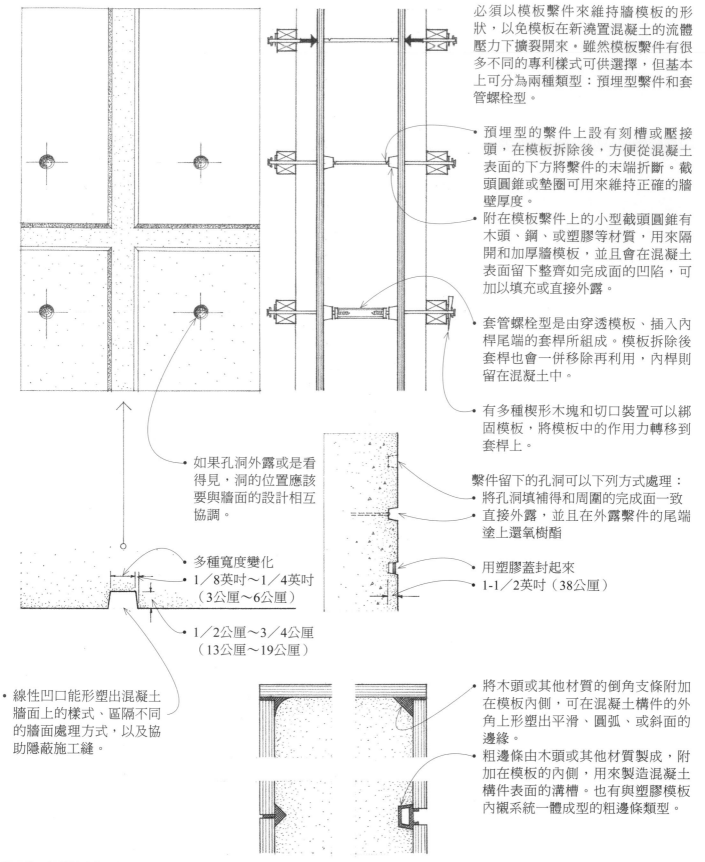

必須以模板繫件來維持牆模板的形狀，以免模板在新澆置混凝土的流體壓力下擴裂開來。雖然模板繫件有很多不同的專利樣式可供選擇，但基本上可分為兩種類型：預埋型繫件和套管螺栓型。

- 預埋型的繫件上設有刻槽或壓接頭，在模板拆除後，方便從混凝土表面的下方將繫件的末端折斷。截頭圓錐或墊圈可用來維持正確的牆壁厚度。
- 附在模板繫件上的小型截頭圓錐有木頭、鋼、或塑膠等材質，用來隔開和加厚牆模板，並且會在混凝土表面留下整齊如完成面的凹陷，可加以填充或直接外露。

- 套管螺栓型是由穿透模板、插入內桿尾端的套桿所組成。模板拆除後套桿也會一併移除再利用，內桿則留在混凝土中。

- 有多種楔形木塊和切口裝置可以綁固模板，將模板中的作用力轉移到套桿上。

- 如果孔洞外露或是看得見，洞的位置應該要與牆面的設計相互協調。

繫件留下的孔洞可以下列方式處理：
- 將孔洞填補得和周圍的完成面一致
- 直接外露，並且在外露繫件的尾端塗上還氧樹酯

- 多種寬度變化
- 1／8英吋～1／4英吋（3公厘～6公厘）

- 用塑膠蓋封起來
- 1-1／2英吋（38公厘）

- 1／2公厘～3／4公厘（13公厘～19公厘）

- 線性凹口能形塑出混凝土牆面上的樣式、區隔不同的牆面處理方式，以及協助隱蔽施工縫。

- 將木頭或其他材質的倒角支條附加在模板內側，可在混凝土構件的外角上形塑出平滑、圓弧、或斜面的邊緣。
- 粗邊條由木頭或其他材質製成，附加在模板的內側，用來製造混凝土構件表面的溝槽。也有與塑膠模板內襯系統一體成型的粗邊條類型。

美國施工規範協會綱要編碼 03 11 16：建築現場澆置混凝土模板
美國施工規範協會綱要編碼 03 11 16.13：混凝土模板內襯

下列方法可以製造出許多種表面樣式與紋理。

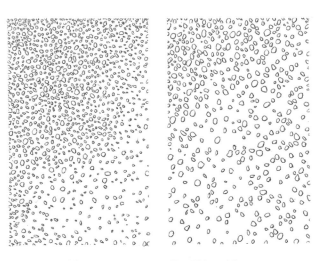

外露的細骨材　　　　**外露的粗骨材**

混凝土原料的選擇

- 混凝土的顏色可由彩色水泥和骨材控制。
- 外露的粗骨材完成面是透過噴砂、酸蝕而成，或是在混凝土初凝後洗滌混凝土的表面，以洗去水泥漿的外層，使粒料外露。在模板上噴灑化學物質可協助延緩水泥漿體的凝固速度。

　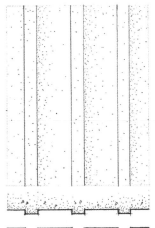　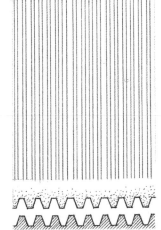

噴砂處理的膠合板　**板和壓條相間的樣式**　**肋紋模板內襯**

模板留下的壓痕

- 粗混凝土是指模板拆除後直接留下自然、不加任何修飾的混凝土，特別是當混凝土表面反映出模板的紋理、接縫、和緊固件的時候。
- 膠合板模板可以是平滑的表面，或是以噴砂或鑿石錘處理，強調出層板表面的顆粒紋理。
- 外覆木料可製造出木板紋理。
- 金屬或塑膠模板內襯可製造出多種紋理與圖樣。

鑿石錘處理過的表面　**鑿石錘處理過的肋紋表面**

混凝土凝固後的處理

- 混凝土凝固後可以上漆或染色。
- 混凝土表面可做噴砂處理、磨擦、或打磨成光滑表面。
- 光滑或有紋理的表面都可利用鑿石錘氣動鑽來製造粗糙的表面。
- 鑿石錘處理過的完成面，是利用電動鎚具裝有波浪狀、鋸齒狀、或齒狀表面的長方形鋼頭，破壞混凝土面或石材面後所形成的粗糙完成面。

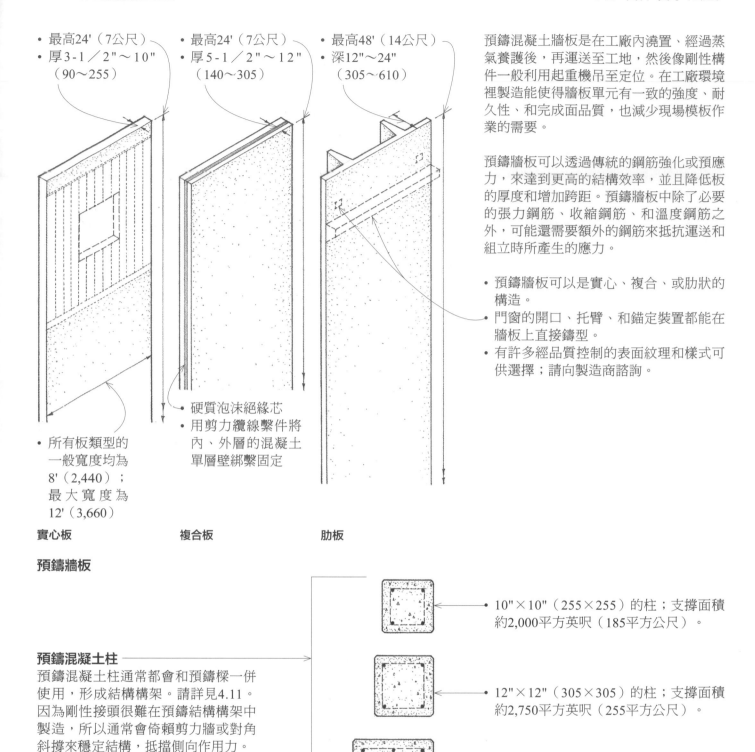

- 最高24'（7公尺）
- 厚3-1／2"～10"（90～255）

- 最高24'（7公尺）
- 厚5-1／2"～12"（140～305）

- 最高48'（14公尺）
- 深12"～24"（305～610）

- 硬質泡沫絕緣芯
- 用剪力纜線繫件將內、外層的混凝土單層壁綁繫固定

- 所有板類型的一般寬度均為8'（2,440）；最大寬度為12'（3,660）

實心板　　　**複合板**　　　**肋板**

預鑄牆板

預鑄混凝土牆板是在工廠內澆置、經過蒸氣養護後，再運送至工地，然後像剛性構件一般利用起重機吊至定位。在工廠環境裡製造能使得牆板單元有一致的強度、耐久性、和完成面品質，也減少現場模板作業的需要。

預鑄牆板可以透過傳統的鋼筋強化或預應力，來達到更高的結構效率，並且降低板的厚度和增加跨距。預鑄牆板中除了必要的張力鋼筋、收縮鋼筋、和溫度鋼筋之外，可能還需要額外的鋼筋來抵抗運送和組立時所產生的應力。

- 預鑄牆板可以是實心、複合、或肋狀的構造。
- 門窗的開口、托臂、和錨定裝置都能在牆板上直接鑄型。
- 有許多經品質控制的表面紋理和樣式可供選擇；請向製造商諮詢。

預鑄混凝土柱
預鑄混凝土柱通常都會和預鑄樑一併使用，形成結構構架。請詳見4.11。因為剛性接頭很難在預鑄結構構架中製造，所以通常會倚賴剪力牆或對角斜撐來穩定結構，抵擋側向作用力。

- 10"×10"（255×255）的柱；支撐面積約2,000平方英呎（185平方公尺）。

- 12"×12"（305×305）的柱；支撐面積約2,750平方英呎（255平方公尺）。

- 16"×16"（405×405）的柱；支撐面積約4,500平方英呎（418平方公尺）。

- 初步設計階段，上述的預鑄柱尺寸可以假定用來支撐指定的樓板與屋頂面積。

美國施工規範協會綱要編碼 03 40 00：預鑄混凝土
美國施工規範協會綱要編碼 03 41 00：預鑄結構混凝土

預鑄混凝土牆板可做為承重牆，支撐現場澆鑄混凝土或鋼製的樓板和屋頂系統。預鑄牆板結合預鑄混凝土柱、樑、和樓板，形成一個完全預鑄、具模組化和耐火特性的結構系統，請詳見4.11和4.13。非結構預鑄混凝土板，請詳見7.27。

要達到預鑄混凝土結構的側向穩定性，那些做為水平隔板的樓板與屋頂，必須能將側向力傳遞到剪力抵抗牆板上。然後，牆板再將側向力傳遞到基礎、透過柱和地中壁來達到穩固。所有的作用力都會經由灌漿的接縫、剪力企口、機械接頭、鋼筋、和鋼筋混凝土頂層的組合進行傳遞。

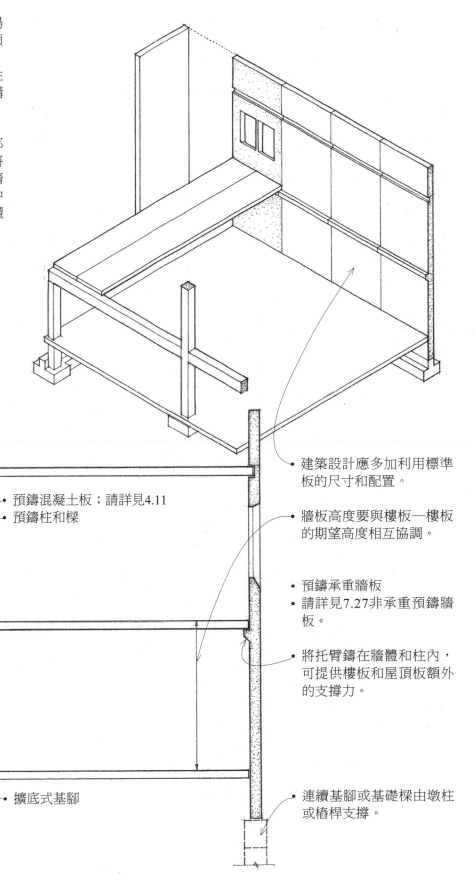

- 預鑄混凝土板；請詳見4.11
- 預鑄柱和樑

- 建築設計應多加利用標準板的尺寸和配置。

- 牆板高度要與樓板—樓板的期望高度相互協調。

- 預鑄承重牆板
- 請詳見7.27非承重預鑄牆板。

- 將托臂鑄在牆體和柱內，可提供樓板和屋頂板額外的支撐力。

- 擴底式基腳

- 連續基腳或基礎樑由墩柱或樁桿支撐。

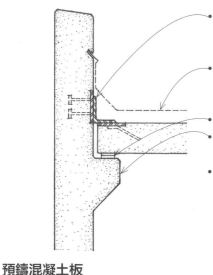

預鑄混凝土板

- 將角鋼銲接到已錨定至牆體和樓板單元的板上。
- 組合式或薄膜屋面系統；請詳見7.12～7.16。
- 氯丁橡膠支承條
- 托臂提供必須的支承區域。
- 最小支承長度應為淨跨距的1／180；實心或空心樓板的最小支承長度為2"（51）；樑和莖狀部件的最小支承長度為3"（75）。

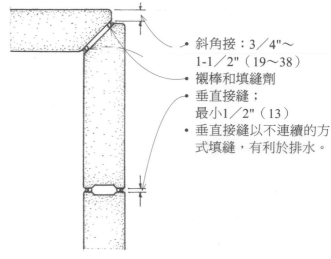

板接頭

- 斜角接：3／4"～1-1/2"（19～38）
- 襯棒和填縫劑
- 垂直接縫；最小1／2"（13）
- 垂直接縫以不連續的方式填縫，有利於排水。

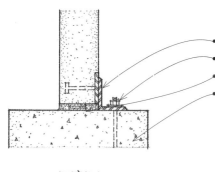

預鑄混凝土板

- 鋼底板和上牆板鑄接，再以錨定螺栓固定至下牆板。
- 以螺栓固定後，在槽口內灌漿。
- 將設在鋼筋混凝土頂層、或已灌漿剪力企口中的鋼筋插條，橫過支撐牆板與樓板綁繫固定。

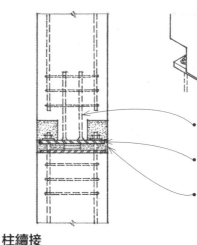

柱續接

- 將續接鋼筋銲接到角鋼上
- 鋼底板以錨定螺栓固定在柱斷面上
- 在柱子對齊定位並以螺栓固定後，注入乾拌無收縮水泥灌漿。

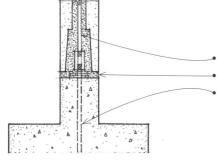

混凝土基腳

- 將角鋼銲接至錨定板
- 錨定螺栓
- 墊片和無收縮灌砂漿
- 連續式條狀基腳

- 後拉力桿
- 墊片和無收縮灌漿
- 將後拉力錨定件鑄入基腳中

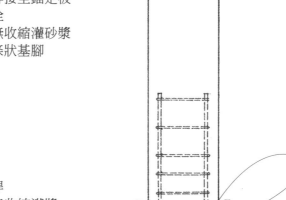

- 請詳見4.13柱、樑、板的接合。
- 詳細的結構規定請向專業工程師諮詢，並查詢建築法規。

柱基座

- 將鋼底板固定到柱上
- 水平校正螺帽
- 錨定螺栓；最小直徑為1"（25）
- 在柱子對齊定位後，注入半乾無收縮水泥灌漿。
- 柱基腳

立牆平澆施工法是指在基地現場的水平位置澆置鋼筋混凝土牆板，再將牆板抬立到最後定位的方法。立牆平澆施工法的主要優點是能同時降低搭建和拆除垂直牆模板的成本；省下的成本則會被抬立牆板至定位的起重機成本相抵消。

- 當牆板養護到足夠強度，便以起重機吊起、裝設在基腳或墩柱上。然後暫時地支撐牆板，直到牆板能與結構的其餘部分接合在一起為止。
- 牆板的設計要能夠承受抬起和移動時所產生的應力，這種應力可能會超過就定位時的載重。

- 全尺寸板的寬度可達到 15'（4,570）
- 厚度為5-1／2"～11-1／2"（140～290）

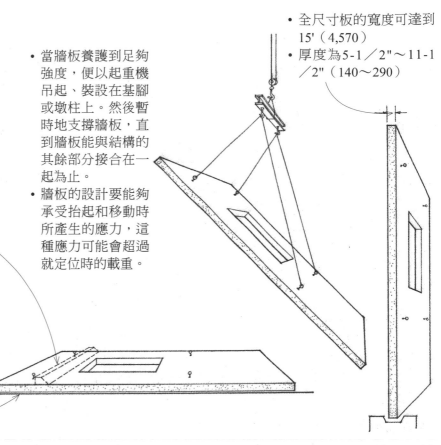

- 凸出部位和吊掛裝置澆置在朝上的牆面。
- 建築物的混凝土樓板通常會做為施工時的澆置平台，雖然還有地面、膠合板、或鋼模等其他選擇。如果吊掛操作時必須將起重機架設在樓板上，樓板一定要設計成能承受起重卡車的載重。
- 澆置平台必須水平、且平整地鏝過，黏合分隔劑可以確保乾淨脫模。
- 外露式和隱藏式鋼板可鑄在板的底面。

- 層間牆（spandrel）單元可形成懸臂、橫跨寬度達30英呎（9,145公厘）的開口。
- 樓板和屋頂的接合類似於4.13和5.12。右圖是牆板接合至相鄰板和基腳的一般做法。

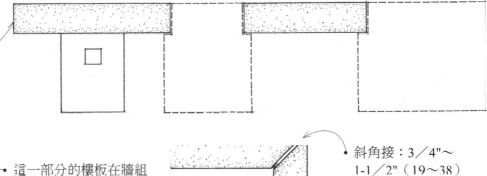

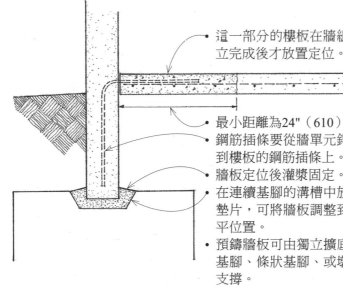

- 這一部分的樓板在牆組立完成後才放置定位。
- 最小距離為24"（610）
- 鋼筋插條要從牆單元銲接到樓板的鋼筋插條上。
- 牆板定位後灌漿固定。在連續基腳的溝槽中放置墊片，可將牆板調整到水平位置。
- 預鑄牆板可由獨立擴底式基腳、條狀基腳、或墩柱支撐。

基礎

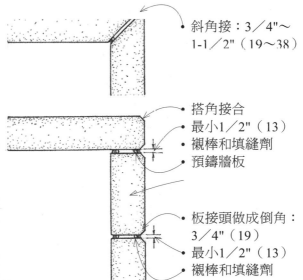

- 斜角接：3／4"～1-1／2"（19～38）
- 搭角接合
- 最小1／2"（13）
- 襯棒和填縫劑
- 預鑄牆板
- 板接頭做成倒角：3／4"（19）
- 最小1／2"（13）
- 襯棒和填縫劑

板接合

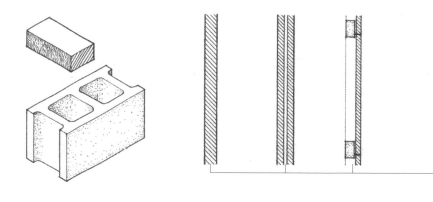

砌體牆是使用模組化的建築塊體，以砂漿黏結而成的牆體，具有耐久、耐火、抗壓縮的結構效率。最常見的砌體單元類型是熱硬化黏土單元的磚塊，以及化學硬化單元的混凝土塊。其他類型的砌體單元還包括結構黏土磚、結構玻璃磚、和天然石或鑄石。請詳見12.06～12.07砌體做為構造材料的討論。

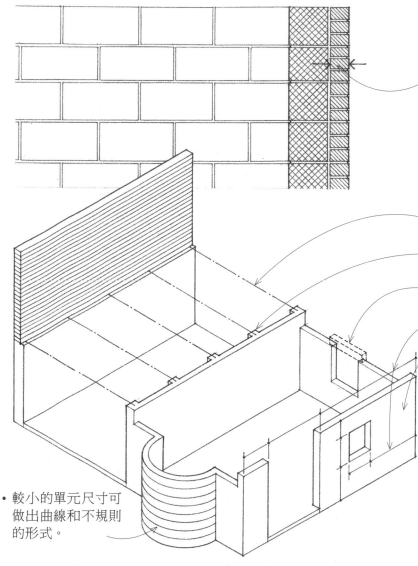

- 砌體牆可以建造成實心牆、空心牆、或飾面牆。
- 請詳見7.28～7.29砌體飾面系統。

- 砌體牆可加入鋼筋或不加鋼筋。
- 不加鋼筋的砌體牆又稱為無筋砌體，結合使用水平接縫鋼筋和金屬牆繫件，以連接實心牆或空心牆的單層壁；請詳見5.16～5.17無鋼筋砌體牆的類型。
- 單層壁指的是只有一個砌體單元厚的連續垂直牆斷面。
- 鋼筋砌體牆在灌漿的接縫和空室裡埋入鋼筋，來提升砌體對應力的抵抗能力；請詳見5.18鋼筋砌體牆。

- 砌體承重牆通常會做平行的配置，以支撐鋼製、木製、或混凝土製的跨距系統。
- 常見的跨距元素包括空腹鋼格柵、木樑或鋼樑，以及場鑄或預鑄製的混凝土板。
- 壁柱可提升砌體牆抵抗側向力和挫屈的剛度，以及支撐大型集中載重。
- 開口可做成拱形、或以楣樑橫跨在上方。

- 模組尺度

- 砌體外牆必須耐候和控制熱流。
- 水的滲透情形必須透過工具勾縫、中空空間、泛水片、和填隙材料來控制。
- 中空牆較能抵抗水滲透和改良熱的問題，所以比較受歡迎。
- 砌體牆因溫度、含水量、或壓力密集度變化而產生的差異運動，必須以伸縮縫和控制縫來控制。
- 熱絕緣層的設置請詳見7.44。
- 不燃砌體牆的耐火等級，請詳見附錄A.12～A.13。

- 較小的單元尺寸可做出曲線和不規則的形式。

美國施工規範協會綱要編碼 04 20 00：單元砌體
美國施工規範協會綱要編碼 04 21 00：黏土單元砌體
美國施工規範協會綱要編碼 04 22 00：混凝土單元砌體

砌體牆的側向支撐

砌體牆的類型	L／t 或 H／t 最大值
承重牆	
實心或灌漿	20
其他	18
非承重牆	
外部	18
外部	36

- L／t＝牆體長度和厚度的比例；側向支撐力由交接牆、柱、或壁柱提供。
- H／t＝牆體高度和厚度的比例；側向支撐力由樓板、樑、或屋頂提供。
- 在第 3、4 級地震帶有更嚴格的規範。
- 所有砌體牆的結構規定請向專業工程師諮詢，並查詢建築法規。

無鋼筋砌體牆的容許壓縮應力（psi）*

	砌漿類型		
	M 型	S 型	N 型
實心磚砌體			
4500 + psi	250	225	200
2500 ～ 4500 psi	175	160	140
實心混凝土砌體			
N 級	175	160	140
S 級	125	115	100
灌漿砌體			
4500 + psi	350	275	不可
2500 ～ 4500 psi	275	215	使用
空心牆			
實心單元 †	140	130	110
空心單元 ‡	70	60	50
空心單元砌體	170	150	140
天然石材	140	120	100

* 1 磅／平方英吋（psi）= 6.89 千帕（kPa）
† 實心砌體單元的淨表面積至少占平行於層面的橫斷面總面積的 75%。
‡ 空心砌體單元的淨表面積要比平行於層面的橫斷面總面積的 75% 還要小。

最小牆厚度

- 最小標稱厚度為8英吋（205公厘），適用於：
  - 砌體承重牆
  - 砌體剪力牆
  - 砌體女兒牆；女兒牆的高度不超過厚度的3倍
- 最小標稱厚度為6英吋（150公厘），適用於：
  - 鋼筋砌體承重牆
  - 高度不超過9英呎、一層樓建築物中（2,745公厘）的實心砌體牆
  - 用來抵抗側向載重、限高35英呎（10公尺）的砌體牆

砂漿

- 砂漿是水泥或石灰、或是兩者組合之後，再以砂和水拌合的塑性混合物，做為砌體構造中的黏結劑。
- 美國施工規範協會綱要編碼 04 05 13：砌體砂漿
- 水泥砂漿是由波特蘭水泥、砂、和水混合而成。
- 石灰砂漿是由石灰、砂、和水混合而成，因為硬化速率低且壓縮強度低，因此很少被使用。
- 水泥灰漿是一種加入了石灰，以提高可塑性和保水能力的水泥砂漿。
- 墁砌水泥是一種含有波特蘭水泥和其他成分，例如熟石灰、增塑劑、輸氣劑、和石膏的專利混合物，只需要加入砂和水就能形成水泥砂漿。

- M型砂漿是高強度的砂漿，建議使用在地面下方或是接觸到土壤的鋼筋砌體，例如容易受凍結作用、高側向載重或壓縮載重影響的基礎和擋土牆；壓縮強度達2,500磅／平方英吋〔17,238千帕（kPa）〕。
- S型砂漿是中高強度的砂漿，建議使用在黏結強度和側向力強度都比壓縮力更為重要的情況；壓縮強度達1,800磅／平方英吋〔12,411千帕（kPa）〕。
- N型砂漿是中強度的砂漿，建議普遍使用在位於地面上、且不需要高壓縮強度和側向強度的外露砌體；壓縮強度達750磅／平方英吋〔5,171千帕（kPa）〕。
- O型砂漿是低強度的砂漿，適用於室內非承重牆和隔間。
- K型砂漿是極低強度的砂漿，僅適用於建築法規所允許的室內非承重牆。

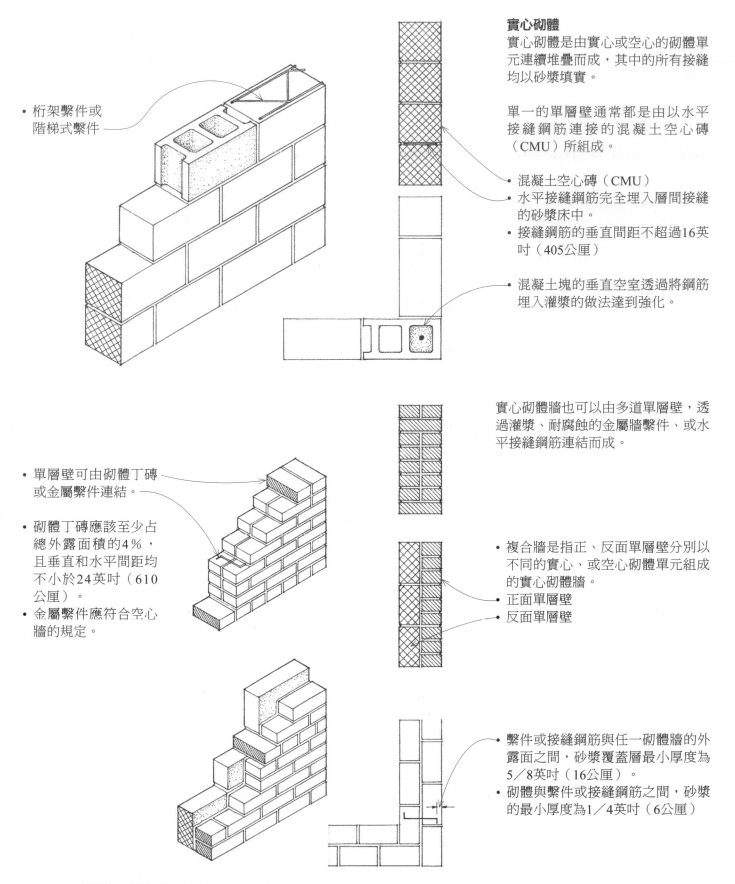

實心砌體

實心砌體是由實心或空心的砌體單元連續堆疊而成,其中的所有接縫均以砂漿填實。

單一的單層壁通常都是由以水平接縫鋼筋連接的混凝土空心磚(CMU)所組成。

• 混凝土空心磚(CMU)
• 水平接縫鋼筋完全埋入層間接縫的砂漿床中。
• 接縫鋼筋的垂直間距不超過16英吋(405公厘)

• 混凝土塊的垂直空室透過將鋼筋埋入灌漿的做法達到強化。

• 桁架繫件或階梯式繫件

實心砌體牆也可以由多道單層壁,透過灌漿、耐腐蝕的金屬牆繫件、或水平接縫鋼筋連結而成。

• 單層壁可由砌體丁磚或金屬繫件連結。

• 砌體丁磚應該至少占總外露面積的4%,且垂直和水平間距均不小於24英吋(610公厘)。
• 金屬繫件應符合空心牆的規定。

• 複合牆是指正、反面單層壁分別以不同的實心、或空心砌體單元組成的實心砌體牆。
• 正面單層壁
• 反面單層壁

• 繫件或接縫鋼筋與任一砌體牆的外露面之間,砂漿覆蓋層最小厚度為5/8英吋(16公厘)。
• 砌體與繫件或接縫鋼筋之間,砂漿的最小厚度為1/4英吋(6公厘)

美國施工規範協會綱要編碼 04 20 00:單元砌體
美國施工規範協會綱要編碼 04 05 19:插條與強化

灌漿砌體

灌漿砌體牆的所有內部接縫都會隨著工程的進行而完全灌漿。灌漿時,用來將相鄰材料固化成實心質體的流體是波特蘭水泥砂漿,可以在成分不分離的情形下輕易地流動。

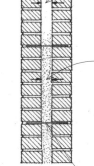

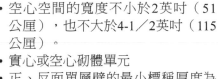

- 所有的內部接縫都必須灌漿填滿。

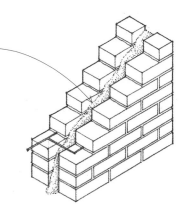

- 低層灌漿構造的最小寬度為3／4英吋(19公厘)
- 低層灌漿作業僅能在高度不超過灌漿空間寬度的六倍、或最大寬度為8英吋(203公厘)的牆體中執行。
- 高層灌漿的最小寬度為3英吋(75公厘)
- 高層灌漿是一次完成一層樓,高度不得超過6英呎(1,830公厘)。高層灌漿需要更寬廣的灌漿空間和剛性金屬繫件,才能將兩層相互結合起來。
- 牆面面積每2平方英呎(0.19平方公尺)須設置一支最小直徑3／16英吋(5公厘)的抗腐蝕金屬繫件。
- 繫件的最大垂直間距為16英吋(405公厘)
- 只允許使用M型或S型灰漿。

美國施工規範協會綱要編碼 04 05 16:砌體灌漿

空心牆

空心牆是以實心或空心砌體單元砌成一正、一反的單層壁,兩道單層壁中間被一道連續的空氣間整個隔開,並以金屬牆繫件或水平接縫鋼筋加以固定。空心牆具備兩項其他砌體牆所沒有的優點:

1. 空心空間可提升牆體的熱絕緣值,還可用來容納額外的熱絕緣材料。
2. 如果空心空間保持淨空,並設有適當的溢水孔和泛水片的話,空氣間就能做為防止水分滲透的障礙物。

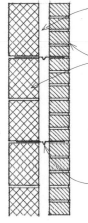

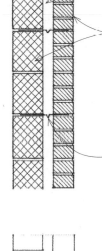

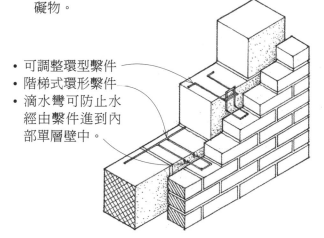

- 可調整環型繫件
- 階梯式環形繫件
- 滴水彎可防止水經由繫件進到內部單層壁中。

- 空心空間的寬度不小於2英吋(51公厘),也不大於4-1／2英吋(115公厘)。
- 實心或空心砌體單元
- 正、反面單層壁的最小標稱厚度為4英吋(100公厘)。在計算未支撐高度或長度對厚度的比例時,厚度值等同於正面和反面單層壁標稱厚度的總和。

- 空心空間寬度達3英吋(75公厘)時,牆面面積每4-1／2平方英呎(0.42平方公尺)須設置一支最小直徑3／16英吋(5公厘)的抗腐蝕金屬繫件;如果是更寬的空心空間,則牆面面積每3平方英呎(0.28平方公尺)設置一支金屬繫件。
- 交錯繫件設置在交替層疊的砌體層之間,最大垂直間距為16英吋(405公厘),而最大水平間距為36英吋(915公厘)。
- 在開口的四周、距開口邊緣12英吋(305公厘)內,以最大中心間距3英呎(915公厘)設置額外的繫件。
- 接縫鋼筋的砂漿覆蓋層最小厚度為5／8英吋(16公厘)

5.18 鋼筋砌體牆

- 鋼筋要完全埋入波特蘭水泥灌漿中。
- 砌體牆中覆蓋鋼筋的最小厚度為3／4英吋（75公厘）；暴露在天候中的厚度為1-1／2英吋（38公厘）；直接接觸土壤時的厚度為2英吋（51公厘）
- 水平接縫鋼筋的最小覆蓋厚度為5／8英吋（16公厘）

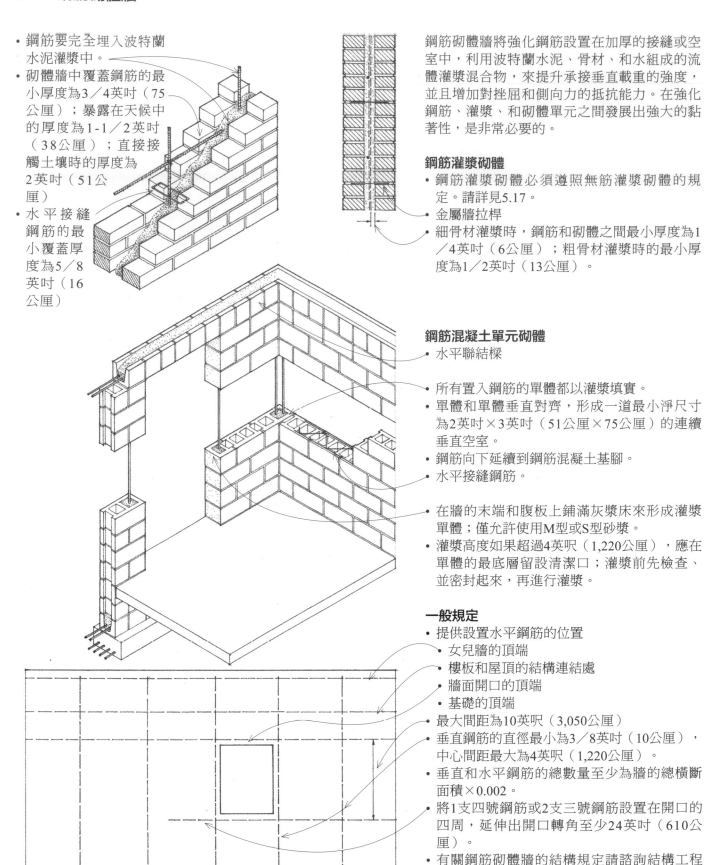

鋼筋砌體牆將強化鋼筋設置在加厚的接縫或空室中，利用波特蘭水泥、骨材、和水組成的流體灌漿混合物，來提升承接垂直載重的強度，並且增加對挫屈和側向力的抵抗能力。在強化鋼筋、灌漿、和砌體單元之間發展出強大的黏著性，是非常必要的。

鋼筋灌漿砌體
- 鋼筋灌漿砌體必須遵照無筋灌漿砌體的規定。請詳見5.17。
- 金屬牆拉桿
- 細骨材灌漿時，鋼筋和砌體之間最小厚度為1／4英吋（6公厘）；粗骨材灌漿時的最小厚度為1／2英吋（13公厘）。

鋼筋混凝土單元砌體
- 水平聯結樑

- 所有置入鋼筋的單體都以灌漿填實。
- 單體和單體垂直對齊，形成一道最小淨尺寸為2英吋×3英吋（51公厘×75公厘）的連續垂直空室。
- 鋼筋向下延續到鋼筋混凝土基腳。
- 水平接縫鋼筋。

- 在牆的末端和腹板上鋪滿灰漿床來形成灌漿單體；僅允許使用M型或S型砂漿。
- 灌漿高度如果超過4英呎（1,220公厘），應在單體的最底層留設清潔口；灌漿前先檢查、並密封起來，再進行灌漿。

一般規定
- 提供設置水平鋼筋的位置
  - 女兒牆的頂端
  - 樓板和屋頂的結構連結處
  - 牆面開口的頂端
  - 基礎的頂端
- 最大間距為10英呎（3,050公厘）
- 垂直鋼筋的直徑最小為3／8英吋（10公厘），中心間距最大為4英呎（1,220公厘）。
- 垂直和水平鋼筋的總數量至少為牆的總橫斷面積×0.002。
- 將1支四號鋼筋或2支三號鋼筋設置在開口的四周，延伸出開口轉角至少24英吋（610公厘）。
- 有關鋼筋砌體牆的結構規定請諮詢結構工程師，並查詢建築法規。

美國施工規範協會綱要編碼 04 20 00：單元砌體

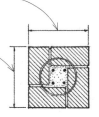

- 最小標稱寬度為12英吋（305公厘）
- 最小標稱長度為12英吋（305公厘）；最大為柱寬度的3倍
- 柱的側向支撐為柱寬度的30倍
- 鋼筋砌體柱的最小尺寸為12英吋（305公厘），且該柱的最大無支撐高度為最小尺寸的20倍。
- 最少使用4支三號鋼筋，以最小中心間距18英吋（455公厘）、或砌體有效面積的0.005倍來設置側向箍筋。
- 鋼筋的最大面積為砌體有效面積的0.03倍
- 側向鋼筋的最小面積為砌體有效面積的0.0018倍

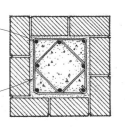

- 注入波特蘭水泥灌漿的垂直核心
- 垂直強化鋼筋向下延伸，和嵌入柱基腳內的鋼筋插條繫結在一起。
- 側向箍筋
- 將額外的箍筋、或一部分必須的側向鋼筋嵌入砂漿接縫中。

砌體柱

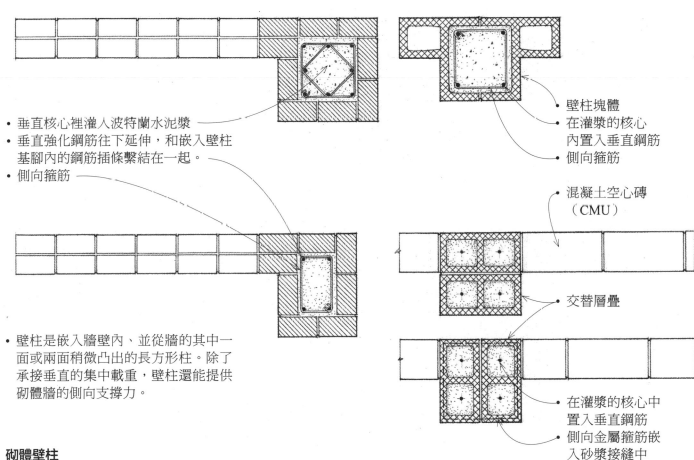

- 垂直核心裡灌入波特蘭水泥漿
- 垂直強化鋼筋往下延伸，和嵌入壁柱基腳內的鋼筋插條繫結在一起。
- 側向箍筋

- 壁柱塊體
- 在灌漿的核心內置入垂直鋼筋
- 側向箍筋

- 混凝土空心磚（CMU）

- 交替層疊

- 壁柱是嵌入牆壁內、並從牆的其中一面或兩面稍微凸出的長方形柱。除了承接垂直的集中載重，壁柱還能提供砌體牆的側向支撐力。

- 在灌漿的核心中置入垂直鋼筋
- 側向金屬箍筋嵌入砂漿接縫中

砌體壁柱

5.20 砌體拱

• 弓形拱是從下方起拱線的中心點向上凸起的拱形。

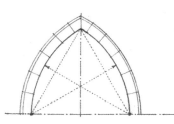

• 哥德式拱是有兩個圓心、且半徑通常為等長的尖拱。
• 尖頂拱是有兩個圓心、半徑大於跨距的尖拱。
• 垂拱是有兩個圓心、半徑小於跨距的尖拱。

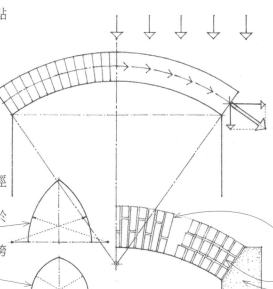

• 羅馬式半圓拱有一道半圓形的拱內線。
• 拱肩是指兩個相鄰拱的拱背線之間的三角形區域，或是拱的左拱背線或右拱背線與拱周圍的長方形構架所圍出的區域。

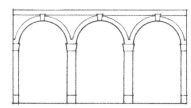

• 提籃拱（或稱三心拱）是有三個圓心的拱，拱冠的半徑會比外圓成對的弧形半徑還要長許多。
• 都鐸式拱是有四個圓心的拱，內圓成對的弧形半徑會比外圓成對的弧形半徑還要長許多。

• 平拱有一道水平拱腹，拱石從下方中心點呈放射狀排列，考量到日後的沉降，通常會建造得有些微弧度。

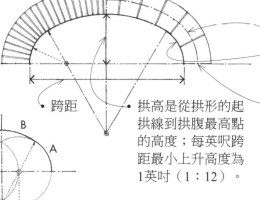

砌體拱利用磚、石的壓縮強度來橫跨開口，這是透過將受支撐載重的垂直力傳遞到傾斜構件上而達成。這種來自拱結構行為的外推力，會和總載重、跨度成正比，並且和拱高成反比；因此必須以鄰接著開口的拱台、或以來自相鄰拱門的等量反向外推力來抵抗。為了抵消貫穿拱的彎曲力，拱的推力線必須與拱軸線重合。

• 砌體拱可以磚塊連續堆疊而成、或以獨立的拱石組成。
• 立砌（soldier）和層鎖砌（rowlock）的磚層相互交錯
• 二或三層的層鎖砌法
• 拱座是一塊有著斜面的石頭或砌體層，可以抵住一節拱石的末端。

• 拱心石是指設置在拱冠上、通常帶有裝飾性的楔形拱石，用來固鎖其他拱石。
• 拱石是砌體拱上的任何一塊楔形單元，拱石的切割邊會匯集在拱的中心點上。

• 拱冠
• 拱背線是指拱的外弧線、或可視面的邊界。
• 拱軸線
• 拱內線是指拱形可視面的內弧線；拱腹則是指拱的下凹底面的內側表面。
• 起拱點是拱、拱頂、或圓頂從支撐處開始拱起的位置。

• 跨距
• 拱高是從拱形的起拱線到拱腹最高點的高度；每英呎跨距最小上升高度為1英吋（1：12）。

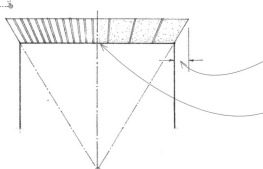

• 拱深度每4英吋（100公厘），每英呎跨距向後傾斜1／2英吋。
• 弧度＝每英呎跨距為1／8英吋（1：100）

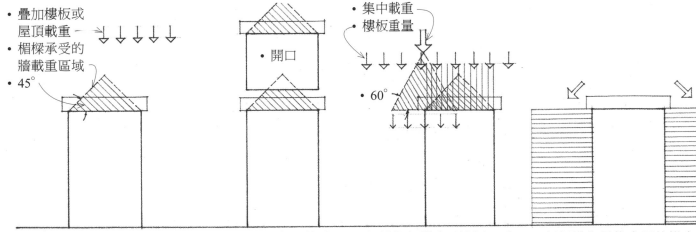

- 疊加樓板或屋頂載重
- 楣樑承受的牆載重區域
- 45°

- 開口

- 集中載重
- 樓板重量
- 60°

- 開口上方砌體的拱作用，支撐著三角形載重區域以外的牆載重。

- 和正常的三角形載重區域相比，楣樑承接的牆載重比較小。

- 如果集中載重、樓板、或屋頂載重落在正常的三角形載重區域內，楣樑就必須支撐額外的載重。

- 任何拱作用的水平外推力都必須以開口任一側的牆質量來抵抗。

楣樑上的載重

鋼楣樑

淨跨距	外角	內角
8"（205）牆	（無樓板重量）	（含樓板重量）
4'（1,220）	3-1/2 x 3-1/2 x 5/16 （90 x 90 x 8）	3-1/2 x 3-1/2 x 5/16 （90 x 90 x 8）
5'（1,525）	3-1/2 x 3-1/2 x 5/16 （90 x 90 x 8）	5 x 3-1/2 x 5/16 （125 x 90 x 8）
6'（1,830）	4 x 3-1/2 x 5/16 （100 x 90 x 8）	5 x 3-1/2 x 3/8 （125 x 90 x 10）

- 淨跨距欄的單位：英呎（公厘）
- 外角、內角欄的單位：英吋（公厘）
- 向結構工程師確認
- 撓度限制在淨跨距的 1／600

8"（205）砌體牆內楣樑使用的鋼筋

楣樑類型	淨跨距	數量／尺寸
7-5／8"（195）見方 鋼筋混凝土材質	4'（1,220）	4 #3
	6'（1,830）	4 #4
	8'（2,440）	4 #5
標稱 8 x 8 x 16 CMU 材質	4'（1,220）	2 #4
	6'（1,830）	2 #5
	8'（2,440）	2 #6

- CMU：混凝土空心磚
- 淨跨距欄的單位：英呎（公厘）
- 向結構工程師確認

- 最小支承長度為6英吋（150公厘）

角鋼型楣樑

- 視覺上，楣樑可由立砌層連結而成。
- 泛水片
- 內部角鋼
- 外部角鋼

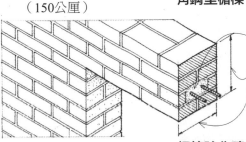

鋼筋強化磚楣樑

- 將鋼筋完全埋入波特蘭水泥漿中
- 四層到七層高
- 寬度為8、10、和12英吋（205、255、和305公厘）

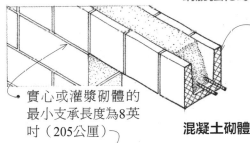

- 實心或灌漿砌體的最小支承長度為8英吋（205公厘）

混凝土砌體楣樑

- 楣樑或聯結樑塊體填入波特蘭水泥漿和鋼筋

預鑄混凝土楣樑

- 預鑄鋼筋混凝土楣樑可橫跨磚砌體牆的開口，也可橫跨混凝土砌體牆的開口。

活動接縫應以每100～125'
（30～38公尺）的間距、
沿著不中斷的牆長度，設置在：
(1) 牆的高度或厚度改變處
(2) 柱、壁柱、牆的交界處
(3) 靠近轉角處
(4) 大於6'（1,830）的開口兩側
(5) 小於6'（1,830）的開口其中一側

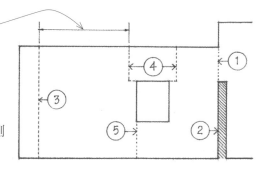

砌體材料會隨著溫度和含水量的變化而膨脹和收縮。黏土砌體單元很容易吸水而膨脹，混凝土空心磚（CMU）則通常會在製成後乾縮。因此，應該設置和施作可容納這些尺寸變化的活動接縫，才不會損害砌體牆的結構完整性。

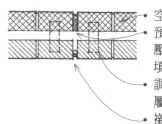

- 空心牆
- 預模的可壓縮接縫填充料
- 調整式金屬繫件
- 襯棒和填縫劑

- 金屬繫件
- 填縫劑
- 預模的可壓縮接縫填充料

- 填入砂漿將相鄰牆體的斷面固鎖在一起
- 在其中一側鋪上建築油毛氈，以防砂漿和牆體結合

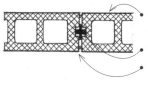

- 側邊有溝槽的空心磚
- 預成形墊片
- 3／4"（19）的耙狀接縫和填隙料

- 磚砌體會膨脹；接縫要稍微靠近
- 請詳見7.48.活動接縫的尺寸

- 有錨定墊片的止水銅件
- 襯棒和填縫劑

伸縮接縫

伸縮接縫是連續、暢通、稍微靠近的窄縫，可容納磚砌體或石砌體表面吸溼膨脹後的尺寸變化。伸縮接縫必須橫過接縫提供側向穩定力，也必須密封起來以防止空氣和水通過。

- 砌體混凝土會收縮；接縫要稍微分開
- 請詳見7.48.活動接縫的尺寸

- 有控制接縫的塊體
- 襯棒和填縫劑

控制接縫

控制接縫會施作得稍微分開，以容納混凝土砌體牆在建造完畢後乾燥而引發的收縮。如要預防收縮所產生的裂紋，可以使用類型一的溼度控制型混凝土空心磚和鋼筋水平接縫來控制。

控制接縫應該密封起來以防空氣和水通過，並且相互鎖固以免產生面外運動。接縫的鋼筋必須中斷，讓砌體牆可以面內運動。

- 要避免鋼或混凝土結構構架的撓曲情形在受支撐的砌體牆或板上施加應力，活動接縫的設置也是必要的。請詳見7.29。

控制接縫間距	接縫鋼筋的垂直間距	
	16 英吋 （405公厘）	8 英吋 （205公厘）
牆長度（L）	50 英呎 （15公尺）	60 英呎 （18公尺）
長度與高度比 （L／H）	3	4

本頁和後兩頁將就牆斷面解說混凝土、鋼、和木樓板與屋頂系統如何以不同類型的砌體承重牆來支撐和繫結。砌體牆的承重區域應該按比例分配，以免超出砌體材料的容許壓縮應力。所有為砌體牆提供側向支撐力的樓板和屋頂，都必須以至少6'（1,830）的中心間距錨定到牆體內有鋼筋、灌漿的結構元素中。

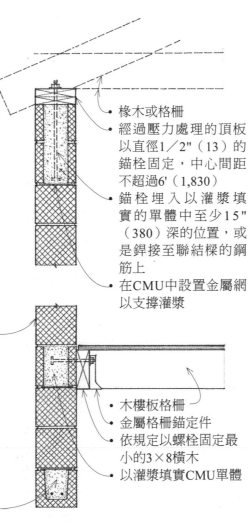

- 橡木或格柵
- 經過壓力處理的頂板以直徑1／2"（13）的錨栓固定，中心間距不超過6'（1,830）
- 錨栓埋入以灌漿填實的單體中至少15"（380）深的位置，或是銲接至聯結樑的鋼筋上
- 在CMU中設置金屬網以支撐灌漿

- CMU；美國施工規範協會綱要編碼 04 22 00：混凝土單元砌體
- 水平接縫鋼筋一般以中心間距16"（405）垂直地設置
- 垂直鋼筋設置在灌漿填充的核心內
- 請詳見7.44熱絕緣材的選項
- 請詳見5.21楣樑的選項

- 木樓板格柵
- 金屬格柵錨定件
- 依規定以螺栓固定最小的3×8橫木
- 以灌漿填實CMU單體

- 表面黏結是讓混凝土空心磚晾乾，不使用砂漿，而塗抹能讓表面黏結的化合物，即含有短玻璃纖維的水泥化合物來黏接每一面。
- 美國施工規範協會綱要編碼 04 22 00.16：表面黏結的混凝土單元砌體

- 層鎖砌（rowlock）的窗台
- 連續的泛水片和溢水孔

- 泛水片和溢水孔以中心間距32"（815）設置
- 將兩塊經過壓力處理的檻座以螺栓錨定至灌漿單體
- 木樓板格柵

- 加寬的混凝土空心磚（CMU）基礎牆

混凝土砌體承重牆

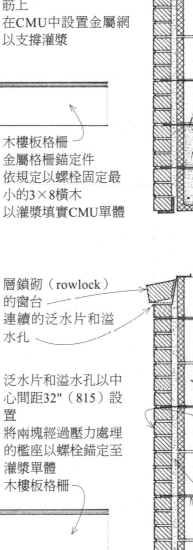

- 平屋頂組件；請詳見7.12
- 空腹式鋼格柵

- K系列格柵的最小支承長度：4"～6"（100～150）；LH／DLH系列格柵：6"～12"（150～305）
- 所有格柵都固定至鋼承板（已錨定在一道連續且有鋼筋的CMU聯結樑中）上；請詳見4.21。

- 末端有防火切口的木樓板格柵，當部件沿著長度受火燃燒到某處時，斜角切口可讓部件直接掉落，而不損壞牆面。
- 1-1／4"×3／16"（32×5）扭轉型鋼帶繫件以最大中心間距為6'（1,830）設置
- 最小支承長度為3"（75）
- 灌漿的混凝土空心磚或鋼筋混凝土空心磚聯結樑
- 以最大中心間距6'（1,830）設置的鋼帶繫件將格柵平行固定在牆上；至少需延伸三個格柵，並且在格柵之間有鋼帶錨定的部位設置墊木。

- 複合砌體
- 正面單層磚；CSI 04 21 00：黏土單元砌體
- 反面單層磚；CSI 04 22 00：混凝土單元砌體
- 領式接縫的一般寬度為3／4"（19）；以砂漿或灌漿填實
- 金屬牆繫件以一般中心間距16"（405）設置
- 請詳見7.44有關熱絕緣材的選項。

複合砌體承重牆

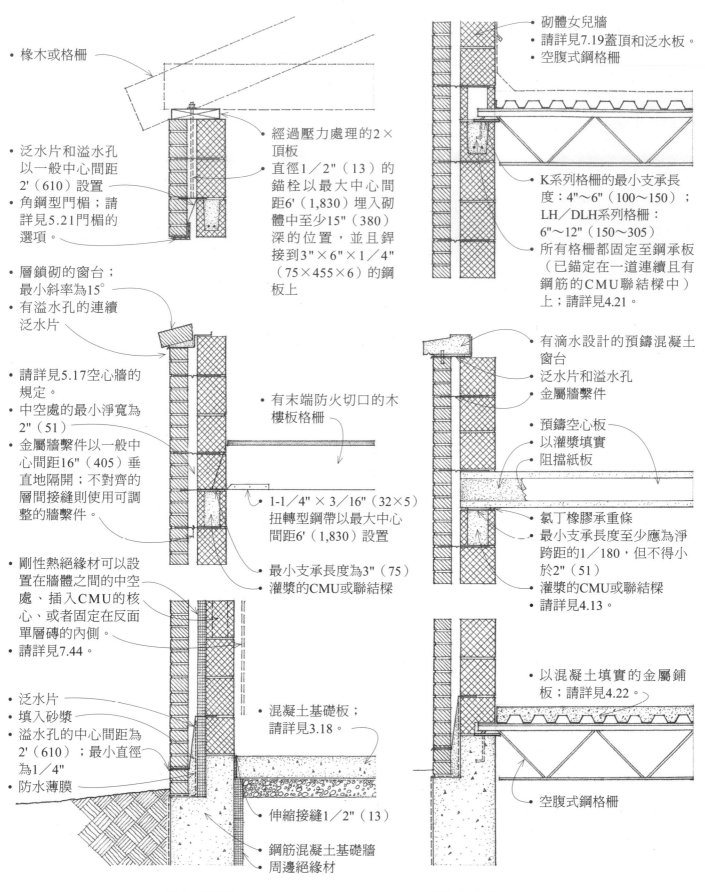

- 椽木或格柵

- 泛水片和溢水孔以一般中心間距2'（610）設置
- 角鋼型門楣；請詳見5.21門楣的選項。

- 層鎖砌的窗台；最小斜率為15°
- 有溢水孔的連續泛水片

- 請詳見5.17空心牆的規定。
- 中空處的最小淨寬為2"（51）
- 金屬牆繫件以一般中心間距16"（405）垂直地隔開；不對齊的層間接縫則使用可調整的牆繫件。

- 剛性熱絕緣材可以設置在牆體之間的中空處、插入CMU的核心、或者固定在反面單層磚的內側。
- 請詳見7.44。

- 泛水片
- 填入砂漿
- 溢水孔的中心間距為2'（610）；最小直徑為1／4"
- 防水薄膜

- 經過壓力處理的2×頂板
- 直徑1／2"（13）的錨栓以最大中心間距6'（1,830）埋入砌體中至少15"（380）深的位置，並且錨接到3"×6"×1／4"（75×455×6）的鋼板上

- 有末端防火切口的木樓板格柵

- 1-1／4" × 3／16"（32×5）扭轉型鋼帶以最大中心間距6'（1,830）設置

- 最小支承長度為3"（75）
- 灌漿的CMU或聯結樑

- 混凝土基礎板；請詳見3.18。

- 伸縮接縫1／2"（13）

- 鋼筋混凝土基礎牆
- 周邊絕緣材

空心承重牆

- 砌體女兒牆
- 請詳見7.19蓋頂和泛水板。
- 空腹式鋼格柵

- K系列格柵的最小支承長度：4"～6"（100～150）；LH／DLH系列格柵：6"～12"（150～305）
- 所有格柵都固定至鋼承板（已錨定在一道連續且有鋼筋的CMU聯結樑中）上；請詳見4.21。

- 有滴水設計的預鑄混凝土窗台
- 泛水片和溢水孔
- 金屬牆繫件

- 預鑄空心板
- 以灌漿填實
- 阻擋紙板

- 氯丁橡膠承重條
- 最小支承長度至少應為淨跨距的1／180，但不得小於2"（51）
- 灌漿的CMU或聯結樑
- 請詳見4.13。

- 以混凝土填實的金屬鋪板；請詳見4.22。

- 空腹式鋼格柵

空心承重牆

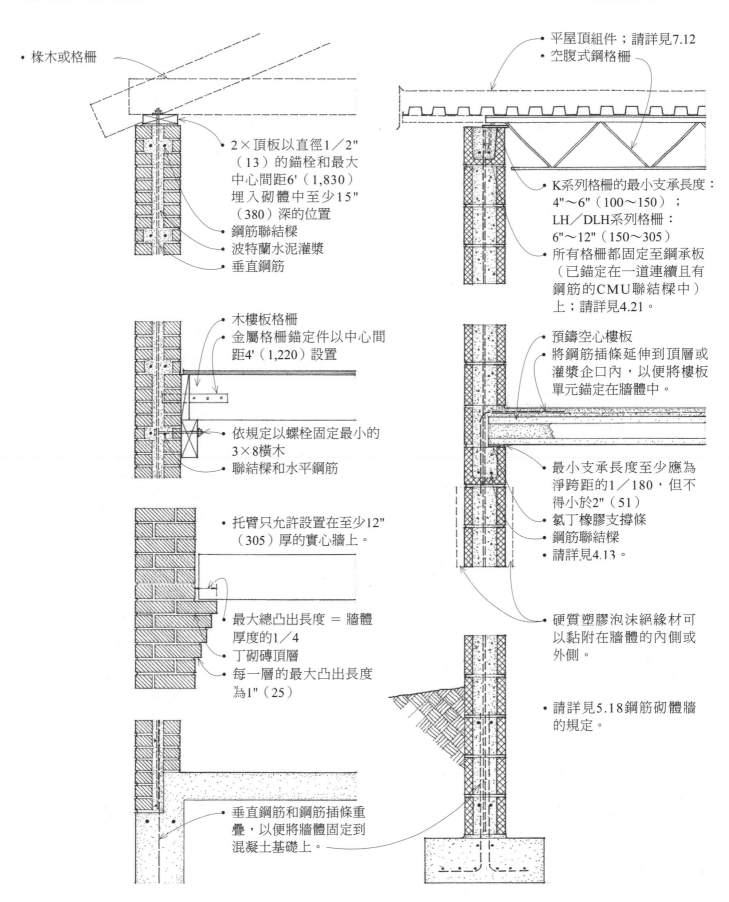

- 橡木或格柵

- 2×頂板以直徑1／2"
  （13）的錨栓和最大
  中心間距6'（1,830）
  埋入砌體中至少15"
  （380）深的位置
- 鋼筋聯結樑
- 波特蘭水泥灌漿
- 垂直鋼筋

- 木樓板格柵
- 金屬格柵錨定件以中心間
  距4'（1,220）設置

- 依規定以螺栓固定最小的
  3×8橫木
- 聯結樑和水平鋼筋

- 托臂只允許設置在至少12"
  （305）厚的實心牆上。

- 最大總凸出長度 ＝ 牆體
  厚度的1／4
- 丁砌磚頂層
- 每一層的最大凸出長度
  為1"（25）

- 垂直鋼筋和鋼筋插條重
  疊，以便將牆體固定到
  混凝土基礎上。

- 平屋頂組件；請詳見7.12
- 空腹式鋼格柵

- K系列格柵的最小支承長度：
  4"～6"（100～150）；
  LH／DLH系列格柵：
  6"～12"（150～305）
- 所有格柵都固定至鋼承板
  （已錨定在一道連續且有
  鋼筋的CMU聯結樑中）
  上；請詳見4.21。

- 預鑄空心樓板
- 將鋼筋插條延伸到頂層或
  灌漿企口內，以便將樓板
  單元錨定在牆體中。

- 最小支承長度至少應為
  淨跨距的1／180，但不
  得小於2"（51）
- 氯丁橡膠支撐條
- 鋼筋聯結樑
- 請詳見4.13。

- 硬質塑膠泡沫絕緣材可
  以黏附在牆體的內側或
  外側。

- 請詳見5.18鋼筋砌體牆
  的規定。

鋼筋磚砌體牆　　　　　　　　　　　　　　　　鋼筋混凝土砌體牆

- 單層壁是指僅有一單元厚的砌體牆連續垂直斷面。
- 一「層」是指砌體單元的連續水平範圍。
- 領式接縫（collar joint）是指介於兩道單層壁之間的垂直接縫。
- 層間接縫（bed joint）是介於兩砌體層之間的水平接縫。英文使用「bed」這個字可能是指砌體單元的底面，或是供砌體鋪排在上方的砂漿層。
- 端縫（head joint）是介於兩個砌體單元之間的垂直接縫，垂直於牆面。

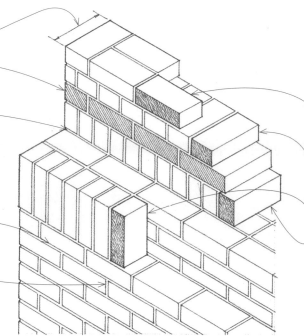

砌體專業用語

- 順砌（stretcher）是指水平鋪設砌體單元時，將長邊外露、或與牆面平行。
- 丁砌（header）是指水平鋪設砌體單元時，將短邊外露、或與牆面平行的水平式鋪設法。
- 立砌（soldier）是垂直鋪設時，將磚長邊的一面外露。
- 層鎖砌（rowlock）是將磚的長邊水平鋪設，使短邊外露。

- 凹圓接縫

- V形接縫

- 上斜接縫

- 下斜接縫

- 平接縫

砂漿接縫

- 砂漿接縫的厚度為1／4"～1／2"（6～13），但一般厚度為3／8"（10）。
- 工具勾縫是利用鏝刀之外的其他工具來加壓和塑形的砂漿接頭。以工具壓縮砂漿，會使砂漿和磚之間更為緊密，因而能在受強風或豪雨影響的區域提供最大的滲水抵抗能力。

- 鏝刀勾縫是以鏝刀抹除掉多餘的砂漿而成的接縫。在鏝刀勾縫中，砂漿被鏝刀剔除或抹掉。最有效的鏝刀勾縫中是上斜縫，因為能夠洩水。

- 耙狀接縫是在砂漿硬化前使用方頭的工具將砂漿耙除至一定的深度。耙狀接縫僅適用在室內。
- 砂漿的類型請詳見5.15。

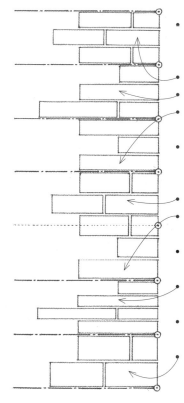

- 單元高度為2-2／3"（68）；3層＝8"（205）
- 模組磚
- 諾曼磚（Norman）
- SCR磚

- 單元的高度為3-1／5"（80）；5層＝16"（405）
- 工程磚
- 挪威磚（Norwegian）

- 單元高度為2"（51）；4層＝8"（205）
- 羅馬磚（Roman）

- 單元高度為4"（100）；2層＝8"（205）
- 加大磚

一層的高度
- 一層的相對高度是指涵蓋了砂漿接縫厚度的標稱尺寸。
- 長度採用4"、8"、或12"（100、205、或305）的倍數。
- 磚的類型和尺寸請詳見12.06。
- 牆的厚度會因為不同的砌體牆類型而有所不同；請詳見5.14～5.15。

美國施工規範協會綱要編碼 04 05 13：砌體砂漿

- 順式疊砌法通常用於空心牆和飾面牆，以順砌磚堆疊而成。

- 常見的疊砌法是每隔五層或六層順砌磚，就加上一層丁砌磚；又稱做美式砌法。

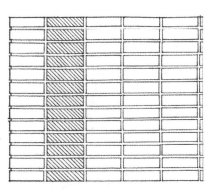

- 對縫疊砌法是指在連續的順砌層中，所有的端縫都垂直對齊。因為單元並不重疊，所以在無鋼筋牆體中，須以中心間距16英吋（405公厘）設置水平接縫鋼筋。

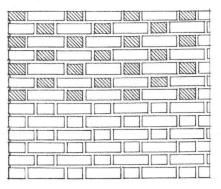

- 法式疊砌法（梅花丁砌法）是在每一層中順砌和丁砌相互交錯，並且每一塊丁砌磚都會在上、下層順砌磚的正中央。兩端較深色的火炬丁磚通常會外露在樣式化的砌磚牆上。

- 法式十字疊砌法是改良過的法式疊砌法，這種砌法中某些層會交錯鋪設丁砌磚和順砌磚，而這些層再與順砌層相互交錯。

- 法式菱形疊砌法是法式十字疊砌法的一種，這種砌法讓每一層都偏移錯位，形成菱形的樣式。

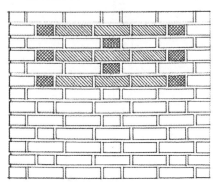

- 花園牆疊砌法適用於輕載重的圍牆，每一層都是以一塊丁砌磚和三塊順砌磚組合排列而成，其中的每一塊丁砌磚都位在隔一層丁砌磚的正中央。

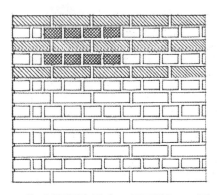

- 英式疊砌法是由一層丁砌、一層順砌交錯堆砌，其中丁砌磚鋪設在順砌磚的中央，而且所有順砌磚之間的接縫都要垂直對齊。

- 為了能盡量不切割磚塊，以及強調砌磚樣式的外觀，砌體牆的主要尺度必須根據使用的模組單元尺寸來設計。

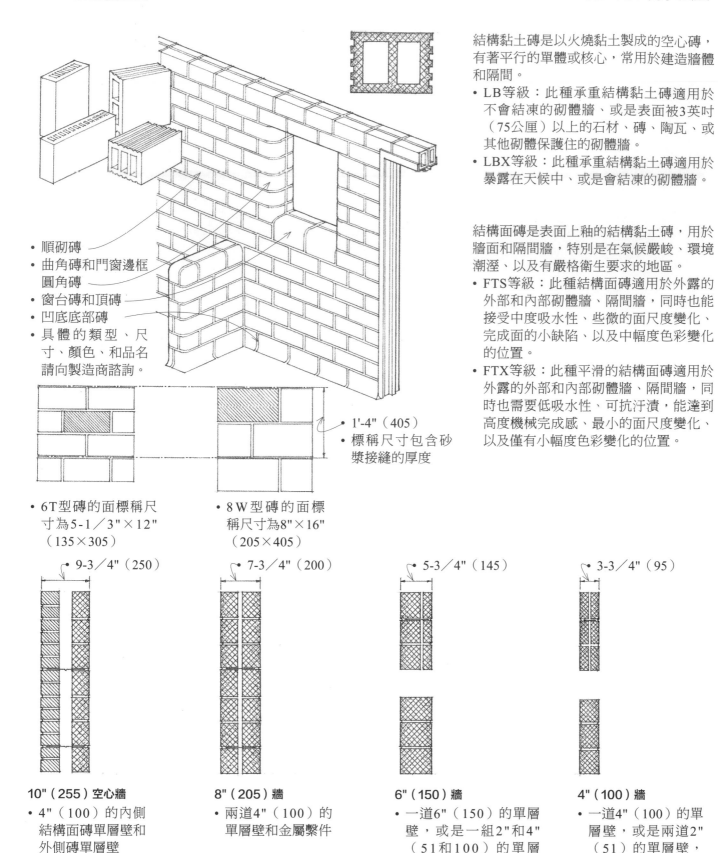

結構黏土磚是以火燒黏土製成的空心磚，有著平行的單體或核心，常用於建造牆體和隔間。

- LB等級：此種承重結構黏土磚適用於不會結凍的砌體牆、或是表面被3英吋（75公厘）以上的石材、磚、陶瓦、或其他砌體保護住的砌體牆。
- LBX等級：此種承重結構黏土磚適用於暴露在天候中、或是會結凍的砌體牆。

結構面磚是表面上釉的結構黏土磚，用於牆面和隔間牆，特別是在氣候嚴峻、環境潮溼、以及有嚴格衛生要求的地區。

- FTS等級：此種結構面磚適用於外露的外部和內部砌體牆、隔間牆，同時也能接受中度吸水性、些微的面尺度變化、完成面的小缺陷、以及中幅度色彩變化的位置。
- FTX等級：此種平滑的結構面磚適用於外露的外部和內部砌體牆、隔間牆，同時也需要低吸水性、可抗汙漬，能達到高度機械完成感、最小的面尺度變化、以及僅有小幅度色彩變化的位置。

- 順砌磚
- 曲角磚和門窗邊框圓角磚
- 窗台磚和頂磚
- 凹底底部磚
- 具體的類型、尺寸、顏色、和品名請向製造商諮詢。

- 1'-4"（405）
- 標稱尺寸包含砂漿接縫的厚度

- 6T型磚的面標稱尺寸為5-1／3"×12"（135×305）
- 8W型磚的面標稱尺寸為8"×16"（205×405）

- 9-3／4"（250）
- 7-3／4"（200）
- 5-3／4"（145）
- 3-3／4"（95）

10"（255）空心牆
- 4"（100）的內側結構面磚單層壁和外側磚單層壁

8"（205）牆
- 兩道4"（100）的單層壁和金屬繫件

6"（150）牆
- 一道6"（150）的單層壁，或是一組2"和4"（51和100）的單層壁，附金屬繫件；每一面的顏色可以不同。

4"（100）牆
- 一道4"（100）的單層壁，或是兩道2"（51）的單層壁，附金屬繫件

一般牆體的斷面 • 一般砌體牆的規定請詳見5.14～5.17。

美國施工規範協會綱要編碼 04 21 23：結構黏土磚砌體

玻璃磚是指表面清透、有紋理或圖樣的半透明空心玻璃塊，由兩個內部呈局部中空的半塊熔接而成。玻璃磚可以應用在非承重的外牆和內牆，以及傳統框架型窗戶的開口。設置玻璃磚時使用 S 型或 N 型砂漿，接縫厚度至少1／4"（6），但不超過3／8"（10）。一般來說，牆板會用砂漿固定在支撐檻座上，並且沿著頂端與側邊施作伸縮接縫，以容許移動和沉降。

標稱面尺寸
• 6"×6"（150×150）
• 8"×8"（205×205）
• 12"×12"（305×305）
• 4"×8"（100×205）

• 有多種表面紋路、插入固定件、和表面塗料可選擇，以便控制熱獲得、眩光、和亮度。
• 另有特殊造型的收邊磚和曲角磚可選擇。

• 標準單元的標稱厚度為4"（100）
• 薄單元的標稱厚度為3"（75）

• 由錨定板或一道連續凹槽提供側向支撐

• 頂部和門窗邊框的細部必須容許移動與沉降。

• 將錨定板固定在相鄰的構造上
• 依規定加上水平接縫鋼筋

• 錨定板必須以砂漿固定到檻座上。

• 如果設置在無支撐的區域，外部用的標準單元玻璃磚牆面積不能超過144平方英呎（13平方公尺），且最寬25'（7,620）或最高20'（6,095）；外部用薄單元玻璃磚牆面積不能超過85平方英呎（7平方公尺），且最寬15'（4,570）或最高10'（3,050）。
• 如果設置在無支撐的區域，內部用的標準單元玻璃磚牆面積不能超過250平方英呎（23平方公尺）；內部用的薄單元玻璃磚牆面積不能超過150平方英呎（13平方公尺）。並且均不得超過25'（7,620）寬或20'（6,095）高。
• 可以利用垂直加強件和水平層板將較大的牆面面積拆解成需要的牆面尺寸。

最小半徑
• 6"（150）玻璃磚：4'（1,220）
• 8"（205）玻璃磚：6'（1,830）
• 12"（305）玻璃磚：8'（2,440）

• 內接縫3／16"（5）
• 外接縫5／8"（16）

• 曲面牆的每一個方向轉換點都必須設置伸縮接縫。

美國施工規範協會綱要編碼 04 23 00：玻璃單元砌體

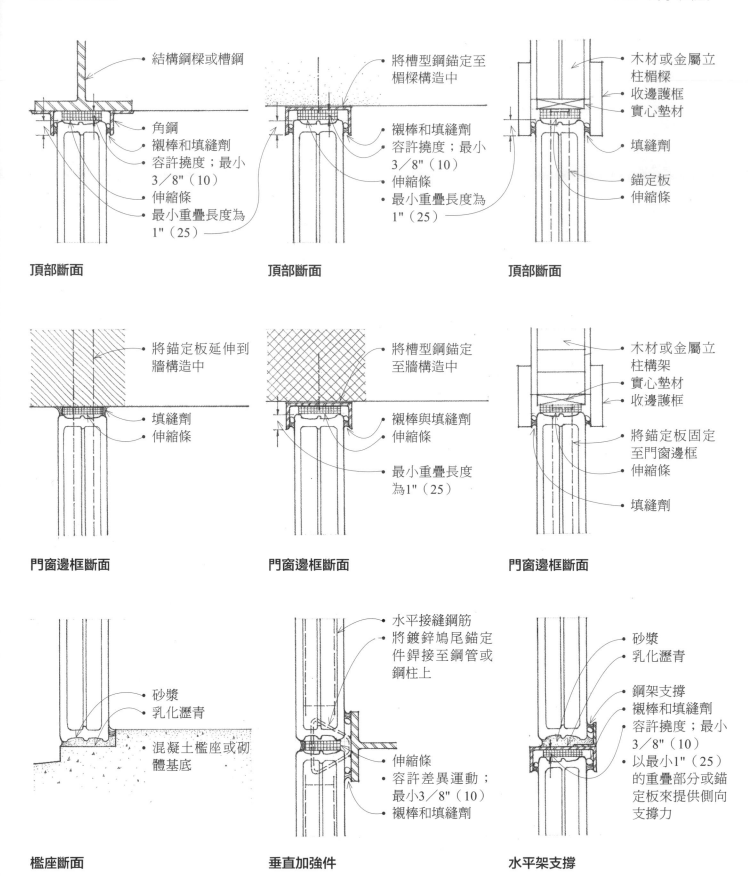

頂部斷面
- 結構鋼樑或槽鋼
- 角鋼
- 襯棒和填縫劑
- 容許撓度；最小 3／8"（10）
- 伸縮條
- 最小重疊長度為 1"（25）

頂部斷面
- 將槽型鋼錨定至楣樑構造中
- 襯棒和填縫劑
- 容許撓度；最小 3／8"（10）
- 伸縮條
- 最小重疊長度為 1"（25）

頂部斷面
- 木材或金屬立柱楣樑
- 收邊護框
- 實心墊材
- 填縫劑
- 錨定板
- 伸縮條

門窗邊框斷面
- 將錨定板延伸到牆構造中
- 填縫劑
- 伸縮條

門窗邊框斷面
- 將槽型鋼錨定至牆構造中
- 襯棒與填縫劑
- 伸縮條
- 最小重疊長度為1"（25）

門窗邊框斷面
- 木材或金屬立柱構架
- 實心墊材
- 收邊護框
- 將錨定板固定至門窗邊框
- 伸縮條
- 填縫劑

檻座斷面
- 砂漿
- 乳化瀝青
- 混凝土檻座或砌體基底

垂直加強件
- 水平接縫鋼筋
- 將鍍鋅鳩尾錨定件銲接至鋼管或鋼柱上
- 伸縮條
- 容許差異運動；最小3／8"（10）
- 襯棒和填縫劑

水平架支撐
- 砂漿
- 乳化瀝青
- 鋼架支撐
- 襯棒和填縫劑
- 容許撓度；最小 3／8"（10）
- 以最小1"（25）的重疊部分或錨定板來提供側向支撐力

一般的玻璃磚細部

土坯和夯土構造都是使用未經火燒的穩定土壤做為主要的建築材料。現行的建築法規對土坯和夯土構造的接受度和規定都做了相當大的改變。無論如何，土壤這種建材在許多地區還是有其經濟上的必要性，而且土坯和夯土仍舊是低成本的替代建築系統。

土坯是經過日曬乾燥的黏土砌體，傳統上用於降雨量稀少的國家。幾乎任何只要有15%～25%黏土含量的土壤都可以做為泥漿混合物；黏土含量較高的土壤則需加入砂或稻草，才能製出適用的磚塊。礫石或其他粗骨材可以組成50%的混合物體積。混合用的水不應含有溶解鹽，否則乾燥過程中，鹽會再結晶而損壞磚體。

土坯磚通常會在接近使用地點，從地下室的開挖、或是從基地整地工程的殘土中取得土壤製成。泥漿以手工或機械混合後，澆置在放在平坦地面上的木製或金屬製的模型中，再以水潤溼來輔助每一單元從模型中脫離。初步乾燥後，磚單元要堆在一旁直到養護完成。磚單元在完全乾燥之前是極為脆弱的。

- 土坯磚在不同地區會有不同的尺寸，但是一般的尺寸為10"（255）×14"（355）×厚度2"～4"（51～100）。較薄的土坯磚比較厚的土坯磚能更快乾燥和固化。每一塊土坯磚可達到25～30磅（11～14公斤）重。
- 穩定後或處理過的土坯是結合了波特蘭水泥、乳化瀝青，以及其他會限制磚塊吸水性的化學混合物。

- 10'（3050）高、頂部支撐土坯柱容許載重為：
  - 10"×28"（255×710） 12,000磅（5,100公斤）
  - 14"×20"（355×510） 13,000磅（5,900公斤）
  - 24"×24"（610×610） 28,000磅（12,700公斤）

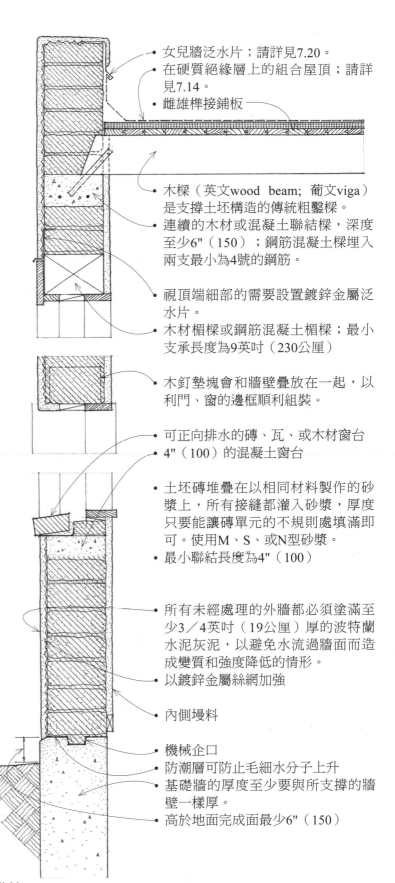

- 女兒牆泛水片；請詳見7.20。
- 在硬質絕緣層上的組合屋頂；請詳見7.14。
- 雌雄榫接鋪板
- 木樑（英文wood beam; 葡文viga）是支撐土坯構造的傳統粗鑿樑。
- 連續的木材或混凝土聯結樑，深度至少6"（150）；鋼筋混凝土樑埋入兩支最小為4號的鋼筋。
- 視頂端細部的需要設置鍍鋅金屬泛水片。
- 木材楣樑或鋼筋混凝土楣樑；最小支承長度為9英吋（230公厘）
- 木釘墊塊會和牆壁疊放在一起，以利門、窗的邊框順利組裝。
- 可正向排水的磚、瓦、或木材窗台
- 4"（100）的混凝土窗台
- 土坯磚堆疊在以相同材料製作的砂漿上，所有接縫都灌入砂漿，厚度只要能讓磚單元的不規則處填滿即可。使用M、S、或N型砂漿。
- 最小聯結長度為4"（100）
- 所有未經處理的外牆都必須塗滿至少3／4英吋（19公厘）厚的波特蘭水泥灰泥，以避免水流過牆面而造成變質和強度降低的情形。
- 以鍍鋅金屬絲網加強
- 內側墁料
- 機械企口
- 防潮層可防止毛細水分子上升
- 基礎牆的厚度至少要與所支撐的牆壁一樣厚。
- 高於地面完成面最少6"（150）

- 請詳見5.32土坯和夯土構造的一般規定。

LEED® 材料與資源認證 3：建築產品宣告與最佳化——開採原物料

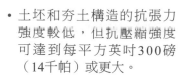

夯土（英 rammed earth；法 pisé de terre）是另一種傳統建材。夯土本質上是由黏土、淤泥、砂、和水組成的硬混合物，在牆體施工時置於模板內壓縮並乾燥。這種土壤混合物應含有少於50％的黏土和淤泥，以及最大粒徑為1／4英吋（6公厘）的骨材。絕對不能使用鹽水拌和。

• 土坯和夯土構造的抗張力強度較低，但抗壓縮強度可達到每平方英吋300磅（14千帕）或更大。
• 土坯和夯土構造的強度取決於牆壁的質量和其均勻的特性。
• 雖然導熱效率不如其他絕緣材料，但土坯和夯土牆能有效地做為蓄熱用的熱質量。
• LEED材料與資源認證3：建築產品宣告與最佳化——開採原物料

• 夯土牆是以高24～36英吋（610～915公厘）、長10～12英呎（3,050～3,660公厘）的滑動模板來建造。
• 轉角處以特殊模板優先製作。
• 潮溼的土壤混合物（含水量約10％）在疊砌下一層之前先以手工或機械完全壓實，每一層的高度不超過6英吋（150公厘），且必須和前一層牢固地結合。
• 在土壤充分乾燥和養護完成之前不能設置結構載重。

一般規定
• 土坯與夯土構造的規定十分類似。
• 必須以聯結樑來分配屋頂載重和穩定承重牆的頂端，並且在每一樓層以一定的間距設置聯結樑，以維持必要的厚度和不受支撐牆壁高度的比率。
• 聯結樑需埋入鋼筋以抵抗張力，尤其在轉角位置更為必要。

• 用來固定門框和窗框的木錨隨著夯土牆鑄在牆上。

• 堅實的基礎和足夠的屋頂懸臂可避免外牆受雨水破壞，改善夯土結構的耐久性。

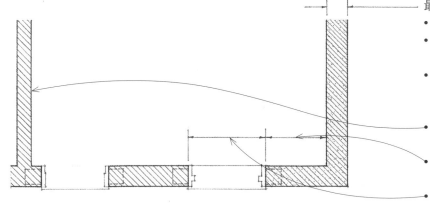

最小牆厚度：
• 內部非承重牆的厚度為8英吋（205公厘）
• 一層樓高、最高達12英呎（3,660公厘）的承重牆厚度為12英吋（305公厘）
• 兩層樓高、最高達22英呎（6,705公厘）的承重牆，其中第一層厚度為18英吋（455公厘）、第二層厚度為12英吋（305公厘）
• 以最大中心間距24英呎（7,315公厘）設置地中壁支撐。
• 門窗開口不得設置在任何接近轉角2英呎4英吋（710公厘）的位置。
• 牆開口總長應限制在牆長度的1／3以內。

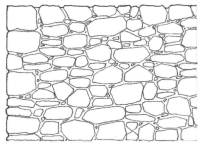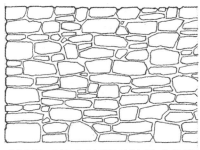

天然石材是一種耐用又耐候的建材，能像黏土和混凝土砌體單元一樣以砂漿疊砌出承重牆和非承重牆。然而，因為牆體建造時可能因為使用的粗石形狀和尺寸不規則、方石砌體的砌層不一致，以及不同類型石材的不同物質特性，呈現出的結果也會不盡相同。

天然石材可利用砂漿黏結、並以類似雙面承重牆的傳統砌法砌築而成。不過，更常見的是把石材當做表面飾材，固定在混凝土或砌體牆的背牆上。為了防止石材變色，僅能使用非染色水泥和非腐蝕性的繫件、錨定件、泛水板。需留意，銅、黃銅、和青銅在特定的條件下都可能形成污漬。

- 請詳見7.30石材飾面牆。
- 請詳見12.10石材做為建築材料的討論。

- 亂砌粗石是使用破碎石材、有著不連續但大致呈水平的砂漿床或砌層疊砌而成的砌體牆。砂漿接縫通常會內縮到石材表面的後方，以強調天然石材的形狀。

- 成層粗石是由破碎石材組成的砌體牆，石材與石材之間砂漿接縫大致呈水平、形成中間有若干間隔的連續水平層。
- 面接縫的寬度為1／2～1-1／2英吋（13～38公厘）

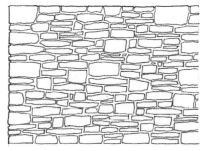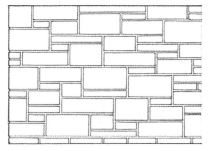

- 方形粗石是由方形石材組成的砌體牆，每隔三～四塊石材就會在尺寸和砌層上做變化。

- 亂砌方石是將石材分散鋪排在不連續的砌層中。

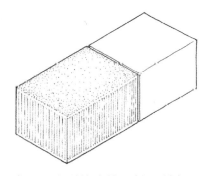

- 方石是方形的建築石材，所有與其他石材相接的表面都經過精細地磨整，因此可以做出很細窄的砂漿接縫。

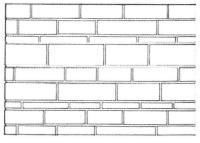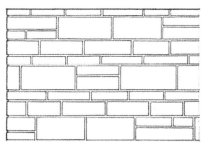

- 成層方石是指同一層內的石材高度相同，但是每一層的高度變化不同。

- 破碎方石層砌是將方石砌體鋪排在不同高度的水平層上，任何一塊方石都可以再間隔地分割成兩層、或者更多層。

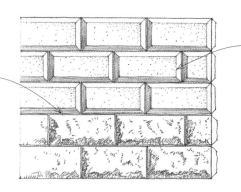

- 面接縫的寬度為3／8～3／4英吋（10～19公厘）

- 毛石砌體是將裝飾石材的可視面做成凸出、或與水平或垂直接縫呈明顯對比的砌體（通常是與垂直接縫相比），接縫處可以做成槽口、倒角或斜角等樣式。

5.34 石砌體

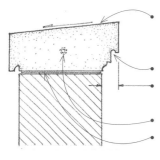

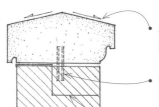

- 斜削的蓋頂石僅能朝一個方向傾斜。
- 兩側都有滴水設計
- 最小長度為1-1／2英吋（38公釐）
- 中心鋼筋插條
- 泛水片

- 馬鞍型蓋頂從中稜線斜向兩側
- 每一塊石材設置兩支垂直鋼筋插條
- 階梯狀泛水片

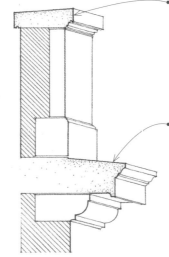

- 蓋頂石形成外牆的蓋頂、完成面、或保護層，通常會做成斜面或曲面以利洩水。

- 滴水石是一種用來滴水的飾材，設置在窗口或門口上方的簷口處。

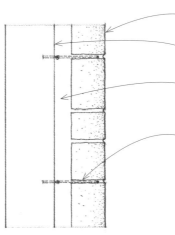

- 石材表面；最小為4英吋（100公釐）
- 混凝土空心磚（CMU）或鋼筋混凝土的背面單層壁
- 以泥漿填滿空隙的實心牆、或是留設出連續空氣間的空心牆
- 混凝土要能防水以避免髒污
- 鳩尾榫槽[1]中的非腐蝕性金屬繫件或錨定件
- 請詳見7.30石材飾面牆

背牆上的石砌體

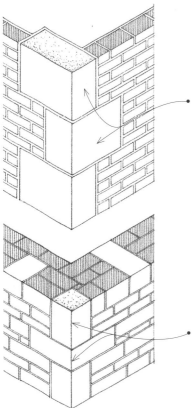

- 隅石是指砌體牆的外角、或是形成該轉角的其中一塊石材或磚塊，通常會與相鄰表面的材料、質地、顏色、尺寸、和凸出程度有所區別。

- 長短砌法是指將長方形隅石或側壁石水平和垂直地交錯砌置。

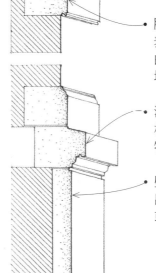

- 腰線層是齊平或凸出於建築物表面的水平砌體層，通常經由鑄型而成，用來區隔牆面區域。腰線層也稱做腰帶層。

- 瀉水台是一凸出的腰線、飾材、或壁架，能將雨水從建築物導引出去。

- 壁腳板是連續的、且通常是凸出的石材砌層，形成牆的基部或基礎。

譯注
___

1. 鳩尾榫槽（dovetail slot）：楔形、內寬外窄的榫槽，又稱為燕尾榫傳統的鋼構架結構是由熱軋樑和柱、空腹格柵、和金屬鋪板建造而成。由於結構鋼很難在現場作業，所以通常會根據設計規格在工廠內進行切割、鑄型、和鑽孔；這種做法相對地可使構造快速完成且更精確。

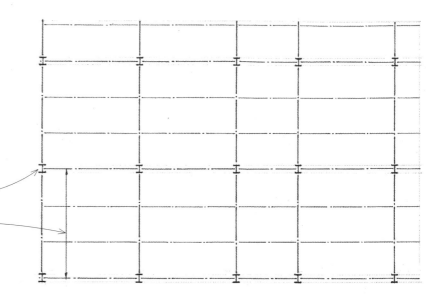

- 鋼構架以柱支撐著呈規則網格的大樑、樑、和格柵時最有效率。
- 柱間距＝樑或大樑的跨距
- 將柱的腹板調整成平行於結構構架的短軸、或是平行於結構最容易受到側向力的方向。
- 將周圍柱上的翼板朝向外面，以便將帷幕牆安裝到結構構架上。

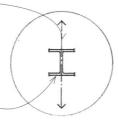

- 對側向風力和地震力的抵抗力需透過剪力板、對角斜撐、或有抗力矩接頭的剛性構架來達成。

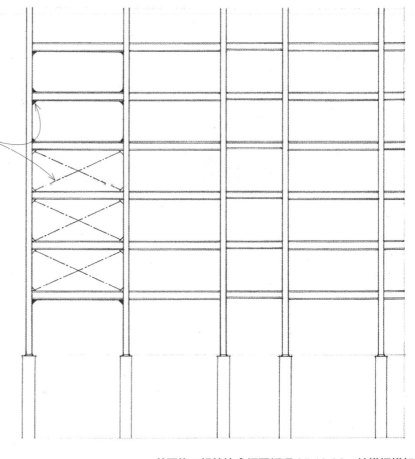

- 由於鋼材在遇火時會很快地失去強度，因此需要耐火組件或塗料；請詳見附錄A.12。在非防火的不燃構造中，鋼構架可以外露。
- 請詳見4.14鋼樑和樓板構架系統。
- 請詳見12.08鋼做為建築材料的討論。

美國施工規範協會綱要編碼 05 12 00：結構鋼構架

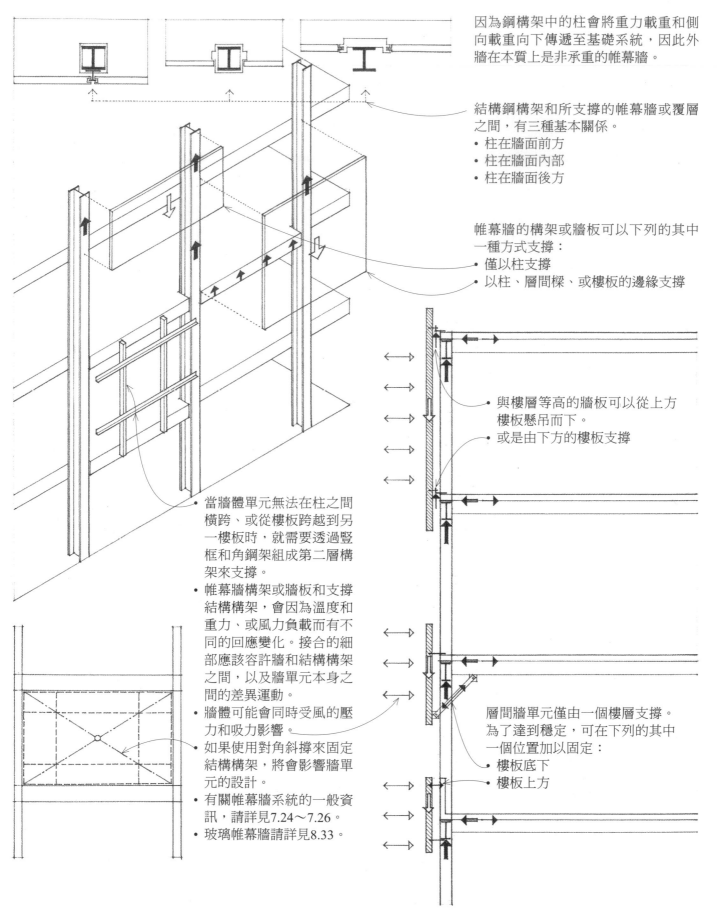

因為鋼構架中的柱會將重力載重和側向載重向下傳遞至基礎系統,因此外牆在本質上是非承重的帷幕牆。

結構鋼構架和所支撐的帷幕牆或覆層之間,有三種基本關係。
• 柱在牆面前方
• 柱在牆面內部
• 柱在牆面後方

帷幕牆的構架或牆板可以下列的其中一種方式支撐:
• 僅以柱支撐
• 以柱、層間樑、或樓板的邊緣支撐

• 與樓層等高的牆板可以從上方樓板懸吊而下。
• 或是由下方的樓板支撐

當牆體單元無法在柱之間橫跨、或從樓板跨越到另一樓板時,就需要透過豎框和角鋼架組成第二層構架來支撐。

• 帷幕牆構架或牆板和支撐結構構架,會因為溫度和重力、或風力負載而有不同的回應變化。接合的細部應該容許牆和結構構架之間,以及牆單元本身之間的差異運動。
• 牆體可能會同時受風的壓力和吸力影響。
• 如果使用對角斜撐來固定結構構架,將會影響牆單元的設計。
• 有關帷幕牆系統的一般資訊,請詳見7.24~7.26。
• 玻璃帷幕牆請詳見8.33。

層間牆單元僅由一個樓層支撐。為了達到穩定,可在下列的其中一個位置加以固定:
• 樓板底下
• 樓板上方

鋼柱最常使用的是寬翼型（W）斷面。寬翼桿適合連接不同方向的樑，而且柱的所有表面都可以螺栓或銲接來接合。其他可做為鋼柱的斷面形狀還有圓管、正方形管或長方形管。柱斷面也可以各種形狀或板材來製造，以符合柱的最終用途。

- 複合柱是澆置了至少2-1／2英吋（64公厘）厚的混凝土、並以金屬絲網強化的結構鋼柱。
- 合成柱是指完全包在澆置混凝土之中，並以垂直和螺紋鋼筋強化的結構鋼斷面。

鋼柱上的可容許載重取決於鋼柱的橫斷面面積和細長比（L／r），L代表柱的未支撐長度，單位為英吋，r則代表柱橫斷面的最小迴轉半徑。

鋼柱的估算準則

- 單位：sf＝平方英呎；m²＝平方公尺
- 4×4鋼管柱可以支撐高達750sf（70 m²）的樓地板和屋頂面積
- 6×6鋼管柱可以支撐高達2,400 sf（223 m²）的樓地板和屋頂面積
- 6×6寬翼（W）柱可以支撐高達750 sf（70 m²）的樓地板和屋頂面積
- 8×8寬翼（W）柱可以支撐高達3,000 sf（279 m²）的樓地板和屋頂面積
- 10×10寬翼柱（W）可以支撐高達4,500 sf（418 m²）的樓地板和屋頂面積
- 12×12寬翼柱（W）可以支撐高達6,000 sf（557 m²）的樓地板和屋頂面積
- 14×14寬翼柱（W）可以支撐高達12,000 sf（1,115 m²）的樓地板和屋頂面積

- 柱間距＝樑跨距；請詳見4.16。
- 柱的假定有效長度為12英呎（3,660公厘）。
- 為了支撐更重的載重、達到更高的高度、或提升結構的側向穩定性，必須增加柱的尺寸或重量。
- 最終的設計規定請諮詢結構工程師。

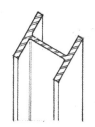
- 寬翼形（W）

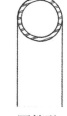
- 圓管形

- 長方形管或正方形管

- 銲接板

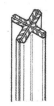
- 十字形（四個角）

- 銲接板

柱的形狀

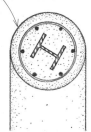

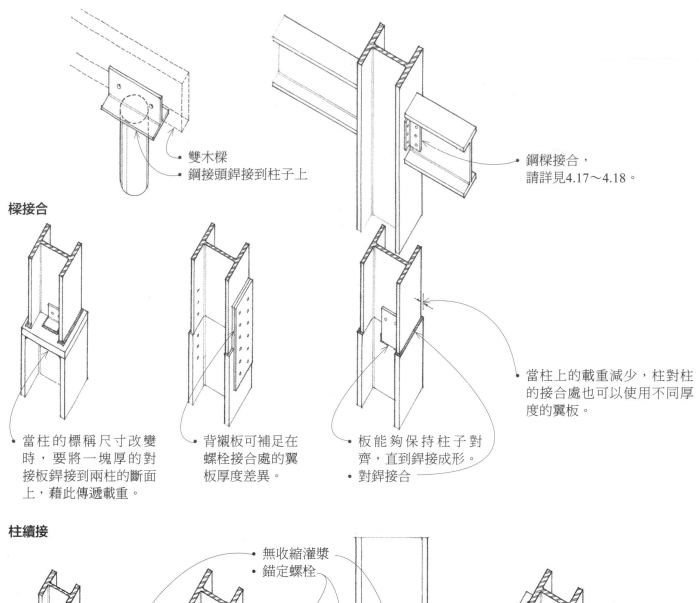

樑接合

- 雙木樑
- 鋼接頭銲接到柱子上

- 鋼樑接合,
請詳見4.17~4.18。

- 當柱的標稱尺寸改變時,要將一塊厚的對接板銲接到兩柱的斷面上,藉此傳遞載重。

- 背襯板可補足在螺栓接合處的翼板厚度差異。

- 板能夠保持柱子對齊,直到銲接成形。
- 對銲接合

- 當柱上的載重減少,柱對柱的接合處也可以使用不同厚度的翼板。

柱續接

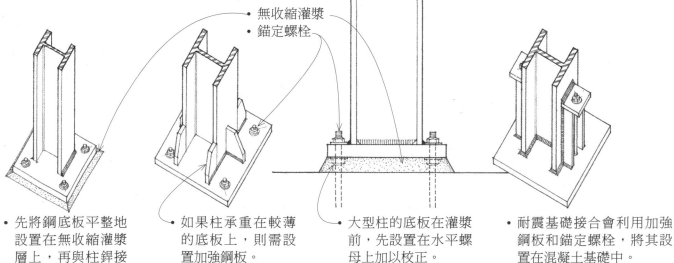

- 無收縮灌漿
- 錨定螺栓

- 先將鋼底板平整地設置在無收縮灌漿層上,再與柱銲接固定。

柱基

- 如果柱承重在較薄的底板上,則需設置加強鋼板。

- 大型柱的底板在灌漿前,先設置在水平螺母上加以校正。

- 耐震基礎接合會利用加強鋼板和錨定螺栓,將其設置在混凝土基礎中。

- 必須以鋼底板將來自柱子的集中載重分散到混凝土基礎上,才能確保不會超過混凝土的容許應力。

輕型鋼立柱是由冷成形薄鋼板或條鋼製成。冷成形鋼立柱可輕易地以簡單工具切割、組立成輕量、不燃、且防潮的牆體結構。金屬立柱牆可以做為非承重隔間牆、或是做為支撐輕量型鋼格柵的承重牆。就像輕木構造一樣，立柱構架也包含可容納設備和熱絕緣材的中空空間，並且可接受多樣的完成面處理。

- 水平槽型支撐件
- 牆高小於10'（3,050）時的水平槽型支撐件設置情形：
  - 因應垂直載重，在高度1／3處設置兩排
  - 因應風力負載，在高度的正中央設置一排
- 牆高大於10'（3,050）時的水平槽型支撐件設置情形：
  - 因應垂直載重，最大中心間距3'-4"（1,015）
  - 因應風力負載，最大中心間距5'-0"（1,525）
- 轉角處的輕量型鋼立柱組件

- 連續槽型座板
- 輕型鋼立柱的中心間距為12"、16"、或24"（305、405、或610）

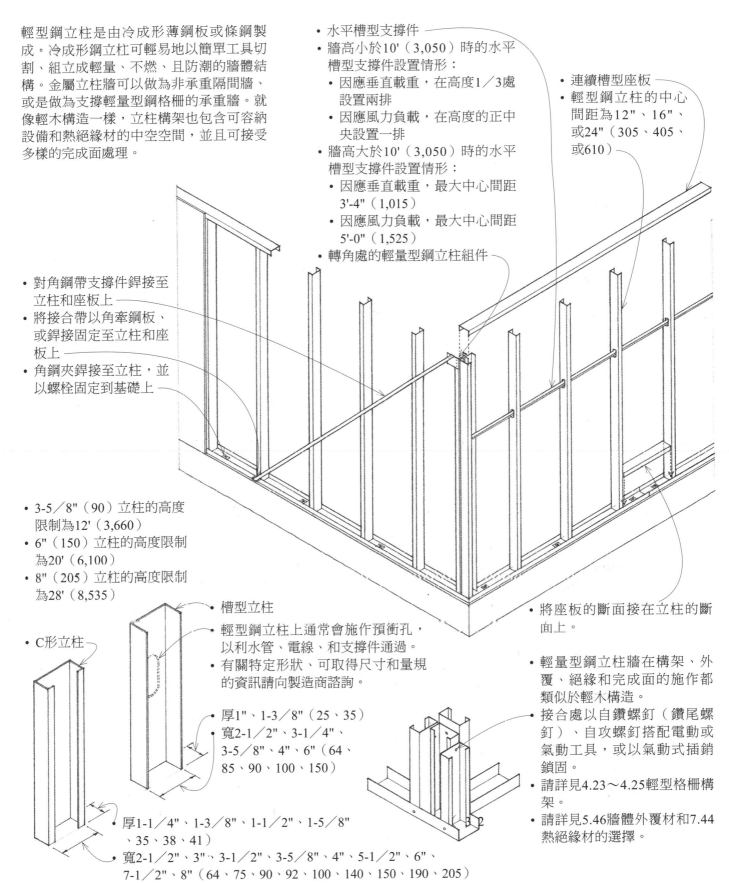

- 對角鋼帶支撐件銲接至立柱和座板上
- 將接合帶以角牽鋼板、或銲接固定至立柱和座板上
- 角鋼夾銲接至立柱，並以螺栓固定到基礎上

- 3-5／8"（90）立柱的高度限制為12'（3,660）
- 6"（150）立柱的高度限制為20'（6,100）
- 8"（205）立柱的高度限制為28'（8,535）

- C形立柱

- 槽型立柱
- 輕型鋼立柱上通常會施作預衝孔，以利水管、電線、和支撐件通過。
- 有關特定形狀、可取得尺寸和量規的資訊請向製造商諮詢。

- 厚1"、1-3／8"（25、35）
  寬2-1／2"、3-1／4"、3-5／8"、4"、6"（64、85、90、100、150）

- 厚1-1／4"、1-3／8"、1-1／2"、1-5／8"（35、38、41）
  寬2-1／2"、3"、3-1／2"、3-5／8"、4"、5-1／2"、6"、7-1／2"、8"（64、75、90、92、100、140、150、190、205）

- 將座板的斷面接在立柱的斷面上。

- 輕量型鋼立柱牆在構架、外覆、絕緣和完成面的施作都類似於輕木構造。
- 接合處以自鑽螺釘（鑽尾螺釘）、自攻螺釘搭配電動或氣動工具，或以氣動式插銷鎖固。
- 請詳見4.23～4.25輕型格柵構架。
- 請詳見5.46牆體外覆材和7.44熱絕緣材的選擇。

美國施工規範協會綱要編碼 05 40 00：冷成形金屬構架
美國施工規範協會綱要編碼 05 41 00：結構金屬立柱構架

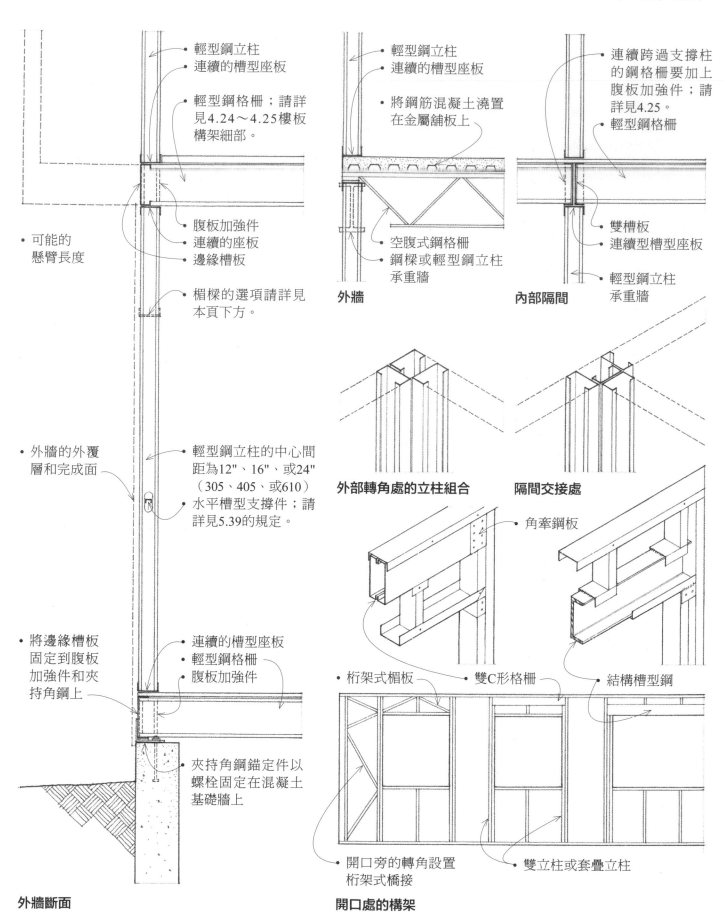

- 輕型鋼立柱
- 連續的槽型座板

- 輕型鋼格柵；請詳見4.24～4.25樓板構架細部。

- 可能的懸臂長度

- 腹板加強件
- 連續的座板
- 邊緣槽板

- 楣樑的選項請詳見本頁下方。

- 外牆的外覆層和完成面

- 輕型鋼立柱的中心間距為12"、16"、或24"（305、405、或610）
- 水平槽型支撐件；請詳見5.39的規定。

- 將邊緣槽板固定到腹板加強件和夾持角鋼上

- 連續的槽型座板
- 輕型鋼格柵
- 腹板加強件

- 夾持角鋼錨定件以螺栓固定在混凝土基礎牆上

外牆斷面

- 輕型鋼立柱
- 連續的槽型座板

- 將鋼筋混凝土澆置在金屬舖板上

- 空腹式鋼格柵
- 鋼樑或輕型鋼立柱承重牆

外牆

- 連續跨過支撐柱的鋼格柵要加上腹板加強件；請詳見4.25。
- 輕型鋼格柵

- 雙槽板
- 連續型槽型座板

- 輕型鋼立柱承重牆

內部隔間

外部轉角處的立柱組合　　**隔間交接處**

- 角牽鋼板

- 桁架式楣板
- 雙C形格柵
- 結構槽型鋼

- 開口旁的轉角設置桁架式橋接
- 雙立柱或套疊立柱

開口處的構架

輕捷型構架使用從檻板一直延伸到屋頂板、也就是構架全高度的立柱，格柵釘入立柱內、並以檻座支撐，或是利用嵌入立柱內的條板來支撐。輕捷型構架目前很少使用，但這種構架能提供最小的垂直收縮率，可能正是磚飾面和灰泥完成面所需要的。

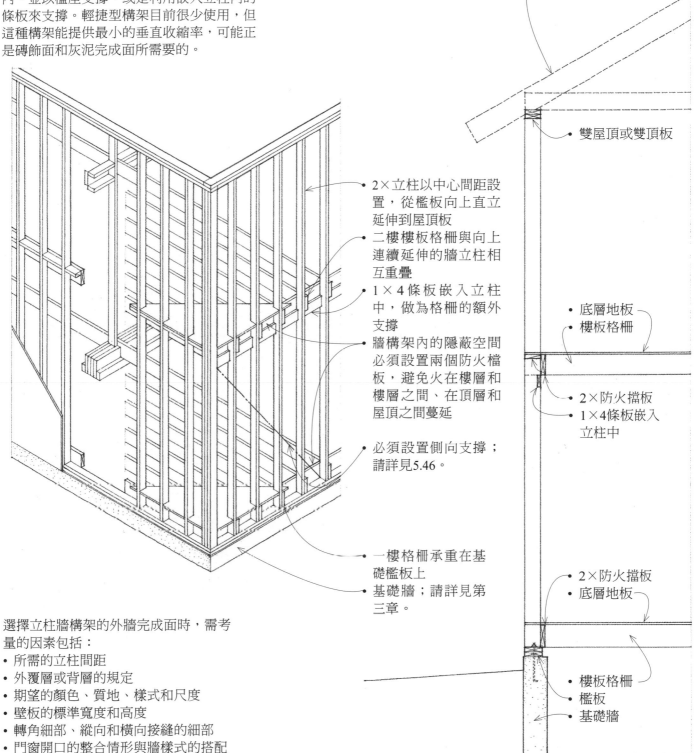

- 2×立柱以中心間距設置，從檻板向上直立延伸到屋頂板
- 二樓樓板格柵與向上連續延伸的牆立柱相互重疊
- 1×4條板嵌入立柱中，做為格柵的額外支撐
- 牆構架內的隱蔽空間必須設置兩個防火擋板，避免火在樓層和樓層之間、在頂層和屋頂之間蔓延
- 必須設置側向支撐；請詳見5.46。

- 一樓格柵承重在基礎檻板上
- 基礎牆；請詳見第三章。

- 平屋頂或斜屋頂系統；請詳見第六章。
- 雙屋頂或雙頂板

- 底層地板
- 樓板格柵

- 2×防火擋板
- 1×4條板嵌入立柱中

- 2×防火擋板
- 底層地板

- 樓板格柵
- 檻板
- 基礎牆

選擇立柱牆構架的外牆完成面時，需考量的因素包括：
- 所需的立柱間距
- 外覆層或背層的規定
- 期望的顏色、質地、樣式和尺度
- 壁板的標準寬度和高度
- 轉角細部、縱向和橫向接縫的細部
- 門窗開口的整合情形與牆樣式的搭配
- 耐久性、保養需求、和耐候特色
- 材料的導熱率、反射率、孔隙率
- 視需求設置伸縮接縫

美國施工規範協會綱要編碼 06 10 00：粗木作
美國施工規範協會綱要編碼 06 11 00：木構架

平台構架是不論要蓋出多少樓層，都僅以一層樓高的立柱搭建而成的輕木構架。每一樓層都立在下方樓層的頂板上，或立在基礎牆的檻板上。平台構架也稱為西式構架。

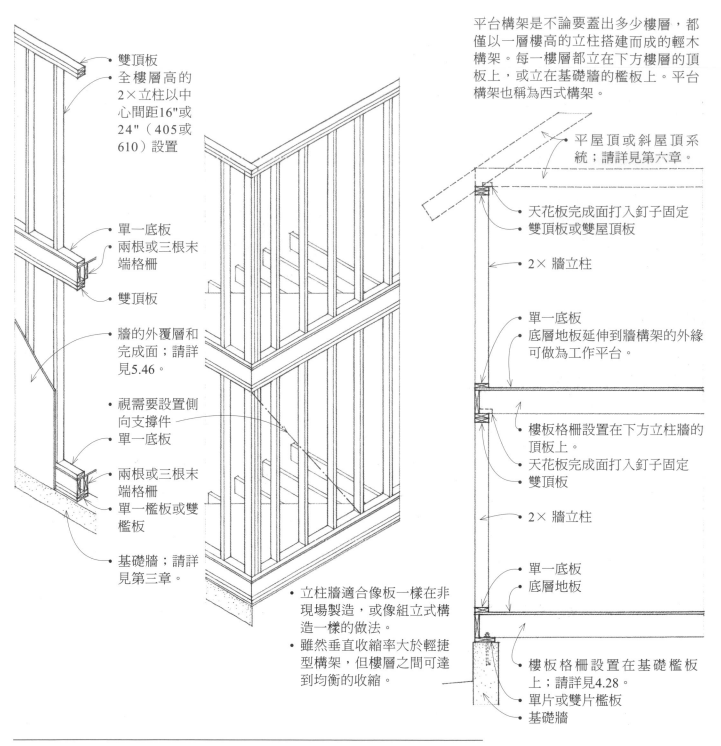

- 雙頂板
- 全樓層高的 2×立柱以中心間距16"或24"（405或610）設置

- 單一底板
- 兩根或三根末端格柵
- 雙頂板

- 牆的外覆層和完成面；請詳見5.46。

- 視需要設置側向支撐件
- 單一底板

- 兩根或三根末端格柵
- 單一檻板或雙檻板

- 基礎牆；請詳見第三章。

- 立柱牆適合像板一樣在非現場製造，或像組立式構造一樣的做法。
- 雖然垂直收縮率大於輕捷型構架，但樓層之間可達到均衡的收縮。

- 平屋頂或斜屋頂系統；請詳見第六章。

- 天花板完成面打入釘子固定
- 雙頂板或雙屋頂板

- 2× 牆立柱

- 單一底板
- 底層地板延伸到牆構架的外緣可做為工作平台。

- 樓板格柵設置在下方立柱牆的頂板上。
- 天花板完成面打入釘子固定
- 雙頂板

- 2× 牆立柱

- 單一底板
- 底層地板

- 樓板格柵設置在基礎檻板上；請詳見4.28。
- 單片或雙片檻板
- 基礎牆

牆立柱的尺寸	最大的未支撐高度	最大間距
2×4 立柱	14' (4,265)	中心間距為 16"（405），支撐天花板和屋頂時除外，不超過 10'（3,050）高的 2×4 立柱，中心間距為 24"（610）
2×6 立柱	20' (6,100)	中心間距為 24"（610），支撐二層樓和屋頂時除外，2×6 立柱的中心間距不得超過 16"（405）

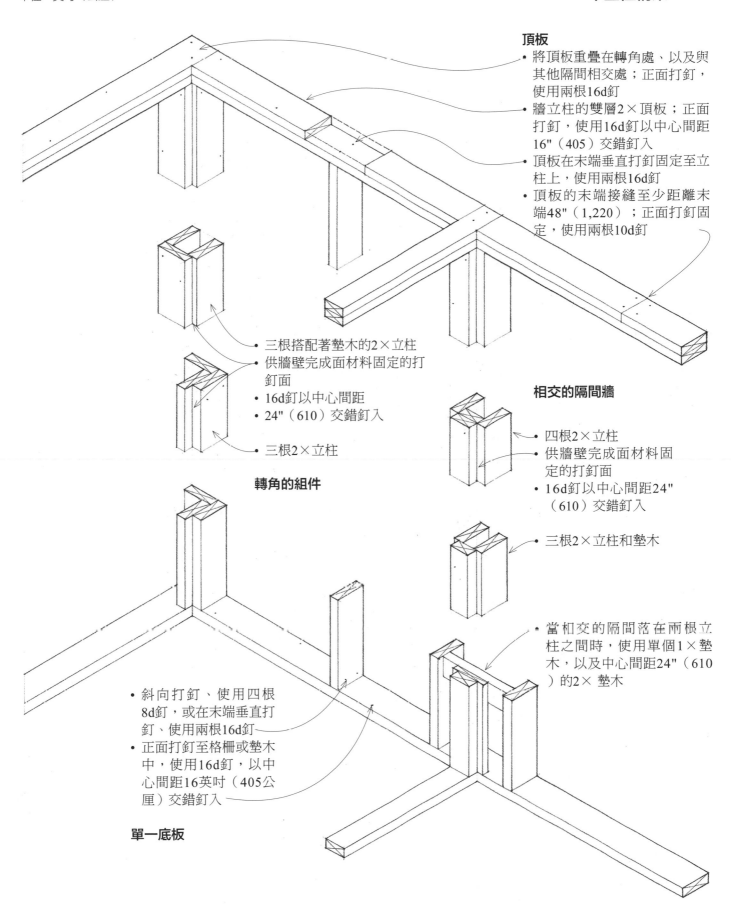

頂板
- 將頂板重疊在轉角處、以及與其他隔間相交處；正面打釘，使用兩根16d釘
- 牆立柱的雙層2×頂板；正面打釘，使用16d釘以中心間距16"（405）交錯釘入
- 頂板在末端垂直打釘固定至立柱上，使用兩根16d釘
- 頂板的末端接縫至少距離末端48"（1,220）；正面打釘固定，使用兩根10d釘

- 三根搭配著墊木的2×立柱
- 供牆壁完成面材料固定的打釘面
- 16d釘以中心間距
- 24"（610）交錯釘入

- 三根2×立柱

相交的隔間牆

- 四根2×立柱
- 供牆壁完成面材料固定的打釘面
- 16d釘以中心間距24"（610）交錯釘入

- 三根2×立柱和墊木

轉角的組件

- 當相交的隔間落在兩根立柱之間時，使用單個1×墊木，以及中心間距24"（610）的2×墊木

- 斜向打釘、使用四根8d釘，或在末端垂直打釘、使用兩根16d釘
- 正面打釘至格柵或墊木中，使用16d釘，以中心間距16英吋（405公厘）交錯釘入

單一底板

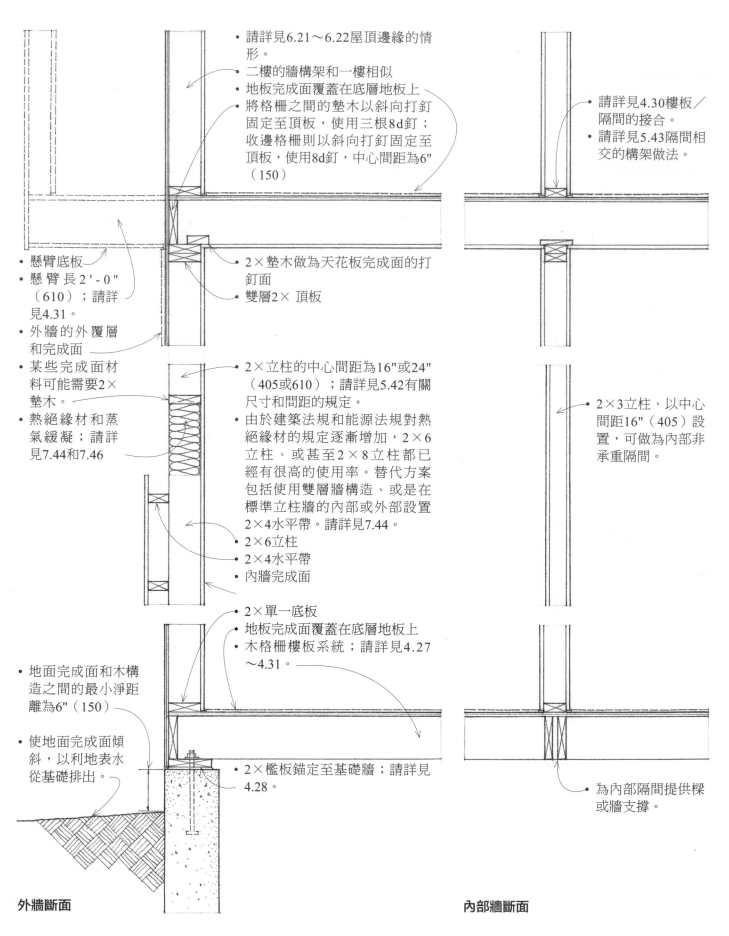

- 請詳見6.21～6.22屋頂邊緣的情形。
- 二樓的牆構架和一樓相似
- 地板完成面覆蓋在底層地板上
- 將格柵之間的墊木以斜向打釘固定至頂板，使用三根8d釘；收邊格柵則以斜向打釘固定至頂板，使用8d釘，中心間距為6"（150）

- 請詳見4.30樓板／隔間的接合。
- 請詳見5.43隔間相交的構架做法。

- 懸臂底板
- 懸臂長 2'-0"（610）；請詳見4.31。
- 外牆的外覆層和完成面
- 某些完成面材料可能需要2×墊木。
- 熱絕緣材和蒸氣緩凝；請詳見7.44和7.46

- 2×墊木做為天花板完成面的打釘面
- 雙層2× 頂板

- 2×立柱的中心間距為16"或24"（405或610）；請詳見5.42有關尺寸和間距的規定。
- 由於建築法規和能源法規對熱絕緣材的規定逐漸增加，2×6立柱、或甚至2×8立柱都已經有很高的使用率。替代方案包括使用雙層牆構造、或是在標準立柱牆的內部或外部設置2×4水平帶。請詳見7.44。
- 2×6立柱
- 2×4水平帶
- 內牆完成面

- 2×3立柱、以中心間距16"（405）設置，可做為內部非承重隔間。

- 地面完成面和木構造之間的最小淨距離為6"（150）
- 使地面完成面傾斜，以利地表水從基礎排出。

- 2×單一底板
- 地板完成面覆蓋在底層地板上
- 木格柵樓板系統；請詳見4.27～4.31。

- 2×檻板錨定至基礎牆；請詳見4.28。

- 為內部隔間提供樑或牆支撐。

外牆斷面   **內部牆斷面**

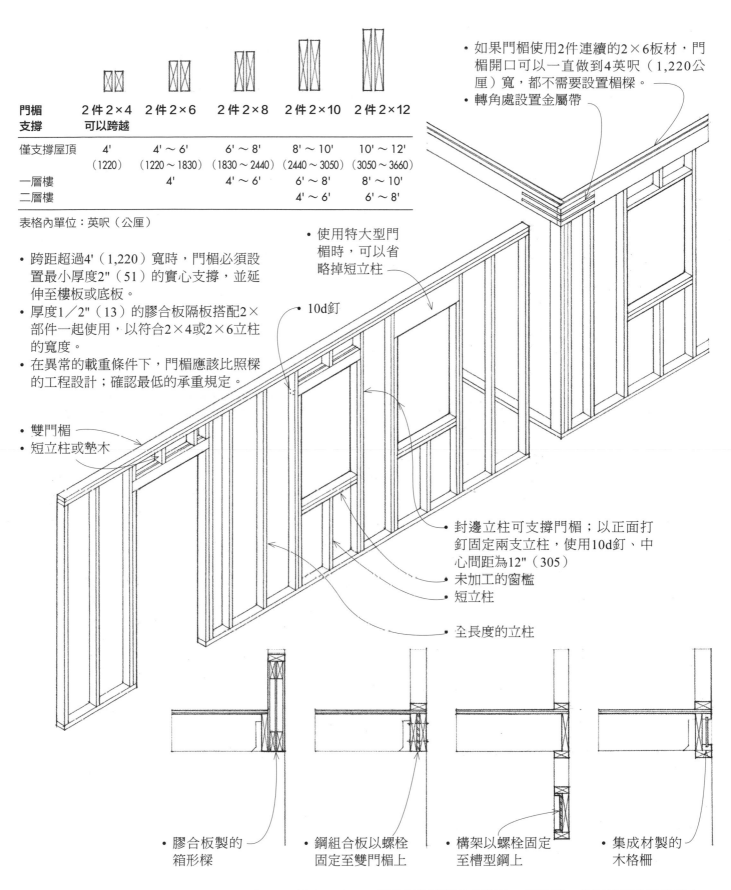

門楣支撐	2件 2×4 可以跨越	2件 2×6	2件 2×8	2件 2×10	2件 2×12
僅支撐屋頂	4' (1220)	4'～6' (1220～1830)	6'～8' (1830～2440)	8'～10' (2440～3050)	10'～12' (3050～3660)
一層樓		4'	4'～6'	6'～8'	8'～10'
二層樓				4'～6'	6'～8'

表格內單位：英呎（公厘）

- 跨距超過4'（1,220）寬時，門楣必須設置最小厚度2"（51）的實心支撐，並延伸至樓板或底板。
- 厚度1／2"（13）的膠合板隔板搭配2×部件一起使用，以符合2×4或2×6立柱的寬度。
- 在異常的載重條件下，門楣應該比照樑的工程設計；確認最低的承重規定。

- 雙門楣
- 短立柱或墊木

- 如果門楣使用2件連續的2×6板材，門楣開口可以一直做到4英呎（1,220公厘）寬，都不需要設置楣樑。
- 轉角處設置金屬帶

- 使用特大型門楣時，可以省略掉短立柱

- 10d釘

- 封邊立柱可支撐門楣；以正面打釘固定兩支立柱，使用10d釘、中心間距為12"（305）
- 未加工的窗檻
- 短立柱

- 全長度的立柱

- 膠合板製的箱形樑
- 鋼組合板以螺栓固定至雙門楣上
- 構架以螺栓固定至槽型鋼上
- 集成材製的木格柵

寬開口的楣樑選擇　‧ 這些楣樑應該比照樑的工程設計；確認最低的承重規定。

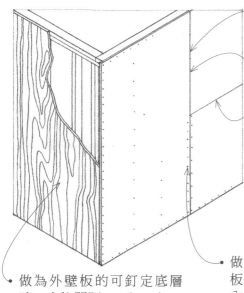

- 接縫間距為1／8"（3），除非製造商另有建議。
- 以水平向組立時，上下排垂直接縫必須相互交錯。
- 外覆板的水平邊緣以墊木或木板夾支撐；板內以中心間距12"（305）釘定、板緣以中心間距6"（150）釘定

- 做為外壁板的可釘定底層時：立柱間距16"（405），最小板厚為3／8"（10）；立柱間距24"（610），最小板厚度為1／2"（13）

- 板的尺寸有4'×8'、9'、10'（1,220×2,440、2,745、3,050）

- 做為轉角支撐時，外覆板必須以垂直向組立，板內以中心間距8"（205）釘定、板緣以中心間距4"（100）釘定。立柱間距16"（405），最小板厚為5／16"（8）；立柱間距24"（610），最小板厚為3／8"（10）

外覆等級板

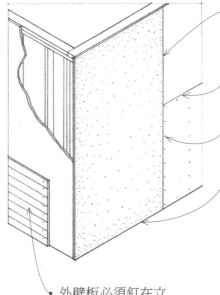

- 以水平向組立時，上下排垂直接縫必須相互交錯。
- 外覆板的水平邊緣以墊木支撐。
- 以中心間距8"（205）打釘固定
- 做為轉角支撐時，將1／2"（13）厚的外覆板以垂直向組立並釘定，也可使用製造商建議的黏合劑來固定。

- 外壁板必須釘在立柱構架上，因為石膏板是無法打釘固定的底板。

- 板的尺寸有4'×8'、10'、12'、14'（1,220×2,440、3,050、3,660、4,265）

外覆石膏板

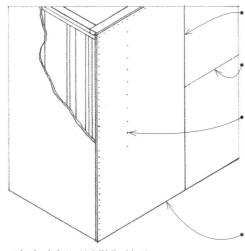

- 高密度板可以做為外壁板的可釘定底板。

- 板的尺寸有4'×8'、9'、10'、12'（1,220×2,440、2,745、3,050、3,660）

- 以水平向組立時，上下排垂直接縫必須相互交錯。
- 沿著水平邊緣設置實心墊木或V形槽接縫
- 板內以中心間距8"（205）釘定，板緣以中心間距4"（100）釘定

- 做為轉角支撐時，將1／2"（13）厚的高密度板以垂直向組立；板內以中心間距6"（150）釘定，板緣以中心間距3"（75）釘定

外覆纖維板

美國施工規範協會綱要編碼 06 16 00：外覆材

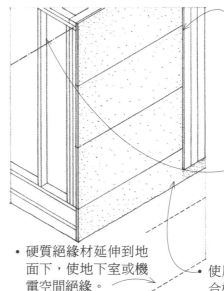

- 外壁板必須直接釘在立柱構架上。
- 由於泡沫塑膠是一種有效的蒸氣隔絕材，因此牆組件必須適當地通風。
- 硬質絕緣材無法做為轉角支撐材；使用嵌入立柱中的鋼帶或1×4木條

- 硬質絕緣材延伸到地面下，使地下室或機電空間絕緣。
- 請詳見7.44。

- 使用經過處理的膠合板或灰泥來保護外露的表面。

- 板的尺寸有2'×4'、8'；以及4'×8'、9'（610×1,220、2,440；以及1,220×2,440、2,745）

硬質泡沫塑膠外覆材

木柱可以是實木柱、組合柱、或間隔構成柱。選擇木柱時必須考量以下幾點：木材品種、結構等級、彈性模數，以及能滿足預期使用的容許壓縮應力、彎曲應力、和剪應力值。除此之外，還要注意載重條件和使用的接合類型。

木柱和支柱的整個軸向都會承受壓縮力。在平行於木材紋理的壓縮作用下，如果最大單位應力超出了容許單位應力，木材纖維就會被壓碎而導致木材破壞。柱的載重能力取決於細長比。當柱的細長比增加，柱可能會因為挫屈而破壞。請詳見2.15。

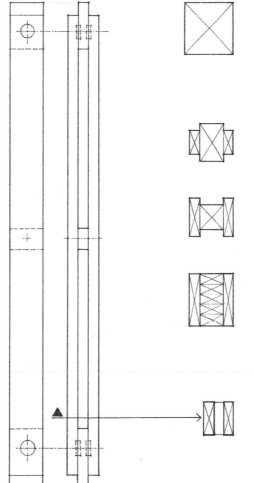

- 實木柱或組合柱l／d ＜ 50
- 間隔構成柱的個別部件
  l／d ＜ 80
- l＝無支撐的長度，單位為英吋
- d＝壓縮部件的最小尺寸，單位為英吋

- 鋸成的實木柱應以經過良好風乾的木材製成。

- 組合柱可以積層膠合、或以機械緊固而成。膠合積層柱的容許壓縮應力比鋸成的實木柱來得高，機械緊固的柱材強度則無法等同於同尺寸、同材質的實木柱。

- 間隔構成柱的組成是將兩個或多個部件用墊木在柱末端和中間各點上隔開，再利用木接頭和螺栓將柱的末端連接起來。

木柱的估算準則
- 單位：sf＝ 平方英呎；m² ＝ 平方公尺
- 6×6木柱可以支撐高達500sf（46m²）的樓地板和屋頂面積
- 8×8木柱可以支撐高達1,000sf（93m²）的樓地板和屋頂面積
- 10×10木柱可以支撐高達2,500sf（232m²）的樓地板和屋頂面積
- 柱的無支撐高度假定為12英呎（3,660公厘）
- 要支撐較大的載重、立得更高、或更能抵抗側向力，必須加大柱的尺寸。
- 如要取得更詳細的載重資訊，請參閱書末參考書目。
- 最終的設計規定請諮詢結構工程師。

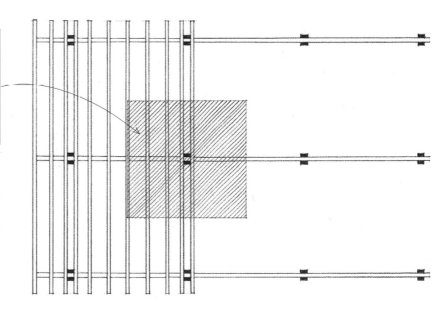

柱—樑構造是利用垂直的支柱和平行的橫樑組成的構架，用來承接樓板和屋頂載重。支撐樓板和屋頂系統的樑會將樓板和屋頂的載重傳遞到支柱或柱上，支柱和柱再將載重向下傳遞到基礎系統。

- 屋頂系統：傳統的木椽條、或厚木鋪板—樑構架；請詳見第六章。

- 如果與厚木鋪板—樑樓板和屋頂系統搭配使用，柱—樑牆系統會形成一個三維結構網格，可以水平地或垂直地延伸。
- 支柱和樑的骨架通常會外露成可見的構架，非承重牆板和門窗均能整合在構架中。
- 如果柱—樑構架外露，就像常見到的情況那樣，必須留意使用木材的品種和品質、接頭細部，特別是樑—樑之間和樑—柱之間的接合情形、以及施工品質。

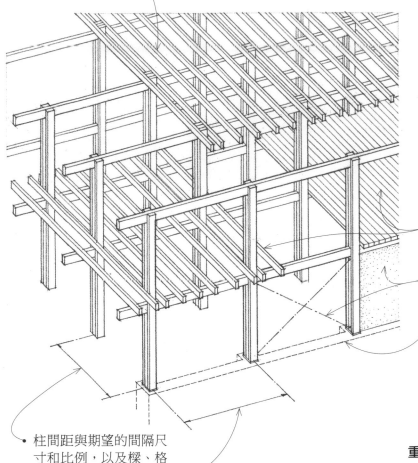

- 樓板系統：傳統格柵或厚板—樑構架；請詳見第四章。

- 為了抵抗側向風力和地震力，必須使用剛性剪力牆或對角斜撐。

- 支柱或柱可由獨立的墩柱或牆基礎支撐。

- 柱間距與期望的間隔尺寸和比例，以及樑、格柵和鋪板的跨距能力都有關聯。

重木構造
- 如果厚板—樑樓板和屋頂結構都是以不燃、耐火的外牆支撐，木材部件和鋪板也符合建築法明訂的最小尺寸的話，柱—樑構架就符合重木構造的資格。

- 樓承板：標稱厚度不小於3"（75）的雌雄榫接型（tongue-and-groove, t&g）、或以鑲木條連接（splined）的厚板，上方再設置1"（25）厚的t&g地板材料或1／2"（13）厚的結構木板底層地板
- 屋頂鋪板：標稱厚度不小於2"（51）的t&g型、或以鑲木條連接的厚板，或是1-1／8"（32）厚的結構木板
- 樑和大樑：標稱厚度不小於6"（150）、標稱深度為10"（255）
- 柱：支撐樓板時，標稱尺寸不小於8×8；僅支撐屋頂時，標稱尺寸不小於8×6。

美國施工規範協會綱要編碼 06 13 00：重木構造

柱—樑接合的強度取決於：
- 使用的木材品種和等級
- 木材部件的厚度
- 抵抗力相對於木材紋理的角度
- 使用螺栓或木接頭的尺寸和數量

用來接合的螺栓尺寸和數量均取決於所要傳遞的載重規模。一般來說，少量地使用大型螺栓，比起大量使用小型螺栓的效率更高。右圖說明的是設置螺栓的一般準則。

木材接頭

- 如果接觸的表面面積不足以容納所需的螺栓數量，就可改用木材接頭。木材接頭是設置在兩個木材部件的接面之間、用來傳遞剪力的金屬環、金屬板、和網格，使用時會利用單一螺栓將組件夾緊固定。由於木材接頭擴大了可分布載重的木材面積，並且發展出較高的承重單位應力，因此效率比單獨使用螺栓或方頭螺釘都來得高。

載重方向平行於木材紋理
- 4d
- 末端距離
  - 在壓縮力作用下為4d；
    d ＝ 螺栓直徑
  - 在張力作用下為7d
- 邊緣距離：
  - l／d ＜ 6時，邊緣距離為1-1／2d或螺栓排距的1／2
- 平行於木材紋理的螺栓排距取決於淨斷面的需要。

載重方向垂直於木材紋理
- 螺栓排距垂直於木材紋理：
  - l／d ＝ 2時，螺栓排距為2-1／2 d
  - l／d ＝ 6時，螺栓排距為5d
- 載重作用在邊緣時，邊緣距離大於或等於4d
- 4d

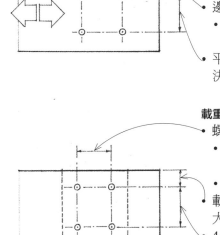

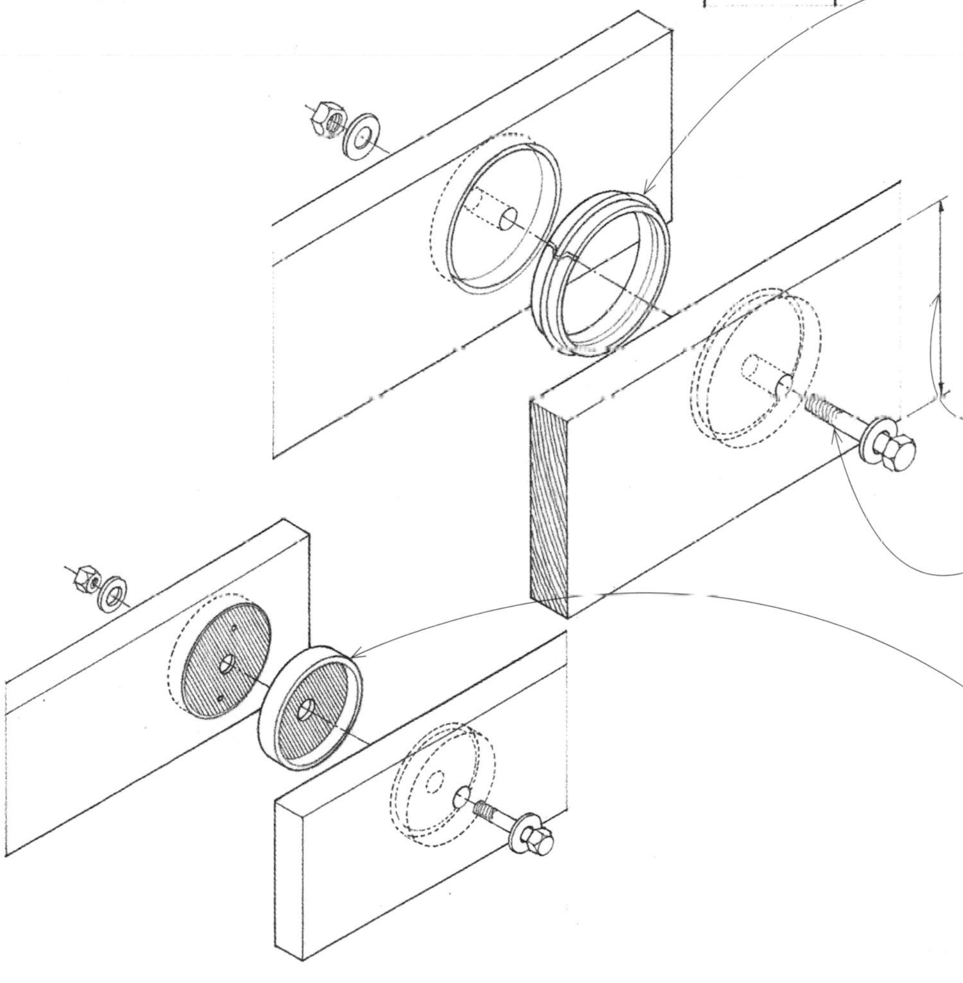

- 開環接頭是指插入相對應榫槽內的金屬環，金屬環被切割成接合部件的數個面，再利用單一螺栓固定好各個面的位置。由於雌雄榫（tongue-and-groove）在金屬環中是分離的，因此承接載重時分離環會輕微地變形，而所有的表面都能維持其承重能力。即使橫斷面傾斜導致裝置鬆脫，只要確保金屬環充分地卡入榫槽內，就能確保接縫密實貼合。
- 可取得的直徑有2-1／2"和4"（64和100）
- 2-1／2"（64）開環的最小接面面寬為3-5／8"（90）；
  4"（100）開環的最小接面面寬為5-1／2"（140）
- 2-1／2"（64）開環使用直徑1／2"（13）的螺栓；
  4"（100）開環使用直徑3／4"（19）的螺栓
- 剪力板是一塊具延性的鐵製圓板，插入相對應的榫槽中、與木材表面齊平，並以單一螺栓固定。剪力板的使用方式可能是背對背兩兩一組，安裝在可拆卸的木材—木材接頭中，或將單一剪力板安裝在木材—金屬接頭中，兩種都能發展出剪力抵抗力。

5.50 木柱—樑接合

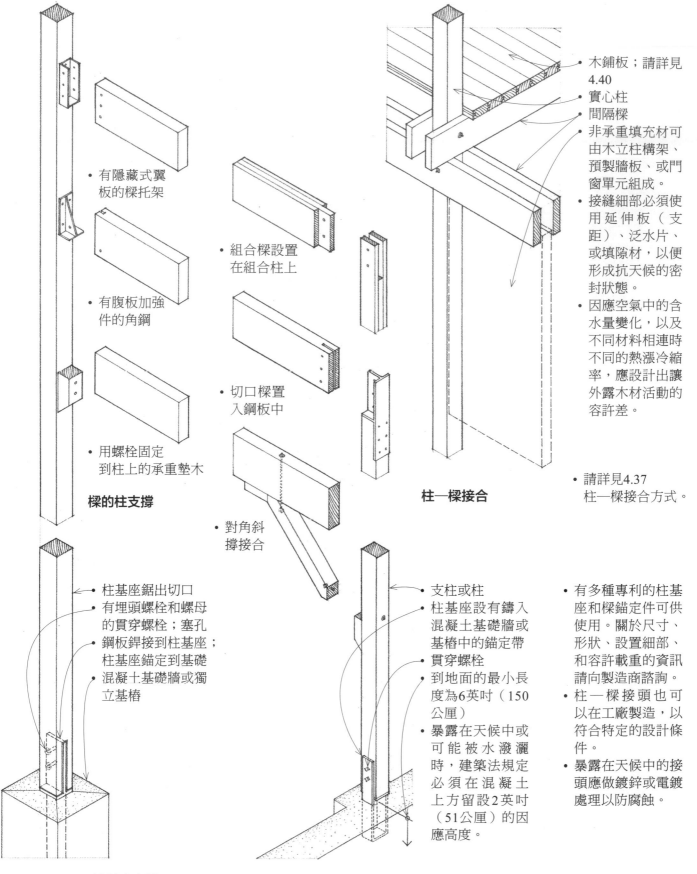

- 有隱藏式翼板的樑托架

- 有腹板加強件的角鋼

- 用螺栓固定到柱上的承重墊木

樑的柱支撐

- 組合樑設置在組合柱上

- 切口樑置入鋼板中

- 對角斜撐接合

- 木鋪板；請詳見4.40
- 實心柱
- 間隔樑
- 非承重填充材可由木立柱構架、預製牆板、或門窗單元組成。
- 接縫細部必須使用延伸板（支距）、泛水片、或填隙材，以便形成抗天候的密封狀態。
- 因應空氣中的含水量變化，以及不同材料相連時不同的熱漲冷縮率，應設計出讓外露木材活動的容許差。

柱—樑接合

- 請詳見4.37柱—樑接合方式。

- 柱基座鋸出切口
- 有埋頭螺栓和螺母的貫穿螺栓；塞孔
- 鋼板鉚接到柱基座；柱基座錨定到基礎
- 混凝土基礎牆或獨立基樁

- 支柱或柱
- 柱基座設有鑄入混凝土基礎牆或基樁中的錨定帶
- 貫穿螺栓
- 到地面的最小長度為6英吋（150公厘）
- 暴露在天候中或可能被水潑灑時，建築法規定必須在混凝土上方留設2英吋（51公厘）的因應高度。

- 有多種專利的柱基座和樑錨定件可供使用。關於尺寸、形狀、設置細部、和容許載重的資訊請向製造商諮詢。
- 柱—樑接頭也可以在工廠製造，以符合特定的設計條件。
- 暴露在天候中的接頭應做鍍鋅或電鍍處理以防腐蝕。

柱基座支撐

CLT（直交式集成板材）由預製、工程實木板組成，能以垂直配置的方式，做為結構承重牆來支撐CLT材質的地板或屋頂。詳見4.41與12.15～12.16有關CLT產品的完整介紹。

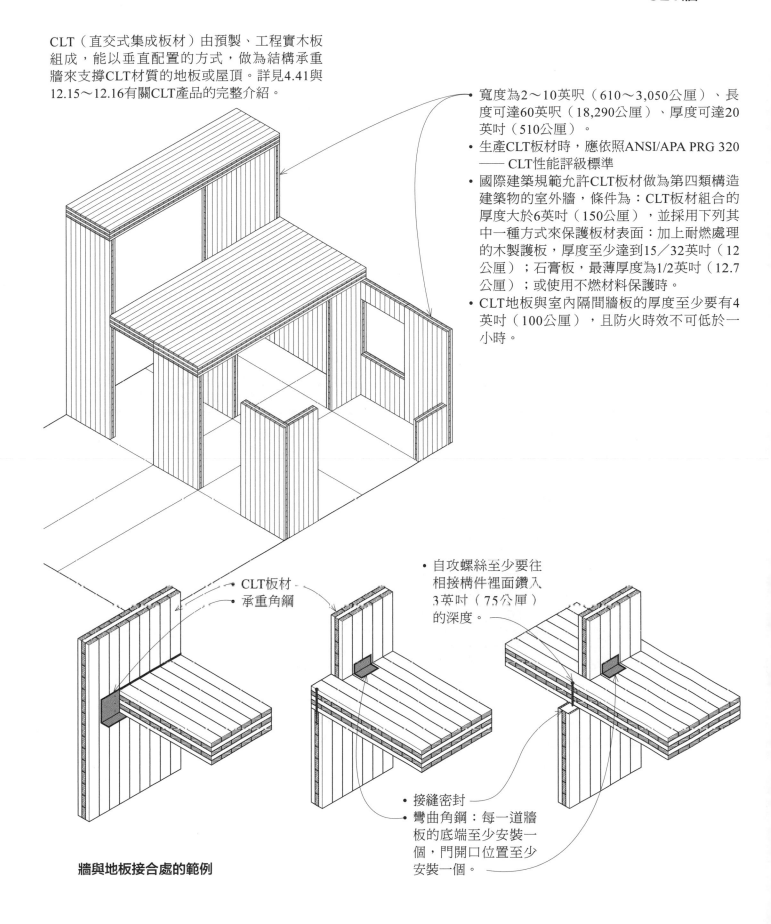

- 寬度為2～10英呎（610～3,050公厘）、長度可達60英呎（18,290公厘）、厚度可達20英吋（510公厘）。
- 生產CLT板材時，應依照ANSI/APA PRG 320 —— CLT性能評級標準
- 國際建築規範允許CLT板材做為第四類構造建築物的室外牆，條件為：CLT板材組合的厚度大於6英吋（150公厘），並採用下列其中一種方式來保護板材表面：加上耐燃處理的木製護板，厚度至少達到15／32英吋（12公厘）；石膏板，最薄厚度為1/2英吋（12.7公厘）；或使用不燃材料保護時。
- CLT地板與室內隔間牆板的厚度至少要有4英吋（100公厘），且防火時效不可低於一小時。

- 自攻螺絲至少要往相接構件裡面鑽入3英吋（75公厘）的深度。

CLT板材
承重角鋼

- 接縫密封
- 彎曲角鋼：每一道牆板的底端至少安裝一個，門開口位置至少安裝一個。

牆與地板接合處的範例

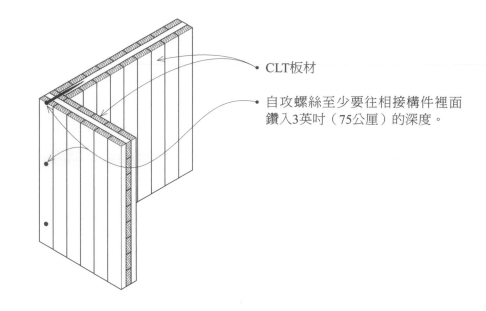

板材與板材接合處的範例

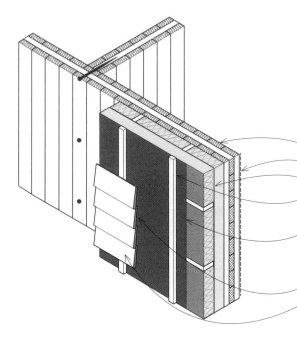

室外牆構造組合的範例

• CLT板材

• 自攻螺絲至少要往相接構件裡面鑽入3英吋（75公厘）的深度。

由於CLT板材並不是為暴露於室外環境所設計，室外牆與屋頂組合的設計目標應該是要能保持牆板乾燥，並且能防止溼氣的累積。可考量使用屋簷與通風型雨淋板以防止液態的溼氣進入，並結合空氣阻隔層來限制氣態的溼氣進入。

• CLT板材
• 室內完成面（視需要而定，非必要）
• 硬質保溫隔熱材
• 經過處理的釘板條穿過直向板條與橫向板條，固定在CLT板材上。
• 在接頭或材料轉換處，針對防止氣體滲透的空氣阻隔層進行密封；有關氣密層與水氣阻滯的進一步討論，請參閱7.47～7.48。
• 排水與通風的通風空間
• 室外包覆層

更多關於大型木製產品的資訊請詳見12.15～12.16。

6 屋頂系統
Roof Systems

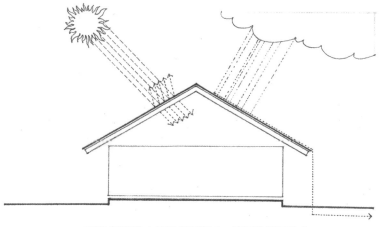

LEED 能源與大氣品質認證 2：能源性能最佳化

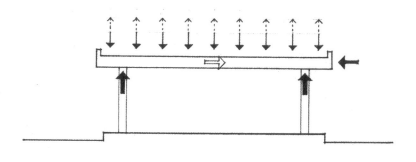

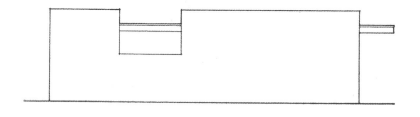

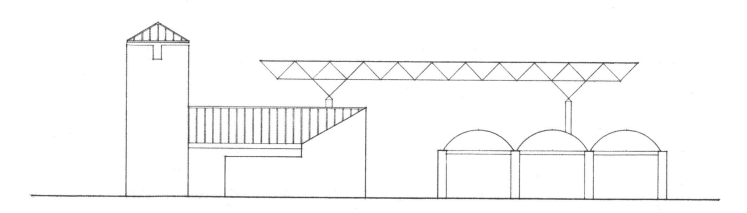

因為屋頂系統是建築物內部空間中的主要遮蔽元素，其形式和坡度必須配合不同的屋頂材料類型——板瓦、瓦片、或是連續的膜材——讓雨水和融雪流洩至簷邊落水溝、和落水管等排水系統中。屋頂的構造也應該控制溼氣、空氣滲透、熱流、以及太陽輻射的路徑。而根據建築法所規定的構造類型，屋頂結構和其相關組件都應具備抑制火勢延燒的耐火能力。

屋頂和樓板系統一樣，其結構必須橫跨空間，並且能支撐自重和任何附加設備、積雨或積雪的重量。做為屋頂平台使用的平屋頂還會受到活載重的限制。除了這些重力載重之外，屋頂面還必須能抵抗側向風力和地震力、上抬風力，並且將這些作用力都傳遞到支撐結構。

由於建築物的重力載重是從屋頂系統開始，因此屋頂結構的配置必需有相對應的柱和承重牆系統，藉此將載重向下傳遞到基礎系統。屋頂支撐的樣式和屋頂的跨距範圍，會進而影響內部空間的配置，以及屋頂結構可支撐的天花板類型。長屋頂跨距能夠開展出較有彈性的內部空間，較短的屋頂跨距則能更精確地定義空間。

屋頂結構的形式——無論是平面或斜面、山牆形或四坡形、廣面遮蔽型、或韻律性連結型——都會形成建築物給人的最主要印象。屋頂可能是外露的，屋頂邊緣與外牆齊平、或跨出外牆形成懸臂，或是從視線上隱藏起來，藏在女兒牆後方。如果屋頂的底面保持外露，室內空間的上方界線也會傳達出屋頂採用的形式。

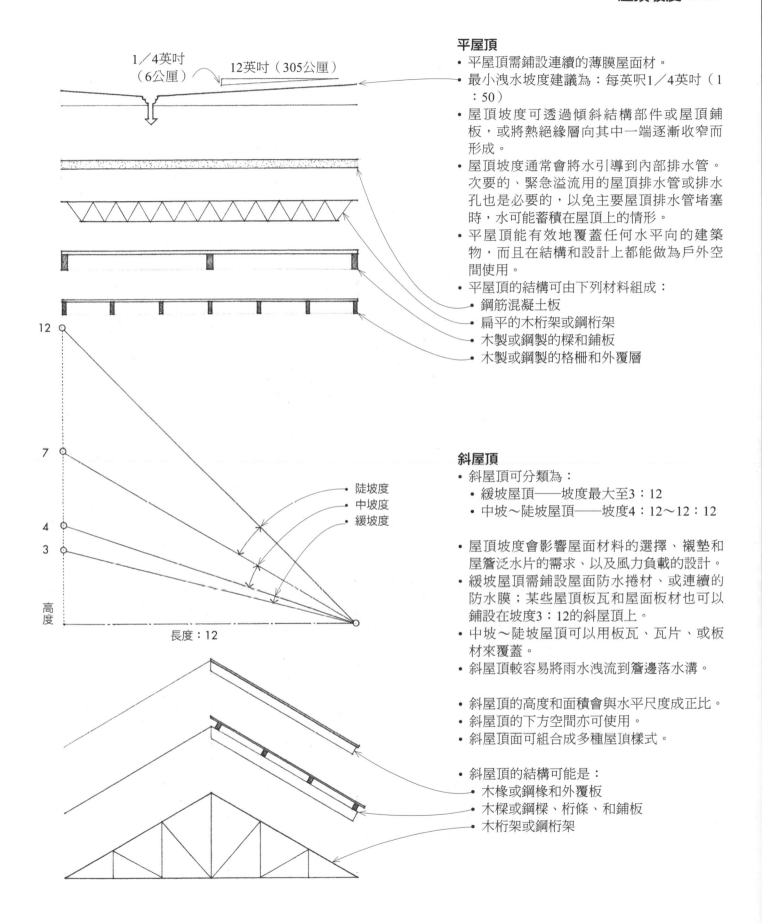

平屋頂
* 平屋頂需鋪設連續的薄膜屋面材。
* 最小洩水坡度建議為：每英呎1／4英吋（1：50）
* 屋頂坡度可透過傾斜結構部件或屋頂鋪板，或將熱絕緣層向其中一端逐漸收窄而形成。
* 屋頂坡度通常會將水引導到內部排水管。次要的、緊急溢流用的屋頂排水管或排水孔也是必要的，以免主要屋頂排水管堵塞時，水可能蓄積在屋頂上的情形。
* 平屋頂能有效地覆蓋任何水平向的建築物，而且在結構和設計上都能做為戶外空間使用。
* 平屋頂的結構可由下列材料組成：
* 鋼筋混凝土板
* 扁平的木桁架或鋼桁架
* 木製或鋼製的樑和鋪板
* 木製或鋼製的格柵和外覆層

斜屋頂
* 斜屋頂可分類為：
  * 緩坡屋頂——坡度最大至3：12
  * 中坡～陡坡屋頂——坡度4：12～12：12

* 屋頂坡度會影響屋面材料的選擇、襯墊和屋簷泛水片的需求、以及風力負載的設計。
* 緩坡屋頂需鋪設屋面防水捲材、或連續的防水膜；某些屋頂板瓦和屋面板材也可以鋪設在坡度3：12的斜屋頂上。
* 中坡～陡坡屋頂可以用板瓦、瓦片、或板材來覆蓋。
* 斜屋頂較容易將雨水洩流到簷邊落水溝。

* 斜屋頂的高度和面積會與水平尺度成正比。
* 斜屋頂的下方空間亦可使用。
* 斜屋頂面可組合成多種屋頂樣式。

* 斜屋頂的結構可能是：
* 木椽或鋼椽和外覆板
* 木樑或鋼樑、桁條、和鋪板
* 木桁架或鋼桁架

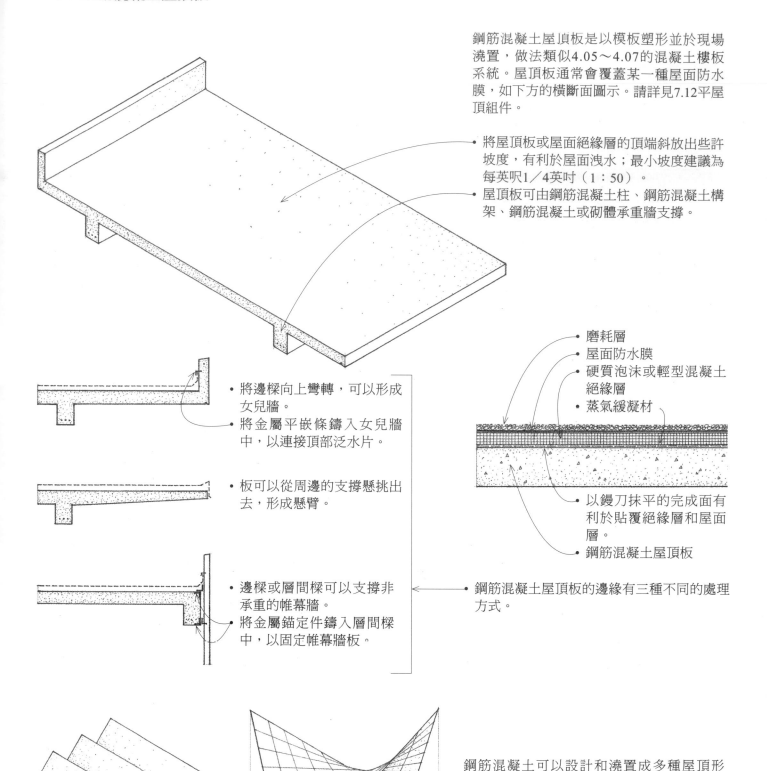

鋼筋混凝土屋頂板是以模板塑形並於現場澆置，做法類似4.05～4.07的混凝土樓板系統。屋頂板通常會覆蓋某一種屋面防水膜，如下方的橫斷面圖示。請詳見7.12平屋頂組件。

- 將屋頂板或屋面絕緣層的頂端斜放出些許坡度，有利於屋面洩水；最小坡度建議為每英呎1／4英吋（1：50）。
- 屋頂板可由鋼筋混凝土柱、鋼筋混凝土構架、鋼筋混凝土或砌體承重牆支撐。

- 將邊樑向上彎轉，可以形成女兒牆。
- 將金屬平嵌條鑄入女兒牆中，以連接頂部泛水片。

- 板可以從周邊的支撐懸挑出去，形成懸臂。

- 邊樑或層間樑可以支撐非承重的帷幕牆。
- 將金屬錨定件鑄入層間樑中，以固定帷幕牆板。

- 磨耗層
- 屋面防水膜
- 硬質泡沫或輕型混凝土絕緣層
- 蒸氣緩凝材

- 以鏝刀抹平的完成面有利於貼覆絕緣層和屋面層。
- 鋼筋混凝土屋頂板

- 鋼筋混凝土屋頂板的邊緣有三種不同的處理方式。

鋼筋混凝土可以設計和澆置成多種屋頂形式，例如摺板、圓頂、和薄殼結構。請詳見2.20和2.32～2.33。

美國施工規範協會綱要編碼™ 03 20 00：鋼筋混凝土
美國施工規範協會綱要編碼 03 30 00：現場澆置混凝土
美國施工規範協會綱要編碼 03 31 00：結構混凝土

預鑄混凝土屋頂系統的形式和構造皆與預鑄樓板系統類似,兩種系統使用的板單元也是同一種類型。一般的情形和規定請詳見4.11~4.13。

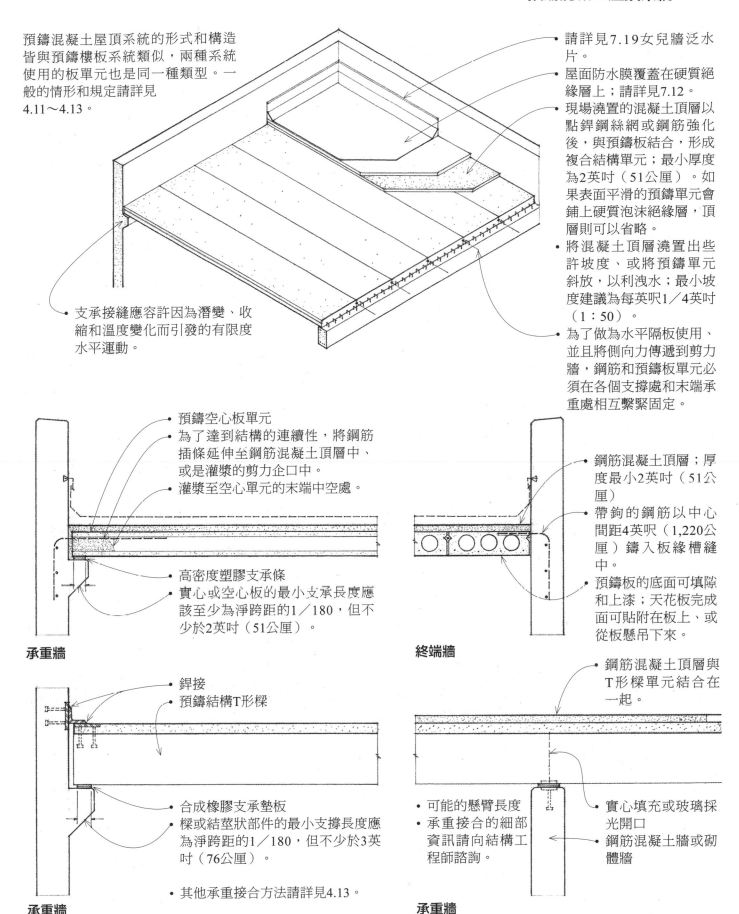

- 請詳見7.19女兒牆泛水片。
- 屋面防水膜覆蓋在硬質絕緣層上;請詳見7.12。
- 現場澆置的混凝土頂層以點銲鋼絲網或鋼筋強化後,與預鑄板結合,形成複合結構單元;最小厚度為2英吋(51公厘)。如果表面平滑的預鑄單元會鋪上硬質泡沫絕緣層,頂層則可以省略。
- 將混凝土頂層澆置出些許坡度、或將預鑄單元斜放,以利洩水;最小坡度建議為每英呎1/4英吋(1:50)。
- 為了做為水平隔板使用、並且將側向力傳遞到剪力牆,鋼筋和預鑄板單元必須在各個支撐處和末端承重處相互繫緊固定。

- 支承接縫應容許因為潛變、收縮和溫度變化而引發的有限度水平運動。

- 預鑄空心板單元
- 為了達到結構的連續性,將鋼筋插條延伸至鋼筋混凝土頂層中、或是灌漿的剪力企口中。
- 灌漿至空心單元的末端中空處。

- 高密度塑膠支承條
- 實心或空心板的最小支承長度應該至少為淨跨距的1/180,但不少於2英吋(51公厘)。

承重牆

- 鋼筋混凝土頂層;厚度最小2英吋(51公厘)
- 帶鉤的鋼筋以中心間距4英呎(1,220公厘)鑄入板緣槽縫中。
- 預鑄板的底面可填隙和上漆;天花板完成面可貼附在板上、或從板懸吊下來。

終端牆

- 銲接
- 預鑄結構T形樑

- 合成橡膠支承墊板
- 樑或結莖狀部件的最小支撐長度應為淨跨距的1/180,但不少於3英吋(76公厘)。

- 其他承重接合方法請詳見4.13。

承重牆

- 鋼筋混凝土頂層與T形樑單元結合在一起。

- 可能的懸臂長度
- 承重接合的細部資訊請向結構工程師諮詢。

- 實心填充或玻璃採光開口
- 鋼筋混凝土牆或砌體牆

承重牆

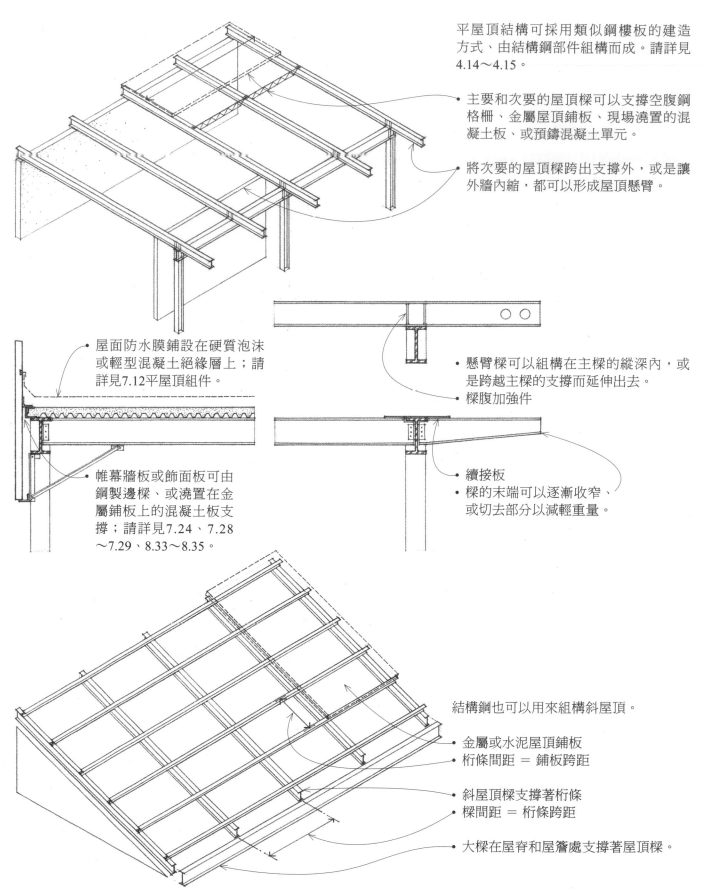

平屋頂結構可採用類似鋼樓板的建造方式、由結構鋼部件組構而成。請詳見4.14~4.15。

* 主要和次要的屋頂樑可以支撐空腹鋼格柵、金屬屋頂鋪板、現場澆置的混凝土板、或預鑄混凝土單元。

* 將次要的屋頂樑跨出支撐外，或是讓外牆內縮，都可以形成屋頂懸臂。

* 屋面防水膜鋪設在硬質泡沫或輕型混凝土絕緣層上；請詳見7.12平屋頂組件。

* 懸臂樑可以組構在主樑的縱深內，或是跨越主樑的支撐而延伸出去。
* 樑腹加強件

* 帷幕牆板或飾面板可由鋼製邊樑、或澆置在金屬鋪板上的混凝土板支撐；請詳見7.24、7.28~7.29、8.33~8.35。

* 續接板
* 樑的末端可以逐漸收窄、或切去部分以減輕重量。

結構鋼也可以用來組構斜屋頂。

* 金屬或水泥屋頂鋪板
* 桁條間距 = 鋪板跨距

* 斜屋頂樑支撐著桁條
* 樑間距 = 桁條跨距

* 大樑在屋脊和屋簷處支撐著屋頂樑。

美國施工規範協會綱要編碼 05 12 00：結構鋼構架

剛性構架是將兩根柱和一根樑或大樑在接頭處剛性地相互結合而成。由於剛性接頭抑制了所有部件端部的自由轉動情形，因此作用載重會在構架的所有部件中引發軸向力、彎力、和剪力。此外，垂直載重還會引發剛性構架基底的水平外推力。剛性構架只有在其平面內（面內）才具有超靜定（靜不定）的特性和剛性。

- 鋼能製成各種形狀不一的剛性構架，跨距為30英呎～120英呎（9公尺～36公尺）。
- 剛性構架一般用來形成只有一層樓結構的輕型工業建築物、倉庫、和娛樂設施。

- 槽型或Z形桁條
- 桁條間距＝屋頂鋪板跨距；中心間距為4英呎～5英呎（1,220公厘～1,525公厘）
- 簷口撐桿
- 槽型或Z形圍樑

- 構架的中心間距為20英呎～24英呎（6,100公厘～7,315公厘）
- 構架間距 ＝ 桁條跨距
- 構架間距 ＝ 圍樑跨距

- 剛性構架可在其平面內提供側向抵抗力；必須在垂直於構架的方向加上支撐。
- 構架一般都會以波浪狀的金屬屋面和壁板包覆。

- 鋼構架可以在非防火的不燃構造中外露。
- 請詳見附錄A.12中有關鋼結構的防火須知。
- 如果鋼屋頂結構的高度在樓板上方25英呎（7,620公厘）或更高的位置，某些建築法規會降低對屋頂的防火要求。

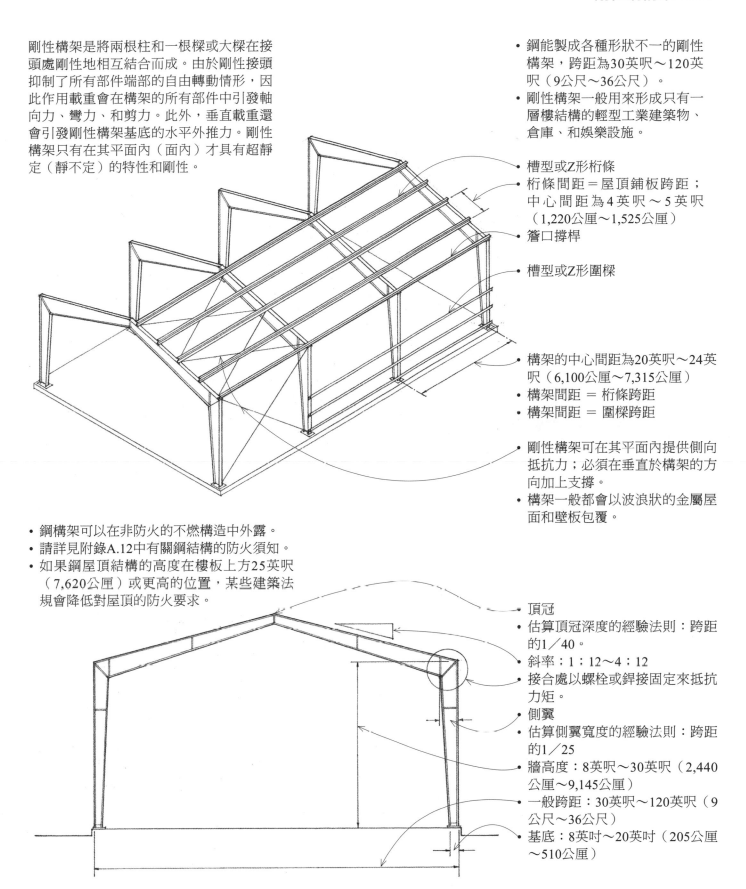

- 頂冠
- 估算頂冠深度的經驗法則：跨距的1／40。
- 斜率：1：12～4：12
- 接合處以螺栓或銲接固定來抵抗力矩。
- 側翼
- 估算側翼寬度的經驗法則：跨距的1／25
- 牆高度：8英呎～30英呎（2,440公厘～9,145公厘）
- 一般跨距：30英呎～120英呎（9公尺～36公尺）
- 基底：8英吋～20英吋（205公厘～510公厘）

美國施工規範協會綱要編碼 05 12 13：建築外露結構鋼構架

6.08 鋼桁架

• 更多關於桁架的資訊請詳見2.18。

鋼桁架通常會以鉚接或螺栓將結構角鋼和T形鋼固定在一起，形成三角形的構架。由於這些桁架部件較為細長，接合時通常還須使用角撐鋼板。較重的鋼桁架則可以使用寬翼型鋼和結構管材。

• 金屬或水泥屋頂鋪板或面板跨過桁條空間。
• 槽型或W型桁條跨過桁架間距。
• 如果桁條不承重在節點上，桁條會使上弦桿承受局部彎曲應力。

• 部件以螺栓或鉚接固定至角撐板接頭上。
• 為了避免次級剪力和彎曲應力的發生，桁架部件的質心軸和接頭上的載重必須通過一個共同點。

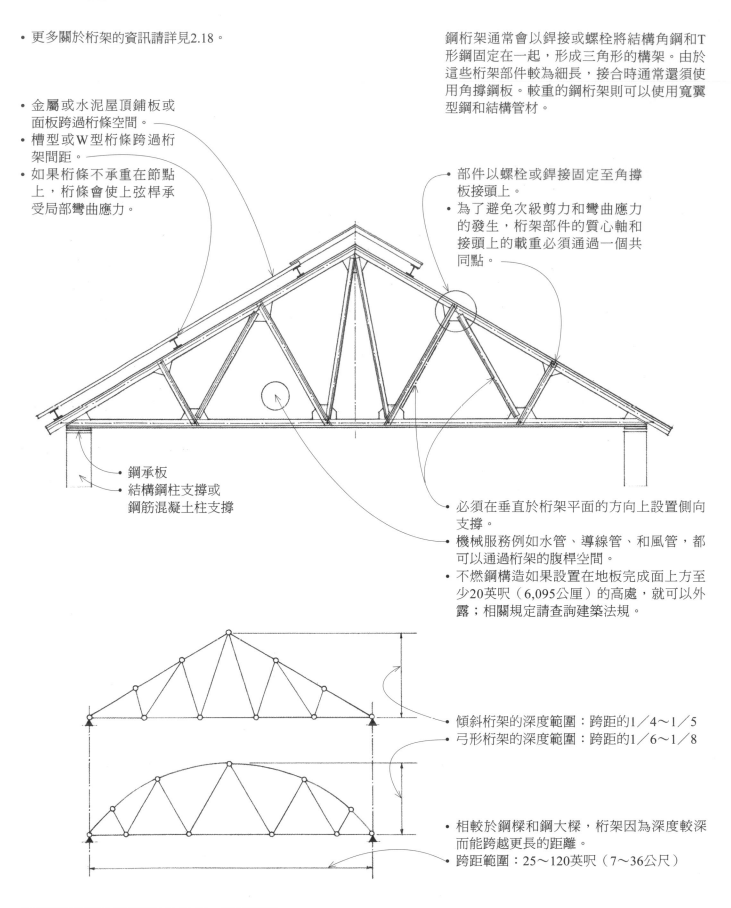

• 鋼承板
• 結構鋼柱支撐或鋼筋混凝土柱支撐

• 必須在垂直於桁架平面的方向上設置側向支撐。
• 機械服務例如水管、導線管、和風管，都可以通過桁架的腹桿空間。
• 不燃鋼構造如果設置在地板完成面上方至少20英呎（6,095公厘）的高處，就可以外露；相關規定請查詢建築法規。

• 傾斜桁架的深度範圍：跨距的1／4～1／5
• 弓形桁架的深度範圍：跨距的1／6～1／8

• 相較於鋼樑和鋼大樑，桁架因為深度較深而能跨越更長的距離。
• 跨距範圍：25～120英呎（7～36公尺）

美國施工規範協會綱要編碼 05 12 00：結構鋼構架

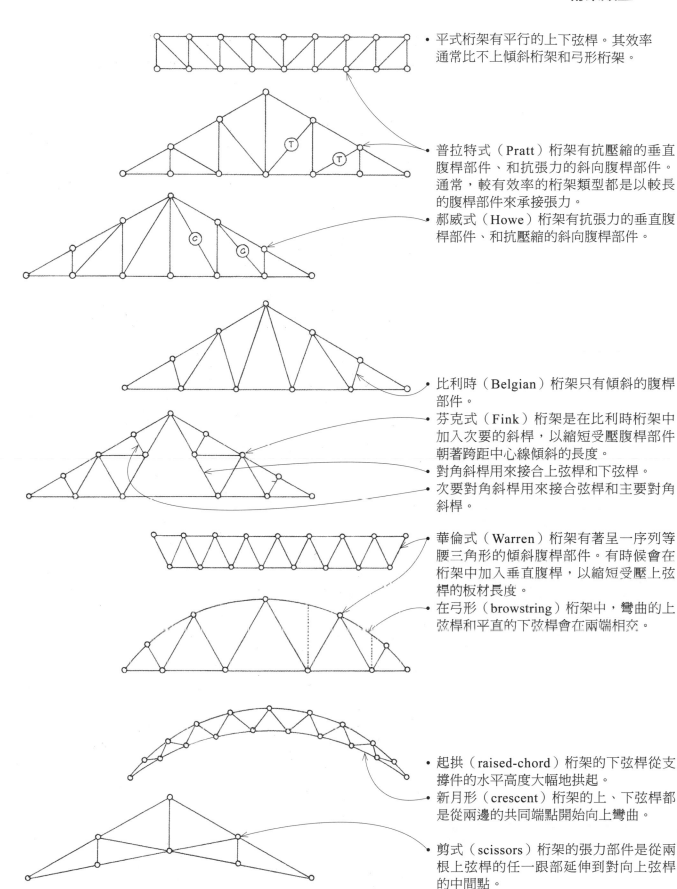

- 平式桁架有平行的上下弦桿。其效率通常比不上傾斜桁架和弓形桁架。

- 普拉特式（Pratt）桁架有抗壓縮的垂直腹桿部件、和抗張力的斜向腹桿部件。通常，較有效率的桁架類型都是以較長的腹桿部件來承接張力。

- 郝威式（Howe）桁架有抗張力的垂直腹桿部件、和抗壓縮的斜向腹桿部件。

- 比利時（Belgian）桁架只有傾斜的腹桿部件。

- 芬克式（Fink）桁架是在比利時桁架中加入次要的斜桿，以縮短受壓腹桿部件朝著跨距中心線傾斜的長度。

- 對角斜桿用來接合上弦桿和下弦桿。

- 次要對角斜桿用來接合弦桿和主要對角斜桿。

- 華倫式（Warren）桁架有著呈一序列等腰三角形的傾斜腹桿部件。有時候會在桁架中加入垂直腹桿，以縮短受壓上弦桿的板材長度。

- 在弓形（browstring）桁架中，彎曲的上弦桿和平直的下弦桿會在兩端相交。

- 起拱（raised-chord）桁架的下弦桿從支撐件的水平高度大幅地拱起。

- 新月形（crescent）桁架的上、下弦桿都是從兩邊的共同端點開始向上彎曲。

- 剪式（scissors）桁架的張力部件是從兩根上弦桿的任一跟部延伸到對向上弦桿的中間點。

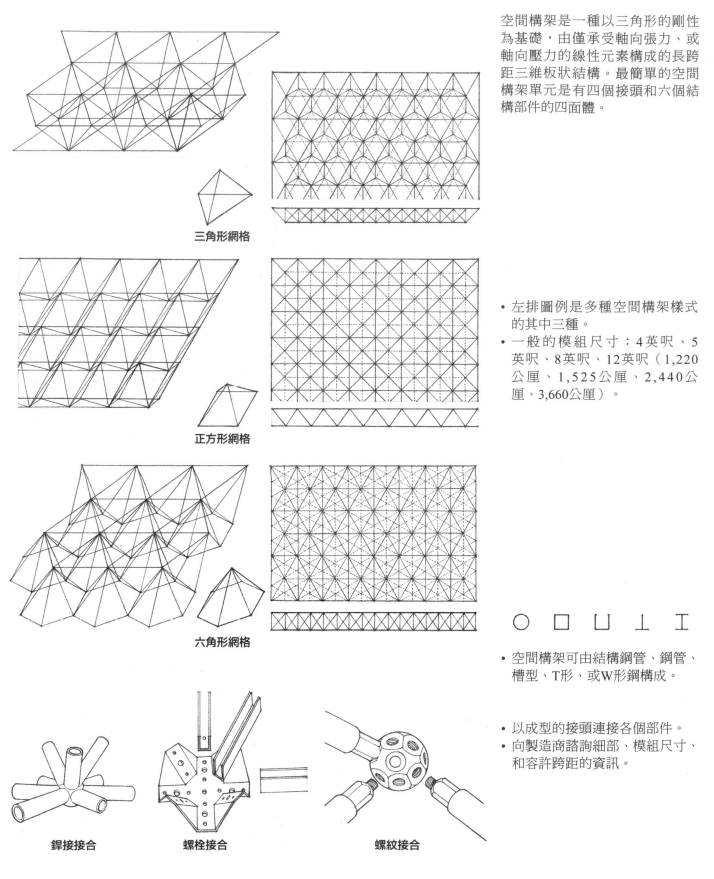

三角形網格

正方形網格

六角形網格

鋅接接合　　　螺栓接合　　　　螺紋接合

空間構架是一種以三角形的剛性為基礎，由僅承受軸向張力、或軸向壓力的線性元素構成的長跨距三維板狀結構。最簡單的空間構架單元是有四個接頭和六個結構部件的四面體。

- 左排圖例是多種空間構架樣式的其中三種。
- 一般的模組尺寸：4英呎、5英呎、8英呎、12英呎（1,220公厘、1,525公厘、2,440公厘、3,660公厘）。

- 空間構架可由結構鋼管、鋼管、槽型、T形、或W形鋼構成。

- 以成型的接頭連接各個部件。
- 向製造商諮詢細部、模組尺寸、和容許跨距的資訊。

美國施工規範協會綱要編碼 13 32 13：金屬空間構架

- 就像其他深度固定的板結構一樣，空間構架的支撐間隔（bay）應為正方形或近似正方形，以確保能有雙向結構的作用。

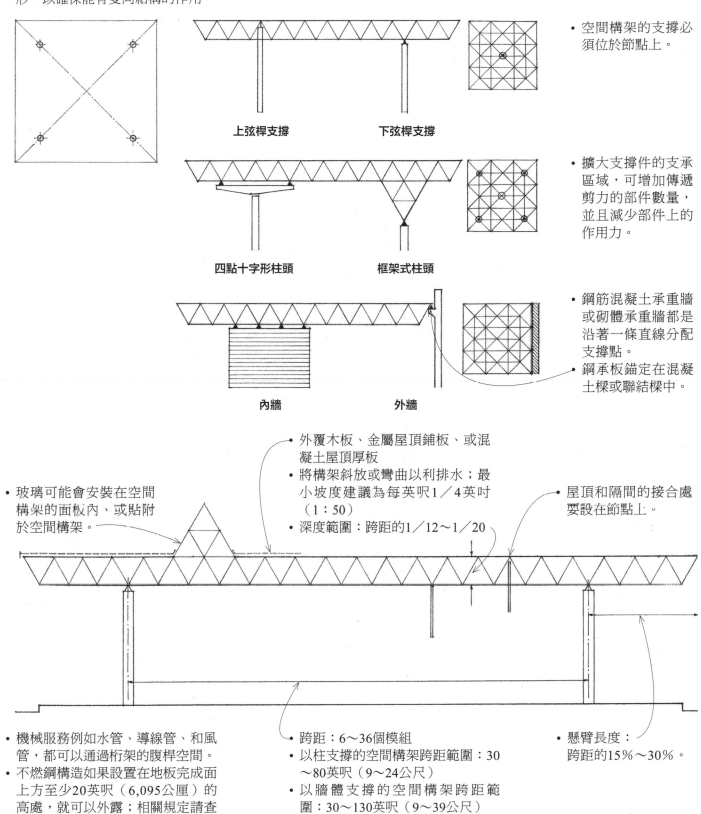

上弦桿支撐　　　　**下弦桿支撐**

- 空間構架的支撐必須位於節點上。

四點十字形柱頭　　**框架式柱頭**

- 擴大支撐件的支承區域，可增加傳遞剪力的部件數量，並且減少部件上的作用力。

內牆　　　　**外牆**

- 鋼筋混凝土承重牆或砌體承重牆都是沿著一條直線分配支撐點。
- 鋼承板錨定在混凝土樑或聯結樑中。

- 外覆木板、金屬屋頂鋪板、或混凝土屋頂厚板
- 將構架斜放或彎曲以利排水；最小坡度建議為每英呎1／4英吋（1：50）
- 深度範圍：跨距的1／12～1／20

- 玻璃可能會安裝在空間構架的面板內、或貼附於空間構架。

- 屋頂和隔間的接合處要設在節點上。

- 機械服務例如水管、導線管、和風管，都可以通過桁架的腹桿空間。
- 不燃鋼構造如果設置在地板完成面上方至少20英呎（6,095公厘）的高處，就可以外露；相關規定請查詢建築法規。

- 跨距：6～36個模組
- 以柱支撐的空間構架跨距範圍：30～80英呎（9～24公尺）
- 以牆體支撐的空間構架跨距範圍：30～130英呎（9～39公尺）

- 懸臂長度：跨距的15％～30％。

使用空腹式鋼格柵的屋頂系統，在配置和建造上都類於鋼格柵樓板系統。格柵的尺寸和跨距範圍請參考4.19～4.21。

- 為了抵抗上抬風力，每一道格柵都必須確實地錨定在支撐結構上。
- 上弦桿延伸成為屋頂懸臂
- K系列格柵的屋頂懸臂可延伸5'-6"（1,675），容許載重為300磅／平方英呎〔1磅／平方英呎（psf）＝0.479千帕（kPa）〕

- 格柵可以構入從女兒牆抬升而成的承重牆內，或承重在牆體上，形成與牆體齊平或是有懸臂的屋頂邊緣。

- 屋面防水膜鋪設在硬質泡沫或輕型混凝土絕緣材上；請詳見7.12平屋頂組件。
- 屋頂鋪板可由金屬屋頂鋪板、膠合板、或混凝土屋頂厚板所組成。
- 屋頂板的連續支承角鋼以螺栓固定至混凝土或砌體。
- 橋接件必須確實地錨定在終端牆上。

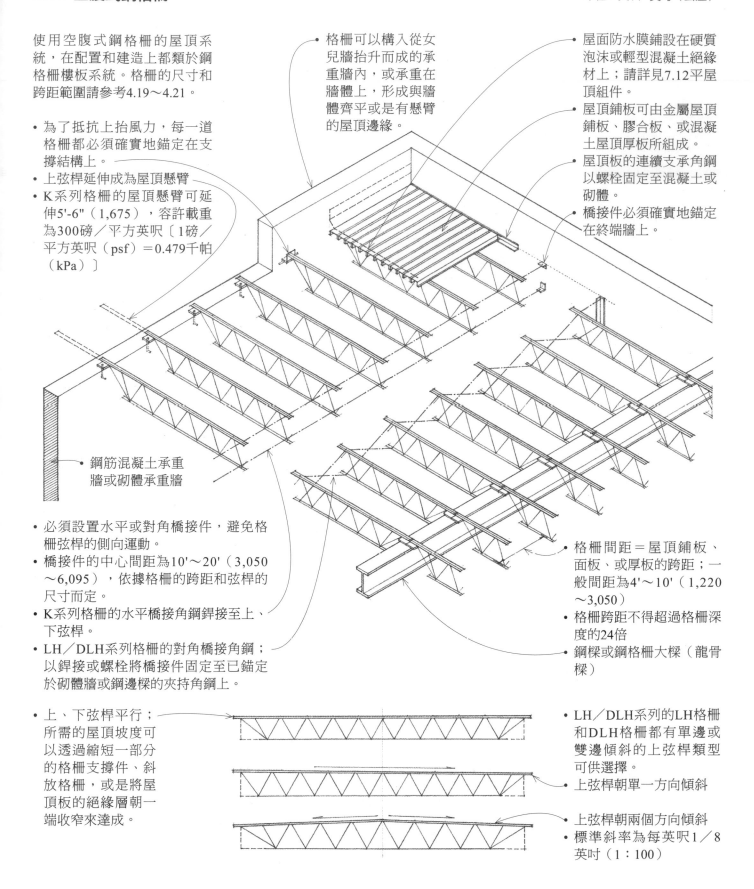

- 鋼筋混凝土承重牆或砌體承重牆

- 必須設置水平或對角橋接件，避免格柵弦桿的側向運動。
- 橋接件的中心間距為10'～20'（3,050～6,095），依據格柵的跨距和弦桿的尺寸而定。
- K系列格柵的水平橋接角鋼鉀接至上、下弦桿。
- LH／DLH系列格柵的對角橋接角鋼；以鉀接或螺栓將橋接件固定至已錨定於砌體牆或鋼邊樑的夾持角鋼上。

- 格柵間距＝屋頂鋪板、面板、或厚板的跨距；一般間距為4'～10'（1,220～3,050）
- 格柵跨距不得超過格柵深度的24倍
- 鋼樑或鋼格柵大樑（龍骨樑）

- 上、下弦桿平行；所需的屋頂坡度可以透過縮短一部分的格柵支撐件、斜放格柵，或是將屋頂板的絕緣層朝一端收窄來達成。

- LH／DLH系列的LH格柵和DLH格柵都有單邊或雙邊傾斜的上弦桿類型可供選擇。
- 上弦桿朝單一方向傾斜
- 上弦桿朝兩個方向傾斜
- 標準斜率為每英呎1／8英吋（1：100）

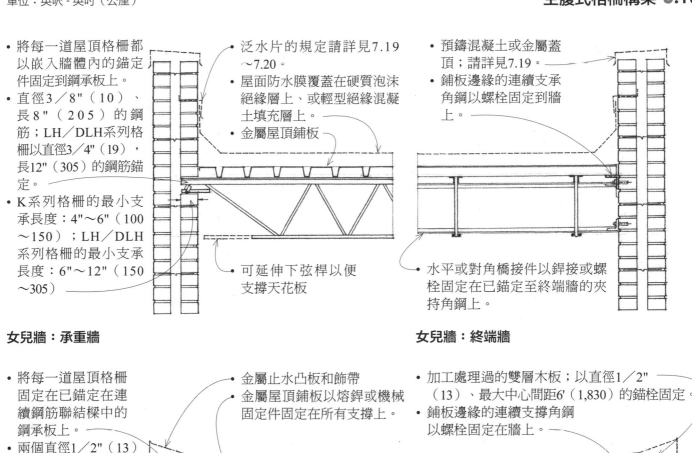

- 將每一道屋頂格柵都以嵌入牆體內的錨定件固定到鋼承板上。
- 直徑3／8"（10）、長8"（205）的鋼筋；LH／DLH系列格柵以直徑3／4"（19），長12"（305）的鋼筋錨定。
- K系列格柵的最小支承長度：4"～6"（100～150）；LH／DLH系列格柵的最小支承長度：6"～12"（150～305）

- 泛水片的規定請詳見7.19～7.20。
- 屋面防水膜覆蓋在硬質泡沫絕緣層上、或輕型絕緣混凝土填充層上。
- 金屬屋頂鋪板

- 可延伸下弦桿以便支撐天花板

- 預鑄混凝土或金屬蓋頂；請詳見7.19。
- 鋪板邊緣的連續支承角鋼以螺栓固定到牆上。

- 水平或對角橋接件以銲接或螺栓固定在已錨定至終端牆的夾持角鋼上。

女兒牆：承重牆　　　　　　　　　　　　　　　　　　**女兒牆：終端牆**

- 將每一道屋頂格柵固定在已錨定在連續鋼筋聯結樑中的鋼承板上。
- 兩個直徑1／2"（13）的錨栓；LH／DLH系列格柵使用兩個直徑3／4"（19）的錨栓。

- 金屬止水凸板和飾帶
- 金屬屋頂鋪板以熔銲或機械固定件固定在所有支撐上。

- 加工處理過的雙層木板；以直徑1／2"（13）、最大中心間距6'（1,830）的錨栓固定。
- 鋪板邊緣的連續支承角鋼以螺栓固定在牆上。

- 鋼筋聯結樑
- 水平或對角橋接件以銲接或螺栓固定在已錨定至終端牆的夾持角鋼上。

平整的邊緣：承重牆　　　　　　　　　　　　　　　**平整的邊緣：終端牆**

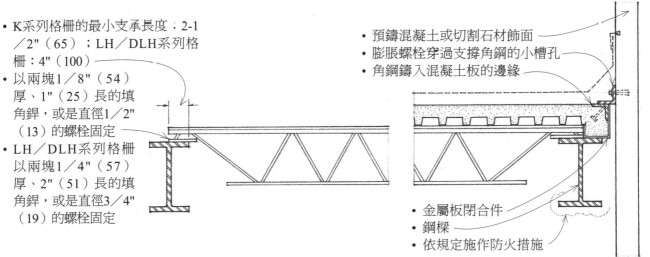

- K系列格柵的最小支承長度：2-1／2"（65）；LH／DLH系列格柵：4"（100）
- 以兩塊1／8"（54）厚、1"（25）長的填角銲，或是直徑1／2"（13）的螺栓固定
- LH／DLH系列格柵以兩塊1／4"（57）厚、2"（51）長的填角銲，或是直徑3／4"（19）的螺栓固定

- 預鑄混凝土或切割石材飾面
- 膨脹螺栓穿過支撐角鋼的小槽孔
- 角鋼鑄入混凝土板的邊緣

- 金屬板閉合件
- 鋼樑
- 依規定施作防火措施

結構鋼構架　　　　　　　　　　　　　　　　　　　**女兒牆**

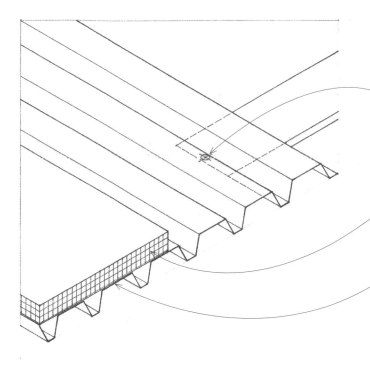

金屬屋頂鋪板為了提升剛度和跨距能力而做成波浪狀，可跨越空腹鋼格柵、或間距更寬的鋼樑，也可做為熱絕緣材和屋面防水膜的基底板材。

- 鋪板以熔銲或機械方式固定在支撐鋼格柵或樑上。
- 相鄰的鋪板利用螺釘、銲接、或壓痕直立式接縫，沿著側邊連接固定起來。
- 如果將鋪板當做結構隔板，得將側向力傳遞到剪力牆上的話，整塊鋪板的周圍都必須滿銲在鋼支撐上。此外，也可採取更嚴格的支撐和側邊重疊緊固的方式。
- 使用金屬屋頂鋪板時通常不會澆置混凝土頂層，但必須以結構木板、水泥板、或硬質泡沫絕緣板來橋接波浪板內的高度差，形成平坦又堅固的表面，以便鋪設熱絕緣材和屋面防水膜。
- 為了提供硬質泡沫絕緣材最大的有效黏著表面積，頂部的翼板應該要又寬又平。如果鋪板具有強化溝槽，絕緣層可能需要採取機械式固定。
- 雖然金屬鋪板的蒸氣滲透量低，但因為板和板之間有許多不連續的設計，所以無法達到氣密。如果為了避免溼氣滲入屋頂組件中而需要空氣阻絕層，則可施作混凝土頂層。如果以輕型絕緣混凝土填充，鋪板上可設置穿孔的通風口以釋放潛在的溼氣和蒸氣壓。

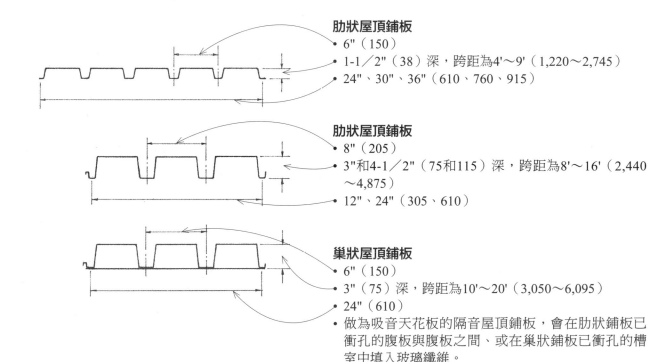

肋狀屋頂鋪板
- 6"（150）
- 1-1／2"（38）深，跨距為4'～9'（1,220～2,745）
- 24"、30"、36"（610、760、915）

肋狀屋頂鋪板
- 8"（205）
- 3"和4-1／2"（75和115）深，跨距為8'～16'（2,440～4,875）
- 12"、24"（305、610）

巢狀屋頂鋪板
- 6"（150）
- 3"（75）深，跨距為10'～20'（3,050～6,095）
- 24"（610）
- 做為吸音天花板的隔音屋頂鋪板，會在肋狀鋪板已衝孔的腹板與腹板之間、或在巢狀鋪板已衝孔的槽室中填入玻璃纖維。
- 鋪板的外形有多種變化。有關可取得的外形、長度、量規、容許跨距、和裝設細部的資訊請向製造商諮詢。

美國施工規範協會綱要編碼 05 30 00：金屬板

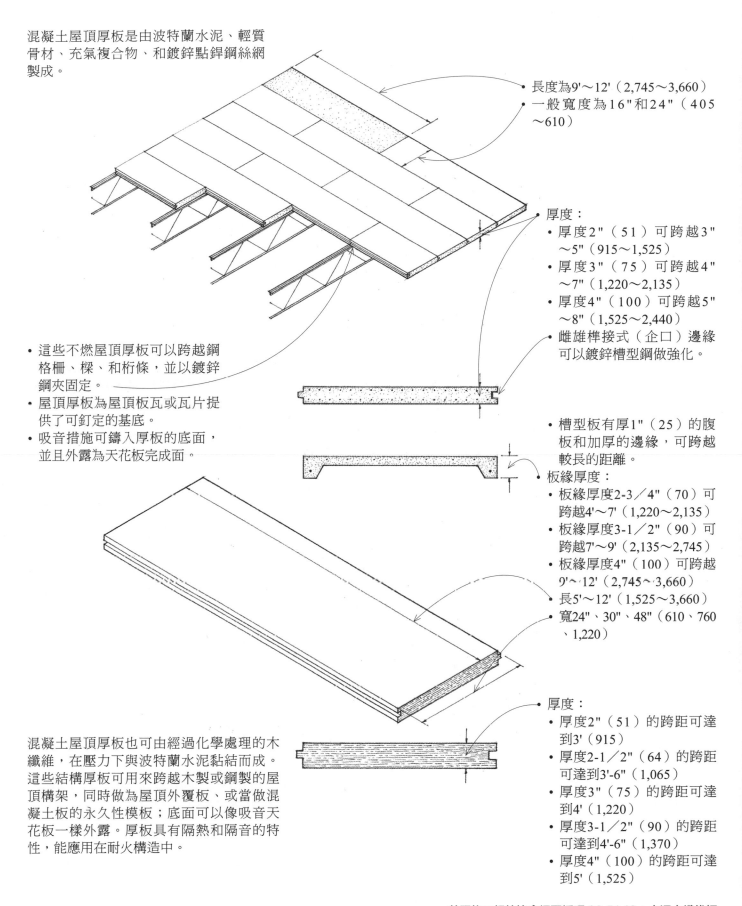

混凝土屋頂厚板是由波特蘭水泥、輕質
骨材、充氣複合物、和鍍鋅點銲鋼絲網
製成。

* 長度為9'～12'（2,745～3,660）
* 一般寬度為16"和24"（405
  ～610）

厚度：
* 厚度2"（51）可跨越3'
  ～5'（915～1,525）
* 厚度3"（75）可跨越4'
  ～7'（1,220～2,135）
* 厚度4"（100）可跨越5'
  ～8'（1,525～2,440）
* 雌雄榫接式（企口）邊緣
  可以鍍鋅槽型鋼做強化。

* 這些不燃屋頂厚板可以跨越鋼
  格柵、樑、和桁條，並以鍍鋅
  鋼夾固定。
* 屋頂厚板為屋頂板瓦或瓦片提
  供了可釘定的基底。
* 吸音措施可鑄入厚板的底面，
  並且外露為天花板完成面。

* 槽型板有厚1"（25）的腹
  板和加厚的邊緣，可跨越
  較長的距離。
* 板緣厚度：
* 板緣厚度2-3／4"（70）可
  跨越4'～7'（1,220～2,135）
* 板緣厚度3-1／2"（90）可
  跨越7'～9'（2,135～2,745）
* 板緣厚度4"（100）可跨越
  9'～12'（2,745～3,660）
* 長5'～12'（1,525～3,660）
* 寬24"、30"、48"（610、760
  、1,220）

混凝土屋頂厚板也可由經過化學處理的木
纖維，在壓力下與波特蘭水泥黏結而成。
這些結構厚板可用來跨越木製或鋼製的屋
頂構架，同時做為屋頂外覆板、或當做混
凝土板的永久性模板；底面可以像吸音天
花板一樣外露。厚板具有隔熱和隔音的特
性，能應用在耐火構造中。

厚度：
* 厚度2"（51）的跨距可達
  到3'（915）
* 厚度2-1／2"（64）的跨距
  可達到3'-6"（1,065）
* 厚度3"（75）的跨距可達
  到4'（1,220）
* 厚度3-1／2"（90）的跨距
  可達到4'-6"（1,370）
* 厚度4"（100）的跨距可達
  到5'（1,525）

美國施工規範協會綱要編碼 03 51 13：水泥木纖維板

6.16 椽木構架

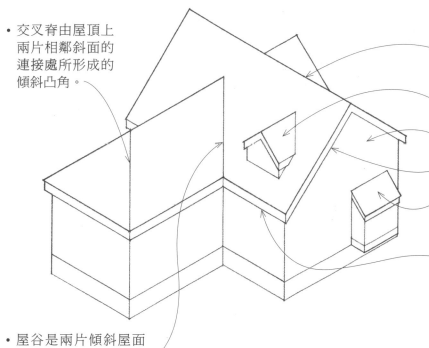

- 交叉脊由屋頂上兩片相鄰斜面的連接處所形成的傾斜凸角。

- 屋谷是兩片傾斜屋面的交會處，也是雨水匯集的流向。

屋頂專有名詞

- 屋脊是由屋頂上兩片斜面在頂端交會而成的水平線。

- 天窗是建造在斜屋頂上的凸出結構，裝有垂直窗或通風百葉。
- 山牆是指圍閉斜屋頂末端屋脊到屋簷的三角形牆體。
- 斜帶通常是指斜屋頂傾斜的凸出邊緣。

- 遮棚是有單一坡度的屋頂。

- 屋簷是指較低緣的屋頂懸臂。
- 簷底是指懸挑屋簷的底面。

山形屋頂

- 山形屋頂（gable roof；又稱兩披水屋頂）的斜坡從中央屋脊向下展開成兩部分，因此會在兩端形成山牆。

- 屋脊板是一種非結構水平部件，椽條頂端要與屋脊板對齊並固定。

- 一般的椽條會從牆板延伸到屋脊板或屋脊樑，支撐屋頂的外覆板和覆蓋層。
- 領式繫樑（collar tie）將兩根反向的椽條固定在屋脊下方的某一點，通常是在椽條全長的上三分之一處。
- 用來抵抗椽條外推力的繫件，設計方式可比照僅支撐閣樓載重的天花板格柵、或是支撐起居空間的地板格柵。
- 椽條跨距
- 承重牆或樑

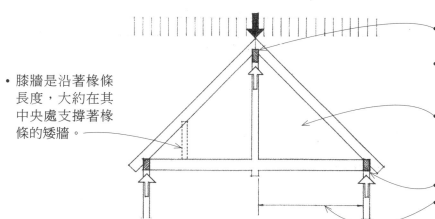

- 膝牆是沿著椽條長度，大約在其中央處支撐著椽條的矮牆。

- 屋脊樑是在屋脊處支撐著椽條頂端的結構水平部件。
- 椽條繫件不需設置在外牆和樑支撐之間。

- 如果有充足的頭頂空間、自然光和通風，閣樓空間就能居住。

- 樑或承重牆
- 椽條跨距

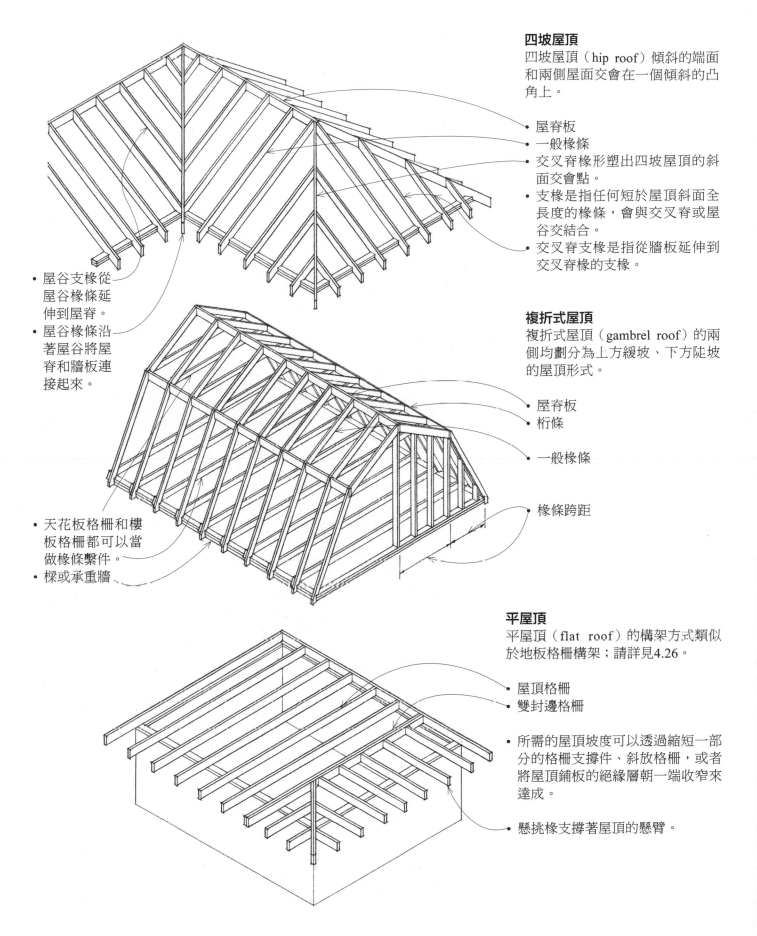

四坡屋頂

四坡屋頂（hip roof）傾斜的端面和兩側屋面交會在一個傾斜的凸角上。

- 屋脊板
- 一般椽條
- 交叉脊椽形塑出四坡屋頂的斜面交會點。
- 支椽是指任何短於屋頂斜面全長度的椽條，會與交叉脊或屋谷交結合。
- 交叉脊支椽是指從牆板延伸到交叉脊椽的支椽。

- 屋谷支椽從屋谷椽條延伸到屋脊。
- 屋谷椽條沿著屋谷將屋脊和牆板連接起來。

複折式屋頂

複折式屋頂（gambrel roof）的兩側均劃分為上方緩坡、下方陡坡的屋頂形式。

- 屋脊板
- 桁條

- 一般椽條

- 椽條跨距

- 天花板格柵和樓板格柵都可以當做椽條繫件。
- 樑或承重牆

平屋頂

平屋頂（flat roof）的構架方式類似於地板格柵構架；請詳見4.26。

- 屋頂格柵
- 雙封邊格柵

- 所需的屋頂坡度可以透過縮短一部分的格柵支撐件、斜放格柵，或者將屋頂鋪板的絕緣層朝一端收窄來達成。

- 懸挑椽支撐著屋頂的懸臂。

6.18 輕鋼構屋頂構架

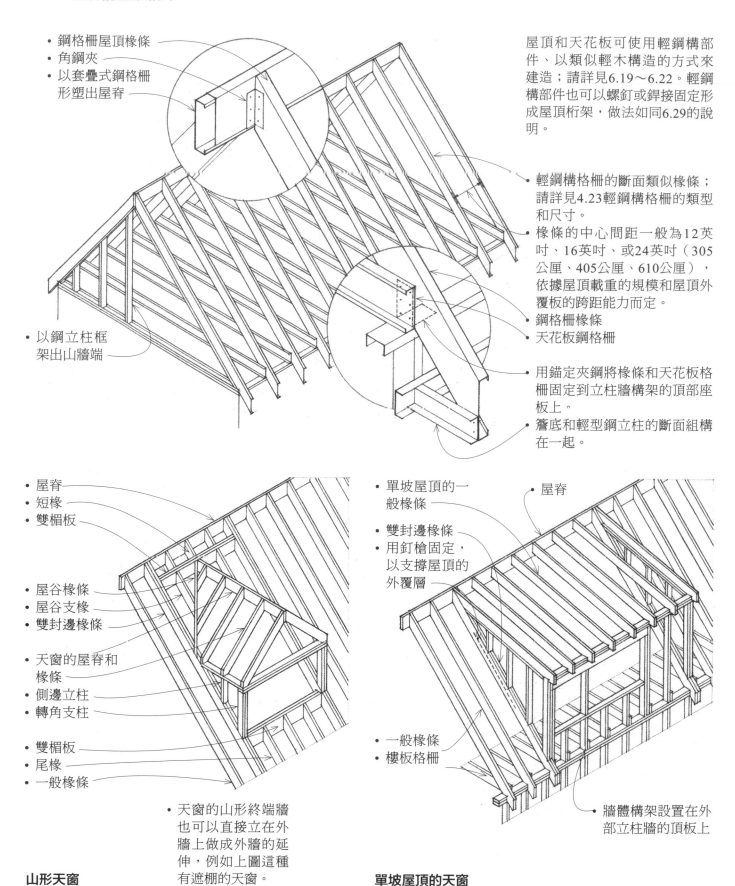

- 鋼格柵屋頂椽條
- 角鋼夾
- 以套疊式鋼格柵形塑出屋脊

- 以鋼立柱框架出山牆端

屋頂和天花板可使用輕鋼構部件、以類似輕木構造的方式來建造；請詳見6.19～6.22。輕鋼構部件也可以螺釘或鉚接固定形成屋頂桁架，做法如同6.29的說明。

- 輕鋼構格柵的斷面類似椽條；請詳見4.23輕鋼構格柵的類型和尺寸。
- 椽條的中心間距一般為12英吋、16英吋、或24英吋（305公厘、405公厘、610公厘），依據屋頂載重的規模和屋頂外覆板的跨距能力而定。
- 鋼格柵椽條
- 天花板鋼格柵

- 用錨定夾鋼將椽條和天花板格柵固定到立柱牆構架的頂部座板上。
- 簷底和輕型鋼立柱的斷面組構在一起。

- 屋脊
- 短椽
- 雙楣板

- 屋谷椽條
- 屋谷支椽
- 雙封邊椽條

- 天窗的屋脊和椽條
- 側邊立柱
- 轉角支柱

- 雙楣板
- 尾椽
- 一般椽條

- 天窗的山形終端牆也可以直接立在外牆上做成外牆的延伸，例如上圖這種有遮棚的天窗。

山形天窗

美國施工規範協會綱要編碼 05 40 00：冷成形金屬構架

- 單坡屋頂的一般椽條

- 雙封邊椽條
- 用釘槍固定，以支撐屋頂的外覆層

- 一般椽條
- 樓板格柵

- 屋脊

- 牆體構架設置在外部立柱牆的頂板上

單坡屋頂的天窗

- 請詳見6.16～6.17有關輕型屋頂構架的形式和專有名詞。

以椽木組構而成的屋頂結構，是輕木構造中的基本次系統。屋頂格柵和椽條使用的規格木材很容易作業，而且能在現場以簡單的工具快速組立。

- 如果屋脊部件支撐椽條的斜率小於3：12，必須將屋脊部件設計成樑。

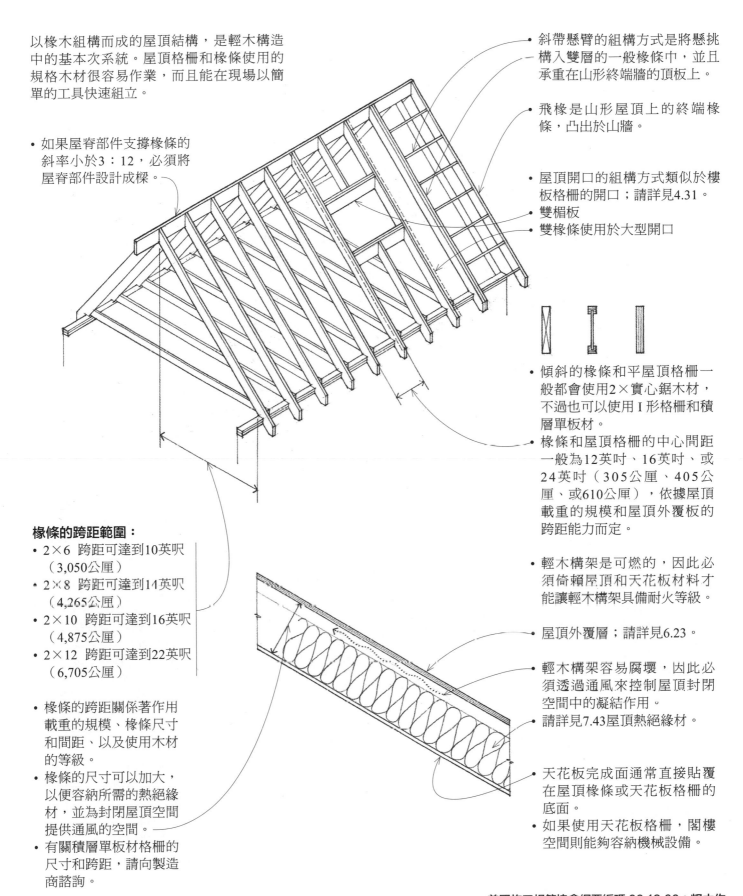

- 斜帶懸臂的組構方式是將懸挑構入雙層的一般椽條中，並且承重在山形終端牆的頂板上。

- 飛椽是山形屋頂上的終端椽條，凸出於山牆。

- 屋頂開口的組構方式類似於樓板格柵的開口；請詳見4.31。
- 雙楣板
- 雙椽條使用於大型開口

- 傾斜的椽條和平屋頂格柵一般都會使用2×實心鋸木材，不過也可以使用I形格柵和積層單板材。
- 椽條和屋頂格柵的中心間距一般為12英吋、16英吋、或24英吋（305公厘、405公厘、或610公厘），依據屋頂載重的規模和屋頂外覆板的跨距能力而定。

- 輕木構架是可燃的，因此必須倚賴屋頂和天花板材料才能讓輕木構架具備耐火等級。

- 屋頂外覆層；請詳見6.23。

- 輕木構架容易腐壞，因此必須透過通風來控制屋頂封閉空間中的凝結作用。
  請詳見7.43屋頂熱絕緣材。

- 天花板完成面通常直接貼覆在屋頂椽條或天花板格柵的底面。
- 如果使用天花板格柵，閣樓空間則能夠容納機械設備。

椽條的跨距範圍：
- 2×6 跨距可達到10英呎（3,050公厘）
- 2×8 跨距可達到14英呎（4,265公厘）
- 2×10 跨距可達到16英呎（4,875公厘）
- 2×12 跨距可達到22英呎（6,705公厘）

- 椽條的跨距關係著作用載重的規模、椽條尺寸和間距、以及使用木材的等級。
- 椽條的尺寸可以加大，以便容納所需的熱絕緣材，並為封閉屋頂空間提供通風的空間。
- 有關積層單板材格柵的尺寸和跨距，請向製造商諮詢。

美國施工規範協會綱要編碼 06 10 00：粗木作
美國施工規範協會綱要編碼 06 11 00：木構架

6.20 椽木構架

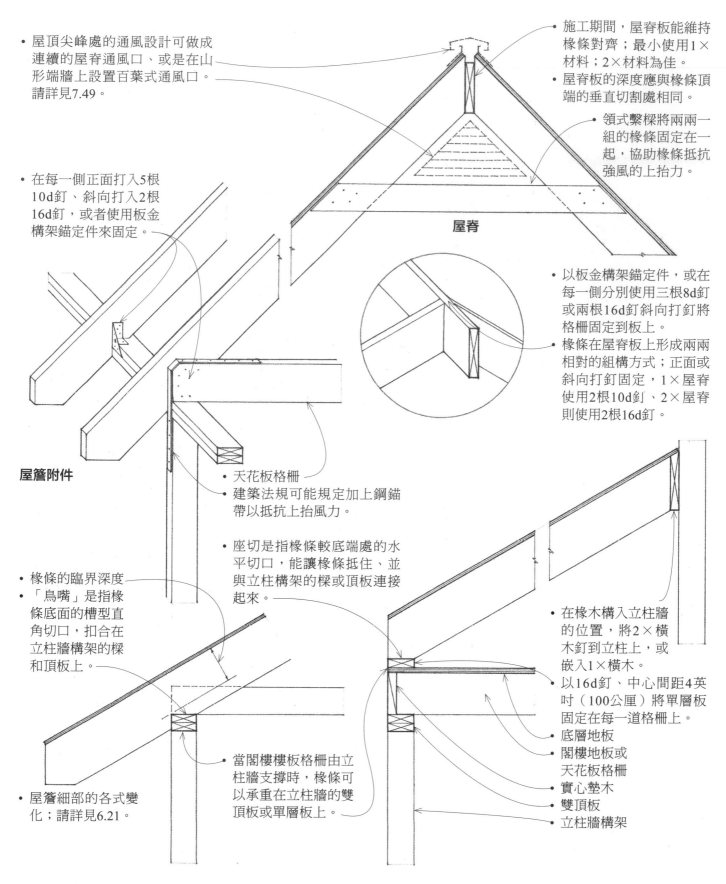

- 屋頂尖峰處的通風設計可做成連續的屋脊通風口、或是在山形端牆上設置百葉式通風口。請詳見7.49。

- 施工期間,屋脊板能維持椽條對齊;最小使用1×材料;2×材料為佳。
- 屋脊板的深度應與椽條頂端的垂直切割處相同。
- 領式繫樑將兩兩一組的椽條固定在一起,協助椽條抵抗強風的上抬力。

屋脊

- 在每一側正面打入5根10d釘、斜向打入2根16d釘,或者使用板金構架錨定件來固定。

屋簷附件

- 以板金構架錨定件,或在每一側分別使用三根8d釘或兩根16d釘斜向打釘將格柵固定到板上。
- 椽條在屋脊板上形成兩兩相對的組構方式;正面或斜向打釘固定,1×屋脊使用2根10d釘、2×屋脊則使用2根16d釘。

- 天花板格柵
- 建築法規可能規定加上鋼錨帶以抵抗上抬風力。

- 座切是指椽條較底端處的水平切口,能讓椽條抵住、並與立柱構架的樑或頂板連接起來。

- 在椽木構入立柱牆的位置,將2×橫木釘到立柱上,或嵌入1×橫木。
- 以16d釘、中心間距4英吋(100公厘)將單層板固定在每一道格柵上。
- 底層地板
- 閣樓地板或天花板格柵
- 實心墊木
- 雙頂板
- 立柱牆構架

- 椽條的臨界深度
- 「鳥嘴」是指椽條底面的槽型直角切口,扣合在立柱牆構架的樑和頂板上。

- 當閣樓樓板格柵由立柱牆支撐時,椽條可以承重在立柱牆的雙頂板或單層板上。

- 屋簷細部的各式變化;請詳見6.21。

屋簷支撐情況

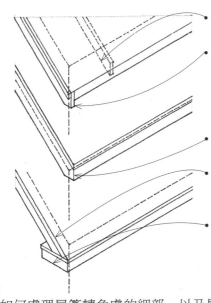

- 外露的椽條尾端或傾斜的簷底
- 斜帶封邊板和山牆封簷板都可以延伸出屋簷飾帶,做為屋簷飾帶和簷邊落水溝的末端收尾。
- 附有狹長簷底的封閉式斜帶
- 斜帶封邊板和山牆封簷板可由迴轉簷板來做收尾。
- 迴轉簷板將屋簷飾帶和簷底延伸過轉角處,再轉入山形終端牆。

如何處理屋簷轉角處的細部,以及屋簷和屋頂斜帶交會的細部,都是重要的設計考量。

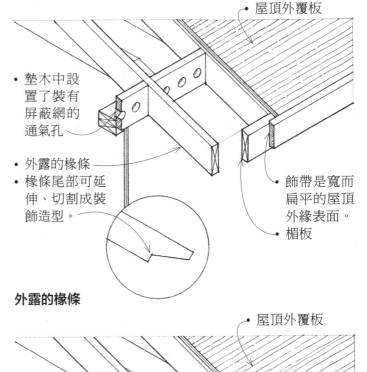

- 墊木中設置了裝有屏蔽網的通氣孔
- 外露的椽條
- 椽條尾部可延伸、切割成裝飾造型。

- 屋頂外覆板
- 飾帶是寬而扁平的屋頂外緣表面。
- 楣板

外露的椽條

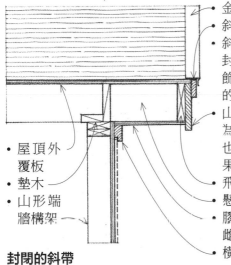

- 屋頂外覆板
- 墊木
- 山形端牆構架

- 金屬滴水邊緣
- 斜帶封邊板
- 斜帶封邊板和山牆封簷板必須與屋簷飾帶和簷邊落水溝的細部相互協調。
- 山牆封簷板延伸成為滴水板;有時候也能雕刻出裝飾效果。
- 飛椽
- 懸挑椽
- 膠合板或雌雄榫接板的簷底
- 橫飾板

封閉的斜帶

- 一般椽條
- 立柱牆構架的頂板
- 2×橫木
- 橫飾板
- 設有連續屏蔽網或鑽孔的通風帶

- 屋頂外覆板
- 飾帶
- 楣板
- 懸挑椽
- 膠合板或雌雄榫接板的簷底

通風寬簷底

- 屋頂外覆板
- 金屬滴水邊緣
- 斜帶封邊板
- 橫飾板
- 斜帶封邊板和橫飾板必須與屋簷飾帶和簷邊落水溝的細部相互協調。

- 一般椽條
- 墊木
- 山形端牆

斜帶懸臂

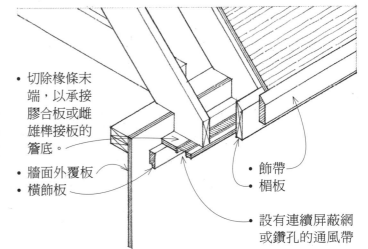

- 切除椽條末端,以承接膠合板或雌雄榫接板的簷底。
- 牆面外覆板
- 橫飾板

- 飾帶
- 楣板
- 設有連續屏蔽網或鑽孔的通風帶

通風窄簷底　　· 類似於通風寬簷底

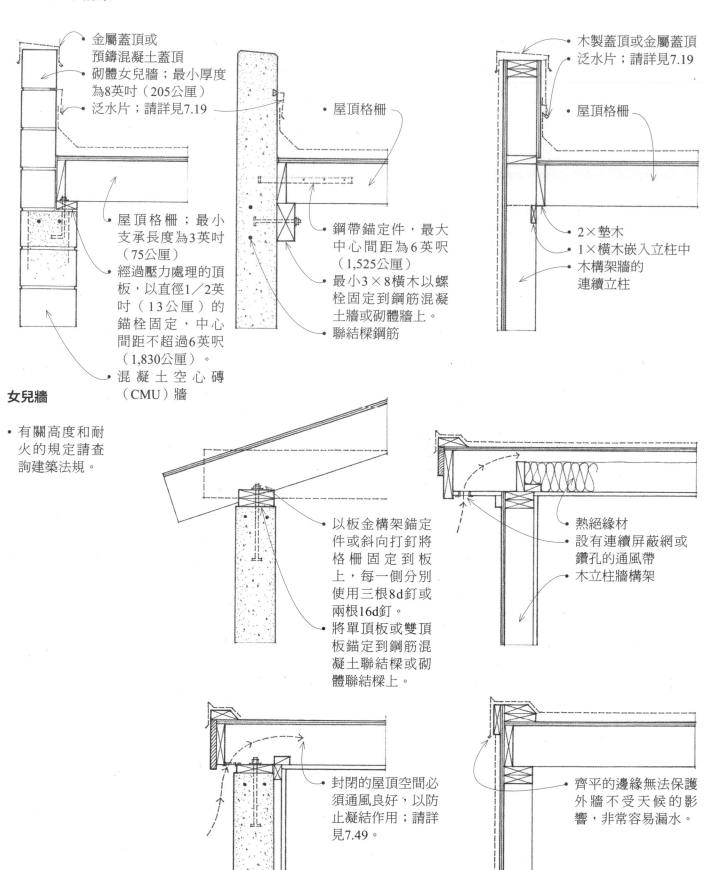

金屬蓋頂或
預鑄混凝土蓋頂

砌體女兒牆；最小厚度
為8英吋（205公厘）

泛水片；請詳見7.19

屋頂格柵；最小
支承長度為3英吋
（75公厘）

經過壓力處理的頂
板，以直徑1／2英
吋（13公厘）的
錨栓固定，中心
間距不超過6英呎
（1,830公厘）。

混凝土空心磚
（CMU）牆

女兒牆

• 有關高度和耐
火的規定請查
詢建築法規。

屋頂格柵

鋼帶錨定件，最大
中心間距為6英呎
（1,525公厘）

最小3×8橫木以螺
栓固定到鋼筋混凝
土牆或砌體牆上。

聯結樑鋼筋

木製蓋頂或金屬蓋頂
泛水片；請詳見7.19

屋頂格柵

2×墊木
1×橫木嵌入立柱中
木構架牆的
連續立柱

以板金構架錨定
件或斜向打釘將
格柵固定到板
上，每一側分別
使用三根8d釘或
兩根16d釘。

將單頂板或雙頂
板錨定到鋼筋混
凝土聯結樑或砌
體聯結樑上。

熱絕緣材
設有連續屏蔽網或
鑽孔的通風帶
木立柱牆構架

封閉的屋頂空間必
須通風良好，以防
止凝結作用；請詳
見7.49。

齊平的邊緣無法保護
外牆不受天候的影
響，非常容易漏水。

平屋頂格柵

覆蓋在木橡條或輕型金屬橡條上的外覆層一般都是由APA等級的膠合板、或非飾面的木板所組成。外覆板可以提升橡條構架的剛度，並且提供堅實的基底層以貼覆各種屋面材料。外覆層和底層襯墊的設置規定應該按照屋面材料製造商的建議。在不受暴風雪影響的潮溼氣候條件下，間隔鋪排的1×4或1×6外覆板可與木板瓦或劈木板瓦一起使用。請詳見7.04～7.05。

屋頂外覆板

板的跨距等級	板厚度	最大跨距	
		有邊緣支撐	無邊緣支撐
12／0	5／16（8）	12（305）	
16／0	5／16、3／8（8、10）	16（405）	
20／0	5／16、3／8（8、10）	20（510）	
24／0	3／8（10）	24（610）	16（405）
24／0	1／2（13）	24（610）	24（610）
32／16	1／2、5／8（13、16）	32（815）	28（710）
40／20	5／8、3／4、7／8（16、19、22）	40（1,015）	32（815）
48／24	3／4、7／8（19、22）	48（1,220）	36（915）

- 厚度和跨距單位：英吋（公厘）
- 板的跨距等級可以從板的認證等級標章來判定。
- 上表假設板的長向垂直於支撐、連續鋪設在兩個或多個跨距上，能承受每平方英呎 30 磅的活載重，以及每平方英呎 10 磅的靜載重；1 磅／平方英呎（psf）= 0.479 千帕（kPa）。

- 室外等級的膠合板，或暴露耐久性分類1（室外膠）或分類2（中級膠）的板材
- 表面紋理的方向垂直於構架方向
- 邊緣可使用板夾、墊木、或雌雄榫接接頭來支撐。
- 末端接縫上下排要相互交錯；接縫之間需空出1／8英吋（3公厘），除非面板製造商有另外的建議。
- 簷底應該使用室外等級的膠合板。

- 在邊緣打釘固定，中心間距6英吋（150公厘）；沿著中間支撐處以中心間距12英吋（305公厘）釘定。
- 厚度在1／2英吋（13公厘）以內的板使用6d普通釘或環紋釘固定，厚度5／8英吋～1英吋（16公厘～25公厘）的板則使用8d釘固定。
- 暴露耐久性分類1和分類2的板材邊緣應加以防護以避免風化，或者在屋頂邊緣使用室外等級的膠合板。

美國施工規範協會綱要編碼 06 16 00：外覆層

6.24 木厚板—樑構架

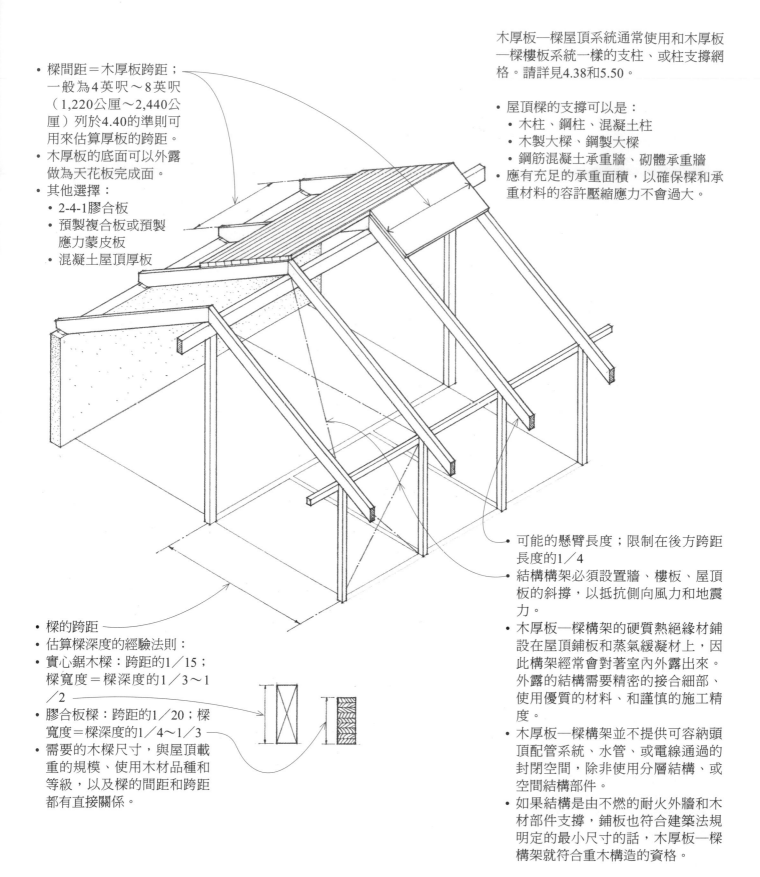

- 樑間距＝木厚板跨距；一般為4英呎～8英呎（1,220公厘～2,440公厘）列於4.40的準則可用來估算厚板的跨距。
- 木厚板的底面可以外露做為天花板完成面。
- 其他選擇：
  - 2-4-1膠合板
  - 預製複合板或預製應力蒙皮板
  - 混凝土屋頂厚板

- 樑的跨距
- 估算樑深度的經驗法則：
- 實心鋸木樑：跨距的1／15；樑寬度＝樑深度的1／3～1／2
- 膠合板樑：跨距的1／20；樑寬度＝樑深度的1／4～1／3
- 需要的木樑尺寸，與屋頂載重的規模、使用木材品種和等級，以及樑的間距和跨距都有直接關係。

木厚板—樑屋頂系統通常使用和木厚板—樑樓板系統一樣的支柱、或柱支撐網格。請詳見4.38和5.50。

- 屋頂樑的支撐可以是：
  - 木柱、鋼柱、混凝土柱
  - 木製大樑、鋼製大樑
  - 鋼筋混凝土承重牆、砌體承重牆
- 應有充足的承重面積，以確保樑和承重材料的容許壓縮應力不會過大。

- 可能的懸臂長度；限制在後方跨距長度的1／4
- 結構構架必須設置牆、樓板、屋頂板的斜撐，以抵抗側向風力和地震力。
- 木厚板—樑構架的硬質熱絕緣材鋪設在屋頂鋪板和蒸氣緩凝材上，因此構架經常會對著室內外露出來。外露的結構需要精密的接合細部、使用優質的材料、和謹慎的施工精度。
- 木厚板—樑構架並不提供可容納頭頂配管系統、水管、或電線通過的封閉空間，除非使用分層結構、或空間結構部件。
- 如果結構是由不燃的耐火外牆和木材部件支撐，鋪板也符合建築法規明定的最小尺寸的話，木厚板—樑構架就符合重木構造的資格。

木厚板—樑屋頂結構的構架方式有許多
替代方案，依據屋頂樑的方向和間距、
用來跨越樑間距的元素，以及構造組件
的整體深度來決定。

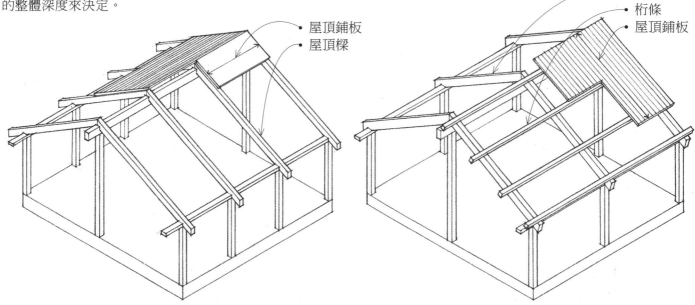

- 屋頂鋪板
- 屋頂樑

- 屋頂樑
- 桁條
- 屋頂鋪板

屋頂樑可以中心間距4英呎～8英呎（1,220公厘～2,440
公厘）、使用實心或膠合積層木鋪板來跨越。樑可由
大樑、柱、鋼筋混凝土承重牆或砌體承重牆支撐。

在這個雙層系統中，屋頂樑的間距可以更大，
並且支撐一序列的桁條。再以木鋪板或剛性屋
面板材來跨越這些桁條。

屋頂樑平行於屋頂斜面

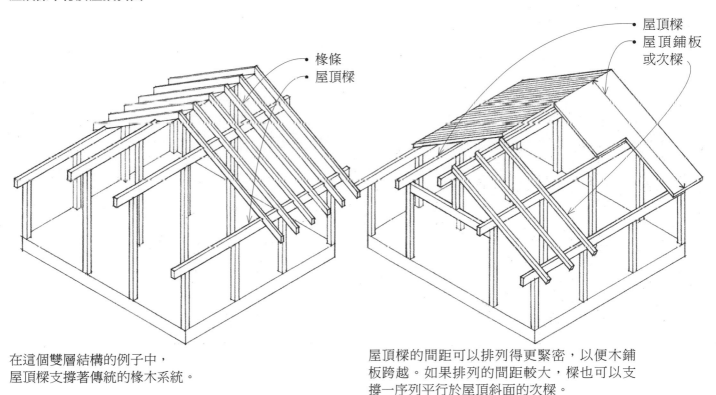

- 椽條
- 屋頂樑

- 屋頂樑
- 屋頂鋪板
  或次樑

在這個雙層結構的例子中，
屋頂樑支撐著傳統的椽木系統。

屋頂樑的間距可以排列得更緊密，以便木鋪
板跨越。如果排列的間距較大，樑也可以支
撐一序列平行於屋頂斜面的次樑。

屋頂樑垂直於屋頂斜面

6.26 木柱—樑接合

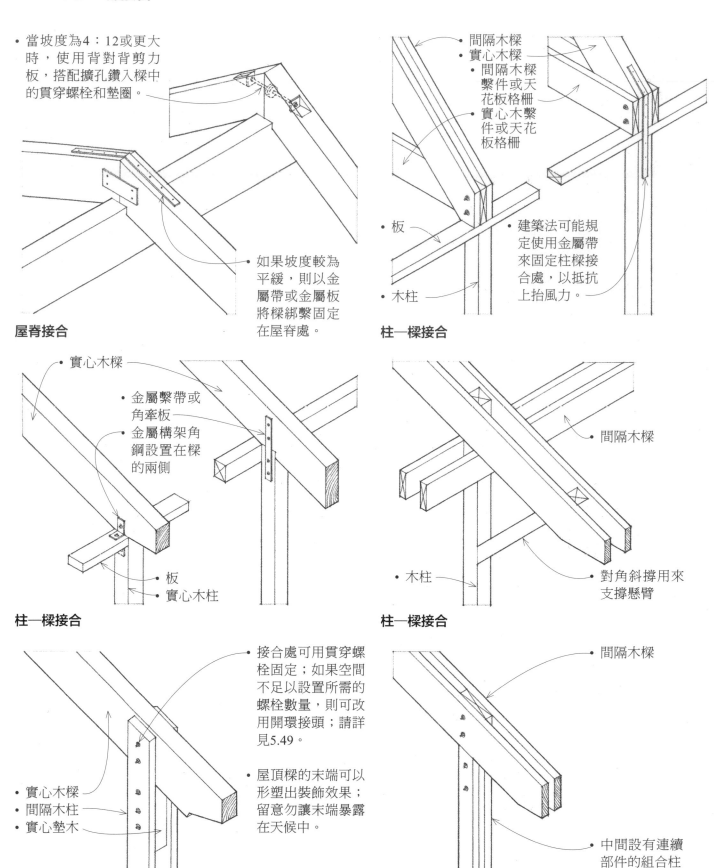

- 當坡度為4：12或更大時，使用背對背剪力板，搭配擴孔鑽入樑中的貫穿螺栓和墊圈。

- 如果坡度較為平緩，則以金屬帶或金屬板將樑綁繫固定在屋脊處。

屋脊接合

- 間隔木樑
- 實心木樑
- 間隔木樑繫件或天花板格柵
- 實心木繫件或天花板格柵
- 板
- 木柱

- 建築法可能規定使用金屬帶來固定柱樑接合處，以抵抗上抬風力。

柱—樑接合

- 實心木樑
- 金屬繫帶或角牽板
- 金屬構架角鋼設置在樑的兩側
- 板
- 實心木柱

柱—樑接合

- 間隔木樑
- 木柱
- 對角斜撐用來支撐懸臂

柱—樑接合

- 實心木樑
- 間隔木柱
- 實心墊木

- 接合處可用貫穿螺栓固定；如果空間不足以設置所需的螺栓數量，則可改用開環接頭；請詳見5.49。

- 屋頂樑的末端可以形塑出裝飾效果；留意勿讓末端暴露在天候中。

柱—樑接合

- 間隔木樑
- 中間設有連續部件的組合柱

柱—樑接合

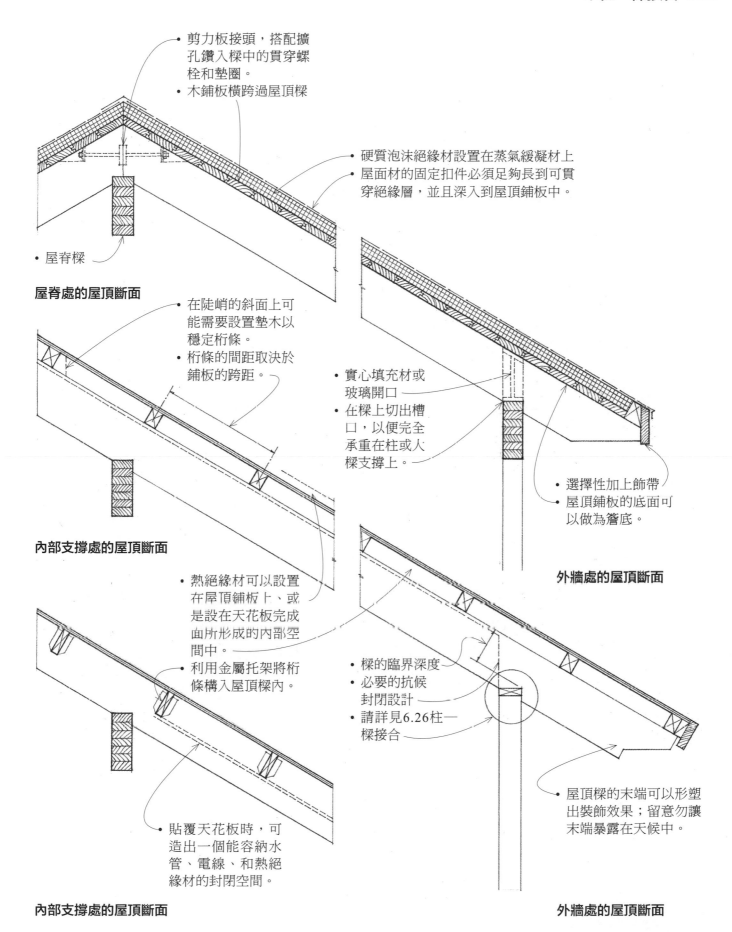

• 剪力板接頭，搭配擴
  孔鑽入樑中的貫穿螺
  栓和墊圈。
• 木鋪板橫跨過屋頂樑

• 硬質泡沫絕緣材設置在蒸氣緩凝材上
• 屋面材的固定扣件必須足夠長到可貫
  穿絕緣層，並且深入到屋頂鋪板中。

• 屋脊樑

屋脊處的屋頂斷面

• 在陡峭的斜面上可
  能需要設置墊木以
  穩定桁條。
• 桁條的間距取決於
  鋪板的跨距。

• 實心填充材或
  玻璃開口
• 在樑上切出槽
  口，以便完全
  承重在柱或人
  樑支撐上。

• 選擇性加上飾帶
• 屋頂鋪板的底面可
  以做為簷底。

內部支撐處的屋頂斷面

外牆處的屋頂斷面

• 熱絕緣材可以設置
  在屋頂鋪板上、或
  是設在天花板完成
  面所形成的內部空
  間中。
• 利用金屬托架將桁
  條構入屋頂樑內。

• 樑的臨界深度
• 必要的抗候
  封閉設計
• 請詳見6.26柱─
  樑接合

• 屋頂樑的末端可以形塑
  出裝飾效果；留意勿讓
  末端暴露在天候中。

• 貼覆天花板時，可
  造出一個能容納水
  管、電線、和熱絕
  緣材的封閉空間。

內部支撐處的屋頂斷面

外牆處的屋頂斷面

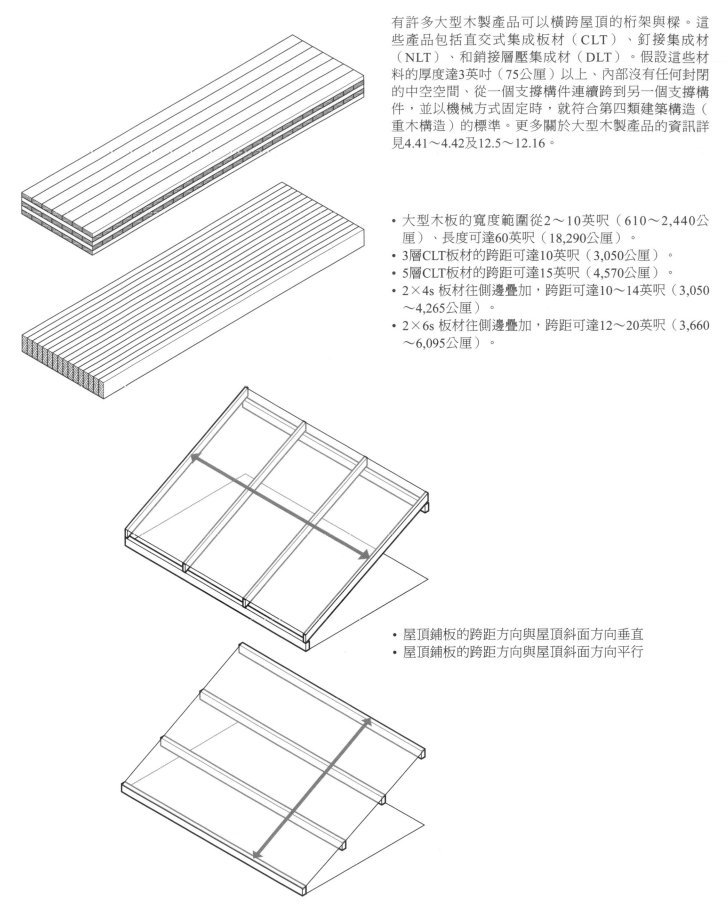

有許多大型木製產品可以橫跨屋頂的桁架與樑。這些產品包括直交式集成板材（CLT）、釘接集成材（NLT）、和銷接層壓集成材（DLT）。假設這些材料的厚度達3英吋（75公厘）以上、內部沒有任何封閉的中空空間、從一個支撐構件連續跨到另一個支撐構件，並以機械方式固定時，就符合第四類建築構造（重木構造）的標準。更多關於大型木製產品的資訊詳見4.41～4.42及12.5～12.16。

• 大型木板的寬度範圍從2～10英呎（610～2,440公厘）、長度可達60英呎（18,290公厘）。
• 3層CLT板材的跨距可達10英呎（3,050公厘）。
• 5層CLT板材的跨距可達15英呎（4,570公厘）。
• 2×4s 板材往側邊疊加，跨距可達10～14英呎（3,050～4,265公厘）。
• 2×6s 板材往側邊疊加，跨距可達12～20英呎（3,660～6,095公厘）。

• 屋頂鋪板的跨距方向與屋頂斜面方向垂直
• 屋頂鋪板的跨距方向與屋頂斜面方向平行

釘接集成材與銷接層壓集成材的疊加方式
使其得以彎曲。根據板材跨距相對於屋頂
彎曲的方向，板材可以平行於疊加方向（
沿著疊加方向）、或垂直於疊加方向來進
行彎曲。

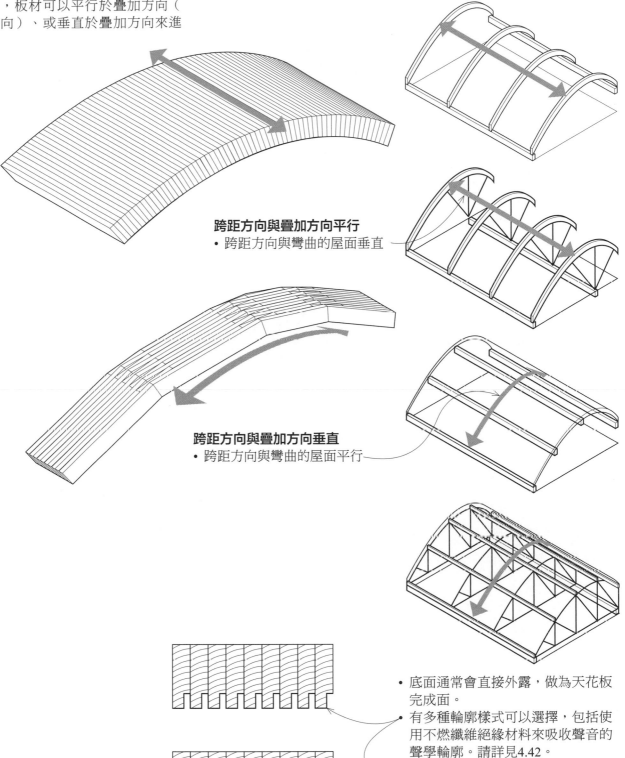

跨距方向與疊加方向平行
• 跨距方向與彎曲的屋面垂直

跨距方向與疊加方向垂直
• 跨距方向與彎曲的屋面平行

• 底面通常會直接外露，做為天花板
  完成面。
• 有多種輪廓樣式可以選擇，包括使
  用不燃纖維絕緣材料來吸收聲音的
  聲學輪廓。請詳見4.42。

更多關於大型木製產品資訊請詳見
12.5～12.16。

6.30 木桁架

相較於單平面桁架構造的椽條，較重的木桁架可以透過層疊複數部件，並利用開環接頭在桁格節點處將這些部件接合而成。這樣的木桁架能夠承受比桁架式的椽條更大的載重、跨距也更長。有關設計、支撐、和錨定的規定請向結構工程師諮詢

- 為了避免桁架部件中的額外彎曲應力，載重應該作用在桁格節點上。

- 相鄰桁架的上弦桿和下弦桿之間需設置垂直抗搖支撐件，以抵抗側向風力和地震力。

- 如果屋頂構架的隔板作用不足以因應終端牆的作用力，需在上弦桿或下弦桿的平面內設置水平交叉支撐件。
- 任何隅撐都應該在桁格節點上與上、下弦桿接合固定。

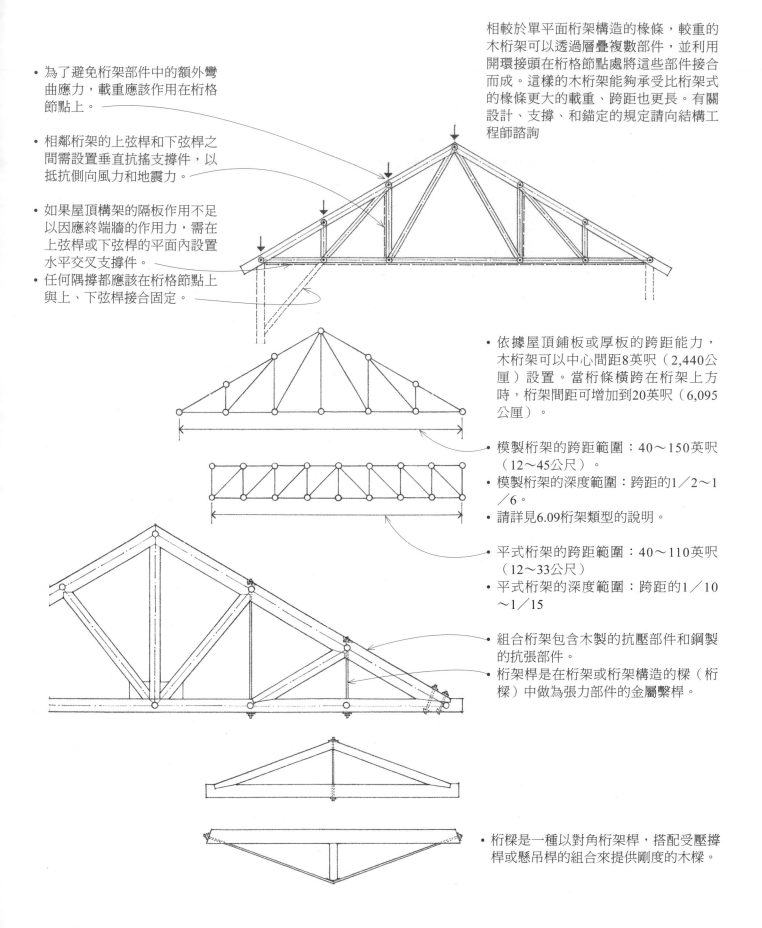

- 依據屋頂鋪板或厚板的跨距能力，木桁架可以中心間距8英呎（2,440公厘）設置。當桁條橫跨在桁架上方時，桁架間距可增加到20英呎（6,095公厘）。

- 模製桁架的跨距範圍：40～150英呎（12～45公尺）。
- 模製桁架的深度範圍：跨距的1／2～1／6。
- 請詳見6.09桁架類型的說明。

- 平式桁架的跨距範圍：40～110英呎（12～33公尺）
- 平式桁架的深度範圍：跨距的1／10～1／15

- 組合桁架包含木製的抗壓部件和鋼製的抗張部件。
- 桁架桿是在桁架或桁架構造的樑（桁樑）中做為張力部件的金屬繫桿。

- 桁樑是一種以對角桁架桿，搭配受壓撐桿或懸吊桿的組合來提供剛度的木樑。

• 部件為2×或3×材料；2-1／2英吋（64公厘）分離環的最小面寬為3-5／8英吋（90公厘）；4英吋（100公厘）分離環的最小面寬為5-1／2英吋（140公厘）。
• 桁架通常不超過五個部件的厚度。

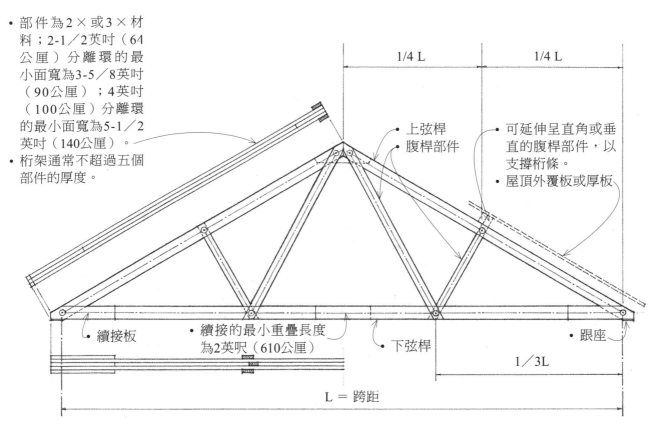

- 1/4 L
- 1/4 L
- 上弦桿
- 腹桿部件
- 可延伸呈直角或垂直的腹桿部件，以支撐桁條。
- 屋頂外覆板或厚板
- 續接板
- 續接的最小重疊長度為2英呎（610公厘）
- 下弦桿
- 跟座
- 1／3L
- L ＝ 跨距

比利時桁架的例子

• 部件尺寸和接頭細部都是依據桁架類型、載重樣式、跨距，以及使用木材的等級和品種所進行的工程計算來決定。
• 抗壓部件的尺寸通常取決於挫屈作用，抗張部件的尺寸則取決於接合處的拉伸應力。
• 如果要確認桁架是否符合重木構造的資格，應查詢建築法規的最小部件厚度。

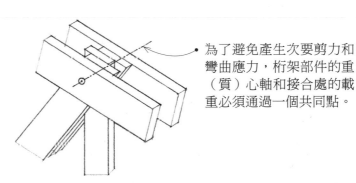

• 為了避免產生次要剪力和彎曲應力，桁架部件的重（質）心軸和接合處的載重必須通過一個共同點。

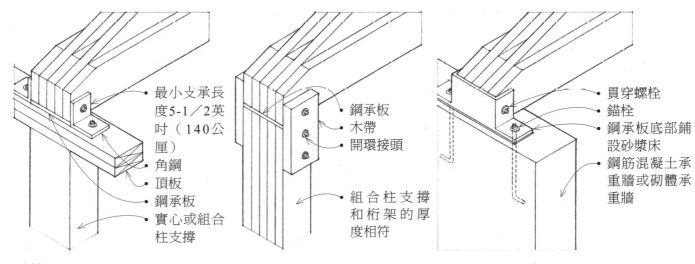

- 最小支承長度5-1／2英吋（140公厘）
- 角鋼
- 頂板
- 鋼承板
- 實心或組合柱支撐
- 鋼承板
- 木帶
- 開環接頭
- 組合柱支撐和桁架的厚度相符
- 貫穿螺栓
- 錨栓
- 鋼承板底部鋪設砂漿床
- 鋼筋混凝土承重牆或砌體承重牆

跟座接頭

6.32 木桁架式椽條

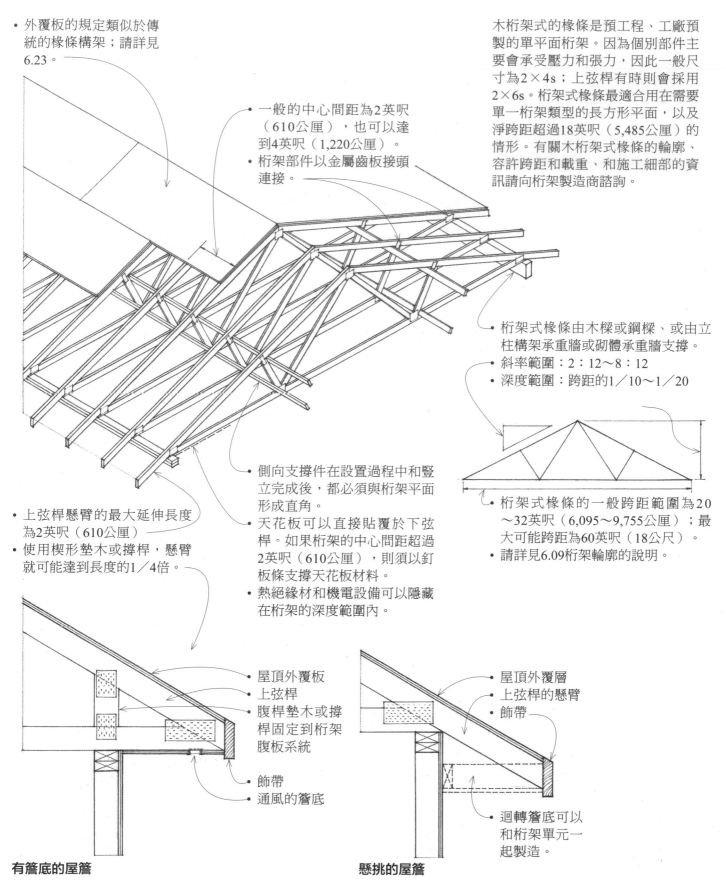

• 外覆板的規定類似於傳統的椽條構架；請詳見6.23。

木桁架式的椽條是預工程、工廠預製的單平面桁架。因為個別部件主要會承受壓力和張力，因此一般尺寸為2×4s；上弦桿有時則會採用2×6s。桁架式椽條最適合用在需要單一桁架類型的長方形平面，以及淨跨距超過18英呎（5,485公厘）的情形。有關木桁架式椽條的輪廓、容許跨距和載重、和施工細部的資訊請向桁架製造商諮詢。

• 一般的中心間距為2英呎（610公厘），也可以達到4英呎（1,220公厘）。
• 桁架部件以金屬齒板接頭連接。

• 桁架式椽條由木樑或鋼樑、或由立柱構架承重牆或砌體承重牆支撐。
• 斜率範圍：2：12～8：12
• 深度範圍：跨距的1／10～1／20

• 桁架式椽條的一般跨距範圍為20～32英呎（6,095～9,755公厘）；最大可能跨距為60英呎（18公尺）。
• 請詳見6.09桁架輪廓的說明。

• 側向支撐件在設置過程中和豎立完成後，都必須與桁架平面形成直角。
• 天花板可以直接貼覆於下弦桿。如果桁架的中心間距超過2英呎（610公厘），則須以釘板條支撐天花板材料。
• 熱絕緣材和機電設備可以隱藏在桁架的深度範圍內。

• 上弦桿懸臂的最大延伸長度為2英呎（610公厘）
• 使用楔形墊木或撐桿，懸臂就可能達到長度的1／4倍。

屋頂外覆板
上弦桿
腹桿墊木或撐桿固定到桁架腹板系統

飾帶
通風的簷底

有簷底的屋簷

屋頂外覆層
上弦桿的懸臂
飾帶

迴轉簷底可以和桁架單元一起製造。

懸挑的屋簷

美國施工規範協會綱要編碼 06 17 53：廠製木桁架

7 溼度與熱防護
Moisture & Thermal Protection

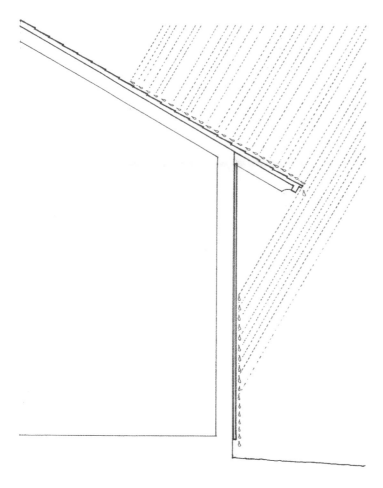

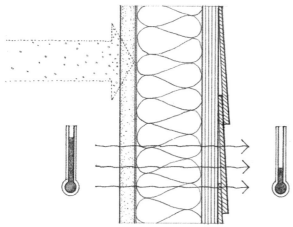

LEED® 能源與大氣認證 2：能源性能最佳化

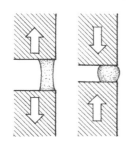

屋頂材料可用來施作屋頂系統的防水覆蓋層。實際上，屋頂材料的形式涵蓋了從連續且不能滲透的抗滲膜、到一片片重疊或互鎖的板瓦或瓦片等。屋頂材料類型的選擇取決於屋頂結構的斜率。陡峭的屋頂很容易洩水；平屋頂則需倚賴連續防水膜來容納排水或蒸發時的水量。平屋頂和任何絕緣良好的斜屋頂上方都會形成積雪，因此在設計上必須比中、高斜率屋頂所支撐的活載重更大才行。其他選擇屋頂材料的考量因素還包括安裝、養護、耐久性、抵抗風和火的能力，以及視覺上的，例如屋頂樣式、紋理、和顏色等需求。

為了防止水滲進屋頂組件、最後滲入建築物的內部，泛水片必須裝設在屋頂的邊緣、屋頂改變坡度或緊靠垂直面的位置，以及屋頂被煙囪、通風管、和天窗穿透的位置。外牆上所有可能發生滲漏的地方，例如門窗開口處，以及牆面上材料交會的接縫沿線，都有必要裝設泛水片。

外牆必須提供抗抵抗天候的保護。有些外牆系統，例如實心砌體和混凝土承重牆，利用本身的質量做為阻擋水滲進建築物內部的屏障；其他牆系統，例如空心牆和帷幕牆，則透過內部排水系統將任何會穿透表面或材料外覆層的水帶走。

建築物內部空間中的溼氣通常是以水蒸氣的形態呈現。當水蒸氣因外部冷空氣而流損失熱，導致表面降溫變冷時，便會發生凝結作用。這樣的凝結作用在視覺上可以看得出來，像是在非絕緣的玻璃窗格上，也可能凝聚在隱蔽的屋頂、牆壁或樓板空間裡。對抗凝結作用的方法，包括正確地設置熱絕緣材和蒸氣緩凝材，以及在閣樓或是地下室管線空間這類隱蔽的空間中設置通風口。

穿透建築物外部包覆層的潛在熱損失或獲得，在估算維持內部空間環境舒適度所需的機械設備數量和能量時，是很重要的的參考因素。建築材料的適當選擇、建築物包覆層的正確構造和絕緣，以及建築物在基地上的座向，都是控制熱量流失或獲得的基本方法。

由於建築材料會因為正常範圍內的溫度變化，以及暴露在太陽輻射下和風中而膨脹和收縮。為了容許這種差異運動，同時降低因熱膨脹和收縮所引發的應力，伸縮接縫應該具有彈性、防風雨、耐久，並且設置在正確的位置才能發揮功效。

底層襯墊能保護屋頂外覆板，在貼覆屋頂板瓦之前都不會受到溼氣的影響。裝設了屋面材料之後，底層襯墊則提供外覆板對風驅雨的額外保護。底層襯墊的材料應具有低水蒸氣隔絕性，溼氣才不會累積在底層襯墊和屋頂外覆板之間。在屋頂板瓦貼覆之前，底層襯墊只需使用足夠的釘子數量來固定即可。

屋簷泛水片

屋簷泛水片必須設置在可能沿著屋簷邊緣結冰、導致溶冰和溶雪蓄積在屋頂板瓦下的任何位置。

- 在一般的斜屋頂上，屋簷泛水片是15磅雙層毛氈或50磅單層平滑屋面捲材，從屋簷順著屋頂向上延伸到內牆線內側24英吋（610公厘）的位置。
- 低坡度的斜屋頂上，額外的底層襯墊以水泥固定，並且延伸到內牆線內側36英吋（915公厘）的位置。

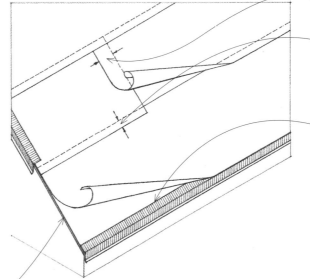

- 側邊重疊4英吋（100公厘）
- 頂端重疊2英吋（50公厘）
- 在交叉脊和屋脊的兩側鋪設長6英吋（150公厘）的襯墊。
- 耐腐蝕金屬製成的滴水邊緣覆蓋在斜帶的底層襯墊上，再沿著屋簷直接延伸到屋頂鋪板上。木板瓦和劈木板瓦葺出的屋頂可省略掉滴水邊緣的設計，因為板瓦屋頂本身就會凸出屋頂邊緣，形成滴水。

一般坡度屋頂的底層襯墊（坡度4：12以上）

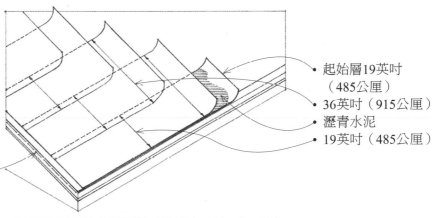

- 起始層19英吋（485公厘）
- 36英吋（915公厘）
- 瀝青水泥
- 19英吋（485公厘）

低坡度屋頂的底層襯墊（坡度3：12～4：12）

板瓦屋頂的底層襯墊和外覆板

屋頂類型	外覆板	底層襯墊	一般坡度		低坡度	
玻璃纖維板瓦	實心	15磅浸瀝青毛氈	4：12以上	單層	3：12～4：12	雙層
瀝青板瓦	實心	15磅浸瀝青毛氈	4：12以上	單層	2：12～4：12	雙層
木板瓦	間隔	15磅浸瀝青毛氈	4：12以上	選擇性使用	3：12～4：12	減少暴露於天候中
	實心	15磅浸瀝青毛氈	4：12以上	選擇性使用；在下雪的區域需設置屋簷泛水片	3：12～4：12	選擇性使用；在下雪的區域需設置屋簷泛水片
劈木板瓦	間隔	30磅浸瀝青毛氈（穿插在板瓦層之間的中間襯墊）	4：12以上		不建議使用	
	實心	30磅浸瀝青毛氈（穿插在板瓦層之間的中間襯墊）	4：12以上		3：12～4：12	單一底層襯墊和中間襯墊均覆蓋在整片屋頂上

建議最大外露長度

板瓦等級	長度 英吋（公厘）	屋頂坡度 4：12 以上	3：12 ～ 4：12
第一級	16"（405）	5"（125）	3-3/4"（95）
	18"（455）	5-1/2"（140）	4-1/4"（110）
	24"（610）	7-1/2"（190）	5-3/4"（145）
第二級	16"（405）	4"（100）	3-1/2"（90）
	18"（455）	4-1/2"（115）	4"（100）
	24"（610）	6-1/2"（165）	5-1/2"（140）
第三級	16"（405）	3-1/2"（90）	3"（75）
	18"（455）	4"（100）	3-1/2"（90）
	24"（610）	5-1/2"（140）	5"（125）
劈木板瓦	18"（455）	7-1/2"（190）	不建議 使用
	24"（610）	10"（255）	

- 只允許使用耐腐蝕的釘子，例如熱浸鍍鋅鋼或鋁合金釘。一塊板瓦使用兩根釘子，釘子與板瓦齊平，不可以凹入板瓦的表面。
- 間隔設置1×4或1×6外覆板，讓板瓦得以通風。板的間距與板瓦的外露長度相等。

木板瓦和劈木板瓦通常是由美國香柏切割而成，其他還有圓柏、紅杉、紅檜木板瓦等選擇。美國香柏的紋理細緻且均勻，對水、腐爛、和日照具有天然的抵抗力。

美國香柏木板瓦的長度有16"（405）、18"（455）、和24"（610）等選擇，等級如下：

- 第一級—白金等級（藍標）：
  - 100%心木、100%無節疤、100%邊緣紋理
- 第二級—中級（紅標）：
  - 16"（405）木板瓦上的無節疤長度為10"（255）
  - 18"（455）木板瓦上的無節疤長度為11"（280）
  - 24"（610）木板瓦上的無節疤長度為16"（405）
  - 容許些許的平紋
- 第三級—實用等級（黑標）：
  - 16"（405）和18"（455）木板瓦上的無節疤長度為6"（150）
  - 24"（610）木板瓦上的無節疤長度為10"（255）

- 接縫寬度為1／4"～3／8"（6～10），以容許膨脹變化
- 相鄰層之間的最小偏移長度為1-1／2"（38）；交替層的接縫不可以對齊。

- 使用量規號26的鍍鋅鋼或0.019"（0.5）厚的耐腐蝕泛水片；在嚴峻氣候地區，泛水片下方應鋪設底層襯墊。
- 在坡度3：12（25%）或更陡峭的屋頂上，距離屋谷中心線的兩側延伸最小11"（280）的區域，鋪設寬36"（915）的底層襯墊。
- 重疊長度為4"（100）
- 1／2"（13）的邊緣摺痕
- 1"（25）的高中心摺痕

3"～5"（75～125）

· 交替重疊

4"（100）

開放式屋谷

- 板瓦的外露長度取決於板瓦長度和屋頂坡度；請詳見上方表格。
- 在有風驅雪和屋頂結冰的地區，必須在實心外覆板上設置屋簷泛水片；請詳見7.03。

- 將第一層做成雙層；向外凸出1"～1-1／2"（25～38）形成滴水板。
- 板瓦可以凸出屋頂斜帶1"（25）形成滴水板，或以斜面墊瓦條斜頂住，以取代滴水。

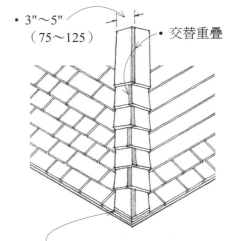

- 雙層的起始層
- 屋脊的構造和交叉脊類似
- 另有預成形的屋脊和交叉脊單元可供選擇

美國施工規範協會綱要編碼™ 07 31 29：木板瓦與劈木板瓦

交叉脊的應用

木板瓦是鋸成材；劈木板瓦則是由短圓木劈成、呈放射狀裂開的數個錐形斷面，因此每一塊至少會有一面帶有明顯的紋路。劈木板瓦通常是100％無節疤的心木，有18"（150）和24"（610）兩種長度。錐形劈開和直線劈開的劈木板瓦均有100％的邊緣紋理，手工劈開和再鋸成的劈木板瓦則至少有90％的邊緣紋理。

木板瓦和劈木板瓦均為易燃材料，除非經過化學處理並且獲得美國保險商實驗室（Underwriter Laboratories Inc., UL）的C類等級。如果C類木板瓦或劈木板瓦以室外膠黏合在以5／8"（16）厚膠合板製成的實心屋頂鋪板上，並且覆上塗布了塑膠的箔片，這樣的木板瓦或劈木板瓦也可能符合A類中的B級材料。

- 鋸成木板瓦
- 劈木板瓦
- 錐狀劈開的劈木板瓦，是在每一次劈開就反轉塊體使一端厚度收窄的手工劈木板瓦。
- 手工劈開和再鋸成的劈木板瓦都是以正面劈開和背面鋸成方式製成的錐形劈木板瓦。
- 直線劈開的木劈板是指厚度一致的手工劈木板瓦。

- 為了因應劈木板瓦粗糙的紋理，每一層板瓦之間都要交疊鋪上一層中間襯墊。中間襯墊是30磅的浸瀝青毛氈，做為抵擋風驅雨或風驅雪的阻隔物。

- 18"（455）寬的中間襯墊
- 兩倍的外露長度
- 間隔鋪排的外覆板最小尺寸為1×4

- 接縫寬度3／8"～5／8"（10～16），以容許膨脹變化
- 相鄰層之間的最小偏移距離為1-1／2"（38）

- 30磅墊層毛氈
- 最小11"（280）；重疊斷面長度為4"（100）
- 1"（25）的高中心摺痕
- 1／2"（13）的邊緣摺痕

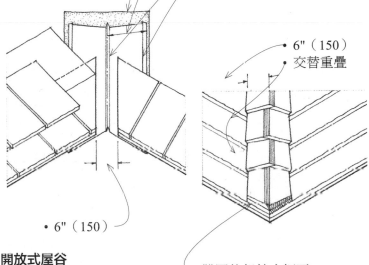

- 6"（150）
- 交替重疊

開放式屋谷

- 36"（915）寬的起始條；從屋簷延伸到內牆線內側36"（915）處，用水泥再黏合一層30磅的浸瀝青毛氈，做為屋簷泛水片。

- 雙層起始層；向外凸出1"～1-1／2"（25～38）形成滴水板。

- 6"（150）

- 外露在天候中的長度，請詳見7.04的表格。
- 只允許使用耐腐蝕的釘子，例如熱浸鍍鋅鋼或鋁合金釘。釘子與板瓦齊平，不可以凹入板瓦的表面。

- 雙層的起始木板瓦

交叉脊的應用

- 屋脊的構造和交叉脊類似
- 另有預成形的屋脊和交叉脊單元可供選擇。

7.06 合成板瓦

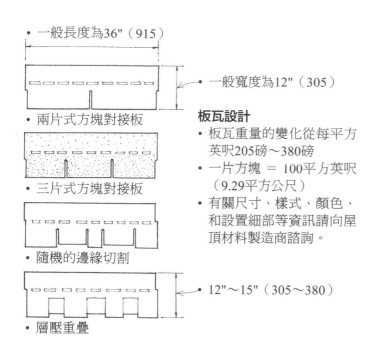

- 一般長度為36"（915）
- 一般寬度為12"（305）
- 兩片式方塊對接板
- 三片式方塊對接板
- 隨機的邊緣切割
- 12"～15"（305～380）
- 層壓重疊

板瓦設計

- 板瓦重量的變化從每平方英呎205磅～380磅
- 一片方塊 ＝ 100平方英呎（9.29平方公尺）
- 有關尺寸、樣式、顏色、和設置細部等資訊請向屋頂材料製造商諮詢。

合成板瓦的基底材質為無機玻璃纖維或有機毛氈，暴露於天候的表面材質則是色礦物或陶瓷顆粒。無機玻璃纖維基底的板瓦具有優良的耐火效能（UL—A類）；有機毛氈基底的板瓦則只有中等的耐火效能（UL—C類）。大部分的合成板瓦方塊本身就有自密封黏合性或可固鎖性，藉此抵抗風力。當板瓦使用在緩坡度的斜屋頂和受高風力影響的屋頂時，對風的抵抗能力就顯得特別重要。

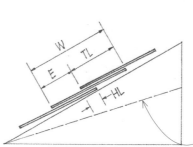

- 寬度（W）＝12"（305）
- 外露長度（E）＝5"（125）
- 頂部重疊長度（TL）＝7"（180）
- 頭部重疊長度（HL）＝2"（51）
- 建議最小坡度為4：12

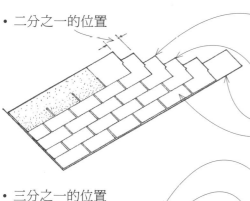

- 二分之一的位置
- 三分之一的位置
- 隨機的間隔距離

- 鋪設第三層之前先切割掉完整板瓦條的一片方塊。
- 鋪設第二層之前先切割掉完整板瓦條的1／2片方塊。
- 起始條為9"（230）
- 第一層以長度完整的板瓦條來鋪設
- 鋪設第三層之前先將完整的板瓦切割掉8"（205）。
- 鋪設第二層之前先將完整的板瓦切割掉4"（100）。
- 顛倒的板瓦條會減少3"（75）
- 第一層以長度完整的板瓦來鋪設
- 重複
- 沿著屋簷和斜帶設置耐腐蝕滴水邊緣

- 18"（455）的板瓦條正面向下，以瀝青水泥和最少量的釘子固定。
- 重疊長度為12"（305）
- 36"（915）的板瓦條正面向上
- 將屋脊處的板瓦修整成6"（150）寬的屋谷；以每英呎1／8"的比例加寬（1：100）。

開放式屋谷

- 屋谷襯墊使用36"（915）的屋面捲材
- 將每一道板瓦條延伸超出屋谷中心線12"（305）

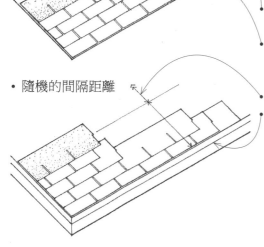

- 封閉式屋谷是在交替的方向上，連續交疊每一層板瓦而形成。

- 在交叉脊和屋脊處外露5"（125）

美國施工規範協會綱要編碼 07 31 13：瀝青板瓦
美國施工規範協會綱要編碼 07 31 13.13：強化玻璃纖維瀝青板瓦

石板瓦是極為耐久、防火、只需要低度養護的屋頂材料。石板瓦經過劈開、修邊，並且鑽出可讓銅釘或纜索繫件通過的孔洞。石板瓦應用的原理和木板瓦十分相似。

- 每塊板瓦要有兩個釘孔
- 長 10"～24"（255～610），以2"（51）增量
- 厚 3／16"～1"（5～25）
- 寬 6"～14"（150～355）

- 外露長度為3"～11-1／2"（75～290）
- 外露長度（E）＝總長度（L）－頭部重疊長度（HL）的1／2

- 20：12；HL＝2"（51）
- 8：12；HL＝3"（75）
- 4：12；HL＝4"（100）

- 16盎司（oz.）的銅製泛水片
- 最小11"（280）；重疊區塊長度為4"（100）
- 1"（25）的分流槽

- 馬鞍形屋脊板瓦

- 最小偏移長度為3"（75）

- 每半方英呎（9.29平方公尺）屋頂面積上的石板瓦重800～3,600磅（360～1,630公斤）。因此必須使用比正常尺寸更重的屋頂構架或鋪板。石板瓦可以鋪設在：
  - 實木鋪板上
  - 可釘定的混凝土上
  - 角鋼構架上
- 實心屋頂鋪板通常會鋪上30磅屋頂毛氈的底層襯墊。厚的石板瓦則需鋪上45磅的毛氈。

- 向屋簷外凸出2"（51）形成滴水板。
- 向斜帶外凸出1／2"～1"（13～25）

- 以每英呎1／2"（1：100）的比例朝底部逐漸增加屋谷的寬度。
- 使用起始石板能讓第一層和後續其他層的坡度一致。

- 馬鞍型或波士頓斜脊

- 斜接斜脊

- 對角石板葺法是石板瓦屋頂的鋪設方式之一，做法是讓每一塊石板瓦的對角線呈水平向排列。
- 蜂窩石板葺法是將對角石板葺法的石板尖端切除掉。
- 開放式或間隔式石板葺法是另一種石板屋頂的鋪設方式，在同一層相鄰的石板之間預留空間。

7.08 瓦屋頂

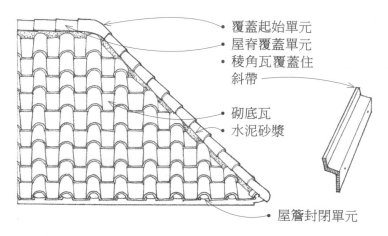

- 覆蓋起始單元
- 屋脊覆蓋單元
- 稜角瓦覆蓋住斜帶
- 砌底瓦
- 水泥砂漿
- 屋簷封閉單元

瓦屋頂是由黏土或混凝土單元重疊或互扣而成，形成強烈的紋理樣式。就像石板一樣，瓦屋頂也是具耐火性、耐久性、僅需少量養護的材料。此外，瓦屋頂非常重（每平方英呎800～1,000磅；每9.29平方公尺363公斤～454公斤），所以要有夠強的屋頂構架才能支撐瓦片的重量。屋頂瓦片通常會鋪設在一片鋪有30磅或45磅屋面毛氈的堅實膠合板鋪板上。屋脊、斜脊、斜帶、和屋簷則會使用特殊的瓦片單元。

下列為黏土瓦的一般類型、尺度、和重量。請向製造商確認尺寸、重量，和安裝細部的資訊

- 傳教瓦和西班牙瓦是兩端厚度逐漸收窄、半圓柱形的屋頂瓦片。鋪設方式是將凸面向上的瓦片重疊在形狀相似、但凹面向上的瓦片側翼上。
- 圓瓦的凸面向上；平瓦的凹面向上
- 收窄的設計方便瓦片套疊在重疊的瓦片上方。
- 建議最小坡度為4：12
- 寬10"（255）；長19"（485）
- 外露長度：16"（405）

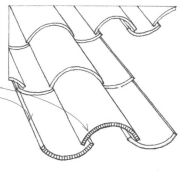

- 浪形瓦有S形的橫斷面，因此在同一層中，瓦片向下彎曲的部位可以重疊在相鄰瓦片向上彎曲的部位。
- 建議最小坡度為4：12
- 寬10"（255）；長19"（485）
- 外露長度：16"（405）

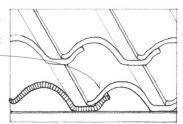

- 互扣瓦是平坦的長方形屋頂瓦片，其中的一道邊緣設有溝槽，可與同一層中相鄰瓦片的翼緣扣合在一起。
- 建議最小坡度為3：12
- 寬14"（355）；長19"（485）
- 外露長度：16"（405）

- 平板瓦是平坦、採重疊鋪排葺法的長方形屋頂瓦片。
- 建議最小坡度為3：12
- 寬9"（230）；長12"（305）
- 外露長度：9"（230）

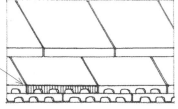

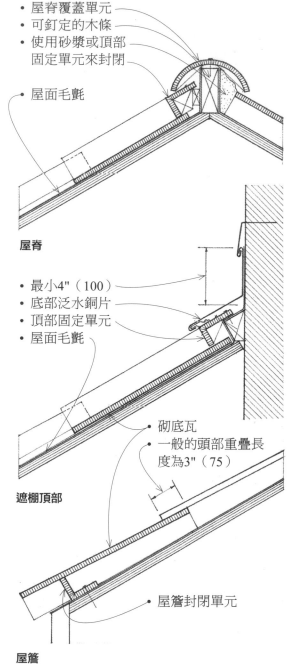

- 屋脊覆蓋單元
- 可釘定的木條
- 使用砂漿或頂部固定單元來封閉
- 屋面毛氈

屋脊

- 最小4"（100）
- 底部泛水銅片
- 頂部固定單元
- 屋面毛氈

遮棚頂部

- 砌底瓦
- 一般的頭部重疊長度為3"（75）

- 屋簷封閉單元

屋簷

植被屋頂也稱為「綠屋頂」，是一種天然的屋頂覆蓋方式，一般是將植物栽種在屋頂防水膜上的工程土壤、或是生長介質中。雖然植被屋頂通常需要比較龐大的初期投資，但天然的植被覆蓋能夠保護防水膜，不會像傳統屋面系統因受到日常溫度波動和太陽紫外線輻射的影響而破壞。植被屋頂還能提供環境效益，包括保留透水面積，不因建築物的占地面積而被取代、控制雨水逕流的水量、以及改善空氣和水的品質。

傳統屋頂的表面溫度在夏季時可能高達華氏90°（攝氏32°），比空氣溫度還要高。植被屋頂因為表面溫度大為降低，有助於減緩都會區中的熱島效應。植被屋頂系統具有較高的絕緣值，也有助於穩定室內的氣溫和溼度，降低建築物供暖和冷卻的成本。

植被屋頂系統分為三種類型：精養型、粗放型和模組化塊體型。

- 精養型（intensive）植被屋頂系統須有最小1英呎深的土壤，才能打造成有較大型樹木、灌木、草皮、和其他景觀、可進入使用的屋頂花園。養護植物所需的灌溉和排水系統，會在屋頂結構上增加每平方英呎80～150磅（2,870～4,310千帕）的載重。混凝土通常是屋頂鋪板材料的最佳選擇。
- 粗放型（extensive）植被屋頂系統是為了環境效益而建造，只需要低頻度的養護。此系統所使用的輕型生長介質深度通常在4英呎～6英呎（100公厘～150公厘），只會種植可被養護的小型耐寒植物和厚葉草。粗初放型植被屋頂系統會在屋頂結構上增加每平方英呎15～50磅（715～2,395千帕）的載重，粗放型植被屋頂系統可以設置在任何經過適當設計的混凝土製、鋼製、或木製的屋頂鋪板上。
- 模組化塊體型（modular block）系統使用經陽極氧化處理過的鋁容器或聚苯乙烯回收盤，裝入3英呎～4英呎（75公厘～100公厘）的工程土壤以支撐矮生的植物種類。固定在每個塊體底部的襯墊除了能保護屋頂表面，也可讓受控制的排水通過塊體單元流洩掉。模組化塊體型系統的一般重量是每平方英呎12～18磅（575帕～860帕）。

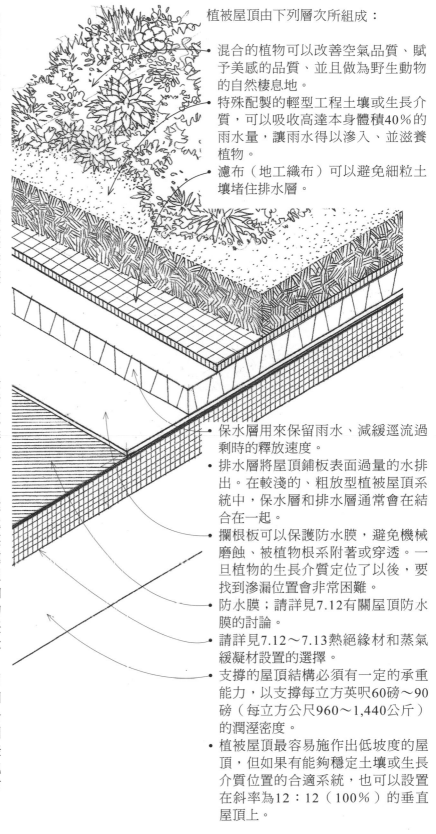

植被屋頂由下列層次所組成：

- 混合的植物可以改善空氣品質、賦予美感的品質、並且做為野生動物的自然棲息地。
- 特殊配製的輕型工程土壤或生長介質，可以吸收高達本身體積40％的雨水量，讓雨水得以滲入、並滋養植物。
- 濾布（地工織布）可以避免細粒土壤堵住排水層。

- 保水層用來保留雨水、減緩逕流過剩時的釋放速度。
- 排水層將屋頂鋪板表面過量的水排出。在較淺的、粗放型植被屋頂系統中，保水層和排水層通常會在結合在一起。
- 攔根板可以保護防水膜，避免機械磨蝕、被植物根系附著或穿透。一旦植物的生長介質定位了以後，要找到滲漏位置會非常困難。
- 防水膜；請詳見7.12有關屋頂防水膜的討論。
- 請詳見7.12～7.13熱絕緣材和蒸氣緩凝材設置的選擇。
- 支撐的屋頂結構必須有一定的承重能力，以支持每立方英呎60磅～90磅（每立方公尺960～1,440公斤）的潤溼密度。
- 植被屋頂最容易施作出低坡度的屋頂，但如果有能夠穩定土壤或生長介質位置的合適系統，也可以設置在斜率為12：12（100％）的垂直屋頂上。

LEED 永續基地認證 4：雨水管理
LEED 永續基地認證 5：減少熱島效應

美國施工規範協會綱要編碼 07 33 00：植被屋頂

板金屋頂以其互鎖式接縫、鉸接而成的屋脊、和屋頂邊緣所呈現出的強烈視覺樣式而著稱。屋面的金屬板可以是銅、鋅合金、鍍鋅鋼、或是鍍鉛錫（一種鍍上錫和鉛的不銹鋼合金板）等材質。為了避免雨水可能引發的電流作用，泛水片、緊固件、和金屬配件都應該以和屋面材料相同的金屬製成。其他使用金屬屋面的考量因素還包括金屬材料的耐候特性和膨脹係數。

- 金屬屋面設置在屋頂毛氈的底層襯墊層上。松香紙用來避免毛氈和鍍鉛錫合金金屬屋面之間的黏結。
- 直立接縫或壓條接縫
- 水平接縫和屋谷接縫是平的，通常以軟銲法連接。
- 屋面長度超過30'（9公尺）時必須設置伸縮接縫。
- 垂直接縫的中心間距為12"～24"（305～610），依據板金的起始寬度和直立接縫或壓條接縫的尺寸來決定。
- 預製壓條屋頂上的接縫中心間距為24"～36"（610～915）
- 金屬平板可以向下延伸成一條深的飾帶。

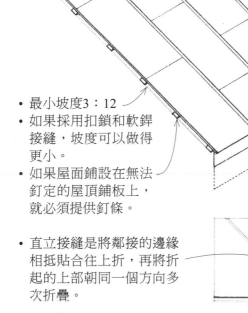

- 最小坡度3：12
- 如果採用扣鎖和軟銲接縫，坡度可以做得更小。
- 如果屋面鋪設在無法釘定的屋頂鋪板上，就必須提供釘條。

- 直立接縫是將鄰接的邊緣相抵貼合往上折，再將折起的上部朝同一個方向多次折疊。

- 壓條接縫是將鄰接的邊緣抵著壓縫木條向上折，再利用設置在木條上的金屬條將接縫固定住。
- 錐狀的壓縫木條可以容許屋面膨脹。
- 各種預製的直立接縫和木條接縫樣式都可以向金屬屋面製造商取得。

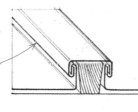

- 鎖口縫是將鄰接的邊緣相抵貼合往上折，再重複折疊，讓互鎖的部分鼓起。

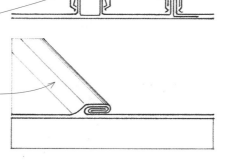

折縫的類型

- 將與屋面使用相同金屬的落水溝和襯墊層互鎖固定。

- 壓條屋脊接縫

- 直立屋脊接縫

- 滾軋接縫是將兩片板金間的接縫順著弧形屋頂或斜屋頂的下降方向，將鄰接的邊緣相抵貼合向上折，再捲折成圓筒狀。

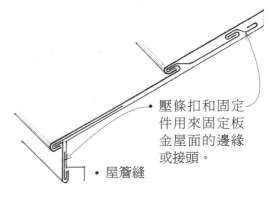

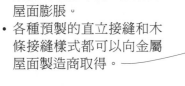

- 壓條扣和固定件用來固定板金屋面的邊緣或接頭。
- 屋簷縫

美國施工規範協會綱要編碼 07 61 00：板金屋面

7.12 平屋頂組件

平屋頂的構造必須包括下列元素：

1. 磨耗層可以保護屋頂，避免上抬風力和機械磨損。磨耗層由組合式屋面骨材、碎石骨材、或廣場鋪板鋪面所組成。

2. 排水層能使水自由流動到屋頂排水系統。排水層的組成可能包括組合式屋面系統的骨材層、鬆散的碎石層、單層屋面系統、完全黏著的單層屋頂的表面、或是廣場鋪板系統鋪面下方的排水布或空間所組成。

3. 屋面防水膜是屋頂的防水層。洩水坡度至少為每英呎升高1／4英吋（1：50），才能將雨水引到屋頂排水系統中。要做出洩水坡度，可透過調整支撐屋頂鋪板的樑的高度、在屋頂鋪板上填充出其中一端收薄的輕質絕緣混凝土、或在屋頂鋪板上設置其中一端收薄的硬質泡沫絕緣板。防水膜系統的兩種主要類型如下：
   - 組合式屋面系統；請詳見7.14。
   - 單層屋面系統；請詳見7.15～7.16。

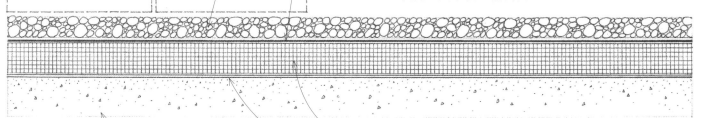

4. 熱絕緣材；請詳見7.13有關熱絕緣材的設置選擇

5. 蒸氣緩凝層用來阻擋水蒸氣進入屋面組件的通道。一般建議使用在位處一月時戶外平均溫度低於華氏40°（攝氏4°）且冬季室內相對溼度45％，或是溫度高於華氏68°（攝氏20°）的地區。由於蒸氣緩凝層是由傳統的組合式屋面或低滲透量的專利材料所組成，因此要設置在組件中明顯較為溫暖的一側。蒸氣緩凝層的溫度必須高過露點溫度，以免發生冷凝現象而導致熱絕緣材、屋面防水膜、和結構材料受損。同等重要的是，蒸氣緩凝層必須是連續的、將屋頂上所有貫穿處密封住，並且固定至屋頂周圍的牆組件上。如果設置了蒸氣緩凝層，則需施作頂側的通風口，讓封存在蒸氣緩凝層和屋面防水膜之間的溼氣得以釋放出去。更多有關溼氣控制的資訊請詳見7.45。

6. 屋頂鋪板要有足夠的剛度，才能在預期的載重條件下維持所需的坡度，還需保持平滑乾淨又乾燥的狀態，讓硬質絕緣材或屋面防水膜能夠妥善地黏著。有關屋頂鋪板和基質類型的列表請詳見7.14。大型屋頂面積可能需要伸縮接縫或區域分隔物。上述說明和其他泛水片細部的資訊，請詳見7.19～7.20。

美國施工規範協會綱要編碼 07 50 00：屋面防水膜

熱絕緣層提供了防止熱流通過屋頂組件的抵抗能力。可以設置在以下三個位置：結構屋頂鋪板下方、屋頂鋪板和屋面防水膜之間、或是屋面防水膜上方。

• 如果設置在結構屋頂鋪板的下方，熱絕緣層一般會是由鋪在蒸氣緩凝層上的棉絮絕緣材所組成。必須在絕緣層和屋頂鋪板之間設置通風空氣間，以利任何滲入構造組件中的水蒸氣逸散出去。

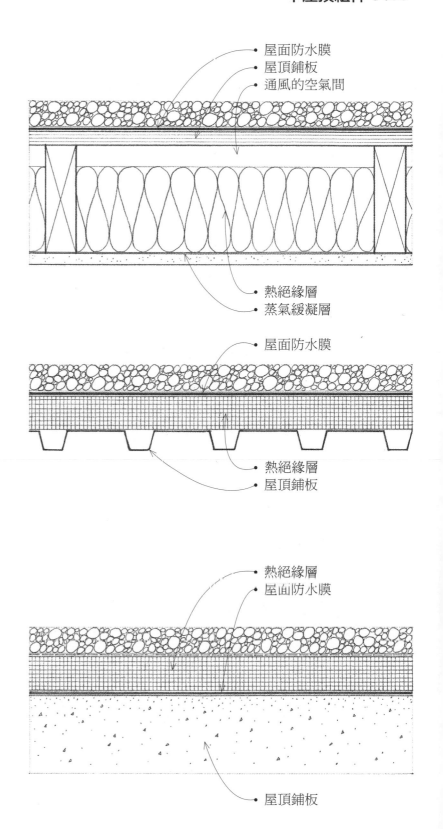

屋面防水膜
屋頂鋪板
通風的空氣間

熱絕緣層
蒸氣緩凝層

屋面防水膜

• 如果設置在屋頂鋪板和屋面防水膜之間，熱絕緣層可以是支撐屋面防水膜的輕質絕緣混凝土填充板或硬質泡沫絕緣板。硬質絕緣材應設置在至少有兩個交錯層的位置，以降低通過接縫處的熱損失。第一層必須用機械固定以抵抗上抬風力；上層則以陡坡用瀝青（steep asphalt）完全黏著。如果絕緣材是硬質聚氨酯橡膠（AU／EU）、聚苯乙烯（PS）、或聚異氰脲酸酯（PI）等材質，頂層應以珍珠岩板或石膏板做為屋面防水膜的穩定襯墊，亦須符合建築法規。

熱絕緣層
屋頂鋪板

熱絕緣層
屋面防水膜

• 在保護的防水膜系統中，熱絕緣層會設置在屋面防水膜的上方。在這個位置上，絕緣層能保護屋面防水膜不受極端溫度的影響，但是並無法阻擋幾乎是持續不斷的溼氣。熱絕緣層是由耐溼擠塑聚苯乙烯板鬆散地鋪設而成、或是以熱瀝青黏著在屋面防水膜上。要保護絕緣材不受到陽光照射、並且固定好位置，可透過在濾布上鋪碎石重壓，結合成一體的混凝土表面、或是與混凝土塊體互鎖在一起。

屋頂鋪板

美國施工規範協會綱要編碼 07 22 00：屋頂與鋪板絕緣
美國施工規範協會綱要編碼 07 55 00：屋面保護防水膜

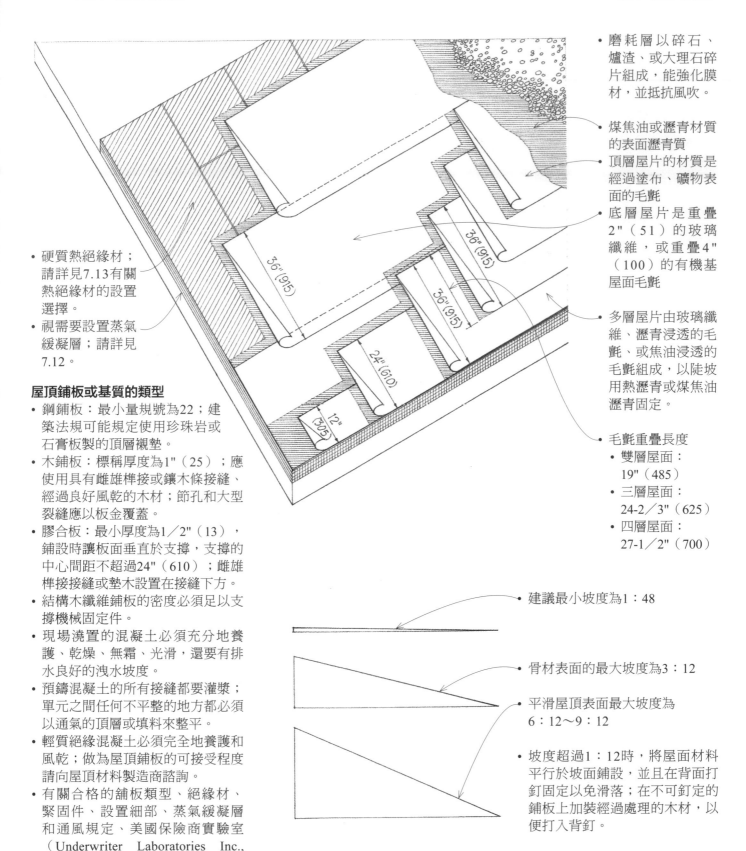

- 磨耗層以碎石、爐渣、或大理石碎片組成，能強化膜材，並抵抗風吹。

- 煤焦油或瀝青材質的表面瀝青質

- 頂層屋片的材質是經過塗布、礦物表面的毛氈

- 底層屋片是重疊2"（51）的玻璃纖維，或重疊4"（100）的有機基屋面毛氈

- 多層屋片由玻璃纖維、瀝青浸透的毛氈、或焦油浸透的毛氈組成，以陡坡用熱瀝青或煤焦油瀝青固定。

- 毛氈重疊長度
  - 雙層屋面：19"（485）
  - 三層屋面：24-2／3"（625）
  - 四層屋面：27-1／2"（700）

- 硬質熱絕緣材；請詳見7.13有關熱絕緣材的設置選擇。
- 視需要設置蒸氣緩凝層；請詳見7.12。

屋頂鋪板或基質的類型
- 鋼鋪板：最小量規號為22；建築法規可能規定使用珍珠岩或石膏板製的頂層襯墊。
- 木鋪板：標稱厚度為1"（25）；應使用具有雌雄榫接或鑲木條接縫、經過良好風乾的木材；節孔和大型裂縫應以板金覆蓋。
- 膠合板：最小厚度為1／2"（13），鋪設時讓板面垂直於支撐，支撐的中心間距不超過24"（610）；雌雄榫接接縫或墊木設置在接縫下方。
- 結構木纖維鋪板的密度必須足以支撐機械固定件。
- 現場澆置的混凝土必須充分地養護、乾燥、無霜、光滑，還要有排水良好的洩水坡度。
- 預鑄混凝土的所有接縫都要灌漿；單元之間任何不平整的地方都必須以通氣的頂層或填料來整平。
- 輕質絕緣混凝土必須完全地養護和風乾；做為屋頂鋪板的可接受程度請向屋頂材料製造商諮詢。
- 有關合格的鋪板類型、絕緣材、緊固件、設置細部、蒸氣緩凝層和通風規定，美國保險商實驗室（Underwriter Laboratories Inc., UL）制定的屋面組件火災危險性分類等資訊，請向屋頂製造商諮詢。

- 建議最小坡度為1：48

- 骨材表面的最大坡度為3：12

- 平滑屋頂表面最大坡度為6：12～9：12

- 坡度超過1：12時，將屋面材料平行於坡面鋪設，並且在背面打釘固定以免滑落；在不可釘定的鋪板上加裝經過處理的木材，以便打入背釘。

美國施工規範協會綱要編碼 07 51 00：組合式瀝青屋面

單層防水膜屋面可以是液態或片板的形式。大型圓頂、拱頂、或繁複的屋頂形式都需要可以被捲起的屋面膜、或可噴製的液態形式。液態膜使用的材料包括矽利康、氯丁橡膠、丁基橡膠、和聚氨酯。在平面屋頂上，屋面防水膜則可採用板狀的形式。單層屋面的板材包括：

• 熱塑性塑膠膜：熱鉛接或化學鉛接皆可行
• 聚氯乙烯（PVC）和聚氯乙烯合金
• 聚合物改質瀝青：在瀝青中添加聚合物以增加彈性、凝聚力和韌性；通常以玻璃纖維或塑膠薄膜來強化
• 熱固膜：只能以黏著劑來黏合
• 乙烯—丙烯三共聚物（EPDM）：一種硫化彈性材料
• 氯磺化聚乙烯（CSPE）：一種合成橡膠
• 氯丁橡膠（聚氯丁二烯）：一種合成橡膠

上述材料都非常薄，厚度從0.03英吋到0.10英吋（0.8～2.5公厘），有彈性而且強韌。對於抵抗火焰、傳熱、磨耗、以及因紫外線、污染物、油和化學物質而劣化，其抵抗程度都不太一樣。有些材料是以玻璃纖維或聚酯纖維來增強性能；有些則會塗布加工，以提高熱反射率或火勢蔓延的抵抗性。下列資訊請向屋面材料製造商諮詢：
• 材料規格
• 合格的屋頂鋪板、絕緣層、和緊固件的類型
• 設置和泛水片的細部
• 美國保險商實驗室（Underwriter Laboratories Inc., UL）評定的屋面組件火災危險性分類

本頁和後面數頁的細部探討均以乙烯—丙烯三共聚物（EPDM）的屋面為例。其他單層屋面防水膜的原理皆十分相似。EPDM屋面的一般系統有三種：
• 完全黏合系統
• 機械固定系統
• 鬆散鋪設的碎石系統

完全黏合系統
• 防水膜在完全塗布黏合劑之後，貼覆在表面光滑的混凝土或木材鋪板上，或在機械式固定至屋頂鋪板的硬質絕緣板上。利用機械將防水膜沿著四周和屋頂穿透處固定好。

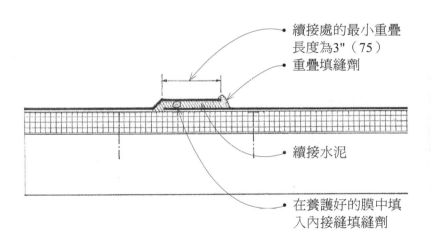

• 有連續壓條扣的金屬頂蓋
• 連接用黏合劑
• 強化EPDM防水膜的泛水片
• 續接水泥
• 最小寬度為3"（75）
• 重疊填縫劑
• 機械固定件的中心間距為12"（305），必須穿入屋頂鋪板內。
• 硬質絕緣材和屋頂鋪板
• 女兒牆或圍護牆；最小6"（150）

• 續接處的最小重疊長度為3"（75）
• 重疊填縫劑
• 續接水泥
• 在養護好的膜中填入內接縫填縫劑

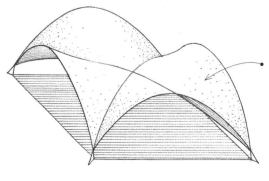

• 因為沒有坡度的限制，此系統可用於繁複或造型特殊的屋頂。

美國施工規範協會綱要編碼 07 52 00：改質瀝青防水膜屋面
美國施工規範協會綱要編碼 07 53 00：彈性防水膜屋面
美國施工規範協會綱要編碼 07 54 00：熱塑性塑膠防水膜屋面

7.16 單層屋面系統

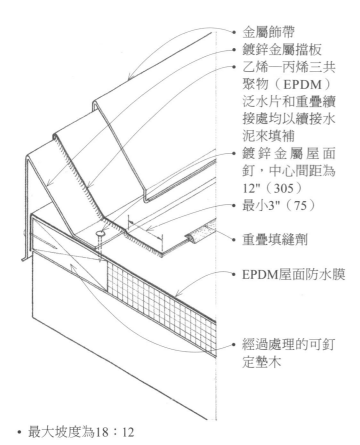

- 金屬飾帶
- 鍍鋅金屬擋板
- 乙烯—丙烯三共聚物（EPDM）泛水片和重疊續接處均以續接水泥來填補
- 鍍鋅金屬屋面釘，中心間距為12"（305）
- 最小3"（75）
- 重疊填縫劑
- EPDM屋面防水膜
- 經過處理的可釘定墊木

• 最大坡度為18：12

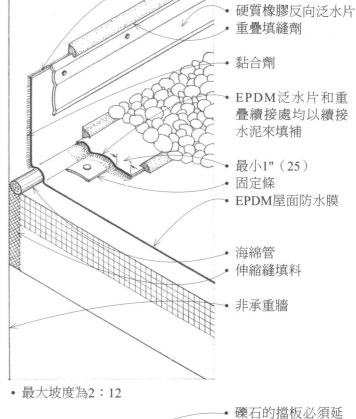

- 防水膠黏水泥
- 硬質橡膠反向泛水片
- 重疊填縫劑
- 黏合劑
- EPDM泛水片和重疊續接處均以續接水泥來填補
- 最小1"（25）
- 固定條
- EPDM屋面防水膜
- 海綿管
- 伸縮縫填料
- 非承重牆

• 最大坡度為2：12

- EPDM屋面防水膜
- 最小3"（75）
- 內接縫填縫劑
- 重疊填縫劑
- 將板固定好，中心間距為12"（305）
- 在伸縮接縫中置入海綿管和填料

- 礫石的擋板必須延伸到礫石表面上
- 圓滑的礫碎石；最小為10磅／平方英呎（pcf）〔479帕（Pa）〕
- 續接水泥
- 經過處理的可釘定墊木
- 屋頂鋪板必須承接碎石帶來的額外重量。

機械固定系統

將熱絕緣板以機械固定到屋頂鋪板後，防水膜的拼接處也要以板和固定件固定在鋪板上。

鬆散鋪設的碎石系統

絕緣材和防水膜均鬆散地鋪在屋頂鋪板上，並覆蓋上一層河洗礫石或屋頂鋪面系統。防水膜只能沿著膜的四周和屋頂穿透處，以機械固定在屋頂鋪板上。

屋頂和其排水系統必須處理的雨量或融雪量問題，與以下兩個因素有關：
• 能夠引導到屋頂排水管或落水溝的屋頂面積
• 地區降雨量的頻率和強度

平屋頂應該朝向低處的屋頂排水管稍微傾斜，排水管要與建築物的雨水排水系統相連。如果入流水量的高度入比屋頂最低點高出2"（51），則需要設置排水孔或過流量排水管系統。

斜屋頂洩除的雨水應該匯流到沿著屋簷設置的落水溝中，避免地面遭受侵蝕。再從落水溝導入垂直落水管或引導管中，然後排放到乾井或雨下水道系統。如果在乾燥氣候區域、或在懸臂長度足夠的小面積屋頂，落水溝可以省略，但要在屋簷下方的地面上設置一層礫石或砌體條。

落水溝通常是由乙烯基、鍍鋅鋼、或鋁製成，其他也有銅、不鏽鋼、鉛錫合金、和木材等材質。鋁製落水溝可在現場以冷塑方式製造出連續、沒有接縫的槽溝。

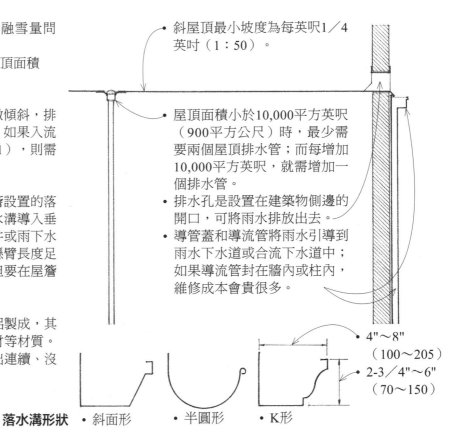

• 斜屋頂最小坡度為每英呎1／4英吋（1：50）。
• 屋頂面積小於10,000平方英呎（900平方公尺）時，最少需要兩個屋頂排水管；而每增加10,000平方英呎，就需增加一個排水管。
• 排水孔是設置在建築物側邊的開口，可將雨水排放出去。
• 導管蓋和導流管將雨水引導到雨水下水道或合流下水道中；如果導流管封在牆內或柱內，維修成本會貴很多。

• 4"～8"（100～205）
• 2-3／4"～6"（70～150）

落水溝形狀　• 斜面形　• 半圓形　• K形

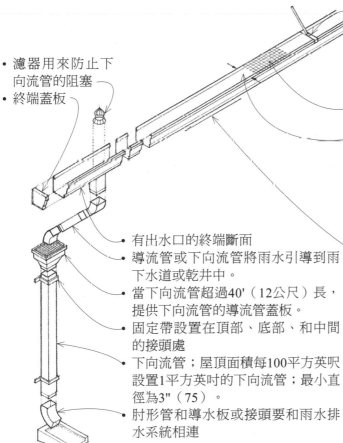

• 濾器用來防止下向流管的阻塞
• 終端蓋板

• 有出水口的終端斷面
• 導流管或下向流管將雨水引導到雨下水道或乾井中。
• 當下向流管超過40'（12公尺）長，提供下向流管的導流管蓋板。
• 固定帶設置在頂部、底部、和中間的接頭處
• 下向流管；屋頂面積每100平方英呎設置1平方英吋的下向流管；最小直徑為3"（75）。
• 肘形管和導水板或接頭要和雨水排水系統相連

• 束帶型掛鉤以釘子或螺栓固定到屋頂外覆板、或穿透外覆板釘入椽木的頂部。
• 落水溝支撐以中心間距3'（915）設置
• 金屬絲網可避免落水溝被落葉堵住
• 750平方英呎（70平方公尺）以下的屋頂面積使用4"（100）寬的落水溝；1,400平方英呎（130平方公尺）以下的屋頂面積則使用5"（125）寬的落水溝。
• 落水溝的坡度每英呎降低1／16"（1：200）；接縫以重疊和軟銲、或膠黏水泥密封；長度超過40'（12公尺）的落水溝須設置伸縮接縫。

• 坡度12：12；1／4"（6）
• 坡度7：12；1／2"（13）
• 坡度5：12；3／4"（19）
• 將落水溝設置在屋頂坡面的邊線下方，使冰雪自由滑動。

• 長釘和金屬箍掛勾以長釘釘入飾帶，或椽木的尾端。
• 吊架以螺釘固定到飾帶或椽木的尾端。

美國施工規範協會綱要編碼 07 63 00：板金屋面的特製品

7.18 泛水片

泛水片是由薄且連續的板金或其他不透水材料
製成的防水件,用來阻擋水從轉角或接縫進入
結構的通道。泛水片的基本運作原則是,當水
滲進接縫時,泛水片本身必須抵抗重力而向
上抬起;或是在風趨雨的情況下,也會因為泛
水片的曲折路徑而使雨的驅動力消散。請詳見
7.23壓力平衡雨屏牆設計的討論。

泛水片可以做成外露式或隱藏式。外露泛水片
通常以板金製成,例如鋁、銅、鍍鋅合、不鏽
鋼、鋅合金、鉛錫合金、或覆銅的鉛板。金屬
泛水片應該在其長度上設置伸縮接縫,以免板
金變形。選用的金屬不應該染色或被相鄰材料
染色,或者和相鄰材料發生化學反應。請詳見
12.09。

根據氣候和結構需要,封閉在構造組件中的泛
水片可以是板金材質或是瀝青織物或塑膠片材
的防水膜。
• 鋁和鉛會與水泥砂漿產生化學反應。
• 某些泛水片材料在陽光下會劣化。

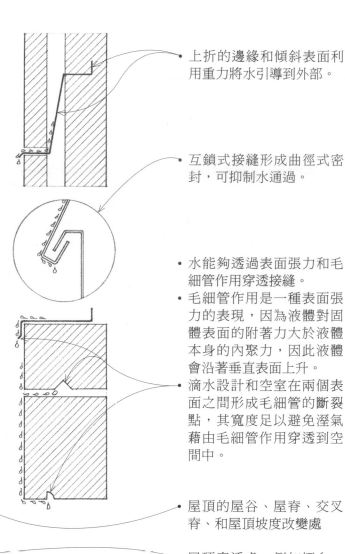

• 上折的邊緣和傾斜表面利
  用重力將水引導到外部。

• 互鎖式接縫形成曲徑式密
  封,可抑制水通過。

• 水能夠透過表面張力和毛
  細管作用穿透接縫。
• 毛細管作用是一種表面張
  力的表現,因為液體對固
  體表面的附著力大於液體
  本身的內聚力,因此液體
  會沿著垂直表面上升。
• 滴水設計和空室在兩個表
  面之間形成毛細管的斷裂
  點,其寬度足以避免溼氣
  藉由毛細管作用穿透到空
  間中。

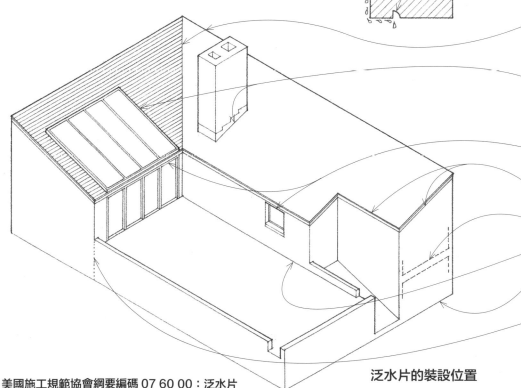

• 屋頂的屋谷、屋脊、交叉
  脊、和屋頂坡度改變處

• 屋頂穿透處,例如煙囪、
  屋頂排水管、通風管、和
  天窗

• 窗和門的開口

• 屋簷和斜帶

• 樓板和牆的交界處

• 屋頂和垂直表面的交界處

• 建築物和地面相接處

• 伸縮接縫和其他建築物皮
  層的斷裂點

泛水片的裝設位置

美國施工規範協會綱要編碼 07 60 00:泛水片
美國施工規範協會綱要編碼 07 62 00:板金泛水片
美國施工規範協會綱要編碼 07 65 00:彈性泛水片

本頁和後續幾頁所探討的泛水片細部均為一般情形，可與多種建材和組件一起應用。所有的尺度都只提供最小值。氣候條件和屋頂坡度會決定是否需要更多的重疊部分。有關泛水片細部和泛水片組件的資訊請向製造商諮詢。

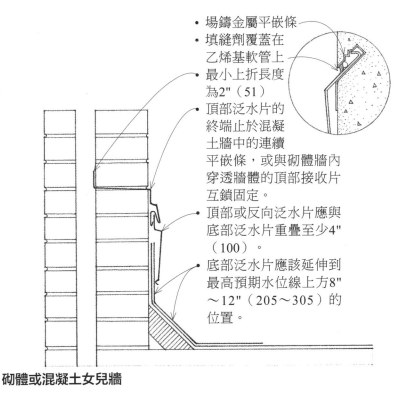

- 場鑄金屬平嵌條
- 填縫劑覆蓋在乙烯基軟管上
- 最小上折長度為2"（51）
- 頂部泛水片的終端止於混凝土牆中的連續平嵌條，或與砌體牆內穿透牆體的頂部接收片互鎖固定。
- 頂部或反向泛水片應與底部泛水片重疊至少4"（100）。
- 底部泛水片應該延伸到最高預期水位線上方8"～12"（205～305）的位置。

砌體或混凝土女兒牆

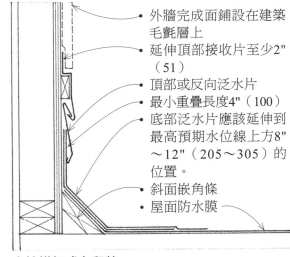

- 外牆完成面鋪設在建築毛氈層上
- 延伸頂部接收片至少2"（51）
- 頂部或反向泛水片
- 最小重疊長度4"（100）
- 底部泛水片應該延伸到最高預期水位線上方8"～12"（205～305）的位置。
- 斜面嵌角條
- 屋面防水膜

立柱構架式女兒牆

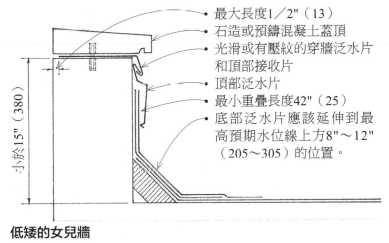

小於15"（380）

- 最大長度1／2"（13）
- 石造或預鑄混凝土蓋頂
- 光滑或有壓紋的穿牆泛水片和頂部接收片
- 頂部泛水片
- 最小重疊長度42"（25）
- 底部泛水片應該延伸到最高預期水位線上方8"～12"（205～305）的位置。

低矮的女兒牆

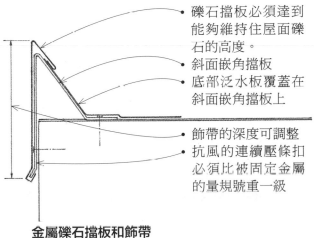

- 礫石擋板必須達到能夠維持住屋面礫石的高度。
- 斜面嵌角擋板
- 底部泛水板覆蓋在斜面嵌角擋板上
- 飾帶的深度可調整
- 抗風的連續壓條扣必須比被固定金屬的量規號重一級

金屬礫石擋板和飾帶

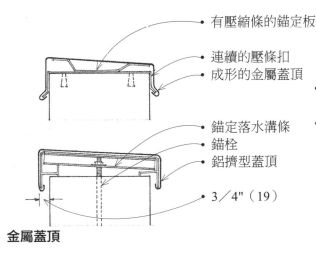

- 有壓縮條的錨定板
- 連續的壓條扣
- 成形的金屬蓋頂
- 錨定落水溝條
- 錨栓
- 鋁擠型蓋頂
- 3／4"（19）

金屬蓋頂

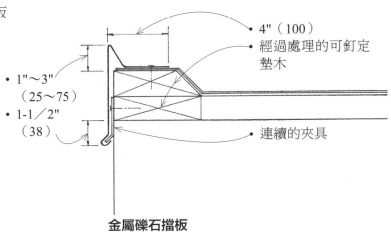

- 4"（100）
- 經過處理的可釘定墊木
- 1"～3"（25～75）
- 1-1/2"（38）
- 連續的夾具

金屬礫石擋板

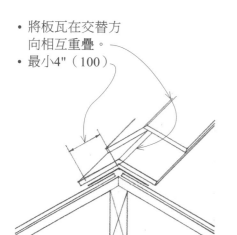

- 將板瓦在交替方向相互重疊。
- 最小4"（100）

- 泛水片的重疊長度為4"（100）

屋脊泛水片—隱蔽式

- 最小4"（100）
- 泛水片以螺釘和氯丁橡膠墊圈固定

屋脊泛水片—外露式

- 有抗候擋板的成形金屬屋脊通風口

屋脊通風

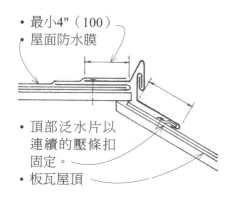

- 最小4"（100）
- 屋面防水膜

- 頂部泛水片以連續的壓條扣固定。
- 板瓦屋頂

平屋頂連接到斜屋頂

- 最小4"（100）

- 連續的壓條扣
- 金屬屋面

平屋頂連接到斜屋頂

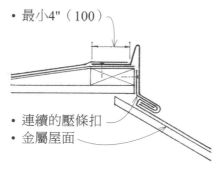

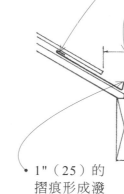

- 1/2"（13）邊緣摺痕
- 最小5"（125）

- 1"（25）的摺痕形成潑濺分流。

外露式屋谷

- 木板瓦屋頂坡度在6：12以上時，最小7"（180）；坡度小於6：12時，最小10"（255）
- 劈木板瓦和其他板瓦屋頂，最小11"（280）

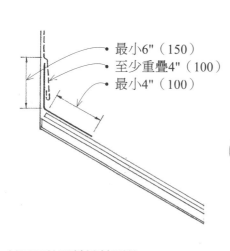

- 最小6"（150）
- 至少重疊4"（100）
- 最小4"（100）

- 在風驅雪和屋頂會結冰的地區，必須在實心外覆層上設置屋簷泛水片；請詳見7.03。

斜屋頂的頂端連接到牆

- 木板瓦和劈木板瓦可向外延伸1"～1-1／2"（25～38）形成滴水板；其他屋面板瓦搭配金屬滴水邊緣；落水溝的內側必須重疊。

屋簷泛水片

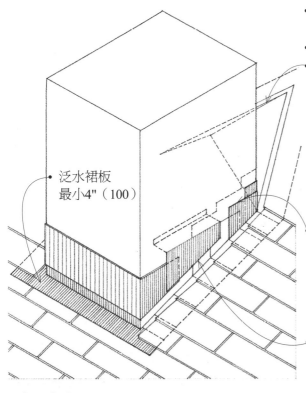

煙囪泛水片

- 泛水裙板
  最小4"（100）

- 有3／4"（19）滴水設計的淺盤
- 屋脊處的泛水片
- 洩水假凳（cricket）的鞍形是為了將落在煙囪周圍、或斜屋頂上的其他凸出物的水排放出去；這種鞍形泛水片可以單件使用，或是取用兩件、並以扣鎖和軟銲固定接頭。
- 底部泛水片應該延伸到牆和屋頂上方至少4"（100）的位置，側邊重疊長度最小3"（75）；從板瓦對接邊緣退縮1／2"（13）。
- 頂部泛水片和底部泛水板應至少重疊4"（100），並且深入砌體內部4"（100）；側邊重疊長度最小3"（75）。

天窗

- 階梯狀的穿牆泛水片使用在以可滲水材料、例如石塊或粗石建造的煙囪上。

- 底部泛水片向上延伸到天窗構架下
- 最小4"（100）

垂直牆的泛水片

- 外露板瓦加長2"（51）
- 側邊重疊2"（51）
- 最小4"（100）

- 最小4"（100）
- 最小2"（51）
- 將底部泛水片延伸到牆上方至少4"（100）的位置、延伸到屋頂上則至少2"（51）。
- 泛水片從板瓦的外露邊緣退縮
- 外牆完成面做為頂部泛水片

高管或高桿

- 非硬化填縫劑
- 扣環
- 金屬罩

- 最小8"（205）
- 最小4"（100）

通氣豎管泛水片

- 翼緣向上延伸4"（100）、向下延伸8"（205），向通氣豎管的兩側延伸6"（150）。
- 在側邊和頂部，板瓦鋪在翼緣上
- 在底部，翼緣則鋪在板瓦上

通風管

- 最小重疊長度2"（51）
- 軟銲重疊縫
- 最小4"（100）
- 金屬瀝青擋板

- 6"（150）
- 最小12"（305）

7.22 牆壁泛水片

牆壁泛水片的設置目的是收集任何會穿透牆壁的溼氣，並且藉由溢水孔將溼氣排放出去。本頁呈現的是通常需要設置牆壁泛水片的位置。砌體牆特別容易被水滲透。雨水的滲透情形可以透過適當地施作砂漿接縫，像是門窗開口周圍的密封接縫，以及將檻座和蓋頂的水平面斜放的做法獲得控制。空心牆對於抵抗水滲透的能力特別有效。

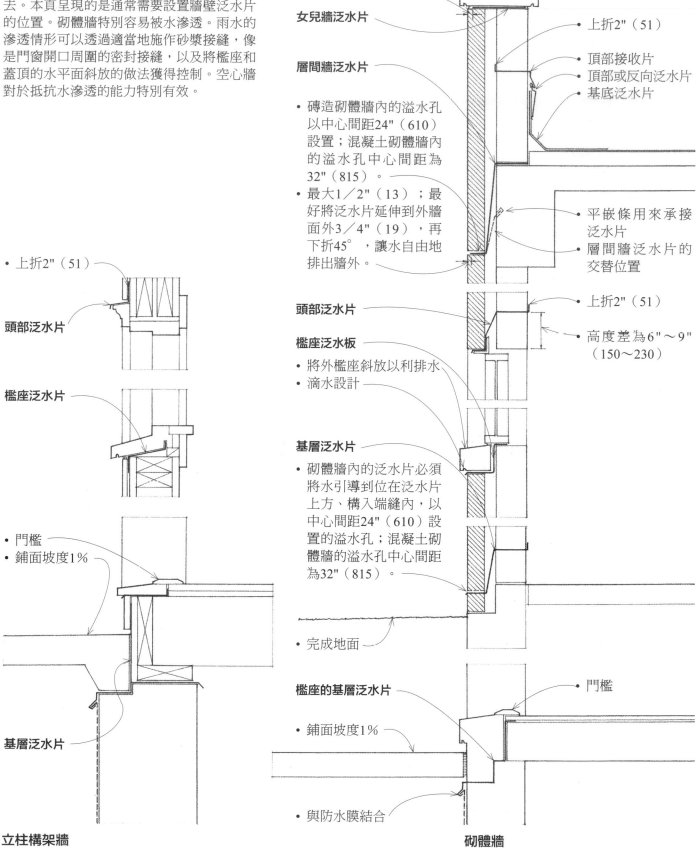

- 上折2"（51）

頭部泛水片

檻座泛水片

- 門檻
- 鋪面坡度1%

基層泛水片

立柱構架牆

- 將蓋頂斜放以利排水
- 最大1／2"（13）

女兒牆泛水片

層間牆泛水片

- 磚造砌體牆內的溢水孔以中心間距24"（610）設置；混凝土砌體牆內的溢水孔中心間距為32"（815）。
- 最大1／2"（13）；最好將泛水片延伸到外牆面外3／4"（19），再下折45°，讓水自由地排出牆外。

頭部泛水片

檻座泛水板

- 將外檻座斜放以利排水
- 滴水設計

基層泛水片

- 砌體牆內的泛水片必須將水引導到位在泛水片上方、構入端縫內，以中心間距24"（610）設置的溢水孔；混凝土砌體牆的溢水孔中心間距為32"（815）。

- 完成地面

檻座的基層泛水片

- 鋪面坡度1%

- 與防水膜結合

- 上折2"（51）
- 頂部接收片
- 頂部或反向泛水片
- 基底泛水片

- 平嵌條用來承接泛水片
- 層間牆泛水片的交替位置

- 上折2"（51）
- 高度差為6"～9"（150～230）

- 門檻

砌體牆

透過動能、重力流、表面張力、毛細管作用、和壓力差，水能夠穿透外牆的接縫和組件。依據外牆阻擋水滲入的方式，外牆可以分為以下類型：

- 質量牆系統，例如混凝土牆和實心砌體牆，在外牆面洩除大部分的雨水、吸收剩餘水量，再將吸入的溼氣以水蒸氣的形態釋放出去以達到乾燥。
- 屏障牆系統，例如外部絕緣與完成面系統（exterior insulation and finish system, EIFS），倚賴外牆面上連續的密封材；密封部位必須持續不斷地保養，才能有效地對抗太陽輻射、熱運動、和裂痕。
- 排水牆，例如傳統的灰泥塗料和雨淋板牆，在外牆覆層和支撐牆之間設置排水板或防潮層，以提升防潮性。
- 雨屏牆系統由一道外覆層（雨屏）、空氣室，以及一張設置在具剛性、防水、又氣密的支撐牆上的排水板所組成。

簡易雨屏牆，例如磚造空心牆和墊高的雨淋板牆，會藉由包覆層來洩除絕大部分的雨水，並以牆體中的空氣室做為排水層，將外牆滲入的水排出。空氣室必須夠寬，以免水透過毛細運動從空室橋接到支撐牆上。

當水出現在開口的一側，而另一側的氣壓大於該側時，不管壓力差有多小，都可能驅使水穿透開口進到牆組件中。壓力平衡雨屏牆（pressure-equalized rainscreen, PER）利用通風的包覆層，以及經常隔成許多區塊的空氣室，來平衡內外氣壓，並且限制水穿透包覆層組件接縫的程度。抵擋空氣和蒸氣的主要密封材，應設置在暴露在少量水分中的空氣室內側。

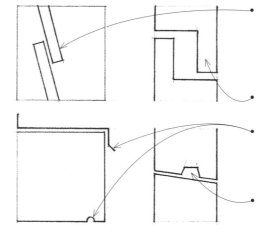

- 將水平接縫改以鋪設板瓦的方式重疊、密封起垂直接縫處，並遠離牆內部將水平表面斜放，這樣就能阻止重力造成的流動。
- 重疊的材料或內部擋板能使風驅雨的動能轉向。
- 滴水設計阻斷了水的表面張力，避免水依附著水平表面、或幾近水平表面的底面流動。
- 不連續性或空氣間隙都會干擾水的毛細運動。

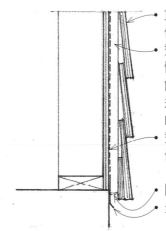

- 重疊式或板瓦式的壁板可做為雨屏牆。
- 墊高材可將壁板材料和牆體構架隔開，形成一個既能排水、背面又能通風的通氣室，以促進累積水分的蒸發。
- 墊高材後方的外覆板和天候屏障形成了排水平面。
- 防蟲紗屏
- 金屬泛水片和滴水設計

內側

- 空氣屏障系統包含主要的接縫密封材，不僅能控制穿透牆體的氣流和噪音，也具有足以抵抗風壓的氣密性和剛性。
- 熱絕緣層位在空氣室的內側。空氣屏障本身則是設置在絕緣層任一側、或在內壁層任一側的連續膜。
- 較小的牆體斷面圖，請詳見7.48。

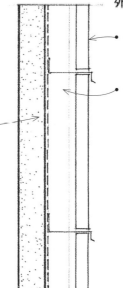

外側

- 通風的外覆層（雨屏）能使外牆面的雨水動能轉向，並且阻擋水的滲入。
- 空氣室提供一個平衡氣壓的空間，其寬度足以阻擋水的毛細運動，並且在水可能滲入雨屏時做為排水層。

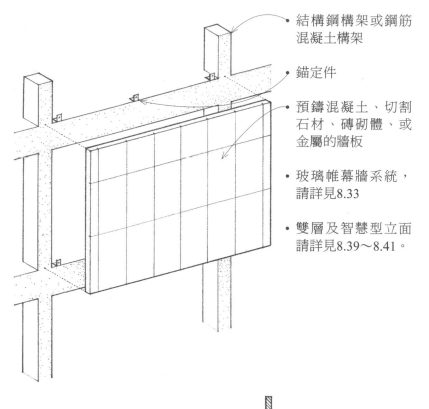

- 結構鋼構架或鋼筋混凝土構架
- 錨定件
- 預鑄混凝土、切割石材、磚砌體、或金屬的牆板
- 玻璃帷幕牆系統，請詳見8.33
- 雙層及智慧型立面請詳見8.39～8.41。

帷幕牆是一種完全由建築物的鋼構或混凝土結構構架所支撐的外牆，除了自重和風力載重外，不負載其他載重。帷幕牆可由支撐觀景玻璃或不透明層間單元的金屬構架，或者由混凝土、石材、砌體、或金屬的外飾薄板組成。

板系統完全是以預製混凝土、磚石、或切割石材的單元組成。牆的單元可組成一層、二層、或三層樓高，可預先裝配好玻璃、或待設置完成後再安裝玻璃。板系統提供經過品管的廠製組件，方便快速組立，但運送和處理上比較笨重。

帷幕牆的構造看似簡單，實際上卻很複雜，必須仔細地研發、測試、和組立。此外，還需要建築師、結構工程師、承包商，以及有豐富帷幕牆構造經驗的製造商彼此密切合作。

帷幕牆和其他外牆一樣，必須抵抗以下因素：

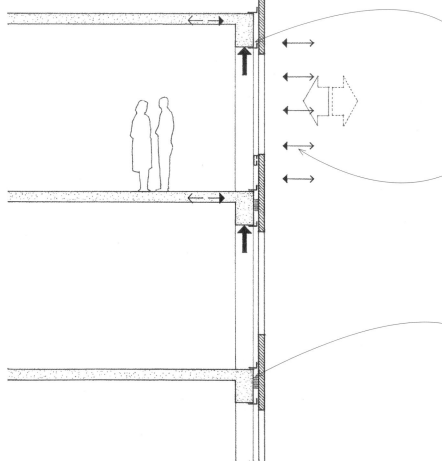

載重
- 帷幕牆板必須以結構構架適當地支撐。
- 結構構架在承重後產生的任何撓曲或變形，都不得轉移到帷幕牆上。
- 地震設計必須採用消能接頭。

風力
- 風會依據風向與建築物的形狀和高度，在牆體上形成正壓和負壓。
- 帷幕牆必須能將任何風力負載傳遞到建築物的結構構架上，而不引發過度的撓曲。牆體可能承受的風驅運動，在設計帷幕牆的接頭和接縫時就要納入考量。

火
- 不燃材料，有時候是指安全化的設計，必須設置在每一樓層的柱覆材內，以及牆板與樓板邊緣、或層間樑之間，以避免火勢延燒。
- 建築法規也明訂出結構構架和帷幕牆板本身的耐火規定。

陽光

- 亮度和眩光必須以遮陽裝置來控制，或使用反射或有色玻璃。
- 太陽的紫外線也可能造成接縫和玻璃材料變質和室內陳設褪色。

溫度

- 氣溫的日變化和季節變化都會引起牆組件材料的膨脹和收縮，尤其以金屬材料的變化最為劇烈。因此必須預留容許空間，以因應各種材料隨不同熱脹程度所引起的差異運動。
- 接縫和填縫劑須能抵抗熱應力造成的運動。
- 通過玻璃帷幕牆的熱流應以隔熱玻璃、隔熱不透明板，或設置在金屬構架中的隔熱材來控制。
- 外飾板的熱絕緣材也可以結合在牆單元之中、貼附在牆單元的背面，或是在現場將熱絕緣材設置在背牆上。

水

- 雨水可能蓄積在牆面上，並在壓力之下受風驅而穿過最小的開口。
- 凝結且蓄積在牆內的水蒸氣必須排放出去。

壓力平衡設計

- 7.23略述的壓力平衡設計原則在帷幕牆的細部設計時非常關鍵，尤其在較大型、較高的建築物中，外部大氣和內部環境的壓力如果有落差，就算是牆接縫中最小的開口也可能會滲入雨水。

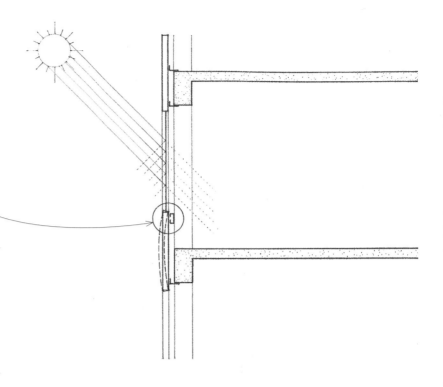

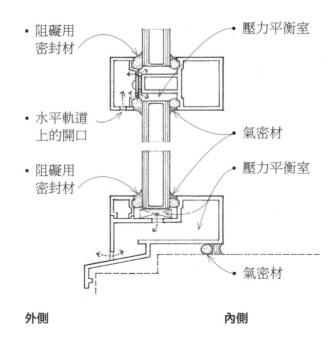

- 阻礙用密封材
- 壓力平衡室
- 水平軌道上的開口
- 氣密材
- 阻礙用密封材
- 壓力平衡室
- 氣密材

外側　　　　　　　　　內側

玻璃帷幕牆中的壓力平衡原理應用

美國施工規範協會綱要編碼 04 25 00：單元砌體板
美國施工規範協會綱要編碼 07 42 63：組裝式牆板組合
美國施工規範協會綱要編碼 07 44 63：組裝式面板組合

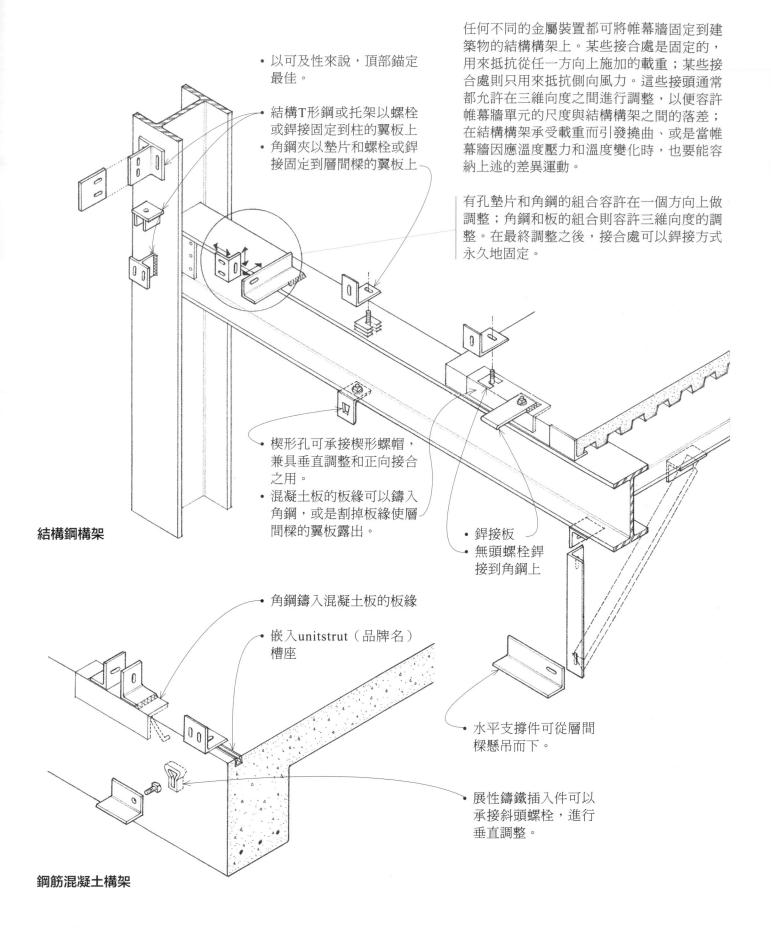

任何不同的金屬裝置都可將帷幕牆固定到建築物的結構構架上。某些接合處是固定的，用來抵抗從任一方向上施加的載重；某些接合處則只用來抵抗側向風力。這些接頭通常都允許在三維向度之間進行調整，以便容許帷幕牆單元的尺度與結構構架之間的落差；在結構構架承受載重而引發撓曲、或是當帷幕牆因應溫度壓力和溫度變化時，也要能容納上述的差異運動。

有孔墊片和角鋼的組合容許在一個方向上做調整；角鋼和板的組合則容許三維向度的調整。在最終調整之後，接合處可以銲接方式永久地固定。

- 以可及性來說，頂部錨定最佳。

- 結構T形鋼或托架以螺栓或銲接固定到柱的翼板上
- 角鋼夾以墊片和螺栓或銲接固定到層間樑的翼板上

結構鋼構架

- 楔形孔可承接楔形螺帽，兼具垂直調整和正向接合之用。
- 混凝土板的板緣可以鑄入角鋼，或是割掉板緣使層間樑的翼板露出。

- 銲接板
- 無頭螺栓銲接到角鋼上

- 角鋼鑄入混凝土板的板緣

- 嵌入unitstrut（品牌名）槽座

- 水平支撐件可從層間樑懸吊而下。

- 展性鑄鐵插入件可以承接斜頭螺栓，進行垂直調整。

鋼筋混凝土構架

預鑄混凝土牆板可做為非承重牆的表面材料，以結構鋼構架或鋼筋混凝土構架支撐。有關預鑄牆板的資訊請詳見5.10。

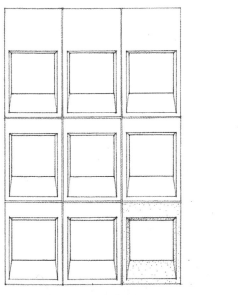

- 有多種經過品質管理的平滑和有紋理的完成面可供選擇。
- 瓷磚、薄磚、或石面材料可固定到牆板上。
- 熱絕緣材可夾心在牆板中、貼覆在牆板背面、或是在現場將絕緣材設置在背牆上。

玻璃纖維強化混凝土可用來取代傳統的鋼筋混凝土，製造出較輕薄的外飾板。板的製作方式是將短玻璃纖維噴在澆置了波特蘭水泥和砂漿的模型上。有多種三維的板設計和完成面可供選擇。

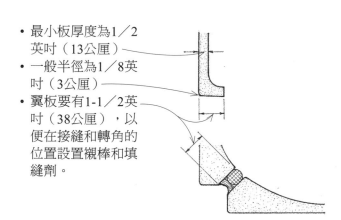

- 最小板厚度為1／2英吋（13公厘）
- 一般半徑為1／8英吋（3公厘）
- 翼板要有1-1／2英吋（38公厘），以便在接縫和轉角的位置設置襯棒和填縫劑。

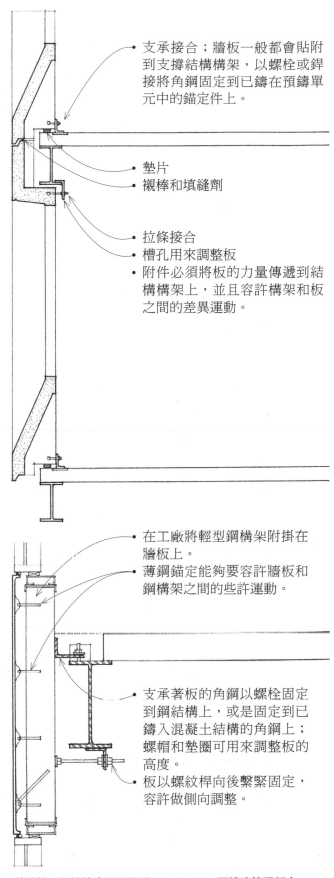

- 支承接合；牆板一般都會貼附到支撐結構構架，以螺栓或銲接將角鋼固定到已鑄在預鑄單元中的錨定件上。

- 墊片
- 襯棒和填縫劑

- 拉條接合
- 槽孔用來調整板
- 附件必須將板的力量傳遞到結構構架上，並且容許構架和板之間的差異運動。

- 在工廠將輕型鋼構架附掛在牆板上。
- 薄鋼錨定能夠要容許牆板和鋼構架之間的些許運動。

- 支承著板的角鋼以螺栓固定到鋼結構上，或是固定到已鑄入混凝土結構的角鋼上；螺帽和墊圈可用來調整板的高度。
- 板以螺紋桿向後繫緊固定，容許做側向調整。

美國施工規範協會綱要編碼 03 45 00：預鑄建築混凝土
美國施工規範協會綱要編碼 07 44 53：玻璃纖維強化水泥板

砌體飾面構造是將做為天候屏障的單層砌體，以錨定而非黏結的方式固定在支撐結構的構架上。在住宅構造中，木立柱或金屬立柱牆通常會使用單層飾面磚來做為牆面。

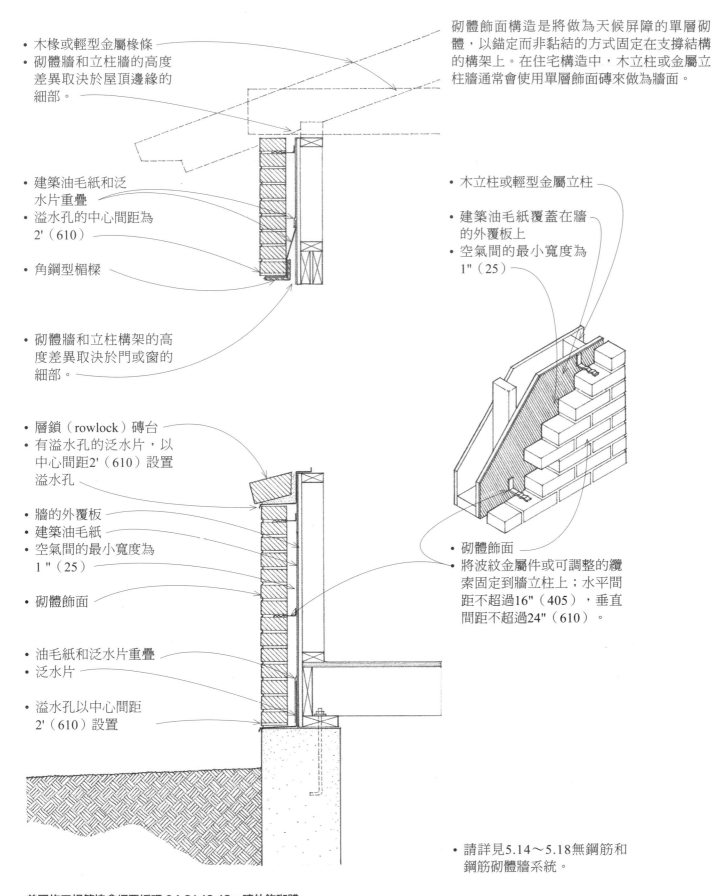

- 木椽或輕型金屬椽條
- 砌體牆和立柱牆的高度差異取決於屋頂邊緣的細部。

- 建築油毛紙和泛水片重疊
- 溢水孔的中心間距為2'（610）

- 角鋼型楣樑

- 砌體牆和立柱構架的高度差異取決於門或窗的細部。

- 木立柱或輕型金屬立柱

- 建築油毛紙覆蓋在牆的外覆板上
- 空氣間的最小寬度為1"（25）

- 層鎖（rowlock）磚台
- 有溢水孔的泛水片，以中心間距2'（610）設置溢水孔

- 牆的外覆板
- 建築油毛紙
- 空氣間的最小寬度為1"（25）

- 砌體飾面

- 油毛紙和泛水片重疊
- 泛水片

- 溢水孔以中心間距2'（610）設置

- 砌體飾面
- 將波紋金屬件或可調整的纜索固定到牆立柱上；水平間距不超過16"（405），垂直間距不超過24"（610）。

- 請詳見5.14～5.18無鋼筋和鋼筋砌體牆系統。

美國施工規範協會綱要編碼 04 21 13.13：磚外飾砌體

砌體飾面也可以做為由鋼構架
或混凝土構架所支撐的帷幕牆
使用。

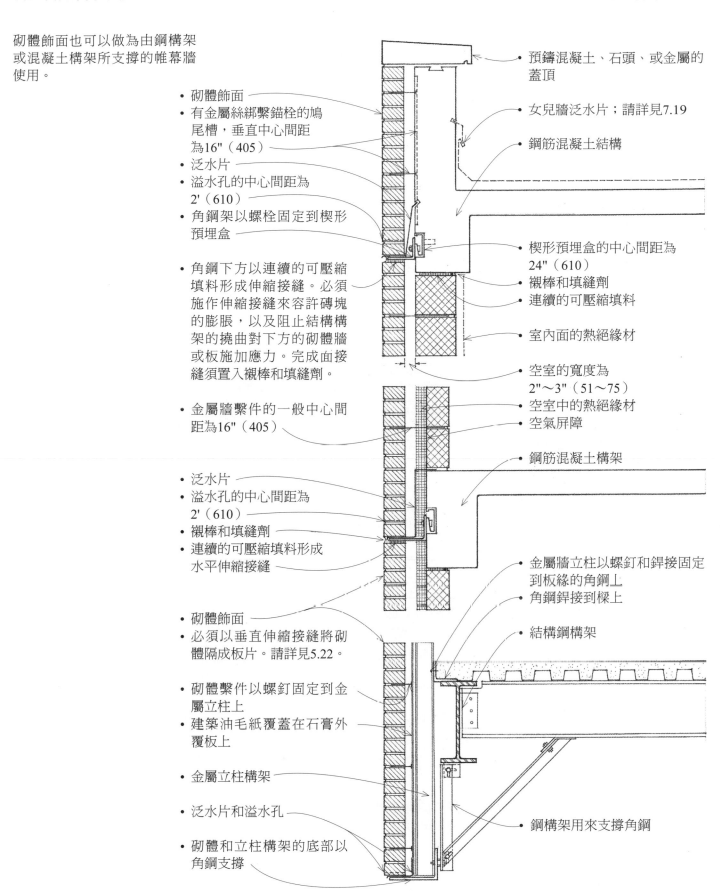

- 砌體飾面
- 有金屬絲綁繫錨栓的鳩
  尾槽，垂直中心間距
  為16"（405）
- 泛水片
- 溢水孔的中心間距為
  2'（610）
- 角鋼架以螺栓固定到楔形
  預埋盒

- 角鋼下方以連續的可壓縮
  填料形成伸縮接縫。必須
  施作伸縮接縫來容許磚塊
  的膨脹，以及阻止結構構
  架的撓曲對下方的砌體牆
  或板施加應力。完成面接
  縫須置入襯棒和填縫劑。

- 金屬牆繫件的一般中心間
  距為16"（405）

- 泛水片
- 溢水孔的中心間距為
  2'（610）
- 襯棒和填縫劑
- 連續的可壓縮填料形成
  水平伸縮接縫

- 砌體飾面
- 必須以垂直伸縮接縫將砌
  體隔成板片。請詳見5.22。

- 砌體繫件以螺釘固定到金
  屬立柱上
- 建築油毛紙覆蓋在石膏外
  覆板上

- 金屬立柱構架

- 泛水片和溢水孔

- 砌體和立柱構架的底部以
  角鋼支撐

- 預鑄混凝土、石頭、或金屬的
  蓋頂
- 女兒牆泛水片；請詳見7.19
- 鋼筋混凝土結構

- 楔形預埋盒的中心間距為
  24"（610）
- 襯棒和填縫劑
- 連續的可壓縮填料
- 室內面的熱絕緣材

- 空室的寬度為
  2"～3"（51～75）
- 空室中的熱絕緣材
- 空氣屏障

- 鋼筋混凝土構架

- 金屬牆立柱以螺釘和銲接固定
  到板緣的角鋼上
- 角鋼銲接到樑上

- 結構鋼構架

- 鋼構架用來支撐角鋼

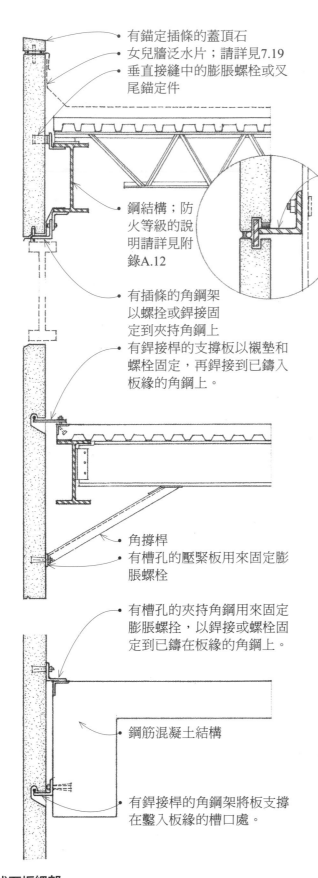

- 有錨定插條的蓋頂石
- 女兒牆泛水片；請詳見7.19
- 垂直接縫中的膨脹螺栓或叉尾錨定件
- 鋼結構；防火等級的說明請詳見附錄A.12
- 有插條的角鋼架以螺拴或銲接固定到夾持角鋼上
- 有銲接桿的支撐板以襯墊和螺栓固定，再銲接到已鑄入板緣的角鋼上。
- 角撐桿
- 有槽孔的壓緊板用來固定膨脹螺栓
- 有槽孔的夾持角鋼用來固定膨脹螺拴，以銲接或螺栓固定到已鑄在板緣的角鋼上。
- 鋼筋混凝土結構
- 有銲接桿的角鋼架將板支撐在鑿入板緣的槽口處。

一般的一體式石板細部

石材飾面可使用灰漿鋪設，並繫緊固定在混凝土背牆或砌體背牆上；請詳見5.33～5.34。大型石材飾面板的厚度為1-1/2英吋～3英吋（32公厘～75公厘），由建築物的鋼或混凝土結構構架以多種方式來支撐。

- 一體式的石板可以直接固定到建築物的結構構架上。
- 將石板固定在用來傳遞樓板的重力載重和側向載重到建築物結構構架的輔助鋼構架上。輔助構架是由支撐著不鏽鋼或鋁製水平角材的垂直鋼撐桿組成。銲接到角鋼上的鋼桿必須卡入石板上下緣的槽孔中。
- 外飾石材可以透過將薄板架設在非腐蝕的金屬構架上，預組裝出較大的板面，或以彎折的不銹鋼錨定件，將石材飾面聯結在鋼筋預鑄混凝土板上。在混凝土和石材之間施用防潮層和黏結劑，避免混凝土鹽化後染色在石製品上。

必要的錨定都要經過審慎的工程設計，石材飾面的強度也要納入考量，尤其是錨定點上要支撐的重力載重和側向載重、以及結構和熱運動的預期範圍。有些錨定件必須承接石製品的重量，並將此載重傳遞到支撐結構牆或構架上。有些錨定件則只需要抑制石製品的側向運動。還有一些錨定件必須提供剪力抵抗力。所有接合五金都必須是不鏽鋼或不含鐵的材質，才能避免鏽蝕和染色在石製品上。視需要預留足夠的容許誤差空間，以便做適當調整和填隙。

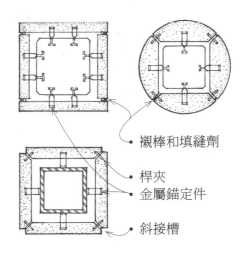

- 襯棒和填縫劑
- 桿夾
- 金屬錨定件
- 斜接槽

柱

美國施工規範協會綱要編碼 04 42 00：外部石材包覆層

絕緣且黏合的金屬板主要用來包覆工業型的建築物；請詳見6.07。板的完成面可能是陽極氧化鋁或搪瓷鋼、乙烯基、丙烯酸（壓克力）、或琺瑯等材質。一般來說，板的尺寸為3英呎寬（915公厘），依據板的種類和外形，能垂直跨越在間距8英呎～24英呎（2.5公尺～7.3公尺）的水平鋼圍樑之間。有關板的外形、尺寸、容許跨度、隔熱和隔音等級、以及設置細部請向製造商諮詢。

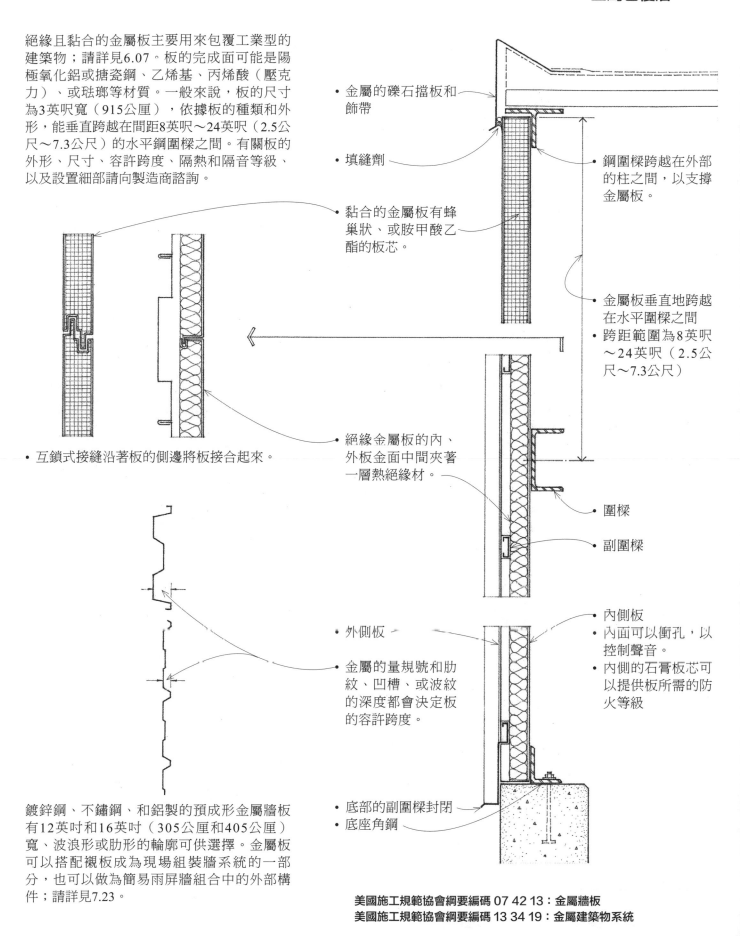

• 金屬的礫石擋板和飾帶

• 填縫劑

• 鋼圍樑跨越在外部的柱之間，以支撐金屬板。

• 黏合的金屬板有蜂巢狀、或胺甲酸乙酯的板芯。

• 金屬板垂直地跨越在水平圍樑之間
• 跨距範圍為8英呎～24英呎（2.5公尺～7.3公尺）

• 絕緣金屬板的內、外板金面中間夾著一層熱絕緣材。

• 圍樑

• 副圍樑

• 互鎖式接縫沿著板的側邊將板接合起來。

• 外側板

• 金屬的量規號和肋紋、凹槽、或波紋的深度都會決定板的容許跨度。

• 內側板
• 內面可以衝孔，以控制聲音。
• 內側的石膏板芯可以提供板所需的防火等級

• 底部的副圍樑封閉
• 底座角鋼

鍍鋅鋼、不鏽鋼、和鋁製的預成形金屬牆板有12英吋和16英吋（305公厘和405公厘）寬、波浪形或肋形的輪廓可供選擇。金屬板可以搭配襯板成為現場組裝牆系統的一部分，也可以做為簡易雨屏牆組合中的外部構件；請詳見7.23。

美國施工規範協會綱要編碼 07 42 13：金屬牆板
美國施工規範協會綱要編碼 13 34 19：金屬建築物系統

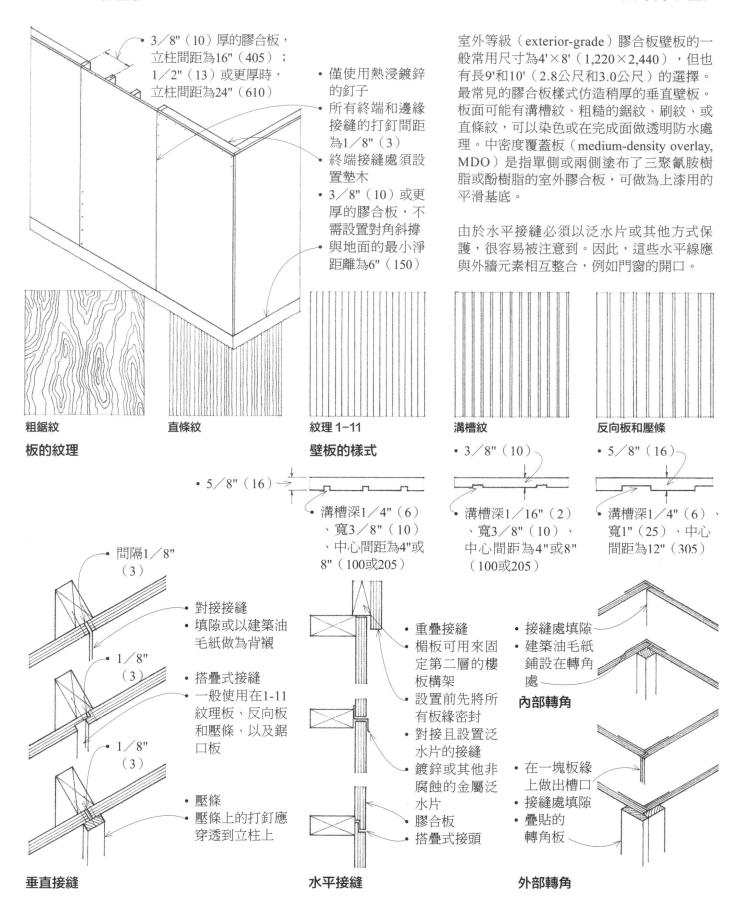

• 3／8"（10）厚的膠合板，立柱間距為16"（405）；1／2"（13）或更厚時，立柱間距為24"（610）

• 僅使用熱浸鍍鋅的釘子
• 所有終端和邊緣接縫的打釘間距為1／8"（3）
• 終端接縫處須設置墊木
• 3／8"（10）或更厚的膠合板，不需設置對角斜撐
• 與地面的最小淨距離為6"（150）

室外等級（exterior-grade）膠合板壁板的一般常用尺寸為4'×8'（1,220×2,440），但也有長9'和10'（2.8公尺和3.0公尺）的選擇。最常見的膠合板樣式仿造稍厚的垂直壁板。板面可能有溝槽紋、粗糙的鋸紋、刷紋、或直條紋，可以染色或在完成面做透明防水處理。中密度覆蓋板（medium-density overlay, MDO）是指單側或兩側塗布了三聚氰胺樹脂或酚樹脂的室外膠合板，可做為上漆用的平滑基底。

由於水平接縫必須以泛水片或其他方式保護，很容易被注意到。因此，這些水平線應與外牆元素相互整合，例如門窗的開口。

粗鋸紋　　　直條紋　　　紋理 1–11　　　溝槽紋　　　反向板和壓條

板的紋理　　　**壁板的樣式**

• 5／8"（16）
• 溝槽深1／4"（6）、寬3／8"（10）、中心間距為4"或8"（100或205）

• 3／8"（10）
• 溝槽深1／16"（2）、寬3／8"（10）、中心間距為4"或8"（100或205）

• 5／8"（16）
• 溝槽深1／4"（6）、寬1"（25）、中心間距為12"（305）

• 間隔1／8"（3）

• 對接接縫
• 填隙或以建築油毛紙做為背襯

• 1／8"（3）

• 搭疊式接縫
• 一般使用在1-11紋理板、反向板和壓條、以及鋸口板

• 1／8"（3）

• 壓條
• 壓條上的打釘應穿透到立柱上

垂直接縫

• 重疊接縫
• 楣板可用來固定第二層的樓板構架
• 設置前先將所有板緣密封
• 對接且設置泛水片的接縫
• 鍍鋅或其他非腐蝕的金屬泛水片
• 膠合板
• 搭疊式接頭

水平接縫

• 接縫處填隙
• 建築油毛紙鋪設在轉角處

內部轉角

• 在一塊板緣上做出槽口
• 接縫處填隙
• 疊貼的轉角板

外部轉角

美國施工規範協會綱要編碼 07 46 29：膠合板壁板

在外牆上，木板瓦壁板會像疊貼壁板一樣，排列成整齊的分層。這些分層必須整齊地對準窗戶開口的頂部和檻座、以及其他水平嵌條。木板瓦可以染色或上漆。白金級的板瓦可以不上漆自然地暴露在天候中。

木板瓦壁板可以做成單層或雙層，其外露在天候中的長度如下：

木板瓦長度	單層	雙層
16"（405）	6"～7-1/2"（150～190）	8"～12"（205～305）
18"（455）	6"～8-1/2"（150～190）	9"～14"（230～355）
24"（610）	8"～11-1/2"（205～290）	12"～20"（305～510）

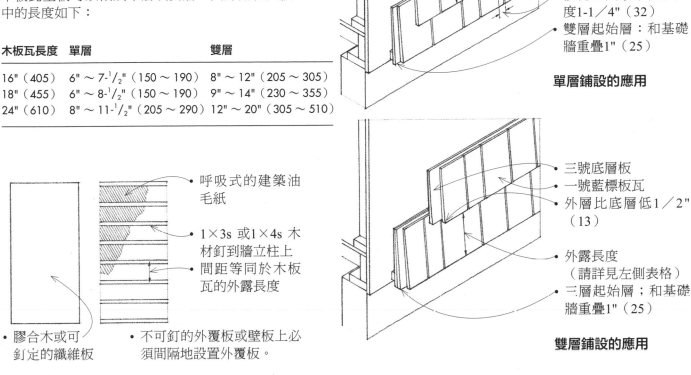

二號紅標板瓦

在接續層的腰帶線上方2"（51）處打釘

外露長度（請詳見左側表格）

接縫寬1／4"（6）

接縫之間最小偏移長度1-1／4"（32）

雙層起始層：和基礎牆重疊1"（25）

單層鋪設的應用

三號底層板

一號藍標板瓦

外層比底層低1／2"（13）

外露長度（請詳見左側表格）

三層起始層；和基礎牆重疊1"（25）

雙層鋪設的應用

呼吸式的建築油毛紙

1×3s 或1×4s 木材釘到牆立柱上

間距等同於木板瓦的外露長度

膠合木或可釘定的纖維板

不可釘的外覆板或壁板上必須間隔地設置外覆板。

外覆板的類型

規格化且樣式新穎的對接板瓦切割成一致的寬度和形狀。可在牆面營造出類似貝殼紋或魚鱗紋的特殊效果。

規格板瓦

  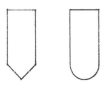

・方形　・箭形　・菱形　・圓形　・八角形　・半凹形　・六角形　・魚鱗形

在轉角處，交替的各層會重疊在與另一面鄰接的轉角板瓦上。外露的邊緣必須經過處理。內轉角和外轉角的板瓦可使用轉角板來收整。油毛紙鋪設在轉角，以及任何板瓦與收邊木材相接的位置，做為泛水。

轉角

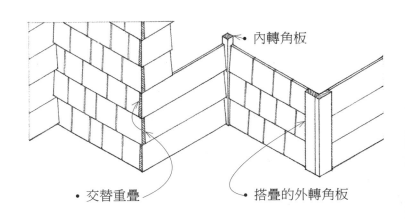

內轉角板

交替重疊

搭疊的外轉角板

7.34 水平壁板

水平壁板有許多種不同的形式。

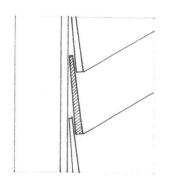 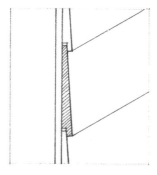  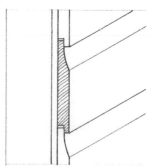

- 斜面壁板，也稱為疊接壁板，是對角切過板的橫斷面，形成一邊邊緣較薄、一邊較厚的壁板。粗糙、再鋸的一面可以做成染色的完成面外露出來；平滑、平整的一面也可以上漆或染色。

- 多麗瓦登（Dolly Varden）壁板是沿著下緣做出槽口，用來承接下層板上緣的斜面壁板。

- 搭疊式壁板是由上、下皆鑿出槽口的板，使板緣重疊在另一板緣的方式所組成。

- 互搭壁板是將板的上緣收薄，使上板緣扣入上方板的下緣槽口或溝槽中，以板背平抵住牆壁外覆板或立柱的方式水平鋪設。

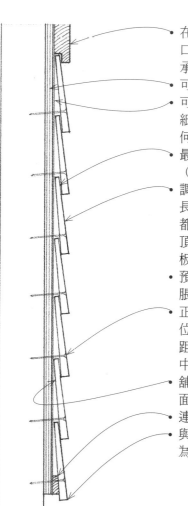

- 在橫帶飾板上做出槽口或加上墊高材，以承接頂層。
- 可釘定的牆壁外覆板
- 可滲透的建築油毛紙，能讓牆體中的任何水蒸氣逸散到牆外
- 最小重疊長度為1"（25）
- 調整斜面壁板的外露長度，才能讓每一層都整齊地對齊窗戶的頂部和檻座、橫帶飾板、和其他水平嵌條。
- 預留1／8"（3）的膨脹空間
- 正面打釘固定；打釘位置須與下層板保持距離，並且深入構架中至少1-1／2"（38）。
- 鋪設前先將壁板的背面上底漆
- 連續的起始條
- 與地面的最小淨距離為6"（150）

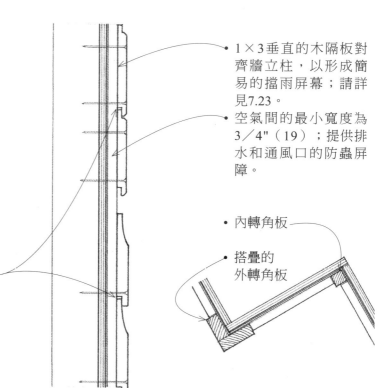

- 1×3垂直的木隔板對齊牆立柱，以形成簡易的擋雨屏幕；請詳見7.23。
- 空氣間的最小寬度為3／4"（19）；提供排水和通風口的防蟲屏障。

- 內轉角板
- 搭疊的外轉角板

轉角

壁板的應用

水平壁板以熱浸鍍鋅鋼釘、鋁釘、或不鏽鋼釘穿透牆的外覆板並釘入牆立柱內。釘定的方式要讓每一塊板都能隨著含水量變化伸縮自如。板和板的端部應該相接在立柱上方，或與轉角板、門窗收邊材對接在一起；鋪設和填隙期間，通常會在板的末端使用填縫劑。

垂直板式壁板可以鋪排成各種樣式。企口板可以重疊或互鎖出平整的、V形溝槽狀、或圓凸狀的接縫。邊緣方正的板材可以搭配其他板材或壓條，以保護材料間的垂直接縫，並且形成板和板、或板和壓條相間的樣式。

水平壁板會直接釘到立柱上，垂直壁板則需要中心間距24"（610）的實心墊木、或至少5／8"或3／4"（16或19）厚的膠合外覆板。在較薄的外覆板上，可以使用中心間距24"（610）的1×4釘板條。壁板下方的可滲透建築油毛紙，可讓水蒸氣逸散出去。

和其他木壁板材料一樣，只能使用熱浸鍍鋅鋼釘或其他耐腐蝕釘。鋪設之前，先在壁板的終端和邊緣、以及壓條的背面塗上防腐劑。

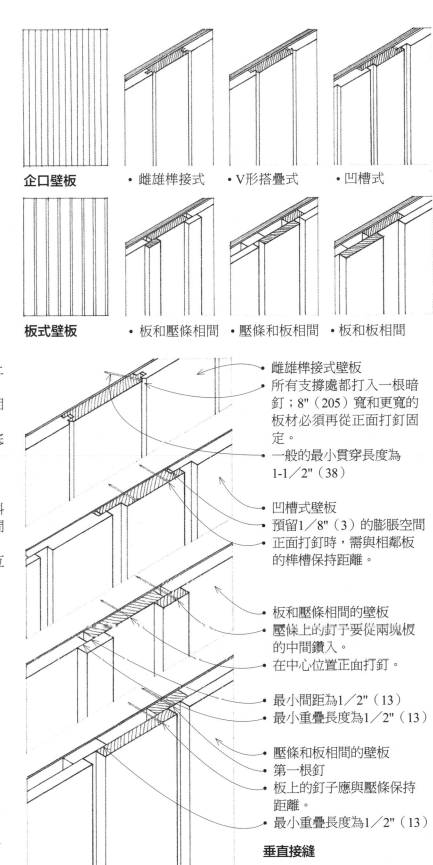

企口壁板　· 雌雄榫接式　· V形搭疊式　· 凹槽式

板式壁板　· 板和壓條相間　· 壓條和板相間　· 板和板相間

雌雄榫接式壁板
· 所有支撐處都打入一根暗釘；8"（205）寬和更寬的板材必須再從正面打釘固定。
· 一般的最小貫穿長度為1-1／2"（38）

凹槽式壁板
· 預留1／8"（3）的膨脹空間
正面打釘時，需與相鄰板的榫槽保持距離。

板和壓條相間的壁板
· 壓條上的釘子要從兩塊板的中間鑽入。
· 在中心位置正面打釘。

· 最小間距為1／2"（13）
· 最小重疊長度為1／2"（13）

壓條和板相間的壁板
· 第一根釘
板上的釘子應與壓條保持距離。
· 最小重疊長度為1／2"（13）

垂直接縫

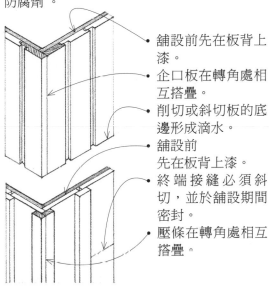

· 舖設前先在板背上漆。
· 企口板在轉角處相互搭疊。
· 削切或斜切板的底邊形成滴水。
· 舖設前先在板背上漆。
· 終端接縫必須斜切，並於舖設期間密封。
· 壓條在轉角處相互搭疊。

轉角

替代壁板
有許多壁板材料會設計成仿傳統的木壁板造型、提供改良的耐久性以和耐候性，並減少保養維護的花費。這些替代壁板包括鋁製壁板、乙烯基（PVC）壁板、纖維水泥厚板和面板。更多有關替代壁板在特定應用上的適用性資訊可查詢以下出處。
· 鋁製壁板請詳見美國建築製造商協會（American Architechtural Manufactures Association, AAAA）1402號出版品。
· 剛性乙烯基壁板的應用指南請詳見乙烯基壁板協會（Vinyl Siding Institute, VSI）的出版品。
· 纖維水泥產品請詳見國家評估服務公司（National Evaluation Service, Inc., NES）編號NER-405之報告。

灰泥是由波特蘭水泥或砌體水泥、砂、和熟石灰，加水混合而成的粗石膏，在塑性狀態下塗布，形成外牆的硬質覆蓋層。這種耐候又耐火的完成面通常使用在外牆和簷底，但也可以用於內牆和天花板等容易直接受潮、或受溼氣影響的地方。

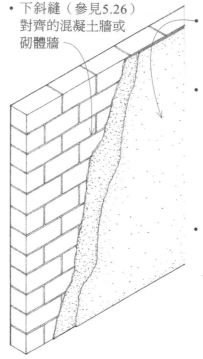

- 木材或金屬立柱構架

- 灰泥以三道塗層施作在鋪有襯底紙的擴展金屬或金屬絲網上。厚度請詳見下表。有關墁料、金屬網和配件的一般資訊請詳見10.03～10.04。

- 金屬強化件必須以1／4"～3／8"（6～10）厚的墊高材墊高，讓灰泥完全嵌入金屬中；有的金屬網本身就設計成高低起伏狀、或加裝了特殊的墊高釘，以嵌住灰泥。

- 防水建築油毛紙或毛氈
- 牆構架可以選擇是否施作外覆層。如果不做外覆層，構架必須適當地支撐。為了支撐建築油毛紙和抹灰網，金屬線網要拉緊並橫跨固定在中心間距為6"（150）的立柱上。

立柱牆基底

- 下斜縫（參見5.26）對齊的混凝土牆或砌體牆

- 灰泥以兩道塗層施作在適合的砌體或混凝土表面；厚度請詳見下表。

- 砌體或混凝土牆應為結構良好，牆面沒有阻礙良好吸附或化學鍵結的灰塵、油脂、或汙染物。此外，牆面應是粗糙且多孔，以確保能有良好的機械結合性。

- 如果在結合上有疑慮，則可使用金屬強化件、波特蘭水泥和砂的潑塗層、或黏結劑來輔助。

砌體或混凝土基底

灰泥完成面

完成面塗料可能是平整的、或有著毛躁、精梳紋、或碎石紋理。顏色除了自然色，也可以利用顏料、彩砂、或石屑進行整體上色。

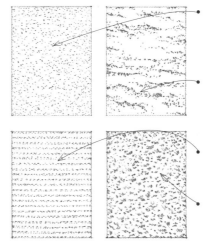

- 平整的完成面是使用具有地毯面或橡膠面的鏝刀所鏝出的細緻完成面。

- 毛躁的完成面是先以刷子刷出凹凸不平的毛躁樣式；高處再以鏝刀處理。

- 精梳紋完成面是以有槽口或鋸齒狀的工具做出的效果。

- 碎石完成面是以機器噴灑小鵝卵石到尚未硬化的灰泥上而成。

波特蘭水泥灰泥的厚度

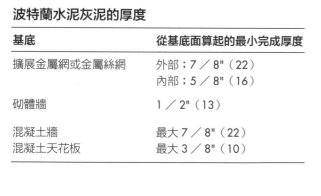

基底	從基底面算起的最小完成厚度
擴展金屬網或金屬絲網	外部；7／8"（22） 內部；5／8"（16）
砌體牆	1／2"（13）
混凝土牆 混凝土天花板	最大7／8"（22） 最大3／8"（10）

美國施工規範協會網要編碼 09 24 23：水泥灰泥

灰泥和石膏一樣，是相對較薄、硬、脆的材料，因此需做強化或是加上堅固、剛性、且不彎曲的基底。波特蘭水泥灰泥不像石膏在硬化後會稍微膨脹，反而會在養護時收縮。這樣的收縮，再加上沿著基底支撐的結構運動與溫度和溼度改變所造成的應力，會使灰泥產生裂縫。因此，必須以控制接縫和減壓接縫來消除或減少任何開裂的可能。

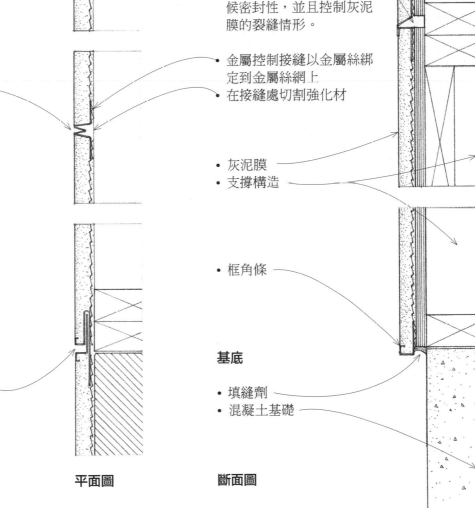

減壓接縫

* 減壓接縫是透過允許個別運動沿著灰泥膜的四周分別傳遞而釋放壓力。當兩塊灰泥板在內轉角相接時、灰泥膜彼此鄰接，或是被結構元件例如樑、柱、或承重牆穿透時，都必須設置減壓接縫。

控制接縫

* 控制接縫能釋放灰泥膜的壓力，並且預先對齊好因支撐構造中的結構運動、乾化後的收縮、以及溫度變化所造成的裂縫。當灰泥塗布在金屬強化件上時，控制接縫的間距不應超過18英呎（5.5公尺），板的尺寸也不應大於150平方英呎（14平方公尺）。
* 當灰泥直接塗布在砌體底座時，控制接縫應直接設置在砌體底座上，並與底座的任一既有控制接縫對齊。
* 木構架構造中，不同基底材料的相接處，以及沿著地板邊線的位置，都要設置控制接縫。

內部轉角

平面圖

簷底的支撐構架

* 框角條以金屬絲綁定到強化件上
* 襯棒和填縫劑

簷底

* 金屬控制接縫以金屬絲綁定到金屬絲網上
* 在接縫處切割強化材
* 水平控制接縫必須提供抗候密封性，並且控制灰泥膜的裂縫情形。
* 金屬控制接縫以金屬絲綁定到金屬絲網上
* 在接縫處切割強化材
* 灰泥膜
* 支撐構造

* 框角條

基底

* 填縫劑
* 混凝土基礎

斷面圖

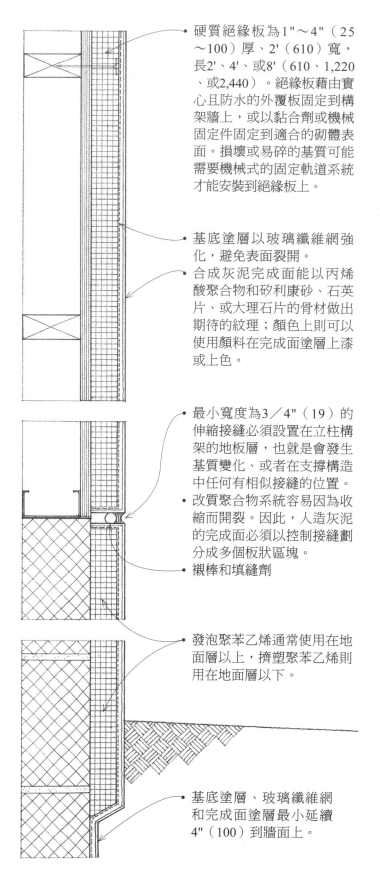

- 硬質絕緣板為1"～4"（25～100）厚、2'（610）寬，長2'、4'、或8'（610、1,220、或2,440）。絕緣板藉由實心且防水的外覆板固定到構架牆上，或以黏合劑或機械固定件固定到適合的砌體表面。損壞或易碎的基質可能需要機械式的固定軌道系統才能安裝到絕緣板上。

- 基底塗層以玻璃纖維網強化，避免表面裂開。
- 合成灰泥完成面能以丙烯酸聚合物和矽利康砂、石英片、或大理石片的骨材做出期待的紋理；顏色上則可以使用顏料在完成面塗層上漆或上色。

- 最小寬度為3／4"（19）的伸縮接縫必須設置在立柱構架的地板層，也就是會發生基質變化、或者在支撐構造中任何有相似接縫的位置。
- 改質聚合物系統容易因為收縮而開裂。因此，人造灰泥的完成面必須以控制接縫劃分成多個板狀區塊。
- 襯棒和填縫劑

- 發泡聚苯乙烯通常使用在地面層以上，擠塑聚苯乙烯則用在地面層以下。

- 基底塗層、玻璃纖維網和完成面塗層最小延續4"（100）到牆面上。

外部絕緣層與完成面系統（exterior insulation and finish systems, EIFS）可做為新建結構的外部包覆層，以及既有建築物的絕緣和拉皮層。此系統是將聚合灰泥薄層鏝平、滾塗、或噴塗在一層剛性塑膠泡沫絕緣層上。

由於不良的細部和錯誤的設置，外部絕緣層與完成面系統很容易沿著門窗周圍漏水。內部沒有排水系統排出滲入系統中的水，因此困在內部的水可能導致絕緣層和基質分離、或損毀外覆板。為了解決這個問題，可以透過一種將排水墊設置在空氣和水屏障與絕緣層之間的專利系統，就能將水排到設在牆開口上方和牆基底的塑膠泛水片上。

外部絕緣層與完成面系統有兩種通用的類型：改質聚合物系統和聚合物基底系統。改質聚合物系統是由一層1／4"～3／8"（6.4～9.5）厚的波特蘭水泥基底塗層，以固定到絕緣層上的金屬絲網強化或玻璃纖維網做強化。在容易受衝擊的區域，會以重型玻璃纖維網來取代標準網、或是附加到標準網上。波特蘭水泥完成面塗層以丙烯酸聚合物進行改質。

聚合物基底系統由一層1／16"～1／4"（1.6～6.4）厚的波特蘭水泥或丙烯酸聚合物基底塗層組成，在設置的同時嵌入玻璃纖維網做強化。完成面塗層則以丙烯酸聚合物製成。聚合物基底系統比改質聚合物系統更具彈性且抗龜裂，但也比較容易出現凹陷和穿孔。

- 設置的細部請查詢外部絕緣材製造商協會（Exterior Insulation Manufacturers Association, EIMA）所發布的標準。

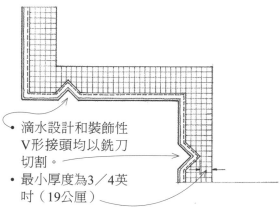

- 滴水設計和裝飾性V形接頭均以銑刀切割。
- 最小厚度為3／4英吋（19公厘）

美國施工規範協會綱要編碼 07 24 00：外部絕緣層和完成面系統

熱絕緣的主要目的在於控制穿透建築物外部組件的熱流動和熱傳遞，進而避免在寒冷季節過多的熱損失，以及在炎熱天氣時過多的熱獲得。這種控制能有效地降低建築物使用供暖或冷卻設備來維持使用者舒適度的能源量。

LEED 能源與大氣認證 2：能源性能最佳化

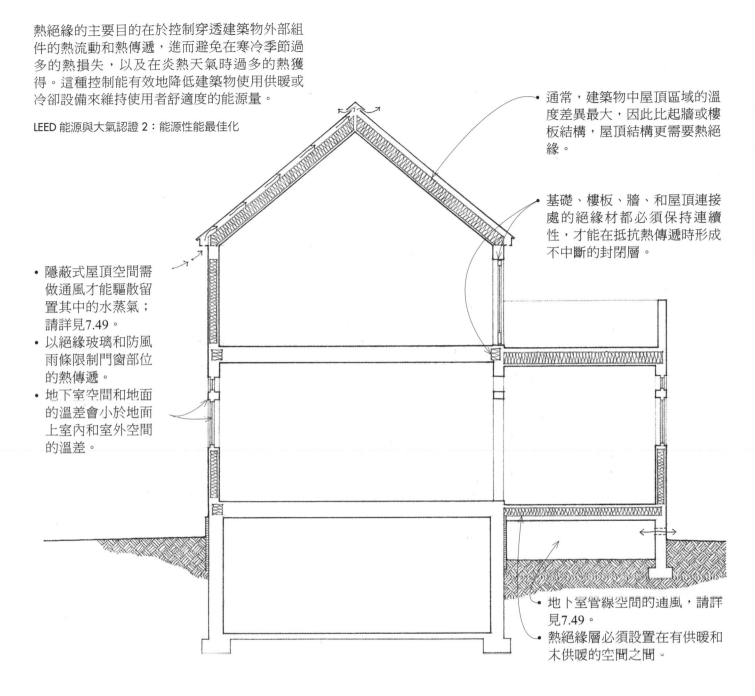

- 隱蔽式屋頂空間需做通風才能驅散留置其中的水蒸氣；請詳見7.49。
- 以絕緣玻璃和防風雨條限制門窗部位的熱傳遞。
- 地下室空間和地面的溫差會小於地面上室內和室外空間的溫差。

- 通常，建築物中屋頂區域的溫度差異最大，因此比起牆或樓板結構，屋頂結構更需要熱絕緣。

- 基礎、樓板、牆、和屋頂連接處的絕緣材都必須保持連續性，才能在抵抗熱傳遞時形成不中斷的封閉層。

- 地下室管線空間的通風，請詳見7.49。
- 熱絕緣層必須設置在有供暖和未供暖的空間之間。

- 請詳見11.03影響人類舒適度因素的討論。
- 影響潛在的熱損失和熱獲得的選址因素，請詳見第一章。

建築物絕緣的建議最小熱阻*

氣候帶	天花板或屋頂	外牆	未供暖空間上方的樓地板
最小建議值	19	11	11
南方氣候帶	26	13	11
溫帶	30	19	19
北方氣候帶	38	19	22

* 這些 R 值僅供初步設計時使用。特別規定的相關資訊請查詢地方或州政府能源法規。

7.40 建築材料的熱阻

材料	1/k*	1/C†
混凝土		
混凝土		
砂和礫石骨材	0.08	
輕量型骨材	0.60	
水泥砂漿	0.20	
灰泥	0.20	
砌體		
一般磚	0.20	
表面磚	0.11	
混凝土塊，8"（205）		
砂和礫石骨材		1.11
輕量型骨材		2.00
花崗石和大理石	0.05	
砂岩	0.08	
金屬		
鋁	0.0007	
黃銅	0.0010	
銅	0.0004	
鉛	0.0041	
鋼	0.0032	
木材		
硬木	0.91	
軟木	1.25	
膠合木	1.25	
粒片板 5／8"（16）		0.82
木纖維板	2.00	
屋面		
組合屋面		0.33
玻璃纖維瓦板		0.44
石板瓦屋面		0.05
木板瓦		0.94
壁板		
鋁製壁板		0.61
木瓦板		0.87
木材斜面壁板		0.81
乙烯基壁板		1.00

材料	1/k*	1/C†
油毛紙		
透氣毛氈		0.06
聚乙烯膜		0.00
墁料和石膏		
水泥墁料		
砂骨材	0.20	
石膏墁料		
砂骨材	0.18	
珍珠岩骨材	0.67	
石膏板，1／2"（13）		0.45
地板		
地毯和地墊		1.50
硬木，25／32"（16）		0.71
磨石子		0.08
乙烯基地磚		0.05
門		
鋼，礦物纖維芯		1.69
鋼，聚苯乙烯芯		2.13
鋼，聚氨酯芯		5.56
空心木芯，1-3／4"（45）		2.04
實心木芯，1-3／4"（45）		3.13
玻璃		
單層清玻璃，1／4"（6）		0.88
雙層清玻璃，3／16"（5）		1.61
間距 1／4"（6）		1.72
間距 1／2"（13）		2.04
雙層，藍色玻璃／清玻璃		2.25
灰色玻璃／清玻璃		2.40
綠色玻璃／清玻璃		2.50
雙層清玻璃，Low-E 鍍膜玻璃		3.23
三層清玻璃		2.56
玻璃磚，4"（100）		1.79
空氣間		
3／4"（19）厚，非反射		1.01
3／4"（19）厚，反射		3.48

材料後方註明厚度的單位：英吋（公厘）
* 1／k＝每英吋厚度的 R（熱阻）值
† 1／C＝表中所指厚度的 R（熱阻）值

左方的表格可用來估算構造組件的熱阻。至於建築材料和建築構件，例如窗戶的特定R值，請向產品製造商諮詢。

R = F°（華氏）／Btu（英制熱單位[1]）／hr（小時）・sf（平方英呎），說明如下：

- R值是一給定材料的熱阻計量單位。代表在每小時一個熱單元的速率下，能夠引起熱流經單位材料面積所需的溫度差異。

$U = 1／R_t$，說明如下：

- R_t值是構造組件的總熱阻，也就是一組件中各個構成材料的R值總和。
- U值是一建築物構件或組件的溫度傳遞計量單位。此數值用來表示在建築物構件或組件兩側的空氣溫度產生一度差異時，熱傳遞通過構件或組件一單位面積的比率。構件或組件的U值是其R值的倒數。

$Q = U × A × (t_i - t_o)$，說明如下：

- Q是指熱流通過構造組件的速率，等同於：
- U ＝ 組件的整體係數
- A ＝ 組件的外露面積
- （$t_i - t_o$）＝ 內部和外部的空氣溫度差異

譯注

1.Btu（British thermal unit）：英制熱單位。1Btu 等於 1 磅（1b）的水升高華氏 1 度（1°F）所需的熱量，其大小等於 1,055 焦耳（J）。

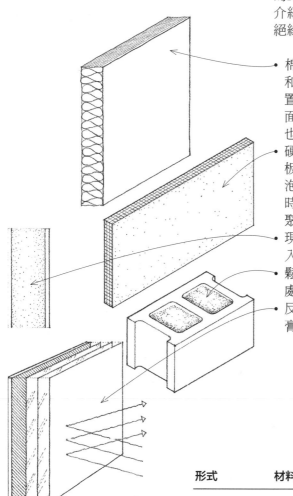

幾乎所有建築材料都對熱流有一定的阻擋能力。然而，為了達到期望的Rt值，通常牆、地板、和屋頂組件都需要設置絕緣材料。以下大概介紹建築物構件和組件所使用的基本絕緣材料。請留意，所有有效的絕緣材料通常都會搭配某些形式的密封空氣間一起使用。

- 棉絮絕緣材是由玻璃或礦棉製的彈性、纖維熱絕緣材，有多種厚度和長度可選擇，也有寬度16英吋或24英吋（406公厘或610公厘）可置入在輕木構造的立柱、格柵、和椽條之間的規格，有時也會在表面鋪設牛皮紙、金屬箔、或塑膠片材質的蒸氣緩凝材。棉絮絕緣層也可做為隔音構造的構件之一。
- 硬質泡沫絕緣材是由發泡塑膠或泡沫玻璃製成的預成形非結構絕緣板。泡沫玻璃絕緣材雖然耐火、不透水、尺度穩定，但熱阻值比發泡塑膠絕緣材低，因此仍然是易燃材料，應用在建築物的內側表面時必須以熱障層保護。有著閉孔型結構的硬質絕緣材，例如擠塑型聚苯乙烯和泡沫玻璃，除了防潮，使用時也可與土壤接觸。
- 現場發泡絕緣材的使用方式是將發泡塑膠，例如聚氨酯，噴灑或注入一個可讓絕緣材料黏附在周圍表面的空室中。
- 鬆散填充絕緣材的製作是將礦棉纖維、粒狀蛭石或珍珠岩、或經過處理的纖維，以手注入或用噴嘴吹入空室中或支撐膜上。
- 反射絕緣材使用高反射性和低放射率的材料，例如鋁箔背襯紙或石膏板背襯鋁箔，並結合密封的空氣間，以減少熱輻射的傳遞。

形式	材料	每英吋厚度的 R 值	
棉絮或毛毯	玻璃纖維	3.3	鋪設在立柱、格柵、椽條、或板條之間；除了紙材飾面外，其他皆需考慮不可燃性。
	岩綿	3.3	
硬質板	泡沫玻璃	2.5	板可以應用在屋頂鋪板上、做為牆構架的外覆板、用在空心牆內部、或是用在室內完成面材料底下；塑膠是可燃的，燃燒時會釋放出有毒氣體；擠塑型聚苯乙烯可以接觸到土壤，但任何外露的表面都應避免日曬。
	模造聚苯乙烯	3.6	
	擠塑型聚苯乙烯	5.0	
	膨脹聚氨酯	6.2	
	聚異氰脲酸酯	7.2	
	膨脹珍珠岩	2.6	
現場發泡	聚氨酯	6.2	做為不規則形狀空間的絕緣材
鬆散填充	纖維素	3.7	做為閣樓地板和牆空室的絕緣材；纖維素加入黏合劑可用於噴灑處理；纖維素必須經過處理，並且符合美國保險商實驗室（UL）所訂定的耐火等級。
	珍珠岩	2.7	
	蛭石	2.1	
澆置	絕緣混凝土	1.12	主要做為屋面防水膜底下的絕緣層；絕緣值取決於材料本身的密度。

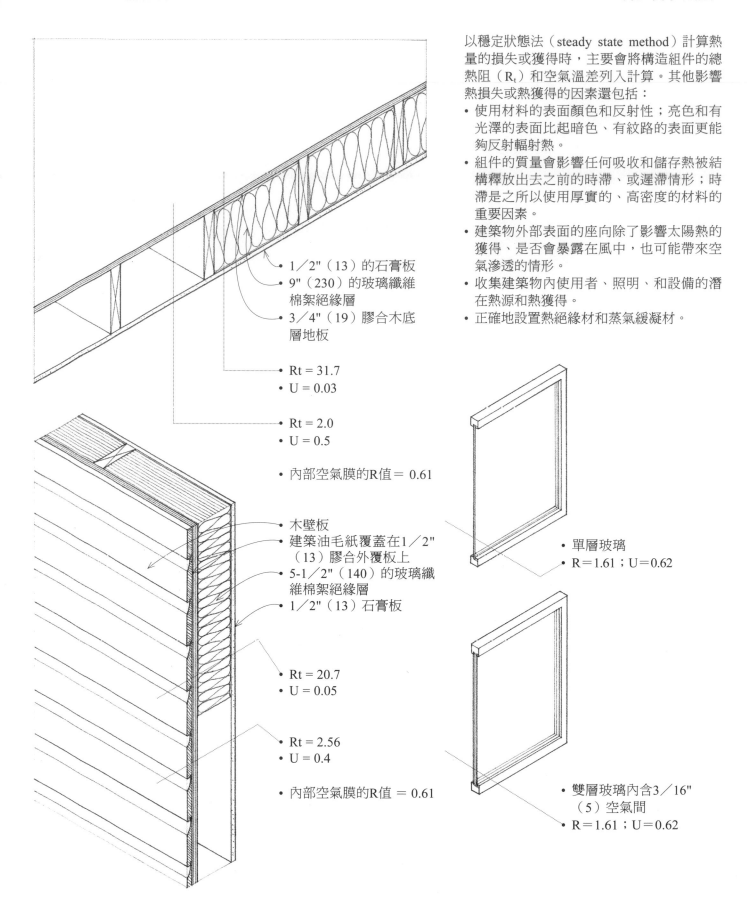

以穩定狀態法（steady state method）計算熱量的損失或獲得時，主要會將構造組件的總熱阻（Rt）和空氣溫差列入計算。其他影響熱損失或熱獲得的因素還包括：

- 使用材料的表面顏色和反射性；亮色和有光澤的表面比起暗色、有紋路的表面更能夠反射輻射熱。
- 組件的質量會影響任何吸收和儲存熱被結構釋放出去之前的時滯、或遲滯情形；時滯是之所以使用厚實的、高密度的材料的重要因素。
- 建築物外部表面的座向除了影響太陽熱的獲得、是否會暴露在風中，也可能帶來空氣滲透的情形。
- 收集建築物內使用者、照明、和設備的潛在熱源和熱獲得。
- 正確地設置熱絕緣材和蒸氣緩凝材。

- 1／2"（13）的石膏板
- 9"（230）的玻璃纖維棉絮絕緣層
- 3／4"（19）膠合木底層地板

- Rt = 31.7
- U = 0.03

- Rt = 2.0
- U = 0.5

- 內部空氣膜的R值 = 0.61

- 木壁板
- 建築油毛紙覆蓋在1／2"（13）膠合外覆板上
- 5-1／2"（140）的玻璃纖維棉絮絕緣層
- 1／2"（13）石膏板

- Rt = 20.7
- U = 0.05

- Rt = 2.56
- U = 0.4

- 內部空氣膜的R值 = 0.61

- 單層玻璃
- R＝1.61；U＝0.62

- 雙層玻璃內含3／16"（5）空氣間
- R＝1.61；U＝0.62

絕緣和非絕緣組件的R值比較

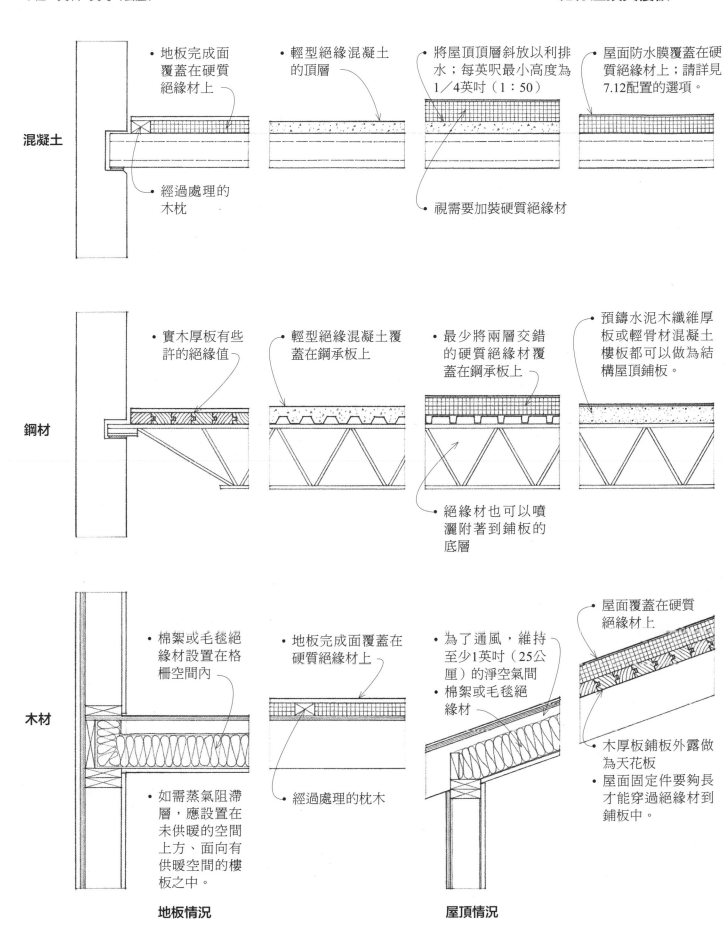

混凝土

- 地板完成面覆蓋在硬質絕緣材上
- 經過處理的木枕

- 輕型絕緣混凝土的頂層

- 將屋頂頂層斜放以利排水；每英呎最小高度為1／4英吋（1：50）
- 視需要加裝硬質絕緣材

- 屋面防水膜覆蓋在硬質絕緣材上；請詳見7.12配置的選項。

鋼材

- 實木厚板有些許的絕緣值

- 輕型絕緣混凝土覆蓋在鋼承板上

- 最少將兩層交錯的硬質絕緣材覆蓋在鋼承板上
- 絕緣材也可以噴灑附著到鋪板的底層

- 預鑄水泥木纖維厚板或輕骨材混凝土樓板都可以做為結構屋頂鋪板。

木材

- 棉絮或毛毯絕緣材設置在格柵空間內
- 如需蒸氣阻滯層，應設置在未供暖的空間上方、面向有供暖空間的樓板之中。

- 地板完成面覆蓋在硬質絕緣材上
- 經過處理的枕木

- 為了通風，維持至少1英吋（25公厘）的淨空氣間
- 棉絮或毛毯絕緣材

- 屋面覆蓋在硬質絕緣材上
- 木厚板鋪板外露做為天花板
- 屋面固定件要夠長才能穿過絕緣材到鋪板中。

地板情況

屋頂情況

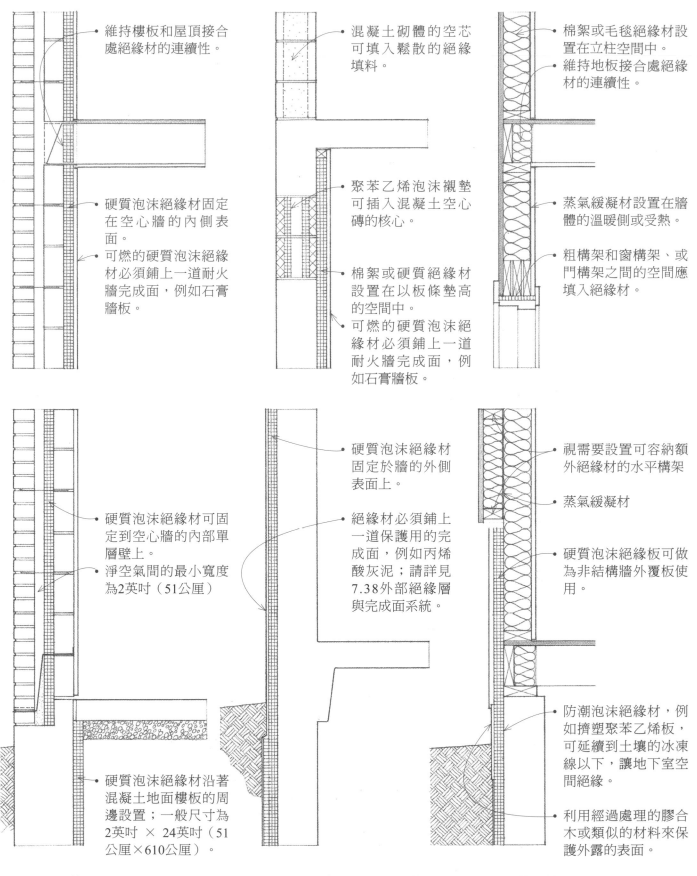

維持樓板和屋頂接合處絕緣材的連續性。

硬質泡沫絕緣材固定在空心牆的內側表面。

可燃的硬質泡沫絕緣材必須鋪上一道耐火牆完成面,例如石膏牆板。

混凝土砌體的空芯可填入鬆散的絕緣填料。

聚苯乙烯泡沫襯墊可插入混凝土空心磚的核心。

棉絮或硬質絕緣材設置在以板條墊高的空間中。

可燃的硬質泡沫絕緣材必須鋪上一道耐火牆完成面,例如石膏牆板。

棉絮或毛毯絕緣材設置在立柱空間中。

維持地板接合處絕緣材的連續性。

蒸氣緩凝材設置在牆體的溫暖側或受熱。

粗構架和窗構架、或門構架之間的空間應填入絕緣材。

硬質泡沫絕緣材可固定到空心牆的內部單層壁上。

淨空氣間的最小寬度為2英吋(51公厘)

硬質泡沫絕緣材沿著混凝土地面樓板的周邊設置;一般尺寸為2英吋 × 24英吋(51公厘×610公厘)。

硬質泡沫絕緣材固定於牆的外側表面上。

絕緣材必須鋪上一道保護用的完成面,例如丙烯酸灰泥;請詳見7.38外部絕緣層與完成面系統。

視需要設置可容納額外絕緣材的水平構架

蒸氣緩凝材

硬質泡沫絕緣板可做為非結構牆外覆板使用。

防潮泡沫絕緣材,例如擠塑聚苯乙烯板,可延續到土壤的冰凍線以下,讓地下室空間絕緣。

利用經過處理的膠合木或類似的材料來保護外露的表面。

砌體空心牆　　　　**澆置混凝土或混凝土砌體牆**　　　　**立柱構架牆**

溼氣一般是以水蒸氣的形態存在空氣中。來自使用者和設備的蒸發氣體會提高建築物內部的溼度。當空氣中所含的蒸氣完全飽和且達到其露點溫度時,溼氣就會轉變為液態或凝結。暖空氣比冷空氣更能凝聚溼氣,露點溫度也比較高。

溼氣是氣體,因此總是會從高壓區移動到低壓區。這通常也意味著溼氣傾向從建築物內部的高溼度區擴散至外部的低溼度區。不過如果外部又熱又潮溼,溼氣就會逆向流動到較冷的內部空間。大多數的建築材料對這種溼氣穿透情形的抵抗力比較小。當溼氣接觸到的物體表面正好位在露點溫度或更低溫度時,溼氣就會凝結。

凝結的水珠會削弱熱絕緣材的效力,被建築材料吸收,並且損壞完成面。因此,溼氣必須做以下處理:

- 以蒸氣緩凝材防止外部構造的封閉空間被溼氣穿透;
- 或者藉由通風,讓溼氣在凝結成液體之前就散逸出去;
- 窗戶表面的凝結作用,可以透過提高表面溫度像是供應熱空氣、或使用雙層或三層玻璃的方式來控制。

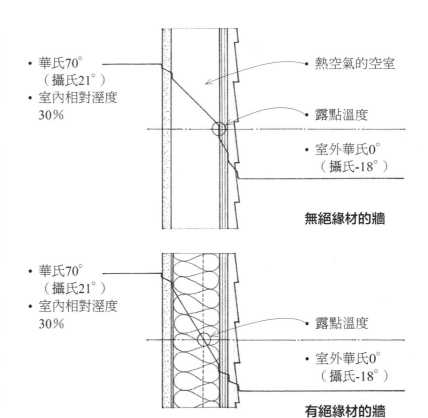

- 華氏70°(攝氏21°)
- 室內相對溼度30%

- 熱空氣的空室
- 露點溫度
- 室外華氏0°(攝氏-18°)

無絕緣材的牆

- 華氏70°(攝氏21°)
- 室內相對溼度30%

- 露點溫度
- 室外華氏0°(攝氏-18°)

有絕緣材的牆

部分建築材料的滲透性(permeability)

材料	滲透率 單位:坡莫*
磚,4"(100)	0.800
混凝土,1"(25)	3.200
混凝土塊,8"(205)	2.400
石膏板,3/8"(10)	50.000
墁料,3/4"(19)	15.000
膠合板,1/4"(6),室外膠	0.700
組合式屋面	0.000
鋁箔,1密耳	0.000
聚乙烯,4密耳	0.080
聚乙烯,6密耳	0.060
複式板,瀝青+金屬箔	0.002
飽和瀝青+塗被紙	0.200
牛皮紙,鋁箔面	0.500
絕緣毯,有貼面的	0.400
泡沫玻璃	0.000
模造聚氨酯	2.000
擠塑聚氨酯	1.200
油漆,雙層塗布,室外	0.900

- 1～6項材料的單位:英吋(公厘)
- 7～9項材料的單位:密耳(mil),代表千分之一英吋。

- 牆體必須設置蒸氣緩凝層以防蒸氣凝結在絕緣層中。當熱絕緣層的等級提升時,蒸氣緩凝層就顯得更為重要。

*坡莫(perm)是水蒸氣滲透率的單位,表示在每一英吋汞柱壓力差下,每小時通過每平方英呎面積的蒸氣粒子數量。

7.46 蒸氣緩凝材

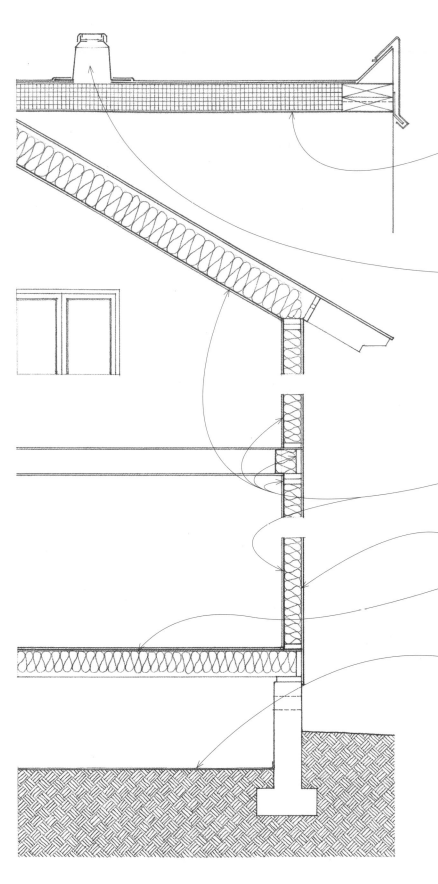

蒸氣緩凝材是設置在構造中，用來阻擋溼氣進入、避免溼氣達到凝結點而液化的低滲透量材料。在溫帶和寒帶地區，蒸氣緩凝材通常會盡可能設置在靠近絕緣構造的溫暖側。在溫暖潮溼氣候區，蒸氣緩凝材則設置在靠近構造的外側表面。

- 在一月平均室外溫度低於華氏40°（攝氏4°），以及冬季室內相對溼度在45％、或高於華氏68°（攝氏20°）等地理位置，一般都會建議使用蒸氣緩凝材來保護平屋頂組件中的絕緣層。
- 蒸氣緩凝材可以是飽和瀝青屋面毛氈或低滲透率的專利材料。
- 如果使用了蒸氣緩凝材，必須透過頂部通風使任何困在蒸氣緩凝層和屋頂防水膜之間的溼氣散逸出去。相關建議請諮詢屋面製造商。

- 有些硬質泡沫絕緣板本身就具備蒸氣緩凝材的特性，而其他絕緣材料的表面則是有蒸氣緩凝材。不過，蒸氣緩凝材還是在跟鋁箔、聚乙烯膜、或加工紙材分層鋪設時，應用起來的效率最佳。

- 規根據建築物所在氣候區的不同，國際建築規範所要求的蒸氣緩凝材類型請詳見7.47。
- 外部的外覆板、建築油毛紙、和壁板都必須是可滲透的，才能使牆構造中的任何蒸氣逸散出去。
- 在未供暖空間的上方，蒸氣緩凝材應設置在絕緣樓地板的溫暖側。蒸氣緩凝材可以鋪設在底層地板的頂部，或和絕緣層結合為一體。
- 通常規定要鋪設溼氣隔絕材，例如聚乙烯膜，以免地面溼氣進入地下室管線空間。

美國施工規範協會綱要編碼 07 26 00：蒸氣緩凝材

國際建築規範根據國際節能規範對建築物所在氣候區的分類，要求建築物採用不同等級的蒸氣緩凝材。

蒸氣緩凝材的等級取決於製造商組裝後的認證測試，而某些特定材料則符合國際建築規範的分級要求。最低等級的蒸氣緩凝層是塗料，屬於第三級。

• 第1級
滲透率小於、或等於0.1的聚乙烯片材或不燃鋁箔

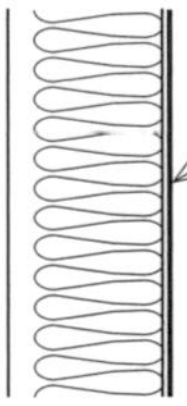

• 第2級
牛皮紙貼面的玻璃纖維隔熱墊，或滲透率介於0.1～1.0之間的塗料

• 第3級
滲透率大於1.0，但小於、或等於10的乳膠漆或琺瑯漆

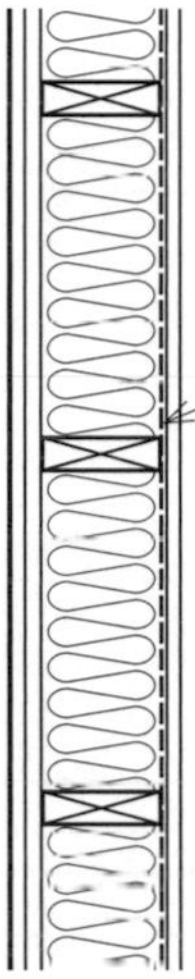

室外　　　　　　　　　　　　　　室內

• 第1級或第2級蒸氣緩凝材可以裝設在第5、6、7、8氣候區這些比較寒冷的地區、以及位於美國西岸第4海洋區等地建築物的構架牆體室內側。
• 第1級或第2級蒸氣緩凝材不可裝設在第1和第2氣候區，即炎熱潮溼地區建築物的構架牆體室內側。
• 第1級蒸氣緩凝材不可裝設在第3和第4氣候區這些混合乾燥或混合潮溼型地區、或是美國西岸第4海洋區等地建築物的構架牆體室內側。

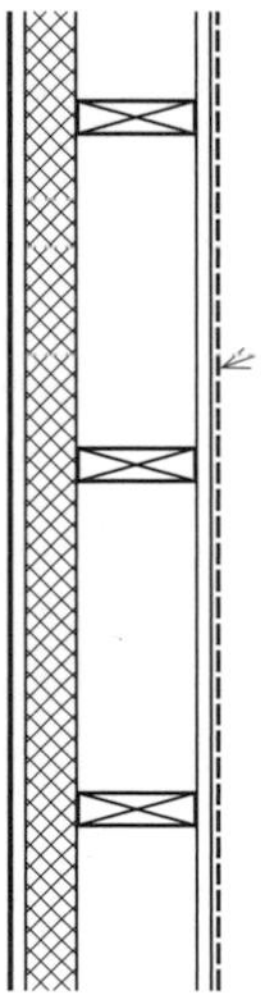

• 當構架牆體的室外側是以發泡塑膠包覆板做為絕緣包覆材，而且滲透率小於1時，只有第3級蒸氣緩凝材可以運用在構架牆體室內側。

室外　　　　　　　　　　　　　　室內

7.48 空氣屏障

蒸氣緩凝材專門用來防止蒸氣穿過透氣的建築材料，進而有可能凝結在建築構造之中。而空氣屏障能阻止由建築物室內外不同空氣壓力造成的空氣流動情形。

美國能源部指出，空氣流動是造成蒸氣進入建築物孔隙的主因。舉例來說，如果在一片石膏板上鑽出一個小洞，由空氣傳播的溼氣因為空氣壓力差而進入建築物的機率，會遠高於蒸氣本身因擴散和凝結而進入建築物的機率。

空氣屏障有以下幾種形式：
- 高密度聚乙烯纖維製的機械固定式版材，也就是建築物包覆材
- 液態塗布的薄膜，使用滾筒塗布或噴塗在建築物外覆材上
- 中密度的噴塗式聚氨酯泡沫
- 自黏式瀝青板
- 硬質保溫隔熱板
- 密封完善的石膏板

為了達到更好的效率，空氣屏障須以連續方式安裝，並將所有穿透處或接縫完善地密封起來。穿透處如果沒有密封妥當，將大大降低空氣屏障的效率。裝設在室外牆筋或外覆板上的空氣屏障須具備可滲透性，以利滯留在牆組構當中的蒸氣排放出去。

國際建築規範要求在室外牆筋或外覆板，以及室外牆裝飾板的後方裝設連續式的防水屏障。最小的防水屏障是單層15號瀝青氈（編按：又稱油毛氈），搭配可以防止溼氣進入牆構造、或將溼氣導引到室外的泛水板。市面上有許多種空氣屏障也兼具防水屏障的功用。

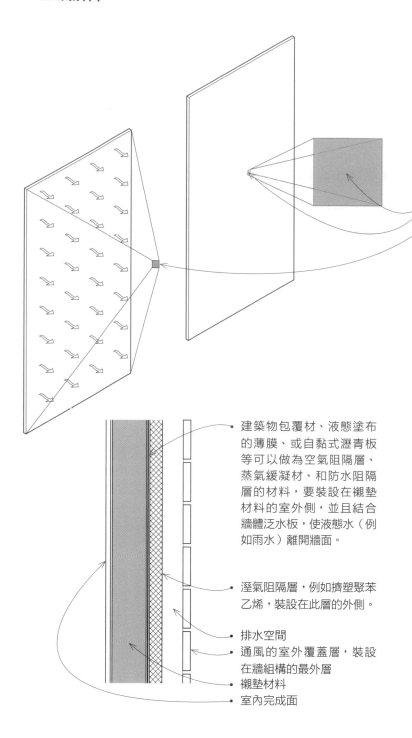

建築物包覆材、液態塗布的薄膜、或自黏式瀝青板等可以做為空氣阻隔層、蒸氣緩凝材、和防水阻隔層的材料，要裝設在襯墊材料的室外側，並且結合牆體泛水板，使液態水（例如雨水）離開牆面。

溼氣阻隔層，例如擠塑聚苯乙烯，裝設在此層的外側。

排水空間

通風的室外覆蓋層，裝設在牆組構的最外層

襯墊材料

室內完成面

牆組構的概念圖

在上方的牆組構概念圖中，空氣屏障的功能跟水氣屏障與防水屏障的功能彼此結合成為一種材料。這種牆組構的優點是，無論在何種氣候區，都能降低溼氣在牆組構內部凝結或累積的機會。更多類似的狀況請詳見7.23。

美國施工規範協會綱要編碼 07 44 63：空氣屏障

全室通風
- 全室通風是以馬達驅動風扇，從房子的起居區域抽吸污濁的空氣，再經由閣樓和屋頂通風口排出。
- 以無縫方式設置的蒸氣阻凝層可能形成氣密構造，在這樣的情形下，必須利用有空氣對空氣熱交換器的強制空氣通風系統，才能除去內部空間的溼氣、氣味、和污染物質。

能源回收通風
- 能源回收通風系統是一種提供建築物通風控制方式的全室通風機，透過熱回收通風機或能源回收通風機來減少能量損失。

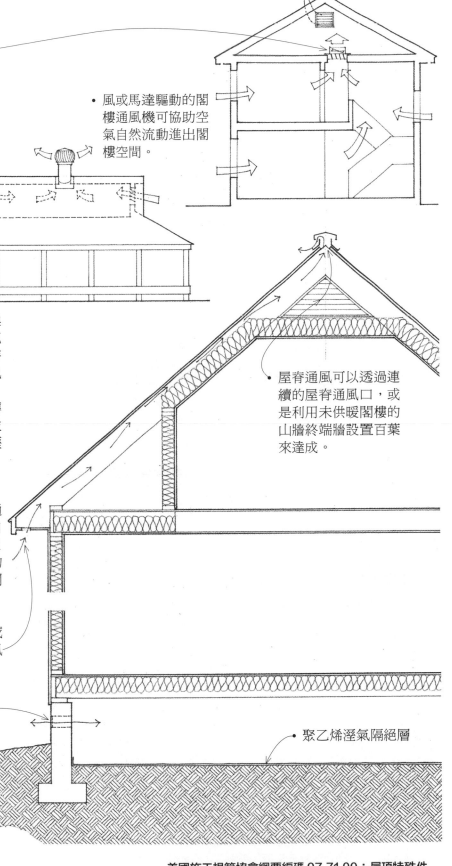

- 風或馬達驅動的閣樓通風機可協助空氣自然流動進出閣樓空間。

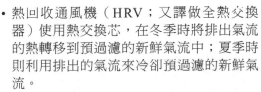

- 熱回收通風機（HRV；又譯做全熱交換器）使用熱交換芯，在冬季時將排出氣流的熱轉移到預過濾的新鮮氣流中；夏季時則利用排出的氣流來冷卻預過濾的新鮮氣流。
- 能源回收通風機（ERV）內建一台能夠轉移熱與溼氣的熱交換器，在夏季時冷卻並除溼新鮮的進氣流；冬季時則加溫並加溼乾冷的進氣流。

- 屋脊通風可以透過連續的屋脊通風口，或是利用未供暖閣樓的山牆終端牆設置百葉來達成。

屋頂和閣樓通風
- 隱蔽屋頂空間和閣樓的通風由屋簷的通風口、或是斜屋頂的屋脊通風口提供。自由通風的總淨面積至少應占通風面積的1／300，而且至少要將所需通風淨面積的50%設置在屋脊上、或沿著屋脊設置。開口處應施作防雨、防雪、和防蟲措施。
- 屋簷或簷底通風口可以透過設置在簷底、設有連續紗網的通氣槽或金屬通氣條，或一序列均勻分布在橫飾帶板上的圓形通風孔塞來構成。

地下室管線空間通風
- 未供暖的地下室管線空間一樣也需要通風。周圍牆壁每25英呎（7,620公厘）直線長度應設置淨面積至少1-1／4平方英吋（0.14平方公尺）的開口。地下室管線空間的每一側至少都要有一個開口，位置愈高愈好，盡量靠近角落以促進對流通風。開口應以鐵絲網屏蔽以防昆蟲和害蟲入侵。

- 聚乙烯溼氣隔絕層

美國施工規範協會綱要編碼 07 71 00：屋頂特殊件
美國施工規範協會綱要編碼 08 90 00：百葉和通風口

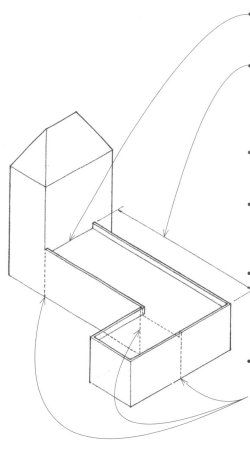

- 新建築物連接既有結構的位置

- 長型的表面區域；不設伸縮接縫的最大長度：
  - 鋼、混凝土、或組合式屋面 — 200'（60公尺）
  - 砌體 — 125'（38公尺）
- 嚴重受到日曬的表面必須以較密集的間距設置伸縮或控制接縫。
- 女兒牆須在接近轉角處施作伸縮接縫或控制接縫以防位移。

- 長型、線性的建築元素，例如飾帶、礫石擋板、和帷幕牆構架也需要設置伸縮接縫。

- 將活動接縫設置在建築物量體內水平向和垂直向的不連續位置，例如低量體和高量體的相接處，或是L形、T形、和U形建築物的翼側和相接處。

活動接縫的設置位置

所有的建築材料都會因應氣溫的正常變化而膨脹和收縮。有一些還會因為含水量的變化而鼓脹和縮水，其他則可能因為承受載重而產生撓曲。因此接縫必須構築成能容許這些運動發生，避免建材變形、開裂、或斷裂。活動接頭除了要完全隔開建築材料、容許自由運動之外，同時也要維持構造的抗候性。

活動接縫的類型

- 伸縮接縫是設置在建築物或結構的兩個部位之間、連續且暢通的窄縫，允許熱膨脹或溼度膨脹而不導致任一部位損壞。伸縮接縫通常也可以當做控制接縫或獨立接縫。請詳見5.22砌體磚牆伸縮接縫、7.29砌體外飾牆的水平伸縮接縫、和10.04石膏墁料的伸縮接縫。

- 控制接縫設置在混凝土基礎板和混凝土砌體牆內的連續凹槽或區隔，藉此形成一平面的弱處，進而調節因乾燥收縮、熱應力、或結構運動所造成的裂紋位置和數量。請詳見3.19混凝土基礎板控制接縫和5.22混凝土砌體牆控制接縫。

- 獨立接縫將一座大型、或複雜的幾何結構區分成多個部分，好讓差異運動或沉降得以發生在部位之間。在較小的尺度之下，隔離接縫也能保護非結構元素不受相接結構的部件撓曲或運動影響。

線性膨脹係數

每單位長度每1度溫度變化（華氏°F）*

	× 10⁻⁷		× 10⁻⁷		× 10⁻⁷
鋁	128	木材順紋：		磚砌體	34
黃銅	104	杉木	21	混凝土砌體	52
青銅	101	楓樹	36	混凝土	55
銅	93	橡樹	27	花崗岩	47
鑄鐵	59	松木	36	石灰石	44
鍛鐵	67	木材橫紋：		大理石	73
鉛	159	杉木	320	墁料	76
鎳	70	楓木	270	粗石砌體	35
碳鋼	65	橡木	300	板岩	44
不銹鋼	99	松木	190	玻璃	50

* 華氏（°F）1度大約等於攝氏（°C）或百分度的0.6度。攝氏或百分度度數的計算方式：先將華氏度數減去32，再乘以5／9就可得出。

伸縮接縫的寬度取決於建築材料和相關的氣溫範圍。寬度範圍為1／4"（6）～1"（25）或更大，應依據每一種特定的情形來進行計算。
- 表面膨脹係數大概是線性係數的兩倍。
- 體積膨脹係數大概是線性係數的三倍。

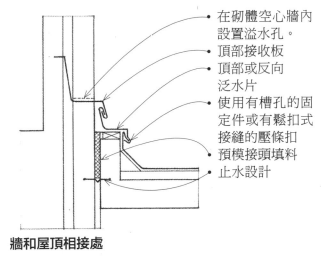

牆和屋頂相接處

- 在砌體空心牆內設置溢水孔。
- 頂部接收板
- 頂部或反向泛水片
- 使用有槽孔的固定件或有鬆扣式接縫的壓條扣
- 預模接頭填料
- 止水設計

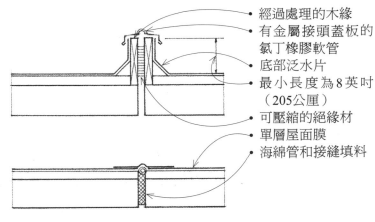

平屋頂

- 經過處理的木緣
- 有金屬接頭蓋板的氯丁橡膠軟管
- 底部泛水片
- 最小長度為8英吋（205公厘）
- 可壓縮的絕緣材
- 單層屋面膜
- 海綿管和接縫填料

這些伸縮接縫的細部，雖然本質上很普遍，一般都會有以下幾項元素：

- 接縫穿透結構所形成的完全斷開處，通常會以可壓縮的材料來填充
- 止水設計的形式可能是具彈性的接縫填縫劑、嵌入構造中的可彎曲止水條、或是覆蓋在平屋頂接縫處的彈性膜材。

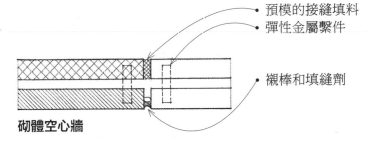

混凝土基礎牆

- 預模的接縫填料
- 預成形的可彎曲止水條
- 止水設計

砌體空心牆

- 預模的接縫填料
- 彈性金屬繫件
- 襯棒和填縫劑

柱和牆的接合處

- 附有金屬錨定件的鳩尾槽
- 在所有接縫中填入襯棒和填縫劑

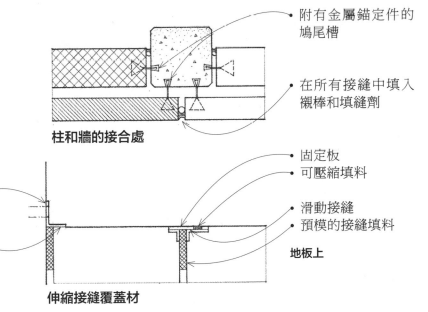

- 將角鋼固定到牆上
- 滑動接縫

牆

伸縮接縫覆蓋材

- 固定板
- 可壓縮填料
- 滑動接縫
- 預模的接縫填料

地板上

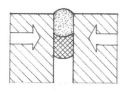 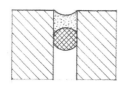 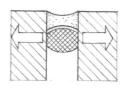

• 壓縮　　　• 和設置時相同　　• 拉長

接縫的位移

為了提供能避免水和空氣通過的有效密封，接縫填縫劑必須是耐用、有彈力的、並且具備凝聚力和黏合強度。填縫劑可以依據在失效之前所能承受的最大延展量和壓縮量來分類。

• 接縫必須妥善地安裝，以確保與基質完全接觸並黏合
• 填縫劑的縮縫深度
• 完全接觸的深度
• 填縫劑深度
• 1／4"（6）寬的接縫，最小深度為1／4"（6）
• 達1／2"（13）的接縫，最小深度等於接縫寬度
• 1／2"（13）或更寬的接縫，最小深度是接縫寬度的一半，但不超過2"（51）

• 接縫寬度 = 填縫劑寬度
• 1／4"（6）～1"（25）或更寬
• 寬度取決於接縫間距、預期的溫度範圍、因為風或結構位移所導致的預期位移，以及填縫劑的位移能力。

低量級填縫劑
• 位移能力介於±5%之間
• 油基或丙烯酸化合物
• 通常指像是填隙，以及使用在小型接縫這種僅預期會有少量位移的位置。

中量級填縫劑
• 位移能力介於±5%～±10%之間
• 丁基橡膠、丙烯酸、或氯丁橡膠化合物
• 使用於無作用、機械式緊固的接縫

高量級填縫劑
• 位移能力介於±12%～±25%之間
• 聚硫醇、聚硫化物、聚氨酯類和矽利康
• 使用在有作用、受明顯位移影響的位置，例如帷幕牆的接縫

• 基質必須是清潔、乾燥的，並且與填縫材相容。
• 利用底漆提升填縫劑對基質的黏附性。
• 接縫填料（填縫劑之背襯底材）控制著填縫劑和接合部位接觸的深度。接縫填料要能壓縮、能與填縫劑相容，但又不會黏附在填縫劑上。接縫填料可能是聚乙烯泡沫、聚氨酯類泡沫、氯丁橡膠、或丁基橡膠材質的填縫棒或填縫管。

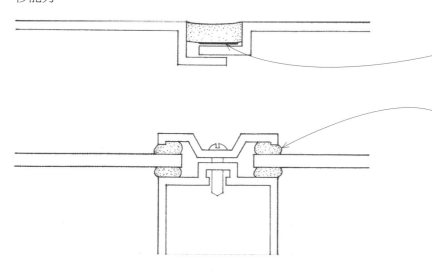

• 當沒有足夠的深度可設置壓縮填料時，必須使用黏結分隔材料，例如聚乙烯膠帶，避免填縫劑和接縫下凹的底部相互黏結。
• 大多數的填縫劑都是以手工或電動槍施作後才硬化的黏性液體，稱為槍式填縫劑。不論如何，有些重疊接縫還是很難以槍式填縫劑密封。因此這些接縫可能需使用預成形的固態聚丁烯或聚異丁烯密封膠帶，才能在受壓情況下定位。

美國施工規範協會綱要編碼 07 92 00：接縫填縫劑

8 門與窗
Doors & Windows

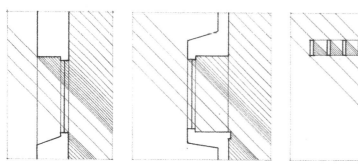

門和門口不僅做為從戶外到建築物內部的入口,也提供了在內部空間穿梭的通道。因此門口應該做得夠寬敞,能讓人輕易地通過,以及方便家具和設備的搬移。門和門口必須妥善設置,才能讓空間和空間之間、以及空間內部建立的移動模式適合於空間所容許的用途和活動。

對外門在關閉時應具備抗候的密封性,並且維持與所在牆面相近的熱絕緣值。室內門則應該提供視覺和聽覺上期待的隱私程度。所有的門都必須以其操作容易度、預期使用頻率下的耐用性、安全性,以及可能提供的光線、通風、和景觀來進行評量。此外,門還必須符合有關耐火、緊急逃生、和安全玻璃的建築法規。

窗戶有多種類型和尺寸,其選擇不但會影響建築物的實體外觀,也會影響建築物內部空間的自然採光、通風、觀景潛力、和空間品質。窗戶和對外門一樣,在關閉時都要有抗候的密封性。窗框的熱導率要低、或建造成可以中斷熱的流動。窗戶玻璃則要延緩熱的傳遞,並且控制太陽輻射和眩光。

由於門窗單元通常是在工廠製造,製造商可能會有各式門窗類型的標準尺寸和相對應的粗鑿開口規定。門窗的尺寸和位置需經過仔細的規劃,才能將合適尺寸的門樑所需的適當粗鑿開口構入要納入門窗的牆系統內。

從外部的觀點來看,門窗是設計建築物立面的重要構成元素。門窗中斷或者劃分割外牆面的方式,都會影響建築形式的量體、視覺重量、比例、和分節情形。

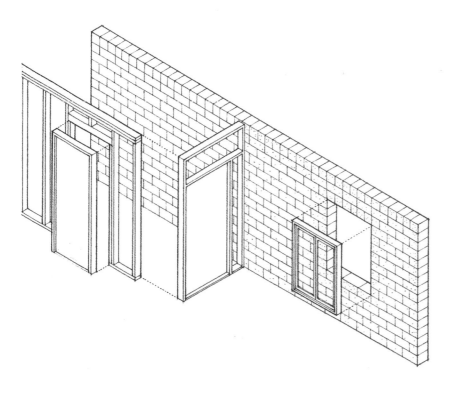

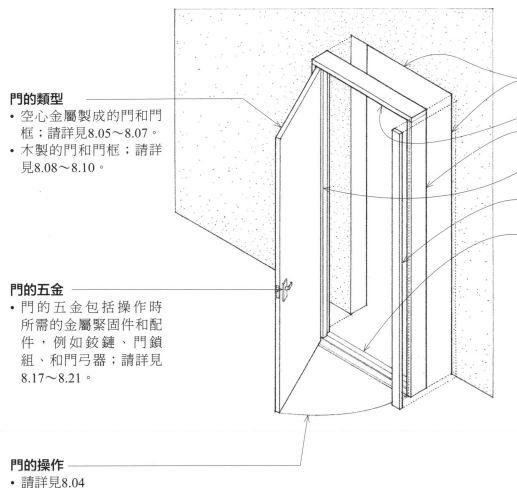

門的類型
- 空心金屬製成的門和門框；請詳見8.05～8.07。
- 木製的門和門框；請詳見8.08～8.10。

門的五金
- 門的五金包括操作時所需的金屬緊固件和配件，例如鉸鏈、門鎖組、和門弓器；請詳見8.17～8.21。

門的操作
- 請詳見8.04

- 門框的細部奠定了門口的外觀。根據牆構造的厚度，門框可設置在粗鑿開口內、或與粗鑿開口的邊緣重疊。
- 粗鑿開口是指可以置入門框的牆開口。
- 門楣是門框最上方的部件。
- 門邊框是門框左右兩側的部件。
- 門止是關門時用來抵住門的門框凸出部位。
- 門護框是用來收整門框和粗鑿開口之間接縫的收邊材。
- 門檻是門廊的檻座，覆蓋住兩種地板材料的接縫、或是做為對外門的抗候防護材。
- 美國身心障礙者法案之無障礙執行準則（ADA Accessibility Guideline）規定如果設有門檻，門檻不得高於1／2"（13），且斜面的斜率不得超過1：2。
- 門鞍是設置在門邊框之間、從地板材料上凸出的一塊物件，能讓門緊密貼合在門鞍上，避免門在開啟時太接近地板而卡住。

門框

- 所有門口的最小淨寬度均為32"（815）

24"（610）
42"（1065）
54"（1370）
60"（1525）
48"（1220）
54"（1370）
12"（305）

門廊處的最小操作淨空間

- 操作五金應該用單手就能輕鬆控制，而不需緊握或扭轉手腕。
- 無障礙門通道的操作五金最高設置在地板上方48"（1,220）的位置。
- 門底部12"（305）的範圍內要有平順且連續的表面，方便門被輪椅的踏板推開。

美國身心障礙者法案之無障礙執行準則—— 門

8.04 門的操作

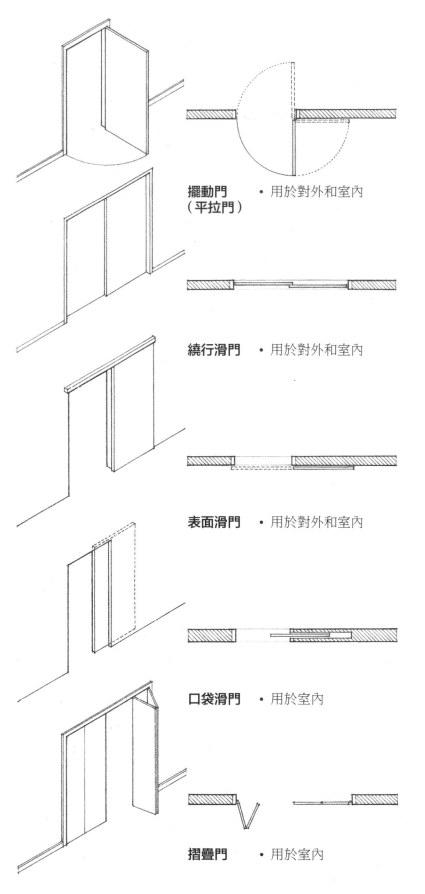

擺動門（平拉門） • 用於對外和室內

繞行滑門 • 用於對外和室內

表面滑門 • 用於對外和室內

口袋滑門 • 用於室內

摺疊門 • 用於室內

- 門在推拉時通常會繞著門邊框上的鉸鏈旋轉，也能從頂部邊框和門檻上做樞軸旋轉。
- 門口處需留設門的擺動空間；確認淨空間的相關規定。
- 進入和通過的操作方式最方便
- 具備最佳熱絕緣、聲音絕緣，和耐候性效能的門類型；有不同的防火級數

- 門沿著頭頂的軌道或地板上的引導件或軌道滑動。
- 不需留設操作空間，但很難達到對天候和聲音的密閉效果
- 僅提供門口寬度的50％做為通道
- 對外門可採用玻璃滑門
- 室內門主要做為視覺上的屏蔽

- 類似繞行滑門，但提供全寬度的通道
- 不需留設操作空間，但難以阻隔風雨
- 門的表面懸吊在外露的頭頂軌道上

- 門沿著頭頂上方軌道，從設置在牆體寬度內的凹槽中滑進和滑出。
- 當門完全打開時，門口的樣貌會完整地呈現出來。
- 通常使用在門的正常擺動方式會干擾空間使用的位置。

- 開啟時，鉸接的門板會相互貼平靠近。
- 雙折疊門會分隔成兩部分，所需的操作空間很小，主要做為遮蔽衣櫥和儲藏空間的視覺屏障。
- 手風琴式折疊門是一種主要用來細分內部空間的多葉片門。門懸吊在頭頂的軌道上，以類似彈奏手風琴的方式向後折疊而打開。
- 請詳見8.16旋轉門。

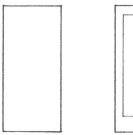
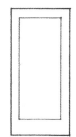
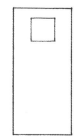
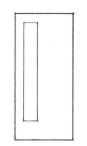
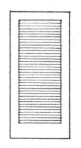
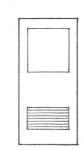

- 平板門
- 玻璃門
- 有觀察窗的門
- 有採光窄窗的門
- 全百葉門
- 有觀察窗和百葉的門

門的設計

門的完成面

- 上底漆或鍍鋅以便油漆
- 烤瓷漆塗料
- 乙烯基包層
- 不鏽鋼或鋁製表皮的拋光或紋理完成面

門的構造

- 空心金屬門是將16～22量規鋼面板結合固定至槽型鋼構架上，並以槽型鋼、牛皮紙蜂窩結構體、或剛性塑膠泡沫芯進行強化。

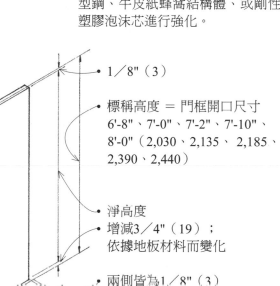

- 1／8"（3）
- 標稱高度＝門框開口尺寸 6'-8"、7'-0"、7'-2"、7'-10"、8'-0"（2,030、2,135、2,185、2,390、2,440）
- 淨高度
- 增減3／4"（19）；依據地板材料而變化
- 兩側皆為1／8"（3）
- 淨寬度
- 標稱寬度＝門框開口尺寸 2'-0"～4'-0"（610～1,220），增量為2"（51）
- 門厚度 1-3／8"、1-3／4"（35、45）

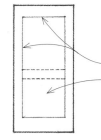

橫框和豎框式構造

（rail-and-stile；又譯做框板式構造）

- 管狀的豎框和橫框
- 填充板可以是平板或凹板、玻璃、或百葉

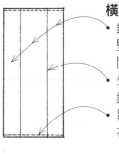

橫框板構造

- 鉸鍊且裝鎖用的豎框均接合到中間的寬板上
- 外露的垂直互鎖銲接縫
- 將槽座反轉設置在頂部和底部

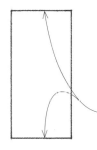

平整型構造

- 表面看不見接縫
- 平盤或封閉式的網格構造
- 頂部和底部是平整或凹陷的。

防火門

UL 標識	防火時效等級	允許使用的玻璃：厚度1／4"（6）的金屬絲玻璃
A	3 小時	不可使用玻璃
B	1-1／2 小時	每扇門加裝玻璃的面積為 100 sq. in（0.06 m²）
C	3／4 小時	每扇門加裝玻璃的面積為 1,296 sq. in（0.84 m²）：最大尺寸 54"（1,370）
D	1-1／2 小時	不允許使用玻璃
E	3／4 小時	每扇門加裝玻璃的面積為 720 平方英吋（0.46 m²）：最大尺寸 54"（1,370）

- 第三欄採用的玻璃面積單位：sq. in.（平方英吋）〔m²（平方公尺）〕；尺寸單位：英吋（公厘）

- 必須以防火門組件，包括耐火門、門框、和五金來保護防火牆的開口。請詳見2.07。
- 門的最大尺寸：4'×10'（1,220×3,050）
- 門框和五金的耐火等級要必須接近門的耐火等級。
- 門必須是自閉式，並且配有門弓器。
- 標識B和標識C的門可以使用有可熔斷感知裝置（fusible link）的百葉；最大面積為576平方英吋（0.37平方公尺）
- 不允許使用玻璃和百葉的組合。

美國施工規範協會綱要編碼™ 08 13 13：空心金屬門

- 後彎：1／2"（13）
- 喉口
- 標準量規號：14、16、18
- 標準完成面：在工廠上底漆，以便油漆
- 構架的輪廓會因製造商而有所不同
- 在構架中鑿出榫眼並且強化，以便加裝鉸鏈、舌孔板、和門弓器。

- 框面：2"（51）
- 門止：5／8"（16）
- 門厚度為1-3／8"（35）時，槽切長度為1-9／16"（40）
- 框腹有多種尺寸
- 門厚度為1-3／4"（45）時，槽切長度為1-15／16"（49）
- 門框深度為：4-3／4"、5-3／4"、6-3／4"、8-3／4"（120、145、170、220）

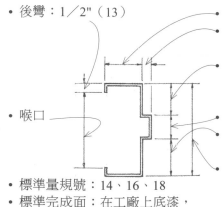

標準雙槽切門框

- 後彎：1／2"（13）
- 框面：2"（51）
- 門止：5／8"（16）
- 門厚度為1-3／4"（45）時，槽切長度為1-15／16"（49）
  門厚度為1-3／8"（35）時，槽切長度為1-9／16"（40）
- 框腹有多種尺寸
- 門框深度：3"、3-3／4"（75、95）

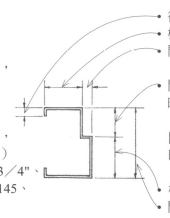

單槽切門框

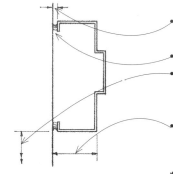

- 選擇性施作牆完成面
- 標稱1／16"（2）
- 牆寬度
- 喉口

環繞式設置

- 到牆面的標稱長度為3／16"（5）
- 填縫劑
- 如果預期的門擺動幅度大於90°，則須檢查鉸鏈側的尺寸。
- 把手或球形門把操作區域的最小長度為4"（100）

對接門框設置

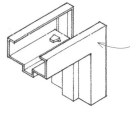

- 拆卸式門框可以分開運送，以利在工地現場組裝。
- 轉角強化件
- 隱藏式調整片

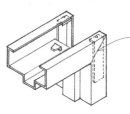

- 做法類似於上方，但接縫採電弧銲接。
- 一體式銲接的門框組件須在牆或隔間建造前先就定位。

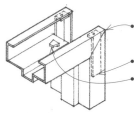

- 無可見的斜接面或接縫；均採銲接並打磨光滑。

轉角構造

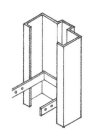
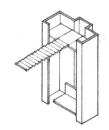
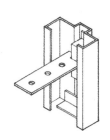
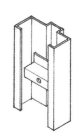
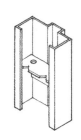
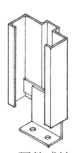

- 木立柱錨定件
- 寬鬆T形砌體錨定件
- UL認證的砌體錨定件
- 既有牆體使用的間隔托架錨定件
- 槽型鋼立柱錨定件
- 調整式地板夾

門框錨定件　　• 每個門邊框最少要有三個錨定件

美國施工規範協會綱要編碼 08 12 13：空心金屬門框

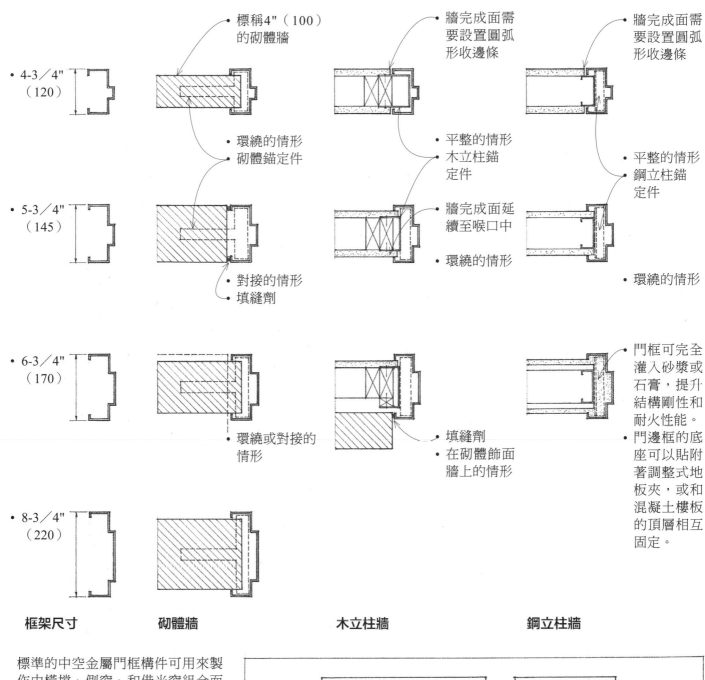

- 4-3／4"（120）
- 5-3／4"（145）
- 6-3／4"（170）
- 8-3／4"（220）

- 標稱4"（100）的砌體牆
- 環繞的情形
- 砌體錨定件
- 對接的情形
- 填縫劑
- 環繞或對接的情形

- 牆完成面需要設置圓弧形收邊條
- 平整的情形
- 木立柱錨定件
- 牆完成面延續至喉口中
- 環繞的情形
- 填縫劑
- 在砌體飾面牆上的情形

- 牆完成面需要設置圓弧形收邊條
- 平整的情形
- 鋼立柱錨定件
- 環繞的情形
- 門框可完全灌入砂漿或石膏，提升結構剛性和耐火性能。
- 門邊框的底座可以貼附著調整式地板夾，或和混凝土樓板的頂層相互固定。

框架尺寸　　　　**砌體牆**　　　　**木立柱牆**　　　　**鋼立柱牆**

標準的中空金屬門框構件可用來製作由橫擋、側窗、和借光窗組合而成的建築物入口。
- 最大門尺寸：4'×8'（1,220×2,440）
- 最小門邊框深度：3-3／4"（95）
- 最大玻璃尺寸：1,296平方英吋（0.84平方公尺）、其最大長度為4'-6"（1,370）
- 最大防火等級：3／4小時
- 向製造商諮詢更多細節。

空心金屬直料系統

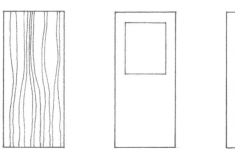

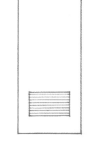

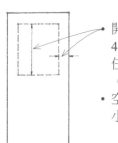

- 平板門
- 插入玻璃窗的平板門
- 插入百葉的平板門

- 開口應小於門面積的40%，而且距離門的任一邊緣不得少於5"（125）。
- 空心門的開口高度應小於門高度的一半。

門的設計

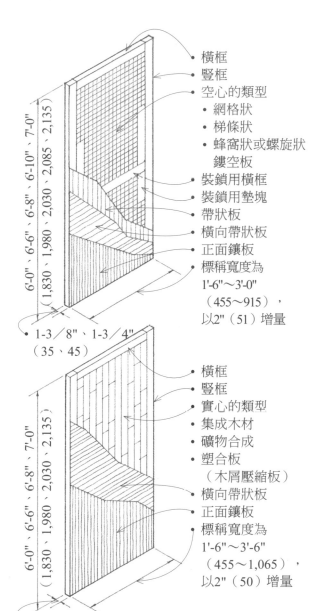

- 橫框
- 豎框
- 空心的類型
  - 網格狀
  - 梯條狀
  - 蜂窩狀或螺旋狀鏤空板
- 裝鎖用橫框
- 裝鎖用墊塊
- 帶狀板
- 橫向帶狀板
- 正面鑲板
- 標稱寬度為1'-6"～3'-0"（455～915），以2"（51）增量

6'-0"、6'-6"、6'-8"、6'-10"、7'-0"（1,830、1,980、2,030、2,085、2,135）

- 1-3／8"、1-3／4"（35、45）

- 橫框
- 豎框
- 實心的類型
  - 集成木材
  - 礦物合成
  - 塑合板（木屑壓縮板）
- 橫向帶狀板
- 正面鑲板
- 標稱寬度為1'-6"～3'-6"（455～1,065），以2"（50）增量

6'-0"、6'-6"、6'-8"、7'-0"（1,830、1,980、2,030、2,135）

- 1-3／8"、1-3／4"（35、45）；隔音門為2-1／4"（57）

空心門

空心門構架的組成是以豎框和橫框包住波浪狀纖維板擴展的蜂窩芯、或是水平和垂直木條互鎖而成的網格。空心門是輕量的，但本身已具備些許隔熱值或隔音值。雖然主要是在室內使用，但如果以防水黏合劑黏結，也能夠做為對外門使用。

實心門

實心門有黏合木條、木屑壓縮、或礦物成分所組成的核心。其中，黏合木條的核心最經濟且廣為使用。礦物合成的核心雖然最輕，但螺絲緊固強度較低而且切割困難。實心門主要做為對外門，但也可使用在任何有較大耐火、隔音、或是有尺寸穩定需求的位置。

等級和完成面

- 三種硬木膠合板的等級：白金級、優良級、和良好級。
- 白金級膠合板適合使用天然透明塗料的完成面。
- 優良級膠合板適合使用透明、上漆的完成面。
- 良好級膠合板僅適合使用上漆的完成面；必須上兩層塗料以覆蓋表面的缺陷。
- 硬質纖維板的正面鑲板適合使用上漆的完成面。
- 高壓塑膠積層板可以黏合到面板上。
- 平板門的完成面可以在工廠以密封塗料先做部分處理，或做完整的完成面處理，包括以機具安裝好鉸鏈和鎖具。

特殊門

- 防火門有礦物成分的核心。
- 標識B的門有一小時或一個半小時的UL認證防火等級。
- 標識C的門有四十五分鐘的UL認證防火等級。
- 隔音門以空室或阻隔混合物區隔成數個面板。必須搭配特殊的門止、墊材、和門檻。

美國施工規範協會網要編碼 08 14 16：平板木門

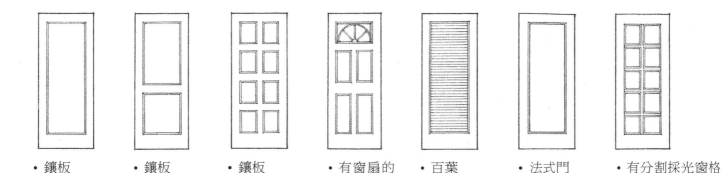

- 鑲板
- 鑲板
- 鑲板
- 可選擇不同的鑲板設計
- 有窗扇的鑲板
- 百葉
- 法式門
- 有分割採光窗格的法式門

門的設計

木製橫框與豎框門是由托住實木板或膠合板鑲板、玻璃窗、或百葉的垂直門框和水平門框構架所組成。橫框和豎框的材質可以是實心軟木或飾面硬木。

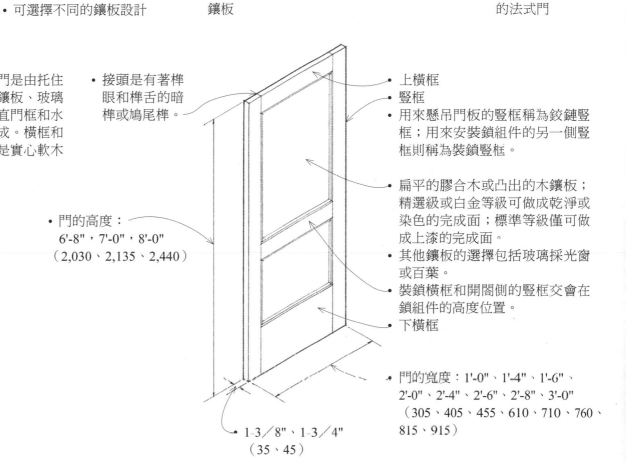

- 接頭是有著榫眼和榫舌的暗榫或鳩尾榫。

- 門的高度：
  6'-8"，7'-0"，8'-0"
  （2,030、2,135、2,440）

- 1-3／8"、1-3／4"
  （35、45）

- 上橫框
- 豎框
- 用來懸吊門板的豎框稱為鉸鏈豎框；用來安裝鎖組件的另一側豎框則稱為裝鎖豎框。

- 扁平的膠合木或凸出的木鑲板；精選級或白金等級可做成乾淨或染色的完成面；標準等級僅可做成上漆的完成面。
- 其他鑲板的選擇包括玻璃採光窗或百葉。
- 裝鎖橫框和開闔側的豎框交會在鎖組件的高度位置。
- 下橫框

- 門的寬度：1'-0"、1'-4"、1'-6"、2'-0"、2'-4"、2'-6"、2'-8"、3'-0"
  （305、405、455、610、710、760、815、915）

條板門是將垂直板外覆板，以直角方式釘在橫向帶或橫木上。對角斜撐釘在橫木之間、並且置入橫木的凹槽中。

- 主要用來達到粗構造的經濟性
- 通常是現場製造
- 建議使用雌雄榫槽式外覆板以抵抗天候的侵擾。
- 會隨著含水量變化而膨脹和收縮。

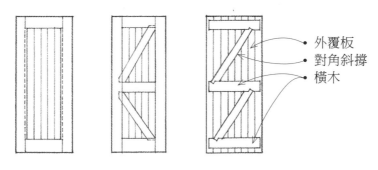

- 外覆板
- 對角斜撐
- 橫木

8.10 木門框

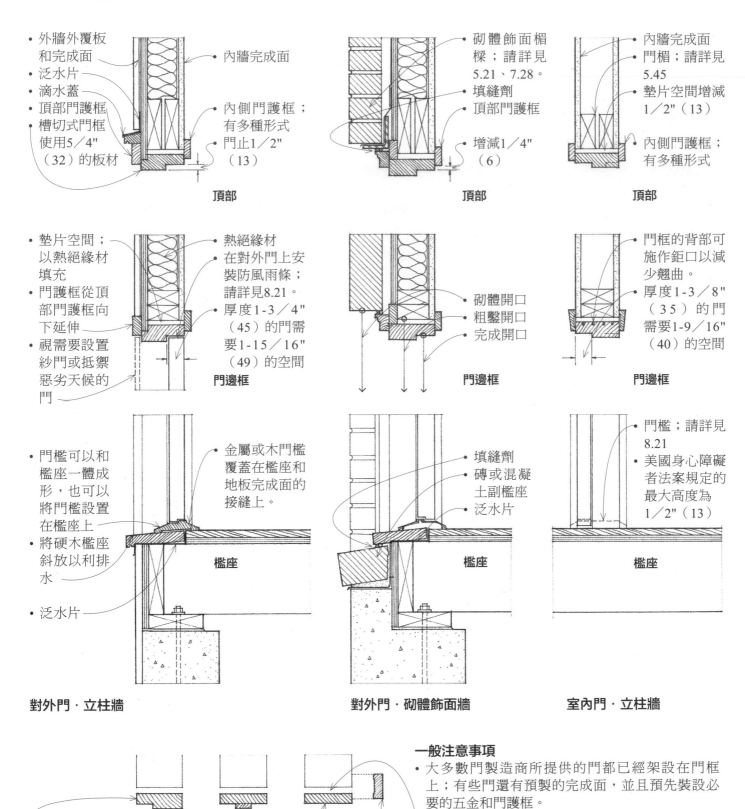

頂部（左）
- 外牆外覆板和完成面
- 泛水片
- 滴水蓋
- 頂部門護框
- 槽切式門框使用5/4"（32）的板材
- 內牆完成面
- 內側門護框；有多種形式
- 門止1/2"（13）

頂部（中）
- 砌體飾面楣樑；請詳見5.21、7.28。
- 填縫劑
- 頂部門護框
- 增減1/4"（6）

頂部（右）
- 內牆完成面
- 門楣；請詳見5.45
- 墊片空間增減1/2"（13）
- 內側門護框；有多種形式

門邊框（左）
- 墊片空間；以熱絕緣材填充
- 門護框從頂部門護框向下延伸
- 視需要設置紗門或抵禦惡劣天候的門
- 熱絕緣材
- 在對外門上安裝防風雨條；請詳見8.21。
- 厚度1-3/4"（45）的門需要1-15/16"（49）的空間

門邊框（中）
- 砌體開口
- 粗鑿開口
- 完成開口

門邊框（右）
- 門框的背部可施作鉅口以減少翹曲。
- 厚度1-3/8"（35）的門需要1-9/16"（40）的空間

檻座（左）
- 門檻可以和檻座一體成形，也可以將門檻設置在檻座上
- 將硬木檻座斜放以利排水
- 泛水片
- 金屬或木門檻覆蓋在檻座和地板完成面的接縫上。

檻座（中）
- 填縫劑
- 磚或混凝土副檻座
- 泛水片

檻座（右）
- 門檻；請詳見8.21
- 美國身心障礙者法案規定的最大高度為1/2"（13）

對外門·立柱牆

對外門·砌體飾面牆

室內門·立柱牆

- 槽切式門框；內門框可裝上門止。
- 裝上門護框的開口也可能在不裝設門板的情況下而直接使用，因此只有門邊框、沒有門止。

一般注意事項
- 大多數門製造商所提供的門都已經架設在門框上；有些門還有預製的完成面，並且預先裝設必要的五金和門護框。
- 1/2"（13）寬的襯墊空間允許門框做垂直調整。
- 門護框可修整門框和粗鑿開口之間的接縫；外側的接縫可能要施以填縫劑。
- 頂部和側邊的門邊框情況類似，所以門護框的輪廓可以延伸到門口的周圍。

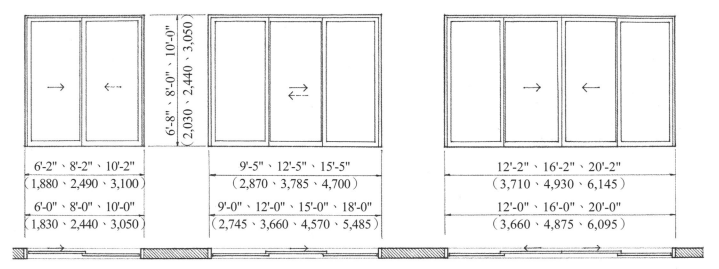

6'-2"、8'-2"、10'-2"	9'-5"、12'-5"、15'-5"	12'-2"、16'-2"、20'-2"
（1,880、2,490、3,100）	（2,870、3,785、4,700）	（3,710、4,930、6,145）
6'-0"、8'-0"、10'-0"	9'-0"、12'-0"、15'-0"、18'-0"	12'-0"、16'-0"、20'-0"
（1,830、2,440、3,050）	（2,745、3,660、4,570、5,485）	（3,660、4,875、6,095）

6'-8"、8'-0"、10'-0"（2,030、2,440、3,050）

• 尺度為標稱的庫存尺寸；庫存尺寸、需要的粗鑿開口或砌體開口、玻璃的選項、和設置細部的資訊請向製造商諮詢。
• 基本做法為，粗鑿門框開口的標稱寬度增加1英吋（25公厘），砌體開口的標稱寬度增加3英吋（75公厘）。

一般尺寸

• 滑動玻璃門可選用木框、鋁框、或鋼框構架。木框架可做防腐處理、塗上底漆，或是以鋁或乙烯基包覆。金屬框架有多種搭配隔熱條和整體防風裝置葉片的完成面類型。

• 滑動玻璃門製造成有完整操作五金和防風雨條的標準單元。紗門和操作門板可安裝在內部或外部。

美國身心障礙者法案之無障礙執行準則

• 住宅的對外滑門門檻不應高於3／4"（19）

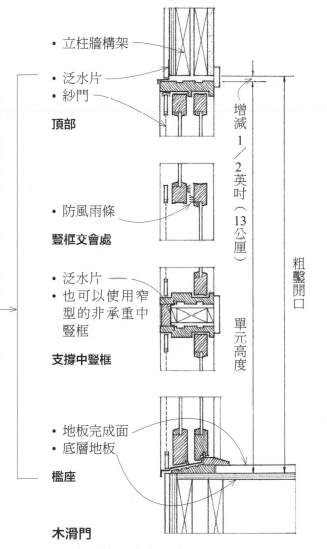

• 立柱牆構架
• 泛水片
• 紗門
頂部

• 防風雨條
豎框交會處

• 泛水片
• 也可以使用窄型的非承重中豎框
支撐中豎框

• 地板完成面
• 底層地板
檻座

木滑門

• 圖例中畫上密集斜線的斷面部位通常都是由門的製造商供應。

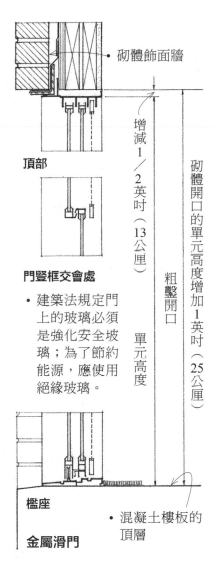

• 砌體飾面牆

頂部

門豎框交會處

• 建築法規定門上的玻璃必須是強化安全玻璃；為了節約能源，應使用絕緣玻璃。

檻座

金屬滑門

• 混凝土樓板的頂層

增減1／2英吋（13公厘）
粗鑿開口
單元高度

砌體開口的單元高度增加1英吋（25公厘）

美國施工規範協會綱要編碼 08 32 00：玻璃滑門

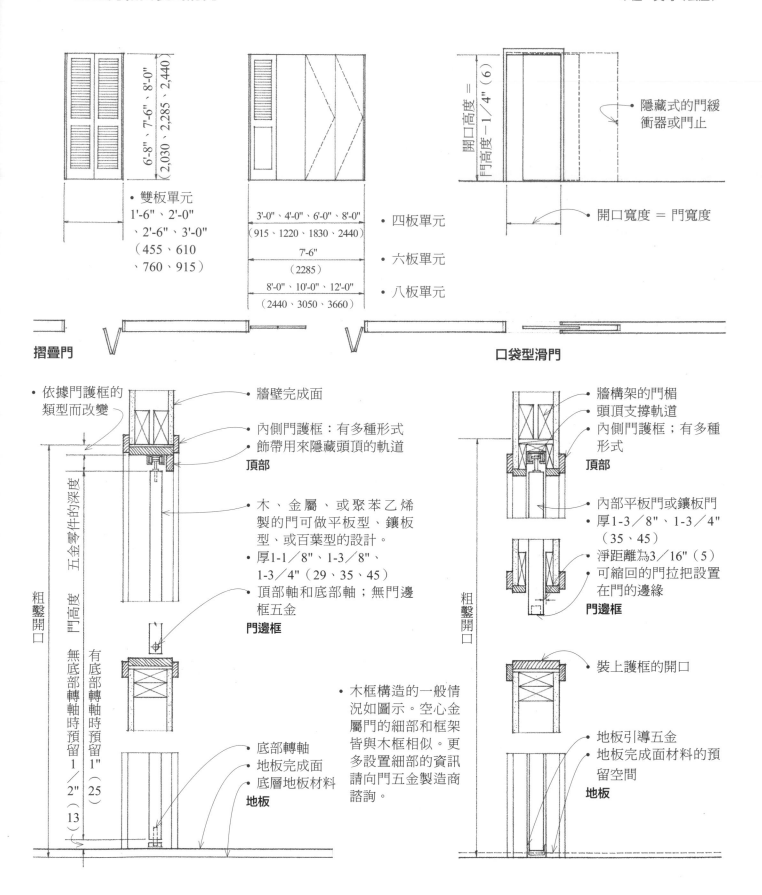

* 雙板單元
  1'-6"、2'-0"
  、2'-6"、3'-0"
  （455、610
  、760、915）

3'-0"、4'-0"、6'-0"、8'-0"
（915、1220、1830、2440）

7'-6"
（2285）

8'-0"、10'-0"、12'-0"
（2440、3050、3660）

* 四板單元
* 六板單元
* 八板單元

開口高度－1／4"（6）＝門高度

* 隱藏式的門緩衝器或門止

開口寬度 ＝ 門寬度

摺疊門　　　　　　　　　　　　　　　**口袋型滑門**

* 依據門護框的類型而改變

* 牆壁完成面
* 內側門護框：有多種形式
* 飾帶用來隱藏頭頂的軌道
  頂部

* 木、金屬、或聚苯乙烯製的門可做平板型、鑲板型、或百葉型的設計。
* 厚1-1／8"、1-3／8"、1-3／4"（29、35、45）
* 頂部軸和底部軸；無門邊框五金
  門邊框

* 木框構造的一般情況如圖示。空心金屬門的細部和框架皆與木框相似。更多設置細部的資訊請向門五金製造商諮詢。

* 底部轉軸
* 地板完成面
* 底層地板材料
  地板

粗鑿開口

五金零件的深度

門高度

無底部轉軸時預留1／2"（13）

有底部轉軸時預留1"（25）

* 牆構架的門楣
* 頭頂支撐軌道
* 內側門護框；有多種形式
  頂部

* 內部平板門或鑲板門
* 厚1-3／8"、1-3／4"（35、45）

* 淨距離為3／16"（5）
* 可縮回的門拉把設置在門的邊緣
  門邊框

* 裝上護框的開口

* 地板引導五金
* 地板完成面材料的預留空間
  地板

粗鑿開口

美國施工規範協會網要編碼 08 13 76：雙折疊金屬門；08 14 76：雙折疊木門；08 15 76：雙折疊塑膠門

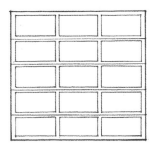

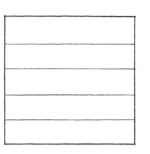

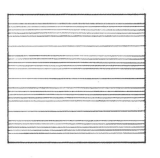

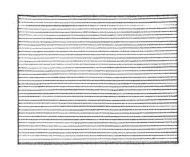

- 木鑲板門或鋁鑲板門
- 滑升門的規格可達到20'（6,095）高、30'（9,145）寬。

- 木平板門或鋼平板門

- 鋼或玻璃纖維肋紋門

- 鋼或鋁橫條區塊
- 捲門的規格可達到24'（7,315）高、32'（9,755）寬。

滑升門

滑升門是由單葉或多葉的木材、鋼、鋁、或玻璃纖維單板所構成，以向上平擺或向上滾動到門開口上方定點的方式來開啟。滑升門可由人工操作，或者以鏈條或電動馬達來控制。

- 滑升門和捲門上均可設置透視板、可通行的鏤空部位、熱絕緣材、以及其他不同的設計。有關尺寸、設計、和設置的規定請向門製造商諮詢。

捲門

捲動門或滾動門是由兩側軌道導引的水平、互鎖金屬板條所構成，並且藉由捲動門開口頂部的滾筒來開門。門可以鏈條起重機或電動馬達來操作。

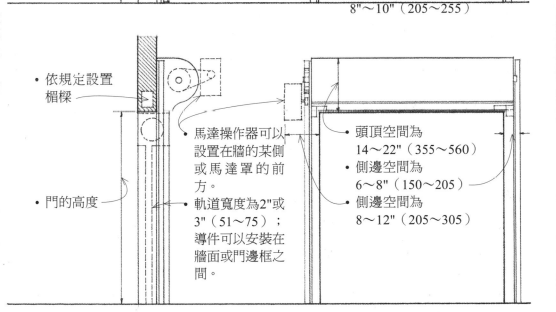

- 此處呈現的軌道位置分別代表垂直升起式、升高式，以及與天花板坡度平行的傾斜軌道式。

- 依規定設置的楣樑

- 軌道寬度為2"或3"（51或75），取決於門的尺寸

- 門的高度

- 馬達操作器
- 正常的頭頂空間：16"（405）
- 低頭頂空間：最小7"（180）
- 鏈條起重機或馬達操作可能需要額外的頂部、側部、和背部空間。
- 側邊空間為4"或6"（100或150）
- 柱支撐所需的空間為8"～10"（205～255）

- 依規定設置楣樑

- 馬達操作器可以設置在牆的某側或馬達罩的前方。

- 門的高度

- 軌道寬度為2"或3"（51～75）；導件可以安裝在牆面或門邊框之間。

- 頭頂空間為14～22"（355～560）
- 側邊空間為6～8"（150～205）
- 側邊空間為8～12"（205～305）

8.14 玻璃大門

單位：英呎 - 英吋（公厘）

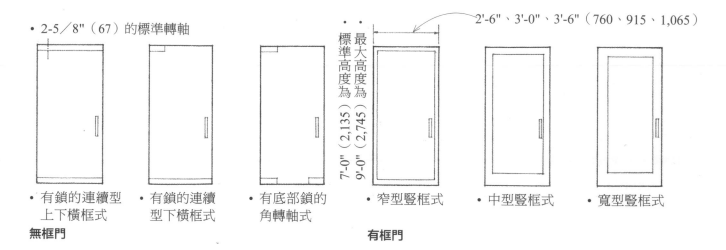

- 2-5／8"（67）的標準轉軸

2'-6"、3'-0"、3'-6"（760、915、1,065）

最大高度為 9'-0"（2,745）
標準高度為 7'-0"（2,135）

- 有鎖的連續型上下橫框式
- 有鎖的連續型下橫框式
- 有底部鎖的角轉軸式
- 窄型豎框式
- 中型豎框式
- 寬型豎框式

無框門　　　　　　　　　　　　　　　**有框門**

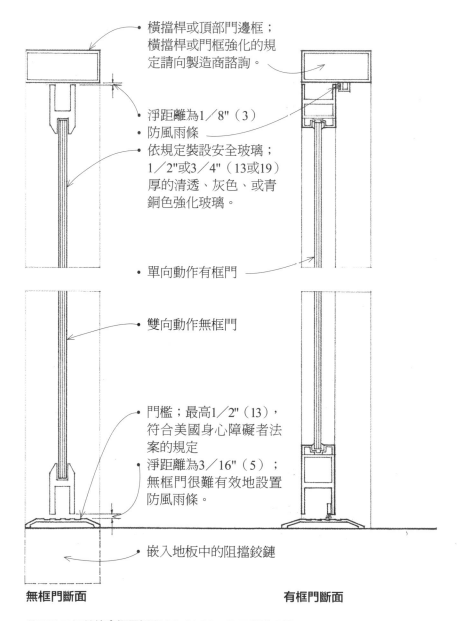

- 橫擋桿或頂部門邊框；橫擋桿或門框強化的規定請向製造商諮詢。
- 淨距離為1／8"（3）
- 防風雨條
- 依規定裝設安全玻璃；1／2"或3／4"（13或19）厚的清透、灰色、或青銅色強化玻璃。

- 單向動作有框門

- 雙向動作無框門

- 門檻；最高1／2"（13），符合美國身心障礙者法案的規定
- 淨距離為3／16"（5）；無框門很難有效地設置防風雨條。

- 嵌入地板中的阻擋鉸鏈

無框門斷面　　　　　　　　　　**有框門斷面**

玻璃門

玻璃門由熱硬化或強化玻璃所構成，有橫豎框型或無橫豎框型，主要做為入口門。

- 當做緊急逃生門使用時，請查詢建築法的相關規定。
- 有關尺寸、玻璃的選擇、和框架的規定請向製造商諮詢。

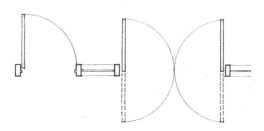

- 門可以偏離門框中心，做單向擺動；或者懸吊在門框中心，做雙向操作。

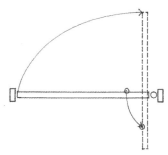

- 轉軸門圍繞著中心軸、或偏離軸心旋轉，與懸吊在鉸鏈上的門不同。
- 平衡門是加裝了轉軸的門，因為取得了部分平衡，而能輕易地開啟和關閉。
- 自動門會在人接近時自動開啟，也可以無線電發射器、電眼、或其他裝置啟動。

美國施工規範協會綱要編碼 08 41 00：入口與櫥窗門

櫥窗門是一種由擠型金屬框架、玻璃鑲板、玻璃大門、和五金配件組成的協調系統。中豎框（mullion）的尺寸和間隔均取決於玻璃的強度和厚度，以及牆面上的風力負載。垂直於牆板的撓曲應限制在每個構件淨跨距的1／200；玻璃支撐件的撓曲應限制在支撐距離的1／300。

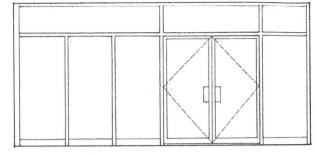

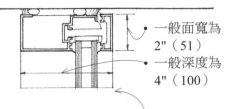

- 一般面寬為 2"（51）
- 一般深度為 4"（100）

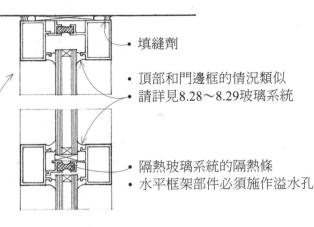

- 填縫劑
- 頂部和門邊框的情況類似
- 請詳見8.28～8.29玻璃系統

- 隔熱玻璃系統的隔熱條
- 水平框架部件必須施作溢水孔

- 玻璃的框入方式可以偏離中心、或是設置在框架深度的中央。
- 有關框架的外形、尺寸、完成面、玻璃選擇、和設置細部等資訊，請向製造商諮詢。
- 安全玻璃的相關規定請查詢建築法規。

- 全玻璃式牆系統使用玻璃中豎框和結構矽力康填縫劑來支撐玻璃。玻璃中豎框的厚度與玻璃板的寬度和高度、以及作用在玻璃上的風力負載有關。尺寸和設置規定請向玻璃製造商諮詢。

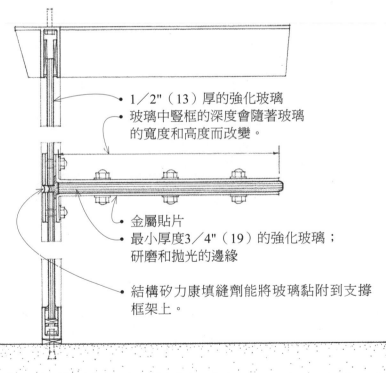

- 1／2"（13）厚的強化玻璃
- 玻璃中豎框的深度會隨著玻璃的寬度和高度而改變。

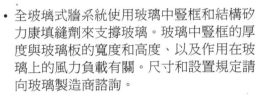

- 玻璃厚度的規定請向玻璃製造商諮詢，並查詢建築法。
- 垂直接縫；一般為3／8"（10）
- 結構矽力康填縫劑

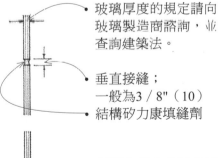

- 頂部和檻座位置的傳統型框架

- 金屬貼片
- 最小厚度3／4"（19）的強化玻璃；研磨和拋光的邊緣

- 結構矽力康填縫劑能將玻璃黏附到支撐框架上。

- 對接玻璃是一種以傳統方式在頂部和檻座支撐著玻璃片或玻璃單元的玻璃系統，其垂直邊緣以結構矽力康填縫劑黏合固定，不使用中豎框。

- 玻璃中豎框系統是一種將強化玻璃板懸吊在特殊夾具上的玻璃系統，以垂直的強化玻璃加強件穩固，並以結構矽力康填縫劑和轉角和邊緣的金屬貼片板黏結固定。

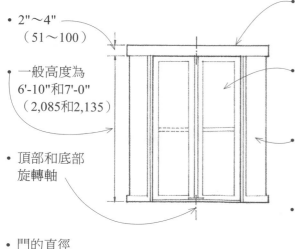

- 2"～4"
  （51～100）
- 一般高度為
  6'-10"和7'-0"
  （2,085和2,135）
- 頂部和底部
  旋轉軸
- 門的直徑
  ＋ 3-3／4"（95）

- 鋪板包含設置天花板照明的預留空間；可安裝強化玻璃。
- 搭配鋁、不銹鋼、或青銅框架的強化玻璃門葉
- 環圍部位可以是金屬，或者強化玻璃、金屬絲網玻璃、或層壓玻璃等材質。
- 供暖和冷卻的來源可與環圍部位相互整合，或與環圍鄰接。
- 底面的線條可做成彎曲或直線造型。
- 沿著門葉的門豎框和上下橫框處加裝橡膠和毛氈，提供耐候密封性。

門的直徑	開口
6'-6"（1,980）	4'-5"（1,345）
6'-8"（2,030）	4'-6"（1,370）
6'-10"（2,085）	4'-8"（1,420）
7'-0"（2,135）	4'-9"（1,450）
7'-2"（2,185）	4'-11"（1,500）
7'-4"（2,235）	5'-0"（1,525）

旋轉門是由三或四片繞著圓柱形玄關的垂直中心軸旋轉的門葉所組成。由於旋轉門一般都使用在大型的商業和機構建築物的大門，所以要提供連續的耐候密封性、減少氣流滲入，讓冷氣和暖氣的流失降到最低，並且能容納每小時高達2,000人的使用流量。

- 一般使用情形的直徑為6'-6"（1,980）；高使用流量的直徑為7'-0"（2,135）或更大。
- 選擇性裝設的自動速度控制裝置在門未被使用時，會讓門自動對齊圓的四分點；當感知到輕微壓力而啟動時，則會以步行的速度讓門翼旋轉3／4圈。
- 有些旋轉門在感知到壓力時，門葉會在出口方向上自動回折，在門軸兩側提供合乎法規的通道。
- 有些建築法規認為旋轉門只符合50％的合法的出口規定。其他法規則認定旋轉門的出口不符合法規，因此必須施作相鄰的鉸鏈門做為緊急出口。

- 環圍和鉸鏈門側面相連

- 環圍套組設置在牆板內

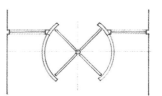

- 環圍從側窗處凸出

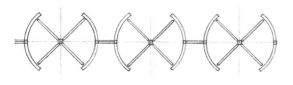

- 並排的環圍，兩兩之間設有側窗

- 側窗對齊環圍的中心點

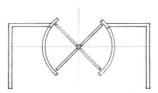

- 環圍套組退縮到牆體的內凹中

旋轉門的配置

美國施工規範協會綱要編碼 08 42 33：旋轉門入口

門的完成面五金包括：

- 鎖組包含鎖體、鎖閂、和螺栓、鎖芯和停止件、和操作修整件。
- 鉸鏈
- 門弓器
- 逃生門五金
- 推拉桿和推拉板
- 踢腳板
- 門止、門擋、緩衝器
- 門檻
- 防風雨條
- 門的軌道和導引件

選擇五金的考量因素包括：
- 功能和操作便利性
- 嵌壁式或表面安裝式的設置方式
- 材料、完成面、材質、和顏色
- 在預期使用頻率下和可能暴露在天候或腐蝕情形下的耐久性

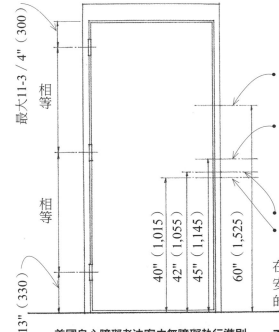

最大11-3/4"（300）
相等
相等
最大13"（330）

40"（1,015）
42"（1,055）
45"（1,145）
60"（1,525）

- 死鎖（deadlock，又譯做輔助鎖）的舌孔板中心線
- 推拉鎖閂和推板的中心線
- 把手或推桿的中心線
- 鎖組的舌孔板中心線

美國身心障礙者法案之無障礙執行準則

- 門把、拉把、鎖閂和鎖體都要方便單手抓握，而不須緊握或用手腕扭轉。
- 門五金應該設置在附錄A.03所指出的可觸及範圍內。

五金位置

在特定的地點，門五金的安裝位置必須滿足使用者的需求。

五金的完成面

BHMA* 代號	美國 編號	完成面
600	USP	已塗底漆的鋼，以便上漆
603	US2G	鍍鋅鋼板
605	US3	亮面黃銅，清塗布
606	US4	緞面黃銅，清塗布
611	US9	亮面青銅，清塗布
612	US10	緞面青銅，清塗布
613	US10B	氧化緞面青銅，推油塗擦
618	US14	亮面鍍鎳，清塗黃銅
619	US15	緞面鍍鎳，清塗黃銅
622	US19	平光黑色塗布黃銅或青銅
623	US20	淺色氧化亮面青銅
624	US20A	深色氧化雕塑用青銅
625	US26	亮面的鍍鉻黃銅或青銅
626	US26D	緞面的鍍鉻黃銅或青銅
628	US28	緞面鋁、清陽極氧化處理
629	US32	光面不銹鋼
630	US32D	緞面不銹鋼
684	—	黑鉻、亮面的黃銅或青銅
685	—	黑鉻、緞面的黃銅或青銅

* BHMA（Builders Hardware Manufacturers Association）：
美國建築五金製造商協會

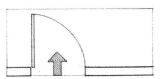

- 左手（Left Hand, LH）
- 門向內開；鉸鏈裝在左邊

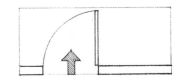

- 右手（Right Hand, RH）
- 門向內開；鉸鏈裝在右邊

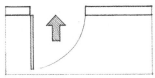

- 左手反向（Left hand reverse, LHR）
- 門向外開；鉸鏈裝在左邊

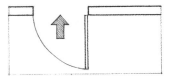

- 右手反向（Right hand reverse, RHR）
- 門向外開；鉸鏈裝在右邊

門把的安裝慣例

特定門五金像是鎖組和門弓器，都有其安裝的慣例。「右」或「左」是假設從建築物外部向內看，或從房間看向門口的方向。

美國施工規範協會網要編碼 08 71 00：門五金

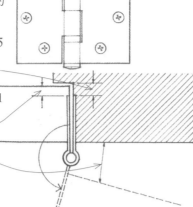

- 鉸鍊關節中的插銷可以移除（鬆開），藉此分離關節處的兩個葉片，便可將門板卸下，或是合起葉片便可固定門板（非升高）。此外，為了安全起見，也可選擇不能移除、門關上時會自動上鎖的自鎖式插銷。
- 門厚度小於2-1／4"（57）時，距離5／16"（8）；門厚度大於2-1／4"（57）時，距離7／16"（11）
- 門厚度小於2-1／4"（57）時，距離1／4"（6）；門厚度大於2-1／4"（57）時，距離3／8"（10）
- 確認周圍修整所需的淨距離。

鉸鏈尺寸

- 鉸鏈的寬度取決於門的厚度和所需的淨距離。
- 鉸鏈的高度取決於門的寬度和厚度。

門厚度	門寬度	鉸鏈高度	所需的淨距離	鉸鏈寬度
3/4"～1"（19～25）	24"（610）以內	2-1/2"（64）		
1-1/8"（29）	36"（915）以內	3"（75）		
1-3/8"（35）	36"（915）以內	3-1/2"（90）	1-1/4"（32）	3-1/2"（90）
	超過36"（915）	4"（100）	1-3/4"（45）	4"（100）
1-3/4"（45）	36"（915）以內	4-1/2"（115）	1-1/2"（38）	4-1/2"（115）
	36~48"（915~1,220）	5"（125）	2"（51）	5"（125）
2-1/4"（57）	42"（1,065）以內	5"（125）	1"（25）	5"（125）
	超過42"（1,065）	6"（150）	2"（51）	6"（150）

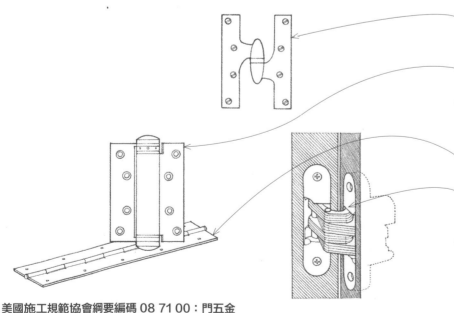

對接鉸鏈

對接鉸鏈是由兩片板或葉片，以一根插銷連接而成，固定在木門或空心金屬門與門邊框對接的表面。

- 全榫式鉸鏈（full-mortise hinge）的兩個葉片完全嵌入門和門邊框對接的接合面中，所以門關上時只看得到開合關節。
- 型板鉸鏈（template hinge）是為了符合凹槽，以及空心金屬門與門框上的孔而製造的一種榫式鉸鏈；木門則適用非型版鉸鍊。
- 半榫式鉸鏈（half-mortise hinge）的其中一葉片會嵌入門緣內，另一葉片則安裝在門框表面。
- 半表面式鉸鏈（half-surface hinge）是將一葉片嵌入門框內，另一葉片安裝在門的表面。
- 全表面式鉸鏈（full-surface hinge）的兩個葉片都安裝在門和門框的相鄰面。

特殊用途鉸鏈

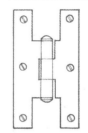

- 國會式鉸鏈（parliament hinge）有著T形的葉片和凸出的關節，使門在完全打開時得以遠離牆面。
- 橄欖型關節鉸鏈（olive knucle hinge）有著單一的樞轉接頭和一個橢圓形的關節。
- 彈簧鉸鏈的筒內裝有一圈圈的彈簧，使門自動關閉。
- 雙向作用的鉸鏈允許門在任一方向上擺動，通常裝有彈簧，能將開啟的門帶回原先關上的位置。
- 鋼琴鉸鏈（piano hinge）是兩個葉片表面與接合處等長的長窄型鉸鏈。
- 隱形鉸鏈是由數片圍繞著中央插銷的平板所組成，肩部會榫入門緣和門框之中，因此門關上時會被隱藏起來。
- 地板鉸鏈使用時會搭配門頂部的榫入式樞軸，讓門可朝任一方向擺動；也可以設置門弓器機制。

鎖組是指可拼組成一完整鎖系統的各部位組件，包括球形門把、板、和一套鎖機制。以下說明的是主要的鎖組類型：插芯門鎖（mortise locks），單元鎖和一體鎖（unit and integral locks）、以及圓筒鎖（cylinder locks）。鎖組的機能、設置規定、配平設計、尺度、和完成面等資訊請向五金製造商諮詢。

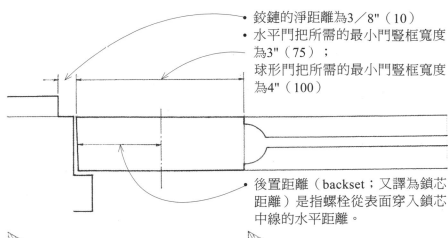

- 鉸鏈的淨距離為3／8"（10）
- 水平門把所需的最小門豎框寬度為3"（75）；
  球形門把所需的最小門豎框寬度為4"（100）
- 後置距離（backset；又譯為鎖芯距離）是指螺栓從表面穿入鎖芯中線的水平距離。

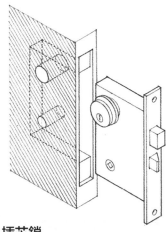

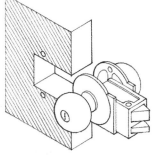

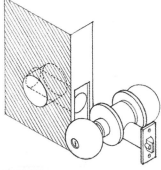

插芯鎖

- 插芯鎖被收納在鑿入門緣的榫眼中，因此鎖機制的兩面都會被包覆住。
- 除了門緣上的鎖面板、球形把手或水平把手、鎖芯、和配平操作件，鎖的其他部位都會隱藏起來。
- 後置距離：門厚度1-3／8"（35），後置2-1／2"（64）；門厚度1-3／4"（45），後置2-3／4"（70）

單元鎖和一體鎖

- 單元鎖裝在切入門緣內的長方形槽口中。
- 一體鎖則裝在切入門緣內的榫眼中。
- 單元鎖和一體鎖結合了插芯鎖的安全性和圓筒鎖的經濟性。
- 後置距離：
  單元鎖後置2-3／4"（70）；
  一體鎖後置2-1／4"（57）

圓筒鎖

- 圓筒鎖裝置在兩個直角相交的圓孔中，其中一個圓孔穿透門豎框，另一個圓孔則鑿在門緣內。
- 圓筒鎖比較便宜，又易於安裝。
- 後置距離：
  標準鎖組後置2-3／8"（60）；
  重型鎖組後置2-3／4"（70）

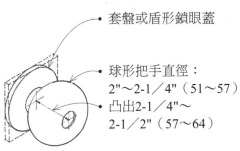

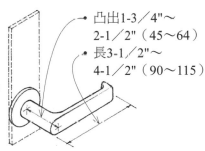

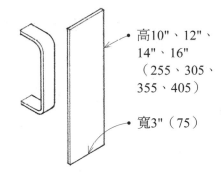

球形門把

- 套盤是指一塊裝在門上、圍繞球形門把中軸的圓形或正方形裝飾板。
- 盾形鎖眼蓋是能夠取代套盤的保護板或裝飾板。

圖注：
- 套盤或盾形鎖眼蓋
- 球形把手直徑：2"～2-1／4"（51～57）
- 凸出2-1／4"～2-1／2"（57～64）

水平把手

- 一般來說，槓桿操作機制、推式機制、和U形把手比較方便行動不便人士使用。

圖注：
- 凸出1-3／4"～2-1／2"（45～64）
- 長3-1／2"～4-1／2"（90～115）

拉把手和推板

美國身心障礙者法案之無障礙執行準則

- 門把、拉把、鎖閂和鎖體都要方便單手抓握，而不須緊握或用手腕扭轉。
- 推開門或拉開門所需的力量不應大於5.0磅（lbs.）[22.2 牛頓（N）]。

圖注：
- 高10"、12"、14"、16"（255、305、355、405）
- 寬3"（75）

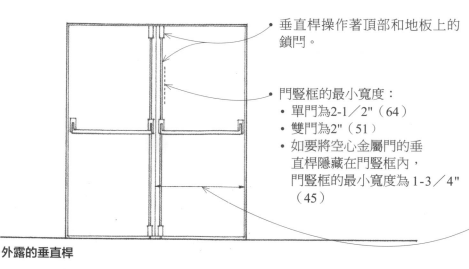

- 垂直桿操作著頂部和地板上的鎖閂。

- 門豎框的最小寬度：
  - 單門為2-1／2"（64）
  - 雙門為2"（51）
  - 如要將空心金屬門的垂直桿隱藏在門豎框內，門豎框的最小寬度為1-3／4"（45）

外露的垂直桿

- 門的最小厚度：
  - 外裝鎖1-1／4"（32）
  - 插芯鎖1-3／4"（45）

- 正常凸出：4"～5"（100～125）
- 窄型凸出：2-5／8"（67）
- 正常的推槓高度為3'-6"（1,065）；高於地板完成面最小2'-6"（760）、最大3'-8"（1,120）

隱藏式側向鎖閂

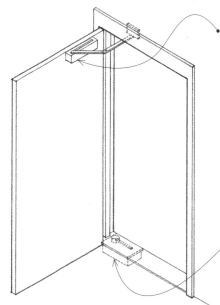

- 門弓器裝置可以：
  - 安裝在門或門邊框頂部的表面
  - 隱蔽在門或門框的頂部之中
  - 安裝在推門處或拉門處
  - 門片緩衝器可以減緩門被打開後關上的速度。
  - 協調器確保雙扇門中的不作用門扇能在活動門扇之前關閉起來。

- 玻璃大門的門弓器可以隱藏在地板構造中。

逃生門五金

逃生門五金是一種門和鎖閂的組合，當壓力施加在橫跨緊急逃生門內側腰部高度的推槓時，鎖閂就會打開。推槓應該至少延伸至該門扇寬度二分之一的位置。

- 建築法規定必須在特定建築物用途的緊急逃生門上使用逃生門五金。細部資訊請查詢適用的建築法規。

- 逃生門所需的寬度、擺動方向、和位置也受到建築法中建築物使用類別的規範。

美國身心障礙者法案之無障礙執行準則

- 推開門或拉開門所需的力量不應大於5.0磅（lbs.）〔22.2牛頓（N）〕。

門弓器

- 門弓器是讓門無聲快速地自動關上的液壓或氣動裝置。關門時，門弓器將有助於減少大力關上又大又重的門、或密集使用時傳遞到門框、門五金、和周圍牆壁上的震動。

- 建築法規定必須使用有UL等級五金的自閂門或自關門，以保護防火牆的開口和使用區隔；請詳見2.07。

美國施工規範協會綱要編碼 08 71 00：門五金

防風雨條

防風雨條是由金屬、毛氈、乙烯基、或泡沫橡膠條所組成，設置在門或窗扇及其框架之間，提供抵抗風吹雨的密封性，以及減少空氣和灰塵的滲透。

- 防風雨條可以固定在門緣或門面，或是門框和門檻上。
- 防風雨條的材料在長期使用下必須要耐用、無腐蝕性、而且可以替換。
- 防風雨條的基本類型包括：
- 鋁、青銅、不銹鋼、或鍍鋅鋼才質的彈簧張力條
- 乙烯基或氯丁橡膠墊片
- 泡沫塑膠或橡膠條
- 絨織條
- 防風雨條通常是由製造商提供並安裝在滑動玻璃門、玻璃大門、旋轉門、和滑升門上。
- 電動門的底部安裝了一根水平桿，在門關閉時會自動下降，以密封門檻和減少噪音傳遞。

  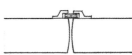

- 金屬彈簧條　　　　・泡沫橡膠或毛氈　　　・乙烯基或橡膠

在門邊框處設置防風雨條

- 金屬彈簧條　　　　・乙烯基墊材　　　　・乙烯基墊材

在門豎框相接處設置防風雨條

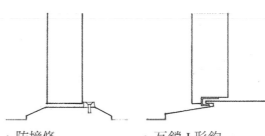 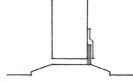

- 乙烯基墊材　　　　・乙烯基墊材　　　　・應用刮板

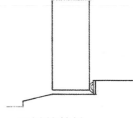

- 防撞條　　　　　　・互鎖 J 形鉤　　　　・乙烯基墊材

在門檻處設置防風雨條

門檻

門檻覆蓋在門口處兩種地板材料的接縫上，同時做為外部檻座的抗候屏障。

- 門檻通常有著內凹的底面，而能緊貼在地板材料或檻座上。
- 如果設置在外檻座上，須以接縫填縫劑密封。
- 金屬門檻可以和研磨材料一起鑄型，或將研磨材料覆蓋在門檻上，形成止滑表面。

美國身心障礙者法案之無障礙執行準則

- 門檻不得高於1／2"（13），坡度不得超過1：2；住宅的對外滑門門檻高度可達到3／4"（19）

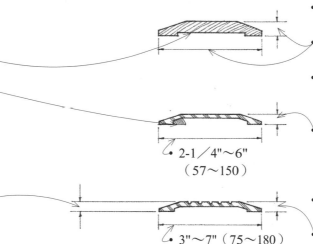

- 木材：使用能承受最大磨耗的硬木等級
- 有多種寬度和高度選擇

- 無花紋的黃銅、青銅、或鋁
- 3／16"、1／4"、1／2"（5、6、13）

2-1／4"～6"（57～150）

- 有槽紋的鋼、鋁、或青銅
- 5／16"、3／8"、1／2"（8、10、13）

3"～7"（75～180）

8.22 窗戶元素

窗框
- 金屬窗框；請詳見8.24。
- 木窗框；請詳見8.26。
- 防蟲紗窗可裝在室內或室外側，視窗戶的操作方式而定。

- 頂部是指窗框最上方的部件。
- 窗邊框是指窗框兩側的部件。

- 檻座是門或窗開口下方的水平部件，其傾斜的上表面可洩除雨水。
- 副檻座是安裝在窗框上的額外檻座，用來將雨水引到遠離牆面處再滴落。

- 外部窗護框；非必要
- 滴水蓋或頂部窗護框
- 側邊窗護框

粗鑿開口
- 粗鑿開口和砌體開口的規定請向窗戶製造商諮詢。窗戶單元的頂部、側部和底部都要預留水平調整和墊補的空間。

窗護框
- 安裝護框是窗戶開口周圍的完成面修整工作，包含頂部和邊框的護框、窗戶檻座、和窗底裙板。請詳見10.27。

建築法規的規定
選擇窗戶單元時，在建築法規中檢視下列項目的規定：
- 起居空間的自然光和通風
- 窗戶組件的熱絕緣值
- 針對風力負載的結構抵抗力
- 任何做為住宅寢室緊急出口的可操作窗戶淨開口；此類型窗戶的面積一般規定至少要5.7平方英呎（0.53平方公尺）、最小淨寬20英吋（510公厘）、最小淨高24英吋（610公厘），而且底板位置不高於地板44英吋（1,120公厘）。
- 窗戶的安全玻璃可能會被誤認為開放的門口；因此，任何面積大於9平方英呎（0.84平方公尺）、距離門口24英吋（610公厘）之內、或從地面算起低於60英吋（1,525公厘）高的窗戶，都應該安裝強化玻璃、夾層玻璃、或塑膠。
- 防火牆和走廊容許使用的玻璃類型和尺寸。

美國身心障礙者法案之無障礙執行準則
- 如果無障礙空間內的窗戶需由使用者自行操作，就必須有足夠的淨地板空間，方便使用者操作輪椅；窗戶應設置在可觸及範圍內，能以單手操作，而不須緊握、捏、或用手腕扭轉。
- 橫框是構成窗扇的水平部件。
- 上橫框
- 窗格條是窗扇內用來維持玻璃格板邊緣的垂直部件。
- 豎框是構成窗扇或鑲板門的直立部件。
- 下橫框
- 中豎框是區隔一序列窗戶和門口的垂直構件。

窗扇和玻璃
- 窗扇是指內部可安裝玻璃格板的固定式或移動式窗戶框架。窗扇斷面的外形會隨著材料、製造商、和操作類型而改變。
- 格板是窗戶的一個細分，由裝在窗框內的單一玻璃單元組成。
- 鑲嵌玻璃是指安裝在窗扇內玻璃組合的格板或玻璃片。單層玻璃對熱流的抵抗力小。為了達到合理的熱阻值（R值），必須使用雙層玻璃或分離的防暴雨單元；如果需要較高的R值，可使用有反射塗層的玻璃或三層玻璃。請詳見8.30。
- 和窗戶的熱絕緣等級一樣重要的還有抗候性。操作窗扇應該裝上防風雨條，避免風吹雨和空氣滲透。窗框和周圍牆壁的接頭必須密封，並且將風檔安裝在細部之中。

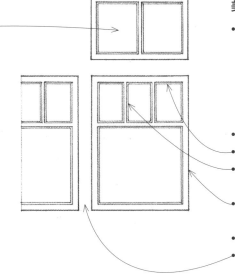

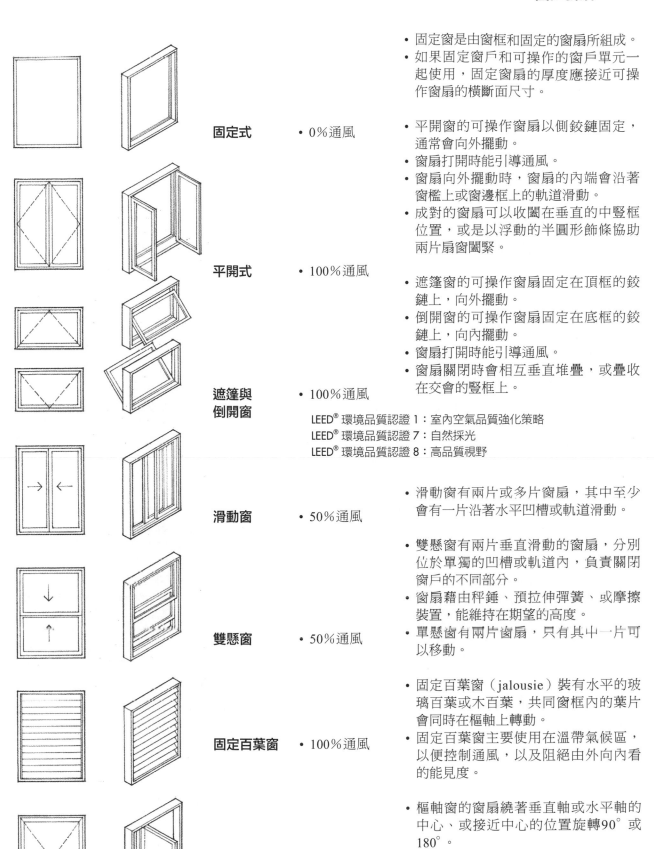

固定式　• 0%通風

平開式　• 100%通風

遮篷與
倒開窗　• 100%通風

滑動窗　• 50%通風

雙懸窗　• 50%通風

固定百葉窗　• 100%通風

樞軸窗　• 100%通風

• 固定窗是由窗框和固定的窗扇所組成。
• 如果固定窗戶和可操作的窗戶單元一起使用，固定窗扇的厚度應接近可操作窗扇的橫斷面尺寸。

• 平開窗的可操作窗扇以側鉸鏈固定，通常會向外擺動。
• 窗扇打開時能引導通風。
• 窗扇向外擺動時，窗扇的內端會沿著窗檻上或窗邊框上的軌道滑動。
• 成對的窗扇可以收闔在垂直的中豎框位置，或是以浮動的半圓形飾條協助兩片扇窗闔緊。

• 遮篷窗的可操作窗扇固定在頂框的鉸鏈上，向外擺動。
• 倒開窗的可操作窗扇固定在底框的鉸鏈上，向內擺動。
• 窗扇打開時能引導通風。
• 窗扇關閉時會相互垂直堆疊，或疊收在交會的豎框上。

LEED® 環境品質認證 1：室內空氣品質強化策略
LEED® 環境品質認證 7：自然採光
LEED® 環境品質認證 8：高品質視野

• 滑動窗有兩片或多片窗扇，其中至少會有一片沿著水平凹槽或軌道滑動。

• 雙懸窗有兩片垂直滑動的窗扇，分別位於單獨的凹槽或軌道內，負責關閉窗戶的不同部分。
• 窗扇藉由秤錘、預拉伸彈簧、或摩擦裝置，能維持在期望的高度。
• 單懸窗有兩片窗扇，只有其中一片可以移動。

• 固定百葉窗（jalousie）裝有水平的玻璃百葉或木百葉，共同窗框內的葉片會同時在樞軸上轉動。
• 固定百葉窗主要使用在溫帶氣候區，以便控制通風，以及阻絕由外向內看的能見度。

• 樞軸窗的窗扇繞著垂直軸或水平軸的中心、或接近中心的位置旋轉90°或180°。
• 樞軸窗使用在有空調的多樓層或高樓層建築物，只有在清潔、保養、或需要緊急通風時才會操作。

單位：英吋（公厘）

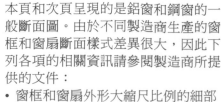

- 依據牆體構造的特性，鋁窗會有相同或不同的支撐腳。
- 不同支撐腳形成的翼板可以做為窗戶單元和牆體構造之間接縫的風擋。翼板還可將窗框固定到支撐結構上。
- 窗框和牆體構造之間的接縫須以填縫劑來防水。

- 頂框、邊框、和檻座（窗台）的外形通常很相似。

- 如果通風窗扇對齊外牆面，必須在窗戶頂部的水平部件上做滴水設計。

- 防風雨條設置在窗框和窗扇斷面的整體溝槽中。

- 隔熱材

- 玻璃用按扣式模製固定條
- 請詳見8.28~8.29玻璃系統。

- 由於鋁件易受電流作用，錨定材料和泛水片必須使用鋁、或是能和鋁兼容的材料，例如不鏽鋼或鍍鋅鋼板。像銅這類不同的金屬，應使用防水、不導電的絕緣材料，如氯丁橡膠或塗布毛氈，以免和鋁直接接觸。更多電流作用的相關資訊請詳見12.09。
- 隱蔽的鋁件如果會接觸到混凝土或砌體，也應以瀝青或鋁漆的塗布層、或鉻酸鋅底漆來保護。

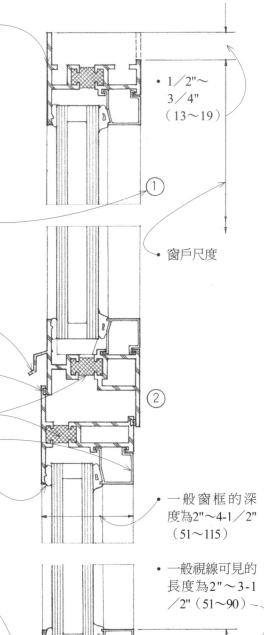

- 1／2"～3／4"（13～19）
- 窗戶尺度

①

②

- 一般窗框的深度為2"～4-1／2"（51～115）

- 一般視線可見的長度為2"～3-1／2"（51～90）

③

金屬窗可能是鋁、鋼、或銅的材質。本頁和次頁呈現的是鋁窗和鋼窗的一般斷面圖。由於不同製造商生產的窗框和窗扇斷面樣式差異很大，因此下列各項的相關資訊請參閱製造商所提供的文件：

- 窗框和窗扇外形大縮尺比例的細部
- 合金、重量、和斷面厚度
- 窗組件的熱性能
- 耐腐蝕性、水壓、空氣滲透度、和風力負載
- 玻璃的安裝方式和選擇
- 可取得的完成面樣式
- 所需的粗鑿或砌體開口；有些廠商提供的是制式的窗戶尺寸，有些則能提供客製化的尺寸、形狀、和配置樣式。

鋁窗

鋁窗框的成本相對較低、輕量、耐腐蝕，但由於鋁的熱傳導率佳，所以必須使用合成橡膠或塑膠熱阻絕材，阻止熱從窗框的溫暖側流向涼冷的一側。鋁框的完成面可做陽極處理、烤漆，或以施以含氟聚合物樹脂。

有關鋁窗性能的標準，包括窗框的強度和厚度、耐腐蝕性、空氣滲透度、耐水性、以及風力負載的最低規定，請向美國建築製造商協會（American Architectural Manufacturers Association, AAMA）諮詢。

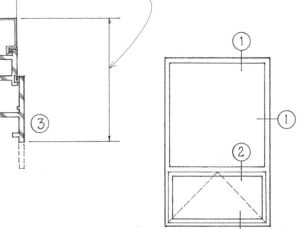

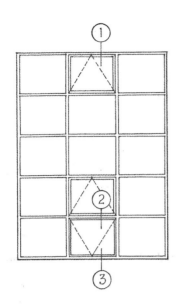

鋼窗

鋼窗的窗框和窗扇斷面都是以熱
軋鋼板或冷軋鋼板製成。由於鋼
比鋁強，鋼斷面的剛性會比鋁斷
面來得高、外形較薄、能製成較
窄的窗框，使粗鑿開口或砌體開
口引入更大的光量。鋼的熱傳導
係數比鋁低，因此鋼窗框通常不
需設置隔熱材。

窗框和窗扇的斷面會銲接在一
起，通常會做鍍鋅或磷化處理並
上底漆。也可取得壓克力烤漆、
胺甲酸乙酯、聚氯乙烯（PVC）
的完成面。

不同重量的鋼窗框和窗扇制式標
準，請向鋼窗協會（Steel Window
Institute, SWI）諮詢。

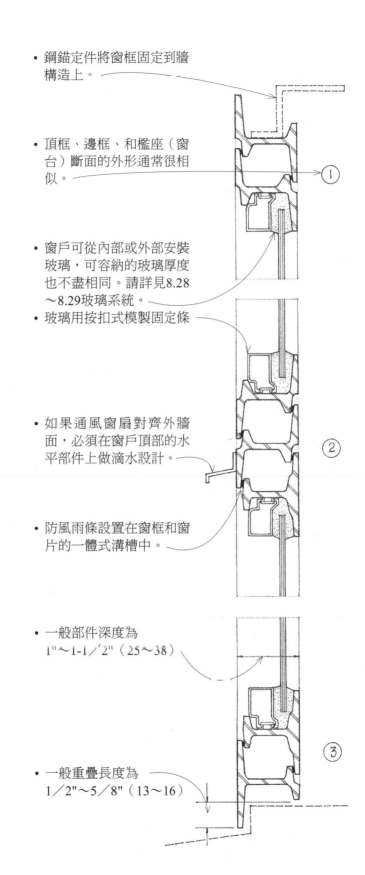

- 鋼錨定件將窗框固定到牆
  構造上。

- 頂框、邊框、和檻座（窗
  台）斷面的外形通常很相
  似。

- 窗戶可從內部或外部安裝
  玻璃，可容納的玻璃厚度
  也不盡相同。請詳見8.28
  ～8.29玻璃系統。

- 玻璃用按扣式模製固定條

- 如果通風窗扇對齊外牆
  面，必須在窗戶頂部的水
  平部件上做滴水設計。

- 防風雨條設置在窗框和窗
  片的一體式溝槽中。

- 一般部件深度為
  1"～1-1／2"（25～38）

- 一般重疊長度為
  1／2"～5／8"（13～16）

8.26 木窗

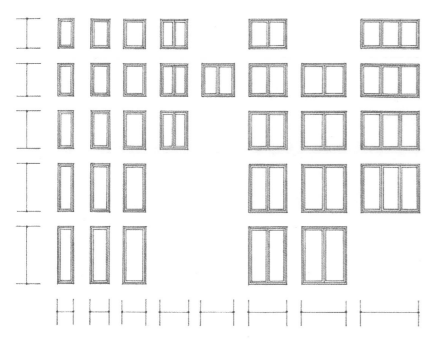

- 窗戶的制式尺寸和所需的粗鑿開口相關資訊,請向窗戶製造商諮詢。有些製造商能提供客製化的尺寸、形狀、和配置方式。

木框比鋁框或鋼框厚,但本身是效率較佳的熱絕緣材。木框通常是以在窯內烘乾(kiln-dried)、乾淨無節疤的直紋木製成,並且在工廠以防水的防腐劑處理。木材可以染色、塗布底漆後再於現場上漆。為了降低維護的需求,現在大多數的木框都會以不需上漆的乙烯基包覆、或和壓克力塗布的鋁斷面相結合。

大部分的制式木窗都是依據國家木窗和木門協會(National Wood Window and Door Association, NWWDA)訂定的標準來製造,並且為美國國家標準協會(American National Standards Institute)所採用。窗框和窗扇的確切外形和尺度,會隨著窗戶的操作類型和製造商而改變。不論如何,每個製造商通常都會提供大縮尺比例的1-1/2英吋、或3英吋=1英呎-0英吋(即1:10或1:5)細部圖來說明特定窗戶的設置。

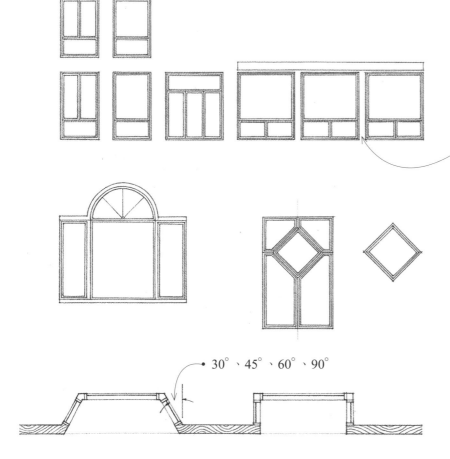

• 30°、45°、60°、90°

窗戶製造商提供固定和通風單元的多種組合,以覆蓋大面積的開口。

- 窗戶單元可以垂直地堆疊或橫向並排。

- 具有結構性支撐功能中豎框可以縮短門楣或楣樑的跨距。
- 四個窗戶交會在共同的角落時須進行強化。

- 許多製造商都能接受特殊窗戶形狀的訂製。

- 凸角窗或箱型凸窗

美國施工規範協會綱要編碼 08 52 00:木窗

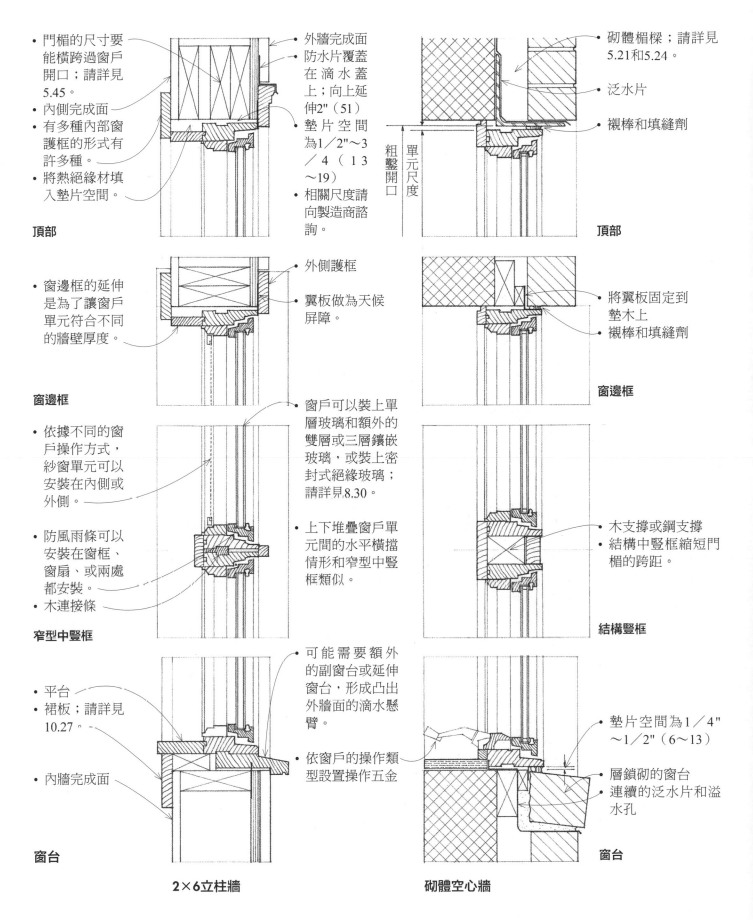

• 門楣的尺寸要能橫跨過窗戶開口；請詳見5.45。
• 內側完成面
• 有多種內部窗護框的形式有許多種。
• 將熱絕緣材填入墊片空間。

頂部

• 外牆完成面
• 防水片覆蓋在滴水蓋上；向上延伸2"（51）
• 墊片空間為1／2"～3／4（13～19）
• 相關尺度請向製造商諮詢。

頂部

• 砌體楣樑；請詳見5.21和5.24。
• 泛水片
• 襯棒和填縫劑

• 窗邊框的延伸是為了讓窗戶單元符合不同的牆壁厚度。

窗邊框

• 外側護框
• 翼板做為天候屏障。

• 將翼板固定到墊木上
• 襯棒和填縫劑

窗邊框

• 依據不同的窗戶操作方式，紗窗單元可以安裝在內側或外側。
• 防風雨條可以安裝在窗框、窗扇、或兩處都安裝。
• 木連接條

窄型中豎框

• 窗戶可以裝上單層玻璃和額外的雙層或三層鑲嵌玻璃，或裝上密封式絕緣玻璃；請詳見8.30。
• 上下堆疊窗戶單元間的水平橫擋情形和窄型中豎框類似。

• 木支撐或鋼支撐
• 結構中豎框縮短門楣的跨距。

結構豎框

• 平台
• 裙板；請詳見10.27。
• 內牆完成面

窗台

• 可能需要額外的副窗台或延伸窗台，形成凸出外牆面的滴水懸臂。
• 依窗戶的操作類型設置操作五金

• 墊片空間為1／4"～1／2"（6～13）
• 層鎖砌的窗台
• 連續的泛水片和溢水孔

窗台

2×6立柱牆　　　　　　　　　**砌體空心牆**

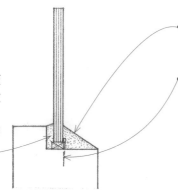

表面裝配

小片的玻璃格板可以裝設在槽切的窗框中，使用裝配玻璃用的尖狀工具定位，並以油灰或鑲玻璃用混合物材質的斜面壓條密封。

- 油灰是白堊粉和亞麻子油的混合物，新鮮時呈麵團狀，能固定窗格板或修補木製品的缺陷。
- 裝配玻璃用混合物是一種類似油灰用法的黏合混合物，要經過調製才不會隨著時間而脆裂。

採光窗面積超過6平方英呎（0.56平方公尺）時，必須採用溼式玻璃裝配法或乾式玻璃裝配法。

溼式玻璃裝配

溼式玻璃裝配是利用玻璃密封條或液體填縫劑將玻璃安裝在窗框內的安裝法。

- 將一層油灰或鑲玻璃用的混合物鋪設在窗扇的切槽中，提供玻璃板的均勻背襯。

- 表面油灰是塗布在玻璃格板外側的油灰或鑲玻璃用混合物。
- 在表面油灰硬化之前，使用裝配玻璃用的金屬尖狀工具托住木窗扇中的玻璃格板。

- 玻璃密封條是合成橡膠，像是丁基或聚異丁烯等材質的預成形條，具黏合性。在玻璃窗裝配時，設置在玻璃和窗框之間，形成防水密封。

- 安裝墊塊
- 溢水孔

- 頂部模製固定條或填縫劑是一種合成橡膠黏合劑，注入玻璃板或玻璃單元與窗框之間的接縫中，固化後形成防水密封。
- 裝配玻璃用的模製固定條或窗擋是用來抵住玻璃板或玻璃單元邊緣、將玻璃格板固定在適當位置上的木材飾條或金屬斷面。
- 跟部模製固定條是一種合成橡膠黏合劑，注入玻璃格板或玻璃單元與玻璃裝配用模製固定條之間，固化後形成空氣密封。

乾式玻璃裝配

乾式玻璃裝配是利用壓縮墊材將玻璃安裝在窗框中，而非使用玻璃密封條或液體填縫劑的安裝法。

- 壓縮墊材是壓縮在玻璃板或玻璃單元與窗框之間，形成防水密封和做為緩衝墊的預成形合成橡膠條或塑膠條。

- 溢水孔

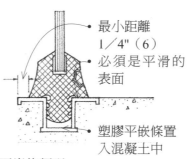

- 最小距離 1/4"（6）
- 必須是平滑的表面

- 塑膠平嵌條置入混凝土中

結構墊材

結構墊材是以合成橡膠或其他彈性材料預先成形，將玻璃格板或玻璃單元固定到窗框或開口中的材料。透過將企口鎖條施力置入墊材的凹槽中，而使墊材保持著壓縮狀態。墊材必須有平滑的接觸表面、搭配有精確尺寸容許值的窗框或開口，使兩者確實且平整地貼合。玻璃必須使用用框或支撐墊材，至少在兩個側邊固定支撐。

- 附鎖條的結構墊材
- 最小距離 1/8"（3）
- 溢水孔
- 絕緣玻璃需要等寬的同心墊材槽座。

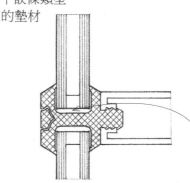

- 平嵌條類型的墊材

- 所有側邊的邊緣淨距離最大為 1/8"（3）

- 支撐中豎框的墊材設置在多個開口或分割的開口中

美國施工規範協會綱要編碼 08 81 00：玻璃裝配

溼式玻璃裝配和乾式玻璃裝配兩種系統都可以讓玻璃單元浮在開口處，並以具彈性的玻璃裝配材料枕墊著。玻璃和周圍的窗框不應該直接接觸。周圍窗框本身必須支撐玻璃以抵抗風壓和吸力，也應具備夠強的抵抗力，不讓結構運動和熱應力傳遞到玻璃上。

- 玻璃的尺寸是指裝配玻璃開口時所需玻璃格板或玻璃單元的尺寸，能預留適度的邊緣淨距離。
- 聯合英吋（united inches）是一塊長方形玻璃板或玻璃單元的一段長度和一段寬度的總和，以英吋為測量單位。

- 撓曲限制在跨距的1／175
- 淨距離為1／8"（3）
- 將合成橡膠邊緣墊塊設置在玻璃板或玻璃單元的側緣和窗框之間，使玻璃的位置居中，維持一致的填縫劑寬度，並且限制因為建築物震動、熱膨脹或熱收縮所引起的側向移動；長度為4"（100）

- 將鉛或合成橡膠安裝墊塊設置在玻璃板或玻璃單位底緣的下方，使得玻璃板或玻璃單元支撐在窗框內；在板的左右四分點分別設置安裝墊塊。
- 安裝墊塊應與玻璃的厚度同寬，每平方英呎（每0.09平方公尺）的玻璃面積要有長0.1"（2.5）的安裝墊塊；墊塊的最小長度4"（100）。

- 裝配槽最少設置兩個直徑1／4"～3／8"（6～10）的溢水孔。

玻璃類型		A	B	C
平板玻璃	SS[1]	1／16" （2）	1／4" （6）	1／8" （3）
	DS[2]	1／8" （3）	1／4" （6）	1／8" （3）
板坡璃	1／4" （6）	1／8" （3）	3／8" （10）	1／4" （6）
	3／8" （10）	3／16" （5）	7／16" （11）	5／16" （8）
	1／2" （13）	1／4" （6）	7／16" （11）	3／8" （10）
絕緣玻璃	1／2" （13）	1／8" （3）	1／2" （13）	1／8" （3）
	5／8" （16）	1／8" （3）	1／2" （13）	1／8" （3）
	3／4" （19）	3／16" （5）	1／2" （13）	1／4" （6）
	1" （25）	3／16" （5）	1／2" （13）	1／4" （6）

- 表面淨距離（A）是玻璃板或玻璃單元表面與最近窗框或窗止表面之間的距離，測量時必須垂直於玻璃平面。
- 咬入深度（B）是玻璃板或玻璃單元的邊緣與窗框、窗止或鎖條墊材之間重疊的長度。
- 邊緣淨距離（C）是玻璃板或玻璃單元的邊緣與窗框之間的距離，在玻璃的平面內測量。

譯注

1. SS：single strength 的縮寫，單強度
2. DS：double strength 的縮寫，雙強度

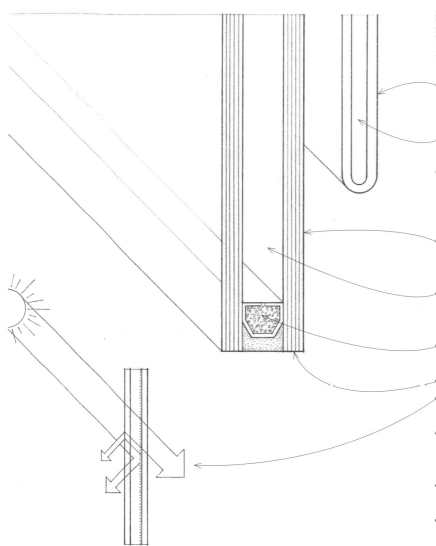

絕緣玻璃是由兩層或多層玻璃板所組成，玻璃板之間以密封空氣間分隔以提升熱絕緣、並限制冷凝作用。

- 玻璃邊緣單元是將兩片3／32"（2）（SS）或1／8"（3）（DS）厚的浮式玻璃沿其邊緣熔合而成。兩片玻璃板中間3／16"（5）寬的空間，在大氣壓力下填入脫溼空氣或惰性氣體。
- 玻璃邊緣單元適合做住宅和商業玻璃上較小型的採光之用，可能無法與結構墊材一起安裝。

- 分隔件邊緣單元是將兩片玻璃板的邊緣以中空金屬或有機橡膠分隔件隔開、並以有機填縫劑如丁基橡膠密封而成。
- 玻璃板中間1／4"或1／2"（6或13）寬的空間以大氣壓力填入脫溼空氣，或為了提升熱性能而填入惰性氣體，如氬氣或氪氣。
- 分隔件中的乾燥劑（化學除溼劑）可吸收任何殘留在空氣間的溼氣。
- 玻璃厚度為1／8"～3／8"（3～10）
- 為了提升熱性能，可以使用有色、反光、或低輻射（low-e）玻璃，詳見下表。
- 塗布在玻璃板單面或雙面上的低輻射塗層，在接收大部分可見光的同時會將輻射能大致地反射出去。
- 玻璃透過緩慢降溫（退火）和急速冷卻（強化）、或層壓後，可製成安全玻璃。
- 請詳見12.19其他玻璃產品。

絕緣玻璃類型	可見光		太陽輻射		U 值	
	% 傳導	% 反射	% 傳導	% 反射	冬季	夏季
清玻璃＋清玻璃	78～82	14～15	60～76	11～15	0.42～0.61	169～192
清玻璃＋低輻射玻璃	49～86	12～15	17～56	17～25	0.23～0.52	133～157
清玻璃＋有色玻璃						
灰玻璃	13～56	5～13	22～56	7～9	0.49～0.60	74～152
青銅玻璃	19～62	8～13	26～57	8～9	0.49～0.60	76～152
藍玻璃	50～64	8～13	38～56	7～9	0.49～0.58	120～154
清玻璃＋鍍膜玻璃						
鍍銀玻璃	7～19	22～41	5～14	18～34	0.39～0.48	36～59
藍玻璃	12～27	16～32	12～18	15～20	0.42～0.46	58～73
鍍銅玻璃	25	30～31	12	45	0.29～0.30	44

LEED 能源與大氣品質認證 2：能源性能最佳化

安全玻璃指的是強化玻璃、膠合玻璃、防爆塑膠，或是具備不易打碎、破裂時較不易造成危險等特性的類似產品。國際建築規範對於在正常使用情況下會受到人們衝擊的玻璃板，要求使用安全玻璃。例如安裝在淋浴間或浴缸旁的淋浴隔間玻璃、走廊或樓梯間、人行道旁的沿街店面、或是護欄所使用的玻璃。

本頁以圖例表示一些具有潛在危險而需要設置安全玻璃的特定地點。

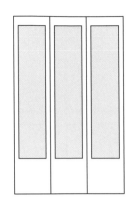

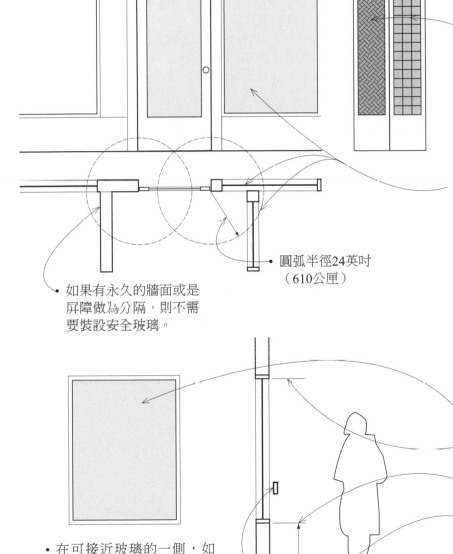

裝入門內的玻璃
在推拉門、滑門、摺疊門的固定門片或活動門片上裝有玻璃的地點，都會被視為具有潛在危險性。
• 裝飾玻璃，以及直徑3英吋（75公厘）球體無法穿過的玻璃開口除外。

與門相鄰的玻璃
與門相鄰的固定玻璃或活動玻璃在下列兩種情況下，會被視為潛在危險地點：當在門片關上時，最接近門片的玻璃邊緣到門片垂直邊的距離落在半徑24英吋（610公厘）的範圍內；或者玻璃下緣到行走表面的距離小於60英吋（1,524公厘）。
• 在住宅單元中，垂直於閉合門片的玻璃則不須適用上述規定。

• 圓弧半徑24英吋（610公厘）

• 如果有永久的牆面或是屏障做為分隔，則不需要裝設安全玻璃。

裝入窗內的玻璃
如果有以下情形，安裝在固定窗戶或活動窗戶當中的玻璃會被視為具有潛在危險：
• 玻璃板的外露面積大於9平方英呎（0.84平方公尺）
• 外露的玻璃板上緣到地板距離超過36英吋（914公厘）
• 外露的玻璃板下緣到地板距離小於18英吋（457公厘）
• 一處或是多處行走區域到玻璃面的水平直線距離小於36英吋（914公厘）

• 在可接近玻璃的一側，如果裝設橫斷面高度至少有1-1／2英吋（40公厘）、且高於地面34～38英吋（865～965公厘）的保護桿，則不需要裝設安全玻璃。

8.32 安全玻璃

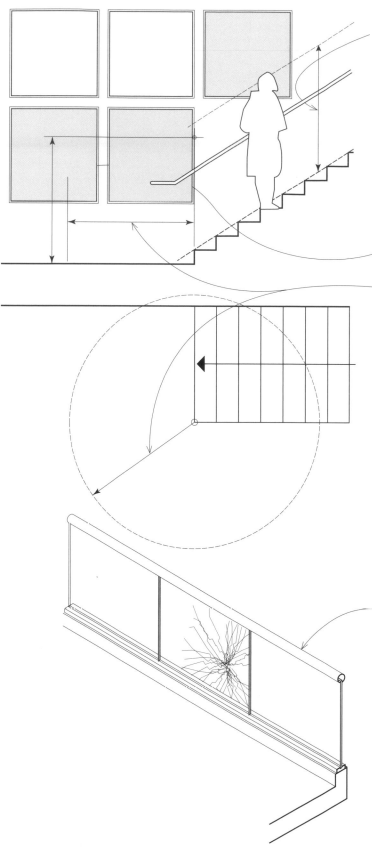

跟樓梯或斜坡相鄰的玻璃

當外露的玻璃下緣到相鄰樓梯、樓梯平台、以及斜坡的可行走表面之間，垂直距離小於60英吋（1,524公厘）時，這些地點會被視為具有潛在危險。

如果有以下情形，裝設在樓梯底部平台旁邊的玻璃會被視為具有潛在危險：

• 玻璃到樓梯平台的垂直距離小於60英吋（1,524公厘），以及

• 從任意方向看過去，玻璃裝設位置到樓梯最底層梯級的水平距離落在60英吋（1,524公厘）以內，且不高於樓梯平台60英吋（1,524公厘）。

護欄與扶手處的玻璃

護欄或扶手處的玻璃無論裝設在什麼區域、或距離可行走表面有多高，都被視為具有潛在危險。

• 採用結構玻璃欄板的樓梯護欄與扶手，要搭配一組附著式的頂部橫桿，或是以不少於三片的玻璃欄板來支撐樓梯處的附著式扶手。

玻璃帷幕牆是由金屬框支撐的觀景玻璃、或不透明層間玻璃板所組成的外部非承重牆。依據不同的組裝方式，玻璃帷幕牆可分為以下類型。

直橫料系統

直橫料系統是將管狀金屬中豎框和橫框一件件地在現場組裝成觀景玻璃和層間玻璃單元。直橫料系統的運費和裝卸費用相對較低，也比其他帷幕牆系統更容易針對現場情形進行調整。

單元系統

單元系統由預裝配玻璃、或後裝配玻璃的預組裝構架牆單元組成。單元系統的運送體積雖然大於直橫料系統，但現場所需的人力和組立時間較少。

單元和中豎框系統

在單元和中豎框系統中，會先設置一層或兩層樓高的中豎框，再將預組裝的牆單元降入中豎框的後方並固定。鑲板單元可以是全樓層的高度、可預裝配玻璃或不裝配玻璃，或是區分成觀景玻璃和層間單元來使用。

柱蓋板和層間牆系統

柱蓋板和層間牆系統由觀景玻璃組件和層間牆單元組成，以位在外牆柱之間、被蓋板包覆的窗間樑做為支撐。

• 請詳見7.24～7.26有關帷幕牆構造的一般情形與規定。

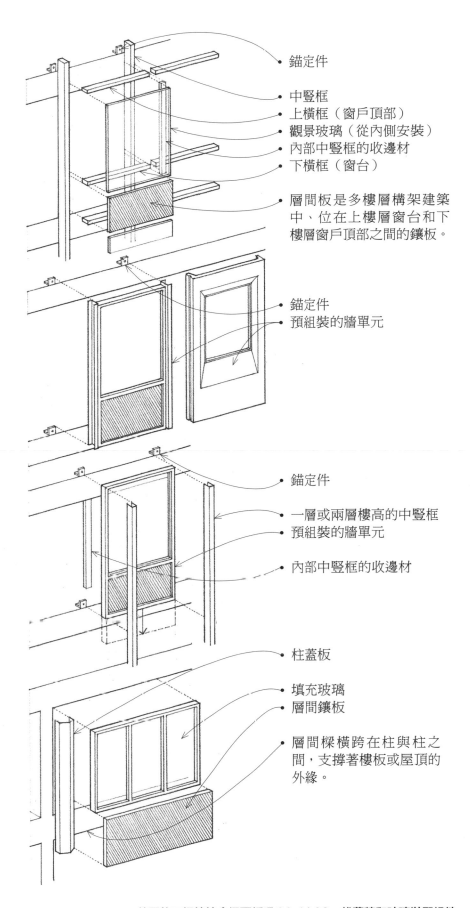

錨定件

中豎框
上橫框（窗戶頂部）
觀景玻璃（從內側安裝）
內部中豎框的收邊材
下橫框（窗台）

層間板是多樓層構架建築中、位在上樓層窗台和下樓層窗戶頂部之間的鑲板。

錨定件
預組裝的牆單元

錨定件

一層或兩層樓高的中豎框
預組裝的牆單元

內部中豎框的收邊材

柱蓋板

填充玻璃
層間鑲板

層間樑橫跨在柱與柱之間，支撐著樓板或屋頂的外緣。

- 中豎框斷面是由與內部栓槽固定的下方中豎框，以及向下滑接在栓槽上方的中豎框拼接而成，因此中豎框可被自由移動。

- 角錨；請詳見7.26。
- 所有錨定件和緊固件的細部都要確實施作，以避免電流作用。

- 填充板或層間玻璃，是一種將陶瓷塊熔入強化玻璃或熱硬化玻璃內面的不透明玻璃。

- 連續的止火材固定在牆體和每一層樓板或鋪板邊緣之間，以避免火勢蔓延。

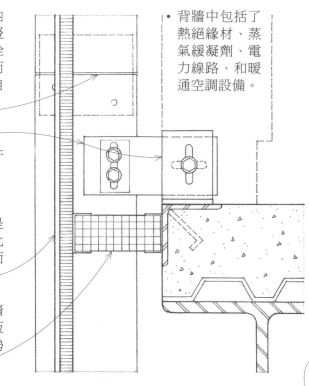

- 請詳見7.25有關帷幕牆構架的壓力平衡設計。

- 金屬構架應設置隔熱條。
- 水平橫框上需施作溢水孔以利排水。

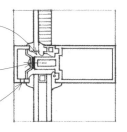

- 絕緣玻璃
- 玻璃可以使用壓緊棒或結構墊材從外部安裝；請詳見8.29和8.31。

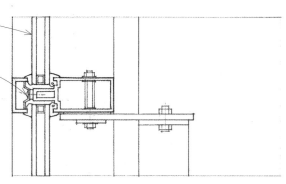

- 應用在高樓層時，從內側裝配玻璃較為方便和經濟。透過固定的外部墊材和內部楔形墊材來完成裝配作業；扣卡式蓋板可遮蔽內部構架和緊固件。

- 有些帷幕牆系統可以從建築物的外側或內側進行安裝。

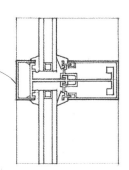

- 背牆中包括了熱絕緣材、蒸氣緩凝劑、電力線路、和暖通空調設備。

這些細部說明了玻璃幕牆構造的一般情形。如果使用標準製造的牆系統，除非構件改良，否則不需要再增加細部。更深入的相關資訊，請參閱美國的建築製造商協會（American Architectural Manufacturers Association, AAMA）、平板玻璃市場協會（Flat Glass Marketing Association, FGMA）和美國試驗與材料協會（American Society for Testing and Materials, ΛSTM）所制定的標準。需要注意的事項包括：

- 總體的牆樣式
- 玻璃裝配類型
- 任何可操作窗扇的類型、尺寸和位置
- 填充板或層間板的類型和完成面
- 四周、轉角、和錨定的情形
- 扣卡式蓋板能遮住緊固件，形成不中斷的外形，也能做出不同的金屬完成面。

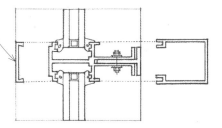

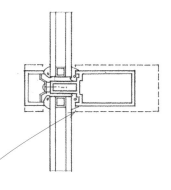

- 帷幕牆構架所需的尺寸、強度、和剛度均取決於構架必須承接的載重——主要是側向風力負載和相對輕量的重力載重。帷幕牆組件的結構能力、對水和空氣滲透的抵抗力，請向製造商諮詢。

帷幕牆系統可以使用結構墊材來裝設固定的玻璃單元和層間板。支撐構架部件的厚度應與絕緣玻璃單元的厚度一致,以確保能夠平衡地支撐。

垂直疊合兩個絕緣玻璃單元時,上方玻璃單元的重量會引導到下方的玻璃單元上。因此,應以水平中豎框(中豎框的橫向部件)提供玻璃必要的支撐,而非墊材。

以結構墊材裝配玻璃的相關資訊請詳見8.28。

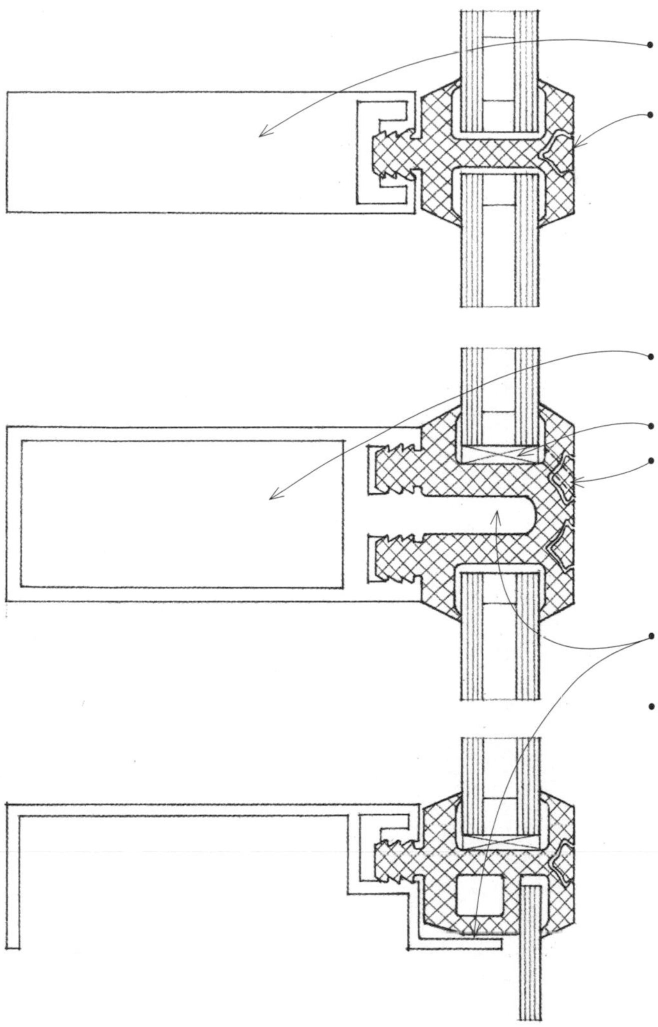

- 垂直中豎框
- 結構墊材;建議僅使用於垂直的情形

- 水平中豎框
- 氯丁橡膠安裝墊塊
- 安裝完成後可將洩水孔設置在墊材中。

- 玻璃的重力載重應以水平中豎框來支撐。
- 重力載重不得移轉到下方的玻璃單元。

平整的玻璃裝配

平整的玻璃裝配方式是將金屬構架部件完全設置在玻璃格板或玻璃單元的後方,形成表面平整的玻璃系統。玻璃單元以結構矽利康填縫劑黏結到構架上;在不使用機械緊固件的情形下,由矽利康填縫劑將玻璃上的風力和其他載重傳遞到金屬帷幕牆構架上。設計上,應便於進行簡易的維修和破碎玻璃的更換作業。廠製玻璃的品管較佳,因此較受歡迎。更多細部資訊請向製造商諮詢。

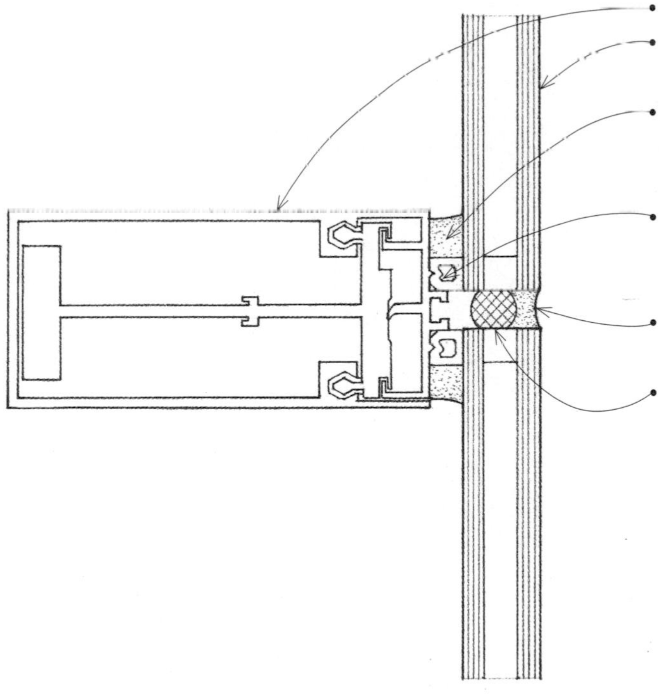

- 結構中豎框
- 絕緣玻璃單元

- 結構矽利康填縫劑必須與玻璃單元和金屬窗框相容。
- 間隔墊材

- 結構矽利康抗候密封材
- 聚乙烯泡沫襯棒

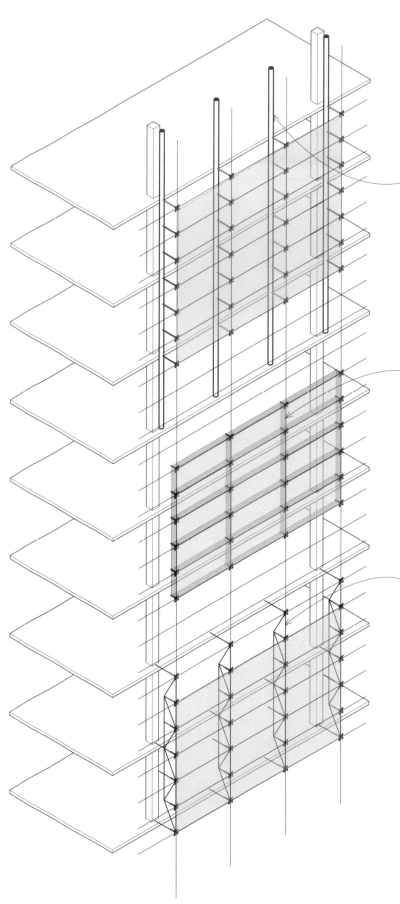

結構玻璃立面

結構玻璃立面藉由整合其結構與包覆材,使建築物呈現超高穿透性,而且可應用在長跨度的需求上。用來支撐玻璃的結構系統會呈現外露,跟建築物的主結構清楚地區隔開來。結構玻璃立面通常是根據其背後的支撐結構特性來分類。

• 強脊結構系統:這種結構是由可以容納需求跨距的結構型鋼、利用垂直和或水平構件所組成。有時候,不管直線或曲線的水平樑都會以上方繩索懸吊而下,再將樑端錨定在建築物結構上。

• 玻璃翼板系統:以玻璃翼板支撐的立面可以回溯至1950年代,這種特殊的玻璃科技除了使用五金和接合板之外,不仰賴其他的金屬支撐結構。玻璃翼板的設置要垂直於玻璃立面,以提供側向支撐,並且表現一種近似強脊結構構件的手法。近年玻璃翼板系統的技術也有所進展,開始採用熱處理玻璃樑的多層薄板做為主要的結構元素。

• 平面桁架系統:型態和類型多樣化的平面桁架可以用來支撐玻璃立面。其中最普遍使用的是桁架深度跟玻璃板面垂直的垂直桁架。桁架通常有特定的間距配置規則,一般會沿著建築物的網格線、或網格模組的次分割間隔來配置。雖然桁架最常在立面圖上呈垂直、或在平面圖上呈線性走向,但桁架在平面圖上也能凹入或凸出、順著彎曲的幾何造型發展。桁架可以設置在立面的外側或是內側。桁架系統中通常會加裝斜撐支撐桿,引發對角張力以達到側向穩定性。

- 桅桿桁架系統：桅桿桁架利用張力構件來穩定中央的受壓構件（桅桿），它通常是圓管狀或方管狀的型鋼。纜索附掛在桅桿端部，支撐桿則以固定間隔沿著桅桿的長度鎖緊固定。愈靠近桅桿中心的支撐桿愈長，使得附掛在桅桿兩端之間的纜索形成拱形。將纜索的拱形配置在桅桿的兩側、或以放射狀方式配置在桅桿的三或四個方向，可以增加桅桿抵抗挫屈的能力。由此可知，桅桿桁架系統是仰賴預施拉力的桁架構件來提供穩定性。

- 纜索桁架系統：纜索桁架與桅桿桁架相似，但沒有主要的受壓構件。支撐桿是此類桁架中唯一的受壓構件。由於沒有主要的受壓構件，構造的穩定必須藉著將纜索往上方與下方結構拉伸來達成，而不像傳統平面桁架般仰賴的是三角幾何性。

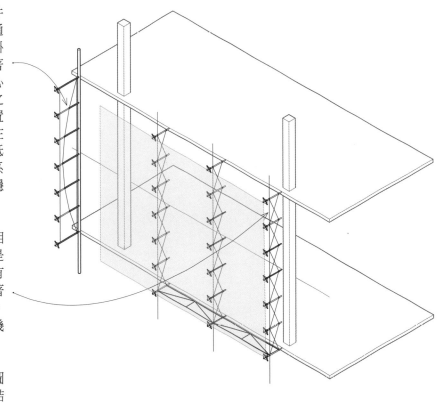

- 網格薄殼：網格薄殼是富瑞・奧圖（Frei Otto）在1940年代首度發展出的結構類型。這種形式活潑的結構是從雙曲面幾何（球面或鞍形面）中衍生出結構力。網格薄殼系統透過共面的預力纜索網狀系統為薄殼網格提供穩定性和抵抗剪力的能力。拱頂、圓頂、或其他雙曲面造形的配置可應用在建築物的頂部，將建築物完整地包覆起來。

- 纜網系統：纜網是結構玻璃技術最新的發展之一，將視線可見的結構系統減到最少、將透視度最大化。水平與垂直的纜索交織成網狀而得以跨越兩個方向；玻璃即由這個預力纜索構成的幾何網所支撐。纜網系統雖然可以設計成平面，但網狀的拉張力更常是透過雙曲面形式彰顯出來。雙重功能的夾鉗零件不只能夠固定纜索的交叉處，也能鉗緊玻璃網格上相鄰玻璃片的邊緣或角落。

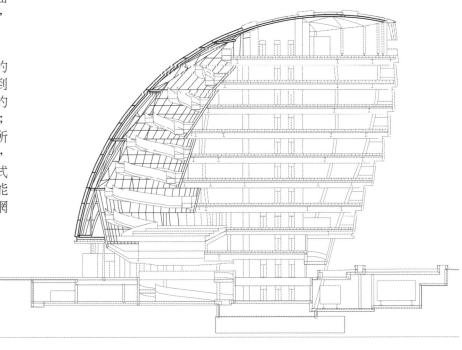

1998 ～ 2003 年：英格蘭，倫敦市政廳（London City Hall），由福斯特建築師事務（Foster+Partners）所設計。剖面圖。

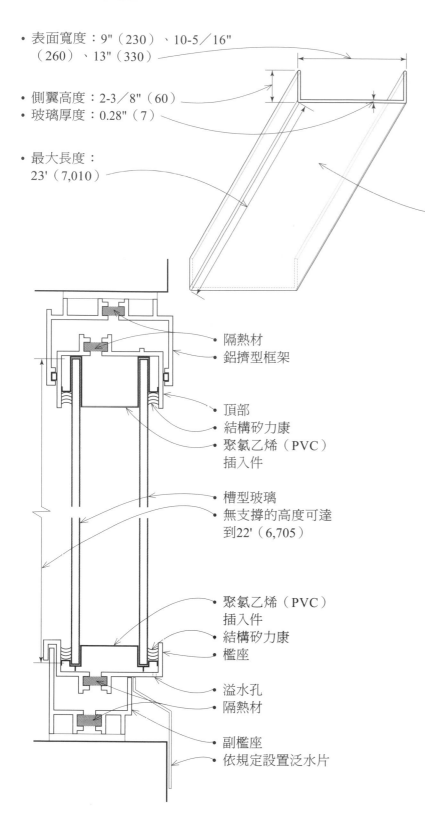

- 表面寬度：9"（230）、10-5／16"（260）、13"（330）

- 側翼高度：2-3／8"（60）
- 玻璃厚度：0.28"（7）

- 最大長度：23'（7,010）

- 隔熱材
- 鋁擠型框架

- 頂部
- 結構矽力康
- 聚氯乙烯（PVC）插入件

- 槽型玻璃
- 無支撐的高度可達到22'（6,705）

- 聚氯乙烯（PVC）插入件
- 結構矽力康
- 檻座

- 溢水孔
- 隔熱材

- 副檻座
- 依規定設置泛水片

LEED 能源與大氣認證 2：能源性能最佳化
LEED 室內環境品質認證 5：熱舒適度
美國施工規範協會綱要編碼 08 44 26：結構玻璃帷幕牆

槽型玻璃

槽型玻璃是將熔融的玻璃澆置在一序列鋼滾輪上，形成連續的U形平板玻璃，並於冷卻後切割出指定的長度。半透明的槽型斷面寬度為9"～19"（230～480）、最大長度可達23"（7,010）。應用在室外時，槽型斷面有寬2-3／8"（60）的側翼，以及9"（230）、10-5／16"（260）、和13"（330）等三種標準寬度。

多種表面紋理除了提供視覺上半透明到模糊的不同程度，同時也能讓光線進入。槽型玻璃可以透過緩慢降溫和急速冷卻的方式來提升抗壓強度，做為安全玻璃使用。

槽型玻璃的熱性能可以透過在玻璃的內面直接施作低輻射（low-e）鍍膜而提升。如果需要更強大的熱性能，可將熱絕緣材插入雙層玻璃牆系統的空室中，將系統的U值降至0.19。

槽型玻璃室內與室外都適用。在室外使用時，槽型玻璃系統可以構成如雙層玻璃帷幕牆、櫥窗門一般，或像是單層玻璃雨屏和太陽能吸熱牆一樣。

自支撐的斷面可以垂直或水平地設置在鋁擠型外圍框架中。垂直系統會在現場施工，水平系統則為了更好的品管和縮短工期，通常會在工廠預先組裝。

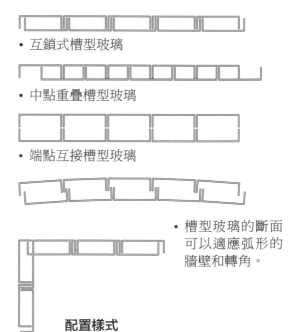

- 互鎖式槽型玻璃

- 中點重疊槽型玻璃

- 端點互接槽型玻璃

- 槽型玻璃的斷面可以適應弧形的牆壁和轉角。

配置樣式

雙層立面又稱為智慧型立面，是一種將被動式
太陽能集熱、遮陽、自然採光、熱阻、和自然
通風整合在組件中，用來保存並降低供暖、冷
卻、和採光所需能源的包覆系統。通常，組件
的內部有一個雙層或三層的玻璃單元，中間是
用來集熱、具備調整式遮陽裝置的空氣間，能
夠控制太陽輻射和日照採光；外層則是設有操
作面板的安全玻璃或層壓玻璃，有時候可能會
採用光伏科技以生產能源。

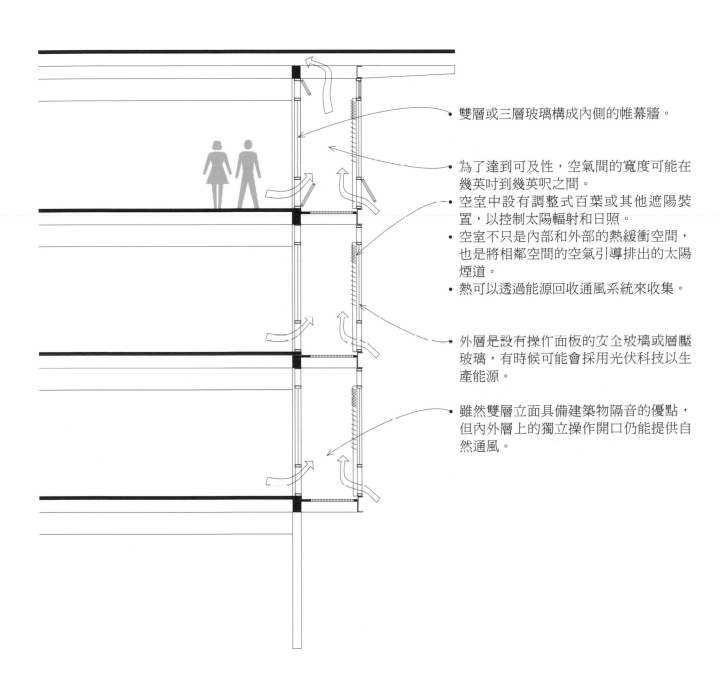

- 雙層或三層玻璃構成內側的帷幕牆。

- 為了達到可及性，空氣間的寬度可能在
  幾英吋到幾英呎之間。
- 空室中設有調整式百葉或其他遮陽裝
  置，以控制太陽輻射和日照。
- 空室不只是內部和外部的熱緩衝空間，
  也是將相鄰空間的空氣引導排出的太陽
  煙道。
- 熱可以透過能源回收通風系統來收集。

- 外層是設有操作面板的安全玻璃或層壓
  玻璃，有時候可能會採用光伏科技以生
  產能源。

- 雖然雙層立面具備建築物隔音的優點，
  但內外層上的獨立操作開口仍能提供自
  然通風。

8.40 智慧型立面

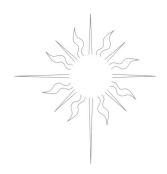

智慧型立面結合先進的材料與化學科技，達到防水以外的功能。這些主動系統通常會連結到感應器，經由程式設定來回應氣候因子，以減少建築物對暖氣、冷氣、空調與燈光的能源需求。

智慧型立面有幾種操作方式，例如：
- 熱天時透過遮陽功能來調節熱能的吸收
- 冷天時運用太陽能
- 在室內空間提高日照光線的使用
- 管理自然通風，以利冷卻與維持空氣品質
- 發電供建築物使用

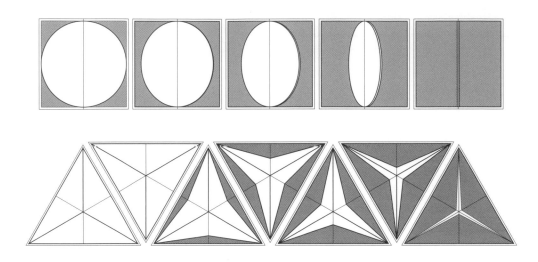

已發展的智慧型立面類型，包括：

動態立面
- 動態立面或動力立面的元件能夠自行折疊、滑動、旋轉、或執行其他動作而達到變形，藉此回應環境狀況。
- 有些系統可由使用者手動操控；有些系統則連結到感應器，經由程式設定來回應氣候因子。
- 溫度反應板可以打開做為遮陽用途，調節熱天時過多的太陽熱能吸收
- 金屬沖孔屏幕可以調節方向，使室內自然光達到最佳程度的同時，也保留景觀視野。
- 三層玻璃窗具有單獨控制的內部遮光板；夜晚時分可以降下遮光板，而使立面去模擬隔熱牆的熱能值。

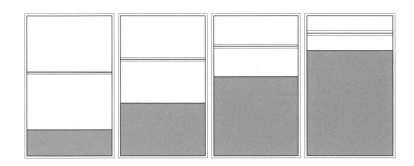

空氣淨化立面

* 在牆面塗布二氧化鈦奈米粒子塗料，當牆面受到陽光刺激時，藉由光催化作用進一步的氧化過程，將空氣中的汙染物轉換成環境能接受的產物，例如硝酸鈣與二氧化碳。

發電皮層立面

* 玻璃或是覆蓋層結合一層輕薄的光電管或光電模組，以生成建築物需要的太陽能。
* 具有壓電元件的面板只需要一點微風，就能夠搖動、產生電力。
* 相變材料能儲存再生能源系統產生的能源。

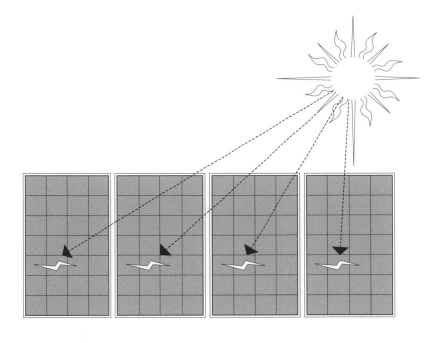

植生科技立面

* 生長在立面雙層玻璃中間的微型植物在太陽光照射下會快速生長，產生可以儲存的生物質能，並能透過厭氧消化作用製造甲烷。
* 植物為建築物的包覆層提供遮陽與熱絕緣功能。
* 綠牆或植生牆能夠從空氣中吸收二氧化碳。

響應式玻璃

* 電致變色（電色）玻璃會因應電壓，去控制玻璃的透明度或光線穿透能力。
* 熱致變色玻璃能夠直接回應來自直接太陽光的熱能，致使玻璃顏色變暗，作用原理類似於自動變色玻璃。
* 高分子分散液晶科技（Polymer Dispersed Liquid Crystal, PDLC）利用電力來改變懸浮液晶的方向，在有電壓時可以分散光線或讓光線通過。
* 懸浮粒子裝置（Suspended Particle Devices, SPD）是一種薄膜，內有含奈米懸浮粒子的液體。奈米粒子通常會隨機組成以阻隔或吸收光線；但在有電壓時，則會自動排列整齊讓光線通過。改變電壓，就能調整玻璃的色調與光線透射量。
* 半透明的隔熱產品能夠傳送可見光，並且同時間加強建築物圍封的隔熱性。

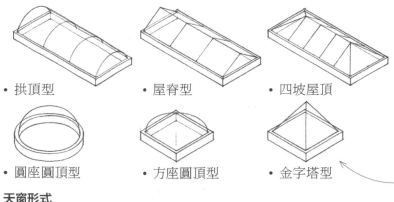

• 拱頂型　　　　• 屋脊型　　　　• 四坡屋頂

• 圓座圓頂型　　• 方座圓頂型　　• 金字塔型

天窗形式

屋頂上的玻璃開口可讓上方的日光進到內部空間。這種高效率且節省成本的照明來源可以取代或補強從窗戶射進的正常採光。不過，仍要謹慎考量亮度和眩光，以百葉、遮光或反光板來控制。水平和面南的天窗在冬季時能提升太陽熱獲得；但夏季時，可能需要以遮光裝置來避免過度的熱獲得情形。

玻璃開口可由下列元素構成：

• 天窗是以玻璃或塑膠玻璃和泛水片預組裝而成的金屬框架單元。可取得制式的尺寸和形狀，也可以客製化。

• 屋頂窗是專為斜屋頂設計的制式木窗。窗戶透過樞軸或平擺的方式開啟而通風和清潔。一般的寬度為2'～4'（610～1,220）、高度為3'～6'（915～1,830），也可搭配遮光板、百葉、和電動操作裝置。

• 傾斜玻璃系統是經過工程計算，用來製作傾斜屋頂玻璃的玻璃帷幕牆。

• 玻璃可以是壓克力或聚碳酸脂塑膠，或經過上金屬絲、層壓、熱硬化、或全強化的玻璃。建築法規限制了天窗玻璃的最大面積。

• 建議採用雙層玻璃來節約能源並減少結露。

• 金屬絲玻璃、熱硬化玻璃、或全強化玻璃如果使用在多層玻璃系統中，建築法規定必須在裝配玻璃的下方安裝金屬絲屏網，以防玻璃掉落和砸傷建築物下方的使用者；獨立的住宅單元例外。

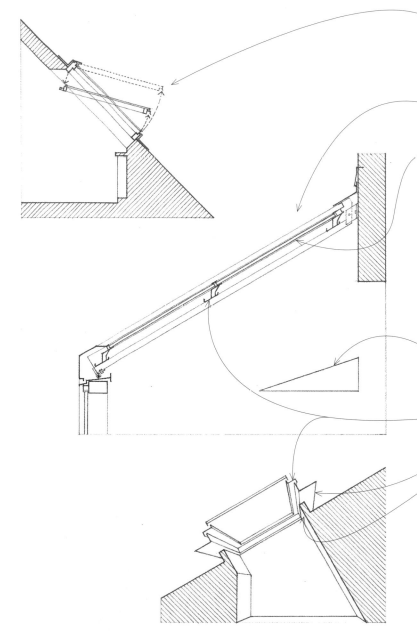

• 平板狀或波浪狀塑膠天窗的最小斜率為4：12。塑膠圓頂天窗的高度至少要抬升跨距的10%、或至少5"（125）。

• 天窗的框架和傾斜玻璃系統必須結合內部落水溝系統，以收集滲透水和冷凝水，並透過溢水孔洩除到外部。

• 屋頂泛水片

• 小於45°的天窗至少需要4"（100）高的護角，將天窗抬高於周圍的屋頂表面。護角可在現場設置或與天窗一體成型。

• 天窗單元需要一個框架式的屋頂開口；支撐的屋頂結構和天窗單元都必須經過工程計算，才能承接預期的屋頂載重。

美國施工規範協會綱要編碼 08 61 00：屋頂窗
美國施工規範協會綱要編碼 08 62 00：天窗系統
美國施工規範協會綱要編碼 08 44 33：斜玻璃組件

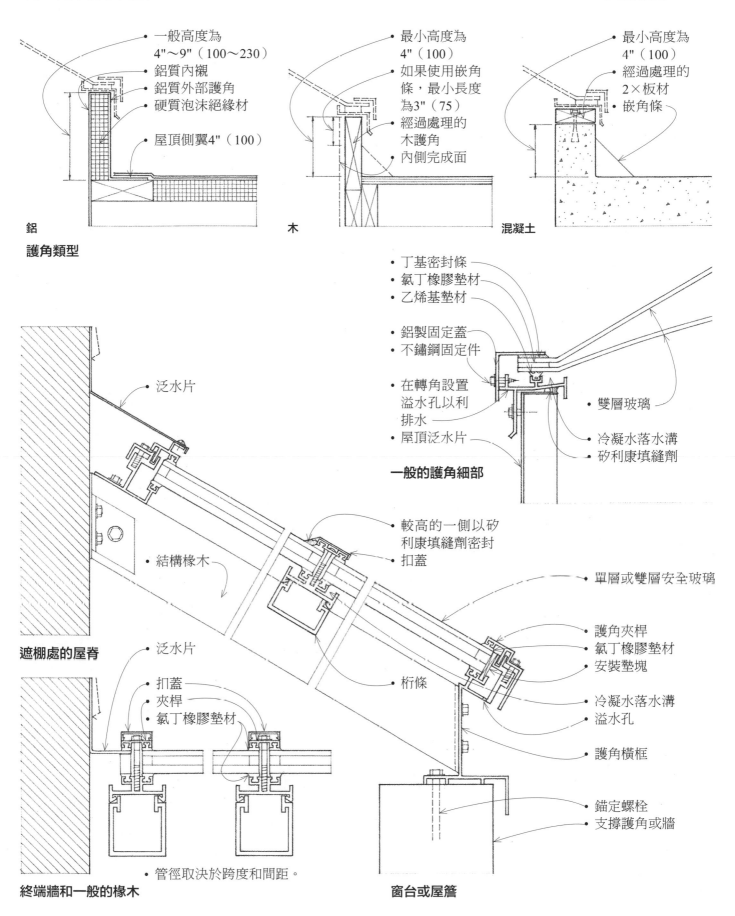

- 一般高度為
  4"～9"（100～230）
- 鋁質內襯
- 鋁質外部護角
- 硬質泡沫絕緣材
- 屋頂側翼4"（100）

鋁

- 最小高度為
  4"（100）
- 如果使用嵌角
  條，最小長度
  為3"（75）
- 經過處理的
  木護角
- 內側完成面

木

- 最小高度為
  4"（100）
- 經過處理的
  2×板材
- 嵌角條

混凝土

護角類型

- 丁基密封條
- 氯丁橡膠墊材
- 乙烯基墊材
- 鋁製固定蓋
- 不鏽鋼固定件
- 在轉角設置
  溢水孔以利
  排水
- 屋頂泛水片

一般的護角細部

- 雙層玻璃
- 冷凝水落水溝
- 矽利康填縫劑

- 泛水片
- 結構椽木

遮棚處的屋脊

- 較高的一側以矽
  利康填縫劑密封
- 扣蓋
- 桁條

- 單層或雙層安全玻璃
- 護角夾桿
- 氯丁橡膠墊材
- 安裝墊塊
- 冷凝水落水溝
- 溢水孔
- 護角橫框
- 錨定螺栓
- 支撐護角或牆

- 泛水片
- 扣蓋
- 夾桿
- 氯丁橡膠墊材

- 管徑取決於跨度和間距。

終端牆和一般的椽木

窗台或屋簷

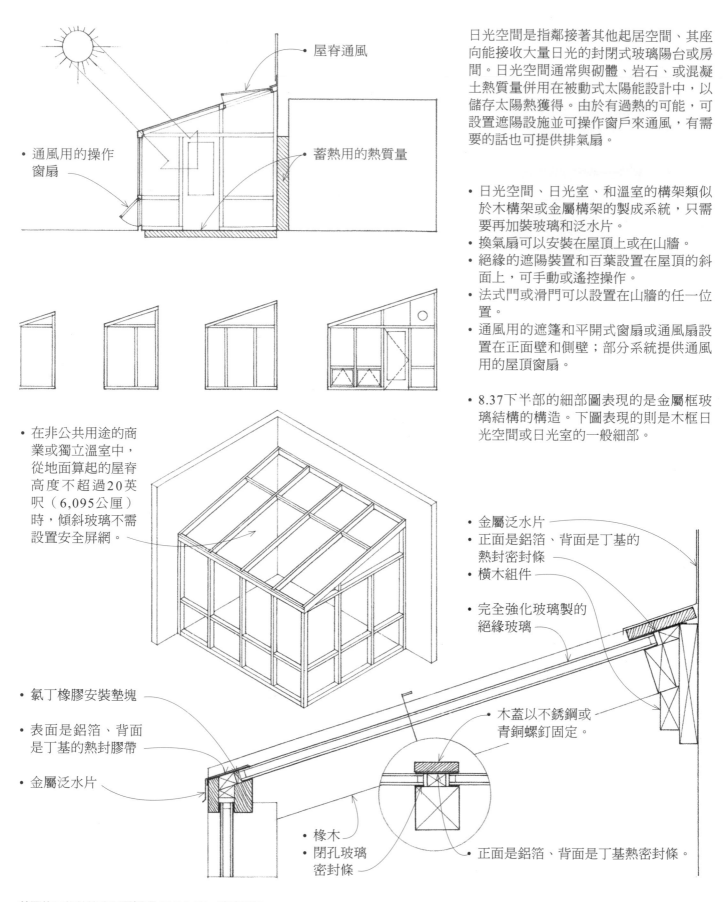

屋脊通風

通風用的操作
窗扇

蓄熱用的熱質量

日光空間是指鄰接著其他起居空間、其座
向能接收大量日光的封閉式玻璃陽台或房
間。日光空間通常與砌體、岩石、或混凝
土熱質量併用在被動式太陽能設計中，以
儲存太陽熱獲得。由於有過熱的可能，可
設置遮陽設施並可操作窗戶來通風，有需
要的話也可提供排氣扇。

- 日光空間、日光室、和溫室的構架類似
  於木構架或金屬構架的製成系統，只需
  要再加裝玻璃和泛水片。
- 換氣扇可以安裝在屋頂上或在山牆。
- 絕緣的遮陽裝置和百葉設置在屋頂的斜
  面上，可手動或遙控操作。
- 法式門或滑門可以設置在山牆的任一位
  置。
- 通風用的遮篷和平開式窗扇或通風扇設
  置在正面壁和側壁；部分系統提供通風
  用的屋頂窗扇。

- 8.37下半部的細部圖表現的是金屬框玻
  璃結構的構造。下圖表現的則是木框日
  光空間或日光室的一般細部。

- 在非公共用途的商
  業或獨立溫室中，
  從地面算起的屋脊
  高度不超過20英
  呎（6,095公厘）
  時，傾斜玻璃不需
  設置安全屏網。

- 金屬泛水片
- 正面是鋁箔、背面是丁基的
  熱封密封條
- 橫木組件

- 完全強化玻璃製的
  絕緣玻璃

- 氯丁橡膠安裝墊塊

- 表面是鋁箔、背面
  是丁基的熱封膠帶

- 金屬泛水片

- 木蓋以不銹鋼或
  青銅螺釘固定。

- 橡木
- 閉孔玻璃
  密封條

- 正面是鋁箔、背面是丁基熱密封條。

美國施工規範協會網要編碼 13 34 13：玻璃結構

9 特殊構造
Special Construction

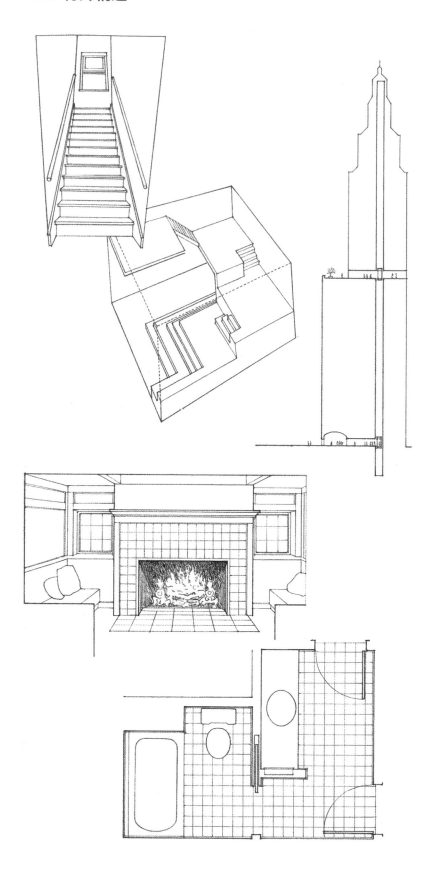

本章所討論的建築物元素因為具有獨特性，所以在此提出討論。這些元素雖然不一定會影響建築物的外在形式，但確實會影響空間的內部組織、結構系統的樣式，以及在某些情況下也會影響暖氣、管道、與電力系統配置的方式。

樓梯提供讓人從一個樓層移動到另一個樓層的方式，因此是建築物整體動線方案中的重要連結。無論是連結兩層樓的量體、或是穿過狹窄直立的空間拔高而起，樓梯都占據了可觀的空間量。樓梯的平台應有邏輯地與結構系統整合起來，以免構架的情形過於複雜。安全性和方便通行使用則是樓梯在最終設計與配置時最重要的考量。

多層建築需要升降機，將人員、設備、和物品從一樓層移動到另一樓層。聯邦法規強制要求必須在多層的公共和商業設施中設置升降機，供行動不便者使用。電梯的替代方案是電扶梯，它可以有效又舒適地在有限的樓層間載運大量使用者。

壁爐和木材燃燒爐是任何室內空間中的熱源和受關注的視覺焦點。房間內壁爐或火爐的位置和大小與空間的尺度和用途有關。壁爐和火爐都必須依照草圖妥善地定位並施工。擋板和煙道的尺寸需符合燃燒室的尺寸和比例，並且做好火災和熱損失的預防措施。

廚房和浴室則是建築物中的特殊區域，必須以空間的功能性和美學需求來整合管道、電力、暖氣和通風系統。這些空間還需要特別的設備和器材，耐用性、維護性、乾淨的表面與完成面也都不可或缺。

樓梯立板和踏板的尺度必須調整到適合我們身體移動的比例。樓梯如果過於陡峭，上樓時身體會很累、心理上也會有望之卻步的感受；下樓時則會感到危險不穩。如果樓梯高度很淺的話，踏板就必須夠深，才能大步行走。

建築法規定了立板和踏板的最小和最大尺度；請詳見9.04～9.05。為了達到舒適性，立板和踏板的尺度可根據以下任一公式設計：
- 踏板（英吋）＋2×工法的立板（英吋）＝24～25
- 立板（英吋）×踏板（英吋）＝72～75

外部樓梯一般不會像內部樓梯那樣陡峭，特別是有下雪、結冰等危險情形的地方更是如此。這時，可以將上述比例公式的總和調整為26。

為了安全起見，樓梯梯段中的所有立板都應該等高，踏板也應該等長。建築法規限定立板或踏板的容許變化值只能有3／8"（9.5）。如要確認本頁和後續幾頁概述的相關尺度，請查詢建築法規。

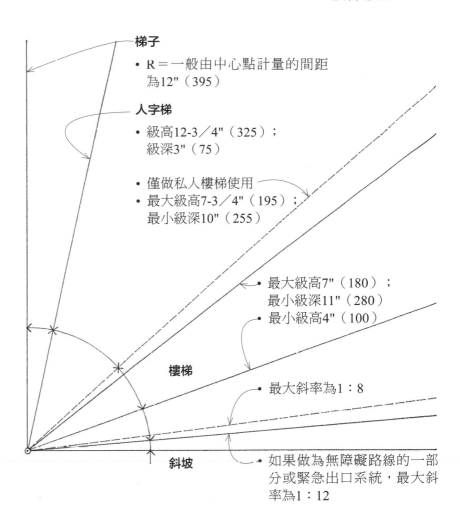

梯子
- R＝一般由中心點計量的間距為12"（395）

人字梯
- 級高12-3／4"（325）；級深3"（75）
- 僅做私人樓梯使用
- 最大級高7-3／4"（195）；最小級深10"（255）

- 最大級高7"（180）；最小級深11"（280）
- 最小級高4"（100）

樓梯

- 最大斜率為1：8

斜坡

- 如果做為無障礙路線的一部分或緊急出口系統，最大斜率為1：12

- 一段樓梯的立板與踏板實際尺寸取決於總高度或樓與樓之間的高度除以期望的級高。計算結果經過四捨五入整數化後得出立板的總數。總高度再除以這個數字，即可算出每一階的實際級高。
- 上述的級高必須再比對建築法規所容許的最大級高。如有必要，立板的數量可加一階，再重新計算每一階的實際級高。
- 當實際級高確定了，級深就可由立板：踏板的比例公式計算得出。
- 在階梯的任何一個梯段中，踏板的數量總是比立板的數量少一階，因此踏板的總數量和總長度可以很容易地計算出來。

立板與踏板的尺度

立板 英吋（公厘）	踏板 英吋（公厘）
5（125）	15（380）
5-1／4（135）	14-1／2（370）
5-1／2（140）	14（355）
5-3／4（145）	13-1／2（340）
6（150）	13（330）
6-1／4（160）	12-1／2（320）
6-1／2（165）	12（305）
6-3／4（170）	11-1／2（290）
7（180）	11（280）
7-1／4（185）	10-1／2（265）
7-1／2（190）	10（255）

無障礙樓梯和緊急出口的最大級高和最小級深

樓梯的設計受到建築法規嚴格的規範，尤其當樓梯做為緊急出口系統的重要部分時更是如此。因為無障礙樓梯也是緊急逃生時的出入口之一，次頁呈現的美國身心障礙者法案規定皆與緊急出口樓梯類似。

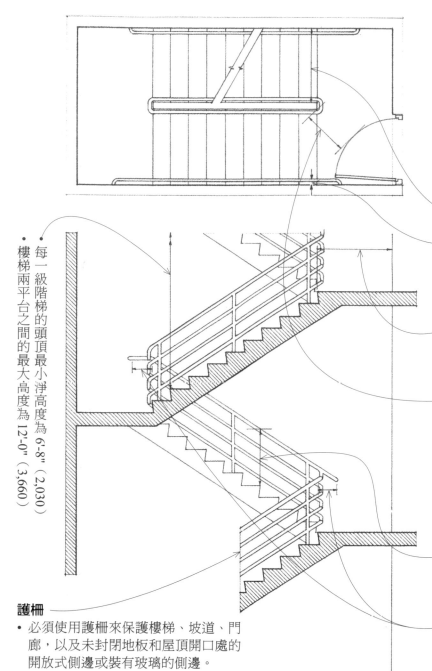

樓梯寬度

- 使用者載重依據使用類組和樓地板面積計算得出，會決定出口樓梯的所需寬度。相關的細部資訊請查詢建築法。
- 最小寬度為44"（1,120）；服務的使用者人數少於49人時，最小寬度為36"（915）。
- 扶手朝向樓梯必要寬度內的最大凸出長度為4-1／2"（115）；縱樑和修邊材的最大凸出長度為1-1／2"（38）。

樓梯平台

- 樓梯平台的寬度至少應該與該樓梯同寬，最小長度也應該與行進方向上測得的樓梯寬度相等。服務直行樓梯用的平台長度不得超過48"（1,220）。
- 門應該朝向出口的方向開啟。因為門開闔擺動所造成的平台縮減，必須小於平台所需寬度的一半。
- 當門完全打開時，必要的寬度不得被門占掉7"（180）以上。

扶手

- 扶手必須設置在樓梯的兩側。根據建築法規，獨立住宅單元中的樓梯可以例外。
- 高於樓梯踏板的前緣或梯鼻34"～38"（865～965）。
- 扶手應是連續的，不被欄杆或其他障礙物阻斷。
- 扶手應在一梯段最上方的立板之外水平延伸至少12"（865），並且順著樓梯的斜度延伸扶手，讓扶手超出該梯段最後一道立板鼻端處至少一踏板深度的水平距離。扶手末端應平順地轉向牆壁或行進的表面，或續接至相鄰的梯段。
- 請詳見次頁的細部扶手規定。

踏板、立板、與梯鼻

- 一梯段建議最少要有三道立板以免絆倒，建築法規可能也有同樣的規定。
- 請詳見次頁有關樓梯踏板、立板與梯鼻的規定。
- 請詳見9.03樓梯踏板和立板的比例。

樓梯兩平台之間的最大高度為12'-0"（3,660）

每一級階梯的頭頂最小淨高度為6'-8"（2,030）

護柵

- 必須使用護柵來保護樓梯、坡道、門廊，以及未封閉地板和屋頂開口處的開放式側邊或裝有玻璃的側邊。
- 護柵的高度至少為42"（1,070）；住宅內的護柵高度可為36"（915）。
- 當護柵用來保護樓梯開口或玻璃側邊時，高度可與樓梯扶手相等。
- 從地板算起，高度34"（865）以內的護柵開口不得讓直徑4"（100）的球體穿過；34"～42"（865～1,070）高的護柵開口，其樣式可允許直徑8"（205）的球體穿過。
- 護柵必須承受來自垂直和水平方向、施加在其頂部欄杆上的非共點集中載重。細部的規定請查詢建築法規。

美國身心障礙者法案之無障礙執行準則
（**ADA Accessibility Guideline**）

無障礙樓梯也必須做為緊急逃生的出入口，或者在緊急疏散時，將無法使用樓梯的群眾導引至可暫時安全停留、等待協助的無障礙避難區域。

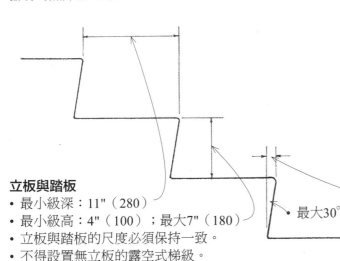

扶手
- 扶手不應使用尖銳或粗糙的元素，其圓形橫斷面的外徑最小為1-1／4"（32）、最大為2"（51）；如果能提供等效的手抓效果，且橫斷面外徑最大達2-1／4"（57）的話，扶手也可以做成其他形狀。
- 扶手和牆壁之間的最小淨距離為1-1／2"（38）

立板與踏板
- 最小級深：11"（280）
- 最小級高：4"（100）；最大7"（180）
- 立板與踏板的尺寸必須保持一致。
- 不得設置無立板的露空式梯級。

最大30°

梯鼻
- 最大凸出長度為1-1／2"（38）
- 最大半徑為1／2"（13）
- 立板應呈傾斜，或是梯鼻底面與水平面要有最小60°的夾角。

坡道
坡道提供建築物樓層之間的平順通道。為了達到舒適的低緩坡度，坡道需要相對較長的距離。坡道通常用來消除無障礙路線的水平高度變化，或是方便有輪器材通行。短、直型坡道的作用類似樑，也可建造得像木材、鋼、或水泥樓板系統一樣。長型或曲線型的坡道則經常是以鋼或鋼筋混凝土建造而成。

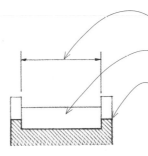

- 護角或護柵之間的最小淨寬度為36"（915）
- 坡道要有穩定、牢固、且防滑的表面。
- 必須以護角、護柵、或牆壁來防止行人從坡道滑落；護角或阻擋物的最小高度為4"（100）。

平台
- 坡道的每一端都要有最小60"（1,525）長的水平平台。
- 平台應與通往平台的坡道最寬處等寬。
- 坡道方向改變處須設置最小尺寸60"×60"（1,525×1,525）的平台。

- 最大斜率為1：12
- 平台之間的最大抬升高度為30"（760）

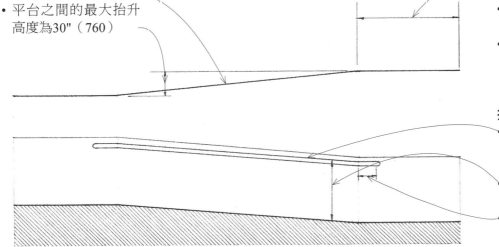

扶手
- 抬升高度大於6"（150）或長度大於72"（1,830）的坡道應沿著兩側設置扶手。
- 坡道扶手的規定與樓梯扶手的規定相同。
- 將扶手水平地延伸出坡道的頂部和底部至少12"（305）。

9.06 樓梯平面圖

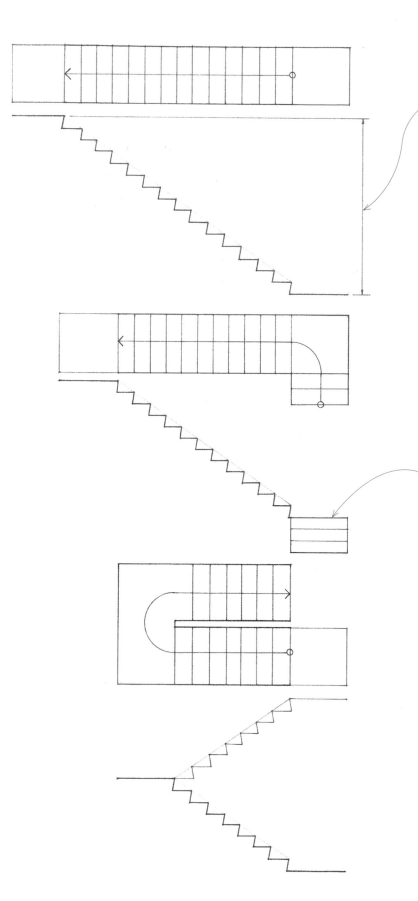

直行梯

- 直行梯（straight-run stair）從某一樓層延伸到另一樓層，中間沒有轉彎或扇形梯級。
- 建築法規通常將平台之間的垂直高度限制在12'（3,660）。

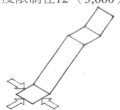

- 使用樓梯、或離開樓梯時可能是面向梯階中心軸或垂直面向梯階。

直角轉彎梯

- 直角轉彎梯（quarter-turn stair）或L形梯的行走路徑中會有直角的轉彎處。
- 由一中介平台連接起的兩個梯段，可以依據樓梯開口的期待比例施作出相等或不等的尺度。

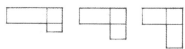

- 低於正常視平線、做休息或暫歇使用的平台相當有吸引力。

兩次直角轉彎梯

- 兩次直角轉彎梯（half-turn stair）會在中介平台處轉彎180°、或是經過兩次直角轉彎。
- 兩次直角轉彎梯比一直行樓梯來得簡潔。
- 由平台連接起的兩個梯段，可以依據樓梯開口的期待比例施作出相等或不等的尺度。

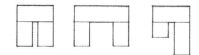

迴旋梯

- 迴旋梯是指任何以扇形梯級打造的樓梯，像是圓形梯或螺旋梯。直角轉彎梯和兩次直角轉彎梯在改變方向時，也可使用扇形梯級取代平台以節省空間。
- 扇形梯級在內角處的站立空間很小，所以可能會有危險性。建築法規一般限制扇形梯級只能使用在獨立住宅單元內。

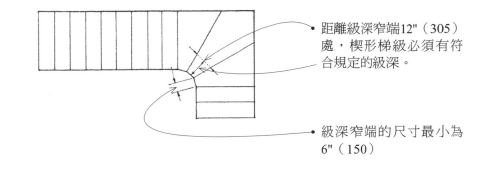

- 距離級深窄端12"（305）處，楔形梯級必須有符合規定的級深。

- 級深窄端的尺寸最小為6"（150）

圓形梯

- 圓形梯，顧名思義是有著圓形平面配置的樓梯。雖然圓形梯是由扇形梯級構成，但如果樓梯的內半徑至少是樓梯實際寬度的兩倍，建築法規則允許將圓形樓梯當做建築物逃生通道的一部份。

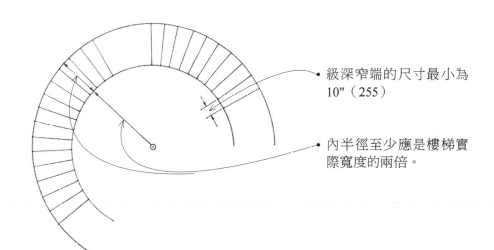

- 級深窄端的尺寸最小為10"（255）

- 內半徑至少應是樓梯實際寬度的兩倍。

螺旋梯

- 螺旋梯是由扇形梯級繞著一中心柱盤旋而上，並以此中心柱為支撐。
- 螺旋梯占用最少量的地板空間，但建築法規僅允許螺旋梯做為獨立住宅單元的私人樓梯使用。
- 請詳見9.12所列出的一般尺寸。

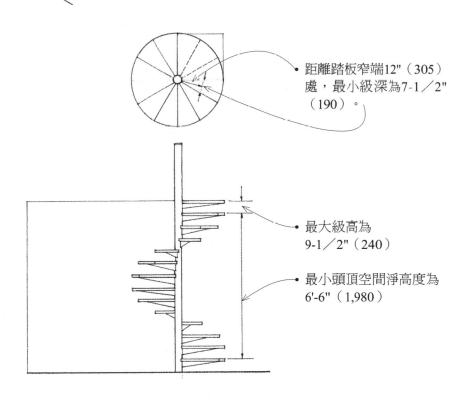

- 距離踏板窄端12"（305）處，最小級深為7-1／2"（190）。

- 最大級高為9-1／2"（240）

- 最小頭頂空間淨高度為6'-6"（1,980）

9.08 木樓梯

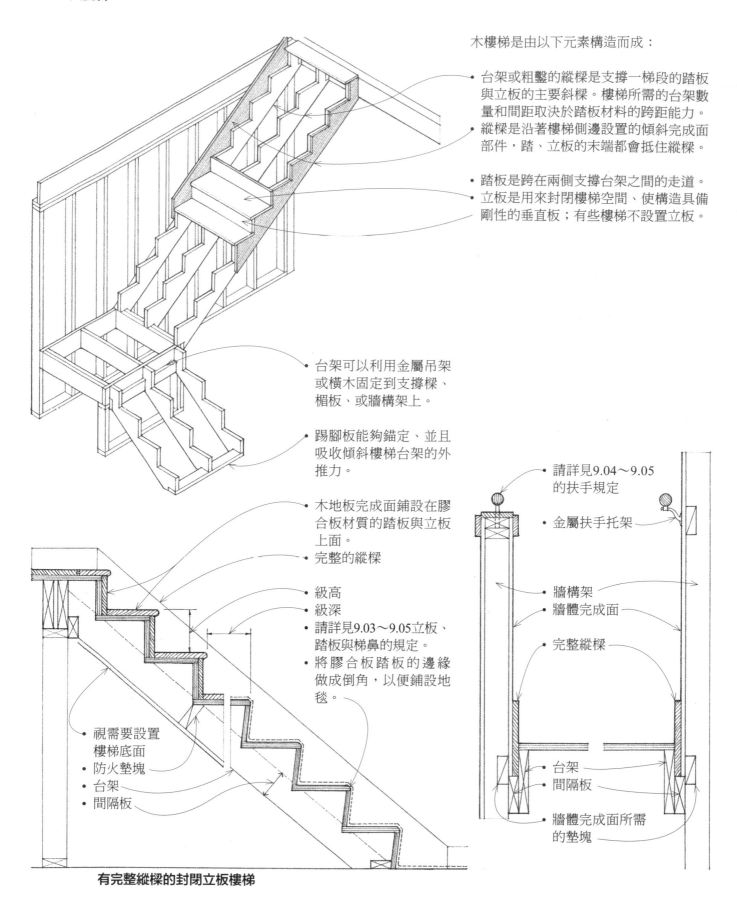

木樓梯是由以下元素構造而成：

- 台架或粗鑿的縱樑是支撐一梯段的踏板與立板的主要斜樑。樓梯所需的台架數量和間距取決於踏板材料的跨距能力。
- 縱樑是沿著樓梯側邊設置的傾斜完成面部件，踏、立板的末端都會抵住縱樑。

- 踏板是跨在兩側支撐台架之間的走道。
- 立板是用來封閉樓梯空間、使構造具備剛性的垂直板；有些樓梯不設置立板。

- 台架可以利用金屬吊架或橫木固定到支撐樑、楣板、或牆構架上。

- 踢腳板能夠錨定、並且吸收傾斜樓梯台架的外推力。

- 木地板完成面鋪設在膠合板材質的踏板與立板上面。
- 完整的縱樑

- 級高
- 級深
- 請詳見9.03～9.05立板、踏板與梯鼻的規定。
- 將膠合板踏板的邊緣做成倒角，以便鋪設地毯。

- 視需要設置樓梯底面
- 防火墊塊
- 台架
- 間隔板

- 請詳見9.04～9.05的扶手規定
- 金屬扶手托架

- 牆構架
- 牆體完成面

- 完整縱樑

- 台架
- 間隔板

- 牆體完成面所需的墊塊

有完整縱樑的封閉立板樓梯

美國施工規範協會綱要編碼™ 06 43 00：木樓梯與扶手

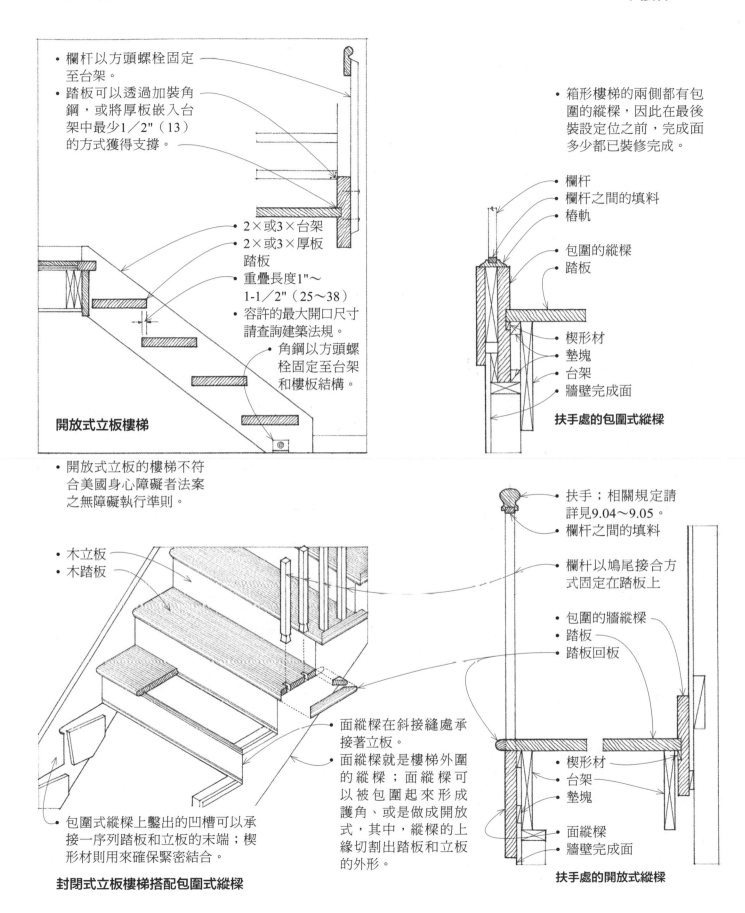

- 欄杆以方頭螺栓固定至台架。
- 踏板可以透過加裝角鋼，或將厚板嵌入台架中最少1／2"（13）的方式獲得支撐。

- 2×或3×台架
- 2×或3×厚板踏板
- 重疊長度1"～1-1／2"（25～38）
- 容許的最大開口尺寸請查詢建築法規。
- 角鋼以方頭螺栓固定至台架和樓板結構。

開放式立板樓梯

- 開放式立板的樓梯不符合美國身心障礙者法案之無障礙執行準則。

- 箱形樓梯的兩側都有包圍的縱樑，因此在最後裝設定位之前，完成面多少都已裝修完成。

- 欄杆
- 欄杆之間的填料
- 椿軌
- 包圍的縱樑
- 踏板
- 楔形材
- 墊塊
- 台架
- 牆壁完成面

扶手處的包圍式縱樑

- 木立板
- 木踏板

- 面縱樑在斜接縫處承接著立板。
- 面縱樑就是樓梯外圍的縱樑；面縱樑可以被包圍起來形成護角、或是做成開放式，其中，縱樑的上緣切割出踏板和立板的外形。

- 包圍式縱樑上鑿出的凹槽可以承接一序列踏板和立板的末端；楔形材則用來確保緊密結合。

封閉式立板樓梯搭配包圍式縱樑

- 扶手；相關規定請詳見9.04～9.05。
- 欄杆之間的填料
- 欄杆以鳩尾接合方式固定在踏板上
- 包圍的牆縱樑
- 踏板
- 踏板回板
- 楔形材
- 台架
- 墊塊
- 面縱樑
- 牆壁完成面

扶手處的開放式縱樑

單位：英吋（公厘）

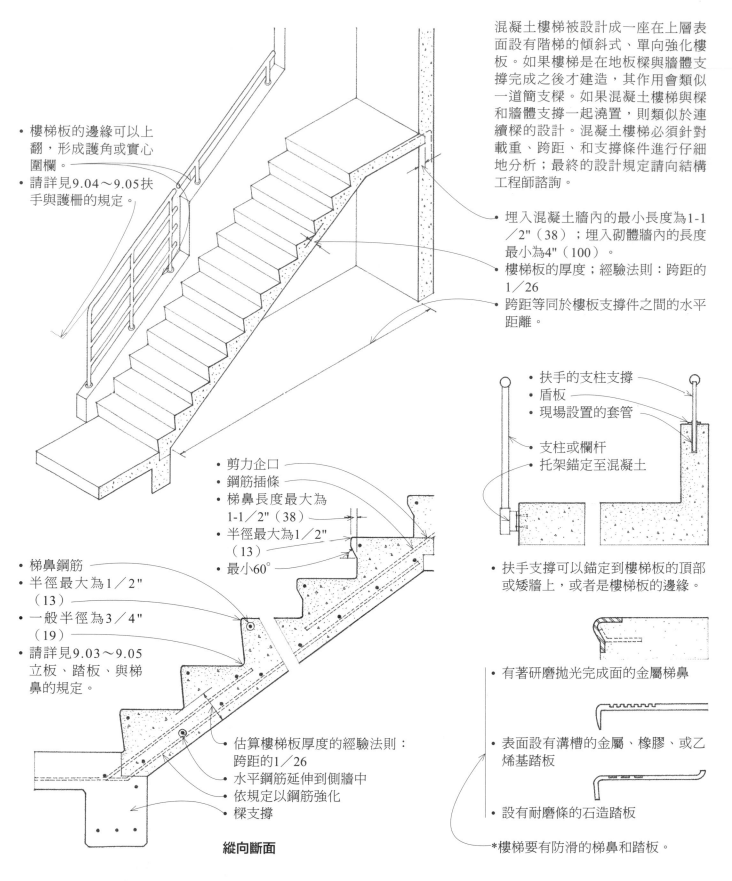

混凝土樓梯被設計成一座在上層表面設有階梯的傾斜式、單向強化樓板。如果樓梯是在地板樑與牆體支撐完成之後才建造，其作用會類似一道簡支樑。如果混凝土樓梯與樑和牆體支撐一起澆置，則類似於連續樑的設計。混凝土樓梯必須針對載重、跨距、和支撐條件進行仔細地分析；最終的設計規定請向結構工程師諮詢。

- 樓梯板的邊緣可以上翻，形成護角或實心圍欄。
- 請詳見9.04～9.05扶手與護柵的規定。

- 埋入混凝土牆內的最小長度為1-1／2"（38）；埋入砌體牆內的長度最小為4"（100）。
- 樓梯板的厚度；經驗法則：跨距的1／26
- 跨距等同於樓板支撐件之間的水平距離。

- 剪力企口
- 鋼筋插條
- 梯鼻長度最大為1-1／2"（38）
- 半徑最大為1／2"（13）
- 最小60°

- 扶手的支柱支撐
- 盾板
- 現場設置的套管
- 支柱或欄杆
- 托架錨定至混凝土

- 扶手支撐可以錨定到樓梯板的頂部或矮牆上，或者是樓梯板的邊緣。

- 梯鼻鋼筋
- 半徑最大為1／2"（13）
- 一般半徑為3／4"（19）
- 請詳見9.03～9.05立板、踏板、與梯鼻的規定。

- 估算樓梯板厚度的經驗法則：跨距的1／26
- 水平鋼筋延伸到側牆中
- 依規定以鋼筋強化
- 樑支撐

縱向斷面

- 有著研磨拋光完成面的金屬梯鼻
- 表面設有溝槽的金屬、橡膠、或乙烯基踏板
- 設有耐磨條的石造踏板

*樓梯要有防滑的梯鼻和踏板。

美國施工規範協會綱要編碼 03 30 00：現場澆置混凝土
美國施工規範協會綱要編碼 03 11 23：永久樓梯成形

鋼樓梯的形式類似於木樓梯。

• 槽型鋼斷面可以做為台架和縱樑使用。
• 樓梯踏板橫跨在縱樑之間。
• 踏板可由預鑄混凝土、以混凝土填充的鋼盤、鋼格板、或頂部表面有紋理的平板組成。
• 也可選擇經過預工程和預製的鋼樓梯。

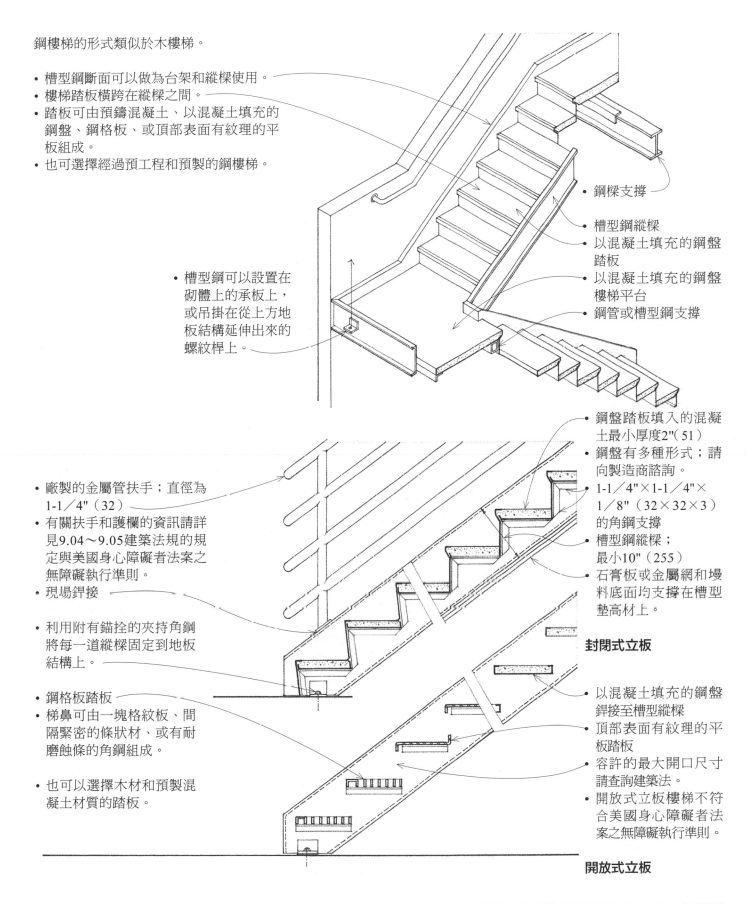

• 槽型鋼可以設置在砌體上的承板上，或吊掛在從上方地板結構延伸出來的螺紋桿上。

• 鋼樑支撐
• 槽型鋼縱樑
• 以混凝土填充的鋼盤踏板
• 以混凝土填充的鋼盤樓梯平台
• 鋼管或槽型鋼支撐

• 廠製的金屬管扶手；直徑為1-1／4"（32）
• 有關扶手和護欄的資訊請詳見9.04～9.05建築法規的規定與美國身心障礙者法案之無障礙執行準則。
• 現場鉚接
• 利用附有錨拴的夾持角鋼將每一道縱樑固定到地板結構上。

• 鋼格板踏板
• 梯鼻可由一塊格紋板、間隔緊密的條狀材、或有耐磨蝕條的角鋼組成。

• 也可以選擇木材和預製混凝土材質的踏板。

• 鋼盤踏板填入的混凝土最小厚度2"（51）
• 鋼盤有多種形式；請向製造商諮詢。
• 1-1／4"×1-1／4"×1／8"（32×32×3）的角鋼支撐
• 槽型鋼縱樑；最小10"（255）
• 石膏板或金屬網和塗料底面均支撐在槽型墊高材上。

封閉式立板

• 以混凝土填充的鋼盤鉚接至槽型縱樑
• 頂部表面有紋理的平板踏板
• 容許的最大開口尺寸請查詢建築法。
• 開放式立板樓梯不符合美國身心障礙者法案之無障礙執行準則。

開放式立板

美國施工規範協會綱要編碼 **05 51 00：金屬樓梯**

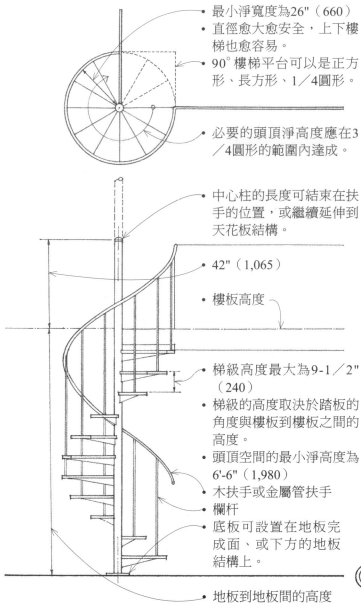

- 最小淨寬度為26"（660）
- 直徑愈大愈安全，上下樓梯也愈容易。
- 90°樓梯平台可以是正方形、長方形、1／4圓形。
- 必要的頭頂淨高度應在3／4圓形的範圍內達成。

- 中心柱的長度可結束在扶手的位置，或繼續延伸到天花板結構。
- 42"（1,065）
- 樓板高度
- 梯級高度最大為9-1／2"（240）
- 梯級的高度取決於踏板的角度與樓板到樓板之間的高度。
- 頭頂空間的最小淨高度為6'-6"（1,980）
- 木扶手或金屬管扶手
- 欄杆
- 底板可設置在地板完成面、或下方的地板結構上。
- 地板到地板間的高度

平面圖與立面圖

- 平台接合至樓板結構的方式有許多種。
- 長方形樓梯平台的其中一個邊固定至較上方的地板。
- 樓梯抬升至一個L形的開口，直接固定至較上方的地板結構；不設置樓梯平台。
- 正方形平台的兩鄰邊固定至較上方的地板。
- 1／4圓形平台設置在圓形的地板開口中。

樓梯接合

- 22-1／2°、27°、30°
- 從踏板的窄端往外算起12"（305）的位置，最小寬度為7-1／2"（190）。
- 鋼踏板或鋁踏板可以是格紋板或耐磨塗層板、鋼格板、或者是填入混凝土或磨石子的平盤。
- 木踏板必須搭配鋼製副結構。踏板可以是硬木，或是便於鋪設地毯完成面的膠合木。

樓梯踏板

螺旋樓梯的代表性尺寸與尺度

踏板角度	360°內的踏板數量	踢板高度	頭部高度
22-1／2°	16	7"（180）	7'-0"（2,135）
27°	13	7-1／2"～8"（190～205）	6'-9"（2,055）
30°	12	8-1／2"～9-1／2"（215～240）	6'-9"（2,055）

* 如要確認上述的尺度準則，請查詢製造商提供的文件。

樓梯直徑	樓梯井開口	平台尺寸	支柱到扶手的寬度	中心柱／底板直徑
60"（1,525）	64"（1,625）	32"（815）	26"（660）	4"／12"（100／305）
64"（1,625）	68"（1,725）	34"（865）	28"（710）	4"／12"（100／305）
72"（1,830）	76"（1,930）	38"（965）	32"（815）	4"／12"（100／305）
76"（1,930）	80"（2,030）	40"（1,015）	34"（865）	4"／12"（100／305）
88"（2,235）	92"（2,335）	46"（1,170）	40"（1,015）	6"／12"（150／305）
96"（2,440）	100"（2,540）	50"（1,270）	44"（1,115）	6"／12"（150／305）

美國施工規範協會綱要編碼 05 71 13：組裝式金屬螺旋樓梯

梯子主要使用於工業構造、公用設施和服務空間中。也可以使用在空間極小且交通量小的私人住宅構造中。

本頁圖例呈現的是由金屬構件組成的梯子。梯子可換成木構造的形式。

安全上的考量包括：
- 適當的梯級高度
- 充足的腳步空間
- 縱樑和扶手都有適當的支撐
- 止滑的踏板

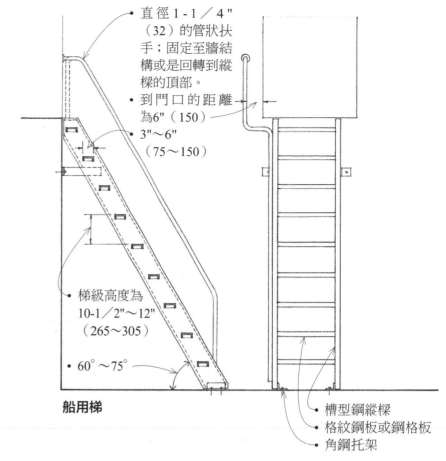

- 直徑 1 - 1／4"（32）的管狀扶手；固定至牆結構或是回轉到縱樑的頂部。
- 到門口的距離為6"（150）
- 3"～6"（75～150）
- 梯級高度為10-1／2"～12"（265～305）
- 60°～75°

船用梯

- 槽型鋼縱樑
- 格紋鋼板或鋼格板
- 角鋼托架

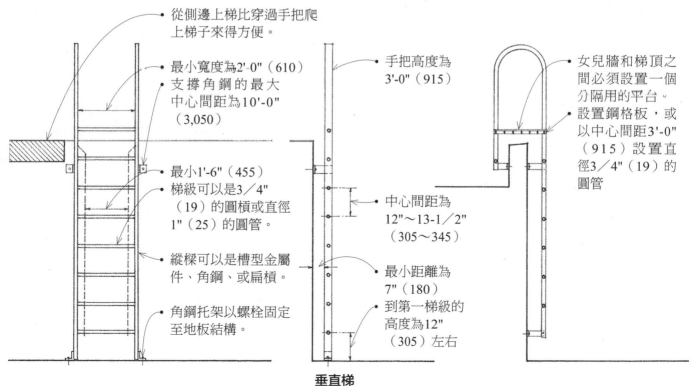

- 從側邊上梯比穿過手把爬上梯子來得方便。
- 最小寬度為2'-0"（610）支撐角鋼的最大中心間距為10'-0"（3,050）
- 最小1'-6"（455）梯級可以是3／4"（19）的圓楔或直徑1"（25）的圓管。
- 縱樑可以是槽型金屬件、角鋼、或扁楔。
- 角鋼托架以螺栓固定至地板結構。

- 手把高度為3'-0"（915）
- 中心間距為12"～13-1／2"（305～345）
- 最小距離為7"（180）
- 到第一梯級的高度為12"（305）左右

垂直梯

- 女兒牆和梯頂之間必須設置一個分隔用的平台。
- 設置鋼格板，或以中心間距3'-0"（915）設置直徑3／4"（19）的圓管

- 閣樓可容納建築物屋頂上的起重機具。
- 控制板包括開關、按鈕，以及其他調控起重機具的設備。
- 用來拉升或降下升降機車廂的起重機具包括了電動發電機組、牽引機、調速器、制動器、驅動滑輪、和齒輪。
- 重鋼機械樑用來支撐升降機專用的起重機具。
- 驅動滑輪是用來抬起重物的滑輪。
- 空轉滑輪可收緊並引導升降機系統的起重纜繩。

- 平台是指鄰接著升降機井道的樓面區域，用來接送乘客或貨物。

- 升降機車廂安全裝置是在超速或自由墜落時，用來減緩並停止車廂移動的機械裝置，由調速器驅動、以楔塊作用夾緊導軌。

- 介於井道和平台之間的升降機門正常都是關閉的，只有當車廂停在平台時才會開啟；一般高度為7'-0"和8'-0"（2,135和2,440）

- 緩衝器是一種活塞或彈簧裝置，能夠吸收下降車廂的衝擊力，或在極短的移動距離限制下提供對重之用途。

- 升降機底坑是指從最低的平台延伸到井道地面的豎井區段。

升降機以垂直移動的方式將乘客、設備、和貨物從某一樓層載運到另一樓層。兩種最常見的升降機類型為電力升降機和液壓升降機。

電力升降機
電力升降機的車廂架設在導軌上，由起重纜索支撐，並由設置在閣樓裡的電動起重機具驅動。齒輪曳引式升降機最高速可達每分鐘350'（1.75公尺／秒），適用於中樓層建築物。無齒輪曳引的升降機最高速可達每分鐘1,200'（6公尺／秒），一般用於高樓層建築物。

- 16'-0"～20'-0"（4,875～6,095）
- 頂樓層

- 起重纜索是用來拉升或降下升降機車廂的纜索或繩子。

- 升降機井道是讓一部或多部升降機在其中運行的垂直封閉空間。

- 運行纜索是在升降機井道中將升降機車廂連接至固定電力出線口的電纜。

- 導軌是控制升降機車廂或對重裝置運行的垂直鋼軌道；導軌以支撐托架固定至每一個樓層。
- 對重裝置是架設在鋼構架上的長方形鑄鐵塊，用來平衡升降機車廂施加在起重機具上的載重。

- 當升降機車廂通過一個給定點時，極限開關會自動地切斷電動馬達的電流。

- 上升距離或運行距離是指升降機車廂從井道的最低平台移動到最高平台的垂直距離。

- 底樓層

- 5'-0"～11'-6"（1,525～3,505）

美國施工規範協會綱要編碼 14 20 00：升降機

液壓升降機

液壓升降機的車廂是被受壓液體推動、或因為抵擋受壓液體而驅動的活塞所支撐。不須設置閣樓，但液壓電梯較低的速度和活塞長度使電梯僅能使用在六層樓以內的建築物中。

- 導軌

- 耐火構造的升降機井道必須延伸到耐火屋頂的底面，或至少要比非耐火屋頂高出3'（915）。

- 液壓活塞

- 機械室可容納起重機具、控制設備、拉升或降下車廂的滑輪；設置位置以接近底部平台或底部平台較佳。

- 升降機底坑

- 活塞筒井；深度等於上升或運行距離＋4'～7'（1,220～2,135）。

- 這些尺度上的準則僅供初步規劃使用。確切的尺寸、容量、尺度和結構的支撐規定請向電梯製造商諮詢。

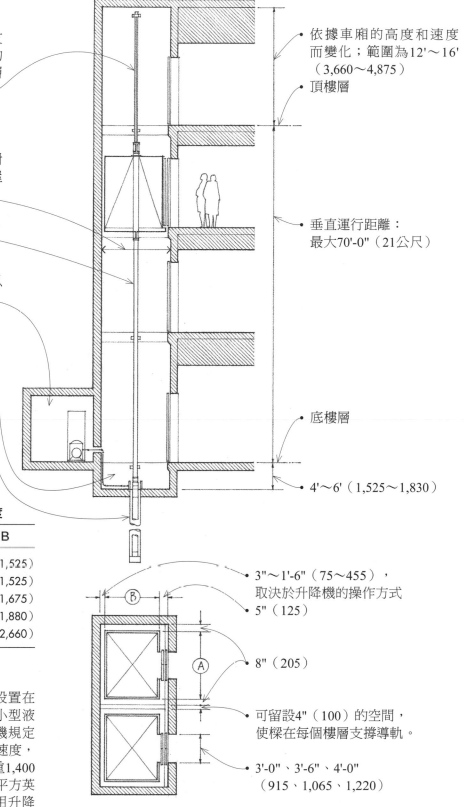

- 依據車廂的高度和速度而變化；範圍為12'～16'（3,660～4,875）
- 頂樓層

- 垂直運行距離：最大70'-0"（21公尺）

- 底樓層

- 4'～6'（1,525～1,830）

載重級數	起重機車廂尺度	
磅（公斤）	A	B
2,000（907）	6'-0"（1,830）	5'-0"（1,525）
2,500（1,135）	7'-0"（2,135）	5'-0"（1,525）
3,000（1,360）	7'-0"（2,135）	5'-6"（1,675）
3,500（1,588）	7'-0"（2,135）	6'-2"（1,880）
4,000（1,815）	5'-8"（1,725）	8'-9"（2,660）

限定用途／限定樓層升降機

限定用途／限定樓層升降機是為了能設置在新建或既有低樓層建築物中而設計的小型液壓升降機。限定用途／限定樓層升降機規定只能以每分鐘30'（0.55公里／小時）的速度，在最大距離25'（7,620）內運行，可載重1,400磅（635公斤），使用樓地板面積為18平方英呎（1.67平方公尺）。比起一般的商用升降機，可以單相電功率運作，所需的機坑深度和頭頂空間也較小。

- 3"～1'-6"（75～455），取決於升降機的操作方式
- 5"（125）

- 8"（205）

- 可留設4"（100）的空間，使樑在每個樓層支撐導軌。

- 3'-0"、3'-6"、4'-0"（915、1,065、1,220）

升降機車廂的尺度

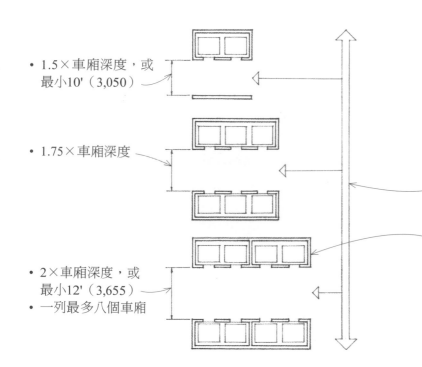

- 1.5×車廂深度，或最小10'（3,050）

- 1.75×車廂深度

- 2×車廂深度，或最小12'（3,655）
- 一列最多八個車廂

升降機配置

升降機的類型、尺寸、數量、和配置取決於：
- 使用類型
- 乘載的運輸量與速度
- 運行的總垂直距離
- 往返所需的時間與速度

- 高層建築物的升降機組列是由一套通用的操作系統所控制，並且回應單一的呼叫按鈕。
- 升降機應集中設置在接近建築物主要出入口的位置，並且方便各樓層接近使用，但也可以設置在主動線之外。
- 四部或更多部升降機需要兩座或兩座以上的升降機井道。

- 建議的類型、尺寸、配置、控制、和設置規定與細節請向升降機製造商諮詢。
- 防火間隔、通風、和隔音上的結構規定與升降機井道規定請查詢建築法規。

美國身心障礙者法案之無障礙執行準則

- 視訊和音訊呼叫信號或燈號應集中設置在每座升降機井道出入口地板上方至少72"（1,830）高的位置，從相鄰井道的樓面區域要能看得到這些信號。
- 升降機井道出入口的兩側邊框必須提供凸起的字符和布拉耶點字法（Braille）導盲地板指示，並且集中設置在地板上方至少60"（1,525）高的位置。
- 呼叫升降機的按鈕應集中設置在每一層升降機大廳地板上方42"（1,065）高的位置。
- 升降機門應該要有自動重開啟裝置，讓門在受到物體或人阻撓時可重新打開。

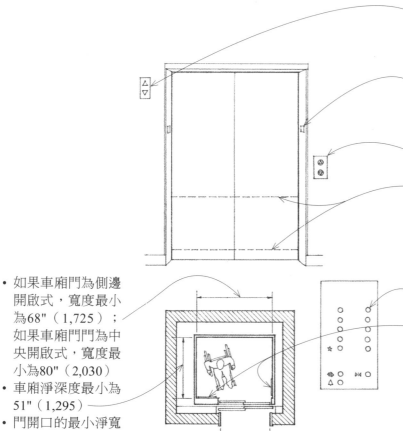

- 如果車廂門為側邊開啟式，寬度最小為68"（1,725）；如果車廂門門為中央開啟式，寬度最小為80"（2,030）
- 車廂淨深度最小為51"（1,295）
- 門開口的最小淨寬度為36"（915）

- 升降機車廂的尺寸要能方便輪椅使用者進入、操作控制面板、和離開車廂。
- 控制按鈕的尺寸最小應有3／4"（19），樓層數字依照上升次序、從左到右排列。
- 樓層按鈕應設置在地板上方至少35"（890）高的位置，從正面接近時不高於48"（1,220），平行接近時不高於54"（1,370）。
- 凸字和布拉耶點字法導盲指示必須緊鄰在按鈕的左側。
- 音訊和視訊車廂位置指示器應裝設在每一部車廂內。

電扶梯是由設置在連續循環帶上的踏板所構成的電力驅動樓梯。電扶梯可以在有限的樓層中有效並舒適地輸送大量使用者；六層樓是一項實務上的限制[1]。由於電扶梯會以固定的速度移動，實際上幾乎不需要任何等待時間，但仍應該在每個等候點和卸載點預留足夠的排隊空間。電扶梯可能無法當做規定的消防逃生路徑。

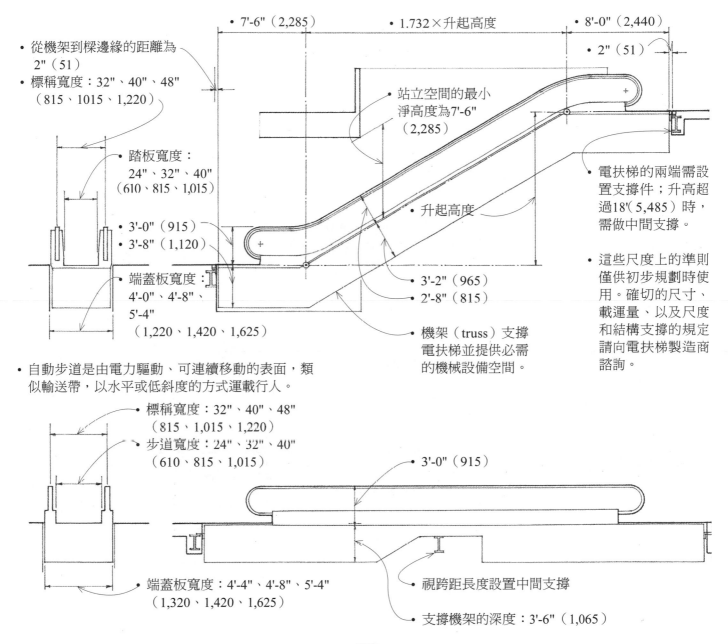

- 從機架到樑邊緣的距離為 2"（51）
- 標稱寬度：32"、40"、48"（815、1015、1,220）
- 踏板寬度：24"、32"、40"（610、815、1,015）
- 3'-0"（915）
- 3'-8"（1,120）
- 端蓋板寬度：4'-0"、4'-8"、5'-4"（1,220、1,420、1,625）
- 站立空間的最小淨高度為7'-6"（2,285）
- 升起高度
- 3'-2"（965）
- 2'-8"（815）
- 機架（truss）支撐電扶梯並提供必需的機械設備空間。
- 7'-6"（2,285）
- 1.732×升起高度
- 8'-0"（2,440）
- 2"（51）
- 電扶梯的兩端需設置支撐件；升高超過18'（5,485）時，需做中間支撐。
- 這些尺度上的準則僅供初步規劃時使用。確切的尺寸、載運量、以及尺度和結構支撐的規定請向電扶梯製造商諮詢。

- 自動步道是由電力驅動、可連續移動的表面，類似輸送帶，以水平或低斜度的方式運載行人。

- 標稱寬度：32"、40"、48"（815、1,015、1,220）
- 步道寬度：24"、32"、40"（610、815、1,015）
- 端蓋板寬度：4'-4"、4'-8"、5'-4"（1,320、1,420、1,625）
- 3'-0"（915）
- 視跨距長度設置中間支撐
- 支撐機架的深度：3'-6"（1,065）

譯注

1. 在建築物中，歐美的慣用做法是在六層樓以內設置電扶梯，以上的樓層則使用升降機載運人員或貨物，例如芝加哥的摩天大樓或台北 101，但這只是一種慣用做法，並沒有明文規定電扶梯一定要設置在六層樓以內，杜拜或中國也有使用於更多層樓的。這裡的意思是，人們如果要到六樓或許還會使用電扶梯，要到六樓以上可能就會直接使用升降機。所以會有這樣的說法。

美國施工規範協會綱要編碼 14 30 00：電扶梯與自動步道

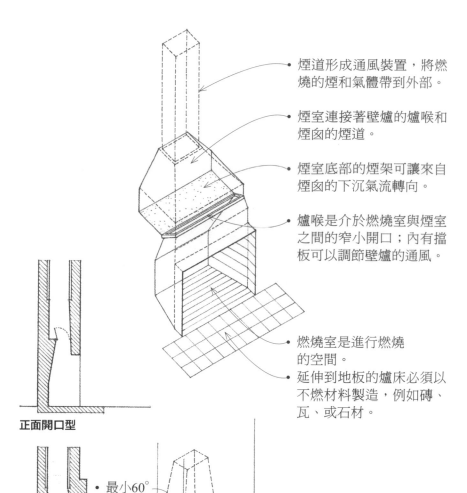

- 煙道形成通風裝置，將燃燒的煙和氣體帶到外部。
- 煙室連接著壁爐的爐喉和煙囪的煙道。
- 煙室底部的煙架可讓來自煙囪的下沉氣流轉向。
- 爐喉是介於燃燒室與煙室之間的窄小開口；內有擋板可以調節壁爐的通風。
- 燃燒室是進行燃燒的空間。
- 延伸到地板的爐床必須以不燃材料製造，例如磚、瓦、或石材。

壁爐是煙囪內的框架式開口，用來維持明火的燃燒。壁爐必須依照下列原則設計與建造，以利於：

- 維持燃料的燃燒；
- 將煙霧和其他燃燒副產物適當地引導並帶到外部；
- 將最大量的熱舒適地輻射到房間內。
- 與可燒材料保持適當距離。

因此，壁爐和煙道的尺度與比例、及其構件的配置皆受自然法則與建築法規和機械法的規範。下表提供三種壁爐的一般尺寸。詳見次頁圖例的字母 A〜G。

正面開口型

- 最小60°
- 最小8"（205）
- 最小4"（100）

正面與側面開口型

正面與背面開口型

壁爐的類型

一般的壁爐尺度

寬度（A）	高度（B）	深度（C）	（D）	（E）	（F）	（G）	煙道尺寸
正面開口型							
36（915）	29（735）	20（510）	23（560）	14（355）	23（560）	44（1,120）	12 x 12（305 x 305）
42（1,065）	32（815）	20（510）	29（735）	16（405）	24（610）	50（1,270）	16 x 16（405 x 405）
48（1,220）	32（815）	20（510）	33（840）	16（405）	24（610）	56（1,420）	16 x 16（405 x 405）
54（1,370）	37（940）	20（510）	37（940）	16（405）	29（735）	68（1,725）	16 x 16（405 x 405）
60（1,525）	40（1,015）	22（560）	42（1,065）	18（455）	30（760）	72（1,830）	16 x 20（405 x 510）
72（1,830）	40（1,015）	22（560）	54（1,370）	18（455）	30（760）	84（2,135）	20 x 20（510 x 510）
正面開口與側面型							
28（710）	24（610）	16（405）	多面的壁爐對房間裡的氣流特別敏感；應避免開口正對著對外門				12 x 16（305 x 405）
32（815）	28（710）	18（455）					12 x 16（305 x 405）
36（915）	30（760）	20（510）					12 x 16（305 x 405）
48（1,220）	32（815）	22（559）					16 x 16（405 x 405）
正面開口與背面型							
28（710）	24（610）	16（405）					12 x 12（305 x 305）
32（815）	28（710）	16（405）					12 x 16（305 x 405）
36（915）	30（760）	17（430）					12 x 16（305 x 405）
48（1,220）	32（815）	19（485）					16 x 16（405 x 405）

美國施工規範協會綱要編碼 04 57 00：砌體壁爐

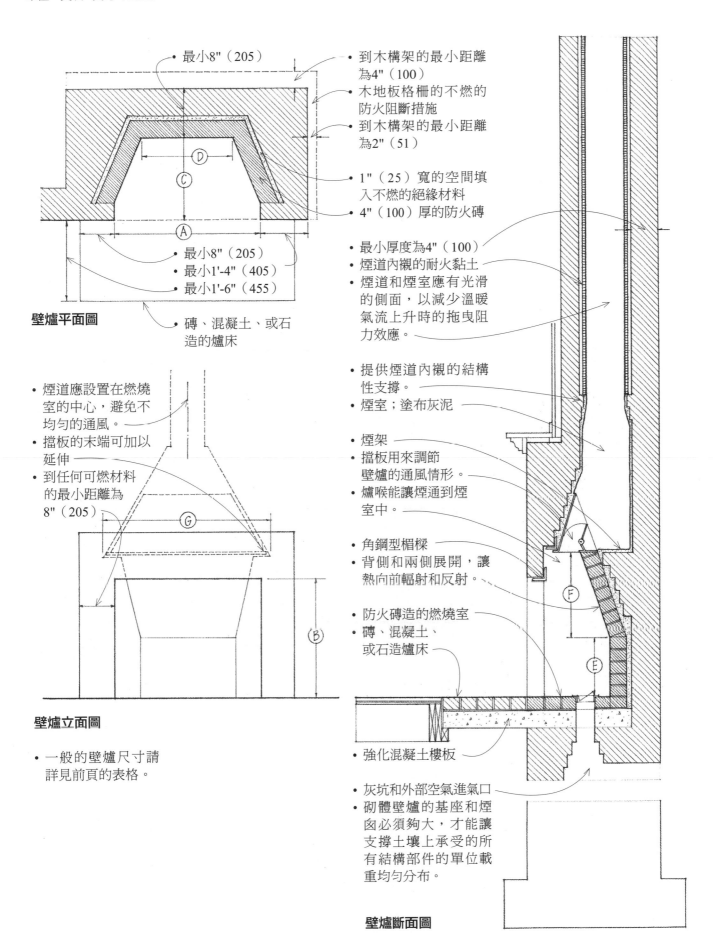

- 最小8"（205）

- 最小8"（205）
- 最小1'-4"（405）
- 最小1'-6"（455）

壁爐平面圖

- 磚、混凝土、或石造的爐床

- 到木構架的最小距離為4"（100）
- 木地板格柵的不燃的防火阻斷措施
- 到木構架的最小距離為2"（51）

- 1"（25）寬的空間填入不燃的絕緣材料
- 4"（100）厚的防火磚

- 最小厚度為4"（100）
- 煙道內襯的耐火黏土
- 煙道和煙室應有光滑的側面，以減少溫暖氣流上升時的拖曳阻力效應。

- 提供煙道內襯的結構性支撐。
- 煙室；塗布灰泥

- 煙架
- 擋板用來調節壁爐的通風情形。
- 爐喉能讓煙通到煙室中。

- 角鋼型楣樑
- 背側和兩側展開，讓熱向前輻射和反射。

- 防火磚造的燃燒室
- 磚、混凝土、或石造爐床

- 煙道應設置在燃燒室的中心，避免不均勻的通風。
- 擋板的末端可加以延伸
- 到任何可燃材料的最小距離為8"（205）

壁爐立面圖

- 一般的壁爐尺寸請詳見前頁的表格。

- 強化混凝土樓板

- 灰坑和外部空氣進氣口
- 砌體壁爐的基座和煙囪必須夠大，才能讓支撐土壤上承受的所有結構部件的單位載重均勻分布。

壁爐斷面圖

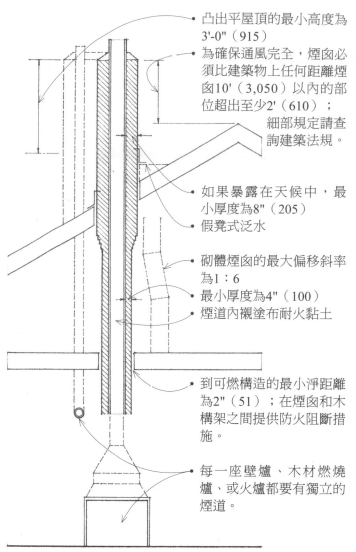

- 凸出平屋頂的最小高度為3'-0"（915）
- 為確保通風完全，煙囪必須比建築物上任何距離煙囪10'（3,050）以內的部位超出至少2'（610）；細部規定請查詢建築法規。
- 如果暴露在天候中，最小厚度為8"（205）
- 假凳式泛水
- 砌體煙囪的最大偏移斜率為1：6
- 最小厚度為4"（100）
- 煙道內襯塗布耐火黏土
- 到可燃構造的最小淨距離為2"（51）；在煙囪和木構架之間提供防火阻斷措施。
- 每一座壁爐、木材燃燒爐、或火爐都要有獨立的煙道。

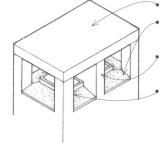

- 石蓋或預鑄混凝土蓋
- 強化水泥漿刷面，以利排放雨水
- 相鄰煙道間的單層壁用來阻擋下沉氣流。
- 開口的高度應為煙道寬度×1-1／4

煙囪罩

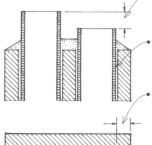

- 高度相差4"（100），以避免其中一座煙道的氣流下沉到另一座煙道中。
- 煙道內襯不與周圍砌體相連；內襯要有密實的接縫和平滑的內面。
- 最小厚度為4"（100）；如果暴露在天候中，最小厚度為8"（205）
- 高熱設備，如焚燒爐的相關規定，請查詢建築法規或機械法規。
- 在特定的地震帶，砌體煙囪必須強化並錨定至建築物的結構構架。相關細部規定請查詢建築法規。

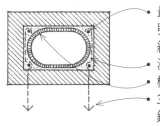

- 最少設置四根4號鋼筋，以2號鋼筋、中心間距18"（455）綁繫固定。
- 灌漿
- 橢圓形煙道內襯
- 3／16"×1"（5×25）的鋼帶鑄入煙囪內至少12"（305），並且繞著鋼筋彎折。

- 煙道內襯是耐熱防火黏土或輕質混凝土製的光滑表面單元。

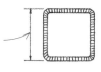

- 長方形煙道
- 尺寸＝外表面

- 模組化煙道
- 尺寸＝實際尺寸＋1/2"（13）

- 圓形煙道
- 尺寸＝內直徑

最小煙道尺寸
- 正方形或長方形：壁爐開口的1／10
- 圓形：壁爐開口的1／12

一般煙道的尺度與面積

圓形		長方形		模組型	
直徑 英吋（公厘）	面積 平方英吋 *	尺寸 英吋（公厘）	面積 平方英吋 *	尺寸 英吋（公厘）	面積 平方英吋 *
8（205）	47	8-1/2 x 8-1/2 （215 x 215）	51	8 x 12 （205 x 305）	57
10（255）	74	8-1/2 x 13 （215 x 330）	79	12 x 12 （305 x 305）	87
12（305）	108	13 x 13 （330 x 330）	125	12 x 16 （305 x 405）	120
15（380）	171	13 x 18 （330 x 455）	168	16 x 16 （405 x 405）	162
18（455）	240	18 x 18 （455 x 455）	232	16 x 20 （405 x 510）	208
20（510）	298	20 x 20 （510 x 510）	279	20 x 20 （510 x 510）	262

* 1 平方英吋（square inch）＝645.16 平方公厘（mm²）

美國施工規範協會綱要編碼 04 51 00：煙道內襯砌體

預製壁爐和木材燃燒爐的燃燒效率和顆粒物排放容
許量皆應通過美國國家環境保護局（Environmental
Protection Agency, EPA）的認證。

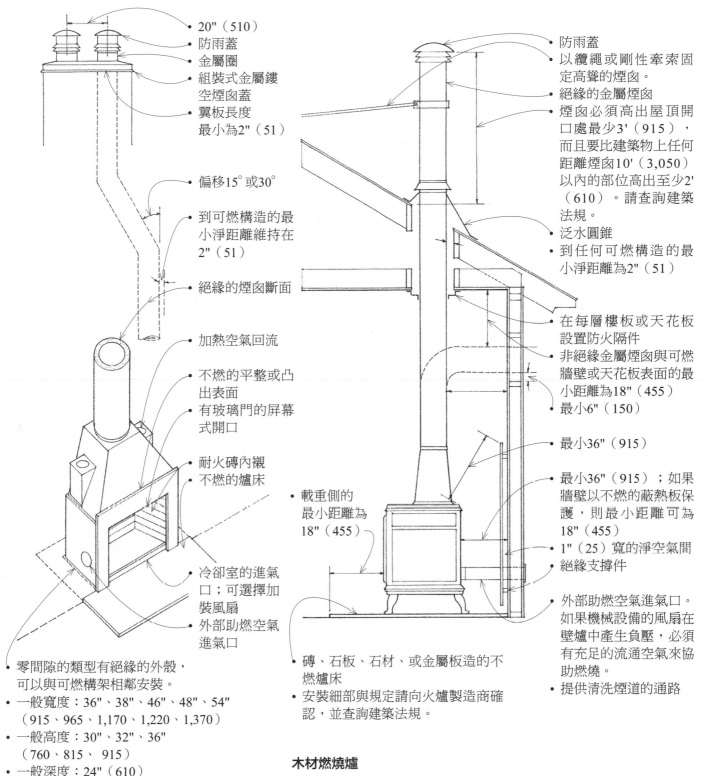

20"（510）
防雨蓋
金屬圈
組裝式金屬鏤空煙囪蓋
翼板長度最小為2"（51）

偏移15°或30°

到可燃構造的最小淨距離維持在2"（51）

絕緣的煙囪斷面

加熱空氣回流

不燃的平整或凸出表面

有玻璃門的屏幕式開口

耐火磚內襯
不燃的爐床

冷卻室的進氣口；可選擇加裝風扇

外部助燃空氣進氣口

- 零間隙的類型有絕緣的外殼，可以與可燃構架相鄰安裝。
- 一般寬度：36"、38"、46"、48"、54"（915、965、1,170、1,220、1,370）
- 一般高度：30"、32"、36"（760、815、915）
- 一般深度：24"（610）

預製壁爐

防雨蓋
以纜繩或剛性牽索固定高聳的煙囪。
絕緣的金屬煙囪
煙囪必須高出屋頂開口處最少3'（915），而且要比建築物上任何距離煙囪10'（3,050）以內的部位高出至少2'（610）。請查詢建築法規。
泛水圓錐
到任何可燃構造的最小淨距離為2"（51）

在每層樓板或天花板設置防火隔件
非絕緣金屬煙囪與可燃牆壁或天花板表面的最小距離為18"（455）
最小6"（150）

最小36"（915）

最小36"（915）；如果牆壁以不燃的蔽熱板保護，則最小距離可為18"（455）
1"（25）寬的淨空氣間
絕緣支撐件

外部助燃空氣進氣口。如果機械設備的風扇在壁爐中產生負壓，必須有充足的流通空氣來協助燃燒。
提供清洗煙道的通路

- 載重側的最小距離為18"（455）

- 磚、石板、石材、或金屬板造的不燃爐床
- 安裝細部與規定請向火爐製造商確認，並查詢建築法規。

木材燃燒爐

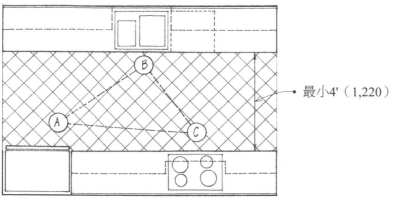

最小4'（1,220）

平行牆

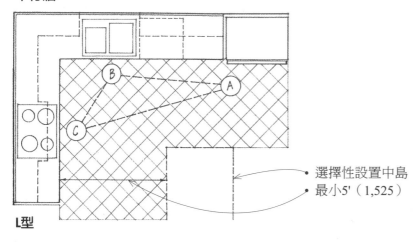

選擇性設置中島
最小5'（1,525）

L型

本頁的平面圖呈現的是廚房配置的基本類型。這些廚房類型很容易應用在不同的結構或空間中，但必須依據連接廚房三大中心的工作三角形來設計：

（A）冰箱中心：接收與準備食物
（B）水槽中心：準備與清潔食物
（C）烹調中心：烹調和上菜

三角形的邊長總和不應超過22'（6,705），也不小於12'（3,660）。

配置廚房空間的其他考量因素還包括：
• 流理台空間與工作台面的需求總量
• 流理台下方和上方儲物櫃空間的需求類型與數量
• 自然光、觀景窗、和通風的需求
• 期待的出入口類型和角度
• 設想的空間圍蔽程度
• 電力、配管、與機械系統的整合

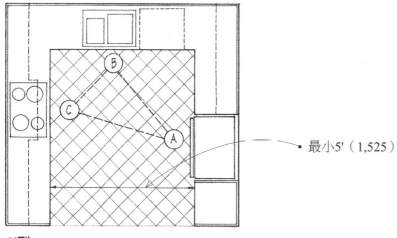

最小5'（1,525）

U型

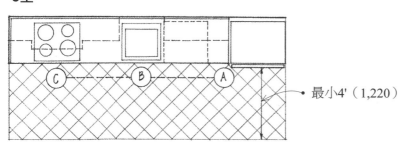

最小4'（1,220）

單面牆

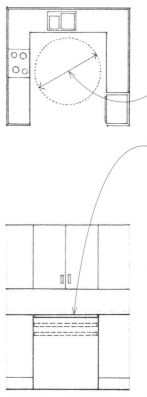

• 在U型廚房中提供直徑60'（1,525）的輪椅回轉空間。
• 提供一個寬度至少36'（915）的工作平台，高度28'～36'（710～915）不等，或以最大高度34'（865）固定在地板上方。
• 一般的無障礙規定請詳見書末附錄A.03。

美國身心障礙者法案之無障礙執行準則

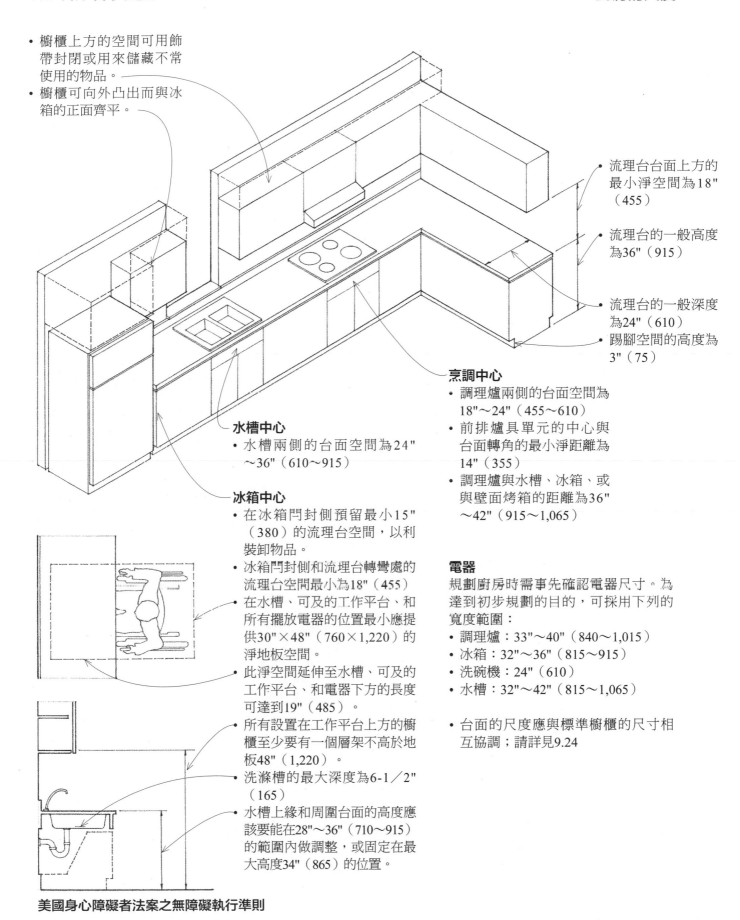

- 櫥櫃上方的空間可用飾帶封閉或用來儲藏不常使用的物品。
- 櫥櫃可向外凸出而與冰箱的正面齊平。

- 流理台台面上方的最小淨空間為18"（455）
- 流理台的一般高度為36"（915）
- 流理台的一般深度為24"（610）
- 踢腳空間的高度為3"（75）

烹調中心
- 調理爐兩側的台面空間為18"～24"（455～610）
- 前排爐具單元的中心與台面轉角的最小淨距離為14"（355）
- 調理爐與水槽、冰箱、或與壁面烤箱的距離為36"～42"（915～1,065）

水槽中心
- 水槽兩側的台面空間為24"～36"（610～915）

冰箱中心
- 在冰箱閂封側預留最小15"（380）的流理台空間，以利裝卸物品。
- 冰箱閂封側和流理台轉彎處的流理台空間最小為18"（455）
- 在水槽、可及的工作平台、和所有擺放電器的位置最小應提供30"×48"（760×1,220）的淨地板空間。
- 此淨空間延伸至水槽、可及的工作平台、和電器下方的長度可達到19"（485）。
- 所有設置在工作平台上方的櫥櫃至少要有一個層架不高於地板48"（1,220）。
- 洗滌槽的最大深度為6-1／2"（165）
- 水槽上緣和周圍台面的高度應該要能在28"～36"（710～915）的範圍內做調整，或固定在最大高度34"（865）的位置。

電器
規劃廚房時需事先確認電器尺寸。為達到初步規劃的目的，可採用下列的寬度範圍：
- 調理爐：33"～40"（840～1,015）
- 冰箱：32"～36"（815～915）
- 洗碗機：24"（610）
- 水槽：32"～42"（815～1,065）

- 台面的尺度應與標準櫥櫃的尺寸相互協調；請詳見9.24

美國身心障礙者法案之無障礙執行準則

廚房櫥櫃可以使用木材或搪瓷鋼來製造。木櫃通常有著硬木材質的構架，並且搭配塑膠層壓板、硬木飾板、或亮漆完成面材質的膠合板或粒片板材面板。

制式廚房櫥櫃由3"（75）增量的模組製造，應符合全國櫥櫃協會（National Kitchen Cabinet Association, NKCA）建立的標準。櫥櫃單元有三種基本類型：底櫃單元、壁櫃單元、和特殊單元。可取得的尺寸、完成面、五金、和配件請向製造商諮詢。

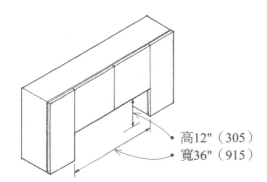

高12"（305）
寬36"（915）

組合壁櫃單元
• 使用在水槽與烹調區上方
• 長60"～84"（1,525～2,135）
• 高30"（760）

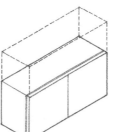

基本壁櫃單元
• 長24"～48"（610～1,220），以3"（75）增量
• 高12"～33"（305～840）

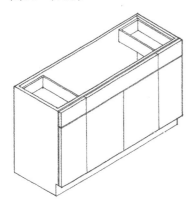

水槽底櫃單元
• 長54"～84"（1,370～2,135），以3"（75）增量

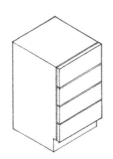

抽屜單元
• 寬15"～24"（380～610）

• 34-1／2"（875）高的底櫃單元，台面厚度可達到1-1／2"（38）
• 浴室梳妝台的底櫃單元高30"（760）、深21"（535）
• 自助餐和書桌的底櫃單元高度為28-1／2"（725）

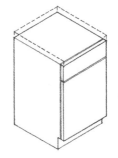

基本底櫃單元
• 單門單元寬12"～24"（305～610）
• 雙門單元寬27"～48"（685～1,220）
• 深23"或24"（585或610）

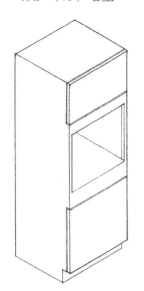

壁式烤箱單元
• 寬18"～30"（455～760）
• 高84"（2,135）

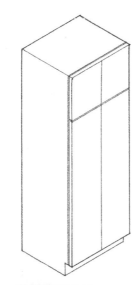

雜物間或食物儲藏間單元
• 深12"和24"（305和610）

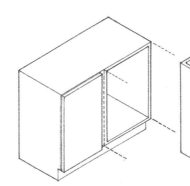

底櫃轉角單元
• 長39"～48"（990～1,220）

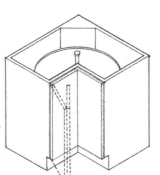

底櫃轉角單元
• 長36"（915）

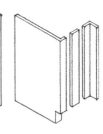

• 另有裝修的端板和填充板可供選擇。

美國施工規範協會綱要編碼 12 35 30.13：廚房櫥櫃

通風
- 利用不小於1／20地板面積、最小面積為5平方英呎（0.46平方公尺）的可開式對外開口來提供自然通風。
- 可採用每小時至少做兩次空氣交換的機械通風系統來取代自然通風。
- 烹調中心可用裝有排煙風扇的抽氣罩來通風。
  - 垂直穿透屋頂
  - 直接穿透外牆
  - 水平通過壁櫃上方空間的底面，通往外部。
- 自通風爐具能夠直接將油煙排到外部；或者，當設置在室內時，可經由地板系統中的管道來排煙。

流理台表面
- 流理台的表面材料可以是塑膠層壓板、砧板塊、瓷磚、大理石或花崗岩、合成石、混凝土、或不銹鋼。
- 在烹調區旁邊設置耐熱的表面。

採光
- 利用不小於1／10地板面積、最小面積10平方英呎（0.93平方公尺）的玻璃開口來提供自然採光。
- 建築法規通常允許住宅廚房以人造燈光做為單獨照明。
- 除了普通的區域照明，還必須在每個工作中心和流理台面的上方設置工作照明。

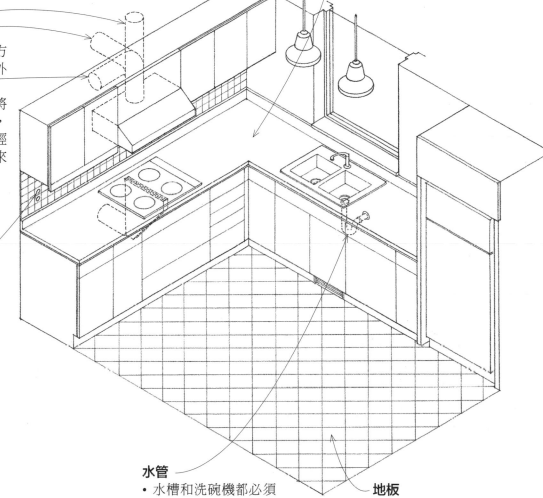

電力
- 最少提供兩組供小型家電使用的迴路，出線口的中心間距為4'（1,220），並且位在流理台面上方6"（50）。這些迴路應以接地故障斷路器（GFI）來保護。
- 必須設置特殊的單一出線口迴路供永久安裝的電器使用，例如電力調理爐和烤箱。
- 部分電器像是冰箱、洗碗機、垃圾處理裝置、和微波爐等也需要獨立的迴路。

瓦斯
- 瓦斯用具需有獨立的燃料供應線。

水管
- 水槽和洗碗機都必須有供水管。
- 水槽、排水管、垃圾處理裝置、和洗碗機都必須有廢水管。
- 請詳見11.23～11.28

暖氣
- 出風口通常設置在底櫃的下方。

地板
- 地板必須防滑、耐用、容易維護、並且防水和防油脂。

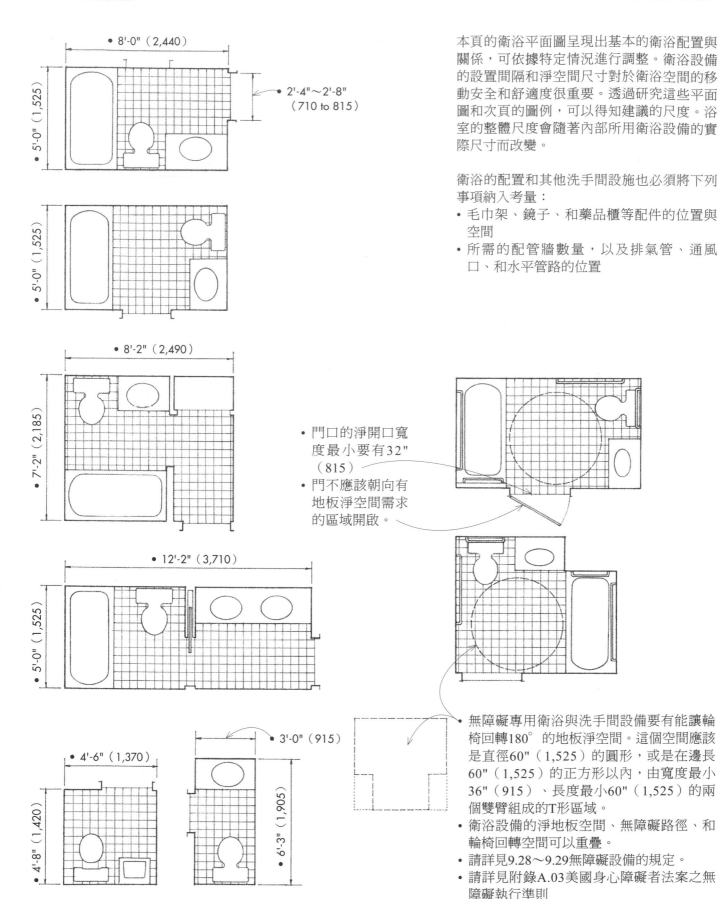

本頁的衛浴平面圖呈現出基本的衛浴配置與關係，可依據特定情況進行調整。衛浴設備的設置間隔和淨空間尺寸對於衛浴空間的移動安全和舒適度很重要。透過研究這些平面圖和次頁的圖例，可以得知建議的尺度。浴室的整體尺度會隨著內部所用衛浴設備的實際尺寸而改變。

衛浴的配置和其他洗手間設施也必須將下列事項納入考量：

- 毛巾架、鏡子、和藥品櫃等配件的位置與空間
- 所需的配管牆數量，以及排氣管、通風口、和水平管路的位置

• 門口的淨開口寬度最小要有32"（815）
• 門不應該朝向有地板淨空間需求的區域開啟。

• 無障礙專用衛浴與洗手間設備要有能讓輪椅回轉180°的地板淨空間。這個空間應該是直徑60"（1,525）的圓形，或是在邊長60"（1,525）的正方形以內，由寬度最小36"（915）、長度最小60"（1,525）的兩個雙臂組成的T形區域。
• 衛浴設備的淨地板空間、無障礙路徑、和輪椅回轉空間可以重疊。
• 請詳見9.28～9.29無障礙設備的規定。
• 請詳見附錄A.03美國身心障礙者法案之無障礙執行準則

美國身心障礙者法案之無障礙執行準則

以下提供的設備尺寸範圍僅供初步規劃使用。特定樣式的實際尺度請向設備製造商諮詢。

配管設備可以是以下材質。
- 抽水馬桶、小便斗、坐浴盆：玻化瓷器
- 洗手台、浴缸、洗滌槽：玻化瓷器、搪瓷鑄鐵、搪瓷鋼
- 淋浴底盤：磨石子、搪瓷鋼
- 淋浴間：搪瓷鋼、不銹鋼、瓷磚、玻璃纖維
- 廚房水槽：搪瓷鑄鐵、搪瓷鋼、不銹鋼

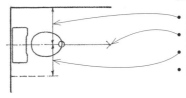

抽水馬桶
- 到側面牆壁的距離為22"（559）；最小15"（380）
- 到正對面牆壁的距離為36"（915）；最小18"（455）
- 到衛浴設備的距離為18"（455）；最小12"（305）
- 抽水馬桶邊緣的最大高度：14"～15"（355～380）

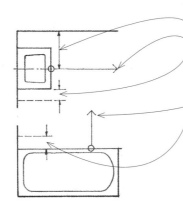

洗手台
- 到側面牆壁的距離為22"（560）；最小14"（355）
- 到正對面牆壁的距離為30"（760）；最小18"（455）
- 到衛浴設備的距離為6"（150）；最小2"（51）

浴缸
- 到正對面牆壁的距離為34"（865）；最小20"（508）
- 到衛浴設備的距離為8"（205）；最小2"（51）

衛浴設備的淨距離

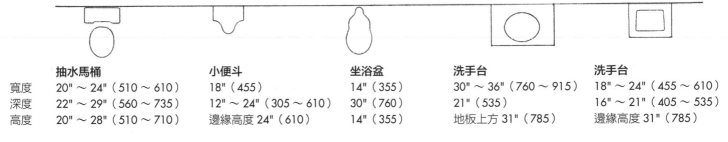

	抽水馬桶	小便斗	坐浴盆	洗手台	洗手台
寬度	20"～24"（510～610）	18"（455）	14"（355）	30"～36"（760～915）	18"～24"（455～610）
深度	22"～29"（560～735）	12"～24"（305～610）	30"（760）	21"（535）	16"～21"（405～535）
高度	20"～28"（510～710）	邊緣高度24"（610）	14"（355）	地板上方31"（785）	邊緣高度31"（785）

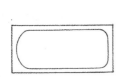

	浴缸	正方形浴缸	淋浴底盤
寬度	1'-6"～6'-0"（1,065～1,830）	3'-8"～4'-2"（1,120～1,270）	2'-6"～3'-6"（760～1,065）
深度	2'-6"～2'-8"（760～815）	3'-8"～4'-2"（1,120～1,270）	2'-6"～3'-6"（760～1,065）
高度	12"～20"（305～510）	12"～16"（305～405）	6'-2"～6'-8"（1,880～2,030）

  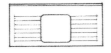

	單槽水槽	雙槽水槽	有排水板的水槽	洗滌槽
寬度	12"～33"（305～840）	28"～46"（710～1,170）	54"～84"（1,370～2,135）	22"～48"（560～1,220）
深度	13"～21"（330～535）	16"～21"（405～535）	21"～25"（535～635）	18"～22"（455～560）
高度	8"～12"（205～305）	8"～10"（205～255）	8"（205）	邊緣27"～29"（685～735）

美國施工規範協會綱要編碼 22 40 00：配管裝置

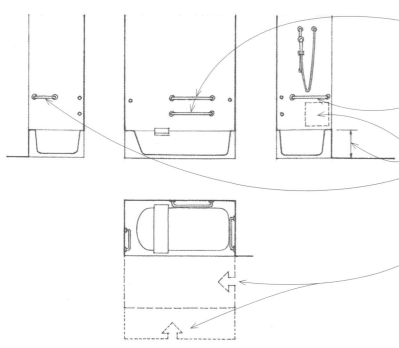

浴缸

- 背牆上必須設置一根高於地板33"～36"（840～915）且至少24"（610）長的抓桿，此抓桿到頭部端牆的最大距離為24"（610），到腳部端牆的最大距離為12"（305）。另一根長度相等的抓桿應安裝在浴缸邊緣上方9"（230）的位置。
- 一根至少24"（610）長的抓桿應安裝在浴缸前緣的腳部端牆處。
- 控制區域
- 浴缸邊緣應高於地板17"～19"（430～480）。
- 一根至少12"（305）長的抓桿應安裝在浴缸前緣的頭部端牆處。
- 抓桿的直徑或寬度應為1-1／4"～1-1／2"（32～38），抓桿與牆壁的間距為1-1／2"（38）。

- 從浴缸的平行方向接近浴缸時，地板的最小淨空間為30"×60"（760×1,525），從浴缸前方接近浴缸時，地板的最小淨空間為48"×60"（1,220×1,525）。

淋浴抓桿

- 抓桿應該安裝在輪椅進入式（roll-in type）無障礙淋浴間的三面牆上、高於地板33"～36"（840～915）的位置；移位式（transfer type）無障礙淋浴間的轉換抓桿應橫跨在入口側的控制牆面和入口對向的背牆面上、距離控制牆18"（455）的位置。
- 門檻的最大高度為1／2"（13），且其倒角斜度不超過1：2。
- 可通行最小淨地板空間達36"×48"（915×1,220）的移位式淋浴間，最小內部尺寸為36"×36"（915×915）。
- 可通行最小淨地板空間達36"×60"（915×1,525）的輪椅進入式淋浴間，最小內部尺寸為30"×60"（760×1,525）。

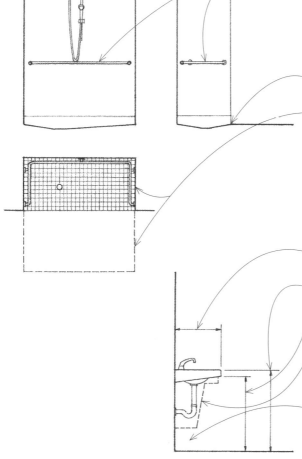

洗手台與水槽

- 凸出牆壁的最小長度為17"（430）
- 水槽的最大深度為6-1／2"（165）
- 從地板到洗手台或水槽上緣的最大高度為34"（865）。
- 從地板到洗手台裙緣下緣的最大淨高度為29"（735）。
- 在地板上方27"（685）的膝蓋活動空間，要維持最小淨空深度8"（205）；地板上方9"（230）處的最小淨空深度為11"（280）。
- 使用洗手台的淨地板空間為30"×48"（760×1,220），此空間延伸至水槽或洗手台下方的長度不得超過19"（485）。

美國施工規範協會綱要編碼 10 28 16：衛浴配件

抽水馬桶

- 抽水馬桶應鄰接著牆或隔間牆安裝。從抽水馬桶的中心線到牆或隔間牆的距離應為18"（455）。
- 馬桶座椅頂部必須高於地面17"～19"（430～485）。
- 抽水馬桶前方的最小淨地板空間為48"（1,220），從抽水馬桶中心線到非鄰接牆側的淨地板空間為42"（1,065）。

- 抓桿應安裝在後牆和最靠近抽水馬桶的側牆上、且高於地面33"～36"（840～915）的水平位置。
- 抓桿的直徑或寬度應為1-1／4"～1-1／2"（32～38），抓桿與牆壁的間距為1-1／2"（38公厘）。
- 側牆上的抓桿長度至少要42"（1,065），並與後牆相距12"（305）。
- 後牆上的抓桿長度至少要24"（610），並以抽水馬桶為中心；如果空間允許，抓桿應為36"（915）長，並且延伸到抽水馬桶的移位側。

- 屏蔽牆不得延伸超出小便斗的邊緣。

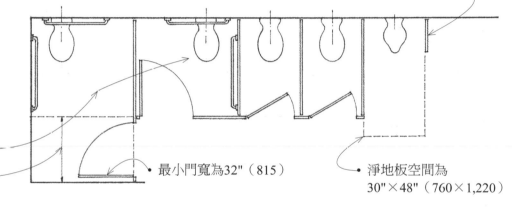

廁所

- 輪椅用無障礙廁所的寬度至少應為60"（1,525），若採用壁掛式抽水馬桶，廁所的最小深度為56"（1,420）；若採用落地式抽水馬桶，廁所的最小深度為59"（1,500）。
- 如果廁所門向廁所內側開啟，廁所深度應增加39"（915）。
- 抓桿應安裝在後牆和最靠近抽水馬桶的側牆上、且高於地面33"～36"（840～915）的水平位置。詳見上方的細部說明。
- 行動不便人士專用的無障礙廁間至少要36"（915）寬、60"（1,525）深，廁間的兩側都應該提供扶手。

- 最小門寬為32"（815）
- 淨地板空間為30"×48"（760×1,220）

- 1'-0"（305）
- 4'-10"（1,475）
- 1'-0"（305）

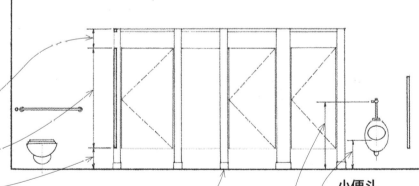

- 廁間隔板可以是落地式、壁掛式、或從頭頂天花板結構懸吊而下。
- 金屬隔間板可以有烤漆、搪瓷或不銹鋼的完成面。
- 也可選擇使用塑膠層壓板、強化玻璃、和大理石板等完成面類型。

小便斗

- 隔間式小便斗或壁掛式小便斗的邊緣不得高於地面17"（430）
- 手動式沖洗控制器應安裝在地板上方15"～40"（380～1,220）高的位置。

9.30 衛浴空間

採光

- 由對外玻璃窗開口引進的自然採光始終是最好的方式。
- 單個頭頂燈具通常不可行；必須在浴缸或淋浴間上方、洗手台和梳妝台上方，以及隔間式廁間的上方設置輔助照明。
- 浴缸或淋浴間上方的照明燈具要能抵抗水蒸氣。

通風

- 浴室需要自然或機械式通風，以排除渾濁的空氣，並供應新鮮空氣。
- 利用可開式對外開口提供自然通風，開口面積不得少於地板面積的1／20、或1-1／2平方英呎（0.14平方公尺）。
- 機械式通風系統可以取代自然通風。
- 通氣扇應設置在靠近淋浴位置、正對浴室門的對外牆高處，並且直接連通到外部，每小時提供五次空氣交換。排放點須遠離任何外部空氣流入室內的開口至少3"（915）。
- 住宅排風扇通常會結合燈具、風扇型加熱器、或輻射熱燈。

電力

- 電力開關和便利出線口應設在有電力需要但遠離水或潮溼區域的位置。不得設置在可以從浴缸或淋浴間接觸到的位置。
- 所有便利出線口應該由一個接地故障斷路器（GFI）加以保護；請詳見11.33。

配管

- 配管牆要有足夠的深度，以容納所需的供水管、廢水管線、和通氣管。
- 請詳見11.24～11.28。

- 必須預留配件所需的空間，例如藥品箱、鏡子、毛巾架、廁紙架、和肥皂碟。
- 毛巾、亞麻布、和清潔用品的儲存空間。

完成面

- 浴缸或淋浴間的背襯應具備防潮性。
- 所有完成面都應該要耐用、衛生、容易清潔，而且鋪設的地板要有止滑的表面。

暖氣

- 暖氣可以傳統的方式經由地板的暖氣風門、水循環或電力的護壁板單元，或牆內的電阻加熱器來供應。

10 完成面作業
Finish Work

本章說明的是用來完成建築物內牆、天花板、和地板表面的主要材料與方法。內牆必須耐磨損且可以清潔;地板應堅固耐用、舒適、讓人安全地行走於上;天花板相對地則要能夠免於維修。

由於外牆的表面,例如灰泥和木壁板,必須有效地形成防止水滲入建築物內部的屏障物,因此,其相關規定連同屋頂覆蓋材一併於第七章說明。

能跨越短距的剛性完成面材料可以應用在線性部件的支撐網格上。另一方面,彈性較大的完成面材料則需要堅固、剛性的背撐。其他技術層面的考量還包括吸音品質、耐火性、以及完成面材料的隔熱值。

完成面處理對於空間的美學特質有相當重要的影響。在選擇和使用完成面材料時,我們應該仔細考慮顏色、紋理、樣式,以及與其他材料交會和連接的方法。如果完成面材料具有模組化的特性,其單元尺度就可以用來調整牆壁、地板或天花板表面的尺度。

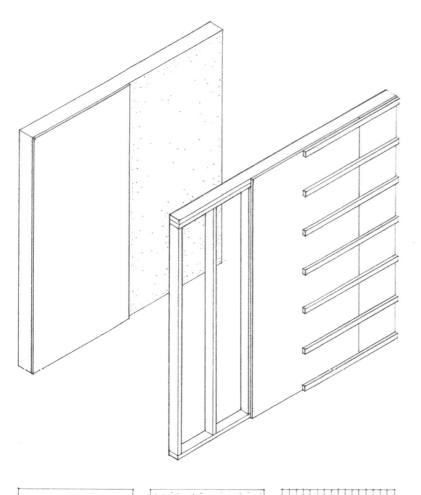

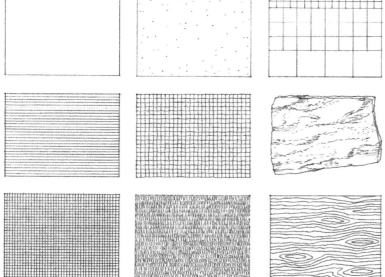

LEED 室內環境品質認證 2:低逸散性材料

墁料是指任何在塑性狀態下、以糊狀形式塗布在牆壁或天花板表面,而且能硬化和乾燥的各種混合物。在構造中最常見的墁料類型是石膏墁料,是由摻水的燒石膏、細砂或輕粒、和各種添加劑混合而成,以控制其凝固和作業品質。石膏墁料是耐用、相對輕量的耐火材料,可使用在不受溼氣或潮溼環境影響的任何牆壁或天花板表面。波特蘭水泥墁料,也稱為灰泥(stucco),則使用在會受到溼氣和潮溼環境影響的外牆上;請詳見7.36。

- 墁料的應用方式是一層一層地塗布,需要多少層取決於基底的類型和強度。

兩層墁料作業
- 墁料分兩層塗布,一道基底層後再接著一道完成面塗層。

三層墁料作業
- 墁料分三層連續塗布,第一道為刮粗基底層,接著是棕色塗層和完成面塗層。

- 完成面塗層是指最後一層墁料,可做為完成的表面或裝飾時使用的基底。

- 棕色塗層是完成面粗糙但平整的墁料塗層,塗布在石膏孔板或砌體上時,如果不是做為三層墁料作業中的第二層,就是兩層墁料作業的基底層。

- 基底塗層是指塗布在完成面塗層之前的任何墁料塗層。
- 刮粗塗層是三層墁料作業中的第一層,必須牢固地黏覆在孔板上並且刮出耙紋,以提供第二層或棕色塗層較好的黏著性。

- 硬質完成面是以石灰膏和金氏水泥或經過計量的墁料,利用鏝刀鏝出平滑、緻密完成面的完成面塗層。
- 金氏水泥(Keene's cement)是白色無水石膏墁料的品牌之一,可生產出強度極高、緻密且抗裂的完成面。
- 計量墁料是一種特別經過研磨的石膏墁料,可與石灰膏混合使用,用來控制墁料完成面塗層的凝固時間並抑制收縮現象。
- 白色塗層是結合了石灰膏和白色計量墁料,利用鏝刀鏝出平滑緻密完成面的完成面塗層。
- 單層或薄層墁料是塗布在單層基底上的一層或兩層極薄的預拌石膏墁料。
- 吸音墁料是含有蛭石或其他多孔材料的低密度墁料,用來提升吸音能力。
- 模製墁料是由非常細緻的研磨石膏和含水石灰組成,用於裝飾性的墁料作業(又稱泥水工程)。

- 木纖維墁料是含有粗纖維,可形成塊體較大、強度和耐火性較高的工廠混合(mill-mixed)石膏基底塗層墁料,可單獨使用或混入砂子,提升基底塗層的硬度。
- 純墁料是指除了毛髮或其他纖維外,無其他摻合物的石膏基底塗層墁料。做為現場混合骨材之用。
- 預拌墁料是由燒石膏和骨材混合而成的工廠預備(mill-prepared)墁料,例如珍珠岩或蛭石。摻水拌合即可使用。
- 添加珍珠岩或蛭石會減輕墁料的重量並提升熱阻與耐火性。

- 墁料表面的最終外觀取決於其質地和完成面。可使用鏝刀鏝出光滑無孔的完成面、浮擦出微帶砂粒感的紋理完成面、或噴塗出較粗糙的完成面。完成面可以上漆;光滑的完成面可以貼上布質或紙質的牆壁覆蓋材。

美國施工規範協會綱要編碼™ 09 21 00:墁料與石膏板組件
美國施工規範協會綱要編碼 09 23 00:石膏墁料作業

金屬網類型	重量	支撐件的中心間距	
	psf*	垂直	水平
菱形網	0.27	16（405）	12（305）
菱形網	0.38	16（405）	16（405）
1／8" 平肋紋網	0.31	16（405）	12（305）
1／8" 平肋紋網	0.38	24（610）	19（485）
3／8" 肋紋網	0.38	24（610）	24（610）
銲接或交織的金屬絲網	0.19	16（405）	16（405）
以紙材背襯的金屬織網	0.19	16（405）	16（405）

*1 磅／平方英呎（psf）= 47.88 帕（Pa）

- 護角條能強化墁料作業和石膏孔板表面的外角。
- 延展的翼長為1-1／4"～3-3／8"（32～86）
- 半徑為1／8"（3）
- 牛鼻護角條的半徑為 ／4"（19）
- 彈性的護角條可因應邊緣的弧形而彎折。

- 框角條能強化墁料作業和石膏孔板表面的邊緣。
- 延展的翼長為 3-1／8"（79）
- 方形端
- 深1／2"、5／8"、3／4"、1／8"（13、16、19、22）
- 方形端有1／4"（6）45°的中斷翼緣

- 有多種模製產品可外露在墁料作業的轉角處和邊緣。
- F形外露
- 轉角模型
- 3／4"（19）

- 基底整平條能將墁料表面和其他材料分開。
- 深1／2"、3／4"、7／8"（13、19、22）

- 石膏墁料硬化時會稍微膨脹，需設置伸縮接縫以控制開裂。
- 深1／2"、3／4"、7／8"（13、19、22）

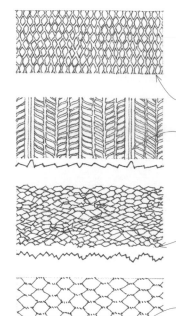

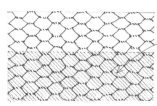

- 厚3／8"或1／2"（10或13）
- 寬16"（405）×長48"（1,220）
- 也有寬24"（610）和長達12'（3,660）的選擇。

金屬網

金屬網（metal lath）是以延展金屬或金屬織網製成的墁料用基底材，經過鍍鋅或塗布防銹塗料而具備抗腐蝕性。

- 所用金屬網的重量和強度均與其支撐件的間隔和剛性有關。
- 延展的金屬網是將鋼合金片材分切和展開成具有菱形開口的堅固網格。
- 肋紋網是有V形肋紋的延展金屬網，可提供更大的剛度，讓支撐構架的部件能有較寬的間距。
- 自定中心網是指像混凝土樓板的模板一樣，覆蓋在鋼格柵上的肋紋網，或做為實心墁料隔間牆中的網。
- 自墊高網是塑形成波浪狀、遠離支撐表面，因此隔出空間以固鎖墁料或灰泥的延展金屬、銲接金屬絲、或交織金屬絲網。
- 紙質背襯網是有著穿孔或建築油毛紙背襯底材的延展金屬或金屬絲網，做為瓷磚和外部灰泥牆的基底。

石膏孔板

石膏孔板（gypsum lath）的組成是硬化石膏墁料材質的輸氣芯材，加上可黏附墁料的吸水纖維紙表面。

- 石膏孔板上面會打穿許多直徑3／4"（19）、中心間距4"（100）的孔洞，做為黏附墁料的機械企口。
- 絕緣石膏孔板上覆有鋁箔襯紙，做為蒸氣阻滯材和反射性熱絕緣體。
- X型孔板上有提高耐火性的玻璃纖維和其他添加物。
- 飾面基底是覆有特殊表面紙材的石膏孔板，以利塗布飾面墁料。

修邊配件

許多種鍍鋅鋼或鋅合金配件都可以用來保護並強化墁料表面的邊緣和轉角。這些修邊配件也能做為基底，協助墁料工人施作出平整的完成面塗層，而且達到適當的厚度。因此，基底應該要筆直、水平、或垂直地牢固在其支撐件上。木質基底可以使用在需要可釘定底材的位置，以便加裝木質修邊材。

美國施工規範協會綱要編碼 09 22 36：板材網材

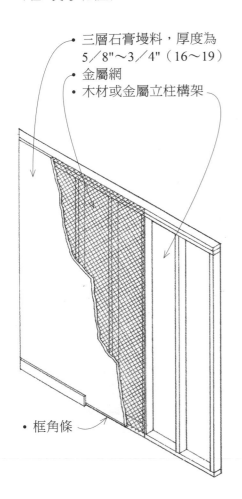
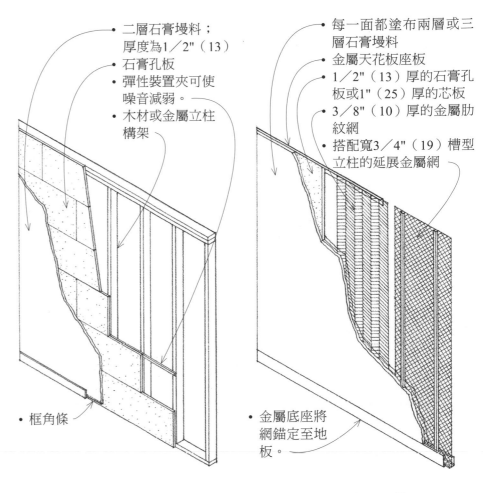

- 三層石膏墁料，厚度為5／8"～3／4"（16～19）
- 金屬網
- 木材或金屬立柱構架
- 框角條

- 二層石膏墁料；厚度為1／2"（13）
- 石膏孔板
- 彈性裝置夾可使噪音減弱。
- 木材或金屬立柱構架
- 框角條

- 每一面都塗布兩層或三層石膏墁料
- 金屬天花板座板
- 1／2"（13）厚的石膏孔板或1"（25）厚的芯板
- 3／8"（10）厚的金屬肋紋網
- 搭配寬3／4"（19）槽型立柱的延展金屬網
- 金屬底座將網錨定至地板。

墁料覆蓋金屬網
- 三層墁料塗布在金屬網上。
- 木材或金屬立柱以中心間距16"或24"（405或610）設置，視所用金屬網的重量而定；請詳見10.04的表格。
- 構架應是堅固、具剛性、平面、以及水平的；撓度應限制在支撐間距的1／360。
- 網的長向或網的肋紋橫跨在支撐件上。

墁料覆蓋在石膏孔板上
- 二層墁料通常使用在石膏孔板上。飾面墁料可以像1／16"～1／8"（2～3）厚的單層完成面一樣，塗布在特殊的石膏板基底上。
- 3／8"（10）厚的孔板以中心間距16"（405）設置支撐件；1／2"（13）厚的孔板以中心間距24"（610）設置支撐件。
- 孔板的長向橫跨在支撐件上；孔板的端部必須承重在支撐件上，或以板金夾支撐。

實心墁料隔間牆
- 總厚度2"（51）的隔間牆可節省占地空間。
- 三層墁料塗布在金屬網或石膏孔板的兩側。
- 必須以專利天花板座板和金屬底座錨定件來固定隔間牆。

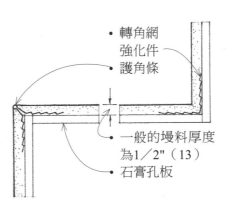

- 網的側邊重疊1／2"（13）、端部重疊1"（25）、內轉角處重疊3"（75）。
- 墁料的厚度為5／8"～3／4"（16～19）
- 金屬網
- 護角條設置在外角

- 轉角網強化件
- 護角條
- 一般的墁料厚度為1／2"（13）
- 石膏孔板

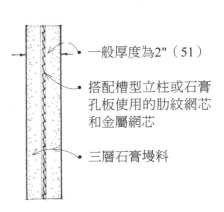

- 一般厚度為2"（51）
- 搭配槽型立柱或石膏孔板使用的肋紋網芯和金屬網芯
- 三層石膏墁料

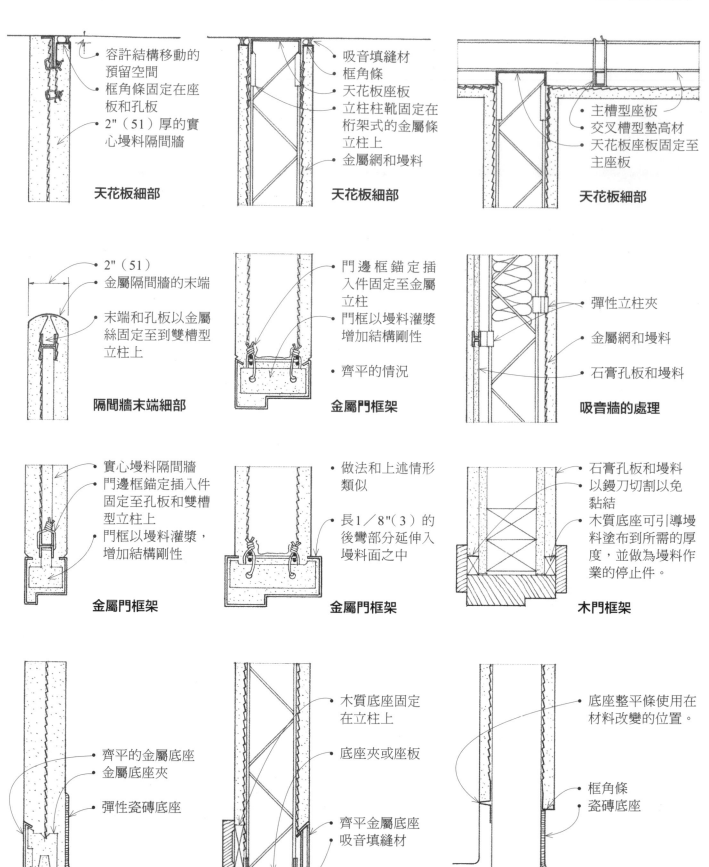

• 容許結構移動的
  預留空間
• 框角條固定在座
  板和孔板
• 2"（51）厚的實
  心墁料隔間牆

天花板細部

• 吸音填縫材
• 框角條
• 天花板座板
• 立柱柱靴固定在
  桁架式的金屬條
  立柱上
• 金屬網和墁料

天花板細部

• 主槽型座板
• 交叉槽型墊高材
• 天花板座板固定至
  主座板

天花板細部

• 2"（51）
• 金屬隔間牆的末端
• 末端和孔板以金屬
  絲固定至到雙槽型
  立柱上

隔間牆末端細部

• 門邊框錨定插
  入件固定至金屬
  立柱
• 門框以墁料灌漿
  增加結構剛性
• 齊平的情況

金屬門框架

• 彈性立柱夾
• 金屬網和墁料
• 石膏孔板和墁料

吸音牆的處理

• 實心墁料隔間牆
• 門邊框錨定插入件
  固定至孔板和雙槽
  型立柱上
• 門框以墁料灌漿，
  增加結構剛性

金屬門框架

• 做法和上述情形
  類似
• 長1／8"（3）的
  後彎部分延伸入
  墁料面之中

金屬門框架

• 石膏孔板和墁料
• 以鏝刀切割以免
  黏結
• 木質底座可引導墁
  料塗布到所需的厚
  度，並做為墁料作
  業的停止件。

木門框架

• 齊平的金屬底座
• 金屬底座夾
• 彈性瓷磚底座

替代型底座的細部

• 木質底座固定
  在立柱上
• 底座夾或座板
• 齊平金屬底座
• 吸音填縫材

• 底座整平條使用在
  材料改變的位置。
• 框角條
  瓷磚底座

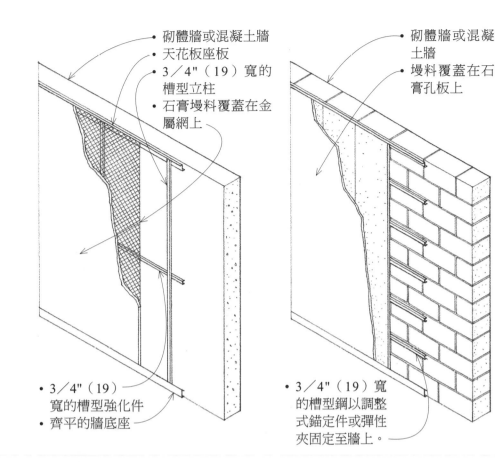

- 砌體牆或混凝土牆
- 天花板座板
- 3／4"（19）寬的槽型立柱
- 石膏墁料覆蓋在金屬網上

- 3／4"（19）寬的槽型強化件
- 齊平的牆底座

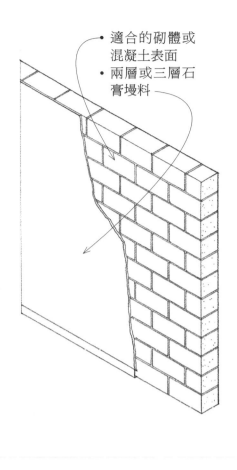

- 砌體牆或混凝土牆
- 墁料覆蓋在石膏孔板上

- 3／4"（19）寬的槽型鋼以調整式錨定件或彈性夾固定至牆上。

- 適合的砌體或混凝土表面
- 兩層或三層石膏墁料

墁料覆蓋墊高材

遇到以下情況時，墁料應塗布在孔板（金屬網）和墊高材上：

- 砌體表面不適合直接應用時
- 溼氣或凝結水可能穿透牆面時
- 需要額外的空氣間或絕緣材料空間時
- 期望以彈性牆面做為空間中吸音處理的方式時

- 木材或金屬墊高材可垂直或水平地使用。
- 墁料作業前需在墊高材上設置金屬網或石膏孔板；此處的應用方式和支撐間距均類似10.06的例了。
- 可取得適用於不同墊高材深度的牆壁錨定件。

直接應用

- 二層墁料，厚度為5／8"（16），通常會直接塗布在砌體上。
- 如果磚、黏土瓦、或混凝土砌體的表面夠粗糙多孔而利於妥善結合，就可以直接塗布墁料。
- 當墁料直接覆蓋在緻密無孔的表面，像是混凝土上時，就必須使用黏結劑。

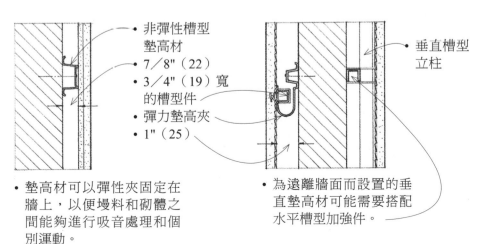

- 非彈性槽型墊高材
- 7／8"（22）
- 3／4"（19）寬的槽型件
- 彈力墊高夾
- 1"（25）

- 墊高材可以彈性夾固定在牆上，以便墁料和砌體之間能夠進行吸音處理和個別運動。

- 垂直槽型立柱

- 為遠離牆面而設置的垂直墊高材可能需要搭配水平槽型加強件。

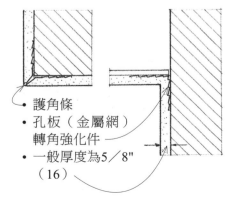

- 護角條
- 孔板（金屬網）轉角強化件
- 一般厚度為5／8"（16）

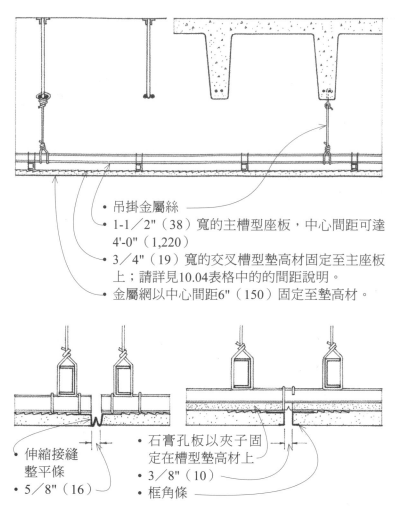

- 吊掛金屬絲
- 1-1／2"（38）寬的主槽型座板，中心間距可達 4'-0"（1,220）
- 3／4"（19）寬的交叉槽型墊高材固定至主座板 上；請詳見10.04表格中的的間距說明。
- 金屬網以中心間距6"（150）固定至墊高材。

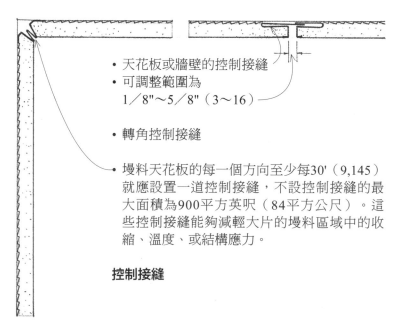

- 伸縮接縫 整平條
- 5／8"（16）

- 石膏孔板以夾子固 定在槽型墊高材上
- 3／8"（10）
- 框角條

- 天花板或牆壁的控制接縫
- 可調整範圍為 1／8"～5／8"（3～16）

- 轉角控制接縫

- 墁料天花板的每一個方向至少每30'（9,145） 就應設置一道控制接縫，不設控制接縫的最 大面積為900平方英呎（84平方公尺）。這 些控制接縫能夠減輕大片的墁料區域中的收 縮、溫度、或結構應力。

控制接縫

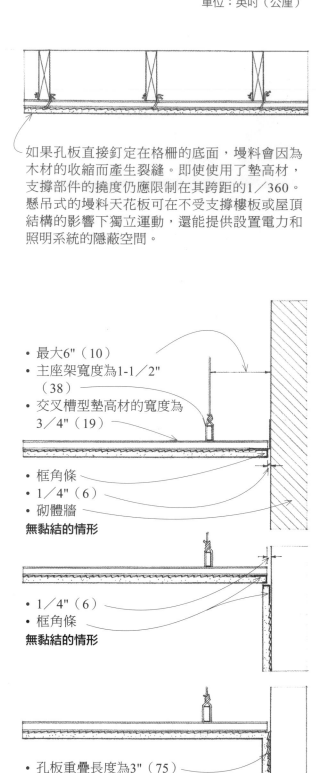

如果孔板直接釘定在格柵的底面，墁料會因為 木材的收縮而產生裂縫。即使使用了墊高材， 支撐部件的撓度仍應限制在其跨距的1／360。 懸吊式的墁料天花板可在不受支撐樓板或屋頂 結構的影響下獨立運動，還能提供設置電力和 照明系統的隱蔽空間。

- 最大6"（10）
- 主座架寬度為1-1／2" （38）
- 交叉槽型墊高材的寬度為 3／4"（19）

- 框角條
- 1／4"（6）
- 砌體牆

無黏結的情形

- 1／4"（6）
- 框角條

無黏結的情形

- 孔板重疊長度為3"（75）
- 連續的墁料表面需要剛性 支撐

受限的情形

牆和天花板接縫

石膏板是一種用來覆蓋牆面或作用類似孔板的板材。石膏板是由表面與邊緣皆經過處理，能滿足特定性能、地點、應用方式、和外觀需求的石膏芯所組成。石膏板有良好的耐火性和尺寸穩定性。此外，石膏板相對大的片板尺寸使其成為安裝時較為經濟實惠的材料。石膏牆板的含水量低，因此通常被視為乾式牆面，僅需要微量或不需要水就能應用在室內牆或天花板上。Sheetrock是石膏板品牌的商標之一。

石膏板的邊緣樣式大不相同。多層構造中的基底板或中層板可能有方形或雌雄榫接式的企口邊緣。完成面預成板有方形或倒角的邊緣。但石膏板仍以收窄邊緣的樣式最為常見。這種收窄的邊緣方便讓接合處貼合並填補出堅固且隱形的接縫。石膏板因此形成平滑的表面，既能單獨做為完成面，也可以使用油漆，或加上紙材、乙烯基、或布料等牆體覆蓋材的方式來製作完成面。

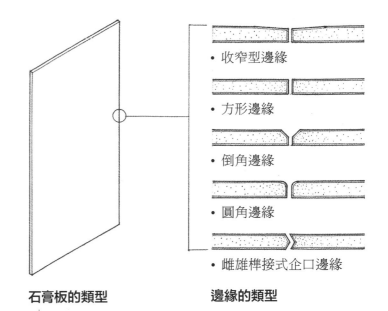

- 收窄型邊緣
- 方形邊緣
- 倒角邊緣
- 圓角邊緣
- 雌雄榫接式企口邊緣

石膏板的類型　　**邊緣的類型**

標準型牆板
- 收窄型邊緣
- 寬4'（1,220）、長8'～16'（2,440～4,875）
- 1／4"（6）厚的板材可以做為吸音控制牆的底層；3／8"（10）厚的板材使用在多層構造和翻新的案件中；1／2"和5／8"（13和16）厚的板材則使用在單層構造中。

夾芯板
- 方形或企口邊緣
- 厚度為1"（25）
- 寬度為2'（610）、長度為4'～16'（1,220～4,875）
- 做為升降機井道、樓梯、機械間、和實心石膏隔間牆基底的內襯板。

鋁箔背襯石膏板
- 方形或收窄型邊緣
- 厚3／8"、1／2"、5／8"（10、13、16）
- 寬4'（1,220）、長8'～16'（2,440～4,875）
- 鋁箔背襯可做為蒸氣阻滯層，當鋁箔面正對著3／4"（19）寬的封閉空氣間時，可當做反射性的熱絕緣層使用。

防水板
- 收窄型邊緣
- 厚1／2"、5／8"（13、16）
- 寬4'（1,220）、長8'～12'（2,440～3,660）
- 在高溼度地區做為瓷磚或其他非吸水磚的底層。

X 型板
- 收窄型或圓角邊緣
- 厚1／2"、5／8"（13、16）
- 寬4'（1,220）、長8'～16'（2,440～4,875）
- 板芯摻有玻璃纖維和其他添加物以提升耐火性；也有鋁箔背襯型的選擇。

完成面預成板
- 方形邊緣
- 厚5／16"（8）
- 寬4'（1,220）、長8'（2,440）
- 乙烯基或印刷紙材的表面有多種顏色、圖樣、和紋理可以選擇。

背襯板
- 方形或企口邊緣
- 厚3／8"、1／2"、5／8"（10、13、16）
- 寬4'（1,220）、長8'（2,440）
- 做為多層組合的底層以提升剛性、聲音隔絕性、和耐火性；可搭配標準型或X型板芯或鋁箔背襯。

外覆板
- 方形或企口邊緣
- 厚1／2"、5／8"（13、16）
- 寬2'或4'（610或1,220）、長8'～10'（2,438～3,048）
- 做為外覆用途時，內為防火板芯、板面貼覆防水紙；可搭配標準型或X型板芯。

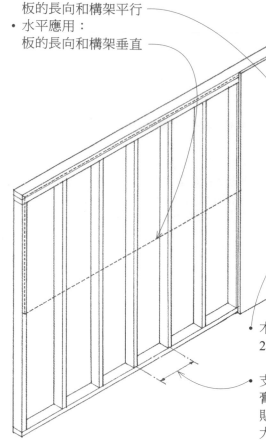

- 外部和地面下的砌體牆或混凝土牆在覆蓋石膏板之前必須先設置墊高材，避免毛細作用運輸水份並減少內牆面發生凝結現象。

- 垂直應用：
  板的長向和構架平行
- 水平應用：
  板的長向和構架垂直

- 木頭墊高材最小為 1×2；使用 2×2s或金屬槽座可提升剛性。

- 支撐間距：貼覆3／8"（10）厚的石膏板時，最大間距為16"（405）；貼覆1／2"（13）厚的石膏板時，最大間距為24"（610）。

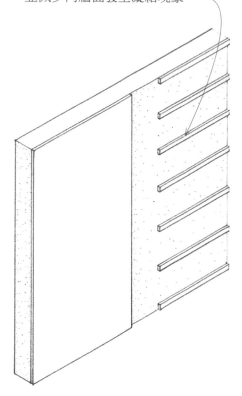

砌體或混凝土底座

石膏板可以貼覆在位在地面上方、表面乾燥、平滑、均勻，且不含油或其他分隔材料的砌體牆或混凝土牆上。

立柱牆底座

石膏板可以直接固定在結構良好且剛性充足的木材或金屬立柱構架上，以避免石膏板挫屈或開裂。構架面應形成平坦且均勻的平面。

如果能使接縫量減少，水平貼覆的方式因為能夠達到較大的剛性而較受歡迎。末端的對接接縫必須維持最少量，並且落在支撐件之上。

遇到以下情況時，應設置木頭或金屬的墊高材：
- 構架或砌體底座不夠平坦均勻時
- 構架的支撐間距過大時
- 需要能夠設置熱絕緣材或隔音材的額外空間時
- 需以彈性槽型墊高材來提升組件的隔音性能時

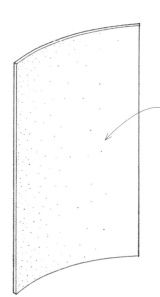

- 石膏板可以彎曲並順著立柱的弧線貼覆。最大的彎曲半徑如下：

板的厚度	縱向	寬度
1／4"（6）	5'-0"（1,525）	15'-0"（4,570）
3／8"（10）	7'-6"（2,285）	25'-0"（7,620）
1／2"（13）	20'-0"（6,095）	

美國施工規範協會綱要編碼 09 21 16：石膏板組件

石膏板可以中心間距16"（405）直接固定至格柵的底面。地板或屋頂結構的撓度應限制在跨距的1／240。為了提升對聲音傳遞的抵抗性，以及為了在混凝土或鋼格柵上貼覆石膏板時，皆可以中心間距16"或24"（405或610）設置彈性槽型墊高材。為達到耐火性，可使用X型板；各種牆壁和天花板組件的防火等級請詳見附錄A.12～A.13。

天花板

- 石膏板可由槽型墊高材形成的網格支撐，並且吊掛成懸吊式天花板。

- 吊掛金屬絲
- 以中心間距4'（1,220）設置1-1／2"（38）寬的冷軋槽座

- 以中心間距16"（405）設置7／8"（22）寬的金屬槽型墊高材，夾緊或綁繫固定在主槽座上。
- 1／2"或5／8"（13或16）厚的石膏板

- 轉角強化膠帶

- 頂板或天花板槽型座板
- 木立柱或金屬立柱

- 單層構造是由1／2"或5／8"（13或16）厚的石膏牆板，以乾式牆釘或螺釘固定而成。釘定之外還可塗上膠合劑以增加黏結度。

- 彈性槽型墊高材可用來提升牆組件的隔音等級（sound transmission classification, STC）。

- 一般的厚度為1／2"（13）

- 檻板或槽型座板

- 必須以木質、金屬、或乙烯基的底座來遮蔽並做為地板接縫處的完成面。

牆

- 在隔間牆鄰接著不同材料的地板或天花板處，使用吸音填縫材來阻絕聲音傳播。

- 複層構造可用來提升牆組件的耐火等級和隔音等級。

- 乳狀膠合劑通常用來黏結複層構造中的層板；相鄰層的接縫必須交錯設置以達到較大的剛度。

- 各種牆壁和天花板組件的防火等級請詳見附錄A.12～A.13。

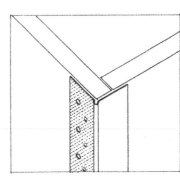

- 護角條

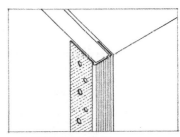

- 金屬邊緣修整條
- 有多種外形樣式

- 外角和外露的邊緣應使用金屬護角條和邊緣修整條加以保護以免受損。金屬修整條的配件須以接合劑施作完成面。

邊緣

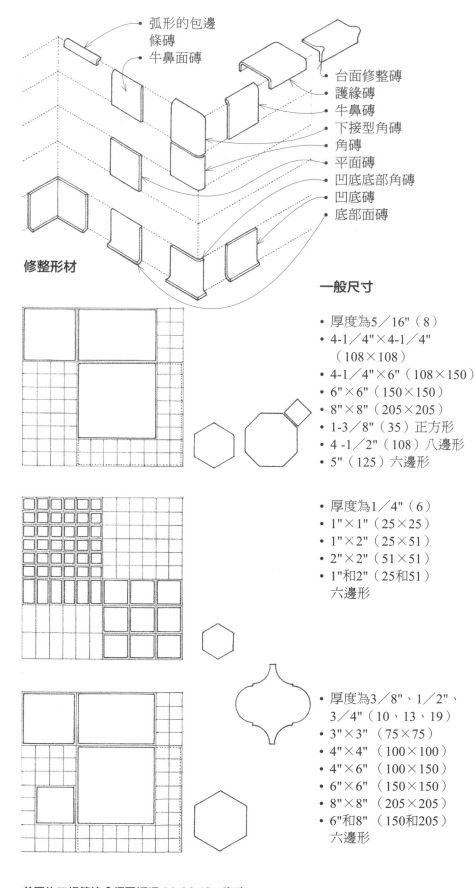

弧形的包邊
條磚
牛鼻面磚

台面修整磚
護緣磚
牛鼻磚
下接型角磚
角磚
平面磚
凹底底部角磚
凹底磚
底部面磚

修整形材

一般尺寸

- 厚度為5／16"（8）
- 4-1／4"×4-1／4"
  （108×108）
- 4-1／4"×6"（108×150）
- 6"×6"（150×150）
- 8"×8"（205×205）
- 1-3／8"（35）正方形
- 4 -1／2"（108）八邊形
- 5"（125）六邊形

- 厚度為1／4"（6）
- 1"×1"（25×25）
- 1"×2"（25×51）
- 2"×2"（51×51）
- 1"和2"（25和51）
  六邊形

- 厚度為3／8"、1／2"、
  3／4"（10、13、19）
- 3"×3"（75×75）
- 4"×4"（100×100）
- 4"×6"（100×150）
- 6"×6"（150×150）
- 8"×8"（205×205）
- 6"和8"（150和205）
  六邊形

瓷磚是由黏土或其他陶瓷材料製成的小型模組化表面單元。瓷磚在極高溫度的窯中燒製而成，是一種耐久、堅硬、緻密的建築材料，具備防水、不易染色、容易清潔的特性；一般都不會褪色。

瓷磚可以上釉或不上釉。釉面磚的表面是將陶瓷材料熔入磚體之中，形成色彩範圍廣泛的亮面、霧面、或結晶完成面。無釉磚本身既堅硬又緻密，它的顏色來自於黏土材料。而這些顏色往往會比釉面磚的成色來得弱。

瓷磚類型

釉面壁磚

釉面壁磚有非玻璃質的磚體，以及亮面、霧面、或結晶的釉面，使用在內牆面和輕負載的地板。室外磚則是防水、防凍，內牆和外牆面上均可使用。

陶瓷馬賽克磚

陶瓷馬賽克的磚體材質是瓷質或天然黏土，用在牆壁表面時會上釉，用在地板和牆壁則不上釉。瓷質磚的色澤鮮豔，天然黏土磚則較為柔和。為了更便於處理和提升鋪設的速度，小型磚通常會取一定數量在正面貼紙，或在背面黏網，形成1'×1'（305×305）或1'×2'（305×610）並設有適當磚距的區塊。

地磚和鋪面磚

地磚是由天然黏土或瓷質燒製而成的無釉地磚。地磚可防塵、防溼、抗汙、而且耐凍和耐磨損。鋪面磚的成分與陶瓷馬賽克磚類似，但尺寸較厚也較大。可抗天候，亦可鋪設在高負載的地板上。

- 正確的尺寸、形狀、顏色、和釉面效果請向製造商諮詢。

薄底施工

薄底施工時，瓷磚是以一層薄薄的乾式沙漿、乳膠波特蘭水泥砂漿、環氧砂漿、或有機黏合劑黏貼在一連續且穩定的背襯材上。

- 薄底鋪設需要硬實、尺度穩定的石膏塈料、石膏板、或膠合板做為背襯材。

- 浴缸和淋浴間周圍的的潮溼區域應使用1／2"（13）厚的玻璃纖維強化混凝土背襯板，並以乳膠波特蘭水泥砂漿或乾式沙漿來黏結瓷磚。

- 砌體表面應該要乾淨、完好、不受風化作用影響。使用乾式或乳膠波特蘭水泥砂漿鋪設瓷磚時，表面應做粗糙化處理，以確保有良好的黏結性。

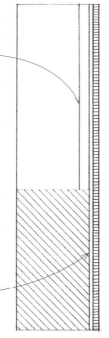

厚底施工

- 厚底施工時，瓷磚貼覆在一層波特蘭水泥砂漿床上。這種相對較厚的底層有利於在完成面作業中調整出準確的坡度，達成真正平坦的完成面。砂漿層不會因為和長時間接觸水而受到影響。

- 適合水泥砂漿床的背襯材料包括磚或混凝土砌塊、整體式混凝土、膠合板、石膏塈料、和石膏板。開放立柱構架和墊高材也可搭配金屬網一起使用。

- 砂漿設置床是一塊由波特蘭水泥、砂、水、有時還會加入熟石灰的混合物鋪設而成的區域，在牆上的厚度為3／4"～1"（19～25）。

- 砂漿床仍在塑性狀態時，瓷磚可以一層1／16"（2）厚的純波特蘭水泥或乾式砂漿來鋪設；或在砂漿床完全養護後，以1／8"～1／4"（3～6）厚的乳膠波特蘭水泥來鋪設瓷磚。

- 地板上的砂漿設置床厚度為1-1／4"～2"（32～51）

- 適合使用薄底工法的地板包括混凝土板和雙層木地板。

- 混凝土樓板應該要平滑、水平、且經過適當的強化和養護；視需要鋪設水平的頂層。

- 雙層木地板由一張最小厚度為5／8"（16）的膠合板底層地板，和一張厚度為1／2"或5／8"（13或16）室外等級的膠合板底層襯墊所組成。底層襯墊和垂直表面之間應預留1／4"（6）的空間。使用環氧樹脂砂漿時，在底層襯墊層板之間預留1／4"（6）的空間，並且填入環氧樹脂。

- 在完全載重之下，地板的最大撓度應限制在跨距的1／360。

- 適合設置水泥砂漿床的地板包括經過適當強化和養護的混凝土樓板，以及結構良好的膠合板底層地板。

- 在完全載重之下，地板的最大撓度應限制在跨距的1／360。

- 分離膜能將砂漿床與受損或不穩定的墊層隔開，並容許支撐構造做些許的獨立運動。

- 只要砂漿床是以膜材做為背襯，就應該以金屬網來強化。

美國施工規範協會綱要編碼 09 31 00：薄底瓷磚施工
美國施工規範協會綱要編碼 09 32 00：砂漿床瓷磚施工

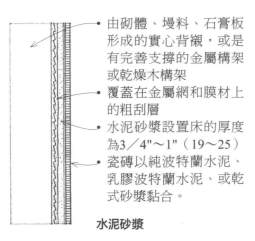

- 由砌體、墁料、石膏板形成的實心背襯，或是有完善支撐的金屬構架或乾燥木構架
- 覆蓋在金屬網和膜材上的粗刮層
- 水泥砂漿設置床的厚度為3／4"～1"（19～25）
- 瓷磚以純波特蘭水泥、乳膠波特蘭水泥、或乾式砂漿黏合。

水泥砂漿

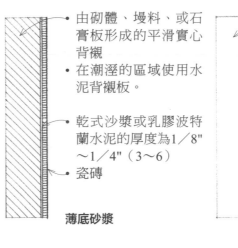

- 由砌體、墁料、或石膏板形成的平滑實心背襯
- 在潮溼的區域使用水泥背襯板。
- 乾式沙漿或乳膠波特蘭水泥的厚度為1／8"～1／4"（3～6）
- 瓷磚

薄底砂漿

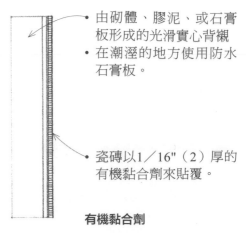

- 由砌體、膠泥、或石膏板形成的光滑實心背襯
- 在潮溼的地方使用防水石膏板。
- 瓷磚以1／16"（2）厚的有機黏合劑來貼覆。

有機黏合劑

內牆的應用

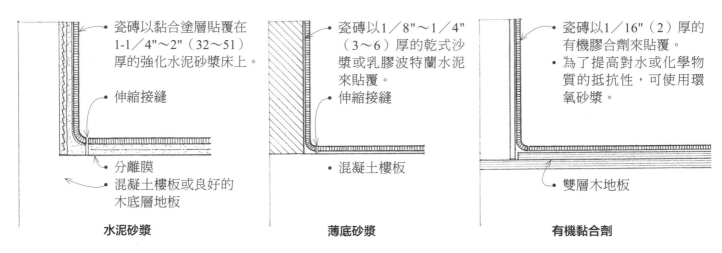

- 瓷磚以黏合塗層貼覆在1-1／4"～2"（32～51）厚的強化水泥砂漿床上。
- 伸縮接縫
- 分離膜
- 混凝土樓板或良好的木底層地板

水泥砂漿

- 瓷磚以1／8"～1／4"（3～6）厚的乾式沙漿或乳膠波特蘭水泥來貼覆。
- 伸縮接縫
- 混凝土樓板

薄底砂漿

- 瓷磚以1／16"（2）厚的有機膠合劑來貼覆。
- 為了提高對水或化學物質的抵抗性，可使用環氧砂漿。

有機黏合劑

- 雙層木地板

室內地板的應用

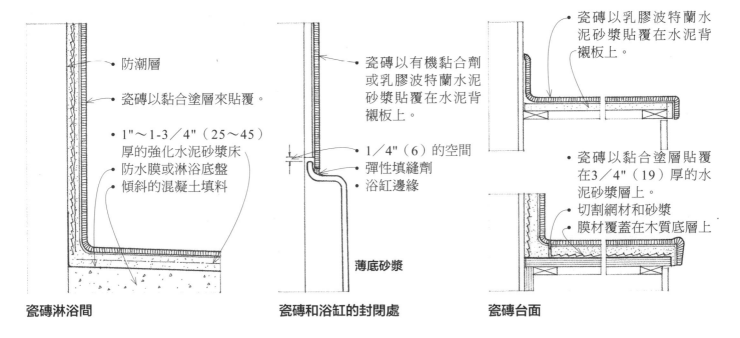

- 防潮層
- 瓷磚以黏合塗層來貼覆。
- 1"～1-3／4"（25～45）厚的強化水泥砂漿床
- 防水膜或淋浴底盤
- 傾斜的混凝土填料

瓷磚淋浴間

- 瓷磚以有機黏合劑或乳膠波特蘭水泥砂漿貼覆在水泥背襯板上。
- 1／4"（6）的空間
- 彈性填縫劑
- 浴缸邊緣

薄底砂漿

瓷磚和浴缸的封閉處

- 瓷磚以乳膠波特蘭水泥砂漿貼覆在水泥背襯板上。
- 瓷磚以黏合塗層貼覆在3／4"（19）厚的水泥砂漿層上。
- 切割網材和砂漿
- 膜材覆蓋在木質底層上

瓷磚台面

磨石子是由大理石或其他石材削片組成的馬賽克地板或鋪面，鋪設在水泥或樹脂的基質上，並在乾燥後打磨拋光。磨石子提供了緻密、極為耐用、而且光滑的地板表面，其斑駁的色調則由粒料的尺寸和顏色，以及黏合劑的顏色所控制。

磨石子完成面

- 標準磨石子主要是由相對較小的石頭削片組成、經過打磨和拋光處理的磨石子完成面。
- 威尼斯磨石子（Venetian terrazzo）主要是由大型的石片組成、以較小的石片填補其中空間、而且經過打磨和拋光處理的磨石子完成面。

金屬或塑膠尖頭分隔壓條是用來：

- 集中收縮開裂的部位
- 做為施工接縫
- 區分地板圖樣的顏色
- 做為裝飾元素

- 伸縮接縫必須覆蓋在底層地板的隔離接縫或控制接縫上。伸縮接縫由一對以彈性材料如氯丁橡膠隔開的分隔壓條所組成。

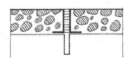

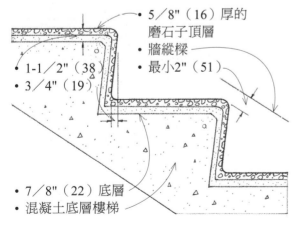

- 5／8"（16）厚的磨石子頂層
- 牆縱樑
- 最小2"（51）
- 1-1／2"（38）
- 3／4"（19）
- 7／8"（22）底層
- 混凝土底層樓梯

磨石子樓梯

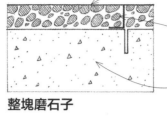

薄底磨石子

- 1／4"～1／2"（6～13）厚的樹脂頂層
- 在所有的控制接縫處設置分隔壓條
- 木材、金屬、或混凝土底層地板

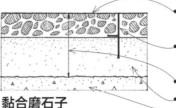

整塊磨石子

- 5／8"（16）或更厚的波特蘭混凝土頂層
- 分隔壓條以中心間距15'～20'（4,570～6,095）設置在柱線和樓板樑上；避免狹窄的比例。
- 有粗糙完成面的混凝土樓板；最小厚度為3-5／8"（90）

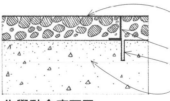

黏合磨石子

- 5／8"（16）或更厚的波特蘭混凝土頂層
- 分隔壓條以最大中心間距6'（1,830）設置
- 總體厚度最小為1-3／4"（45）
- 砂漿底層
- 有粗糙完成面的混凝土樓板

化學黏合磨石子

- 5／8"（16）或更厚的波特蘭混凝土頂層
- 像整塊磨石子一樣設置分隔壓條
- 鋸切控制接縫
- 如果混凝土表面太過平滑而不利於企口黏結，可以在光滑完成面的板上塗布化學黏結劑。

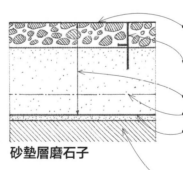

砂墊層磨石子

- 5／8"（16）或更厚的波特蘭混凝土頂層
- 分隔壓條以最大中心間距6'（1,830）設置
- 總體厚度最小為2-1／2"（64）
- 強化砂漿底床
- 如果預期會有結構運動，隔離膜必須覆蓋在砂床上1／4"（6）的位置以控制開裂情形。
- 底層地板

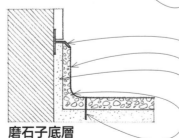

磨石子底層

- 底座收邊條
- 3／8"（10）厚的磨石子
- 可以改變底床的厚度而做出凹陷、齊平、或凸出的底座情形。
- 半徑為1"～1-1／2"（25～38）
- 分隔壓條

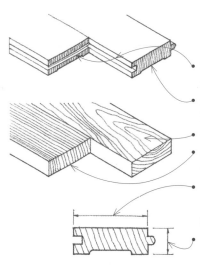

- 木條沿著側邊和末端相互接合以形成雌雄榫接式企口接頭。
- 空心或粗刮的背板能使板緣牢固在底層地板的表面。
- 平紋、平鋸
- 邊緣或垂直的紋理、1／4鋸（徑鋸）
- 面寬：
  1-1／2"、2"、2-1／4"、3-1／4"（38、51、57、85）
- 厚度：
  輕負載：3／8"、1／2"、5／8"（10、13、16）
  正常負載：25／32"（20）
  重負載：33／32"、41／32"、53／32"（25、33、41）

條狀地板

條狀地板是由面寬3-1／4"（85）或較小面寬的長木條所構成。

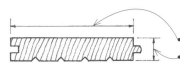

- 寬度為3-1／4"～8"（85～205）
- 厚度相似於所有的條狀地板材

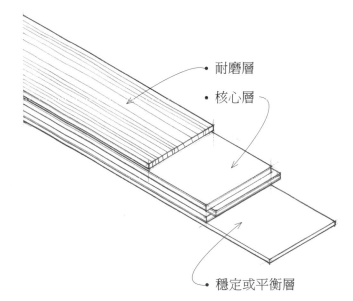

- 耐磨層
- 核心層
- 穩定或平衡層

木地板除了能夠營造出舒適度和溫暖感，還結合了耐久性和耐磨性。不管硬木和軟木，只要是耐用、硬質、紋理緻密的品種都可以做為地板材料。硬木地板的常見品種包括橡木、楓木、樺木、山核桃、和櫻桃木。軟木地板的常見品種包括南方松、花旗松、和鐵杉。如果可能，應盡量使用有永續來源認證的地板木材。嚴格來說，竹子雖然不算是木材，卻是一種相對生長快速的草類製品，因此符合可再生資源的資格。（LEED® 材料與資源認證4：建築產品宣告與最佳化——材料成分）

不同品種的木地板材料以外觀來分級，但並不按照同樣的標準。最高等級——乾淨或經過篩選的，通常節疤、斑紋、縱裂、和破損紋理等缺陷情形會最少。精確的標準和規範請向地板材料製造商諮詢。

實木地板有條狀板和厚板的形式可以選擇。

厚板木地板

厚板木地板是指寬度大於3-1／4"（85）的木地板。末端和側邊相接的板材以盲釘固定。也可以從正面打釘或以螺釘固定，並且填塞封住。某些新的厚板木地板系統可以膠合劑或黏合劑來鋪設。如果要降低溼度變化對寬幅厚板的影響，可採用三層層壓的厚板。

木地板最常使用透明的聚氨酯、亮光漆、或滲透型塗封劑來做完成面處理。完成面的質感幅度可從高亮面光澤變換到緞面光澤。在理想情況下，完成面應該要能提升木材的耐久和防水、抗污、抗染色的性能，而不會掩蓋木材的天然美感。染色劑能在木材的天然色澤上添加顏色而不掩蓋木紋。木地板還可以打蠟、上漆、或以刻花模板印上圖樣，但上漆過的完成面需要更多的維護保養。

工程地板

工程地板（又譯做複合式地板）是以壓克力浸漬、或以胺基甲酸乙脂或乙烯基密封的板材。層壓式地板將木單板在內的高壓層壓板，組合成耐用、以壓克力胺基鉀酸乙脂密封的板材。竹地板則是將竹子經過高壓層壓、磨製成厚板、浸泡聚氨酯、並塗布丙烯酸聚氨酯的地板。

美國施工規範協會綱要編碼 09 62 23：竹地板材料
美國施工規範協會綱要編碼 09 64 00：木地板材料

木條和厚板地板需有木材底層地板、或是間隔排列的枕木基底。膠合板或鑲板底層地板、木格柵地板系統的組成部位皆可設置在其他地板系統上，再貼覆木地板。混凝土樓板上通常要先覆蓋經過處理的枕木，再貼覆木材底層地板或木地板完成面。當木地板設置在地面混凝土樓板上、或低於地面的混凝土樓板時，這種避免地板材料受潮的做法尤其重要。

木塊地板需有乾淨、乾燥、光滑、且平整的表面，比如膠合板底層地板或底層襯墊。雖然方塊地磚可以貼覆在乾燥的混凝土樓板表面，但最好還是將木地板鋪設在膠合板底層地板上，以及設置在經過處理的枕木上方的蒸氣阻滯層上，特別是地下室更需如此。

當木地板的含水量隨著大氣溼度變化時，板材會收縮和膨脹。木地板應等到完成建築物的包覆、安裝永久照明和加熱設備，且所有的建築材料都乾燥之後才開始鋪設。木地板應該事先置放在即將鋪設的空間中數天，以適應新環境的室內情形。在鋪設地板時，應該沿著木地板的四周提供通風和膨脹的空間。

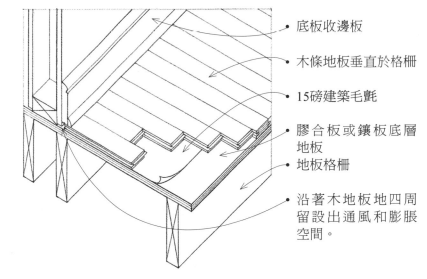

• 底板收邊板
• 木條地板垂直於格柵
• 15磅建築毛氈
• 膠合板或鑲板底層地板
• 地板格柵
• 沿著木地板地四周留設出通風和膨脹空間。

木條地板覆蓋在底層木地板上

• 聚乙烯膠片
• 2×4或兩個1×3s
• 經過處理的枕木以中心間距16"（405）設置在膠黏水泥上。
• 枕木可以設置在彈簧鋼座或其他彈性枕墊上。
• 蒸氣緩凝層使用於地面上的混凝土樓板。

木條地板覆蓋在混凝土樓板上

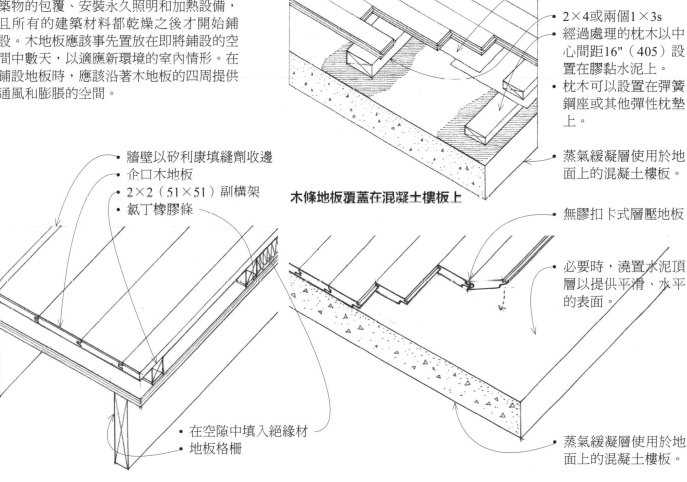

• 牆壁以矽利康填縫劑收邊
• 企口木地板
• 2×2（51×51）副構架
• 氯丁橡膠條

• 無膠扣卡式層壓地板
• 必要時，澆置水泥頂層以提供平滑、水平的表面。

• 在空隙中填入絕緣材
• 地板格柵

• 蒸氣緩凝層使用於地面上的混凝土樓板。

浮式木地板的安裝　　　　　　　**無膠層壓木地板的安裝**

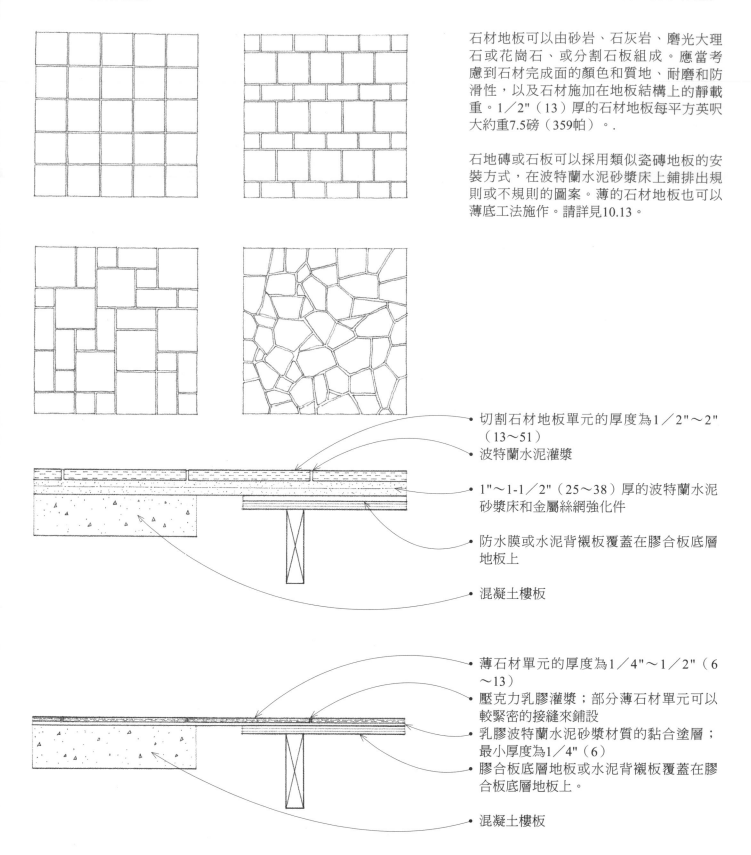

石材地板可以由砂岩、石灰岩、磨光大理石或花崗石、或分割石板組成。應當考慮到石材完成面的顏色和質地、耐磨和防滑性，以及石材施加在地板結構上的靜載重。1／2"（13）厚的石材地板每平方英呎大約重7.5磅（359帕）。．

石地磚或石板可以採用類似瓷磚地板的安裝方式，在波特蘭水泥砂漿床上鋪排出規則或不規則的圖案。薄的石材地板也可以薄底工法施作。請詳見10.13。

- 切割石材地板單元的厚度為1／2"～2"（13～51）
- 波特蘭水泥灌漿

- 1"～1-1／2"（25～38）厚的波特蘭水泥砂漿床和金屬絲網強化件

- 防水膜或水泥背襯板覆蓋在膠合板底層地板上

- 混凝土樓板

- 薄石材單元的厚度為1／4"～1／2"（6～13）
- 壓克力乳膠灌漿；部分薄石材單元可以較緊密的接縫來鋪設
- 乳膠波特蘭水泥砂漿材質的黏合塗層；最小厚度為1／4"（6）
- 膠合板底層地板或水泥背襯板覆蓋在膠合板底層地板上。

- 混凝土樓板

美國施工規範協會綱要編碼 09 63 40：石材地板

彈性地板材料提供經濟、相對緻密、不吸水、耐用且容易保養的地板表面，彈性地板的彈性級數使其除了能夠抵抗永久性的壓痕，踩在腳下時也能安靜又舒適。然而，彈性地板能達到多大的舒適度，不僅取決於本身的彈性，也取決於背襯材和支撐基質的硬度。

沒有一種彈性地板能在各方面都表現得面面俱到。以下列出在特定領域表現良好的類型。

- 具韌性且安靜：軟木地磚、橡膠地磚、同質乙烯基地磚
- 抗壓痕：同質乙烯基地磚、乙烯基板、覆上乙烯基塗料的軟木地磚
- 抗汙性：橡膠地磚、同質乙烯基地磚、乙烯基合成地磚、亞麻油地氈
- 耐鹼性：覆上乙烯基塗料的軟木地磚、乙烯基板、同質乙烯基地磚、橡膠地磚
- 耐油性：乙烯基板、同質乙烯基地磚、覆上乙烯基塗料的軟木地磚、亞麻油地氈
- 耐久性：同質乙烯基地磚、乙烯基板、乙烯基合成地磚、橡膠地磚
- 易保養：乙烯基板、同質乙烯基地磚、乙烯基合成地磚、覆上乙烯基塗層的軟木地磚

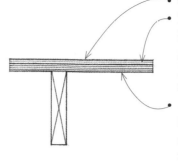

- 表面必須平滑、堅固、乾淨、乾燥。
- 雙層木地板是由至少1／4"（6）厚的硬紙板底層襯墊、或至少3／8"（10）厚的磨砂膠合板底層襯墊所組成，以表面紋理垂直於地板格柵或地板板材的方式來鋪設。
- 單層木地板是由至少5／8"（16）厚的底層地板或襯墊鑲板所組成，以表面紋理垂直於地板格柵或地板板材的方式設置；請詳見4.32。

木質底層地板

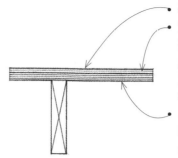

- 表面必須平滑、緻密、乾淨、乾燥。
- 在預鑄樓板上澆置2"～3"（51～75）厚的強化混凝土頂層；在輕質混凝土樓板上澆置1"（25）厚的混凝土頂層。
- 在地面上的混凝土樓板底下鋪設防潮層和礫石基底。
- 針對設置在地面下的混凝土樓板，提供防水膜和2"（51）厚的泥板。

混凝土底層地板

LEED 室內環境品質認證 2：低逸散性材料

地板類型	成分	厚度	尺寸	可應用的位置
乙烯基板	有纖維背襯的乙烯基樹脂	.065" ～ .160"（2～4）	寬 6' ～ 15'（1,830 ～ 4,570）	B O S
同質乙烯基地磚	乙烯基樹脂	1/16" ～ 1/8"（2～3）	9" x 9"（230 x 230）12"x 12"（305 x 305）	B O S
乙烯基合成地磚	填料的乙烯基樹脂	.050" ～ .095"（1～2）	9" x 9"（230 x 230）12" x 12"（305 x 305）	B O S
軟木地磚	原始軟木和樹脂	1/8" ～ 1/4"（3～6）	6" x 6"（150 x 150）9" x 9"（230 x 230）	S
覆上乙烯基塗層的軟木地磚	原始軟木、乙烯樹脂	1/8"、3/16"（3、5）	9"x 9"（230 x 230）12" x 12"（305 x 305）	S
橡膠地磚	橡膠合成物	3/32" ～ 3/16"（2～5）	9" x 9"（230 x 230）12"x 12"（305 x 305）	B O S
亞麻油氈板	亞麻籽油、軟木、松香	1/8"（3）	寬 6'（1830）	S
亞麻油氈地磚	亞麻籽油、軟木、松香	1/8"（3）	9" x 9"（230 x 230）12" x 12"（305 x 305）	S

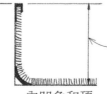

S：懸掛部位

O：地面上

B：地面下

- 適用於彈性地板的內凹式對接
- 適用於地毯地板的直線式接合
- 適用於任何地板類型的頂層內凹式接合
- 內凹角和頂部壓條

- 一般高度為 2-1／2"、4"、6"（64、100、150）

- 可取得多種因應牆壁底座、梯鼻、踏板、和門檻的彈性地板配件。

美國施工規範協會綱要編碼 09 65 00：彈性地板

地毯能讓地板同時產生視覺上和質料上的柔軟、彈性、和溫暖特性，色彩和樣式上也相當廣泛。這些特質進一步地使地毯吸音、減少噪音衝擊，並且提供了行走起來舒適且安全的表面。整體而言，地毯相當容易保養維護。

地毯的鋪設方式通常是從一端牆到另一端牆，覆蓋著整片房間地板。地毯可以直接鋪在底層地板和底層襯墊上，省去施作地板完成面；也可以鋪在既有的地板上。

地毯纖維

- 尼龍：主要的表面纖維；優良的強度和耐磨性；具有髒污和霉菌抵抗力；使用導電細絲可達到抗靜電的性能
- 聚丙烯（烯類）：良好的耐磨性、髒污和霉菌抵抗力；廣泛地用於室外地毯
- PET聚脂：由回收塑膠容器製成的耐用聚酯形式；可抵抗髒污、磨損、污漬、褪色
- 羊毛：彈性極佳且溫暖；良好的髒污抵抗力、防焰、耐溶劑性；可清潔
- 棉花：不像其他表面纖維耐用，但平織地毯有其獨特的柔軟度和可著色性

- 塑膠纖維是危害呼吸系統的氣體來源之一；某些會在燃燒時產生有毒煙霧。選擇使用通過地毯工業協會（Carpet and Rug Institute）室內空氣品質測試的地毯、地毯膠合劑、和地墊。地毯工業協會也建議在鋪設地毯時讓換氣風扇全程運作，可能的話，在施工期間和完工後的48～72小時打開門窗，讓空間盡可能通風。

- LEED室內環境品質認證2：低逸散材料統

地毯構造

- 簇絨地毯是以機械將絨頭紗線縫穿透主要的纖維背襯，再以乳膠將紗線黏結到第二層背襯上而製成。

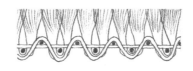

- 梭織地毯是在織布機上同時交織背襯和絨頭紗線。梭織地毯比簇絨地毯來得耐磨且穩定，但造價較為昂貴。

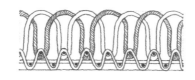

- 針織地毯分別以三組車針一環一環地將背襯、編織和絨頭紗線套結而成。

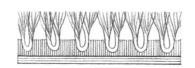

- 熔結地毯是將表面紗線熱熔在以其他材料支撐的乙烯基背襯上而製成。

- 植絨地毯藉由一股股短絨毛纖維聚集所產生的靜電而黏覆在塗有黏著劑的背襯上。

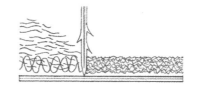

- 針刺地毯是以有倒刺的車針將地毯纖維來回刺穿聚丙烯織物片，形成氈毛狀的纖維地毯。

美國施工規範協會綱要編碼 09 68 00：地毯

- 絨毛是構成地毯表面的直立紗線簇。
- 絨毛重量是指地毯中絨頭紗線的平均重量，以「盎司／平方碼」來表示。
- 絨毛密度是指每一地毯單位量體上的絨頭紗線重量，以「盎司／立方碼」來表示。
- 針數是指在27"（685）寬的梭織地毯上的橫向絨頭紗線數量。
- 針距是指簇絨橫跨一塊簇絨地毯或針織地毯的間距，以分數表示，單位為英吋。

- 地毯墊是一種以海綿橡膠、動物毛氈、或黃麻製成，用來提升地毯彈性和舒適度、改善地毯耐用性，並減少衝擊聲傳導的地墊。

- 背襯是用來固定地毯絨頭紗線的基礎材料，提供地毯剛度、強度、和尺度穩定性。

地毯紋理

在顏色之外，地毯的主要視覺效果還有紋理。地毯的各種紋理變化會因為絨毛構造、絨毛高度，以及地毯的切割方式而有所不同。

- 割絨地毯的製造方式是將每一段絨頭紗線的絨圈割除，形成範圍從非正式粗毛到短密絲絨不等的質感。

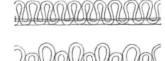

- 圈式地毯是以編織、群簇、或針織方式將絨頭紗線製成圈狀。圈式地毯比割絨地毯更為堅韌、容易保養，但能選擇的顏色和圖樣較少。

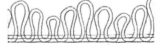

- 割絨和圈式混合型地毯在全圈式的地毯上增加了一定程度的溫暖質感。可以製造成簇絨和梭織的構造。

美國身心障礙者法案之無障礙執行準則

- 將地毯牢固至堅固的底層襯墊上。
- 地毯可能有水平割絨、水平絨圈、印花絨圈、或割絨與絨圈混合的紋理，絨毛高度最大為1／2"（13）。
- 將所有外露的邊緣沿著地板表面固定及修整。
- 超過1／4"（6）高的斜面，斜率必須縮減到1：20。

地毯專業用語

- 長毛絨：平滑切割的絨毛；切割毛線的末端混雜在一起；如果高密度的絨毛緊密地切割，則稱做絲絨長毛毯。
- 薩克森（Saxony）長毛絨：質感介於長毛絨和粗毛之間；紗線較粗

- 扭轉或起絨粗毛：比長毛絨重且粗糙；扭轉到紗線內

- 粗毛：以長且扭轉的紗線形成較為濃密的表面質感

- 水平絨圈：圈式簇絨的高度一致；非常結實；紋理變化很小

- 肋紋絨圈：形成有方向性、肋紋、或波浪紋的紋理

- 高低絨圈：在絨圈紋理上增加了另一種尺寸

- 多層次絨圈：可形成雕刻的圖樣

- 切割和絨圈：切割和非切割的絨圈一致地交錯排列；在絨圈紋理上增添柔軟度和溫暖的質感；對稱的幾何圖形可以透過切割出行列的方式形成。

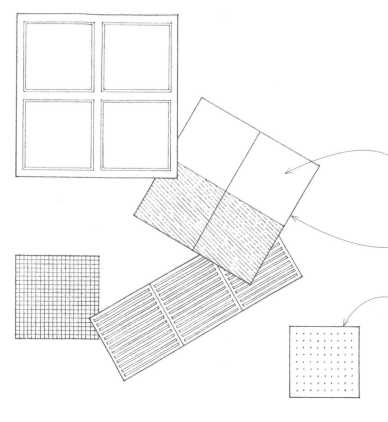

吸音天花板方塊是由有各種尺寸和紋理的柔軟吸音材料製成，例如軟木、礦物纖維、或玻璃纖維。這些模組化的單元有穿孔、印花、紋路、或裂隙的表面，可讓聲音透入纖維的空隙中。因為重量輕且密度低，天花板方塊很容易損壞。為了改善抗潮、抗衝擊、和耐磨損性，天花板方塊可以在工廠上漆，或施作成陶瓷、塑膠、鋼、或鋁等材質的表面。

• 吸音天花板方塊被製成12"×12"（305×305）、24"×24"（610×610）、24"×48"（610×1,220）的模組化尺寸。也可取得以20"、30"、48"、和60"（510、760、1,220、和1,525）為基礎的方塊尺寸。

• 一般的方塊厚度為1/2"、5/8"、3/4"（13、16、19）
• 方塊有方形、倒角、槽切、或企口型的邊緣。
• 金屬盤方塊是由表面穿孔、內含獨立吸音材料層的鋼盤或鋁盤所組成。

下列資訊請向天花板方塊製造商諮詢：
• 尺寸、圖樣、和完成面
• 降噪係數（noise-reduction coefficient, NRC）
• 防火等級
• 光反射率
• 懸吊系統的細部

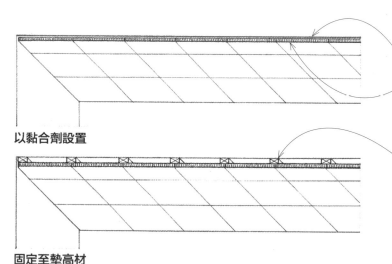

以黏合劑設置

• 必須要有一道像是混凝土板、墁料板、或石膏板的實心背襯。
• 使用特殊的黏合劑來鋪設方塊，即使基底的表面有些不規則也能達到準確且平坦的平面。

固定至墊高材

• 當基底的表面不夠平坦或不適合黏合天花板方塊時，以中心間距12"（305）設置1×3墊高條。也可能必須使用交叉墊高材和墊片來形成平坦且水平的基底。
• 方塊應以建築油毛紙做為背襯，以提供不透風的天花板表面。

表面噴塗

吸音天花板的直接應用

• 與特殊黏合劑混合的礦物或纖維素纖維吸音材料可以直接噴灑在硬質表面，比如混凝土板或石膏板。這種材料還可以噴塗到金屬網上，以提升吸音能力，並且型塑出弧形或不規則的天花板。

美國施工規範協會綱要編碼 09 51 00：吸音天花板

吸音天花板方塊可以從上一層樓的地板或屋頂結構懸吊而下，做為機械管道、電力導線管、和水管使用的隱蔽空間。燈具、灑水噴頭、火災探測裝置、和廣播系統都可以嵌入天花板內。天花板薄膜可具備防火等級，並提供支撐樓板和屋頂結構的防火保護。因此，天花板系統能將照明、空氣流通、控管噪音、和防火等功能整合起來。

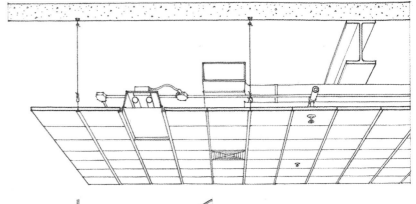

雖然各家廠商的懸吊系統在細部上可能有所不同，但都包含一組由槽型件或座板、交叉T形件、和栓槽所組成的網格。這個從頭頂的地板和屋頂結構懸吊而下的網格，可做成外露、下凹、或完全隱蔽的形式。大多數懸吊系統的吸音天花板都是可拆卸的，以便更換、或是做為進出天花板空間的出入口。

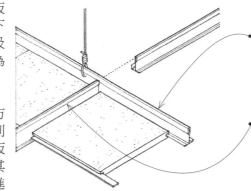

- 主座架是懸吊天花板系統的主要支撐部件，通常是由T形或槽型板金組成，利用吊掛纜線從上方結構懸吊而下。
- 交叉T形件是次要的支撐部件，通常是由主座架支撐的板金T形件所組成。

天花板遮棚和造型天花板是由布料、吸音方塊、金屬、半透明塑膠、或其他材料製成。利用懸吊裝置或纜線懸吊而下的方式，使天花板能夠吊掛在小型區域的上方，甚至吊掛得比其他天花板完成面材料低，而且通常都能做為進出上方設備空間的出入口。

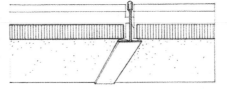

- 外露式網格懸吊系統使用倒T形件來支撐吸音天花板方塊。

整合式天花板系統將吸音、照明、和空氣調節構件合併成一個統一的整體。懸吊系統，一般會形成60英吋×60英吋（1,525公厘×1,525公厘）的網格，能夠支撐平坦或格狀的吸音板。空氣調節構件可能是模組化燈具的組成部分，會沿著設備的邊緣散布調節過的空氣；或是整合在懸吊系統中，讓調節過的空氣通過天花板板片間的窄縫擴散出去。

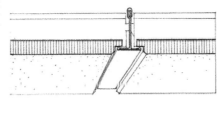

- 下凹式網格懸吊系統在槽切的接縫中支撐吸音天花板方塊。

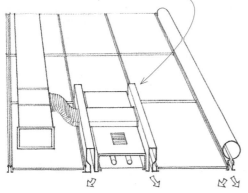

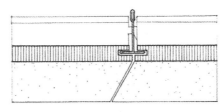

- 隱藏式網格懸吊系統隱藏在吸音天花板方塊邊緣的切縫中。

線性金屬天花板是由狹窄的陽極氧化鋁、塗漆鋼、或不銹鋼條所組成。條與條之間的槽孔可以開放或封閉。開放槽孔能使聲音被天花板空間中的棉絮隔絕材背襯吸收。線性金屬天花板系統通常會結合模組化的燈具和空氣調節構件。

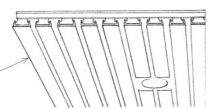

美國施工規範協會綱要編碼 09 53 00：吸音天花板懸吊組件
美國施工規範協會綱要編碼 09 54 00：特殊天花板

10.24 木接頭

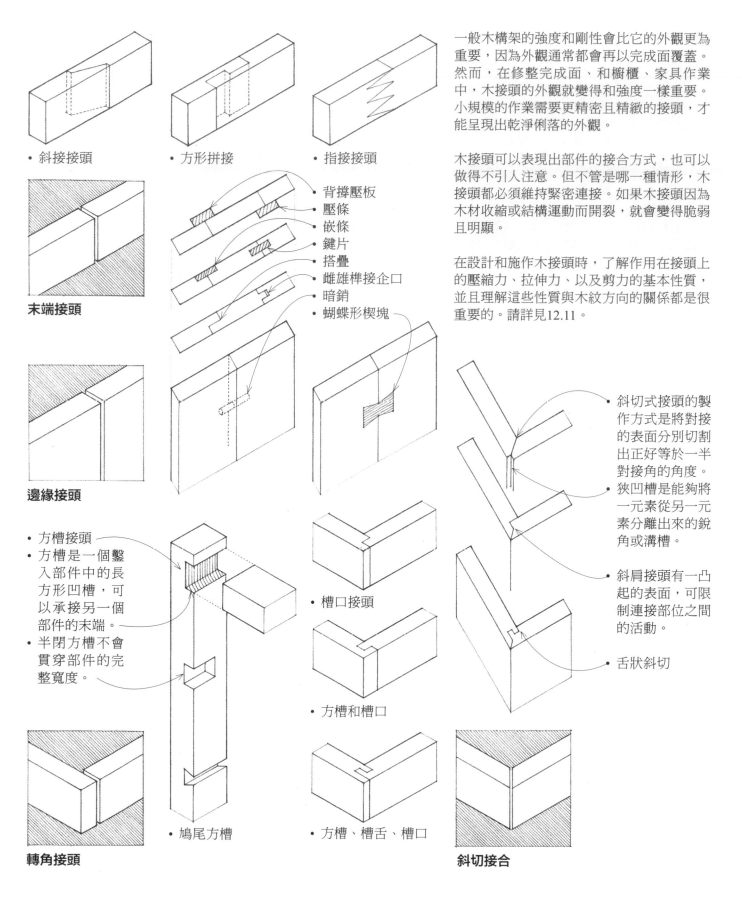

一般木構架的強度和剛性會比它的外觀更為重要，因為外觀通常都會再以完成面覆蓋。然而，在修整完成面、和櫥櫃、家具作業中，木接頭的外觀就變得和強度一樣重要。小規模的作業需要更精密且精緻的接頭，才能呈現出乾淨俐落的外觀。

木接頭可以表現出部件的接合方式，也可以做得不引人注意。但不管是哪一種情形，木接頭都必須維持緊密連接。如果木接頭因為木材收縮或結構運動而開裂，就會變得脆弱且明顯。

在設計和施作木接頭時，了解作用在接頭上的壓縮力、拉伸力、以及剪力的基本性質，並且理解這些性質與木紋方向的關係都是很重要的。請詳見12.11。

- 斜接接頭
- 方形拼接
- 指接接頭

末端接頭

- 背撐壓板
- 壓條
- 嵌條
- 鍵片
- 搭疊
- 雌雄榫接企口
- 暗銷
- 蝴蝶形楔塊

邊緣接頭

- 方槽接頭
- 方槽是一個鑿入部件中的長方形凹槽，可以承接另一個部件的末端。
- 半閉方槽不會貫穿部件的完整寬度。

- 槽口接頭

- 方槽和槽口

- 鳩尾方槽

- 方槽、槽舌、槽口

轉角接頭

- 斜切式接頭的製作方式是將對接的表面分別切割出正好等於一半對接角的角度。
- 狹凹槽是能夠將一元素從另一元素分離出來的銳角或溝槽。

- 斜肩接頭有一凸起的表面，可限制連接部位之間的活動。

- 舌狀斜切

斜切接合

美國施工規範協會綱要編碼 06 20 00：細木作

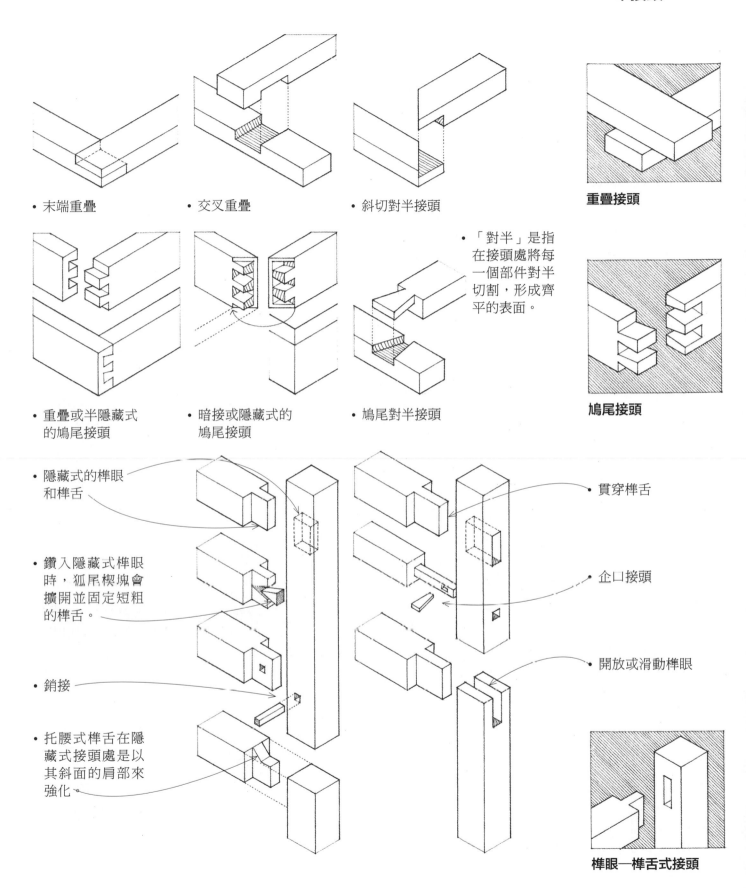

• 末端重疊

• 交叉重疊

• 斜切對半接頭

重疊接頭

• 重疊或半隱藏式
  的鳩尾接頭

• 暗接或隱藏式的
  鳩尾接頭

• 鳩尾對半接頭

• 「對半」是指
  在接頭處將每
  一個部件對半
  切割,形成齊
  平的表面。

鳩尾接頭

• 隱藏式的榫眼
  和榫舌

• 鑽入隱藏式榫眼
  時,狐尾楔塊會
  擴開並固定短粗
  的榫舌。

• 銷接

• 托腰式榫舌在隱
  藏式接頭處是以
  其斜面的肩部來
  強化

• 貫穿榫舌

• 企口接頭

• 開放或滑動榫眼

榫眼—榫舌式接頭

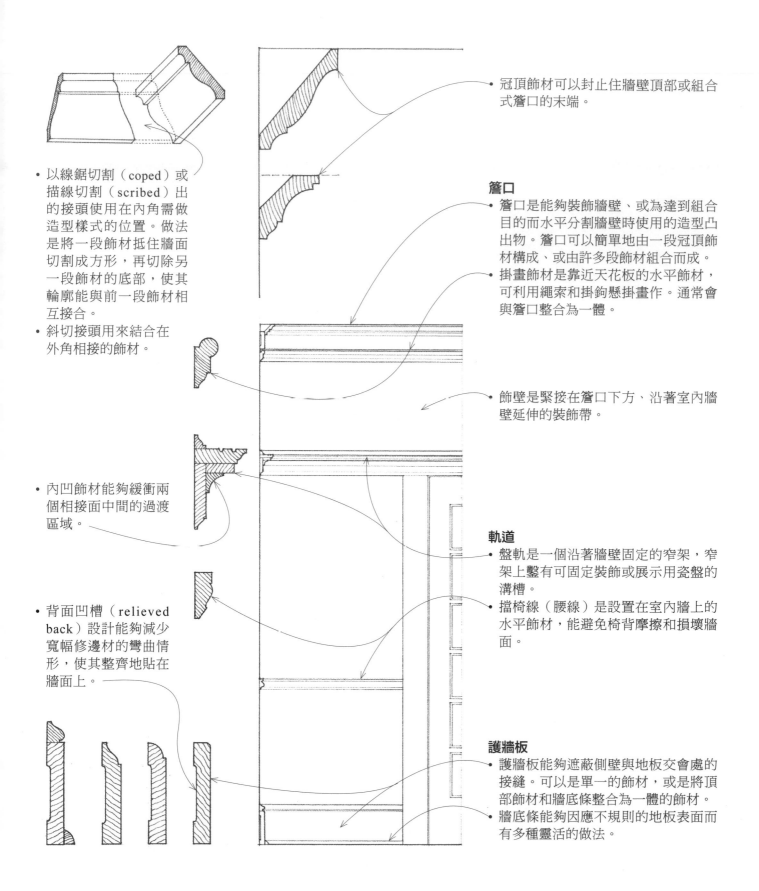

- 以線鋸切割（coped）或描線切割（scribed）出的接頭使用在內角需做造型樣式的位置。做法是將一段飾材抵住牆面切割成方形，再切除另一段飾材的底部，使其輪廓能與前一段飾材相互接合。
- 斜切接頭用來結合在外角相接的飾材。

- 內凹飾材能夠緩衝兩個相接面中間的過渡區域。

- 背面凹槽（relieved back）設計能夠減少寬幅修邊材的彎曲情形，使其整齊地貼在牆面上。

- 冠頂飾材可以封止住牆壁頂部或組合式簷口的末端。

簷口

- 簷口是能夠裝飾牆壁、或為達到組合目的而水平分割牆壁時使用的造型凸出物。簷口可以簡單地由一段冠頂飾材構成、或由許多段飾材組合而成。
- 掛畫飾材是靠近天花板的水平飾材，可利用繩索和掛鉤懸掛畫作。通常會與簷口整合為一體。

- 飾壁是緊接在簷口下方、沿著室內牆壁延伸的裝飾帶。

軌道

- 盤軌是一個沿著牆壁固定的窄架，窄架上鑿有可固定裝飾或展示用瓷盤的溝槽。
- 擋椅線（腰線）是設置在室內牆上的水平飾材，能避免椅背摩擦和損壞牆面。

護牆板

- 護牆板能夠遮蔽側壁與地板交會處的接縫。可以是單一的飾材，或是將頂部飾材和牆底條整合為一體的飾材。
- 牆底條能夠因應不規則的地板表面而有多種靈活的做法。

美國施工規範協會綱要編碼 06 22 00：木製品

做為修邊材使用時，可從木工廠取得各種制式的木飾材。這些飾材的斷面、長度、和樹種各有不同。可以單獨使用、或是組合成較複雜的斷面。除了這些制式斷面，木飾材也可以磨製出客製化的規格。

修邊材所使用的木材類型，取決於應用在木作上的完成面類型。如果是油漆完成面，木材應選用紋理細密、光滑、無松脂斑紋或其他缺陷。如果木作想要呈現透明或自然的完成面，則應選擇色調一致、外形迷人、有一定硬度的修邊材。

室內修邊材通常會等到牆壁、天花板、和地板的完成面都定位後才設置。雖然最初是裝飾的性質，但也能夠遮蔽、收整、美化室內各種材料之間的接頭。

- 造型飾材必須以斜切接頭來連接。

- 頂部飾材可以封止住窗戶或門口頂部的末端。
- 邊框或側護框對接在切割成方形的頂部護框內，特別是當頂部護框的厚度大於邊框厚度時，更應如此施作。

- 一般的露出寬度為1／4英吋～3／8英吋（6公厘～10公厘）；露出是指邊框沒有被窗戶或門護框蓋住的部分。

- 側護框至少要和底部的護牆板一樣厚或更厚。

- 門窗頂部與邊框的護框通常會以同樣的方式來處理。

護框
- 頂部和邊框的護框可遮蔽並收整窗框和門框與周圍牆面之間的接頭或縫隙。
- 窗台是指窗戶開口底部的腳座所形成的水平橫木。窗台可以切割成符合門窗開口邊框的尺寸，或延伸出邊框的護框之外。
- 裙板是緊鄰在窗台腳座下方的一塊平整的修邊材。

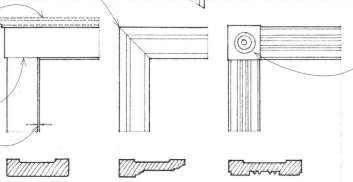

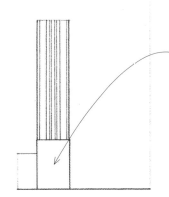

- 轉角飾塊可用來連結更複雜的護框斷面。

- 框緣是指圍繞窗口或門口的護框，特別指外形一致的連續型護框。

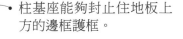

- 柱基座能夠封止住地板上方的邊框護框。

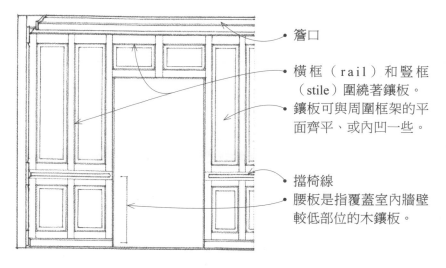

- 簷口
- 橫框（rail）和豎框（stile）圍繞著鑲板。
- 鑲板可與周圍框架的平面齊平、或內凹一些。

- 擋椅線
- 腰板是指覆蓋室內牆壁較低部位的木鑲板。

室內木鑲板可以由單板貼面的鑲板，直接貼覆在木材或金屬框架或墊高材上而組成。砌體或混凝土牆都需要設置墊高材。墊高材也可以使用在構架牆上，以獲取期望的熱絕緣值、較佳的隔音、或額外的牆體深度。雖然使用黏合劑能達到較大的剛性，但鑲板通常都會以釘子或螺釘固定。鑲板牆最後的樣貌取決於木鑲板的接縫處理方式及其本身的紋理與外形。

實木厚板也可以做為室內鑲板。厚板可做出方形切割、雌雄榫接、或搭疊的邊緣。最終的牆壁樣式和紋理則取決於厚板的寬度、方向、間距、和接縫的細部。

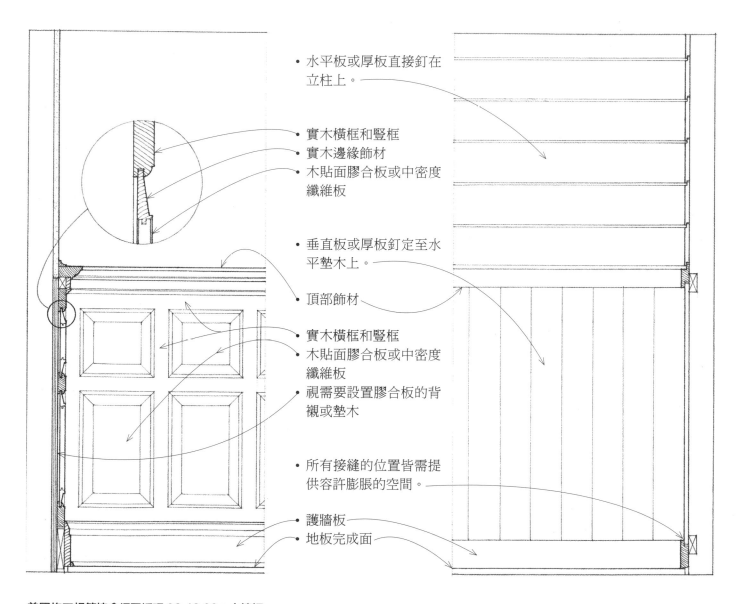

- 水平板或厚板直接釘在立柱上。

- 實木橫框和豎框
- 實木邊緣飾材
- 木貼面膠合板或中密度纖維板

- 垂直板或厚板釘定至水平墊木上。

- 頂部飾材

- 實木橫框和豎框
- 木貼面膠合板或中密度纖維板
- 視需要設置膠合板的背襯或墊木

- 所有接縫的位置皆需提供容許膨脹的空間。

- 護牆板
- 地板完成面

美國施工規範協會綱要編碼 06 42 00：木鑲板

裝飾用的膠合板鑲板有硬木或軟木的面板類型可供選擇，使用於鑲板、櫥櫃、和家具作業。膠合板的一般尺寸為4'×8'（1,220×2,440），厚度有1／4"、3／8"、1／2"、和3／4"（6、10、13、和19）等選擇。

對花樣式

膠合板的天然完成面外觀，取決於表面單板所使用的樹種和單板的設置方式，並以此強調出木材的顏色和圖形。

- 書頁對花是將有相同縱切面的單板以正面朝上和正面朝下的方式交替排列，使相鄰板材之間的接縫處產生對稱的鏡像效果。

- 人字對花是書頁式對花的一種，但相鄰板材的圖形呈反方向歪斜。

- 滑動對花是將有相同縱切面的單板以不翻轉、一片接著一片的方式地連接起來，形成重複的圖形。

- 鑽石對花是將單板以對角方式切割出的四張板材，再對著同一中心點排列成鑽石花紋。

- 隨機對花是將單板故意排列成隨興、不一致的樣式。

軟木單板的等級

N－可做為天然完成面的精選
　　平滑表面
A－可以上漆的平滑表面
B－可做為實用板的硬實表面

硬木單板的等級

- 白金等級只能有少數的小型樹瘤、結節、和不太顯眼的斑塊。
- 優良等級與白金等級相近，只不過單板表面不需對花，也不得有鮮明的顏色對比。
- 良好等級是指沒有開放式缺陷的平滑單板，但有斑紋、變色、斑塊，以及完好緊密的小結節。
- 實用等級允許變色、斑紋、斑塊、緊密結節、小節洞、和劈裂。
- 背襯等級允許有不影響板材強度或耐久性的較大型缺陷。

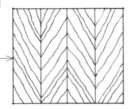
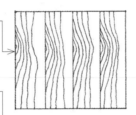
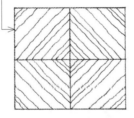

紋理圖形

圖形指的是在鋸木表面上由年輪、結節、樹瘤、髓線、和其他生長特徵交互形成的天然圖樣。不同的圖形也可以透過改變從圓木切割出單板的方式來達成。

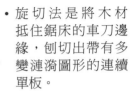

- 旋切法是將木材抵住鋸床的車刀邊緣，刨切出帶有多變漣漪圖形的連續單板。

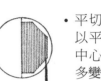

- 平切法或平面切法以平行於半塊圓木中心線的方式切出多變的圖形。

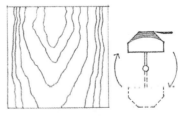

- 徑切（四分之一切法）法以垂直於圓木年輪的方式，在單板上切出一序列直條紋或多變條紋的圖形。

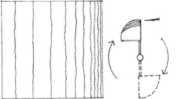

- 半圓切法是將縱切單板以偏離中心的方式架在鋸床上，切割時稍微越過年輪，產生兼具旋切和平切法的特色。

- 劈切是橡木或相近品種木材的切法，以垂直於明顯、放射狀髓線的方式來減少髓線的出現。

LEED 室內環境品質認證 2：低逸散性材料

美國施工規範協會綱要編碼 06 42 16：木單板鑲板

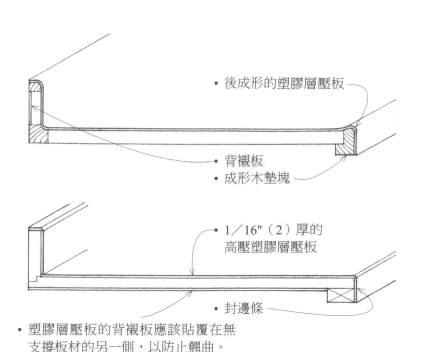

- 後成形的塑膠層壓板
- 背襯板
- 成形木墊塊

塑膠層壓板是由浸漬過三聚氰胺和酚醛樹脂的牛皮紙、箔片、印刷紙、木單板、或織品等多層材料，在熱和壓力下組成的硬質表面材料。塑膠層壓板提供了堅固耐用、耐熱和防水的表面，可當做台面、家具、門、和牆壁。可以貼覆在平滑的膠合板、硬質纖維板、粒片板、和其他常見的芯材上。塑膠層壓板可在現場以接觸黏合劑結合，或者在工廠內，在壓力下以熱固性黏合劑結合。

- 1／16"（2）厚的高壓塑膠層壓板
- 封邊條

- 塑膠層壓板的背襯板應該貼覆在無支撐板材的另一側，以防止翹曲。

塑膠層壓板台面
- 1／16"（2）厚的高壓層壓板水平地應用在台面和桌面上。
- 1／32"（1）厚的高壓層壓板垂直地應用在門和牆板上。

- 高壓層壓板在每平方英吋1,200～2,000磅（每平方公尺84～140公斤）的壓力範圍內固化成形，可做為台面和桌面的表面。
- 低壓層壓板是以每平方英吋400磅（每平方公尺28公斤）的最大壓力固化成形，使用於垂直和低磨損的表面。
- Formica是一種塑膠層壓板品牌的註冊商標。
- 當塑膠層壓板表面有密集捲曲和彎曲的情形時，應該在製造時進行後成形加工，並以熱固性黏合劑黏結。1／20"（1.2）厚的後成形塑膠層壓板，彎曲半徑可小到3／4"（19）。塑膠層壓板收邊條如果經過加熱，可以達到3"（75）或更小的彎曲半徑。
- 光面、緞面、消光、或有紋理的完成面均有多種顏色和圖樣可以選擇。

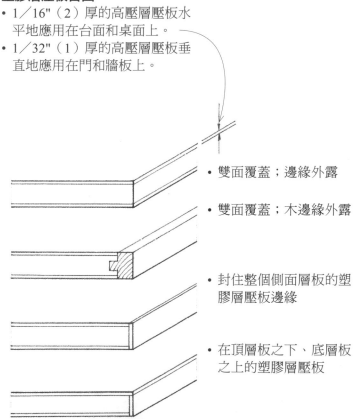

- 雙面覆蓋；邊緣外露
- 雙面覆蓋；木邊緣外露
- 封住整個側面層板的塑膠層壓板邊緣
- 在頂層板之下、底層板之上的塑膠層壓板

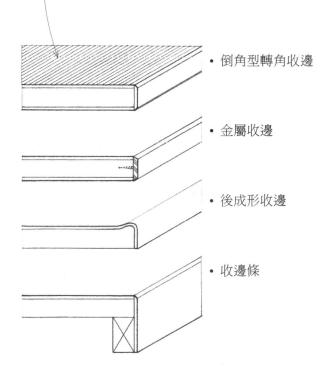

- 倒角型轉角收邊
- 金屬收邊
- 後成形收邊
- 收邊條

塑膠層壓表面板材的邊緣處理

美國施工規範協會綱要編碼 06 41 16：塑膠層壓包覆板的建築櫃體
美國施工規範協會綱要編碼 09 62 19：層壓板地板
美國施工規範協會綱要編碼 12 36 23.13：塑膠層壓包覆板的台面

室內環境品質認證4.1：低逸散性材料、膠合劑和填縫劑

11 機械與電力系統
Mechanical &
Electrical Systems

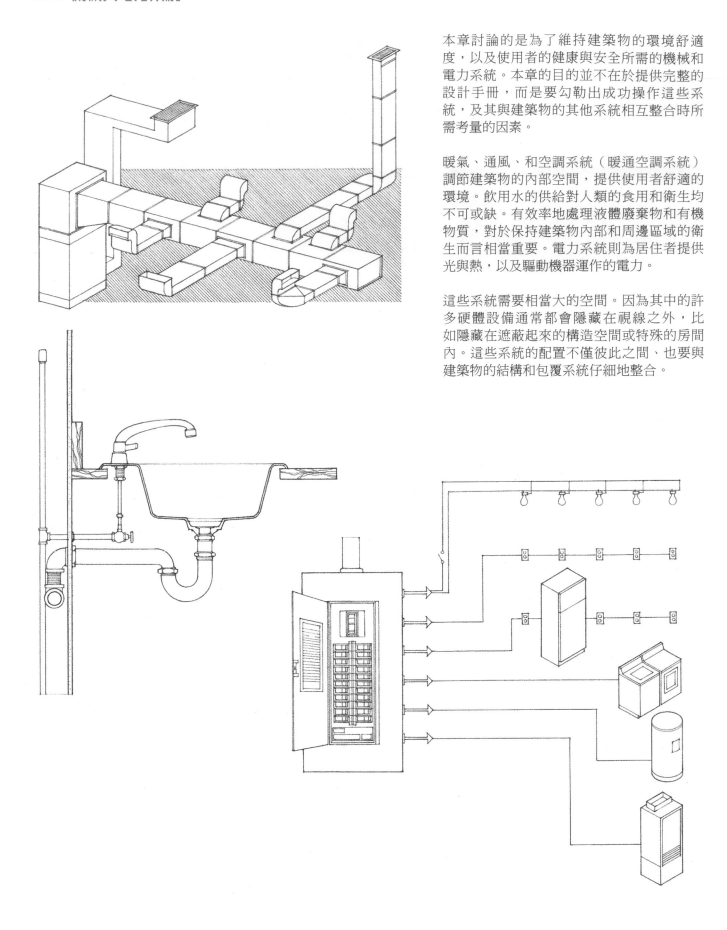

本章討論的是為了維持建築物的環境舒適度，以及使用者的健康與安全所需的機械和電力系統。本章的目的並不在於提供完整的設計手冊，而是要勾勒出成功操作這些系統，及其與建築物的其他系統相互整合時所需考量的因素。

暖氣、通風、和空調系統（暖通空調系統）調節建築物的內部空間，提供使用者舒適的環境。飲用水的供給對人類的食用和衛生均不可或缺。有效率地處理液體廢棄物和有機物質，對於保持建築物內部和周邊區域的衛生而言相當重要。電力系統則為居住者提供光與熱，以及驅動機器運作的電力。

這些系統需要相當大的空間。因為其中的許多硬體設備通常都會隱藏在視線之外，比如隱藏在遮蔽起來的構造空間或特殊的房間內。這些系統的配置不僅彼此之間、也要與建築物的結構和包覆系統仔細地整合。

休息時，人體產生的能量約為400 Btu／小時（117 瓦）。緩和的活動例如散步，可以提高至750 Btu／小時（220 瓦），而吃重的活動則會使人體產生高達1,200 Btu／小時（351瓦）的能量。達到熱舒適度是指，人體能夠消散掉新陳代謝作用所產生的熱和溼氣，維持在穩定且正常體溫的狀態。換句話說，身體和環境之間必須處於熱平衡狀態。

人體損失熱或傳熱至周圍空氣與表面的方式有以下幾種。

傳導
- 傳導是指一個介質或兩個質體透過直接接觸，將熱從較暖的粒子傳遞到較冷的粒子上，而粒子本身並無明顯的位移情形。
- 傳導僅占身體所有熱損失的一小部分。

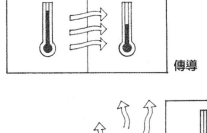
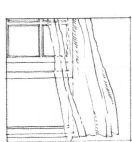

傳導

對流
- 對流是指液體或氣體受加熱的部分因為密度變化和重力作用，引起循環運動而傳熱的方式。換言之，身體會將熱傳到周圍較冷的空氣中。
- 氣溫和皮膚溫度之間較大的溫差和增強的空氣流動，都會因對流而誘發更多熱的傳遞。

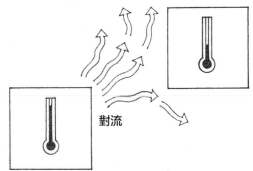

對流

輻射
- 輻射是指熱能以電磁波的形式從一個溫暖的質體釋放出去、穿透一中介空間，被另一個較冷的質體吸收的過程。空氣不需流動就能傳遞熱。
- 淺色會反射熱，深色會吸收熱；反射能力較差的物體會是較好的散熱物體。
- 輻射熱無法到達各個角落，也不會受到空氣流動的影響。

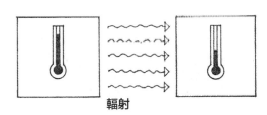
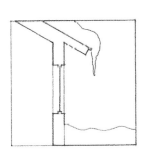

輻射

蒸發
- 人體溼氣轉換為蒸氣的蒸發過程需要熱。
- 蒸發所引起的熱損失會隨著空氣流動而增加。
- 在高溫、高溼度、和高活動程度時，蒸發冷卻特別有用。

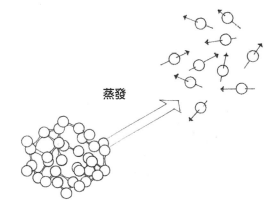

蒸發

影響人體舒適度的因素包括空氣溫度、相對溼度、平均輻射溫度、空氣流動、空氣純度、聲音、震動、和光線。其中，前四項對熱舒適度來說最為重要。空氣溫度、相對溼度、平均輻射溫度、和空氣流動都有經大多數美國人和加拿大人判定為舒適的範圍。這些舒適帶可被描繪如下，由四個主要熱舒適因素交互作用所形成的圖表。需留意，任何個人感覺到的特定舒適程度都是對於這些熱舒適元素的一種主觀判斷，也會隨著盛行氣候和季節變化、以及個人的年齡、健康狀況、穿著、和從事的活動而有所不同。

LEED® 室內環境品質認證 5：熱舒適度

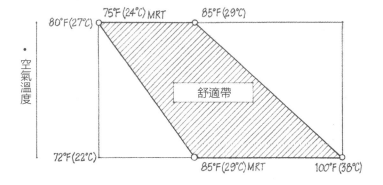

氣溫和平均輻射溫度

- 平均輻射溫度（mean radiant temperature, MRT）對熱舒適度來說十分重要，因為當平均輻射溫度明顯高或低於空氣溫度時，人體就會從周圍環境的表面接收輻射熱、或是將熱輻射出去而損失熱。請詳見次頁。
- 當平均輻射溫度愈高於周圍環境表面時，空氣溫度應該會愈低。
- 平均輻射溫度對舒適度的影響大約比空氣溫度高出40%以上。
- 在寒冷氣候中，外牆的內側表面平均輻射溫度低於室內空氣溫度的溫差不得大於華氏5°（攝氏2.8°）以上。

空氣溫度和相對溼度

- 相對溼度（relative humidity, RH）是指在相同的氣溫之下，空氣中確實含有的最大水蒸氣量的比率，以百分比表示。
- 當空間的相對溼度愈高時，空氣溫度就愈低。
- 相對溼度在高溫時比在一般溫度範圍時更為重要。
- 低溼度（小於20%）會引發像是靜電和使木頭乾燥等不良影響；高溼度則會導致結露的問題。

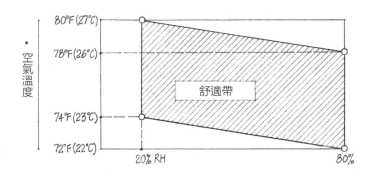

空氣溫度和空氣流動

- 空氣流動（air motion, V）透過對流和蒸發而提高熱損失的程度。
- 相對於房間氣溫，當流動氣流愈冷，流速會愈低。
- 氣流速度的範圍應介於每分鐘10～50英呎（fpm）〔每分鐘3～15公尺（mpm）〕；愈高的流速能使環境更加通風。
- 空氣流動對於炎熱、潮溼天氣時的冷卻蒸發作用特別有幫助。

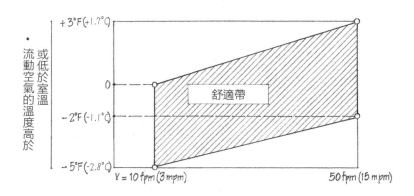

溼度計是一種用來測量大氣溼度的儀器，包含兩支溫度計，其中一支溫度計的球體保持乾燥，另一個球體則保持溼潤和通風；溼球會因為蒸發作用的冷卻導致溫度低於乾球，兩支溫度計之間的讀數差異即是大氣溼度的測量值。溼度線圖由溼度計的溼球和乾球讀數衍伸出相對溼度、絕對溼度、和露點。機械工程師使用溼度線圖來判定暖通空調（HVAC）系統應該增加或除去的熱總量，以達到可接受的空間熱舒適程度。

• 有效溫度表示人體在冷熱感知上對環境溫度、相對溼度、和空氣流動的組合效應，相當於可引起人體明確感知的靜止空氣在相對溼度50％時的乾球溫度。

• 溼度比以每磅乾燥空氣中的水蒸氣粒子含量來表示〔1磅（lb.）＝7,000格令（grain）〕

• 熱焓（enthalpy）是一種測量物質內熱總含量的方法，等於該物質的內部能量加上其體積和壓力乘積的總和。空氣的熱焓等於空氣中的顯熱和空氣中的水蒸氣，加上水氣的潛熱，以每磅乾燥空氣多少Btu來表示（2.326 Btu／磅＝1千焦耳／公斤）。

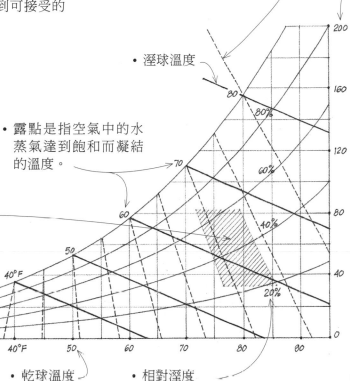

• 溼球溫度

• 露點是指空氣中的水蒸氣達到飽和而凝結的溫度。

• 舒適帶
LEED 室內環境品質
認證 7：熱舒適度

• 乾球溫度   • 相對溼度

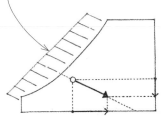

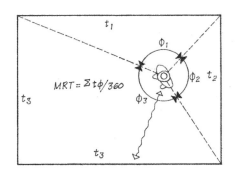

• 平均輻射溫度（MRT）是房間周圍的牆壁、地板和天花板的溫度總和，依據每個測量點所對應的立體角加權計算。

• 絕熱增溫（adiabatic heating）是在不增加或去除熱的情況下，因為空氣中過量的水蒸氣凝結，以及水蒸氣的蒸發潛熱被轉換成空氣中的顯熱而造成溫度上升。

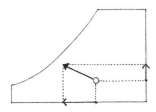

• 蒸發冷卻（evaporative cooling）是在不增加或去除熱的情況下，因溼氣蒸發，以及液體的顯熱被轉換成水蒸氣的潛熱而造成溫度下降。

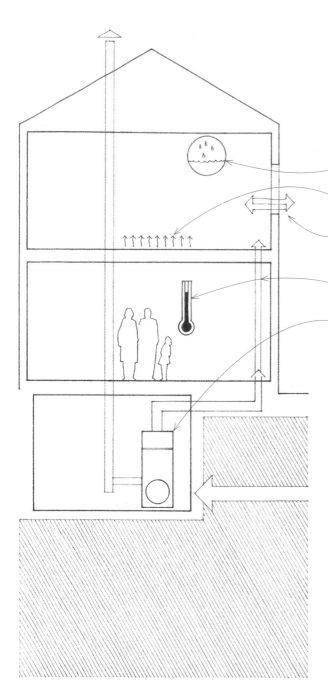

LEED 能源與大氣認證 2：能源性能最佳化

建築物的座落、座向、和構造組件應盡可能避免寒冷天氣時熱損失到外部和炎熱天氣時的熱獲得情形。任何過度的熱損失或熱獲得都必須透過被動能源系統平衡、或機械供暖和冷卻系統來維持建築物使用者的熱舒適環境。由於以供暖和冷卻來控制空間中的空氣溫度是機械系統最基本且必要的功能，因此應該關注影響人體舒適度的其他三個因素：相對溼度、平均輻射溫度、和空氣流動。

- 相對溼度可以透過加溼裝置導入水蒸氣，或藉由通風移除水蒸氣的方式達到控制。
- 房間表面的平均輻射溫度可使用輻射加熱板提升，或透過輻射冷卻降低。
- 空氣流動可以透過自然或機械通風來控制。

供暖和冷卻

- 空氣溫度是透過供給流體介質——溫暖或涼爽的空氣、或是熱水或冰水——到空間中而獲得控制。
- 以暖氣爐提高空氣溫度；利用鍋爐將水加熱或產生蒸汽；或以電力加熱器使用電阻將電能轉換成熱。請詳見11.16冷卻系統。
- 建築物所需的供暖和冷卻設備的大小，取決於供暖和冷卻的期望負荷值；請詳見11.09。

傳統的化石燃料——瓦斯、石油、和煤礦——仍然是建築物供暖和冷卻建築物時最常用來生產能量的來源。天然氣是乾淨燃燒的燃料，除了必須透過管線傳送之外不需要儲存或運送。丙烷氣也是乾淨燃料，稍微比天然氣貴一些。石油是一種高效的燃料選項，但必須以卡車運送到位於或靠近使用地點的儲油槽。煤礦幾乎不會做為新建住宅構造的供暖來源；但在商業和工業構造中則有各式各樣的使用變化。

電力是一種不需在現場燃燒或儲存燃料的乾淨能源。它也是一種簡潔的系統，透過小尺寸的電線和相對小型且安靜的設備來分配電力。然而，建築物以電力供暖或冷卻的成本可能會過高，而且大部分電力的產生都必須透過其他能源——例如核分裂或燃燒化石燃料——來驅動渦輪發電。核能，儘管在設施安全性和核廢料處理的議題上持續被關注討論，但仍然可能是重要的電力來源。少部分的渦輪機則是由流水（水力發電）、風力、和燃燒天然氣、石油、煤礦所產生的氣體來驅動。

不過，傳統能源在成本與取得上的不確定性、能源提煉和生產對環境資源的衝擊，以及燃燒化石燃料所排放的溫室氣體（請詳見1.10）等議題日益受到關注。在美國，由於40％以上的能源和60％以上的電力都是由建築物消耗，所以設計界、建築界、和政府機構正在探索如何節省建築物能源消耗的策略，並評估替代、可再生能源如太陽能、風力發電、生物質能、氫能、水力發電、海洋、和地熱的使用。

太陽能

太陽能可直接用於被動供暖、自然採光、熱水供暖、以及利用太陽光伏（太陽能電池）系統來發電。雖然現今的技術在轉換效率上仍舊很低，但某些系統已經能夠產出足夠的電力供離網操作（off-grid）使用、或是將多餘的電力回售給公用事業。企業和工業可以在預熱通風、太陽能供暖、和太陽能冷卻上採用大規模的太陽能技術。公用事業發電廠也能利用太陽能的優勢，以更大的規模集中太陽能發電系統進而產生電力。當太陽無法生產電力時，這些大型系統也需要有能夠儲存電力的大型設備和方法。

風力

風力發電是透過渦輪將風流的動能轉換為機械能，使發電機運轉而產出電力。這項科技是由葉片、風帆、或空心鼓所組成，能捕捉風的流動並旋轉，進而帶動與發電機相連的豎軸運轉。小型風力渦輪機可以提供泵浦抽水、家庭用供電和碟型電信天線使用；有些還能連接到公用事業的電網、或與太陽光伏（太陽能電池）系統相互結合。公用事業規模的風力發電，大量的風力渦輪機通常會密集設置以形成風力發電廠。如同太陽能發電，風力發電也必須依賴地理位置和氣候，並且能夠間歇性運轉；風吹時產生的電力也必須以電池來儲存。風場的最佳地點往往位在偏僻、遠離有電力需求的地區。其他考量因素還有風力渦輪機的美觀、噪音、對鳥類的潛在殺傷力等。

生質能源

生物質量，即構成植物的有機物質，可以用來生產原本以化石燃料製造的電力、運輸燃料、和化學產品。經過適當砍伐的木材是天然和永續生物質量的一個例子，但燃燒木材可能會汙染空氣並危害室內空氣品質。木材燃燒設備所排放的氣體應符合美國國家環境保護局（Environmental Protection Agency, EPA）的規範。來自木材副產品的木材顆粒因為能夠燃燒乾淨，應該被當做替代的選擇。其他生物質量的可能來源還包括糧食作物，例如玉米的乙醇和大豆的生質柴油，草木和木木植物、林業或農業殘留物，以及城市與工業廢棄物的有機成分。

也有人認為生物質量是一種碳中和（carbon-neutral）的燃料，因為在燃燒時，生物質量並不會釋放比在生長時所吸收、和自然生物分解時所釋放還要多的二氧化碳。然而，生物質量在轉化為燃料的過程中，如果需求的能量超出能從產品本身獲取的能量的話，就會被視為負向的能量。使用像玉米這類的穀物也會限縮人類或家畜的食物來源。

氫氣

氫氣是地球上最豐富的元素，在水和許多有機化合物中都可以找到。雖然氫氣不像瓦斯一樣自然生成，然而一旦從另一元素中分離出來，氫氣就可以像燃料一樣燃燒，或供燃料電池使用，而與氧氣產生電化學結合作用並產出電和熱，整個過程僅釋放出水蒸氣。由於氫氣就其重量來看，具有非常高的能量，但以體積來看則非常低，因此需要新的技術才能更有效地儲存和運輸。

$$H_2$$

LEED 能源與大氣認證 5：再生能源製造
LEED 能源與大氣認證 7：綠能與與碳補償

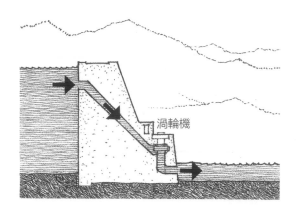

渦輪機

水力發電

水力發電或水能，是利用河流的堤壩來生成與控制。當儲存於水壩後方的水在高壓下釋放時，水的動能轉換為機械能，使渦輪葉片轉動進行發電。由於水循環是一種無止盡且持續穩定的充電系統，水力因此被視為乾淨、可再生的能源，但是水力發電廠可能會受到乾旱影響。水力發電的優勢包括防洪，還有水壩圍成的蓄水庫所發展出的遊憩機會。缺點則包括龐大的建造成本、農田損失、魚類洄游生態遭受破壞，以及對沿岸棲息地和歷史遺跡造成的不確定影響。

海洋能

覆蓋地球表面70％以上的海洋，可從太陽的熱、潮汐和波浪的機械能中製造出熱能。海洋熱能轉換（Ocean Thermal Energy Conversion, OTEC）是利用儲存在地球海洋中的熱能來發電的過程。這個過程在熱帶沿海地區的成效最好，因為該海域溫暖的表面海水和夠冷的深層海水形成適當的溫差。海洋熱能轉換就是利用這個溫差來運轉熱引擎——將溫暖的表面海水抽到熱交換器中，利用熱交換器中的低沸點流體，例如氨水被蒸發掉時的蒸氣膨脹來轉動與發電機相連的渦輪機。再由第二部熱交換器抽取冰冷的深層海水，將蒸氣冷凝回液體，然後在系統中持續循環。由於海洋熱能的轉換效率非常低，因此一座海洋熱能轉換發電廠可能會非常巨大、需移動相當大量的海水，同時錨定在容易遭受暴風雨和腐蝕侵襲的開放深海中。

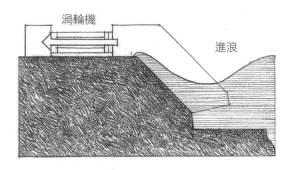

渦輪機

進浪

潮汐發電的過程與傳統的水力發電水壩類似，利用潮汐的自然運動來充填蓄水池，再經由生產電力的渦輪機排放出去。因為海水的密度比空氣高，海流可攜帶的能量比風流明顯高出許多。潮汐發電必須以大潮汐差，以及像美國東北角和西北角海岸這樣特殊的海岸線環境為前提。河口築壩會引發相當大的環境衝擊，同時影響海洋生物的遷徙和漁業發展。

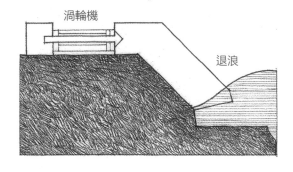

渦輪機

退浪

海浪能可以透過離岸和岸上的系統轉換成電力。離岸系統位於深水中，不是利用海浪的起伏運動來驅動泵浦，就是利用從漏斗沖入漂浮平台上內部渦輪機的海浪來發電。岸上波浪發電系統則沿著海岸線設置，在封閉空氣柱中交替的加壓和減壓過程下，從破碎的海浪中提取能量，進而驅動渦輪機。海浪的潛在能量只有在世界上某些地區才能獲得較高的成效，例如美國東北角和西北角沿海地區。慎選設置地點是使波浪發電系統的環境衝擊降到最低、保護海岸線景觀、避免改變海底沉積物流動模式的關鍵。

地熱能

地熱能——地球的內熱——不必透過燃燒燃料、河流築壩、或砍伐森林就能產生溫暖和能量，供多種用途使用。接近地表的淺層土壤能相當穩定地保持在華氏50°～60°（攝氏10°～16°），地熱因此能直接提供住宅和其他建築物的供暖和冷卻。來自較深處地熱儲集層的蒸汽、熱或熱水能讓渦輪發電機運轉而產生電力。使用後的地熱水會再返回到地下儲集層的灌注井中再加熱、保持壓力、並維持儲集層運作。

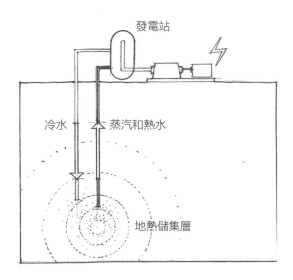

發電站

冷水

蒸汽和熱水

地熱儲集層

在決定建築物需要的暖氣和冷氣設備尺寸時，必須計算在寒冷氣候中的熱損失和炎熱氣候中的熱獲得。計算時，需考量期望的室內空氣溫度與室外設計溫度的落差、每日溫度範圍、日照方位與牆壁、窗戶、和屋頂組件的熱阻、以及居住空間的使用用途。熱損失和熱獲得如果愈能透過建築物的座落位置、配置、和座向而降低，就愈不需使用會消耗能量的小型供暖和冷卻設備。其他具有節能意識的設計策略包括，以熱絕緣材和熱質量有效地控制透過建築物組件的熱傳導；明智地挑選可有效節能的暖通空調（HVAC）系統、熱水器、電器用品、和照明系統；並以「智能」系統來控制熱環境和照明。

供暖負荷

- 供暖負荷（heating load）是封閉空間內每小時的淨熱損失速率，以英制熱單位Btu／小時來表示，做為選擇暖氣單元或系統的依據。
- 英制熱單位（British thermal unit, Btu）是使一磅（0.4公斤）的水升高華氏1°所需的熱量。
- 度日（degree-day）代表日平均室外溫度從一給定的標準溫度上升或下降一度的計算單位。度日用來計算供暖和冷卻負荷、決定暖通空調（HVAC）系統的尺寸、和計算每年的燃料消耗量。
- 加熱度日（heating degree-day）比華氏65°（攝氏18°）的標準溫度低一個度日，用來估算暖氣系統的燃料或電力消耗量。

冷卻負荷

- 冷卻負荷（cooling load）是在封閉空間內每小時的熱獲得速率，以英制熱單位Btu／每小時來表示，做為選擇空調單元或冷卻系統的依據。
- 冷卻度日（cooling degree-day）比華氏75°（攝氏24°）的標準溫度高一個度日，用來估計空調和冷凍的電力需求量。
- 冷凍噸（ton of refrigeration, RT）是指一噸華氏32°（攝氏0°）的冰在24小時內、在同樣的溫度下融化成水所能獲得的冷卻效果，相當於12,000Btu／小時（3.5千瓦）。
- 能源效率等級是冷凍單元的效率指標，表示每輸入一瓦特的電能能夠除去的Btu多寡。

- 有關計算供暖和冷卻負荷的更詳細資訊，請參考美國暖房冷凍空調工程師協會（American Society of Heating, Refrigerating and Air-Conditioning Engineers, ASHRAE）所出版的手冊。

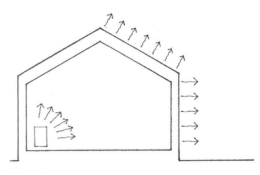

熱損失

在寒冷氣候中，熱損失（heat loss）的主要原因包括：

- 熱因為對流、輻射、和傳導作用而穿透外牆、窗戶、屋頂組件到外部，並且經由地板傳導到未供暖的空間。
- 空氣經由外部構造的縫隙滲入，特別是在窗戶和門口周圍的縫隙。

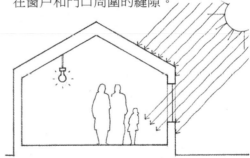

熱獲得

在溫暖或炎熱氣候中，熱獲得（heat gain）的原因包括：

- 當室外溫度高時，熱因為對流、輻射、和傳導作用而穿透外牆、窗戶、和屋頂組件；實際情形會隨著一天的時間、組件受日照的方位、和熱滯情形而變化。
- 玻璃上的太陽輻射；會隨著日照方位和遮陽裝置的成效而改變。
- 建築物的使用者及其活動
- 照明和其他發熱設備
- 可能需要用來去除空間異味和污染的流通空氣
- 潛熱。需要能量讓暖空氣中的溼氣凝結，空間中的相對溼度才不會過高。

11.10 強制熱風供暖

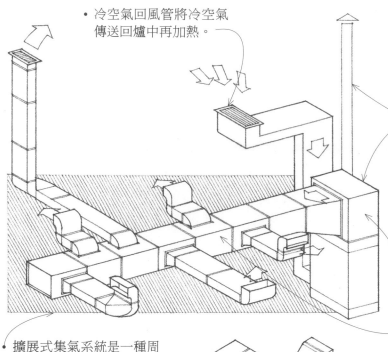

- 冷空氣回風管將冷空氣傳送回爐中再加熱。

強制熱風供暖是一種以瓦斯、燃油、或電爐加熱空氣，再以風扇將暖空氣經由配管分布到居住空間的風門或擴散器的暖氣系統。這是房屋和小型建築物中用途最多樣且被廣泛使用的暖氣系統。

- 瓦斯和燃油暖氣爐需要助燃空氣和一支可以將燃燒廢氣往外送的排氣管。燃油暖氣爐還需要燃料儲存箱。電爐則不需要煙道或助燃空氣。
- 過濾、加溼、除溼裝置皆可與此系統結合。
- 冷卻是透過室外壓縮機和冷凝單元在主供給配管中，將冷媒供應至蒸發盤管而達成。
- 新鮮空氣的流通通常採取自然的方式。

- 罩蓋或氣室是設置在爐頂的空間，板金或玻璃纖維風管從此處延伸出來，將經過加熱或調節的空氣傳送到建築物的居住空間中。
- 主管路將暖空氣從暖氣爐輸送到送風管或分支風管。

- 擴展式集氣系統是一種周邊供暖系統，以主風管將暖空氣傳送到多個分支風管，再分別服務單一樓層的風門。

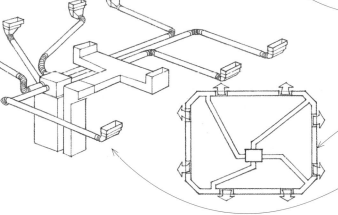

- 送風管將來自主管路的暖空氣垂直輸送到上方樓層的風門。
- 匯集管是指一支風管上收窄的部位，形成了一大一小兩個斷面之間的過渡區域。
- 靴管是在兩個橫斷面形狀不同的部位之間形成過渡區域的風管配件
- 分岐管有好幾個管孔可做多重的連接。

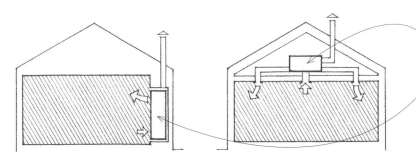

- 周邊供暖可將暖空氣分布到沿著外牆、設置在地板中或靠近地板的風門。
- 周邊環狀系統是由環狀的配管組成，通常會嵌在混凝土地面樓板中，以便將暖空氣分配至各樓層的風門。
- 周邊輻射系統透過與中央暖氣爐相連的主管路，將暖空氣直接輸送到各樓層的風門。

- 雖然暖氣爐通常設置在地下室空間，但也有專為低矮閣樓或地下室管道空間設計的水平式暖氣爐。
- 壁式暖氣爐可以嵌入牆壁或安裝在牆面，不使用風管，而是將暖氣直接供應到空間中。

美國施工規範協會綱要編碼™ 23 30 00：暖通空調HVAC的空氣分配
美國施工規範協會綱要編碼 23 50 00：中央供暖設備
美國施工規範協會綱要編碼 23 55 00：燃燒燃料的加熱器

熱水或水循環供暖是一種利用鍋爐將水加熱，再以泵浦將熱水經由管道循環送到散熱器或對流器的建築物暖氣系統。蒸汽供暖的原理也類似，利用鍋爐中產生的蒸汽經由管道循環送到散熱器。在大型城市與建築群中，中央鍋爐設備產生的熱水或蒸汽可以透過地下管道取得。有了這種取得方式，就不需要在現場安裝鍋爐。

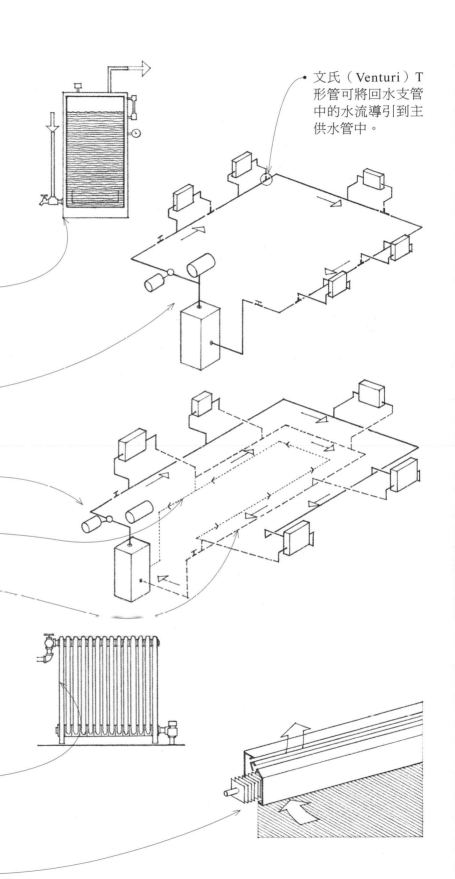

• 文氏（Venturi）T形管可將回水支管中的水流導引到主供水管中。

• 鍋爐是一個可在其中將水加熱或生產蒸汽的密閉容器、或容器與管子的組合。這種熱可以透過燃燒瓦斯或燃油、或電阻線圈來供應。鍋爐上的安全閥會在蒸氣壓力超出預設程度時開啟、讓蒸氣逸出，直到鍋爐壓力降到安全或容許的程度。

• 單管系統是利用單一管材，將鍋爐中的熱水依序供應至每一個散熱器或對流器的熱水供暖系統。

• 雙管系統則是利用一支管材將鍋爐中的熱水供應至散熱器或對流器，再以另一支管材將水送回鍋爐的熱水供暖系統。
• 直接回水是一種雙管熱水系統，其中的回水管會從散熱器或對流器取最短的路徑回接到鍋爐。
• 反向回水也是雙管熱水系統，其中的每一個散熱器或對流器的供水管和回水管長度都差不多相同。
• 乾式回管是一種可以在蒸汽供暖系統中同時輸送空氣和冷凝水的回管。

• 散熱器由一序列能讓熱水或蒸汽通過的管路或線圈組成。這些加熱過的管路主要是以輻射方式來溫暖空間。另一方面，對流器則是一種透過與散熱器接觸、或翼片管對流循環的方式，進而使空氣變暖的供暖單元。
• 翼片管對流器是有密集排列的垂直翼片和水平管路的護壁板對流器，能使熱傳遞至周圍空氣的程度最大化。冷空氣藉由對流作用從對流器下方吸入，與翼片接觸加熱後，再從上方送出暖風。

11.12 電力供暖

能源的熱值比較

能源類型	熱值
無煙煤	14,600 Btu/ 磅
燃油	139.000 Btu/ 加侖
天然氣	1,052 Btu/ 立方英呎
電力	1 瓦 = 3.41 Btu/ 小時

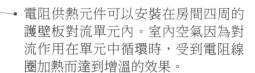

電力供暖，可以更精準地說是電阻供暖。電阻是一種因為導體中的電流通道受阻，而將電能轉換為熱的特性。電阻供暖元件可以暴露在暖氣爐的氣流中、在強制熱風供暖系統的配管中，或在水循環供暖系統中供熱給鍋爐使用。其他更直接的電力供暖方式還包括在空間供暖單元內安裝電阻絲或線圈。雖然電阻加熱器設計簡潔、用途廣泛，但並無法控制溼度和空氣品質。

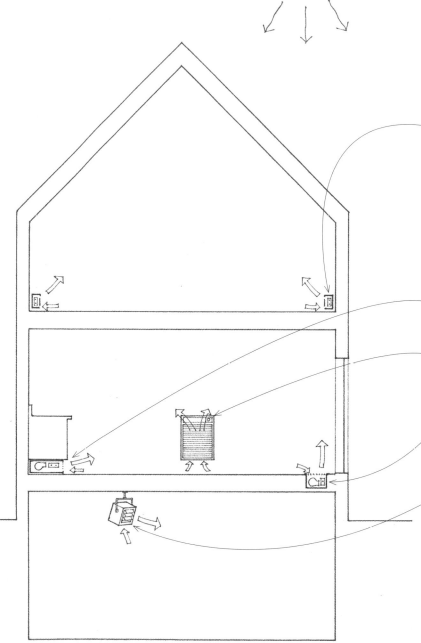

- 電阻供熱元件可以安裝在房間四周的護壁板對流單元內。室內空氣因為對流作用在單元中循環時，受到電阻線圈加熱而達到增溫的效果。

- 電力單元加熱器利用風機吸入室內空氣，使其通過電阻加熱線圈加熱後，再回吹到室內。

- 踢腳空間單元加熱器專為安裝在廚房或浴室櫥櫃底下的低矮空間而設計。

- 壁式單元加熱器可安裝在牆面上或嵌入牆面中，使用在浴室、廚房、和其他小型房間。

- 完全嵌入的地板單元加熱器通常會在窗戶或窗玻璃向下延伸至地板線（落地窗）時使用。

- 工業單元加熱器安裝在有定向出風口的金屬箱內，專門為了懸吊在天花板或屋頂結構而設計。
- 石英加熱器的電阻加熱元件密封在石英玻璃管中，在反射性背襯的前方產生紅外線輻射。

美國施工規範協會綱要編碼 23 83 00：輻射供暖單元
美國施工規範協會綱要編碼 23 83 33：電力輻射加熱器

輻射供暖系統利用天花板、地板、有時也會以牆壁來受熱，並做為輻射表面。熱源可以是嵌在天花板、地板、或牆壁構造中用來輸送熱水或電阻加熱電纜的管路。輻射熱會被室內的表面和物體吸收，再從溫暖的表面輻射出去，因此提高空間的平均輻射溫度（MRT）和環境溫度。

地板裝置用來溫暖混凝土樓板時十分有效。然而總體來說，天花板裝置還是比較受歡迎，因為天花板構造的熱容量較小且反應較快。天花板也能夠被加熱至比地板更高的表面溫度。在電力和熱水輻射系統中，整個裝置除了恆溫器或平衡閥之外，都會完全地隱蔽起來。

由於輻射板供暖系統無法快速回應溫度變動的需求，這種情形可以周圍對流裝置來補強。為了讓空調環境更加完善，獨立通風、溼度控制、和冷卻系統都是必要的。

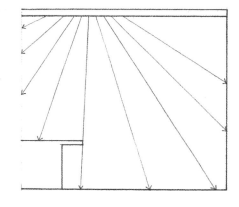

輻射熱：
- 以直線路徑前進
- 無法前進到角落周圍，前進時有可能被空間中的有形元素阻擋，例如家具
- 無法抵消沿著外牆玻璃區域下沉的冷氣流
- 不受空氣流動的影響

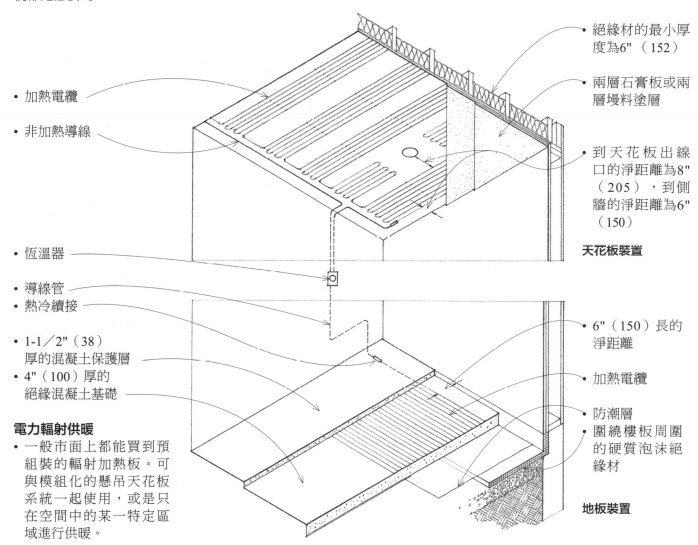

- 加熱電纜
- 非加熱導線

- 恆溫器
- 導線管
- 熱冷續接

- 1-1／2"（38）厚的混凝土保護層
- 4"（100）厚的絕緣混凝土基礎

電力輻射供暖
- 一般市面上都能買到預組裝的輻射加熱板。可與模組化的懸吊天花板系統一起使用，或是只在空間中的某一特定區域進行供暖。

- 絕緣材的最小厚度為6"（152）
- 兩層石膏板或兩層墁料塗層
- 到天花板出線口的淨距離為8"（205），到側牆的淨距離為6"（150）

天花板裝置

- 6"（150）長的淨距離
- 加熱電纜
- 防潮層
- 圍繞樓板周圍的硬質泡沫絕緣材

地板裝置

美國施工規範協會綱要編碼 23 83 13：輻射供暖電纜
美國施工規範協會綱要編碼 23 83 23：輻射供暖電力板

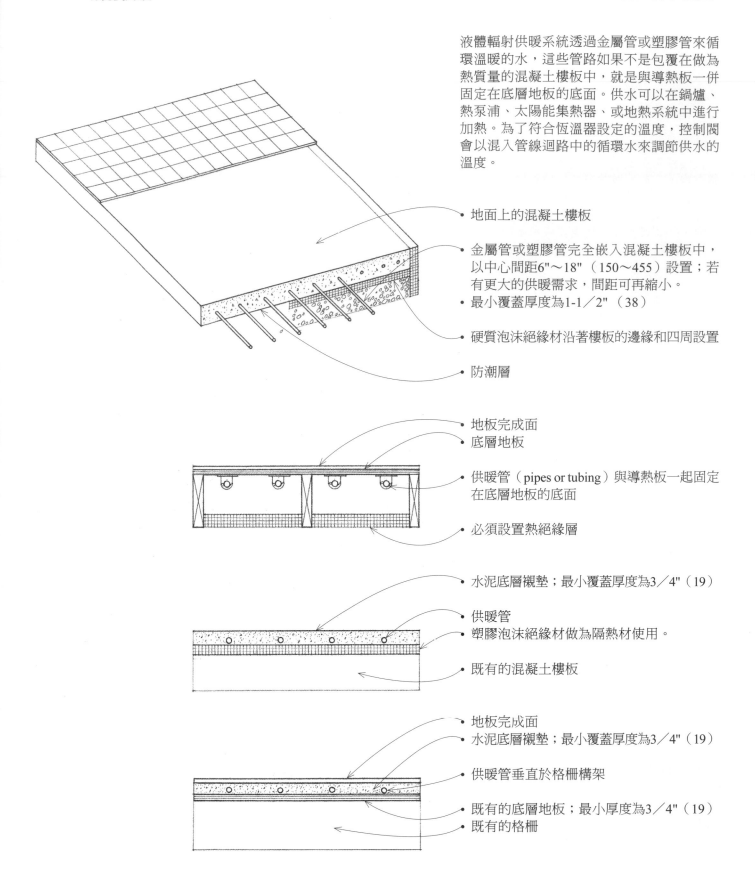

液體輻射供暖系統透過金屬管或塑膠管來循環溫暖的水，這些管路如果不是包覆在做為熱質量的混凝土樓板中，就是與導熱板一併固定在底層地板的底面。供水可以在鍋爐、熱泵浦、太陽能集熱器、或地熱系統中進行加熱。為了符合恆溫器設定的溫度，控制閥會以混入管線迴路中的循環水來調節供水的溫度。

- 地面上的混凝土樓板

- 金屬管或塑膠管完全嵌入混凝土樓板中，以中心間距6"～18"（150～455）設置；若有更大的供暖需求，間距可再縮小。
- 最小覆蓋厚度為1-1／2"（38）

- 硬質泡沫絕緣材沿著樓板的邊緣和四周設置

- 防潮層

- 地板完成面
- 底層地板

- 供暖管（pipes or tubing）與導熱板一起固定在底層地板的底面

- 必須設置熱絕緣層

- 水泥底層襯墊；最小覆蓋厚度為3／4"（19）

- 供暖管
- 塑膠泡沫絕緣材做為隔熱材使用。

- 既有的混凝土樓板

- 地板完成面
- 水泥底層襯墊；最小覆蓋厚度為3／4"（19）

- 供暖管垂直於格柵構架

- 既有的底層地板；最小厚度為3／4"（19）
- 既有的格柵

美國施工規範協會綱要編碼 23 83 16：輻射供暖水循環管路

主動式太陽能系統可從太陽輻射吸收、移轉、並且儲存能量提供建築物供暖和冷卻時使用。主動式太陽能系統通常是由下列構件所組成：
- 太陽能集熱板
- 熱傳遞介質的循環與配布系統
- 熱交換器和儲熱設備

太陽能集熱板
- 太陽能集熱板應該定位在正南方的20°範圍內，並且不被鄰近的構造物、地形、或樹蔭遮蔽。需要的集熱面面積取決於集熱板和熱傳遞介質的熱交換效率，以及供暖和冷卻負荷。現行的建議範圍為建築物淨地板面積的1／3～1／2。

傳熱介質
- 傳熱介質可以是空氣、水、或其他液體。透過介質將太陽能板收集來的熱能傳遞到熱交換設備或儲存設備中，以備後續使用。
- 液體系統使用管路來進行循環和配布。防凍液可提供防凍保護；如果採用的是鋁管，則必須使用防腐蝕添加劑。
- 空氣系統的配管需要較大的安裝空間。也由於空氣的傳熱係數小於液體，因此需要較大的集熱表面。不過，此系統的集熱板構造較為簡單，且不受凍結、滲漏、和腐蝕等問題影響。

儲熱設備
- 絕緣的儲熱設備可將熱保存下來供夜間或陰天時使用。形式上可以是填滿水或其他液體介質的儲存槽，或是空氣系統中的石塊或相變鹽儲存箱。
- 太陽能系統的熱分配構件和傳統系統類似。
- 熱可經由全氣式（all-air）或氣水式（air-water）系統來傳遞。
- 用來冷卻時，須配備熱泵浦或吸收式冷卻單元。
- 建議設置備用的供暖系統。
- 主動式太陽能系統如果要有效率，建築物本身的熱效率和隔熱性都要夠好才行。建築物的座落、座向、和窗戶開口都應該充分利用季節性的太陽輻射。

- 請詳見1.20～1.21被動式太陽能設計。
- 請詳見11.32光伏技術。

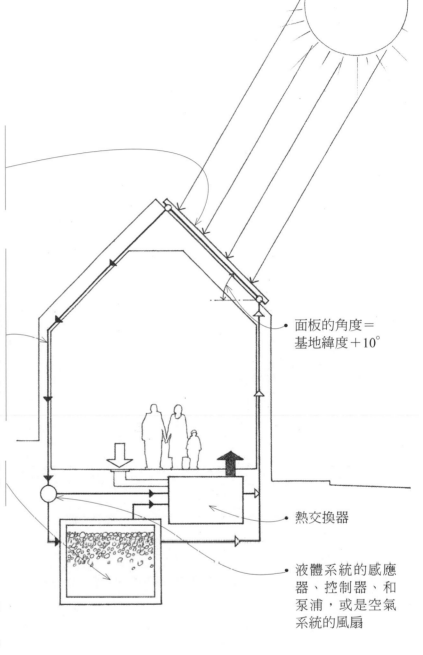

面板的角度＝基地緯度＋10°

熱交換器

液體系統的感應器、控制器、和泵浦，或是空氣系統的風扇

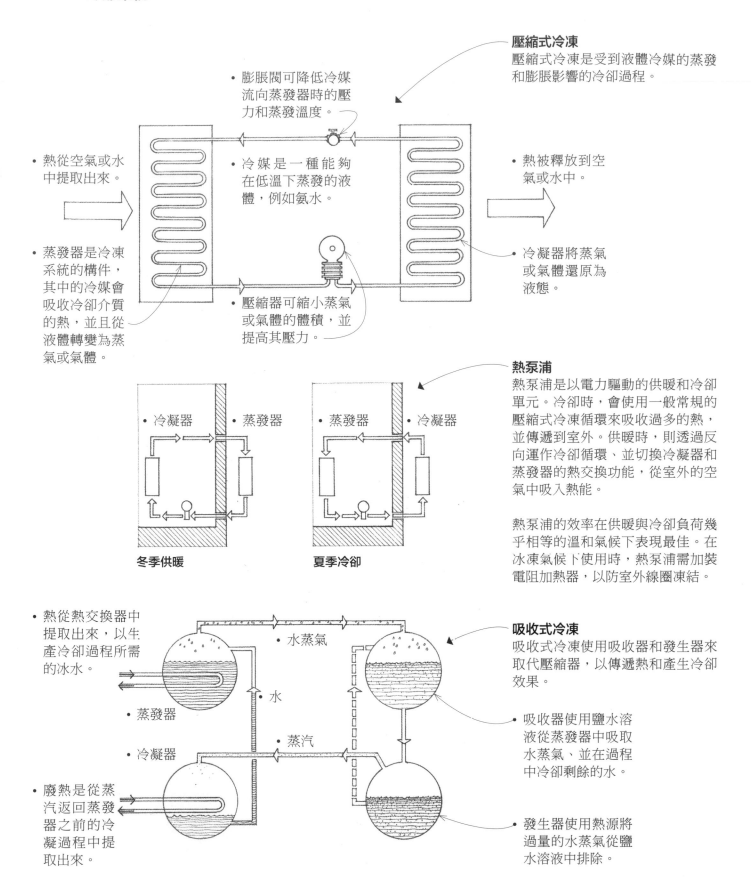

壓縮式冷凍
壓縮式冷凍是受到液體冷媒的蒸發和膨脹影響的冷卻過程。

• 膨脹閥可降低冷媒流向蒸發器時的壓力和蒸發溫度。

• 冷媒是一種能夠在低溫下蒸發的液體,例如氨水。

• 熱從空氣或水中提取出來。

• 蒸發器是冷凍系統的構件,其中的冷媒會吸收冷卻介質的熱,並且從液體轉變為蒸氣或氣體。

• 壓縮器可縮小蒸氣或氣體的體積,並提高其壓力。

• 熱被釋放到空氣或水中。

• 冷凝器將蒸氣或氣體還原為液態。

冬季供暖　　　夏季冷卻

• 冷凝器　• 蒸發器　• 蒸發器　• 冷凝器

熱泵浦
熱泵浦是以電力驅動的供暖和冷卻單元。冷卻時,會使用一般常規的壓縮式冷凍循環來吸收過多的熱,並傳遞到室外。供暖時,則透過反向運作冷卻循環、並切換冷凝器和蒸發器的熱交換功能,從室外的空氣中吸入熱能。

熱泵浦的效率在供暖與冷卻負荷幾乎相等的溫和氣候下表現最佳。在冰凍氣候下使用時,熱泵浦需加裝電阻加熱器,以防室外線圈凍結。

• 熱從熱交換器中提取出來,以生產冷卻過程所需的冰水。

• 蒸發器

• 冷凝器

• 廢熱是從蒸汽返回蒸發器之前的冷凝過程中提取出來。

水蒸氣

水

蒸汽

吸收式冷凍
吸收式冷凍使用吸收器和發生器來取代壓縮器,以傳遞熱和產生冷卻效果。

• 吸收器使用鹽水溶液從蒸發器中吸取水蒸氣、並在過程中冷卻剩餘的水。

• 發生器使用熱源將過量的水蒸氣從鹽水溶液中排除。

美國施工規範協會綱要編碼 23 60 00:中央冷卻設備

暖氣、通風、和空調（heating, ventilating, and air-conditioning, HVAC）系統同時控制著建築物內部空間的空氣溫度、溼度、清淨度、配布、和流動。

• 煙囪可將燃料燃燒時煙道中的氣體排出去。
• 冷卻塔是一個結構體，通常設置在建築物的屋頂，用來排除冷卻用水中的廢熱。冷卻塔的尺寸和數量取決於建築物的冷卻需求。冷卻塔與建築物的結構構架之間須做隔音處理。

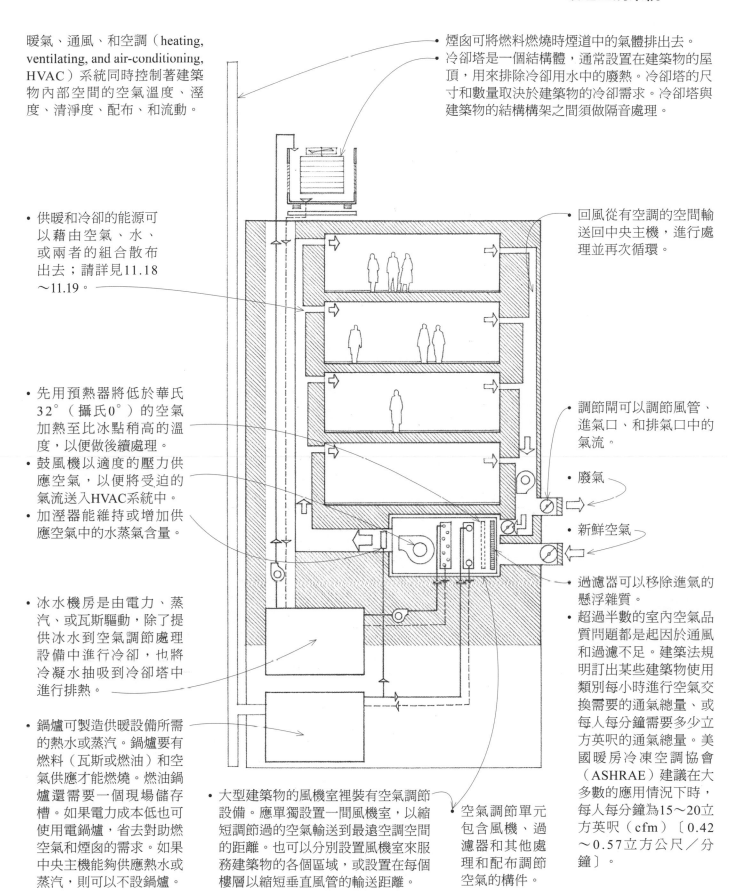

• 供暖和冷卻的能源可以藉由空氣、水、或兩者的組合散布出去；請詳見11.18～11.19。

• 先用預熱器將低於華氏32°（攝氏0°）的空氣加熱至比冰點稍高的溫度，以便做後續處理。
• 鼓風機以適度的壓力供應空氣，以便將受迫的氣流送入HVAC系統中。
• 加溼器能維持或增加供應空氣中的水蒸氣含量。

• 冰水機房是由電力、蒸汽、或瓦斯驅動，除了提供冰水到空氣調節處理設備中進行冷卻，也將冷凝水抽吸到冷卻塔中進行排熱。

• 鍋爐可製造供暖設備所需的熱水或蒸汽。鍋爐要有燃料（瓦斯或燃油）和空氣供應才能燃燒。燃油鍋爐還需要一個現場儲存槽。如果電力成本低也可使用電鍋爐，省去對助燃空氣和煙囪的需求。如果中央主機能夠供應熱水或蒸汽，則可以不設鍋爐。

• 回風從有空調的空間輸送回中央主機，進行處理並再次循環。

• 調節閘可以調節風管、進氣口、和排氣口中的氣流。
• 廢氣
• 新鮮空氣
• 過濾器可以移除進氣的懸浮雜質。
• 超過半數的室內空氣品質問題都是起因於通風和過濾不足。建築法規明訂出某些建築物使用類別每小時進行空氣交換需要的通氣總量、或每人每分鐘需要多少立方英呎的通氣總量。美國暖房冷凍空調協會（ASHRAE）建議在大多數的應用情況下時，每人每分鐘為15～20立方英呎（cfm）〔0.42～0.57立方公尺／分鐘〕。

• 大型建築物的風機室裡裝有空氣調節設備。應單獨設置一間風機室，以縮短調節過的空氣輸送到最遠空調空間的距離。也可以分別設置風機室來服務建築物的各個區域，或設置在每個樓層以縮短垂直風管的輸送距離。

• 空氣調節單元包含風機、過濾器和其他處理和配布調節空氣的構件。

美國施工規範協會綱要編碼 23 70 00：中央暖通空調設備

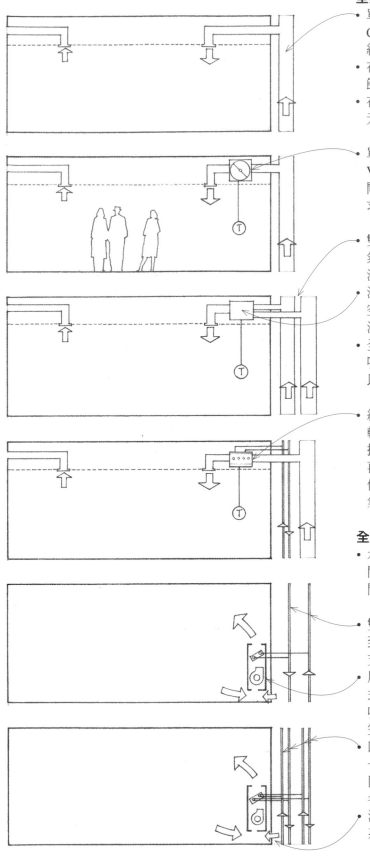

全氣式系統

- 單風管、定風量（constant-air-volumn, CAV）系統將調節過的空氣以恆定溫度經由低速風管系統送到服務的空間中。
- 在單區域系統中，會以主要恆溫器來調節整棟建築物的溫度。
- 在多區域系統中，會從中央空氣調節單元分離出數支風管來服務多個區域。

- 單風管、變風量（variable-air-volume, VAV）系統會在終端出風口使用調節閘，以便根據每個區域或空間的溫度需求控制已調節空氣的流動情形。

- 雙風管系統使用數支分離的風管，將暖氣和冷氣送至裝有恆溫式控制調節閘的混合箱中。
- 混合箱在混合空氣被配送到每個區域或空間之前，會先按照比例將暖氣和冷氣混合到所需的溫度。
- 全氣式系統通常是高速系統〔2,400英呎／分鐘（730公尺／分鐘）〕或更高，以縮減風管的尺寸和安裝空間。

- 終端再熱系統能因應多變的空間需求提供較大的靈活度。此系統將大約華氏55°（攝氏13°）的空氣輸送至裝有電力或熱水再加熱線圈的終端，在終端調節先前已供應至每個獨立控制區域或空間內的空氣溫度。

全水式系統

- 水管可將熱水或冷水輸送至數個服務空間的風機—盤管單元中，需要的安裝空間比風管小。

- 雙管系統以一支水管將熱水或冷水供應到每一個風機—盤管單元中，再以另一支水管回水到鍋爐或冰水機房中。
- 風機—盤管單元包含空氣過濾器和離心式風機，可將室內空氣和室外空氣混合吸入加熱線圈中或冰水上方，再吹送回空間中。
- 四管系統使用兩組分離的水管迴路——一組熱水用、一組冷水用——在需要時同時進行加熱和冷卻，供應至建築物的各個區域。
- 流通空氣是以滲透方式或藉由分離風管系統而穿透牆壁開口來供應。

氣水式空調系統

- 氣水空調系統以高速風管將調節過的主要空氣從中央主機送到每個區域或空間，在此與該空間的室內空氣混合後，進一步在誘導機單元中加熱或冷卻。
- 調節過的主要空氣透過過濾器將室內空氣抽入，混合後的空氣再通過盤管上方，由鍋爐或冰水機房接管出來的次要用水進行加熱或冷卻。
- 就地式恆溫器以控制盤管上方水流的方式來調節氣溫。

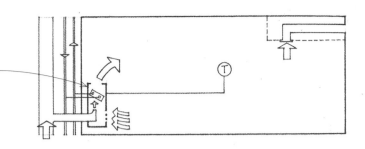

箱式系統

- 箱式系統是整合了風機、過濾器、壓縮器、冷凝器、和冷卻用蒸發盤管等組件於一體、可對抗天候的單元。用來供暖時，箱式系統會像熱泵浦一樣運作、或控制附屬的加熱元件。箱式系統是由電力或電力與瓦斯的組合所驅動。

- 箱式系統可以像單件設備一樣安裝在屋頂上，或在建築物外牆旁側的混凝土台座上。

- 屋頂上的箱式單元可間隔地設置，以服務長型的建築物。
- 垂直通風井和橫向支管相連的箱式系統可以服務四或五層樓高的建築物。

- 分離的箱式系統是由一個整併了壓縮器和冷凝器的室外單元，和另一個包括了冷卻、加熱盤管和循環風機的室內單元所組成；以絕緣的冷媒管和控制線來連接內、外兩個單元。

- 小型的終端單元可以直接安裝在每一個服務空間的窗戶下方、或在外牆的開口中。翻新的既有建築物一般都會採用窗型安裝單元。

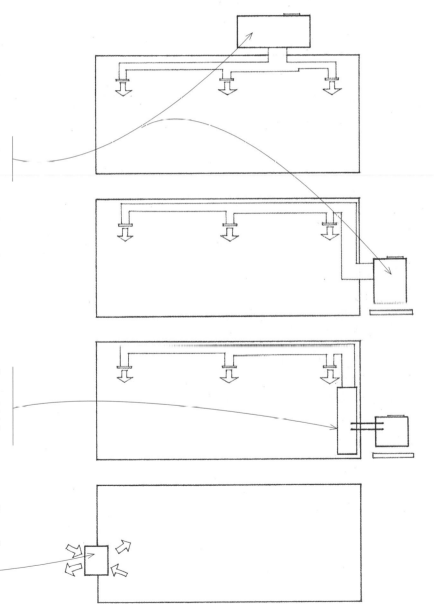

選擇、設計、和設置暖通空調系統的考量因素包括：

- 系統的性能、效率、初始成本和生命成本。
- 需要的燃料、動力、空氣和水，以及輸送和儲存的方式；某些設備可能需要直接連到室外的通道。
- 服務建築物不同區域的系統靈活性，可能會因為用途或基地座向而有不同的要求。分散式或就地式系統安裝起來較為經濟、配布距離較短，也能讓每個空間或區域擁有獨立的溫度控制；中央系統一般來說則較為節能、易於檢修、空氣品質的控制也比較好。
- 供暖和冷卻媒介使用的配布系統類型和配置。為了減少摩擦損失，風管和水管的長度應盡量短且直接，讓彎折和偏移的程度最小。
- 機械設備和配布系統的空間需求。建築物的暖通空調設備通常會占去10％～15％的建築物面積；某些設備元件還要留設出入、檢修、和保養的空間和範圍。風管系統需要的空間比輸送熱水或冰水的水管、或比電阻式加熱的線路空間都還要大。因此，風管必須仔細地配置，並與建築物的結構和空間，以及水管和電力系統相互整合。
- 檢修和保養需要的出入口
- 機械設備的包覆、耐火措施、噪音與震動控制的構造規定
- 因應設備重量的結構規定
- 可視度，不論設備隱藏在構造中或者外露。如果風管會外露，配置時必須達到視覺上的秩序感，並與空間中有形的元素（例如結構元素、照明燈具、表面樣式）相互協調。

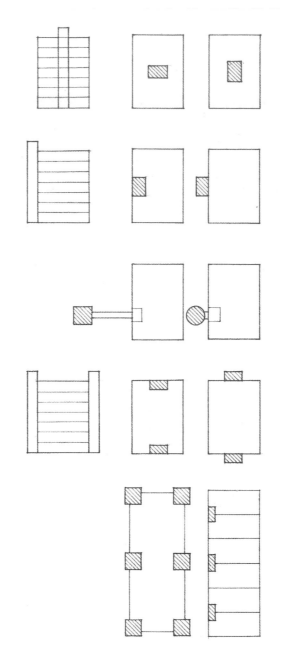

- 建築物的服務核或核心容納了垂直配布的機電服務設備、電梯井、和逃生梯。這些服務核必須與柱、承重牆、剪力牆或斜撐的結構配置，並與期望的空間、用途、活動模式相互協調。上方圖例僅呈現一部分配置建築物服務核的基本方式。

- 單一服務核通常使用在高層辦公大樓中，以空出最大且通暢的可出租面積。
- 設置在中央的服務核有利於縮短管線距離，是高效率的配布模式。
- 將服務核沿著邊緣設置可以空出無阻礙的地板空間，但是會擋到一部分的周邊自然採光。
- 分離式服務核能夠空出最大的地板空間，但需要較長的服務管線，亦無法做為側向支撐。
- 雙服務核可以對稱地設置，以縮短服務管線，並有效地發揮側向支撐的功效，但其餘建築面積會失去一些配置和使用上的彈性。
- 複數服務核通常使用在大面寬的低層建築物中，以免使用很長的水平管線。
- 複數服務核可因應不同用途和載重需求的空間或區域做分散配置。
- 在公寓式建築和其他容納重複單元的結構體中，服務核可以設置在單元之間、或是沿著內部走廊設置。

用於室內供暖、冷卻、和通風的空氣是經由調氣器和擴散器所提供。調氣器和擴散器應以其空氣流量與流速、壓降（pressure drop）程度、噪音係數、和外觀做為評估的根據。

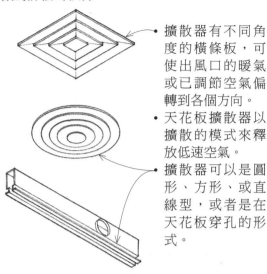

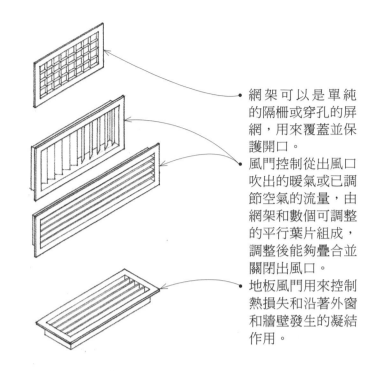

- 擴散器有不同角度的橫條板，可使出風口的暖氣或已調節空氣偏轉到各個方向。
- 天花板擴散器以擴散的模式來釋放低速空氣。
- 擴散器可以是圓形、方形、或直線型，或者是在天花板穿孔的形式。

- 網架可以是單純的隔柵或穿孔的屏網，用來覆蓋並保護開口。
- 風門控制從出風口吹出的暖氣或已調節空氣的流量，由網架和數個可調整的平行葉片組成，調整後能夠疊合並關閉出風口。
- 地板風門用來控制熱損失和沿著外窗和牆壁發生的凝結作用。

供氣出風口必須能將暖氣或冷氣舒適地配送到使用的空間中，並且不形成明顯的氣流感和分層現象。供氣出風口的噴流距離和擴散或分配模式，應與任何可能干擾空氣配布的障礙物一併仔細地考慮。

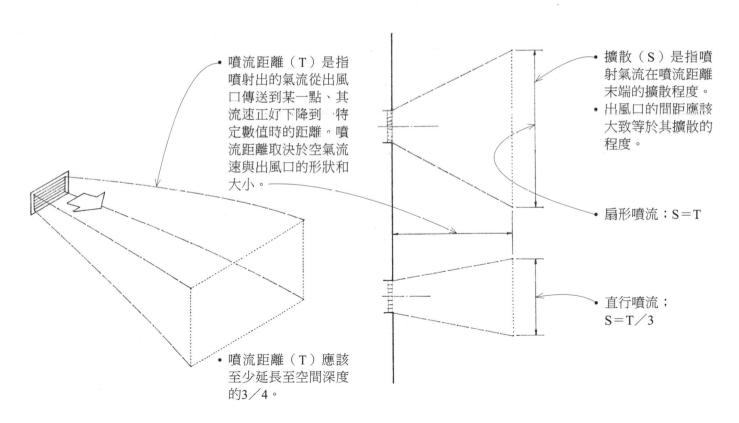

- 噴流距離（T）是指噴射出的氣流從出風口傳送到某一點、其流速正好下降到一特定數值時的距離。噴流距離取決於空氣流速與出風口的形狀和大小。

- 擴散（S）是指噴射氣流在噴流距離末端的擴散程度。
- 出風口的間距應該大致等於其擴散的程度。

- 扇形噴流：S＝T

- 直行噴流；S＝T／3

- 噴流距離（T）應該至少延長至空間深度的3／4。

美國施工規範協會綱要編碼 23 37 13：擴散器、風門、與網架

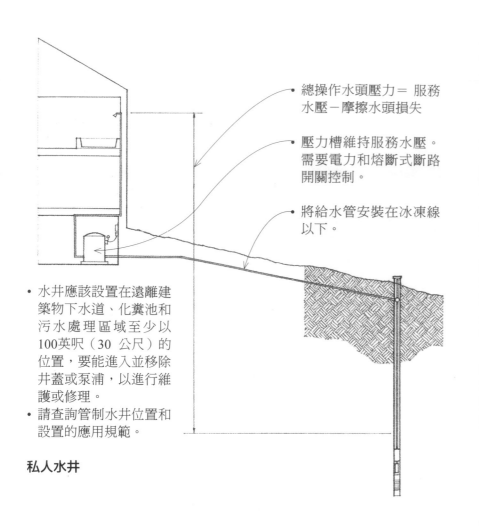

水在建築物內有下列幾種用途：
- 供應飲用、烹調、和洗滌。
- 暖通空調系統循環水，用來供暖和冷卻、以及保持期望的溼度程度。
- 防火保護系統儲存水供滅火使用。

水必須以正確的水量、適當的流速、壓力和溫度供應到建築物中，才能滿足上述需求。供人食用的水必須可以飲用——不含有害的細菌——而且可口。為了避免管路和設備的堵塞或腐蝕，可能要進行水硬度或過量酸度的處理。

如果水是由市政或公共系統提供，很可能在到達建築基地之前都不會有任何對於水量或水質的直接控制。如果沒有公共給水系統，就必須鑽井或設置雨水儲存槽。

井水的源頭如果夠深，通常會是純淨、清涼、而且沒有變色、怪味或氣味的問題。在水井實際使用前，應準備樣本送交當地衛生部門檢驗細菌和化學成分。

- 總操作水頭壓力＝服務水壓－摩擦水頭損失

- 壓力槽維持服務水壓。需要電力和熔斷式斷路開關控制。

- 將給水管安裝在冰凍線以下。

- 水井應該設置在遠離建築物下水道、化糞池和污水處理區域至少以 100 英呎（30 公尺）的位置，要能進入並移除井蓋或泵浦，以進行維護或修理。
- 請查詢管制水井位置和設置的應用規範。

私人水井

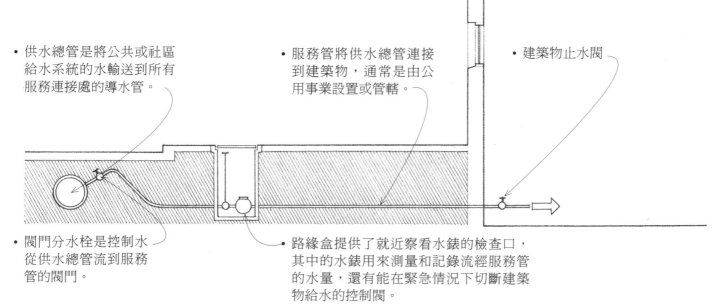

- 供水總管是將公共或社區給水系統的水輸送到所有服務連接處的導水管。

- 服務管將供水總管連接到建築物，通常是由公用事業設置或管轄。

- 建築物止水閥

- 閥門分水栓是控制水從供水總管流到服務管的閥門。

- 路緣盒提供了就近察看水錶的檢查口，其中的水錶用來測量和記錄流經服務管的水量，還有能在緊急情況下切斷建築物給水的控制閥。

公共給水

美國施工規範協會綱要編碼 33 10 00：水公用事業
美國施工規範協會綱要編碼 33 21 00：給水井

給水系統需在壓力下操作。給水系統的服務壓力必須足以吸收由垂直輸送、水垂直流經管道和裝置時因為摩擦造成的壓力損失，但仍然能滿足各式配管裝置的壓力需求。公共水系統通常約以50磅／立方英吋（psi）〔345千帕（kPa）〕的水壓給水。此壓力是大多數私人水井系統的上限。

如果給水壓力為50磅／立方英吋（psi）〔345千帕（kPa）〕，向上配水到六層樓高的低樓層建築都沒問題。但對較高樓層的建築、或在自來水壓力不足以維持裝置服務的位置，則需使用泵浦將水運送到架高的、或在屋頂上的儲水槽中，再利用重力向下給水。這類型的水有一部分經常做為防火系統的備水。

每一個裝置都要有充足的水壓，以確保操作起來符合預期。設備水壓的規定為5～30磅／立方英吋（psi）〔35～207千帕（kPa）〕。水壓過高和壓力不足一樣，都不是使用者期望的。因此，合適的給水管尺寸要能夠消除服務壓力之間的落差、容許垂直升水或水力摩擦的壓力損失，以及符合每一種裝置的水壓規定。如果給水壓力過高，可以在配管裝置上安裝減壓閥或調節器。

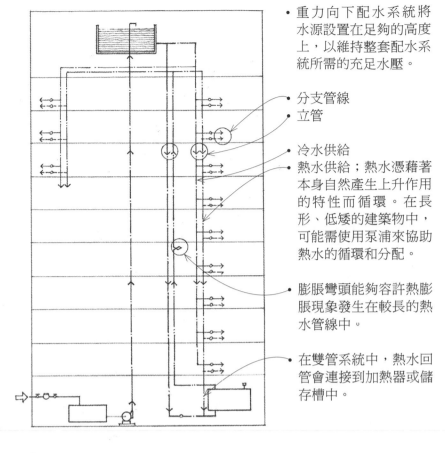

- 重力向下配水系統將水源設置在足夠的高度上，以維持整套配水系統所需的充足水壓。

- 分支管線
- 立管

- 冷水供給
- 熱水供給；熱水憑藉著本身自然產生上升作用的特性而循環。在長形、低矮的建築物中，可能需使用泵浦來協助熱水的循環和分配。

- 膨脹彎頭能夠容許熱膨脹現象發生在較長的熱水管線中。

- 在雙管系統中，熱水回管會連接到加熱器或儲存槽中。

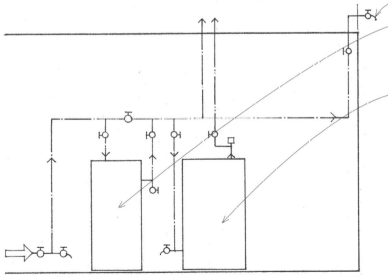

- 向上配水系統在壓縮氣體的壓力下，將供水總管或封閉儲水槽中的水分配出去。

- 應避免戶外軟管水龍頭在寒冷的氣候中凍結。
- 軟水器透過離子交換的方式除去硬水中的鈣和鎂鹽；硬水可能會堵塞水管、腐蝕鍋爐、並抑制肥皂的起泡作用。

- 熱水器是能夠將水加熱到華氏120°～140°（攝氏49°～60°）並儲存熱水供後續使用的電力或燃氣器具（美國施工規範協會綱要編碼 22 33 00和 22 34 00）。所有熱水器都必須加裝安全減壓閥。
- 大型設施和廣布型裝置分組可能會需要熱水儲存槽。
- 隨選式的熱水系統是標準熱水器的替代方案，依使用的時間與地點將水加熱。這種系統相當節能，也不需要儲水槽空間，但需要安裝天然氣熱水器的排氣口。
- 第三種替代方案為太陽能熱水系統，在陽光明媚的氣候條件下能夠滿足一般家用熱水需求。在溫帶氣候，太陽能熱水系統可有效地做為有標準加熱系統支援的預熱系統。

美國施工規範協會綱要編碼 22 00 00：配管
美國施工規範協會綱要編碼 22 11 00：設施用水分配

- 水力摩擦造成的壓力損失取決於水流經的給水管直徑、水流距離、止水閥、T形三通管、和彎頭的數量。水流運行要短、直,而且愈直接愈好。

在任何裝置處需要的最大壓力
〔5～30磅／立方英吋(35～207千帕)〕
+ 通過水錶造成的壓力損失
+ 靜水頭或垂直升水造成的壓力損失
+ 管路和管件中因為水力摩擦造成的壓力損失
= 給水壓力

給水管路可以是銅、鍍鋅鋼、或塑膠的材質。銅管因為具有耐腐蝕性、強度、低摩擦損失、且外徑小的特性,經常被當做給水管路使用。塑膠管重量輕、很容易接合、僅產生低摩擦、且不腐蝕,但並非所有的類型都適合用來運送飲用水。聚丁烯(PB)、聚乙烯(PE)、聚氯乙烯(PVC)、和氯化聚氯乙烯(CPVC)管均可用於冷水供應管路;只有PB和CPVC適用於熱水管路。

恩格爾法交聯聚乙烯(Engel-method crosslinked polyethylene; PEX-A)管材適用於冷水和熱水管路。具柔軟性、不受腐蝕和礦物積累,做為熱水管路時能保留更多的熱,做為冷水管路時則能抵抗凝結,也能抑制水的噪音。

合適的水管尺寸取決於其服務的配管裝置數量和類型,以及因為水力摩擦和靜水頭造成的壓力損失。每種裝置類型都會分派出數個裝置單元。再依據建築物中裝置單元的總數,估算出以〔加侖／分鐘(gpm)〕為單位的等效需求。由於假設所有設備並不會在同時間內一起使用,所以總需求不會與裝置單元的總負載直接成正比。

給水系統通常可以收納在地板和牆構造的空間中,做起來並不太難。給水系統應與建築結構和其他系統相互協調,例如與其平行但體積較大的衛生排水系統。

給水管在每一樓層都應設置垂直支撐,而且每6～10英呎(1,830～3,050公厘)設置水平支撐。調整式吊架可用來確保水平向排水管的合適高度。

冷水管應做絕緣,以免熱從較溫暖的周圍空氣傳入水中。熱水管則要針對熱損失做絕緣,與平行的冷水管線相隔距離不得小於6英吋(150公厘)。

在非常寒冷的氣候下,外牆和未供暖建築物的水管會凍結並破裂。在裝有排水龍頭的系統低處,應該做好排水的預防措施。

個別需求

裝置類型	裝置單元中的負載	最小給水管 英吋(公厘)
浴缸	2～4	1/2 (13)
蓮蓬頭	2～4	1/2 (13)
洗手台	1～2	3/8 或 1/2 (10 或 13)
抽水馬桶 水箱式	3～5	3/8 (10)
抽水馬桶 沖洗閥式	6～10	1 (25)
小便斗	5～10	1/2 或 3/4 (13 或 19)
廚房水槽	2～4	1/2 或 3/4 (13 或 19)
洗衣機	2～4	1/2 (13)
服務水槽	3	1/2 (13)
戶外軟管 水龍頭	2～4	1/2 (13)

預估總需求

裝置單元 總負載	總需求 加侖／分鐘(立方公尺／公尺)
10	8 (0.03)
20	14 (0.06)
40	25 (0.10)
60	32 (0.13)
80	38 (0.15)
100	44 (0.18)
120	48 (0.19)
140	53 (0.21)
160	55 (0.22)
200	65 (0.26)

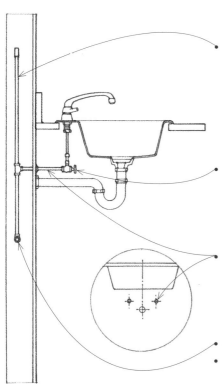

- 水錘是當一定的水量洩入管內而被突然截斷時所發出的衝擊和敲打聲。設在裝置分支處的氣室可防止水錘現象,使被截留的空氣能彈性地壓縮和膨脹,以平衡系統中壓力和水流。

- 裝置止水閥控制著每個裝置中的水流情形;為了檢修和維護方便,可以加裝額外的止水閥,將一個或多個裝置與給水系統相互隔開。

- 裝置外伸管;每個配管裝置的放樣尺度都應該向製造商諮詢,裝置物料才能在適當的施工階段正確安裝。

- 給水分支管路
- 如果給水管必須設置在對外牆中,應設在牆體絕緣材的溫暖側。

火警系統安裝在建築物裡，一旦被火災探測系統啟動時能自動發出警報聲。火災探測系統是由熱感測器，例如溫度偵測器（恆溫器）、或是被燃燒的副產物引動的煙霧偵測器。大多數法規要求住宅用途和旅館／汽車旅館中的每一單元都必須以硬接線安裝煙霧偵測器。請參考國家防火協會（National Fire Protection Association, NFPA）生命安全規範（Life Safety Code）中關於熱和煙霧偵測器的類型與安裝位置的建議。

大型商業和機構建築物的公共安全非常重要，建築法規通常要求設置消防灑水系統；部分法規允許在設有合格自動灑水系統的情形下，可以增加樓地板面積。某些法規也要求必須在多戶家庭住宅中裝設消防灑水系統。

消防灑水系統是由天花板內或低於天花板的管路所組成，這些管路連結到適當的給水處，由設定在特定溫度下、會自動開啟的開關閥或噴頭供水。灑水系統的兩種主要類型分別是溼管系統和乾管系統。

- 溼管系統中含有水壓充足的水，在火災發生時會立即自動開啟，透過噴頭連續地放水。
- 乾管系統中含有加壓的空氣，在火災發生時會開啟噴頭釋放出去，讓水流經配管、從開啟的噴嘴中噴出。乾管系統使用在管路容易受凍結影響的地區。
- 預動式系統屬於乾管灑水系統，利用比灑水頭更加靈敏的火災偵測裝置來操作控制水流的開關閥。預動式系統使用在如果不小心啟動灑水可能會損毀珍貴材料的情況下。
- 開放式系統的灑水噴頭會一直維持著開啟狀態，透過偵熱、偵煙、或偵焰的感應裝置來操作控制水流的開關閥。

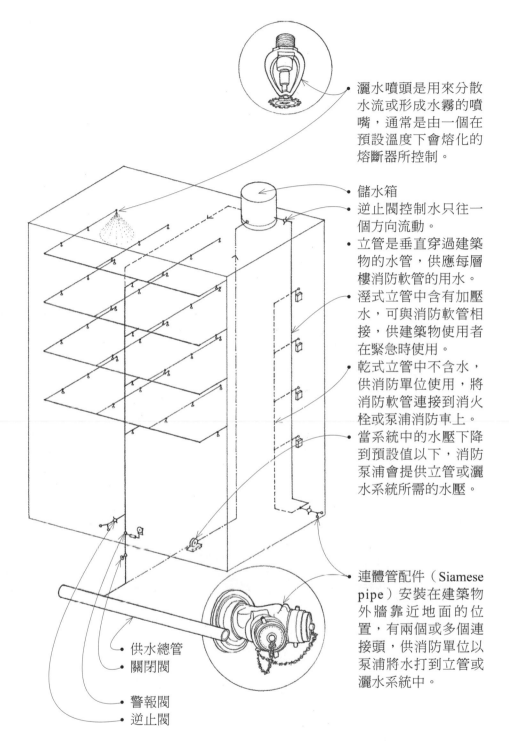

- 灑水噴頭是用來分散水流或形成水霧的噴嘴，通常是由一個在預設溫度下會熔化的熔斷器所控制。
- 儲水箱
- 逆止閥控制水只往一個方向流動。
- 立管是垂直穿過建築物的水管，供應每層樓消防軟管的用水。
- 溼式立管中含有加壓水，可與消防軟管相接，供建築物使用者在緊急時使用。
- 乾式立管中不含水，供消防單位使用，將消防軟管連接到消火栓或泵浦消防車上。
- 當系統中的水壓下降到預設值以下，消防泵浦會提供立管或灑水系統所需的水壓。
- 連體管配件（Siamese pipe）安裝在建築物外牆靠近地面的位置，有兩個或多個連接頭，供消防單位以泵浦將水打到立管或灑水系統中。

- 供水總管
- 關閉閥
- 警報閥
- 逆止閥

美國施工規範協會綱要編碼 21 00 00：制火

11.26 配管裝置

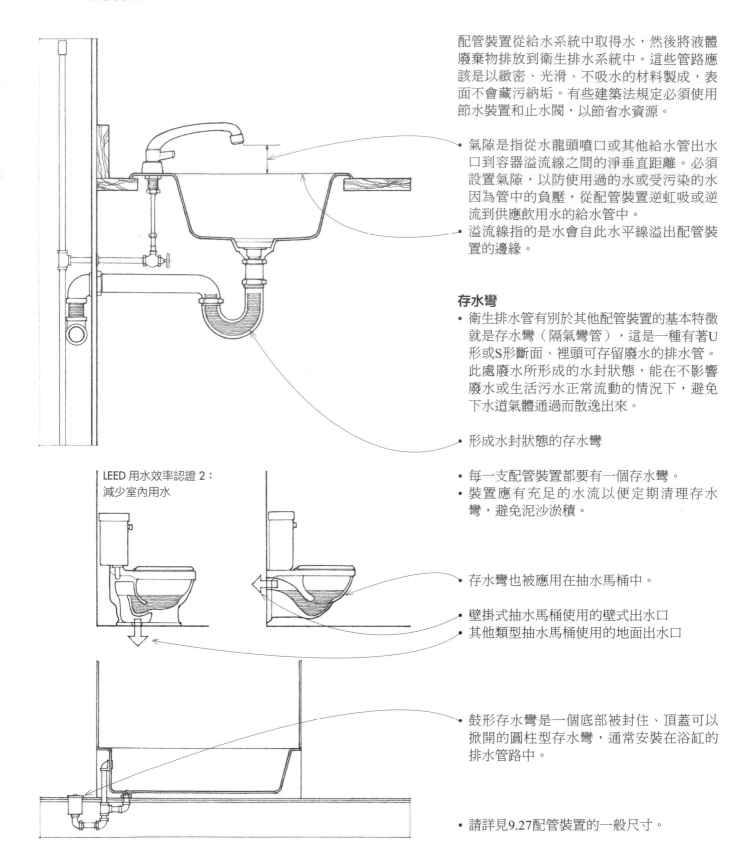

配管裝置從給水系統中取得水，然後將液體廢棄物排放到衛生排水系統中。這些管路應該是以緻密、光滑、不吸水的材料製成，表面不會藏污納垢。有些建築法規定必須使用節水裝置和止水閥，以節省水資源。

• 氣隙是指從水龍頭噴口或其他給水管出水口到容器溢流線之間的淨垂直距離。必須設置氣隙，以防使用過的水或受污染的水因為管中的負壓，從配管裝置逆虹吸或逆流到供應飲用水的給水管中。
• 溢流線指的是水會自此水平線溢出配管裝置的邊緣。

存水彎

• 衛生排水管有別於其他配管裝置的基本特徵就是存水彎（隔氣彎管），這是一種有著U形或S形斷面、裡頭可存留廢水的排水管。此處廢水所形成的水封狀態，能在不影響廢水或生活污水正常流動的情況下，避免下水道氣體通過而散逸出來。

• 形成水封狀態的存水彎

LEED 用水效率認證 2：
減少室內用水

• 每一支配管裝置都要有一個存水彎。
• 裝置應有充足的水流以便定期清理存水彎，避免泥沙淤積。

• 存水彎也被應用在抽水馬桶中。

• 壁掛式抽水馬桶使用的壁式出水口
• 其他類型抽水馬桶使用的地面出水口

• 鼓形存水彎是一個底部被封住、頂蓋可以掀開的圓柱型存水彎，通常安裝在浴缸的排水管路中。

• 請詳見9.27配管裝置的一般尺寸。

美國施工規範協會綱要編碼 22 40 00：配管裝置

給水系統終止於每一個配管裝置。水被汲取和使用後會進入衛生排水系統。這個排水系統的主要目的是盡快排出流體廢棄物和有機物質。

由於衛生排水系統是靠著重力來排放，因此排水管路會比給水管路大得多，並且承受壓力。排水管路的尺寸取決於管路在系統中的位置，及其服務裝置的總數量與類型。有關可用的水管材料、水管尺寸、水平走向的長度和斜率、和可用彎管的類型與數量的限制，請務必查詢配管的規範。

排水管路的材質可以是鑄鐵或塑膠。鑄鐵是排水配管的傳統材料，管路可能是無承接口式，或是插承式的接頭和配件。而適合做為排水管路的塑膠管有兩種：聚氯乙烯（PVC）管和丙烯腈・丁二烯・苯乙烯（ABS）管。有些建築法規也允許使用鍍鋅熟鐵或鋼。

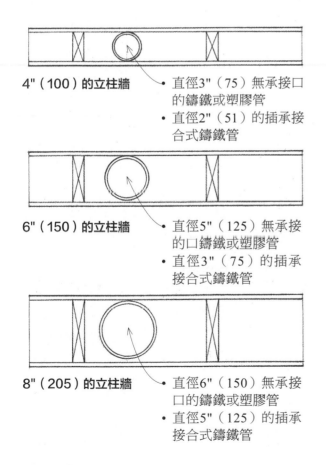

4"（100）的立柱牆
• 直徑3"（75）無承接口的鑄鐵或塑膠管
• 直徑2"（51）的插承接合式鑄鐵管

6"（150）的立柱牆
• 直徑5"（125）無承接的口鑄鐵或塑膠管
• 直徑3"（75）的插承接合式鑄鐵管

8"（205）的立柱牆
• 直徑6"（150）無承接口的鑄鐵或塑膠管
• 直徑5"（125）的插承接合式鑄鐵管

最大水管尺寸
• 裝置後方的配管牆或溼牆必須有足夠的厚度以容納支管、裝置外伸管、和氣室。

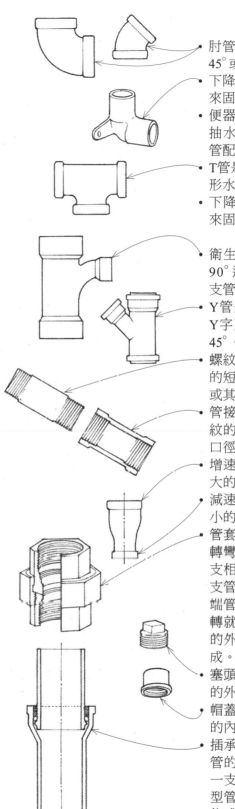

• 肘管有一個彎角，通常是45°或90°。
• 下降肘管附有凸耳，可用來固定至牆壁或格柵上。
• 便器用彎頭是直接裝設在抽水馬桶下方的90°汙水管配件。
• T管是做為三通接頭的T字形水管配件。
• 下降T管附有凸耳，可用來固定至牆壁或格柵上。

• 衛生T管有一支微弧形的90°過渡通道，將水流從支管引導至主管。
• Y管是連接支管和主管的Y字形水管配件，通常是45°。
• 螺紋接管是兩端都有螺紋的短管，用來連接管接頭或其他水管配件。
• 管接頭是兩端內部都有螺紋的短管，用來連接兩支口徑相同的水管。
• 增速管是其中一端管徑增大的管接頭。
• 減速管是其中一端管徑縮小的管接頭。
• 管套節用來連接兩支無法轉彎的水管，由環繞著兩支相接水管的末端、將兩支管拴緊的兩個內螺紋末端管件，以及一個只要旋轉就能接合前述末端管件的外螺紋中央管件共同組成。
• 塞頭是用來封閉水管末端的外螺紋配件。
• 帽蓋是用來封閉水管末端的內螺紋配件。
• 插承式管接頭是將一支水管的末端（插口）插入另一支末端擴大的水管（鐘型管）內，再以填隙化合物或可壓縮環密封而成。

管道配件

美國施工規範協會綱要編碼 33 30 00：衛生下水道公用事業

衛生排水系統的配置必須盡可能採取直接、最短路徑的方式，以防止固體沉積和堵塞。此外還須設置清潔口，以便在管路堵塞時進行清潔。

- 分支排水管將一個或多個裝置連接至污水豎管或廢水豎管。
- 水平排水管路若管徑達3"（75），斜率應為每英呎1／8"高（1：100）；管徑大於3"（75）時，斜率應為每英呎1／4"高（1：50）。
- 裝置排水管從配管裝置的存水彎處，延伸至與污水豎管或廢水豎管的相接處。
- 汙水豎管（糞管）將來自抽水馬桶或小便斗的排放物運送到建築物的排水管或下水道中。
- 廢水豎管運送來自配管裝置、抽水馬桶或小便斗以外的排放物。
- 所有排放豎管的彎折程度都要減到最小。
- 分支管的間隔是指汙水豎管或廢水豎管對應一個樓層高的長度，但不得小於8'（2,440），在此段間隔內，該樓層的所有水平分支排水管都要連接起來。
- 新鮮空氣進氣口能讓新鮮空氣進入建築物排水系統中，在存水彎位置或存水彎的前端與建築物排水管相連。
- 建築物下水道將建築物排水管連接至公共下水道或私人處理設施。
- 衛生下水道只運送來自配管裝置的汙水，但不包括雨水；雨水下水道運送屋頂和鋪面排放的雨水；合流式下水道則可同時運送污水和雨水。

- 伸頂通氣管是指汙水或廢水豎管高於連接著排放豎管的最高水平排水管的延伸部分；延伸出屋頂表面12"（305），並與建築物的垂直面、操作式天窗、和屋頂窗均保持適當距離。

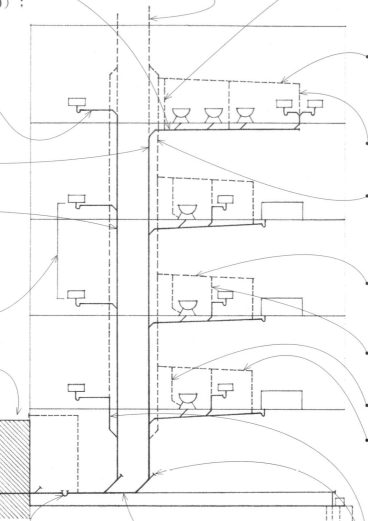

- 建築物存水彎設置在建築物排水管中，可阻隔下水道氣體從下水道進入建築物排水系統的通道。並非所有的配管規範都會要求裝設建築物存水彎。

- 建築物排水管是排水系統的最底層部分，接收建築物牆壁內汙水豎管和廢水豎管的排放物，再利用重力將其運送到建築物下水道。
- 建築物雨水排水管只運送雨水或類似的排放物至建築物下水道，再引導至公共雨水下水道、合流下水道、或其他處置地點。

通氣管

通氣系統可讓化糞池氣體逸散到外面、並且供應新鮮氣流至排水系統中，避免存水彎被虹吸和反向壓力封住。

- 減壓通氣管透過接起通氣豎管、與第一個裝置和汙水或廢水豎管之間的水平排水管，使排水和通氣系統之間的空氣流通。
- 環形通氣管是將管路回繞、並與伸頂通氣管相連接的迴路型通氣管，以此來取代通氣豎管。
- 共同通氣管可服務兩個在同一水平高度上相連的裝置排水管。
- 通氣豎管主要是為了能夠在排水系統的任何部位提供流通空氣進出而設置的垂直通氣管。
- 分支通氣管以一支通氣豎管或伸頂通氣管來連接一支或多支獨立的通氣管。
- 接續通氣管可用來連接排水管路與其所要連接的通氣管。
- 通氣背管安裝在存水彎的汙水側。
- 迴路通氣管可以同時服務兩個或多個存水彎，並且從最後一個連接著水平分支管和通氣豎管的裝置前端延伸出去。
- 溼式通氣管是兼具污水或廢水豎管和通氣管功能的大尺寸管路。
- 清潔口
- 污水井泵浦可將液體的累積物從污水坑底排出。當裝置設得比街道下水道低時，就需要此一設計。

美國施工規範協會綱要編碼 33 31 00：衛生公用下水道管路

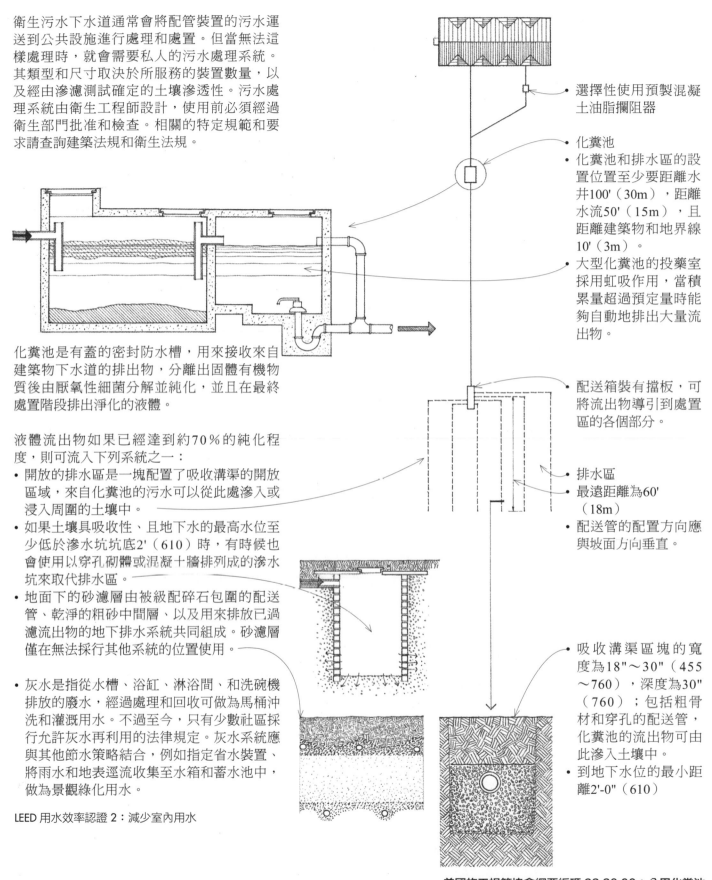

衛生污水下水道通常會將配管裝置的污水運送到公共設施進行處理和處置。但當無法這樣處理時，就會需要私人的污水處理系統。其類型和尺寸取決於所服務的裝置數量，以及經由滲濾測試確定的土壤滲透性。污水處理系統由衛生工程師設計，使用前必須經過衛生部門批准和檢查。相關的特定規範和要求請查詢建築法規和衛生法規。

化糞池是有蓋的密封防水槽，用來接收來自建築物下水道的排出物，分離出固體有機物質後由厭氧性細菌分解並純化，並且在最終處置階段排出淨化的液體。

液體流出物如果已經達到約70%的純化程度，則可流入下列系統之一：
- 開放的排水區是一塊配置了吸收溝渠的開放區域，來自化糞池的污水可以從此處滲入或浸入周圍的土壤中。
- 如果土壤具吸收性、且地下水的最高水位至少低於滲水坑坑底2'（610）時，有時候也會使用以穿孔砌體或混凝土牆排列成的滲水坑來取代排水區。
- 地面下的砂濾層由被級配碎石包圍的配送管、乾淨的粗砂中間層、以及用來排放已過濾流出物的地下排水系統共同組成。砂濾層僅在無法採行其他系統的位置使用。
- 灰水是指從水槽、浴缸、淋浴間、和洗碗機排放的廢水，經過處理和回收可做為馬桶沖洗和灌溉用水。不過至今，只有少數社區採行允許灰水再利用的法律規定。灰水系統應與其他節水策略結合，例如指定省水裝置、將雨水和地表逕流收集至水箱和蓄水池中，做為景觀綠化用水。

LEED 用水效率認證 2：減少室內用水

- 選擇性使用預製混凝土油脂攔阻器
- 化糞池
- 化糞池和排水區的設置位置至少要距離水井100'（30m），距離水流50'（15m），且距離建築物和地界線10'（3m）。
- 大型化糞池的投藥室採用虹吸作用，當積累量超過預定量時能夠自動地排出大量流出物。
- 配送箱裝有擋板，可將流出物導引到處置區的各個部分。
- 排水區
- 最遠距離為60'（18m）
- 配送管的配置方向應與坡面方向垂直。
- 吸收溝渠區塊的寬度為18"～30"（455～760），深度為30"（760）；包括粗骨材和穿孔的配送管，化糞池的流出物可由此滲入土壤中。
- 到地下水位的最小距離2'-0"（610）

美國施工規範協會綱要編碼 33 36 00：公用化糞池

建築物的電力系統供應照明、暖氣、電力設備和電器運作的電力。此系統必須依據建築和電氣法規安裝，才能安全、可靠、又有效地操作。所有電力設備都必須符合美國保險商實驗室的標準。在設計和架設任何電力系統時，請查詢美國國家電氣法規（National Electrical Code）的具體規定。

電能是因為迴路中兩點之間的電荷差而流過導體（線）。
- 伏特（V）是國際單位制（SI unit）中的電動勢單位，定義為當兩點之間消耗的功率等於1瓦特時，攜帶1安培恆定電流的導體在兩點之間的電位差（即電勢差、電壓）。
- 安培（A）是國際單位制中的電流單位，相當於每秒1庫侖的電流、或是1伏特電壓施加在1歐姆電阻上所產生的穩定電流。
- 瓦特（W）是國際單位制中的功率單位，等於每秒1焦耳、或是1安培電流通過1伏特的電位差所產生的功率。
- 歐姆是國際單位制中的電阻單位，等於在1伏特的電位差下產生1安培電流的導體電阻。歐姆符號：Ω

電力通常是由電力公司供應給建築物。下方的示意圖顯示幾種公用事業單位依據建築物的負荷需求可提供的電壓系統。大型設備可能會使用自己的變壓器，將較經濟、較高的供應電壓降低成供電電壓。此外，可能要自備發電機組，以提供出口照明、警報系統、電梯、電話系統、消防泵浦、和醫院的醫療設備所需的緊急電力。

- 壓力：電壓
- 閥門：開關
- 流動：電流
- 摩擦：電阻

電路的液壓模擬

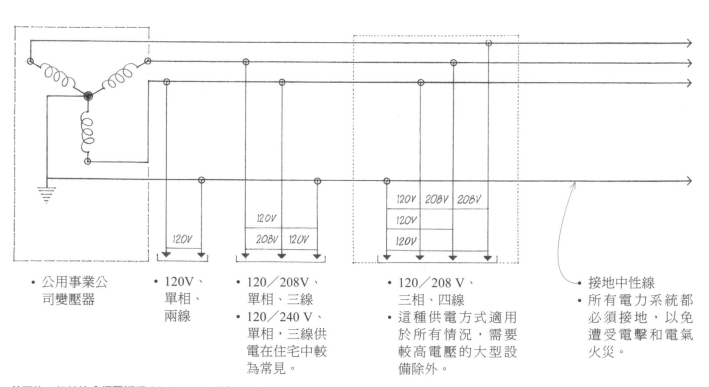

- 公用事業公司變壓器
- 120V、單相、兩線
- 120／208V、單相、三線
- 120／240 V、單相，三線供電在住宅中較為常見。
- 120／208 V、三相、四線
- 這種供電方式適用於所有情況，需要較高電壓的大型設備除外。
- 接地中性線
- 所有電力系統都必須接地，以免遭受電擊和電氣火災。

美國施工規範協會綱要編碼 33 70 00：電力公用事業

在規劃階段期間，就應該通知公用事業電力公司建築物的預估總電力負荷需求，以確保供電的取得，並且協調供電線路與電錶的設置位置。

電力供電線路可能是架高型或地下型。架高型服務線路較為便宜、維修方便，能長距離運載高電壓。地下型供電線路雖然較為昂貴，但能在高負荷密度的情況下使用，例如都會地區。考量到保護和未來更換的方便性，供電電纜會布設在管道或槽管裡。直埋型電纜可以做為住宅供電的電力線路。

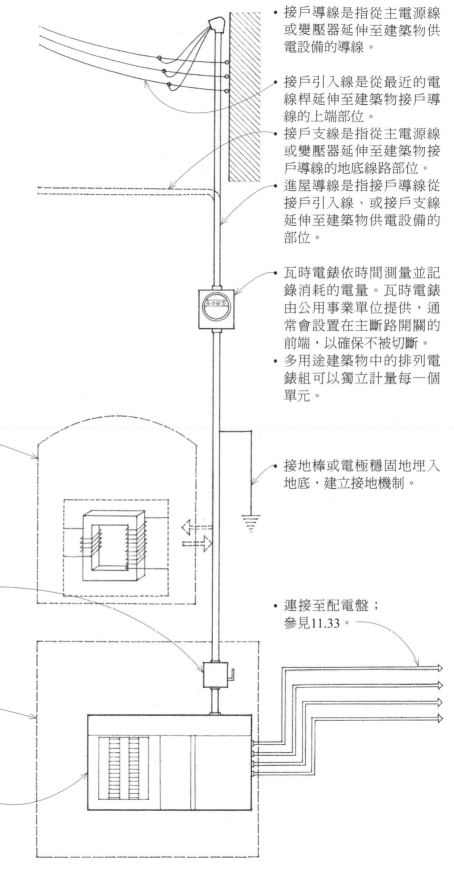

- 中型和大型建築物使用變壓器將高供應電壓降低為供電電壓。為了降低成本、減少維護、噪音和發熱問題，變壓器可以設置在室外軟墊上。如果設在建築物內，充油變壓器則需要一座通風良好、設有兩個出口的防火拱頂，並且設置在與開關設備室相鄰的外牆上。

- 小型和中型建築物使用的乾式變壓器可與斷路開關和開關設備一起安裝在單元變電站中。

- 供電開關是整套建築物電力系統的主要切斷裝置，但緊急電力系統除外。

- 供電設備包括主要的斷路開關和次要開關、熔斷器、和迴路斷路器，用來控制並保護建築物的電力供給情形。設置在靠近接戶導線入口處的開關設備室中。

- 主開關板是一個安裝著開關、過電流裝置、計量儀器、和母線的面板，用來控制、分配、並保護若干電路。設置時，應盡可能地靠近接戶線，以減少電壓下降情形、提升配線經濟性。

- 接戶導線是指從主電源線或變壓器延伸至建築物供電設備的導線。

- 接戶引入線是從最近的電線桿延伸至建築物接戶導線的上端部位。

- 接戶支線是指從主電源線或變壓器延伸至建築物接戶導線的地底線路部位。

- 進屋導線是指接戶導線從接戶引入線、或接戶支線延伸至建築物供電設備的部位。

- 瓦時電錶依時間測量並記錄消耗的電量。瓦時電錶由公用事業單位提供，通常會設置在主斷路開關的前端，以確保不被切斷。

- 多用途建築物中的排列電錶組可以獨立計量每一個單元。

- 接地棒或電極穩固地埋入地底，建立接地機制。

- 連接至配電盤；參見11.33。

美國施工規範協會綱要編碼 **26 05 26**：電力系統的接地和連接

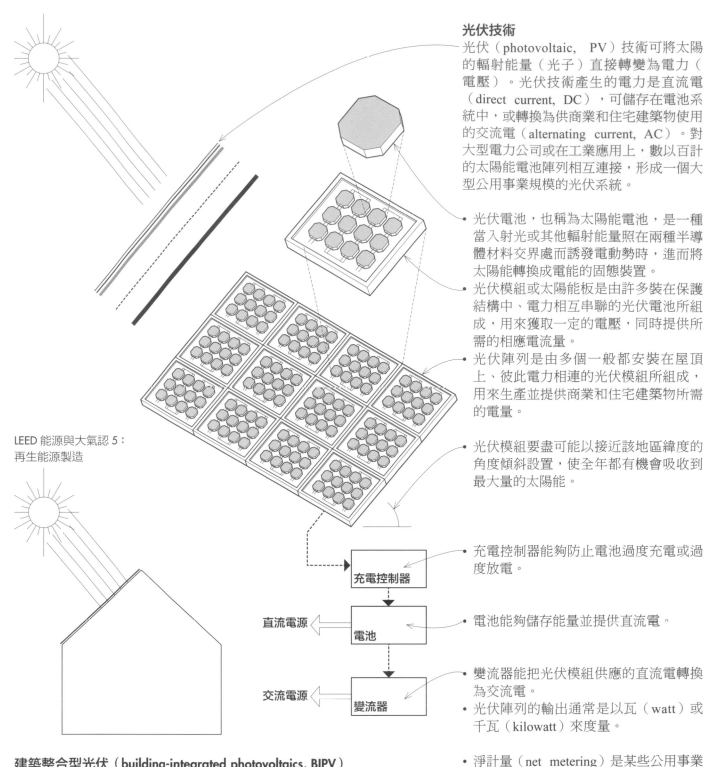

LEED 能源與大氣認 5：
再生能源製造

光伏技術

光伏（photovoltaic, PV）技術可將太陽的輻射能量（光子）直接轉變為電力（電壓）。光伏技術產生的電力是直流電（direct current, DC），可儲存在電池系統中，或轉換為供商業和住宅建築物使用的交流電（alternating current, AC）。對大型電力公司或在工業應用上，數以百計的太陽能電池陣列相互連接，形成一個大型公用事業規模的光伏系統。

- 光伏電池，也稱為太陽能電池，是一種當入射光或其他輻射能量照在兩種半導體材料交界處而誘發電動勢時，進而將太陽能轉換成電能的固態裝置。

- 光伏模組或太陽能板是由許多裝在保護結構中、電力相互串聯的光伏電池所組成，用來獲取一定的電壓，同時提供所需的相應電流量。

- 光伏陣列是由多個一般都安裝在屋頂上、彼此電力相連的光伏模組所組成，用來生產並提供商業和住宅建築物所需的電量。

- 光伏模組要盡可能以接近該地區緯度的角度傾斜設置，使全年都有機會吸收到最大量的太陽能。

充電控制器

直流電源 ← 電池

交流電源 ← 變流器

- 充電控制器能夠防止電池過度充電或過度放電。

- 電池能夠儲存能量並提供直流電。

- 變流器能把光伏模組供應的直流電轉換為交流電。

- 光伏陣列的輸出通常是以瓦（watt）或千瓦（kilowatt）來度量。

- 淨計量（net metering）是某些公用事業用來促進投資再生能源發電技術的政策，這項政策允許客戶在計費時段內，將自行生產卻超出實際需求量的電力與其用電量相互抵消。

建築整合型光伏（building-integrated photovoltaics, BIPV）

第二代的薄膜太陽能電池由非晶矽或非矽材料，如碲化鎘製造而成。由於薄膜太陽能電池的靈活度佳，因此可以整合在建築物的屋頂、牆壁、或窗戶中，做為主要或次要的電力來源，取代傳統的建築材料。亦可與彈性的屋面膜相互整合，塑形後能以類似屋頂板瓦或瓦片的方式鋪排、做為帷幕牆系統的構件、或是天窗的玻璃。

美國施工規範協會綱要編碼 48 14 13：太陽能聚集器

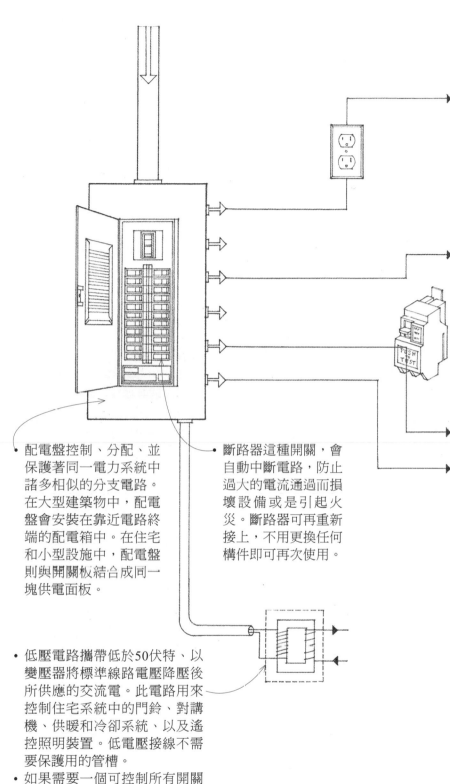

一旦確定了建築物各個不同區域的電力需求，就必須配布電路，將電力分配至需求位置。

• 分支電路是指電力系統中從保護電路的最末端過電流裝置一直到電路供電出線口的部位。每條分支電路的尺寸皆取決於其必須攜帶的負荷量。預留大約20％的電容量供彈性、延伸、和安全使用。為了避免電壓下降過多，分支電路的長度不應超過100英呎（30公尺）。

• 通用電路供應電流至多個燈具和電器使用的出線口。
• 插座若位在潮溼的位置，如浴室，應該以接地故障斷路器（ground fault interrupter, GFI）保護。GFI是一種電路斷路器，能夠感應因接地故障引起的電流，並在損壞或傷害發生之前立即切斷電源。這樣的保護措施可由GFI插座、或由供電面板上的GFI斷路器來提供。

• 電器電路供應電流至一個或多個電器專用的出線口。
• 獨立電路僅供應電流至單一的電力設備。

• 照明裝置與電動器具和設備的負荷需求皆由製造商標明。通用電路中設計的負荷量則取決於電路供應插座的數量和使用方式。請參考美國國家電氣法規。

• 電話、有線電視、對講機、以及保全或火災警報系統的擴音和信號設備，都需要分別布設電路。
• 電話系統在施工期間就應該預留並布線好專屬的出線口。大型設備也需要像電力系統一樣的供電線路、終端罩、立管空間等等。大型系統通常都是由電信公司設計、配布和安裝。
• 有線電視系統可接收來自戶外天線或衛星天線、有線電視公司、或封閉電路系統的信號。如果需要多個出線口，可以設置一個120伏特的出線口供信號放大器使用。非金屬導線管槽內的同軸電纜可將放大的信號傳輸到各個出線口端。

• 配電盤控制、分配、並保護著同一電力系統中諸多和似的分支電路。在大型建築物中，配電盤會安裝在靠近電路終端的配電箱中。在住宅和小型設施中，配電盤則與開關板結合成同一塊供電面板。

• 斷路器這種開關，會自動中斷電路，防止過大的電流通過而損壞設備或是引起火災。斷路器可再重新接上，不用更換任何構件即可再次使用。

• 低壓電路攜帶低於50伏特、以變壓器將標準線路電壓降壓後所供應的交流電。此電路用來控制住宅系統中的門鈴、對講機、供暖和冷卻系統、以及遙控照明裝置。低電壓接線不需要保護用的管槽。
• 如果需要一個可控制所有開關的中央控制點，可以使用低電壓開關。低電壓開關用來控制在供電出線口實際驅動開關切換的繼電器。

美國施工規範協會綱要編碼 26 10 00：中等電壓配電
美國施工規範協會綱要編碼 26 18 00：中等電壓電路保護裝置

11.34 電力配線

金屬在電流流動時只會有很小的阻力，因此是一種良好的導體。最常使用的是銅。各種形式的導體——金屬線、電纜、和母線——尺寸均取決於其安全電流承載能力和其絕緣材的最大工作溫度。導體的形式可從下列條件來判定：

- 電壓等級
- 導體的數量和大小
- 絕緣類型

包覆導體的絕緣材能防止導體與其他導體或金屬接觸，並且保護導體不受熱、潮溼和腐蝕的影響。對電流流動有高電阻效力的材料，例如橡膠、塑膠、瓷料、和玻璃都很常做為電力接布和連接時的的絕緣材。

導線管不僅能支撐電線和電纜，也保護它們不受物理損壞和腐蝕。金屬導線管還提供了連續的接地外殼供線路使用。在防火構造中，可使用剛性的金屬導線管、電力金屬管、或彈性導線管。在構架構造中，則使用鎧裝或非金屬護套的電纜。塑膠管材和導線管最常用於地下布線。

由於導線管相對小型，因此可以輕易地設置在大多數的構造系統中。導線管應有充分的支撐，布設愈直接愈好。法規一般都會限制導線管在接線盒或出線盒之間的彎曲半徑和數量。導線管與建築物的機械和配管系統之間也必須相互協調，以免路徑衝突。

電導體通常會在巢狀鋼承板的管槽內運行，使辦公大樓的電力、信號和電話出線口能更靈活設置。扁形的導體電纜系統可直接安裝在地毯方塊底下。

針對外露裝置，也有特殊的導線管、管槽、線槽、和配件等多種選擇。並且像外露的機械系統一樣，線路配布在視覺上，應與空間中的物理元素相互協調。

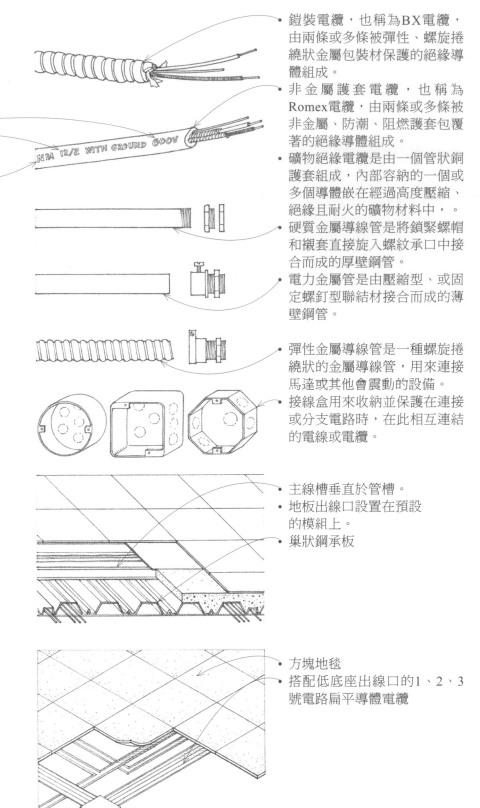

- 鎧裝電纜，也稱為BX電纜，由兩條或多條被彈性、螺旋捲繞狀金屬包裝材保護的絕緣導體組成。
- 非金屬護套電纜，也稱為Romex電纜，由兩條或多條被非金屬、防潮、阻燃護套包覆著的絕緣導體組成。
- 礦物絕緣電纜是由一個管狀銅護套組成，內部容納的一個或多個導體嵌在經過高度壓縮、絕緣且耐火的礦物材料中，。
- 硬質金屬導線管是將鎖緊螺帽和襯套直接旋入螺紋承口中接合而成的厚壁鋼管。
- 電力金屬管是由壓縮型、或固定螺釘型聯結材接合而成的薄壁鋼管。
- 彈性金屬導線管是一種螺旋捲繞狀的金屬導線管，用來連接馬達或其他會震動的設備。
- 接線盒用來收納並保護在連接或分支電路時，在此相互連結的電線或電纜。

- 主線槽垂直於管槽。
- 地板出線口設置在預設的模組上。
- 巢狀鋼承板

- 方塊地毯
- 搭配低底座出線口的1、2、3號電路扁平導體電纜

美國施工規範協會綱要編碼 26 05 00：電力的共同作業成果

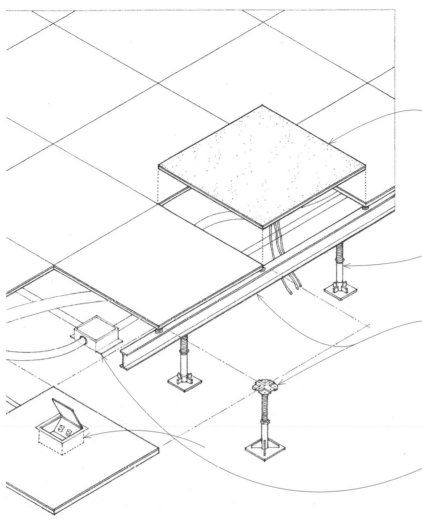

活動地板系統一般會使用在辦公場所、醫院、實驗室、計算機房、電視和通訊中心，以便在辦公桌、工作站、和設備的配置之間提供易接近性和靈活性。設備可以移動、並且很容易與模組化布線系統重新連接。

* 活動地板系統主要由舖設在可調式腳架上、可拆卸和可更換的地板鑲板所組成，可自由維護地板下的空間。地板鑲板一般都是邊長24英吋或600公厘的正方形，由鋼或鋁、鋼或鋁包覆的木材芯、或者輕質混凝土構成。鑲板以方塊地毯、乙烯基地磚、或高壓層板做為完成面；也有防火和能控制靜電放電的覆蓋材可選擇。

* 腳架的高度可做調整，讓竣工地板的高度從12英吋提升至30英吋（305公厘〜455公厘）；也有完成後低至8英吋（203公厘）的地板高度可選擇。

* 採用縱樑的系統比無縱樑系統有更好的側向穩定性；也可選擇符合建築法規之中側向穩定性規範的制震腳架。

* 設計載重為250磅〜625磅／平方英呎（1,220公斤〜3,050公斤／平方公尺），但如果要容納更大的載重，也可達到1,125磅／平方英呎（5,490公斤／平方公尺）。

* 地板下的空間可用來設置電力導線管、接線盒、電腦的電纜線、保全和通信系統。

* 此空間也可做為分配HVAC系統供氣的氣室，讓天花板通風室僅用來回風。這種區隔涼爽送風和溫暖回風的方式能降低能源消耗。既能降低供氣氣室的整體高度，也能夠降低新建構造中樓板到樓板的高度。

* 有關安裝細部和可取得的配件，例如坡道和階梯的資訊，請向製造商諮詢。

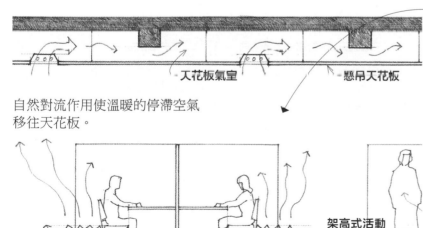

天花板氣室　　　　懸吊天花板

自然對流作用使溫暖的停滯空氣移往天花板。

架高式活動地板

加壓的地板下方氣室

美國施工規範協會綱要編碼 09 69 00：活動地板

照明裝置、牆壁開關、和便利出線口（雙連插座）是電力系統中最明顯可見的部分。開關和插座出線口應設置在方便使用的位置，並與可見的表面樣式相互調和。這些裝置的牆蓋板材料可以是金屬、塑膠或玻璃，也有各種顏色和完成面可以選擇。

一般用途電路的設計負荷取決於電路所要供電的出線口數量和使用方式。便利出線口的需求數量和間隔計算方式請參考美國國家電氣法規。

開關

- 撥動式開關有個控制桿或旋鈕能移動通過一個小弧形，繼而引動接觸片開啟或關閉電路。
- 三路開關是一種單極、雙頭的開關，與另一個開關相連，以便從兩個不同的位置控制照明。
- 四路開關與兩個三路開關相連，以便從三個不同的位置控制照明。
- 調光器是用來調節電力照明強度、但不會對光在空間的分布情形有太大影響的變阻器或類似裝置。

插座

- 雙連插座，也稱為便利出線口，通常都安裝在牆壁上，容納一個或多個插座供可移動燈具或電器使用。
- 分線插座包括一個保持通電的出線口，和另一個可由牆壁開關控制的第二出線口。
- 專為特定電器設計的特殊插座會經過極化、而且有特定的外形，因此只有該電器的插頭才能對應使用。
- 戶外插座應設有防水蓋。
- 在所有潮溼的場所，插座都應以接地故障斷路器（GFI）保護。

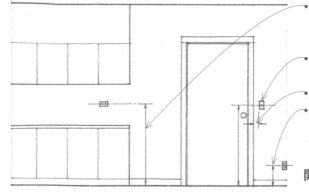

- 高於台面的出線口高度為：4'（1,220）；無障礙使用的高度為3'-6"（1,065）
- 開關設置在門門側：無障礙使用的最大高度為4'（1,220）
- 最小2-1／2"（64）
- 地板上方的出線口高度為12"（305）；無障礙使用的高度為18"（455）

開關和出線口的高度

住宅

- 沿著起居空間的牆壁每12'（3,660）設置一個出線口
- 沿著廚房台面，每4'（1,220）設置一個出線口
- 在浴室設置一個以接地故障斷路器（GFI）保護的出線口

辦公室

- 沿著牆壁每10'（3,050）設置一個出線口，或
- 在第一塊面積400平方英呎（sf）〔37平方公尺（m²）〕的地板區域內，每40sf（3.7m²）設置一個出線口，之後每100 sf（9.3 m²）設置一個出線口。

便利出線口的數量

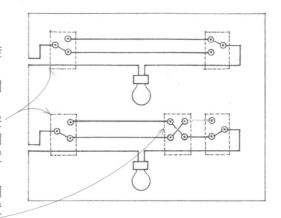

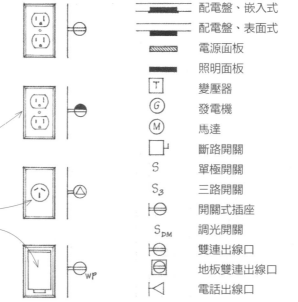

▬▬	配電盤、嵌入式	▭○	螢光燈具
▬	配電盤、表面式	○	天花板白熾燈
▨	電源面板	⊢○	牆壁白熾燈
▬	照明面板	⊙⊙⊙	軌道燈
T	變壓器	R	嵌燈
G	發電機	X	緊急逃生燈出線口
M	馬達	△	特殊用途出線口
□	斷路開關	TV	電視出線口
S	單極開關	CH	蜂鳴器
S₃	三路開關	●	按鈕
⊢○	開關式插座	F	風機插座
S_DM	調光開關	J	接線盒
⊢○	雙連出線口	⊟	地板下接線盒
⊟	地板雙連出線口	T	恆溫器
◁	電話出線口	◀	電腦數據出線口

一般電路圖符號

光線是人類肉眼能夠感知到的電磁輻射,波長約為370～800奈米,以每秒186,282英哩(299,792公里/秒)的速度傳播。光線會從光源的位置往所有方向平均地輻射,並且擴散到更廣的區域。在擴散的過程中,光線的強度也會跟著降低。

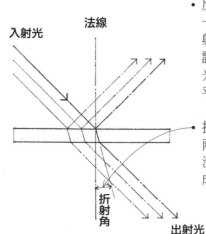

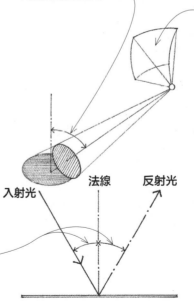

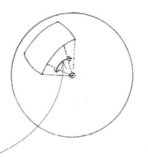

- 發光強度(luminous intensity)是指從一光源的每單位立體角所發出的光通量,以燭光表示。
- 燭光(candela)是發光強度的基本SI(國際單位)制單位,等於發射出540×1,012赫茲單色輻射頻率,且每一球面度有1/683瓦特輻射強度的光源的發光強度。
- 球面度(steradian)是指球體中心位置上的立體角,其對應在球體表面的面積等於該球體半徑的平方。

- 光通量(luminous flux)是每單位時間內可見光的流動速率,單位為流明。
- 流明(lumen)是光通量的SI單位,等於從一個1燭光發光強度的均勻點光源、以1球面度的立體角所發射的亮線。

- 反射定律是指當光線從一光滑表面反射時,入射角等於反射角,而且該表面的入射光、反射光、和法線會位在同一平面上的原理。

- 折射角是指折射光線與兩種介質之間交界面的法線在入射點位置所形成的夾角。

- 平方反比定律是指由一點光源在一表面上所產生的照度,會與該光源到該表面的距離平方成反比。
- 餘弦定律,也稱朗伯定律(Lamberts' Law),是指由一點光源在一表面上所產生的照度,會與入射角的餘弦成正比。

- 照度(illumination)是光線落在任一給定受光表面上的照明強度,等於每單位面積的入射光通量,以流明/單位面積來表示。
- 勒克司(Lux)是照度的SI單位,等於1流明/平方公尺。
- 英呎-燭光(foot-candle)是指1燭光的均勻點光源在任何與其相距一英呎的表面上所產生照度的單位,等於1入射流明/平方英呎。

- 反射率是指一表面所反射的輻射量與入射在該表面上總輻射量的比率。
- 吸收率則是指被一表面所吸收的輻射量與該表面上總入射量的比率。
- 透射率是指穿透一物體後、從該物體再射出的輻射量與該物體上總入射量的比率,相當於1減去吸收率。

入射光　法線

折射角

出射光

入射光　法線　反射光

光線讓我們的眼睛看到空間中物體的形狀、質地和顏色。在光線路徑中的物體會反射、吸收光線，或讓光穿透表面。輝度（luminance）是一光源或受光照表面的亮度量化度量單位，等於從一個給定方向觀察該光源或表面時，每一單位投影面積的發光強度。

亮度（brightness）是一種觀察者能夠分辨出輝度差異的感知。視覺靈敏度會隨著物體亮度而提高。同樣重要的還有被視物體與其背景的輝度比率。為了辨別形狀和形式，必須具備某種程度的對比度或亮度比。對比對於辨別形狀和輪廓的視覺任務尤其重要。而對於需要辨別質地和細節的觀察任務來說，低對比會比較理想，因為我們的眼睛能自動調節至場景的平均亮度。當對比度或亮度比太高時，可能會導致眩光。

眩光是指在視野中，由任何比眼睛可適應的輝度大上許多的亮度所引起的煩擾、不適、或能見度降低的感受。眩光的類型有兩種：直接型和反射型。

- 朗伯（Lambert）是發光強度或亮度的單位，等於每平方公分0.32燭光。
- 英呎-朗伯（foot-lambert）是發光強度或亮度的單位，等於每平方英呎0.32燭光。
- 亮度會受到顏色和質地的雙重影響。即使表面接收到的照射量一樣，有光澤、淺色表面的反射程度會比黑色、磨砂或粗糙的表面來得大。

- 直接眩光是由視野中高亮度比或遮蔽不足的光源所導致。
- 控制或降低眩光的策略包括使用遮蔽型燈具，讓視線不會直接看到燈，或使用有漫射裝置或透鏡的燈具來降低亮度。

- 反射或間接型眩光是因為視野中光源的鏡面反射光所導致。
- 有一種特殊類型的反射型眩光稱為光幕反射，這種眩光發生在作業表面，因而降低了觀察細節所需的對比度。
- 為了防止光幕反射，光源應設置在入射光的反射光會遠離觀察者的位置。

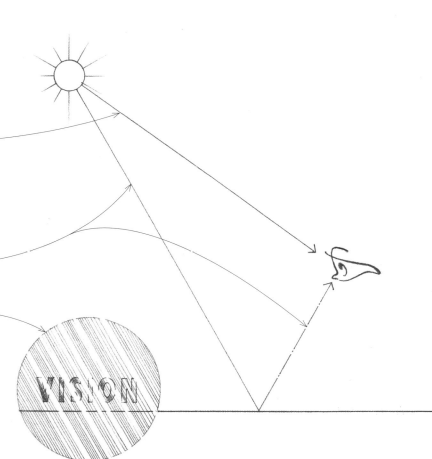

- 燈泡是白熾燈的玻璃外殼，裡頭填充的惰性氣體混合物通常是氬氣和氮氣，可延遲燈絲的蒸發。燈泡形狀以字母標明，後面緊接的數字表示燈的直徑，以1／8英吋為計量單位。

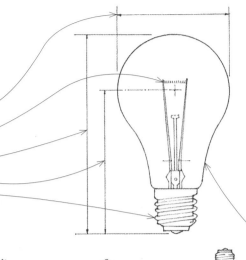

- 燈絲
- 最大總長
- 光中心高度
- 燈座

- 功效（efficacy）是燈將電力轉換為光通量的效能計量方式，等於光通量與輸入電力的比值，以「流明／瓦」來表示。
- 壽命級數是指定一給定燈類型的平均壽命時數，根據代表樣品群在實驗室的受控條件下所測得的結果來評定。
- 持久照明燈是為了降低能量消耗、達到比一般同級燈的約定值更長的壽命而設計。
- 三向燈（three-way lamp）是具有兩條燈絲的白熾燈，可切換出三種連續的照度。
- T燈泡：給鎢絲鹵素燈使用的石英燈管
- TB燈泡：給鎢絲鹵素燈使用的石英燈泡，形狀上與A燈泡相似，但帶有角度。
- MR燈泡：給鎢絲鹵素燈使用的多面反射燈泡，具高度拋光、多角度的反射罩排列在分散的區塊中，能提供期望的光束展開度。

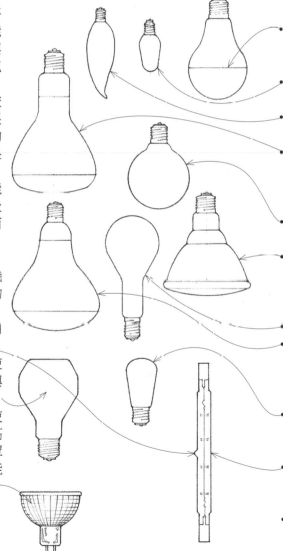

人造光是由加工元件製造的自然光。其光量和品質會因為燈的類型而有所不同。光線也進一步地被用來支撐並使其通電的燈殼改變照射的效果。人造光源有三種主要類型——白熾燈、螢光燈、和高強度放電燈（high-intensity discharge, HID；又稱氙氣燈）。有關燈的尺寸、瓦數、流明輸出、和平均壽命的正確通用數據，請向燈的製造商諮詢。

白熾燈

白熾燈內含燈絲，當電流通過而加熱到白熾時就會發光。白熾燈提供點光源、功效低、演色性佳，很容易以變阻器來調光。

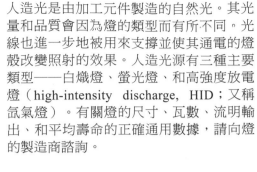

- A燈泡：一般用途的白熾燈形狀是標準的圓形
- A／SB燈泡：A燈泡上附有一個與燈座相對的半球形反光用銀碗，可降低眩光情形
- C燈泡：給低瓦數、裝飾性白熾燈使用的圓錐形燈泡
- CA燈泡：給低瓦數、裝飾性白熾燈使用的燭焰形燈泡
- ER燈泡：給白熾燈使用的橢圓形反射燈泡，具有一精密成形的內部反射罩，能使光集中、再引導光在距離光源一定距離處形成散開的樣式。
- G燈泡：給白熾燈使用的球狀燈泡，其低亮度適合在外露燈泡時使用。
- PAR燈泡：給白熾燈和HID燈使用的拋物面鍍鋁反射燈泡，具有一精密成形的內部反射罩和透鏡前端，能提供期望的光束展開度。
- PS燈泡：給人型白熾燈使用的梨形燈泡
- R燈泡：給白熾燈和HID燈使用的反射燈泡，具有內部反射塗層和一個透明玻璃或毛玻璃製的前端，能提供期望的光束幅度
- S燈泡：給低瓦數、裝飾性白熾燈使用的直邊燈泡

- 鎢絲鹵素燈是有著鎢絲和少量鹵素的石英燈泡。鎢和鹵素遇熱蒸發，並將蒸發的鎢粒子重新沉降回燈絲上。
- IR燈是具有紅外線二色性塗層的鎢絲鹵素燈泡，能夠將紅外能量反射回燈絲、提高燈的效率、並降低發射光束時的輻射熱。

美國施工規範協會綱要編碼 26 51 13：室內照明裝置、燈、和安定器

放電燈是在充填氣體的玻璃外殼中，利用電極之間的放電來發光。放電燈的兩種主要類型為螢光燈和各種高強度放電燈。

螢光燈

螢光燈是藉由燈管內側磷光劑塗層的螢光來發光的低放電管狀燈具。由於螢光燈含有水銀，需經過特殊處理才能回收利用。製造商持續地減少燈管內的水銀用量，目前T5燈管僅含有很低的水銀量。

螢光燈比白熾燈更有效率且壽命更長（6,000～24,000+小時）。螢光燈只會發出些微的熱，類型和瓦數有多種選擇。一般長度範圍從6英吋（150公厘）的4瓦T5燈管到8英呎（2,440公厘）125瓦的T12燈管。螢光燈需以安定器來調節通過的電流。有些燈具採用插腳型的燈座，有些則是螺旋型燈座。

- 安定器將通過螢光燈或高強度放電燈的電流維持在理想的恆定值。
- 預熱燈在開啟電路到啟動電壓之前，必須以一個獨立的起動器來預熱陰極。
- 快速啟動燈被設計成以裝有低壓線圈的安定器連續加熱陰極，這樣燈能比預熱燈更快地被啟動。
- 瞬時啟動燈被設計成以裝有高壓變壓器的安定器來運作，可直接啟動弧片而不需預熱陰極。
- 高輸出燈是為了能在800毫安培電流下運作而設計的快速啟動螢光燈，燈的每單位長度光通量也隨之增加。
- 特高輸出燈是專門為了能在1,500毫安培電流下運作而設計，燈的每單位長度光通量也隨之增加。

小型螢光燈是指任何一種小型且效率經過改良的螢光燈，有單管、雙管、或U形管，安裝在白熾燈燈座時經常會使用一個適配器。
- 選擇範圍為5～80瓦
- 高功效（一般為60～72流明／瓦）
- 演色性佳
- 使用壽命非常長（6,000～15,000小時）
- 管型或螺旋型
- 大部分都內建有安定器和螺旋式燈座，可直接取代白熾燈

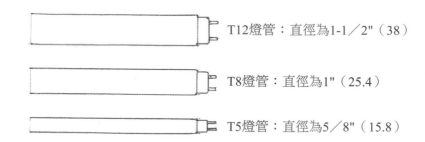

T12燈管：直徑為1-1／2"（38）

T8燈管：直徑為1"（25.4）

T5燈管：直徑為5／8"（15.8）

- T燈泡：給螢光燈或HID燈使用的管狀燈泡
- 標準T12燈管目前被較小型且效率較高的T8和T5燈管取代。

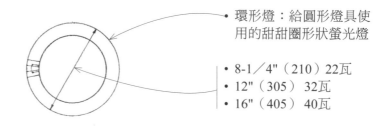

- 環形燈：給圓形燈具使用的甜甜圈形狀螢光燈
- 8-1／4"（210）22瓦
- 12"（305）32瓦
- 16"（405）40瓦

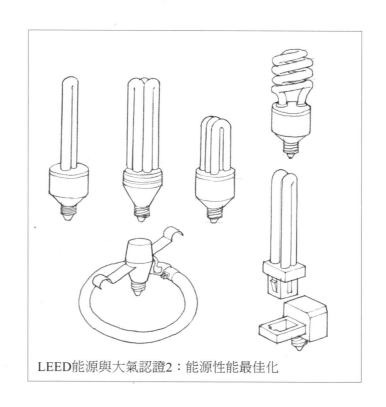

LEED能源與大氣認證2：能源性能最佳化

高強度放電燈

高強度放電（high-intensity discharge, HID）燈是透過密封玻璃管殼內的金屬蒸氣放電而發出巨大光量的放電燈。HID燈結合了白熾燈的形式和螢光燈的功效。

- 水銀燈藉由水銀蒸氣的放電來發光。
- 金屬鹵化物燈的構造與水銀燈類似，但有一根弧形管可附著各種金屬鹵化物，以發出更多的光線，並改良演色性。
- 高壓鈉（high-pressure sodium, HPS）燈透過鈉蒸氣的放電，發出光譜範圍廣泛的金色白光線。

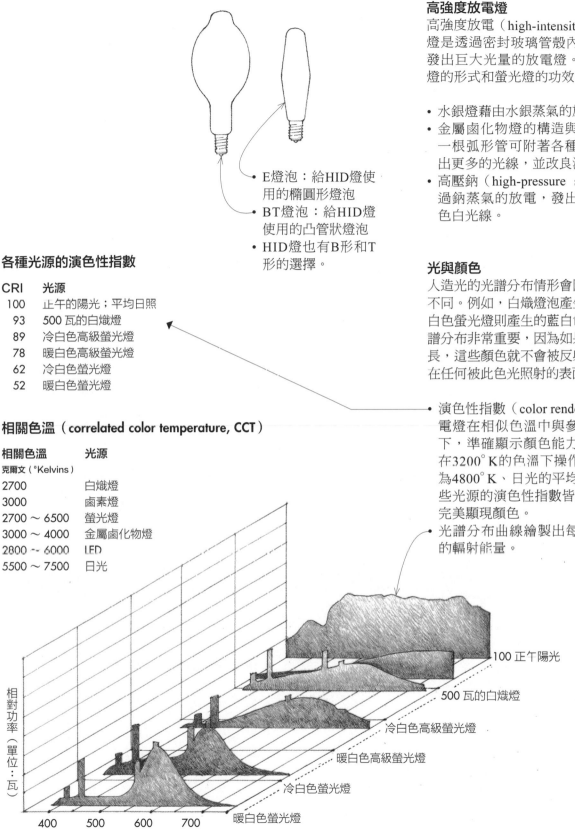

- E燈泡：給HID燈使用的橢圓形燈泡
- BT燈泡：給HID燈使用的凸管狀燈泡
- HID燈也有B形和T形的選擇。

光與顏色

人造光的光譜分布情形會因為燈的類型而有所不同。例如，白熾燈泡產生黃白色的光線，冷白色螢光燈則產生的藍白色的光線。光源的光譜分布非常重要，因為如果缺少某些顏色的波長，這些顏色就不會被反射出來，也無法顯色在任何被此色光照射的表面。

- 演色性指數（color rendering index, CRI）是電燈在相似色溫中與參考光源進行比較之下，準確顯示顏色能力的量測方法。鎢燈在3200°K的色溫下操作、正午陽光的色溫為4800°K、日光的平均色溫為7000°K，這些光源的演色性指數皆為100，被認為最能完美顯現顏色。
- 光譜分布曲線繪製出每一個特定光源波長的輻射能量。

各種光源的演色性指數

CRI	光源
100	正午的陽光；平均日照
93	500 瓦的白熾燈
89	冷白色高級螢光燈
78	暖白色高級螢光燈
62	冷白色螢光燈
52	暖白色螢光燈

相關色溫（correlated color temperature, CCT）

相關色溫 克爾文（°Kelvins）	光源
2700	白熾燈
3000	鹵素燈
2700 ～ 6500	螢光燈
3000 ～ 4000	金屬鹵化物燈
2800 ～ 6000	LED
5500 ～ 7500	日光

相對功率（單位：瓦）

波長（單位：奈米）

400　500　600　700

100 正午陽光
500 瓦的白熾燈
冷白色高級螢光燈
暖白色高級螢光燈
冷白色螢光燈
暖白色螢光燈

11.42 光源

光纖

光纖照明中的光學玻璃或塑膠纖維透過在其核心內以Z字形的方式來回反射光線，使光從一端反射到另一端。每一個小直徑的纖維都由一個透明的外被材保護，並與其他光纖維結合成具彈性的纖維束。

一般的光纖照明系統包括：
- 光投影儀，可能具有色輪
- 鎢絲鹵素或金屬鹵化物光源
- 光纖線束
- 光纖及其配件的集合束

發光二極體

發光二極體（light-emitting diodes, LEDs）僅輻射極少量的熱，也非常節能。LED的使用壽命極長，一般約為10年。高功率的白光LED用來照明。對於震動和溫度不敏感、耐衝擊、且不含水銀。這種極小的1／8英吋（3.2公厘）LED燈能夠組合成較大的群組，以便混合顏色和提高照度。發光二極體是由直流（DC）電壓驅動，再於裝置內轉換為交流（AC）電壓。

LED使用於住宅和商業照明。也可設計成聚焦光，並且廣泛使用在工作照明上。另有LED下照燈、階梯燈、出口指示牌等選擇。

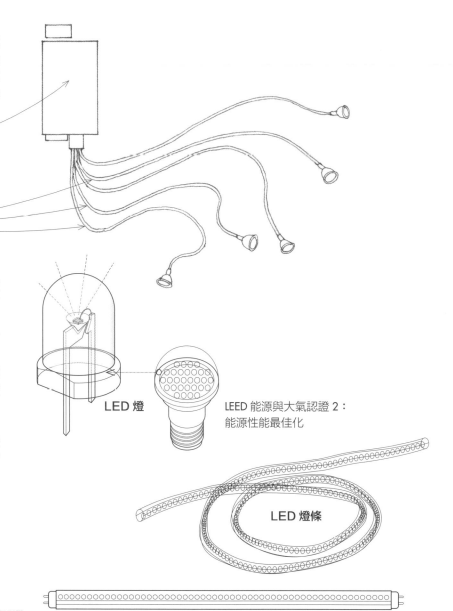

LED 燈

LEED 能源與大氣認證 2：
能源性能最佳化

LED 燈條

LED 燈管

LED 燈具

LED 階梯燈

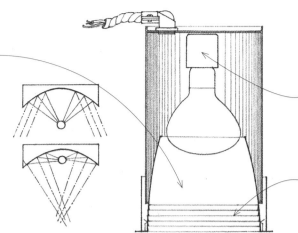

* 反射罩能控制燈所發射光線的分布情形。
* 拋物面反射罩可依照光源的位置，使光束擴散、聚焦、或相互平行（準直）。
* 橢圓形反射罩可聚焦光源的光束。

照明器具，通常也稱為照明裝置，其組成包括一盞或多盞電燈，以及用來定位並保護燈、將燈連接至電源供應器、和散布光線的必要零件和線材。

* 燈座機械式地支撐著燈，使燈接上電力。

* 脊狀遮光板是用來削減照明器具開口處光源亮度的一序列環形隆起設計。

* 玻璃或塑膠透鏡有兩個相對的表面，其中的一面或兩面呈彎曲狀。照明器具利用透鏡，使射出的光束聚焦、擴散、或相互平行。
* 菲涅爾透鏡（Fresnel lenses）有同心、稜鏡般的凹槽，可聚集來自小型光源的光束。
* 稜鏡鏡片有著許多平行稜鏡的多面式表面，可使來自光源的光束重新定向。

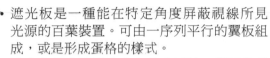

* 遮光板是一種能在特定角度屏蔽視線所見光源的百葉裝置。可由一序列平行的翼板組成，或是形成蛋格的樣式。
* 遮光角是由通過光中心的水平線，與最先看到燈的視線所形成的夾角
* 截光角是由光中心的垂直軸，與最先看到燈的視線所形成的夾角。

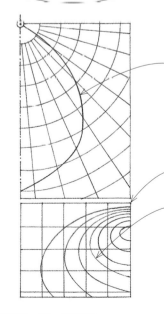

* 視覺舒適率係數的出現是為了要評估直接眩光的問題。此係數評估的是照明系統不會造成直接眩光的可能性，以位在最不受歡迎的觀察位置時，人們預期感受到視覺舒適程度的百分比來表示。

* 燭光分布曲線（又譯做配光曲線）是從燈、照明器具、或窗戶等光源中心，在一給定方向發光所測得發光強度的極坐標圖。對稱光源僅需以一個平面的來測量，不對稱光源則需以平行、垂直、有時也會以45°角的平面來測量。
* 等照度圖（Isochart）描繪的是燈或照明器具在一表面上所形成的照度樣式。
* 等照度曲線是將一表面上所有相同照度的點相連後所形成的一條線；如果照度以英呎-燭光表示，則稱為英呎-等照度曲線。
* 照明器具效率是指一照明器具的光通量與該照明器具內所有燈的總光通量的比率。

美國建築標準學會施工規範 26 51 13：室內照明裝置、燈、安定器

照明系統的主要目的是提供使視覺工作完成所需要的充足照度。特定工作的建議照度等級僅明確指出應該提供的光量。光量如何提供,則會影響空間如何被展現、以及物體如何被看見的方式。

漫射光是從廣泛或複合的光源和反射的表面發散出來。單調且相當均勻的照度會使對比度和陰影降到最低,質地也難以看見。

另一方面,直射式燈光因為在受照射的物體表面產生陰影和變化亮度,而提升了我們對形狀、形式和質地的辨識度。

雖然漫射式照明對一般視覺來說已經足夠,但可能會很單調。些許的指向性照明藉由提供視覺特點、輝度變化、和打亮工作表面的方式,有助於緩解前述的沉悶感。漫射和指向性混合的照明方式會比較理想且有益,特別是在需要同時進行多種工作的時候。

建議的照度等級

工作難易度	英呎－燭光 （foot-candles）	勒克斯 （Lux）
休閒（用餐）	20	215
普通（閱讀）	50	538
中等（製圖）	100	1,076
困難（縫紉）	200	2,152
艱困（手術）	> 400	> 4,034

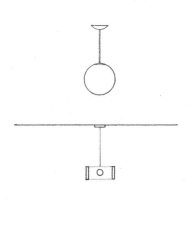

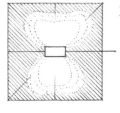

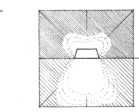

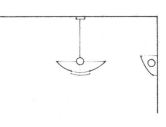

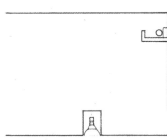

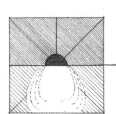

照明器具可依據射出光線分布在水平面上方和下方的比例來分類。特定照明器具的實際光分布情形取決於使用的燈、透鏡、和內含反射罩的類型。燭光分布曲線的資訊請諮詢照明器具製造商。

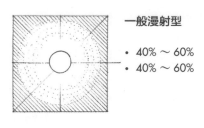

一般漫射型
- 40% ～ 60%
- 40% ～ 60%

直接－間接型
- 40% ～ 60%
- 40% ～ 60%

半直接型
- 10% ～ 40%
- 60% ～ 90%

半間接型
- 60% ～ 90%
- 10% ～ 40%

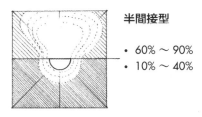

間接型
- 90% ～ 100%
- 0% ～ 10%

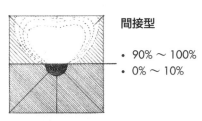

直接型
- 0% ～ 10%
- 90% ～ 100%

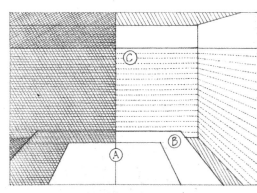

- 3：1是視覺工作區域（A）與其直接背景（B）之間最大的建議亮度比。
- 周邊區域（C）的亮度應是視覺工作區域（A）的1／5～5倍。

亮度比

美國建築標準學會施工規範 26 51 00：室內照明

日光採集

日光採集是一種使用感光裝置偵測日照程度、並依此自動調節電力照明的輸出程度，以降低能源消耗量、創造空間所需或建議照度的燈光控制方法。如果窗戶照進的日光滿足使用者需求，照明控制系統可以自動關閉全部或部分電力照明、或調暗燈光；在採光低於預設程度時立即重新啟動照明。日光採集控制器可與使用者感測器整合成自動開／關控制器，以進一步提升節能效果，也可與手動過載控制器併用，讓使用者自行調整照明亮度。有一些控制系統還可透過改變安裝在頭頂裝置內不同顏色的獨立LED燈的強度，來調節光的色彩平衡。

兩段式開關

兩段式開關是一種除了關燈以外、提供空間兩段式照明功率的照明控制系統。此系統可單獨控制照明器具中的替代安定器和燈、替代照明器具、或替代照明電路，其運作方式如下：感光裝置從可取得的日照中偵測照明度；以使用者感測器偵測使用者的狀態；使用以時間為基礎（time-based）的控制面板；由使用者或設施操作者來控制手動開關。美國有許多能源規範都會要求裝設降低照明度的控制器，例如在某些使用類別的封閉空間中採用兩段式開關。

多段式開關

多段式開關是兩段式開關的一種形式，可單獨開啟和關閉單一照明裝置中複數燈的任何一盞，在維持適合工作的均勻分布光的同時，還能在全輸出和零照度之間切換出一或兩個級別。例如，採用分體式安定器配線的一序列三盞燈裝置，可提供四個級別的光：100%（所有燈都發光）、66%（每個裝置內有兩盞燈發光）、33%（每個裝置內有一盞燈發光）、和0%（所有燈都熄滅）。多段式開關具備較大的靈活性，並能緩和兩段式開關切換時照明度急遽變化的情形。

連續調光

連續調光是另一種照明控制的方法，依據照明度感測器偵測到的可取得日光量，按比例調控電燈和照明裝置的輸出值，以維持空間所需或建議的照度。連續調光系統能使兩段式和多段式開關系統中照明度急遽變化的情形降到最低。

使用者控制

使用者控制是利用動作或使用者感測器，當偵測到有人在活動時便開燈、空間空下時便關燈的自動照明控制系統。使用者感測器可取代安裝在壁面的開關，或是以遠距安裝，保留像過載開關一樣的正常開關方式，即使當空間有人使用時也能讓照明持在關閉狀態。

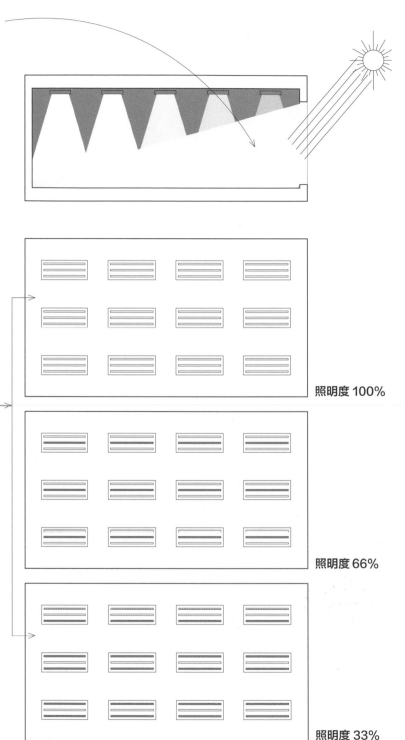

照明度 100%

照明度 66%

照明度 33%

LEED 室內環境品質認證 6.1：系統的可控制性、照明

- 光束展開度是光束與燭光分布曲線相交而成的角度，在相交點上，發光強度會與所載明的最大參考強度百分比相等。

間隔準則是為了讓一表面或區域得到均勻照明，依據照明器具的安裝高度來決定裝設間距的公式。

- 逐點法是一項依據平方反比定律和餘弦定律，計算一個點光源從任何角度照射在一表面上，所產生照度的計算程序。

間距準則（SC）＝間距（S）／安裝高度（MH）

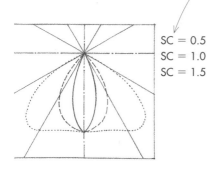

SC = 0.5
SC = 1.0
SC = 1.5

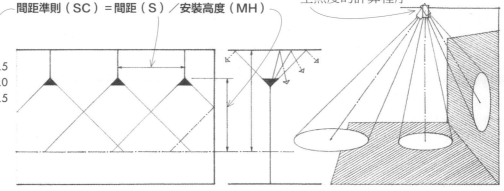

- S／MH比率由照明器具製造商計算、提供。

- 天花板空室由天花板、懸吊式照明器具所形成的平面、以及在這兩平面之間的牆面共同組成。
- 房間空室由照明器具的平面、工作平面、以及在這兩平面之間的牆面共同組成。
- 地板空室由工作平面、地板、以及在這兩平面之間的牆面共同組成。

- 房間空室比是從房間空室尺度衍生而來的單一數字，用來確定利用係數。
- 利用係數（CU）是照射到指定工作平面的光通量與照明器具總流明輸出的比率，房間的比例和表面反射率都要納入考量。

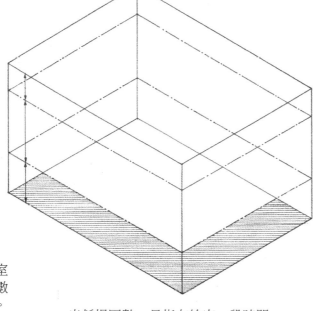

流明法也稱為區域空室法，是為了能在一工作平面上提供均勻照度，也顧及直接和反射的光通量，來決定所需的燈、照明器具、或窗戶數量與類型的程序。

- 工作平面是為了完成工作、而需指定並且測定照度的水平面，位置通常假設在地板上方30英吋（762公厘）高的位置。

- 燈流明衰減（LLD）代表一盞燈在工作壽命內的光輸出減少，以燈的初始流明百分比來表示。
- 照明器具塵埃減能（LDD）代表因塵埃累積在照明器具表面而使其光輸出減少，以新的或乾淨照明器具照度的百分比來表示。
- 房間表面塵埃減能（RSDD）代表因塵埃累積在房間表面而使反射光減少，以光反射在乾淨表面時的百分比來表示。

- 光耗損因數，是指在給定一段時間區間和條件之後，用來計算照明系統能夠提供多少有效照度的任何一項因數。
- 可恢復光耗損因數（RLLF）可透過更換光源或保養維護而恢復。

- 不可恢復的光耗損因數（NRLLF）是任何一項會造成永久光耗損的因數，溫度的影響、電壓下降或電壓突波、安定器變化、和隔間高度都要納入考量。

$$平均維持照度 = \frac{初始流明 * \times CU \times RLLF \times NRLLF}{工作區域}$$

* 初始流明＝每盞燈的流明 x 每一照明器具的燈數

LEED 室內環境品質認證 6：室內照明

12 材料須知
Notes on Materials

本章將說明建築材料的主要類型、物理性能、以及在建築構造上的用途。選擇和使用建築材料的參考標準包含括下所列項目。

- 每一種材料都有其特有的強度、彈性、剛度性質。最有效的結構材料會兼具彈性和剛度。
- 彈性是指材料在應力——彎折、拉伸、或壓縮——下變形,並且在應力移除後會回復到原始形狀的能力。每一種材料都有自己的彈性極限,超過極限就會永久變形或損壞。
- 材料在實際損壞之前所經歷的塑性變形,稱為延性。
- 另一方面,脆性材料的彈性極限低,在載重下只要有些微可見的變形就會斷裂。由於脆性材料的儲備強度比延性材料低,所以不適合做為有結構性目的的材料。
- 剛度用來測量一彈性物體能抵抗變形到什麼樣的程度。固體的剛度取決於本身的結構形狀和材料彈性;剛度是考量在載重情況下跨度與撓度關係的重要因素。

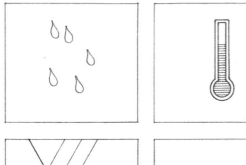

應力:彈性物體抵抗外力的內部阻力或反作用力,以每單位橫斷面面積所承受的力做為單位。

應變:物體在應力作用下的變形,等於受應力元素在尺寸或形狀上的變化與原始尺寸或形狀的比率。

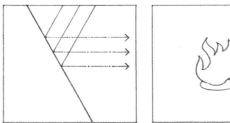

- 材料因應溫度和含水量變化時的尺度穩定性,會影響該材料與其他材料結合時的細部處理和構造方式。
- 材料如果暴露在天候下或使用在潮溼的環境中,防水性和防水蒸氣的能力就變得很重要。
- 材料如果用來建造建築物的外層,必須評估材料本身的導熱度或熱阻。

- 材料如果用來裝修房間的表面,應評估材料對可見光和輻射熱的透射、反射、或吸收能力。
- 材料的密度或硬度決定材料對磨蝕和耗損的抵抗性、使用上的耐久性、和必需的維護成本。

- 材料在做為結構部件或室內完成面之前,必須先評估其耐燃性、暴露在火中的耐火性、以及不產生煙霧和有毒氣體的能力。

- 材料的顏色、質地、和尺寸都是評估材料該如何應用在整體設計方案中的明顯因素。
- 許多建材都被製造成標準的形狀和尺寸。然而,制式尺寸還是會因為不同製造商而有些微變化。這些資訊應該在建築物的規劃與設計階段進行確認,才能減少施工時不必要的材料切割或浪費。

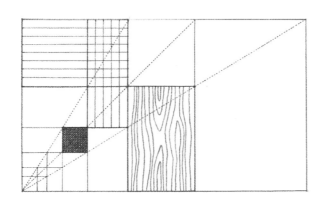

建材的評估應該超越功能、經濟、和美學層面，挑選和使用材料時要把對環境的影響一併納入考量。這種評估方式稱為生命週期評估（life-cycle assessment），包括原物料的開採和加工、製造、包裝、將完成品運送到使用地點、養護使用中的材料、材料回收與再利用的可能性、和最終的處置方式。這個評估過程有三個構成要素：投入、生命週期盤查、和產出。

- 能值包括了在一項材料的生命週期內所有消耗掉的能量。
- 更多資訊請參考美國建築師協會（American Institute of Architects, AIA）的環境資源指南（Environmental Resource Guide）。

建材中的能值

材料	能量含量
	Btu／lb*
砂和礫石	18
木材	185
輕質混凝土	940
石膏板	1,830
砌磚	2,200
水泥	4,100
玻璃	11,100
塑膠	18,500
鋼	19,200
鉛	25,900
銅	29,600
鋁	103,500

*1 Btu／lb（英制熱單位／磅）= 2.326 kJ／kg（千焦耳／公斤）

投入

- 原物料
- 能源
- 水

取得原物料	加工、製造、和包裝	運輸和分配	建造、使用、和維護	丟棄、回收、和再利用
• 提煉、開採、或採集過程會對健康和環境造成哪些影響？ • 材料可再生或不可再生？ • 不可再生的資源包括金屬和其他礦物。 • 再生資源的再生速度不同，例如木材；採集速度不應該超過木材的生長速度。	• 加工、製造、和包裝材料或產品的過程需要消耗多少能源和水？	• 材料或產品是區域供應或在地供應嗎？是否需要遠距離運送？	• 材料是否能有效率並有效地發揮預期的功能？ • 材料會如何影響建築物的室內空氣品質和能量消耗？ • 材料或產品的耐用性如何？需要多少維護費用？ • 材料的使用壽命有多長？	• 可用的產品 + • 材料或產品的製造和使用過程會產生多少廢料和有毒的副產品？

產出

- 廢水流出
- 大氣排放
- 固體廢棄物
- 其他環境性釋出物

生命週期盤查

建材選擇的評估是一件複雜的工作，無法以一道簡單的公式就得到精準有效的肯定答案。例如，使用少許高能量含量的材料也許會比使用大量較低能量的材料更能有效地節約能源與資源。較高能量的材料可維持較長的使用年限，需要的養護也比較少，如果可以回收再利用，就會比低能量材料更具吸引力。

減少使用（reduce）、再利用（reuse）、和回收使用（recycle）概括了能夠實現永續目標的各種有效策略。

- 透過更有效率地配置和空間利用來縮減建築物的尺寸。
- LEED®材料與資源認證5：施工與拆除廢棄物管理
- LEED材料與資源認證3：建築產品宣告與最佳化——開採原物料
- LEED材料與資源認證4：建築產品宣告與最佳化——材料成分
- LEED材料與資源認證1：降低建築物生命週期的衝擊
- LEED材料與資源認證1：降低建築物生命週期的衝擊
- LEED材料與資源認證1：降低建築物生命週期的衝擊

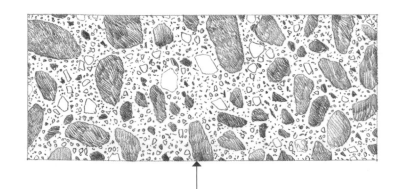

混凝土是以充足的水混合水泥和各種礦物骨材，使水泥凝固並黏結成完整的質量。雖然混凝土本質上能承受強大的壓縮應力，但仍需以鋼筋來處理拉伸應力和剪應力。混凝土幾乎能夠形成有著各種完成面和表面紋理的任何形狀。此外，混凝土結構的成本相對低、本身就具備耐火性。混凝土的缺點是它的重量——正常鋼筋混凝土的重量是150pcf（磅／立方英呎）〔2,400 kg／m³（公斤／立方公尺）〕——以及在澆置和養護前必要的板模或塑形過程。

水泥

- 波特蘭水泥是一種水硬性水泥，經由在迴轉爐內燒製黏土和石灰岩的混合物，再將形成的熟料研磨成極細緻粉末的過程製作而成。

- I型普通波特蘭水泥使用在一般的構造，不具有其他類型的顯著特性。
- II型中度波特蘭水泥使用在需要抵抗中度硫酸鹽作用、或者可能遭受熱堆積損害的一般構造中，例如大型碼頭和重型擋土牆。
- III型高早強波特蘭水泥的養護速度較快，能比一般水泥更早達到該有的強度；使用在需要快速拆除模板，或在寒冷氣候下為了避免低溫損害而必須縮短固化時間的構造。
- IV型低熱波特蘭水泥產生的水合熱比一般波特蘭水泥少，使用在可能遭受大量熱堆積損害的大規模混凝土結構，例如重力堤壩。
- V型抗硫酸鹽波特蘭水泥使用在需要抵抗嚴重硫酸鹽作用的構造。
- 輸氣波特蘭水泥是在製造過程中磨入少量輸氣劑的I型、II型、或III型波特蘭水泥。

水

- 使用在混凝土混合物中的水不得內含有機物質、黏土、和鹽；一般的標準是使用可飲用的水。
- 水泥漿是水泥和水的混合物，可用來塗布、凝固、以及膠結混凝土混合物中的骨材顆粒。

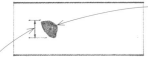

- 樓板深度的1／3、牆壁厚度的1／5、或強化鋼筋之間或鋼筋與模板之間淨距離的3／4

輕質混凝土

- 結構輕質混凝土由膨脹頁岩或板岩骨材製成，單位重量為85～115pcf（1,362～1,840 kg／m³），抗壓強度相當於普通混凝土。
- 隔熱混凝土是由珍珠岩骨材或泡沫劑製成，單位重量小於60pcf（960kg／m³），導熱度低。

骨材

- 骨材是指任何一種惰性的礦物材料，例如砂和礫石，添加到水泥漿裡可製成混凝土。由於骨材占混凝土體積的60%～80%，其特性對於硬化後的混凝土強度、重量、和耐火性來說均十分重要。骨材必須堅硬、尺度穩定，而且不含會妨礙水泥基材與顆粒結合的黏土、粉砂、和有機物質。
- 細骨材是由粒徑小於1／4英吋（6公厘）的砂組成。
- 粗骨材是由粒徑大於1／4英吋（6公厘）的碎石、礫石、或爐渣組成。
- 鋼筋混凝土中，粗骨材的最大尺寸會受到強化鋼筋的斷面尺寸和鋼筋間距的限制。

摻合物

- 將摻合物加入混凝土的調配中，可以改變混凝土的特性或硬化後產品的相關性質。
- 輸氣劑能在混凝土混合物中散布微小的球形氣泡，提升混凝土的工作性，使養護後產品對凍融循環造成的開裂、或化學除冰劑導致的剝落情形達到更好的抵抗能力。當輸氣量較大時，還能生產出輕質且絕緣的混凝土。
- 加速劑能加快混凝土混合物凝固和發展強度的速度，緩速劑則能減緩混凝土的凝固時間，使混合物的澆置和作業有更充裕的時間。
- 表面活性劑或界面活性劑，能降低混凝土混合物中混入水時的表面張力，促進水的潤溼與穿透作用，或幫助混合物中其他添加物的乳化和分布。
- 減水劑或高效塑化劑，可減少混凝土或砂漿混合物的需水量，以達到期望的工作性。這種降低水灰比的方式一般都會導致強度提升。
- 著色劑是加到混凝土混合物中的顏料或色素，可以改變或控制混凝土的顏色。

美國施工規範協會綱要編碼™ 項目 03：混凝土

水灰比

水灰比（water-cement ratio）指的是在一單位體積的混凝土混合物中混入水與水泥的比率，以兩者重量比率的小數、或是以每一袋水泥使用水量的加侖數來表示。水灰比控制著硬化混凝土的強度、耐久性、和防水性。根據1919年D. A. Abrams在芝加哥路易斯研究所實驗中得出的亞伯拉姆斯定律（Abrams' law），混凝土的抗壓強度與水灰比成反比。如果用水量過多，混凝土混合物在固化後會變得脆弱且多孔；如果用水量過少，混合物則會變得稠密，難以澆置和作業。對大部分的應用來說，水灰比應為0.45～0.6。

混凝土一般規定必須在澆置後的28天內達到制定的抗壓強度（高早強混凝土是7天）。

- 坍度試驗是一種透過測試樣本的坍塌程度，來判定新拌混凝土稠度和工作性的方法。做法是將樣本澆置在坍度錐中，以規定的方式夯實樣本後將圓錐體提起，樣本從原始高度下降的垂直距離即為坍度，以英吋來表示。
- 壓縮試驗是一種判定混凝土批料抗壓強度的方法，使用液壓機測量在軸向壓縮下，直徑6英吋（150公厘）和高12英吋（305公厘）的圓柱試體在開裂前所能支持的最大載重。

鋼筋

由於混凝土在張力方面相對較弱，因此必須以鋼筋、絞合線、或纜索組成的強化件來吸收混凝土部件或結構中的張力、剪力、有時候還有壓縮應力。此外，必須以強化鋼筋來繫緊垂直和水平的元素、強化開口的外緣、抑制收縮開裂，並且控制熱膨脹和收縮。所有強化件都必須由合格的結構工程師設計。

- 強化鋼筋是經過熱軋的肋狀或其他特殊形狀的鋼斷面，能與混凝土達到更好的機械結合性。鋼筋上的數字是以1／8英吋為一單位來表示的直徑長度——例如，5號鋼筋的直徑為5／8英吋（16公厘）。
- 點銲鋼絲網是由鋼絲或鋼筋組成、且所有交叉點都經過銲接的網格。鋼絲網一般都做為樓板的溫度強化件，但較重量規的鋼絲網也可用來強化混凝土牆壁。銲接鋼絲網標明了網格的尺寸，以英吋為單位，後面緊接的數字則是鋼絲的量規或斷面面積；請詳見3.18所列出的一般尺寸。

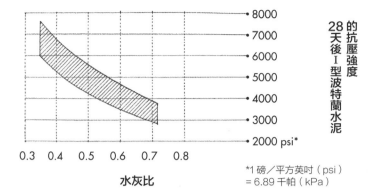

*1 磅／平方英吋（psi）
＝ 6.89 千帕（kPa）

28天後Ⅰ型波特蘭水泥的抗壓強度

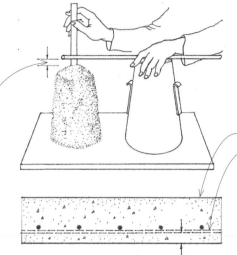

- 鋼筋混凝土樓板
- 使用5號和較小鋼筋時，最小3／4"（19）；外露在天候中，最小1-1／2"（38）；使用6號和較大鋼筋時，最小2"（51）

- 鋼筋要用周圍的混凝土保護以對抗腐蝕和火燒。美國混凝土學會（American Concrete Institute, ACI）的強化混凝土建築規範根據混凝土的外露程度和使用骨材和鋼材的尺寸，叩訂出最小的覆蓋厚度和鋼筋間距。

- 其他混凝土部件中強化鋼筋的最小覆蓋厚度，請詳見3.08擴底式基腳、4.04混凝土樑、5.04混凝土柱、5.06混凝土牆的說明。

ASTM標準強化鋼筋

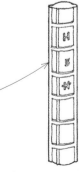

鋼筋尺寸	標稱尺寸		
	直徑	橫斷面區域	重量
	英吋（公厘）	平方英吋（平方公厘）	plf*（牛頓／公尺）
#3	0.375（10）	0.11（71）	0.38（5.5）
#4	0.50（13）	0.20（129）	0.67（9.7）
#5	0.625（16）	0.31（200）	1.04（15.2）
#6	0.75（19）	0.44（284）	1.50（21.9）
#7	0.875（22）	0.60（387）	2.04（29.8）
#8	1.00（25）	0.79（510）	2.67（39.0）
#9	1.125（29）	1.00（645）	3.40（49.6）
#10	1.25（32）	1.27（819）	4.30（62.8）

*plf（pound per linear foot）：磅／線性英呎

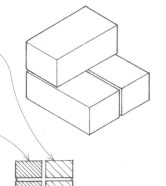

- 一般磚塊，也稱為建築磚，使用在一般的建築用途，顏色和紋理都不做特別處理。
- 面磚是由特殊的黏土製成，使用在牆的表面，通常需再加工以達到期待的顏色和表面紋理。

砌體由各種天然的、或加工的產品單元，例如磚塊、石塊、或混凝土塊砌築而成，通常會以砂漿做為黏結劑。單元砌體的模組化方面（例如一致的尺寸與比例關係）與本章所探討的其他大多數建築材料形成了明顯區別。由於單元砌體在壓縮作用下最具結構效率，因此砌體單元應該以所有砌體質量能整體作用的方式來鋪疊砌體單元。

磚塊的類型

- 磚塊類型標明了一塊面磚單元在尺寸、顏色、碎屑、和變形程度上所能有的變化。
- FBX面磚適用於需要最小尺寸變化、顏色變化幅度小、且機械性完美度高的位置。
- FBS面磚適用於容許的顏色變化範圍比FBX面磚廣、尺寸變化也比較大的位置。
- FBA面磚適用於希望藉由個別單元尺寸、顏色、和紋理的不規則性達到特定效果的位置。

- 白華是由於材料內部的可溶性鹽溶出和結晶作用，而在外露砌體牆和混凝土表面形成的白色粉狀沉積物。減少溼氣的吸收是對抗白華最好的方法。

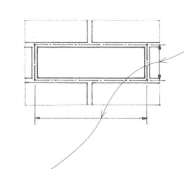

磚塊

磚塊是一種黏土砌體單元，在窯中燒製或在太陽下曬乾的過程中塑形且硬化而成的長方形角柱體。

- 軟泥法是以含水量20％～30％、溼度相對高的黏土來製磚的方法
- 砂模磚以軟泥法製成，並以砂做為模型的內襯來防止沾黏，形成了磨砂質感的表面。
- 水溼模磚以軟泥法製成，模型以水溼潤來防止沾黏，形成平滑緻密表面。
- 硬泥法是從鋼模中擠壓出含水量12％～15％、堅硬但有塑性的粘土，用金屬絲將擠出的粘土裁切至特定長度，再燒製成磚和結構磚的方法。
- 乾壓法是在高壓下，以含水量5％～7％、相對乾燥的黏土製造出邊緣尖銳、表面平滑磚塊的方法。

- 磚塊單元的實際尺度會隨著製造過程中的收縮情形而變化。左方表格所給的標稱尺寸包括砂漿接縫的厚度，從1／4英吋～1／2英吋（6公釐～13公釐）不等。

磚塊等級

- 磚塊等級標明了磚塊外露在天候中的耐久性。依據年度冬季降雨量和年度凍結周期天數，美國可分為三種氣候區域——嚴峻氣候區、溫和氣候區、和一般氣候區。磚塊會依照壓縮強度、最大吸水率、和最大飽和係數來進行適合每個氣候區域使用的等級分類。
- SW磚適合外露在嚴峻氣候中，但氣溫低於冰點時，與地面接觸或使用在地面上則很可能被水滲透；最小壓縮強度為2,500 psi（17,235kPa）。
- MW磚適合外露在溫和氣候中，氣溫低於冰點時，使用在地面上不會被水滲透；最小壓縮強度為2,200 psi（15,167kPa）。
- NW磚適合外露在一般氣候中，可做為背牆或室內砌體；最小壓縮強度為1,250 psi（8,618kPa）。
- 1磅／平方英吋（psi）＝ 6.89千帕（kPa）
- 由於砌體單元、砂漿、和工人的品質差異，砌體牆的容許壓縮應力會比上方所給的數值要小得多。請詳見5.15表格內的數值資訊。

磚塊單元	標稱尺度 厚度×高度×長度		模組排列	
	英吋	公釐	英吋	公釐
模組磚	4 x 2-2/3 x 8	100 x 68 x 205	3C = 8	205
諾曼磚	4 x 2-2/3 x 12	100 x 68 x 305	3C = 8	205
工程磚	4 x 3-1/5 x 8	100 x 81 x 205	5C = 16	405
挪威磚	4 x 3-1/5 x 12	100 x 81 x 305	5C = 6	405
羅馬磚	4 x 2 x 12	100 x 51 x 305	2C = 4	100
實用磚	4 x 4 x 12	100 x 100 x 305	1C = 4	100

- 請詳見5.26模組磚的排列和5.27砌體牆的疊砌樣式。

美國施工規範協會綱要編碼 04 21 00：黏土單元砌體

混凝土砌體

混凝土空心磚（concrete masonry unit, CMU）由波特蘭水泥、細骨材、和水預鑄成各種形狀，以滿足不同的構造情形。混凝土空心磚的類型會因為地區和製造商而有所不同。

- 混凝土磚，通常被誤稱為水泥磚，實際上是有600～1,500 psi（4,137～10,342kPa）壓縮強度的空心混凝土砌體單元。
- 一般重量磚是由重量超過125 pcf（2,000kg／m³）的混凝土製成。
- 中量磚是由重量在105～125 pcf（1,680～2,000kg／m³）的混凝土製成。
- 輕量磚是由重量等於、或者小於105 pcf（1,680kg／m³）的混凝土製成。
- 1磅／平方英吋（psi）=6.89千帕（kPa）；1磅／立方英呎（pcf）=16公斤／立方公尺（kg／m³）

混凝土空心磚的等級

- N等級是適合外露在溼氣或天候中的地上牆或地下牆使用的承重型混凝土空心磚；N等級單元的壓縮強度為800～1,500 psi（5,516～10,342kPa）。
- S等級是僅適合有防風雨塗層的室外地上牆、或非外露在溼氣或天候中的牆體使用的承重型混凝土空心磚；S等級單元的壓縮強度為600～1,000 psi（4,137～6,895kPa）。

混凝土空心磚的類型

- I型是有特定含水量限制的混凝土空心磚，能減少引發裂紋的乾燥收縮情形。
- II型是無特定含水量限制的混凝土空心磚。
- 混凝土磚是與模組化黏土磚尺寸相同的實心長方形混凝土空心磚，但也有長12"（305）的規格；壓縮強度為2,000～3,000 psi（13,790～20,685kPa）。

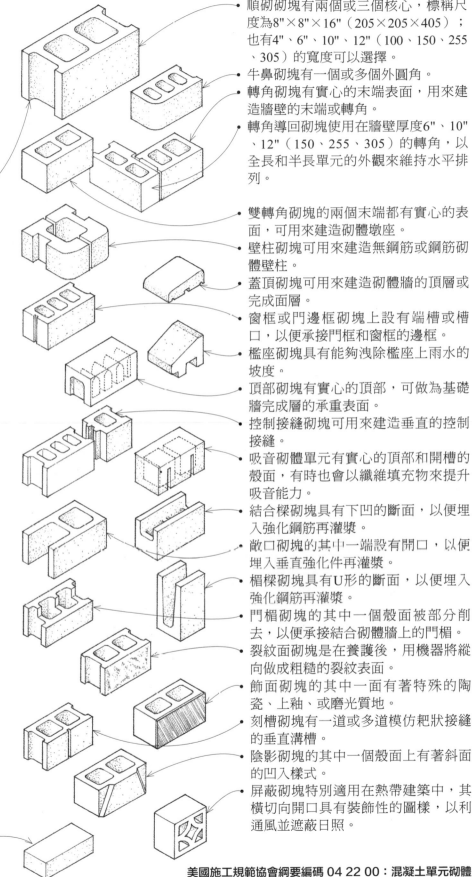

- 順砌砌塊有兩個或三個核心，標稱尺度為8"×8"×16"（205×205×405）；也有4"、6"、10"、12"（100、150、255、305）的寬度可以選擇。
- 牛鼻砌塊有一個或多個外圓角。
- 轉角砌塊有實心的末端表面，用來建造牆壁的末端或轉角。
- 轉角導回砌塊使用在牆壁厚度6"、10"、12"（150、255、305）的轉角，以全長和半長單元的外觀來維持水平排列。
- 雙轉角砌塊的兩個末端都有實心的表面，可用來建造砌體墩座。
- 壁柱砌塊可用來建造無鋼筋或鋼筋砌體壁柱。
- 蓋頂砌塊可用來建造砌體牆的頂層或完成面層。
- 窗框或門邊框砌塊上設有端槽或槽口，以便承接門框和窗框的邊框。
- 檻座砌塊具有能夠洩除檻座上雨水的坡度。
- 頂部砌塊有實心的頂部，可做為基礎牆完成層的承重表面。
- 控制接縫砌塊可用來建造垂直的控制接縫。
- 吸音砌體單元有實心的頂部和開槽的殼面，有時也會以纖維填充物來提升吸音能力。
- 結合樑砌塊具有下凹的斷面，以便埋入強化鋼筋再灌漿。
- 敞口砌塊的其中一端設有開口，以便埋入垂直強化件再灌漿。
- 楣樑砌塊具有U形的斷面，以便埋入強化鋼筋再灌漿。
- 門楣砌塊的其中一個殼面被部分削去，以便承接結合砌體牆上的門楣。
- 裂紋面砌塊是在養護後，用機器將縱向做成粗糙的裂紋表面。
- 飾面砌塊的其中一面有著特殊的陶瓷、上釉、或磨光質地。
- 刻槽砌塊有一道或多道模仿耙狀接縫的垂直溝槽。
- 陰影砌塊的其中一個殼面上有著斜面的凹入樣式。
- 屏蔽砌塊特別適用在熱帶建築中，其橫切向開口具有裝飾性的圖樣，以利通風並遮蔽日照。

美國施工規範協會綱要編碼 04 22 00：混凝土單元砌體

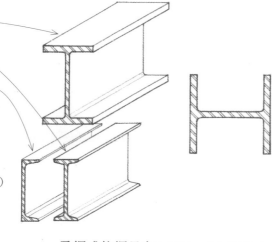

- W形（寬翼型）
- S形（美國標準型）
- C形（美國標準槽型鋼）

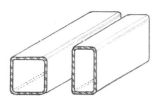

- L形（等邊或不等邊的角鋼）

- WT形
  （從W形切割出的結構T形鋼）

- 結構鋼管（正方形或長方形）

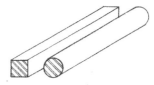

- 結構鋼管（圓形管）

- 鋼條（正方形、圓形、扁平形）

鋼材形狀

- 完整的尺寸和重量列表請參考美國鋼結構協會（American Institute of Steel Construction, AISC）的鋼構造手冊（Manual of Steel Construction）。

鋼，是指任何碳含量小於鑄鐵、且高於熟鐵的各種鐵基合金，其強度、硬度、和彈性都會因為成分和熱處理方式而有所不同。鋼材可用在輕型和重型結構構架，以及各式各樣的建築產品中，比如門窗、五金、和固定件。做為一種結構材料，鋼材兼具了高強度、剛度、和彈性。在重量和體積上，鋼材可說是結構性最強的低成本可用材料。雖然鋼材被歸類為不燃材料，當溫度超過1,000°F（538°C）時還是會變得容易延展並失去強度。當使用在需要耐火構造的建築物中，結構鋼必須以耐火材料塗布、覆蓋、或包覆；請詳見書末附錄A.12。由於鋼材一般都會遭受腐蝕，因此務必要上漆、鍍鋅、或做化學處理，以防氧化。

- 柔鋼或軟鋼是有0.15%～0.25%含碳量的低碳鋼。
- 中碳鋼是有0.25%～0.45%含碳量的碳鋼；大部分的結構鋼材都是中碳鋼；ASTM A36是最常見的強度等級，其降伏點為36,000 psi（248,220kPa）。
- 硬鋼是有0.45%～0.85%含碳量的高碳鋼。
- 彈簧鋼有0.85%～1.8%含碳量的高碳鋼。
- 1磅／平方英吋（psi）＝6.89千帕（kPa）

- 碳鋼是非合金的鋼材，其中的殘留元素如碳、錳、磷、硫、矽等的含量都會受到控制。任何碳含量的增加都會提升鋼的強度和硬度，但同時也會降低其延性和銲接性。

- 不鏽鋼含有至少12％的鉻，有時還會加入鎳、錳、或鉬等附加合金元素，因此具備高度的耐腐蝕性。
- 高強度低合金鋼材是在專為增加強度、延性、和耐腐蝕性而研發的化學合成物中加入少於2%合金的低碳鋼。ASTM A572是最常見的強度等級，降伏點為50,000psi（344,750kPa）。
- 耐候鋼是在大氣中被雨淋或受潮時能夠產生氧化包覆層的高強度低合金鋼材；此包覆層牢固地黏在基體金屬上，以防止進一步腐蝕。使用耐候鋼的結構細部應該妥善處理，避免被雨水帶走的少量氧化物而造成相鄰材料染色。
- 鎢鋼是含鎢量10%～20%的合金鋼，其硬度提升，而且在高溫下具有貯熱能力。

- 合金鋼指的是在碳鋼中添加足量的各種元素，例如鉻、鈷、銅、錳、鉬、鎳、鎢、或釩等，以獲取特定的物理或化學性質。

其他使用在建築構造中的鐵金屬還包括：
- 鑄鐵，一種硬質、碎性、碳含量.0％～4.5％且矽含量0.5％～3％的非展性鐵基合金，以砂模鑄造，並經機械加工生產成許多建築產品，例如管材、格版、和裝飾物件。
- 展性鑄鐵，經過將碳含量轉為石墨、或完全脫碳的退火處理過程。
- 熟鐵（又譯為鍛鐵），一種堅韌、具展性、相對較軟，容易鍛造和銲接的鐵，內有含碳量約0.2％和少量均布爐渣的纖維狀構造。
- 鍍鋅鐵，塗鋅以防止生鏽。

美國施工規範協會綱要編碼 05 12 00：結構鋼構架

非鐵金屬的成分不包含鐵。鋁、銅、和鉛都是普遍使用在建築構造中的非鐵金屬。

鋁是一種具延性、展性,用來形成許多堅硬輕量合金的銀白色金屬元素。鋁的天然耐腐蝕性來自於在表面形成的氧化物透明膜;這層氧化物的厚度可以透過被稱為陽極處理的電力與化學過程來增加,以提升耐腐蝕性。在陽極處理的過程中,鋁材自然光亮的反射表面會被染出些許溫暖明亮的顏色。需留意,鋁與其他金屬之間必須隔開以防電流作用。與鹼性材料,例如溼的混凝土、砂漿、和墁料之間也要隔開。

鋁以擠出成形材和片材的形式廣泛使用在次要的建築元素中,例如窗、門、屋頂、泛水片、修整材、和五金。如果要使用在結構構架中,可以取得形狀類似於結構鋼材的高強度鋁合金。鋁的斷面可以銲接、以黏著劑結合、或機械式接合。

銅是一種廣泛使用在電力布線、水力配管,以及製造合金如青銅和黃銅的延展性金屬元素。銅的顏色和耐腐蝕性使其成為良好的屋面和泛水材。然而,銅會造成鋁、鋼、不鏽鋼、鋅的腐蝕。因此,只能以銅材或審慎挑選的黃銅配件來固定、繫結、或支撐。如果銅和美國香柏在溼氣中接觸,會導致銅過早變質。

黃銅是指任何一種本質上由銅和鋅組成的合金,可用在窗戶、欄杆、或做為修整材和完成面五金。定義上的黃銅合金名稱可能會有「青銅」兩字,例如建築用青銅。

鉛是一種重的、柔軟、具展性,可用來泛水、隔音、和屏蔽輻射的藍灰色金屬元素。雖然鉛是普通金屬中最重的一種,它柔軟的特性使其能夠應用在不平坦的表面並達到令人滿意的效果。鉛粉塵和鉛蒸氣都是有毒的。

電流作用

如果當下的溼氣足以讓電流流通,電流作用(Galvanic Action,又譯做伽凡尼電池作用)很可能會發生在兩種異質的金屬之間。這股電流往往會腐蝕其中一種金屬,並且替另一種金屬鍍上鍍層(電鍍)。電流作用的嚴重程度取決於兩種金屬在伽凡尼序列表上的距離。

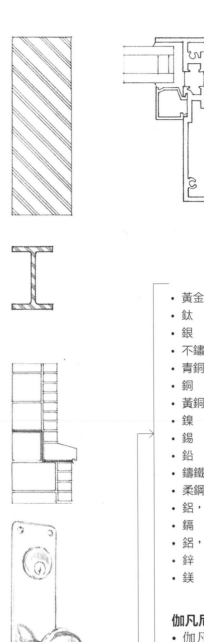

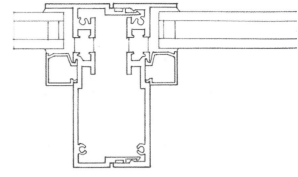

- 黃金、鉑金　　**最貴重的陰極**
- 鈦
- 銀
- 不鏽鋼
- 青銅
- 銅
- 黃銅
- 鎳
- 錫
- 鉛
- 鑄鐵
- 柔鋼
- 鋁,2024 T4
- 鎘
- 鋁,1100
- 鋅
- 鎂　　**最不貴重的陽極**

電流從正極流到負極 (+) (−)

伽凡尼序列

- 伽凡尼序列(Galvanic Series)依照最貴重到最不貴重的次序來排列金屬。
- 貴重金屬,例如金和銀,在空氣中加熱和在無機酸中溶解時都能夠抗氧化。
- 如果當下的溼氣足以讓電流流通,表中位在較下方的金屬就會被耗蝕和腐蝕。
- 表中的兩種金屬相距愈遠,較不貴重的金屬就愈容易腐蝕變質。

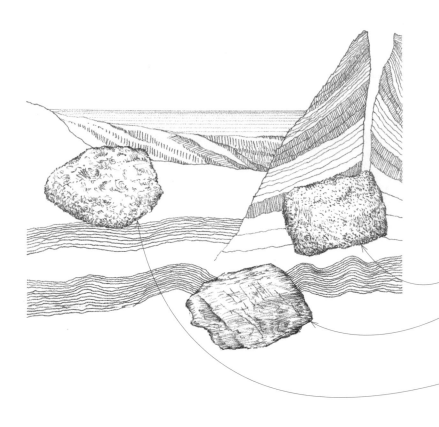

石材是礦石的聚集或組合，這兩種都是由無機化學物質所構成。為了符合建材標準，石材應具備下列特質：

- 強度：大多數的石材類型都有足夠的壓縮強度。然而，石材的剪切強度通常只有其壓縮強度的1／10。
- 硬度：當石材使用在地板、鋪面、和樓梯踏板時，硬度就變得非常重要。
- 耐久性：室外石材必須具備對雨、風、熱、和凍結作用等氣候影響的抵抗力。
- 工作性：石材的硬度和紋理要能允許開鑿、切割、和塑形。
- 密度：石材的孔隙率會影響對凍結作用和染色的抵抗力。
- 外觀：外觀因素包括顏色、紋理、質地。

石材可依據地質來源分類成下列幾種類型：
- 火成岩：如花崗岩、黑曜石、和孔雀石，由熔融岩漿的結晶形成。
- 變質岩：如大理石和板岩，在自然作用如高溫高壓下經歷結構、質地、或成分的變化，這樣的變化在岩石變得更堅硬和形成更多結晶時會特別明顯
- 沉積岩：如石灰岩、砂岩、和頁岩，由冰川作用沉積下來的沉澱物形成。

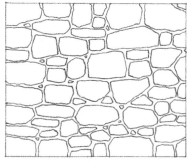
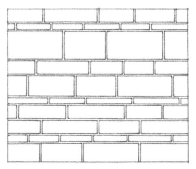
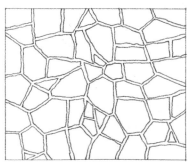
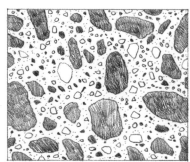

做為一種承重牆材料，石材類似於模組化的單元砌體。雖然砌石的尺寸並非整齊一致，但還是會鋪設砂漿、並且在壓縮應力下使用。幾乎所有石材在溫度驟變時都會遭受不利影響，也不應在需要高耐火性的位置使用。

石材在構造中使用時有下列幾種形式：
- 粗石是由破碎石材中，至少有一面良好、能外露在牆上的粗糙碎片所組成。
- 規格石材是經過開鑿、方形化，長寬各為2英呎（610公厘）或更大、具有特定厚度的石材，通常使用在外牆板、簷口、蓋頂、楣樑、和地板上。
- 板石是使用在地板和水平表面的平坦石板。
- 碎石被當做混凝土產品的骨材。

- 請詳見5.33石材砌體的類型。

美國施工規範協會綱要編碼 04 40 00：石材組合

木材做為一種構造材料，兼具了堅固、耐用、輕量、以及易於作業的特性。此外，也提供了視覺和觸覺上的天然美感和溫暖。雖然必須採取保育措施才能確保永續供應，木材仍然以各種不同的形式應用在建築物中。

木材分為軟木和硬木兩大類別。這兩個名詞不是指木材的實際硬度、柔軟度、或強度。軟木是指任何一種主要是常綠的針葉木，例如松樹、冷杉、鐵杉、雲杉，使用在普通構造中。硬木則來自闊葉開花木，例如櫻桃樹、楓樹、或橡樹，一般使用在地板、鑲板、家具、和室內修整作業。

樹木生長的方式會影響自身的強度、受膨脹和收縮影響的程度、以及做為絕緣材的效能。此外，也會影響鋸木塊結合成建築物結構和包覆層的方式。

紋理方向是使用木材做為結構材料時最主要的決定因素。張力和壓縮力最好能以平行木材紋理的方向來處理。在一般情況下，一塊木頭在平行紋理方向上所能承受的壓縮力比張力多出1／3以上。垂直紋理方向上的容許壓縮力僅約為平行紋理方向的1／5～1／2。垂直紋理方向的張力會導致木材開裂。至於木材的剪力強度，在橫穿木材紋理的方向上會比平行木材紋理的方向來得大。因此，比起垂直剪力，木材更容易受到水平剪力的影響。

木材是如何從圓木切割而成，會影響木材的強度和外觀。以平鋸法將方形的圓木平行切割成間隔均勻的木板，形成的平行紋理木材具有以下特點：
• 有多種明顯的紋理樣式；
• 容易扭曲和凹陷，以及不均勻地磨損；
• 容易形成凸起的紋理；
• 收縮和膨脹情形較少發生在厚度內，而較多在寬度內。

以徑鋸法、大致垂直於年輪的角度切割圓木，會使木材的邊緣或垂直紋理呈現以下特色：
• 紋理樣式更加均勻；
• 磨整得較為均勻，只有少許的凸起紋理和翹曲；
• 收縮和膨脹情形較少發生在寬度內，而較多在厚度；
• 比較不會受到表面縱裂的影響；
• 切割會造成較多的浪費，而且也比較貴。

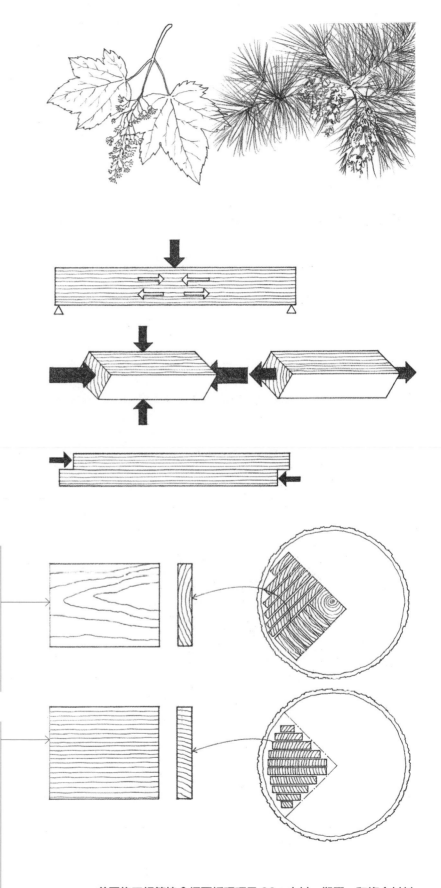

美國施工規範協會綱要編碼項目 06：木材、塑膠、和複合材料

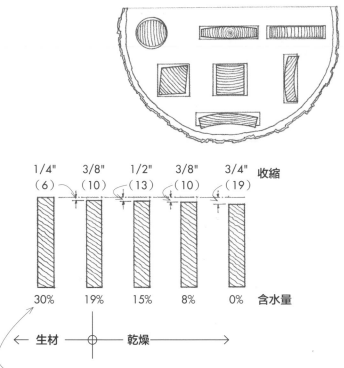

1/4" 3/8" 1/2" 3/8" 3/4" 收縮
（6） （10） （13） （10） （19）

30% 19% 15% 8% 0% 含水量

← 生材 ─⊕─ 乾燥 ─→

• 纖維飽和點是指細胞壁的水已完全飽和、但細胞腔室間隙中沒有水的階段，常用樹種的含水量為25%～32%。進一步的乾燥處理會導致木材收縮，但能達到更大的木材強度、剛度、和密度。

結節為是樹枝接入樹幹處的硬節，在鋸切木材上呈圓形、橫向紋理的塊體。評比木材的結構等級時，會限制結節的尺寸和位置。

輪裂是沿著木材的紋理形成的缺口，通常介於年輪之間、因為樹木直立或倒下時的壓力所導致。

樹脂囊是介於軟木年輪之間、有明顯界限的開口，內部含有或曾經含有固體或液體樹脂。

縱裂是橫穿木材年輪的縱向缺口，因為風乾過程不均勻或快速收縮所導致。

邊缺是木材角落或邊緣的樹皮或缺塊。

• 翹曲通常是因為風乾過程中乾燥不均勻、或含水量改變所導致。
杯彎是橫跨木材表面的彎曲變形。
弓彎是沿著木材長邊的彎曲變形。
側彎是沿著木材側邊的彎曲變形。
扭轉是因為木材邊緣往相反方向轉動所導致。

為了提升強度、穩定性、並且防止菌類產生、腐爛、和蟲害，木材會進行風乾──以乾燥方式降低木材的含水量──在受控制的熱、空氣流通、和溼度條件下，採用空氣乾燥或爐窯乾燥。想要完全密封木塊、避免含水量改變是不可能的。在含水量大約低於30%時，木材吸水會膨脹、失水則會收縮。無論小規模或大規模作業，這樣的收縮和膨脹可能性，在處理木材接頭的細部和構造時都必須納入考量。

木紋的弦向收縮通常是徑向收縮的兩倍。垂直紋理的木料能均勻收縮，而接近圓木周圍的平鋸切割木材則會遠離中心呈杯形彎曲。由於木材受熱膨脹的程度通常比含水量造成的體積變化程度低得多，因此含水量可說是重要的控制因素。

木材含水量低於20%時具有耐腐性。在此含水量以下設置和維護的木材通常不會腐朽。天生就能抵抗木腐菌的樹種包括紅杉、雪松、落羽杉、刺槐、和黑胡桃木。抗蟲害的樹種則包括紅杉、東方紅杉、和落羽杉。

防腐處理則可更進一步地防止木材腐朽和蟲害。其中以加壓處理最為有效，尤其木材與地面接觸的時候更是如此。防腐劑分為下列三種類型。

• 水性防腐劑能使木材保持乾淨、無味、可立即上漆；外露在天候中防腐劑也不會溶出。
  • 美國木材防腐局（American Wood Preservers Bureau, AWPB）
  • LP-2（LP-22使用在與地面接觸的木材上）
• 油性防腐劑可能會使木材染色，但經過處理的木材可以上漆；五氯苯酚含有劇毒。
  • AWPB LP-3（LP-33使用在與地面接觸的木材上）
• 雜酚油處理會使木材呈現有顏色、油亮的表面；氣味會存留很長一段時間，專門使用在航海和鹽水設施中的木材上。
  • AWPB LP-5（LP-55使用在與地面接觸的木材上）

左排列出了會影響木材部件等級、外觀、和用途的缺陷。缺陷的數量、尺寸和位置也可能影響木材的強度。這些缺陷包括木材的天然特色，例如結節、輪裂、和樹脂囊，以及製造加工的結果，例如縱裂、翹曲。

由於應用和再加工使用上的多樣性，硬木會依據一件乾淨、可用木料能切割出多少特定等級和尺寸的小件木料數量進行分級。軟木的分級方式如下。

- 貯木場木料：用於一般建造目的的軟木，包括木板、規格木料（規格材）、和厚木料。

- 工廠和工坊木料：主要是為了生產門窗和木工製品而鋸切和挑選的木料，依據可用木材能夠切割出多少特定尺寸和品質的產品數量進行分級。

木料以品種和等級來分類。每件木料都會依據其結構強度和外觀來分級。結構木料可由經過培訓的檢察員，依照影響強度、外觀、實用性等會使品質降低的特性進行目測分級，或者利用機器彎折樣本，測量其抗彎曲能力、計算彈性模量、以電子方式計算出適當的壓力等級，並且將結節、紋理的斜率、密度、和含水量的影響因素都列入考量。

- 每一件木料上都有等級標示，標明了所屬的應力級數、製造地、加工時的含水量、物種或種群、以及主管評等機構。
- 壓力分級是一項由評等機構依據一樹種或種群的基礎數值組及其相應的彈性模數所建立的結構木料等級。

- 木板：厚度小於2"（51）且寬度大於2"（51），主要依據外觀而非強度來分級，可做為壁板、底層地板、和室內修整材。

- 規格木料：厚度為2"～4"（51～100）且寬度等於或大於2"（51），主要依據強度而非外觀來分級，可用於一般的建築構造。

- 結構木料：以強度和預期用途為基礎，透過目測或機械方式分級的規格木料和厚木料。

- 木材：最小尺度等於或大於5"（125），依據強度和服務能力分級，通常會以生材或者未刨光的狀態存放。

- 格柵和厚木板：厚度為2"～4"（51～100）且寬度大於4"（100），主要是取格柵所承重的窄面或厚木板所承重的寬面，視該部位的彎曲強度來分級。
- 輕構架：厚度為2"～4"（51～100）且寬度為2"～4"（51～100），專門用在不需要高強度值的位置。
- 鋪板：厚度為2"～4"（51～100）且寬度等於或大於4"（100），主要取承重的寬面就其彎曲強度來分級。
- 橫樑和縱樑：厚度至少要5"（125）、且寬度超出厚度2"（51）以上，主要取承重的窄面就其彎曲強度來分級。
- 木柱和木材：5"×5"（125×125）或更大、且寬度不超出厚度2"（51）以上，主要是以做為柱子時所能承載的軸向載重來分級。

- 木料以「板英呎」為計量單位；1板英呎等於一個標稱尺度12"（305）見方、厚1"（25）物件的體積。
- 標稱尺度是一件木材在進行乾燥與表面加工前，為了方便定義尺寸和計算用量所使用的度量單位。撰寫標稱尺度時不使用英吋符號（"）。
- 刨光尺寸是木料經過乾燥和加工處理後的實際尺寸，比標稱尺寸小3／8"～3／4"（10～19）。
- 刨光尺寸的計算：
  - 當木料的標稱尺寸小於2"（51）時，扣除1／4"（6）；
  - 當木料的標稱尺寸為2"～6"（51～150）時，扣除1／2"（13）；
  - 當木料的標稱尺寸大於6"（150公厘）時，扣除3／4"（19）。
- 木料的可取得長度通常為6'～24'（1,830～7,315），為2'（610）的整數倍。

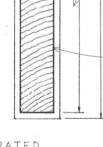

MACHINE RATED
(W／WP)® 12 [HEM FIR]
S-DRY
1650 Fb 1.5E

- 設計值：任何結構木料品種和等級的容許單位應力，都是由基礎值依據與尺寸和使用條件相關的係數修改後得出。

=

- 基礎值：評等機構就結構木料的品種所建立的相關數據，包括彎曲力、垂直與平行於紋理的壓縮力、平行於紋理的張力、水平應力等任何一項的容許單位應力，及其相應的彈性模數。

×

- 基礎值必須先依尺寸、再依使用條件做調整。重複部件和短期載重部件的尺寸調整值會加大；含水量超過19％的部件，該數值則會減少。

- 跨距等級標明了當結構木板以長向跨越三個或多個支撐時,設置支撐的建議最大中心間距,以英吋為單位。

- 暴露耐久性是木板產品的一種分類方式,根據木板外露在天候下或在潮溼環境中,能夠維持強度不減弱或不翹曲的能力來評定。
- 室外:塗有防水膠的結構木板,可做為壁板或做其他連續式的外露應用。
- 暴露等級1:外層塗有防水膠的結構木板,用於暴露在受重複潤溼情況下的受保護構造。
- 暴露等級2:有中間膠層的結構木板,用於暴露在最低度潤溼情況下的完全受保護構造。

APA
RATED SHEATHING
32/16　15/32 INCH
SIZED FOR SPACING
EXPOSURE 1
000
NRB·108

- 木板等級標識出木板產品的預定使用目的或單板等級。

- 單板等級是依據木材的生長特性,以及製造過程中修補的數量和尺寸來定義單板的外觀。
- N級:整體皆以心材或邊材製成的平滑軟木單木,無開口缺陷,僅有少數完好的修補處。
- A級:平滑、可上色的軟木單板,具有數量限定、平行於紋理的工整修補處。
- B級:堅固表面上容許出現圓形修補栓塞、緊密結節、和小裂縫的軟木單板。
- C級:具有尺寸限定的緊密結節和節孔、以合成材或木材修補的部位、變色、不損害木板強度的磨砂缺陷的軟木單板。
- C栓塞補強級:一種經過改良的C級單板,具有較小型結節和節孔、些許破碎紋理、以合成材修補的部位。
- D級:具有大型結節和節孔、樹脂囊、和錐形劈裂情形的軟木單板。

- 工程等級具有相對較高、能抵抗垂直於板面載重的剪切強度,可做為外覆板、底層地板,或用來製作箱形樑和應力蒙皮板。

木板產品不容易收縮或膨脹,裝設時需要的勞力較少,比實木產品更能有效地利用木材資源。以下是木板產品的主要類型。

- 膠合板是由數張單板在高溫和高壓下黏合而成,通常相鄰層的紋理會互成直角,並且以中心層為基準形成對稱。
- Gradestamp是美國膠合板協會(American Plywood Association, APA)的認證標示,印在結構合板產品的背面以便識別板的等級、厚度、跨距等級、暴露耐用性分類、製造廠編號、以及國家研究委員會(National Research Board, NRB)的報告編號。

- 高密度覆蓋(high-density overlay, HDO)板是兩面都覆蓋著樹脂纖維板,提供光滑、堅硬、耐磨表面的室外用木板,可做為混凝土模板、櫥櫃、與台面。
- 中密度覆蓋(MDO)板是其中一面或兩面都覆蓋著合成樹脂或三聚氰胺的室外用木板,提供可上漆的平滑基底。
- 特種板是木板產品這一種,例如開槽的或粗鋸的膠合板,專門做為壁板或鑲板。

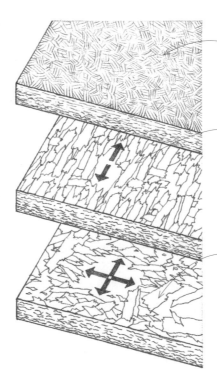

- 粒片板(particleboard;又譯做塑合板)是在高溫高壓下、將木屑膠合而成的非單板木板產品,常做為裝飾板和櫥櫃作業的芯材,以及地板的底層襯墊。
- 定向纖維板(oriented strand board, OSB)是一種常做為外覆板和底層地板的非單板木板產品,在高溫高壓下,以防水黏合劑將長且薄的木質纖維膠合而成。表面纖維平行排列在板的長軸上,使板的長向具有更高的強度。
- 大片刨花板(waferboard)是在高溫和高壓下、以防水黏合劑將大塊的薄木片膠合而成的非單板木板產品。刨花片的平面通常會平行於板面,但紋理方向是隨機的,使木板平面內的所有方向都具備大致相等的強度與剛度。

大型木構這種木質產品的特色是將大型實木板材運用在牆壁、樓板、和屋頂構造當中。大型木構造產品由於具備相對的強度和尺寸穩定度，成為鋼材、混凝土、和砌體在許多應用中的低碳替代方案。大型木構產品除了本身可以做為牆體、樓板和屋頂之外，也可以跟其他木質系統結合；或是跟鋼材或混凝土形成混合式結構。

大型木構造產品的優點包括：
- 木頭是再生且永續的資源，其碳足跡少於替代的、化石燃料密集型材料。
- 大型木構造板材的高度和跨距可以因應過往對於鋼材或混凝土的需求。
- 大型木構造產品的預製和拼板過程不僅能夠加快建案的建造速度，同時降低運送成本和人力消耗。
- 相較於鋼構和混凝土構造，大型木構造較為輕量，僅需比較小型的基礎和較低度的減震設計。
- 室內結構元件可以保持外露。
- 大型木構天然的耐火級數取決於木材燃燒所形成的炭化絕緣層。木材塊體愈大，就愈不容易點燃。

大型木構造產品包括：

直交式集成板材
直交式集成板材（cross-laminated timber, CLT）是一種預製的工程木質產品，有3、5、7層的規格板材，層與層之間以90度角交錯，並在受壓情況下使用黏著劑貼合固定，成為結構板材。
- 2～10英呎（610～2,440公厘）寬，最長可達60英呎（18,290公厘）
- 3～12英吋（75～305公厘）厚
- 直交式集成板材可進行雙向跨距作用
- 加上膠合外覆板可提升強度，做為結構隔板
- 支撐樑可以是實心鋸製材、膠合積層材、或結構性複合木料。
- 底層通常直接裸露，做為天花板完成面。

2018版國際建築規範認證CLT產品的製造是根據ANSI/APA PRG-320：性能等級直交式集成板標準製造而成。假使CLT板材的最小厚度和接合處符合特定尺寸標準、且內部沒有任何封閉的中空空間，則可以指定用於第四類建築構造（Heavy Timber 重型木構）。

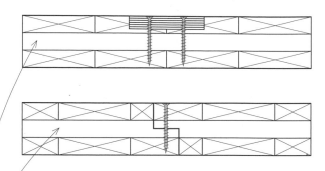

木構造的接合對維持木造結構的整體性，以及提供強度、剛度、穩定度、延性來說，具有舉足輕重的地位。

- 板材對板材的接合處可以採用單個鑲木條或雙鑲木條，或是半搭接榫。
- 牆壁到地板或到屋頂的介面，以及牆壁到牆壁的交會處可利用金屬托架、固定件、金屬板來傳遞力量；請詳見5.51～5.52。

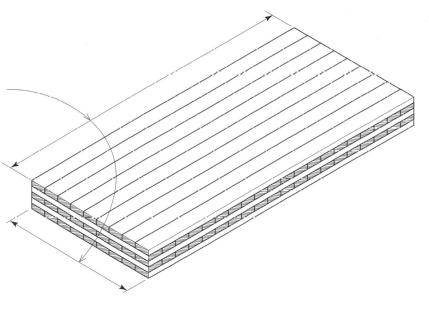

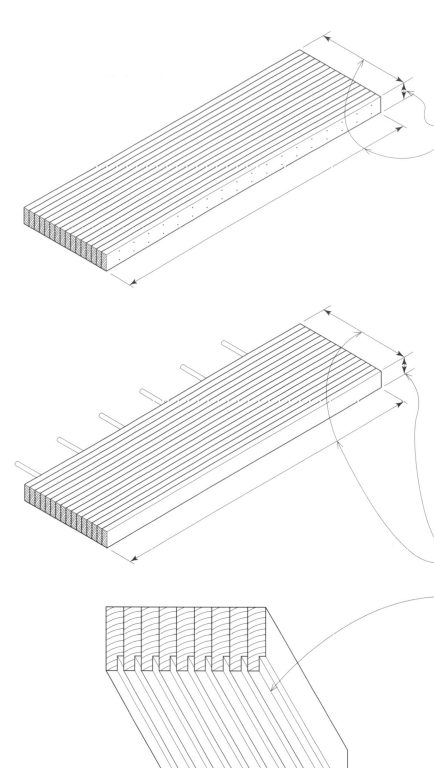

釘接集成材

釘接集成材（Nail-Laminated Timber, NLT）是將 2×木料往側邊疊加，再使用鐵釘或螺釘固定，成為結構元件。

• 3-1／2～12英吋（90～305公厘）厚
• 寬度可達12英呎（3,660公厘）、長度可達100英呎（30,480公厘）；尺
• 寸僅受運送與豎立時的情況所限制。
• 非標準化板材系統，但做為基底的板材屬於美國木材防腐協會（American Wood Protection Association, AWPA）分級規則的涵蓋範圍。
• 規格木料（規格材）可以在工地現場組裝。
• 用於建造倉庫和輕型工業建築物的歷史悠久。
• 不論曲面是垂直或者平行於木料的堆疊層壓方向，都有多種選擇。
• 木材的含水率會有所變化，細節的設計和處理必須多加留意，以因應垂直於木材紋理的膨脹和乾縮情形。

銷接層壓集成材

銷接層壓集成材（Dowel Laminated Timber, DLT）是將2×木料往側邊疊加（類似釘接集成材），再使用木釘藉由摩擦扣合方式固定而成。

• 3-1／2～12英吋（90～305公厘）厚
• 最寬可達12英呎（3,660公厘），最長可達60英呎（18,290公厘）
• 有多種輪廓樣式的選擇，包括使用不燃纖維絕緣材料來吸收聲音的吸音輪廓。
• 如果將多層膠合板覆蓋在板材的最上方，可形成雙向跨距作用。
• 木材與混凝土複合技術使得結構性能更佳，並且增進樓層之間的聲音隔斷效果。
• 國際建築法規並未涵蓋銷接層壓集成材的使用，因此必須取得主管機關發給的個案許可。

請詳見4.35關於膠合積層材（Glue-laminated timber, GLT）、積層平行束狀材（Parallel Strand Lumber, PSL）、和積層單板材（Laminated veneer lumber, LVL）的描述。膠合積層材在做為樓板和屋頂板材時，被視為大木構造產品家族的一員，有時候則被稱做膠合層積材。

塑膠是指任何一種由高分子量的熱塑性或熱固性聚合物製成的合成或天然有機材料，可模製、擠出、或拉曳出不同物體、薄膜、或長絲。做為一種材料類別，塑膠具有堅韌、有彈性、輕巧、耐腐蝕、而且防水的特性。許多塑膠還會排出危害呼吸系統的氣體，以及在燃燒時釋放出有毒氣體。

雖然塑膠可依其廣泛的特性分成多種類型，但基本上可區分出兩大類：
- 熱固性塑膠在固化前會經歷一個柔軟易彎的階段，一旦凝固或養護完成後，就會具備永久的剛性，加熱也不會再軟化。
- 熱塑性塑膠在加熱時會軟化或熔融、但不改變其原有性質，能在冷卻後再次硬化。

下方表格中列出了在構造中常用的塑膠及其主要用途。

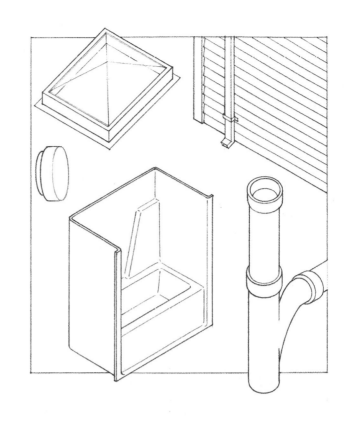

熱固性塑膠	用途
環氧樹脂（EP）	黏合劑和表面塗料
三聚氰胺（MF）	高壓層壓板、模製品、黏合劑、塗料
酚醛樹脂（PF）	電子部品、層壓板、泡沫絕緣材、黏合劑、塗料
聚酯	玻璃纖維強化塑膠、天窗、配管裝置、薄膜
聚氨酯（UP）	泡沫絕緣材、填縫劑、黏合劑、塗料
矽利康（SI）	防水劑、潤滑劑、黏合劑、合成橡膠

熱塑性塑膠	用途
丙烯腈－丁二烯－苯乙烯（ABS）	管材和管件、門五金
壓克力（聚甲基丙烯酸甲酯；PMMA）	玻璃、黏合劑、填縫劑、乳膠漆
纖維素（醋酸丁酸纖維素；CAB）	管材和管件、黏合劑
尼龍（聚醯胺；PA）	合成纖維和長絲、五金
聚碳酸酯（PC）	安全玻璃、照明裝置、五金
聚乙烯（PE）	防潮、蒸氣緩凝劑、電力絕緣材
聚丙烯（PP）	管件、電力絕緣材、地毯纖維
聚苯乙烯（PS）	照明裝置、泡沫絕緣材
乙烯基（聚氯乙烯；PVC）	地板材料、壁板、簷邊落水溝、窗框、絕緣材、管材

美國施工規範協會網要編碼 06 50 00：結構塑膠
美國施工規範協會網要編碼 06 60 00：塑膠製合品

玻璃是一種堅硬、具脆性的化學惰性物質，以助熔劑和穩定劑將矽砂熔合成一個塊體、待其冷卻後即會形成具備剛性但不結晶的狀態。玻璃以各種不同的形式運用在建築物的構造中。泡沫或多孔玻璃可做為具剛性的防蒸氣熱絕緣材。玻璃纖維可使用在紡織品中和用來強化材料。在絲狀的形式時，玻璃纖維形成玻璃棉，可做為隔音和隔熱的絕緣材。玻璃磚則用來控制光線透射、眩光、和太陽輻射。然而，玻璃還是最常用來裝配建築物的窗戶、窗扇、和天窗的開口。

平玻璃的三種主要類型如下：
• 平板玻璃是將熔融玻璃從火爐中拉引出來（拉製玻璃），或先將其塑形成一個圓筒、再縱向切割壓平而成（圓筒法玻璃）。以火焰拋光的表面無法完全平行，因此會造成些微的視覺變形。為了減少這種變形，裝配玻璃時應該將變形的波紋擺放成水平向。
• 板玻璃是先將熔融玻璃軋壓成板狀，冷卻後再進行研磨和拋光。板玻璃提供幾乎完全清晰、不變形的視覺。
• 浮式玻璃是將熔融玻璃倒在熔融的錫床上，使其逐漸冷卻而成。得到的平坦和平行表面降低了變形的程度，也省去了研磨和拋光的需要。浮式玻璃是板玻璃的替代品，目前已經成為多數平板玻璃的生產方法。

其他玻璃類型還包括：
• 退火玻璃會經過緩慢的冷卻過程以減輕內部應力。
• 熱硬化玻璃是將退火玻璃進行再加熱和突然冷卻的回火強化處理。熱硬化玻璃的強度約為同厚度退火玻璃的兩倍左右。
• 強化玻璃是先將退火玻璃再加熱至接近軟化點的溫度，再急速冷卻，以導引出玻璃表面和邊緣的壓縮應力、以及玻璃內部的拉伸應力。強化玻璃抵抗衝擊和熱應力的能力是退火玻璃的三到五倍，但完成後就不能再變動。強化玻璃破裂時，會碎裂成相對無害、小石子一般的玻璃顆粒。
• 層壓或安全玻璃是將兩層或多層平板玻璃，在高溫和高壓下，與聚乙烯丁醛樹脂材質的中間層膠合而成，破裂時的碎片不會隨處散落。安全玻璃是具有卓越拉伸和衝擊強度的層壓玻璃。
• 金屬絲網玻璃是在平板或壓花玻璃中嵌入正方形或菱形的金屬絲網，以防損毀或過熱造成的碎裂情形。金屬絲網玻璃被視為安全的玻璃材料，可用來裝配防火門窗。
• 壓花玻璃上有著在軋製過程中形成的線性或幾何表面樣式，能模糊視線或擴散光線。
• 毛玻璃的其中一面或兩面經過酸蝕或噴砂處理以模糊視線。這兩種處理方式都會削弱玻璃的強度，並且使其變得難以清潔。
• 層間玻璃是一種為了遮蔽帷幕牆內的結構元素而使用的不透明玻璃，將陶瓷熔塊熔化在強化玻璃或熱硬化玻璃的內表面而製成。

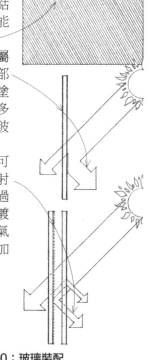

• 絕緣玻璃（又譯為中空玻璃）是由兩片或多片玻璃板組成的玻璃單元，玻璃板之間以密閉的空氣層隔開，形成熱絕緣並限制凝結作用；玻璃邊緣的單元有厚3／16"（5）的空氣層；金屬邊緣的單元則有厚1／4"或1／2"（6或13）的空氣層。
• 有色或吸熱玻璃內含可吸收照在玻璃上的部分輻射熱和可見光的化學摻合料。氧化鐵會使玻璃帶有淺藍綠色調，氧化鈷和鎳會造成淺灰色調；硒則能注入青銅色調。
• 反射玻璃有薄而半透明的金屬塗層，可反射照在玻璃上的部分光線和輻射熱。此塗層可塗在單一玻璃的其中一面、在多片夾層玻璃之間、或在絕緣玻璃的外側或內側表面上。
• 低輻射（low-e）玻璃在透射可見光的同時也能選擇性地反射輻射熱中較長的波長，可透過在玻璃本身加上一層低輻射鍍膜，或者在絕緣玻璃密封空氣層中懸掛的透明塑膠薄膜上加上一層低輻射鍍膜而製成。

玻璃製品	類型	標稱厚度 英吋（公厘）	最大面積 英吋（公厘）	重量 psf*
平板玻璃	AA、A、B	SS 3／32 （2.4）	60 x 60 （1,525 x 1,525）	1.22
		DS 1／8 （3.2）	60 x 80 （1,525 x 2,030）	1.63
浮式或板玻璃	鏡面	1／4 （6.4）	75 sf （7 m²）	3.28
	拋光	1／8 （3.2）	74 x 120 （1,880 x 3,050）	1.64
		1／4 （6.4）	128 x 204 （3,250 x 5,180）	3.28
重型浮式 或板玻璃	拋光	5／16 （7.9）	124 x 200 （3,150 x 5,080）	4.10
		3／8 （9.5）	124 x 200 （3,150 x 5,080）	4.92
		1／2 （12.7）	120 x 200 （3,050 x 5,080）	6.54
		5／8 （15.9）	120 x 200 （3,050 x 5,080）	8.17
		3／4 （19.1）	115 x 200 （2,920 x 5,080）	9.18
		7／8 （22.2）	115 x 200 （2,920 x 5,080）	11.45
壓花玻璃	多種樣式	1／8 （3.2）	60 x 132 （1,525 x 3,355）	1.60
		7／32 （5.6）	60 x 132 （1,525 x 3,355）	2.40
金屬絲網玻璃	拋光金屬絲網	1／4 （6.4）	60 x 144 （1,525 x 3,660）	3.50
	有圖案的金屬絲網	1／4 （6.4）	60 x 144 （1,525 x 3,660）	3.50
	平行金屬絲網	7／32 （5.6）	54 x 120 （1,370 x 3,050）	2.82
		1／4 （6.4）	60 x 144 （1,525 x 3,660）	3.50
		3／8 （9.5）	60 x 144 （1,525 x 3,660）	4.45
層壓玻璃	（2）1／8" 厚、浮式 重型浮式	1／4 （6.4）	72 x 120 （1,830 x 3,050）	3.30
		3／8 （9.5）	72 x 120 （1,830 x 3,050）	4.80
		1／2 （12.7）	72 x 120 （1,830 x 3,050）	6.35
		5／8 （15.9）	72 x 120 （1,830 x 3,050）	8.00
有色玻璃	青銅	1／8 （3.2）	35 sf （3 m²）	1.64
		3／16 （4.8）	120 x 144 （3,050 x 3,660）	2.45
		1／4 （6.4）	128 x 204 （3,250 x 5,180）	3.27
		3／8 （9.5）	124 x 200 （3,150 x 5,080）	4.90
		1／2 （12.7）	120 x 200 （3,050 x 5,080）	6.54
	灰色	1／8 （3.2）	35 sf （3 m²）	1.64
		3／16 （4.8）	120 x 144 （3,050 x 3,660）	2.45
		1／4 （6.4）	128 x 204 （3,250 x 5,180）	3.27
		3／8 （9.5）	124 x 200 （3,150 x 5,080）	4.90
		1／2 （12.7）	120 x 200 （3,050 x 5,080）	6.54
絕緣玻璃	玻璃邊緣單元			
（2）3／32" 厚的平板玻璃	空氣層厚度 3／16"	3／8 （9.5）	10 sf （0.9 m²）	2.40
（3）1／8" 厚的平板玻璃	空氣層厚度 3／16"	7／16 （11.1）	24 sf （2.2 m²）	3.20
	金屬邊緣單元			
（3）1／8" 厚的 平板、板、浮式玻璃	空氣層厚度 1／4"	1／2 （12.7）	22 sf （2.0 m²）	3.27
	空氣層厚度 1／2"	3／4 （19.1）	22 sf （2.0 m²）	3.27
（4）3／16" 厚的 板、浮式玻璃	空氣層厚度 1／4"	5／8 （15.9）	34 sf （3.2 m²）	4.90
	空氣層厚度 1／2"	7／8 （22.2）	42 sf （3.8 m²）	4.90
（6）1／4" 厚的 板、浮式玻璃	空氣層厚度 1／4"	3／4 （19.1）	50 sf （4.6 m²）	6.54
	空氣層厚度 1／2"	1 （25.4）	70 sf （6.5 m²）	6.54

*1 磅／平方英呎（psf）＝ 47.88 帕（Pa）
1 平方英呎（sf）＝ 0.0929 平方公尺（m²）

- 請向玻璃製造商確認最大尺寸。
- 除了壓花或金屬絲網玻璃之外，任何厚度為1／8"（3.2）或更厚的玻璃都可以進行強化；強化玻璃也可與絕緣或層壓玻璃單元併用。
- 反射塗料可以塗布在浮式、板、強化、層壓、或絕緣玻璃上。

- 太陽能透射率下降35％～75％
- 可見光透射率下降32％～72％

- R值＝1.61

- R值＝1.61

- R值＝1.72
- R值＝2.04

- 具有厚1／2"（12.7）空氣層和低輻射鍍膜的單元R值：
  e＝0.20、R＝3.13
  e＝0.40、R＝2.63
  e＝0.60、R＝2.33

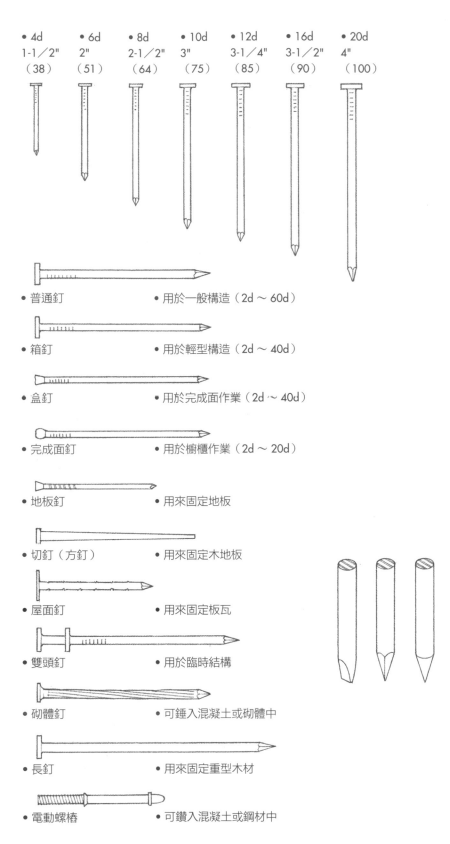

- 4d
1-1／2"
（38）
- 6d
2"
（51）
- 8d
2-1／2"
（64）
- 10d
3"
（75）
- 12d
3-1／4"
（85）
- 16d
3-1／2"
（90）
- 20d
4"
（100）

- 普通釘 　　　　・用於一般構造（2d～60d）
- 箱釘 　　　　　・用於輕型構造（2d～40d）
- 盒釘 　　　　　・用於完成面作業（2d～40d）
- 完成面釘 　　　・用於櫥櫃作業（2d～20d）
- 地板釘 　　　　・用來固定地板
- 切釘（方釘） 　・用來固定木地板
- 屋面釘 　　　　・用來固定板瓦
- 雙頭釘 　　　　・用於臨時結構
- 砌體釘 　　　　・可錘入混凝土或砌體中
- 長釘 　　　　　・用來固定重型木材
- 電動螺椿 　　　・可鑽入混凝土或鋼材中

釘子是又直又細長的金屬件，其中一端削尖，另一端擴大並壓扁以便錘擊至木材或其他建築材料中做為固定件。

材料
- 釘子通常是由低碳鋼製成，但也可以是鋁、銅、黃銅、鋅、或不銹鋼等材質。
- 強化、高碳鋼釘應用在砌體上可達到更大的強度。
- 使用的金屬類型應該與要固定的材料相容，避免固定力鬆脫以及材料染色。

釘身的長度和直徑
- 釘子的長度以便士（d）來表示。
- 釘子的長度從2d、約1"（25），到60d、約6"（150）。
- 釘子的長度應該是所要固定材料厚度的3倍左右。
- 大直徑的釘子用於重型作業，較輕的釘子用於完成面作業；較細的釘子則使用在硬木而非軟木中。

釘身的形式
- 為了獲取更大的抓力強度，釘軸可以是鋸齒形、倒勾形、螺紋形、槽紋形、或搓絲形狀。
- 釘軸可施加水泥塗層，讓釘子有更大的抗拔力，也可做塗鋅處理以獲取耐腐蝕性。

釘頭
- 平頭能提供最大的接觸面積，使用在可容許釘頭外露的位置。
- 完成面釘子的釘頭只能比釘軸稍微大一些，而且可以做成錐形或杯（凹頭）形。
- 使用雙頭釘有助於臨時構造和混凝土模板的拆卸。

釘尖
- 大部分的釘子都有菱形的釘尖。
- 尖端型的釘子有較大的固定強度，但可能會使某些木材劈裂；容易開裂的木材應該使用鈍端型的釘子。

電動固定件
- 氣動打釘機和釘槍是由壓縮裝置驅動，能將材料固定到木材、鋼材、或混凝土上。
- 火藥驅動固定件使用一定的火藥藥量，將各種螺椿打入混凝土或鋼材中。

美國施工規範協會網要編碼 06 06 00：木材、塑膠、和複合材料一覽表

螺釘

螺釘是有著削尖、螺旋狀螺紋釘身和開槽釘頭的金屬固定件，設計來鑽入、或者像是使用螺絲起子一樣旋轉入木材中。由於釘身上具有螺紋，螺釘的固定力會比釘子大，也較易於移除。每英吋的螺紋愈多，螺釘的抓力強度就愈大。螺釘依其使用目的、釘頭類型、材料、長度、和直徑來分類。

- 材料：鋼、黃銅、鋁、青銅、不銹鋼
- 長度：1／2"～6"（13～150）
- 直徑：最長可達24量規

木螺釘的長度應該比要結合的木板總厚度少大約1／8"（3），且螺釘的1／2～2／3長度必須穿透基底材料。緊密螺紋的螺釘一般用於硬木，鬆散螺紋的螺釘則用於軟木。

承接螺釘的開孔應該預先鑽好並與螺紋的基底直徑等長。某些螺釘，例如自攻螺釘和乾牆螺釘的設計是，在鑽入時可攻入相應的內螺紋中。

螺栓

螺栓是具有螺紋的金屬栓或金屬桿，通常其中一端有一個螺栓頭，設計來插入且貫穿要組裝的零件中，並以搭配的螺帽固定。馬車螺栓使用在進行緊固時無法接近操作的位置。方頭螺栓或螺釘使用在無法設置螺帽的位置，或在需要以特長這螺栓充分穿透接頭的位置。

- 長度：3／4"～30"（75～760）
- 直徑：1／4"～1-1／4"（6～32）

- 墊圈是穿孔的金屬、橡膠、或塑膠盤狀物，放在螺帽或螺栓的頭部下方，或裝在接頭處以分散壓力、防止滲漏、緩解摩擦、或隔絕不相容的材料。
- 鎖式墊圈經過特殊製造，以防螺帽因震動而鬆脫。
- 負載顯示型墊圈上微小的凸起設計在螺栓被栓緊時會逐漸變平，螺栓頭部或螺帽與墊圈之間的間隙即能顯示出螺栓內的張力。

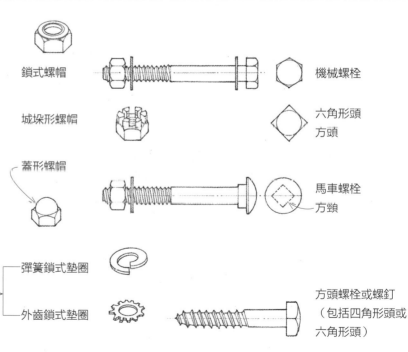

12.22 其他固定件

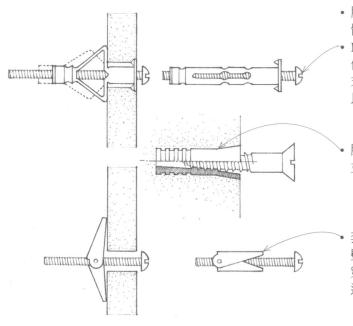

- 膨脹螺栓是具有分離型外殼的錨定螺栓，能在鑽入砌體或混凝土的開孔中機械式擴開以咬住孔的側邊。
- Molly是膨脹螺栓的品牌商標之一，具有一個分離型、像套管一樣的螺紋套筒，只要轉動螺栓就能牽動套筒末端，在鑽入砌體或空心牆內側表面的開孔中擴開，以咬住開孔。

- 膨脹護套是鉛或塑膠材質的套管，能插入預鑽孔中，並透過旋入螺栓或螺釘而擴開。

- 套掛螺栓能夠將材料固定在塓料、石膏板、和其他薄壁材料上。具有一對能夠緊緊抵住彈簧的鉸鏈翼，在穿過預鑽孔時會立即擴開，而且在空心牆的內側表面達到咬合固定效果。

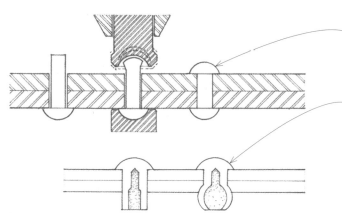

- 鉚釘是用來永久接合兩個或多個結構鋼部件的金屬栓，先將帶釘頭的釘身穿過物件的開洞，再錘擊平坦的一端形成第二個釘頭。目前，鉚釘已大幅地被僅需低勞動技術程度的螺栓固定或銲接方式所取代。
- 火藥鉚釘，使用在只能從一側來接近處理接頭的時候，填入火藥的釘頭會受錘子撞擊而引爆，使釘身在洞口較遠的一端擴開。

常見的黏合劑類型：

- 動物或魚膠黏合劑主要使用在溫度和溼度不會變動太大的室內；黏合強度會因為暴露在熱或溼氣中而削弱。
- 白膠或聚乙烯膠能夠快速凝固、不染色、且略具彈性。
- 環氧樹脂非常強力，可以用來固定多孔和無孔的材料；可能會使某些塑膠溶解。和其他黏合劑不同的是，環氧樹脂能在低溫和潮溼的環境下凝固。
- 間苯二酚樹脂是強力、防水、戶外也耐用的材料，但具備易燃性、而且深色可能會透過塗布而顯現出來。
- 接觸膠合劑是以接觸黏合，因此不需要夾合。通常都是用來固定大面積的板材如塑膠層壓板。

黏合劑

- 黏合劑能夠將兩種材料的表面固定在一起。黏合劑的類型相當多，其中許多是專為特定材料或為了在指定條件下使用而特製的。黏合劑的形式可以是固體、液體、粉末、或薄膜；有些則需藉助催化劑來活化其黏合的特性。使用黏合劑時務必遵循製造商的建議。選擇黏合劑的重要考量因素包括：
- 強度：黏合劑最強的通常是抗拉伸強度與剪切應力，而抗分裂或劈裂的應力則最弱。
- 養護或凝固所需的時間：從立刻黏結、到養護時間多達數天的情形都有。
- 凝固所需的溫度範圍：有些黏合劑會在室溫下凝固，有些則需要在高溫下烘烤。
- 黏結方式：有些黏合劑因為接觸而黏結，有些則需要夾合或利用較高的壓力來黏結。
- 特色：黏合劑的類型會因為對水、熱、光照、化學品的抵抗力、以及老化特性的不同而有所區別。

塗料的使用目的是為了保護、維護表面、或在視覺上強化表面的塗布效果。塗料的主要類型是油漆、染色劑、和清漆。

油漆

油漆是一種有固體顏料懸浮在液體載色劑中的混合物，施作時在表面形成薄、且通常為不透明的塗層，來達成保護與裝飾的目的。

• 底漆是應用在表面的基底層，用來改善油漆或清漆後續塗層黏合力。
• 封閉漆是應用在表面的基底層，用來降低後續油漆或清漆塗層的吸收程度，或是防止塗料從完成面塗層滲出。

• 油性漆使用乾性油，外露在空氣中會氧化和硬化，形成堅韌而有彈性的薄膜。
• 醇酸漆有做為黏結劑的醇酸樹脂，像是化學改性大豆和亞麻仁油。
• 乳膠漆有做為黏結劑的丙烯酸（壓克力）樹脂，當水從乳膠中蒸發後會聚結起來。

• 環氧漆中有環氧樹脂做為黏結劑，以增加耐磨損、耐腐蝕、和耐化學品的能力。
• 防銹漆和底漆是都以防腐蝕顏料特製而成，能防止或減少金屬表面的腐蝕情形。
• 耐燃漆是以矽利康、聚氯乙烯、或其他物質特製而成，能抑制可燃材料的火焰蔓延。
• 膨脹型塗料，當暴露在火的熱度中，能膨脹形成惰性泡沫的厚絕緣層，以延緩火焰蔓延與燃燒。
• 耐熱漆是以矽氧樹脂特製而成，能承受高溫。

• 顏料：懸浮在液體載色劑中、經過精細研磨的不溶性物質，可賦予塗料色彩和不透明度；

+

• 載色劑：讓顏料在塗布到表面之前在其中先行擴散的液體，以便控制一致性、黏附性、光澤度、和耐久性。

• 黏結劑是油漆載色劑中沒有揮發性的部分，在乾燥過程中能將顏料粒子黏結成凝聚性的薄膜。
• 溶劑或稀釋劑是油漆載色劑中具有揮發性的部分，能使油漆在刷塗、滾筒粉刷、或噴塗時達到所期望的濃度。

清漆

清漆（又譯做凡立水）是一種將樹脂溶解在油（油清漆）或醇（酒精清漆）中所製成的液體調劑，在塗布和乾燥後會形成堅硬、有光澤、通常為透明的塗層。

• 桅杆或船舶清漆是由耐久樹脂和亞麻仁或桐油製成的耐久、耐候性清漆。
• 聚氨酯清漆是一種非常堅硬、具耐磨性和耐化學性的清漆，由同名的塑膠樹脂製成。
• 亮光漆是指任何一種由溶解在溶劑中的硝化纖維素或其他纖維素衍生物製成的透明或彩色合成塗料，經過蒸發而乾燥，形成具有高光澤度的薄膜。
• 蟲膠是一種將純化的蟲膠薄片溶解在變性醇中而製成的酒精清漆，

染色劑

染色劑是一種在載色劑中含有染料或懸浮顏料的溶液，可滲透木材表面並加以染色，但不會遮住木材紋理。

• 滲透性染色劑會滲透木材表面，在表面留下非常薄的膜。
• 水性染色劑是一種透過將染料溶解在水性載色劑中而製成的滲透性染色劑。
• 酒精性染色劑是一種透過將染料溶解在醇或酒精載色劑中而製成的滲透性染色劑。
• 有色或不透明的染色劑是一種含有顏料的油性染色劑，能遮住木材表面的紋理和質地。
• 油性染色劑是透過在乾性油或油性清漆載色劑中溶解染料或懸浮顏料而製成。

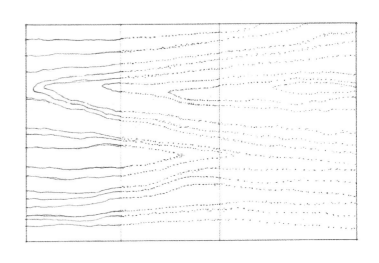

美國施工規範協會綱要編碼 09 90 00：油漆與塗料

所有要刷上油漆或其他塗料的材料都必須先做適當的準備工作和塗布底漆,以確保塗層能附著在表面、並且延長塗層的使用壽命。一般來說,表面應該乾燥且無髒污,如灰塵、油脂、水分、和黴菌。以下是使用在各種材料時的相關建議:

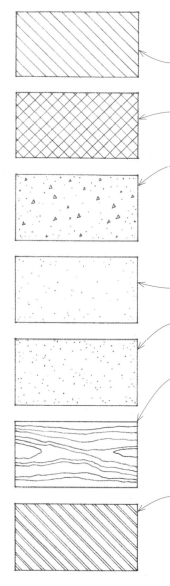

- 磚塊表面的灰塵、脫落的砂漿、風化物、和其他異物都應該先以鋼絲刷、空氣壓力、或蒸汽清洗的方式去除。以乳膠底漆—封閉漆或透明的矽利康撥水劑來密封。
- 混凝土砌體必須徹底乾燥、不殘留灰塵和脫落或多餘的砂漿。如果粗糙表面所形成的隔音值不太重要,多孔的表面可以用塊狀填料或水泥灌漿底漆填補起來。
- 混凝土表面必須經過良好養護、且不殘留灰塵、脫模油、和養護劑。多孔的表面可能需要塊狀填料或水泥灌漿底漆填補。經底漆灌漿後的表面基底再塗布乳膠、醇酸樹脂、或油性底漆—封閉漆。混凝土表面也可使用透明的矽利康撥水劑來密封。
- 水泥地面不能有灰塵、蠟、油脂、和油,並應以鹽酸溶液蝕刻,提升塗層的黏合性。以耐鹼塗料做為底漆。
- 石膏板表面必須清潔且乾燥。使用乳膠底漆—封閉漆,以免挑起紙面的纖維。
- 墁料和灰泥表面必須能夠徹底乾燥和充分養護。以乳膠、醇酸樹脂、或油性底漆—封閉漆做為底漆。新鮮墁料的底漆則使用耐鹼塗料。
- 木材必須清潔、乾燥,經過良好風乾。木節和樹脂在上底漆之前應先打磨和封閉。要上漆的表面應塗布底漆或封閉漆,以穩定木材的含水量並防止後續塗層的吸收;染色劑和某些油漆本身就可以做為底漆。所有的釘孔、裂紋、和其他小孔都應在底漆層完成後填補妥當。
- 老舊的油漆表面必須清潔、乾燥,並以磨砂方式粗糙化或以洗滌液清洗掉。
- 含鐵金屬表面不能有鐵鏽、金屬毛刺、和異物。可使用溶劑、或用鋼絲刷、噴砂、火焰清潔、或以酸性溶液洗滌的方式。在基底層塗上防銹底漆。
- 鍍鋅鐵上的所有油脂、殘留物、和生銹都應以溶劑或化學洗滌方式去除。基底層塗布氧化鋅或波特蘭水泥。如果風化了,鍍鋅鐵應採用與含鐵金屬一樣的方式來處理。

除了必要的表面準備和底漆,其他選擇塗料的考量還包括:
- 塗料與塗布表面的相容性
- 應用的方法和乾燥所需的時間
- 使用條件,以及對水、熱、日照、溫度變化、發黴、化學品、和物理磨損的抵抗性需求
- 排放有害揮發性有機化合物的可能性

A 附錄
Appendix

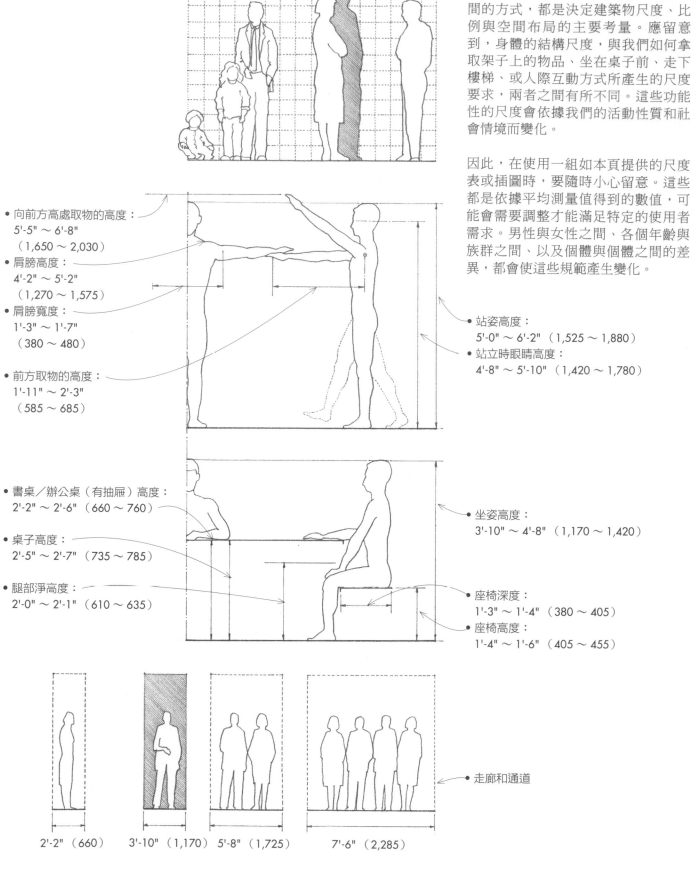

我們的身體尺度、以及通過與感知空間的方式，都是決定建築物尺度、比例與空間布局的主要考量。應留意到，身體的結構尺度，與我們如何拿取架子上的物品、坐在桌子前、走下樓梯、或人際互動方式所產生的尺度要求，兩者之間有所不同。這些功能性的尺度會依據我們的活動性質和社會情境而變化。

因此，在使用一組如本頁提供的尺度表或插圖時，要隨時小心留意。這些都是依據平均測量值得到的數值，可能會需要調整才能滿足特定的使用者需求。男性與女性之間、各個年齡與族群之間、以及個體與個體之間的差異，都會使這些規範產生變化。

- 向前方高處取物的高度：
  5'-5" ～ 6'-8"
  （1,650 ～ 2,030）
- 肩膀高度：
  4'-2" ～ 5'-2"
  （1,270 ～ 1,575）
- 肩膀寬度：
  1'-3" ～ 1'-7"
  （380 ～ 480）
- 前方取物的高度：
  1'-11" ～ 2'-3"
  （585 ～ 685）

- 站姿高度：
  5'-0" ～ 6'-2"（1,525 ～ 1,880）
- 站立時眼睛高度：
  4'-8" ～ 5'-10"（1,420 ～ 1,780）

- 書桌／辦公桌（有抽屜）高度：
  2'-2" ～ 2'-6"（660 ～ 760）
- 桌子高度：
  2'-5" ～ 2'-7"（735 ～ 785）
- 腿部淨高度：
  2'-0" ～ 2'-1"（610 ～ 635）

- 坐姿高度：
  3'-10" ～ 4'-8"（1,170 ～ 1,420）

- 座椅深度：
  1'-3" ～ 1'-4"（380 ～ 405）
- 座椅高度：
  1'-4" ～ 1'-6"（405 ～ 455）

- 走廊和通道

2'-2"（660）　　3'-10"（1,170）　　5'-8"（1,725）　　7'-6"（2,285）

1990年聯邦政府民權法案中的美國身心障礙者法案（Americans with Disabilities Act, ADA）規定建築物必須要能讓行動不便者與部分受明確定義的精神障礙者進入使用。美國身心障礙者法案之無障礙執行準則（ADA Accessibility Guidelines）〕2010 ADA 無障礙設計標準（2010 ADA Standards for Accessible Design）〕由獨立政府機構——美國無障礙委員會維護，相關規章則由美國司法部管理。聯邦設施必須遵守建築障礙法案（Architectural Barriers Act, ABA）所頒布的標準。在最新頒布的版本中，無障礙委員會（Access Board）將ADA準則融入ABA所涵蓋的設施中，並將兩者合併頒布為ADA—ABA 無障礙準則。相關的立法還包括1988年的聯邦公平住房法案（Federal Fair Housing Act, FEHA），其中包含了美國住房與城市發展部（Department of Housing and Urban Development HUD）要求四戶以上集合住宅必須適合讓身心障礙者使用的規定。

設施應便於受限在輪椅上和能走動的傷患使用。
- 行動不便者專用路線是由最大斜率為1:20的步行表面、車道上有標識的穿越路徑，無障礙設施的淨地板空間、無障礙走道、坡道、路緣斜坡、和升降機所組成。
- 地板表面必須牢固、穩定、而且止滑。
- 避免水平高度差和使用樓梯。
- 只有在必要的位置使用坡道。

設施應該讓盲人能夠識別。
- 使用凸字、聲響警告信號、和有紋理的表面來指示樓梯或危險的開口。

設施應該要能夠使用。
- 活動空間應該足夠寬敞，能舒適地移動。
- 所有公共設施都應該有專為行動不便者設計的固定裝置。

ADA無障礙執行準則針對其他建築元素或構件的規範，請參閱下列章節：
- 停車位：1.33
- 門：8.03
- 門五金：8.17、8.19、8.20
- 門檻：8.21
- 窗：8.22
- 樓梯和斜坡：9.05
- 升降機：9.16
- 廚房：9.22～9.23
- 廁所和沐浴設備：9.26、9.28
- 地毯：10.21

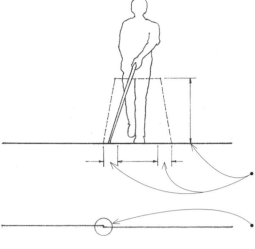

- 手杖範圍：到兩側的最小距離為6"（150）、高度為27"（685）
- 垂直的高度差最多為1/4"（6）
- 1/4"～1/2"（6～13）的高度差應設計成坡度不超過1：2的斜面
- 高度差超過1/2"（13）時必須設計成斜坡

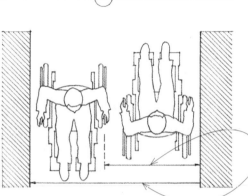

- 通道的最小淨寬度為36"（915）
- 供兩輛輪椅通行的最小淨寬度為60"（1,525）

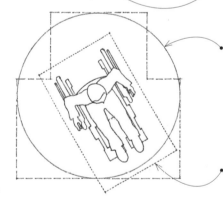

- 最小淨直徑為60"（1,525）的圓形空間，或是一個T形空間、其中兩臂延伸部分的最小寬度為36"（915）、長度為60"（1,525），以便輪椅回轉。
- 輪椅使用者能向前或平行地接近一物體所需的最小淨地板空間為30"×48"（760×1,220）。

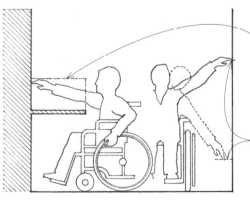

- 取物深度達到20"（510）時的最大取物高度為48"（1,220）；取物深度達20"～25"（510～635）時的最大取物高度為44"（1,120）。
- 側邊取物高度：最高在地板上方54"（1,370），最低在地板上方15"（380）。

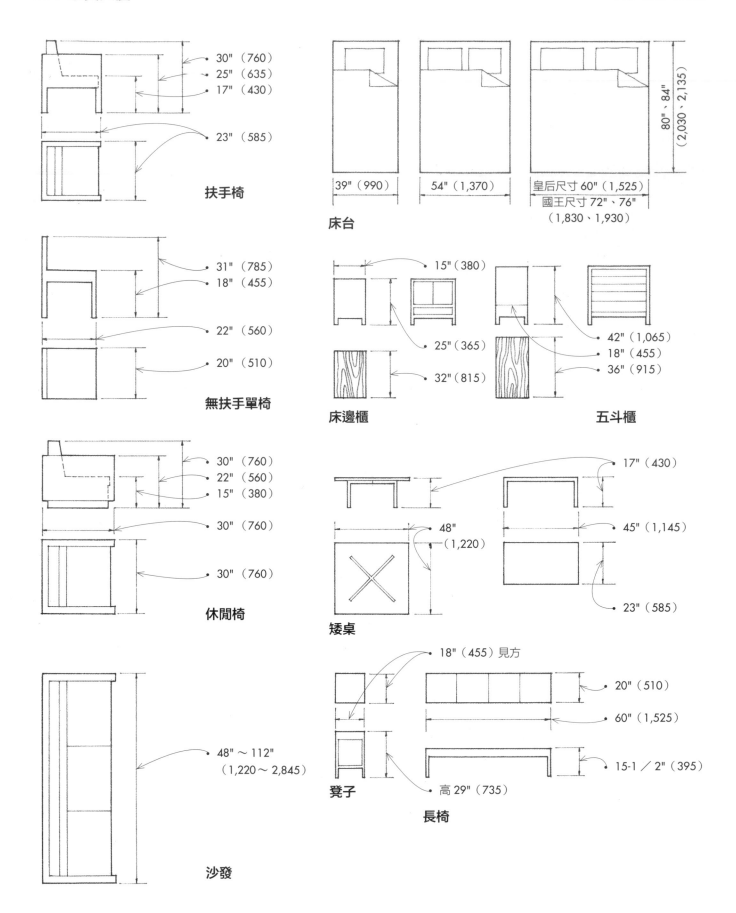

扶手椅
- 30"（760）
- 25"（635）
- 17"（430）
- 23"（585）

無扶手單椅
- 31"（785）
- 18"（455）
- 22"（560）
- 20"（510）

休閒椅
- 30"（760）
- 22"（560）
- 15"（380）
- 30"（760）
- 30"（760）

沙發
- 48"～112"（1,220～2,845）

床台
- 39"（990）
- 54"（1,370）
- 皇后尺寸 60"（1,525）
- 國王尺寸 72"、76"（1,830、1,930）
- 80"、84"（2,030、2,135）

床邊櫃
- 15"（380）
- 25"（365）
- 32"（815）

五斗櫃
- 42"（1,065）
- 18"（455）
- 36"（915）

矮桌
- 17"（430）
- 48"（1,220）

- 45"（1,145）
- 23"（585）

凳子
- 18"（455）見方
- 高 29"（735）

長椅
- 20"（510）
- 60"（1,525）
- 15-1／2"（395）

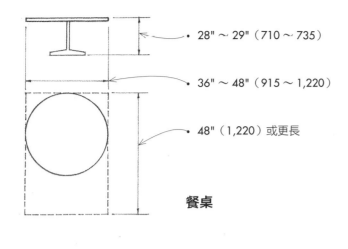

- 28" ～ 29"（710 ～ 735）
- 36" ～ 48"（915 ～ 1,220）
- 48"（1,220）或更長

餐桌

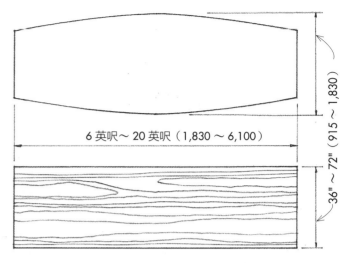

6 英呎～ 20 英呎（1,830 ～ 6,100）

36" ～ 72"（915 ～ 1,830）

會議桌

- 29"（735）

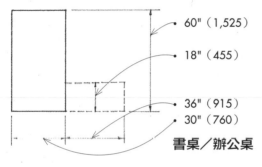

- 60"（1,525）
- 18"（455）
- 36"（915）
- 30"（760）

書桌／辦公桌

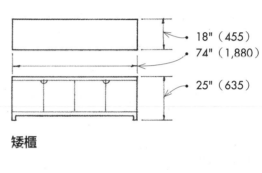

- 18"（455）
- 74"（1,880）
- 25"（635）

矮櫃

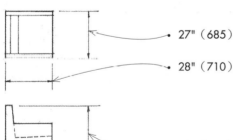

- 27"（685）
- 28"（710）

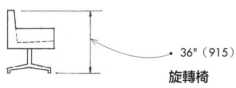

- 36"（915）

旋轉椅

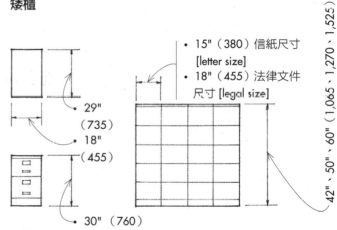

- 29"（735）
- 18"（455）
- 30"（760）

- 15"（380）信紙尺寸 [letter size]
- 18"（455）法律文件 尺寸 [legal size]

42"、50"、60"（1,065、1,270、1,525）

文件櫃

- 以上所提供的尺度皆為一般尺寸。請向家具製造商確認。
- 家具可做為定義空間的元素。用來定義空間、可以是內建式的、或者像物件一樣擺放在空間中。
- 挑選家具的考量因素包括功能、舒適度、尺度、顏色、和風格。

A.06 建築物活載重

最小均布載重（psf*）
*1 磅／平方英呎（psf）= 47.88 帕（Pa）

組合設施
- 有固定式座椅的電影院.................................60
- 有活動式座椅的禮堂和體育館.......................100
- 走廊和大廳...100
- 舞台..150

圖書館
- 閱覽室..60
- 書庫..150

辦公室
- 辦公室空間..80
- 大廳..100

住宅設施
- 私人住宅..40
- 大樓單元、旅館房間..................................40
- 公共房間..100
- 走廊..60

學校
- 教室..40
- 走廊..100

人行道與車道....................................250

樓梯、太平梯、緊急出口通道.......................100

儲存倉庫
- 輕型..125
- 重型..250

製造設備..125

店鋪
- 零售業：一樓..100
- 上方樓層..70

屋頂載重
最小值，不含風力和地震負載..........................20
屋頂花園..100

- 建築物設計時，假定的活載重應該訂為預期用途或活動所產生的最大預測值。在某些情況下，比如有車庫的時候，應優先考慮集中載重。
- 務必查詢建築規範中關於活載重的規定。

材料平均重量（pcf*）
*1 磅／立方英呎（pcf）= 16 公斤／立方公尺（kg／m³）

土壤、砂、和礫石
- 浮渣..45
- 溼黏土..110
- 乾黏土..63
- 乾鬆土壤..76
- 潮溼且夯實的土壤....................................96
- 乾燥鬆散的砂和礫石..................................105
- 潮溼的砂和礫石......................................120

木材
- 雪松..22
- 道格拉斯冷杉..32
- 鐵杉..29
- 楓樹..42
- 紅橡木..41
- 白橡木..46
- 南方松..29
- 紅木..26
- 雲杉..27

金屬
- 鋁..165
- 紅色黃銅..546
- 雕塑用青銅..509
- 銅..556
- 鑄鐵..450
- 鍛鐵..485
- 鉛..710
- 鎳..565
- 不銹鋼..510
- 軋鋼..490
- 錫..459
- 鋅..440

混凝土
- 素石材..144
- 強化石材..150
- 煤渣..100
- 輕量膨脹頁岩..105
- 輕量珍珠岩.....................................35～50

岩石
- 花崗岩..175
- 石灰岩..165
- 大理石..165
- 砂岩..147
- 板岩..175

水
- 在攝氏 4 度、密度最大時.............................62
- 冰..56
- 雪..8

材料平均重量（psf*）
*1 磅／平方英呎（psf）＝ 47.88 帕（Pa）

牆和隔間
- 磚，每 4"（100）厚度 35
- 混凝土空心磚
  內含石頭或礫石骨材
  4"（100）.. 34
  6"（150）.. 50
  8"（205）.. 58
  12"（305）.. 90
  內含輕量型骨材
  4"（100）.. 22
  6"（150）.. 31
  8"（205）.. 38
  12"（305）.. 55
- 玻璃磚，4"（100）...................................... 18
- 石膏板，1／2"（51）..................................... 2
- 金屬網 0.5
- 搭配石膏板的金屬立柱 6
- 墁料，1"（25）
  水泥墁料 10
  石膏墁料 5
- 膠合板，1／2"（13）................................... 1.5
- 石材
  花崗岩，4"（100）..................................... 59
  石灰岩，6"（150）..................................... 55
  大理石，1"（25）....................................... 13
  砂岩，4"（100）... 49
  板岩，1"（25）... 14
- 瓷磚 2.5
  釉面牆磚 3
- 結構黏土瓦
  4"（100）.. 18
  6"（150）.. 28
  8"（205）.. 34
- 木立柱，2x4，
  兩側裝有石膏板 8

絕緣材
- 棉絮或保溫氈，每英吋 0.3
- 纖維板 2
- 泡沫板，每英吋 0.2
- 鬆散型 0.5
- 現場澆置型 2
- 硬質 0.8

玻璃
- 請詳見 12.19

材料平均重量（psf*）
*1 磅／平方英呎（psf）＝ 47.88 帕（Pa）

樓板和屋頂構造
- 強化混凝土，每英吋（24）
  石材 12.5
  珍珠岩 ....6～10
  素混凝土，每英吋
  石材 12
  輕質混凝土 ....3～9
- 預鑄混凝土
  6"（150）空心，石材 40
  6"（150）空心，輕質 30
  2"（51）煤渣混凝土厚板 15
  2"（51）石膏厚板 12
- 鋼承板 ....2～4

屋面
- 組合式屋面，5 層毛氈和礫石 6
- 銅或錫 2
- 鐵製波浪板 2
- 玻璃纖維波浪板 0.5
- 蒙乃爾（Monel）合金 1.5
- 板瓦
  合成板瓦 3
  石板瓦 10
  木板瓦 2
- 瓦片
  混凝土 16
  黏土 14

天花板
- 吸音天花板，3／4"（19）.............................. 1
- 吸音墁料覆蓋在石膏條板上 10
- 槽型鋼懸吊系統 1

地板完成面
- 水泥完成面，1"（25）................................. 12
- 大理石 30
- 磨石子，1"（25）....................................... 13
- 木材
  硬木 25／32"（20）..................................... 4
  軟木 3／4"（19）....................................... 4.5
  木塊 3"（75）... 15
- 乙烯基地磚.. 1.33

A.08 公制轉換係數

係數	倍數	詞首	符號
十億	10^9	giga	G
一百萬	10^6	mega	M
一千	10^3	kilo	k
一百	10^2	hecto	h
十	10	deca	da
十分之一	10^{-1}	deci	d
百分之一	10^{-2}	centi	c
千分之一	10^{-3}	milli	m
百萬分之一	10^{-6}	micro	μ

國際單位制（International System of Units, SI）通常被稱為公制，是國際公認的一貫物理單位系統，使用公尺、克、秒、安培、克爾文、和燭光做為基本量如長度、質量、時間、電流、溫度、和發光強度的基本單位。公制系統普遍使用在科學領域中，許多國家也強制採用。

- 公尺是公制系統中的長度基本單位，相當於39.37英吋。公尺最初的定義是在子午線上測得赤道到地極距離的一千萬分之一，後來指的是，在巴黎近郊的國際度量衡局所保存的鉑銥合金桿上面兩條刻線之間的距離；現在則是指光速在真空中一秒鐘移動距離的1／299,972,458。

- 1公分等於1／100公尺或0.3937英吋。不建議在建築領域中使用。
- 1公厘等於1公尺的1／1,000或0.03937英吋。

- 1英呎，等於12英吋，等於304.8公厘。

度量	英制單位		公制單位		符號	轉換係數
長度 length	英哩	mile	公里	kilometer	km	1 mile = 1.609 km
	碼	yard	公尺	meter	m	1 yard = 0.9144 m = 914.4 mm
	英呎	foot	公尺	meter	m	1 foot = 0.3408 m = 304.8 mm
			公厘	millimeter	mm	1 foot = 304.8 mm
	英吋	inch	公厘	millimeter	mm	1 inch = 25.4 mm
面積 area	平方英哩	square mile	平方公里	sq kilometer	km^2	1 sq mile = 2.590 km^2
			公頃	hectare	ha	1 sq mile = 259.0 ha（1 ha = 10,000 m^2）
	英畝	acre	公頃	hectare	ha	1 acre = 0.4047 ha
			平方公尺	square meter	m^2	1 acre = 4046.9 m^2
	平方碼	square yard	平方公尺	square meter	m^2	1 sq yard = 0.8361 m^2
	平方英呎	square foot	平方公尺	square meter	m^2	1 sq foot = 0.0929 m^2
			平方公分	sq centimeter	cm^2	1 sq foot = 929.03 cm^2
	平方英吋	square inch	平方公分	sq centimeter	cm^2	1 sq inch = 6.452 cm^2
體積 volume	立方碼	cubic yard	立方公尺	cubic meter	m^3	1 cu yard = 0.7646 m^3
	立方英呎	cubic foot	立方公尺	cubic meter	m^3	1 cu foot = 0.02832 m^3
			公升	liter	liter	1 cu foot = 28.32 liters（1000 liters = 1 m^3）
			立方公寸	cubic decimeter	dm^3	1 cu foot = 28.32 dm^3（1 liter = 1 dm^3）
	立方英吋	cubic inch	立方公厘	cubic millimeter	mm^3	1 cu inch = 16390 mm^3
			立方公分	cubic centimeter	cm^3	1 cu inch = 16.39 cm^3
			毫升	milliliter	ml	1 cu inch = 16.39 ml
			公升	liter	liter	1 cu inch = 0.01639 liter

度量	英制單位		公制單位		符號	轉換係數
質量 mass	噸	ton	公斤	kilogram	kg	1 ton = 1016.05 kg
	千磅（1,000 磅）	kip （1,000 lb）	公噸（1,000 公斤）	metric ton（1,000 kg）	kg	1 kip = 453.59 kg
	磅	pound	公斤	kilogram	kg	1 lb = 0.4536 kg
	盎司	ounce	公克	gram	g	1 oz = 28.35 g
每長度單位	磅／英呎	pound／lf	公斤／公尺	kilogram／meter	kg／m	1 plf = 1.488 kg／m
每面積單位	磅／平方英呎	pound／sf	公斤／平方公尺	kilogram／meter^2	kg／m^2	1 psf = 4.882 kg／m^2
質量密度 mass density	磅／立方英呎	pound／cu ft	公斤／立方公尺	kilogram／meter^3	kg／m^3	1 pcf = 16.018 kg／m^3
容量 capacity	夸特	quart	公升	liter	liter	1 qt = 1.137 liter
	品脫	pint	公升	liter	liter	1 pt = 0.568 liter
	液盎司	fluid ounce	立方公分	cubic centimeter	cm^3	1 fl oz = 28.413 cm^2
力 force	磅	pound	牛頓	Newton	N	1 lb = 4.488 N
						1N = kg m／s^2
每長度單位	磅／英呎	pound／lf	牛頓／公尺	Newton／meter	N／m	1 plf = 14.594 N／m
壓力 pressure	磅／平方英呎	pound／sf	帕	Pascal	Pa	1 psf = 47.88 Pa
						1Pa = N／m^2
	磅／平方英吋	pound／sq in	千帕	kiloPascal	kPa	1 psi = 6.894 kPa
力矩 moment	英呎 - 磅	foot-pound	牛頓 - 公尺	Newton-meter	Nm	1 ft-lb = 1.356 Nm
質量 mass	磅 - 英呎	pound-feet	公斤 - 公尺	kilogram-meter	kg m	1 lb-ft = 0.138 kg m
慣量 inertia	磅 - 平方英呎	pound-feet^2	公斤 - 平方公尺	kilogram-meter^2	kg m^2	1 lb-ft^2 = 0.042 kg m^2
速度 velocity	英哩／小時	miles／hour	公里／小時	kilometer／hour	km／h	1 mph = 1.609 km／h
	英呎／分	feet／minute	公尺／分	meter／minute	m／min	1 fpm = 0.3408 m／min
	英呎／秒	feet／second	公尺／秒	meter／second	m／s	1 fps = 0.3408 m／s
體積流率	立方英呎／分	cu ft／minute	公升／秒	liter／second	liter／s	1 ft^3／min = 0.4791 liter／s
volume rate of flow	立方英呎／秒	cu ft／second	立方公尺／秒	meter^3／second	m^3／s	1 ft^3／sec = 0.02832 m^3／s
	立方英吋／秒	cu in／second	毫升／秒	milliliter／second	ml／s	1 in^3／sec = 16.39 ml／s
溫度 temperature	華氏	°Fahrenheit	攝氏	degree Celsius	°c	t°C = 5／9（t°F - 32）
	華氏	°Fahrenheit	攝氏	degree Celsius	°c	1°F = 0.5556°C
熱 heat	英制熱單位	British thermal unit （Btu）	焦耳	joule	J	1 Btu = 1055 J
			千焦耳	kilojoule	kJ	1 Btu = 1.055 kJ
熱流 flow	英制熱單位／小時	Btu／hour	瓦特	watt	W	1 Btu／hr = 0.2931 w
熱傳導 conductance	英制熱單位·英吋／平方英呎·小時·華氏	Btu·in／sf·h·degF	瓦特／平方公尺·攝氏	watt／meter^2·degC	w／m^2°C	1 Btu／ft^2·hr·°F = 5.678 w／m^2·°C
熱阻 resistance	平方英呎·小時·華氏／英制熱單位	ft^2·h·degF／Btu	平方公尺·絕對溫度／瓦特	meter^2·degK／W	m^2°C／W	1 ft^2·h·°F／Btu = 0.176 m^2·°C／W
冷凍 refrigeration	噸	ton	瓦特	watt	W	1 ton = 3519 W
功率 power	馬力	horsepower	瓦特	watt	W	1 hp = 745.7 W
			千瓦	Kilowatt	kW	1 hp = 0.7457 kW
亮度 light	燭光	candela	燭光	candela	cd	發光強度的基本 SI 單位
勒克斯 lux	流明	lumen	流明	lumen	lm	1 lm = cd steradian（球面度）
照度 illuminance	英呎燭光	footcandle	勒克司	lux	lx	1 FC = 10.76 lx
	流明／平方英呎	lumen／sf	勒克司	lux	lx	1 lm／ft2 = 10.76 lux
輝度 luminance	英呎朗伯	footlambert	燭光／平方公尺	candela／meter^2	cd／m^2	1 fL = 3.426 cd／m^2

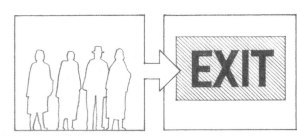

建築法規明訂出下列事項：

- 建築物所需材料和構造的耐火級數取決於建築物的位置、使用類別、以及尺寸（每一樓層的高度和面積）；請詳見2.06～2.07。
- 特定使用類別所需的火災警報、自動灑水頭、和其他保護系統；請詳見11.25。
- 火災發生時，建築物使用者所需的逃生方式。逃生方式必須為建築物中任意位置提供一條安全且足夠的通道，通往避難場所的受保護出口。逃生系統包含三個構成要件：抵達緊急出口的通道（exit access）、緊急出口（exits）、以及從緊急出口疏散的通道（exit discharge）。

這些規定都是為了控制火勢的蔓延，並預留充足的時間讓著火房屋內的使用者，能在結構削弱到危險程度之前安全逃出。請查詢建築法規的具體規定。

- 使用者荷載是指在任何時間點、有可能占用一棟建築物或建築物某部分的總人數，由一指定使用類別的樓地板面積，除以在該使用類別下每位使用者能夠分配到的平方英呎面積計算得出。建築法規依照使用者荷載來制定需要的建築物出口數量與寬度。

抵達緊急出口的通道
導引至緊急出口的路徑或通道應該盡可能直接、不受敞開門片之類的凸出物件阻礙、光線要充足。

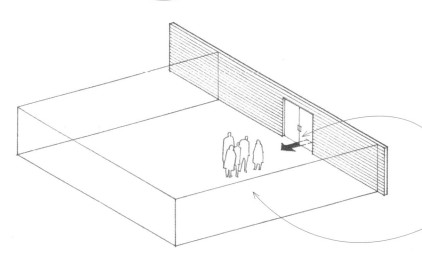

- 建築法規依據建築物的使用類別和火災危險程度，明訂出抵達安全出口的最遠距離。
- 當需要兩個或多個出口時，建築法規亦明訂出口之間的最短距離，並且限制無出口（dead-end）走廊的長度。大多數的使用類別都至少要有兩個緊急出口，以防其中一個出口阻塞。
- 從建築物安全疏散的出口路徑在停電情況下，應由緊急照明設備提供光源。
- 緊急出口應以發亮的燈號明確標識出來。

- 橫向安全出口是依照使用區分的規定，施作成穿透牆壁、或圍繞著牆壁的通道，由自動關閉的防火門保護著，並導引至同一棟建築物的避難區域、或鄰接建築物大約相同高度的位置。
- 避難區域提供了不受來自火災發生區域的火勢或煙霧影響的安全性。

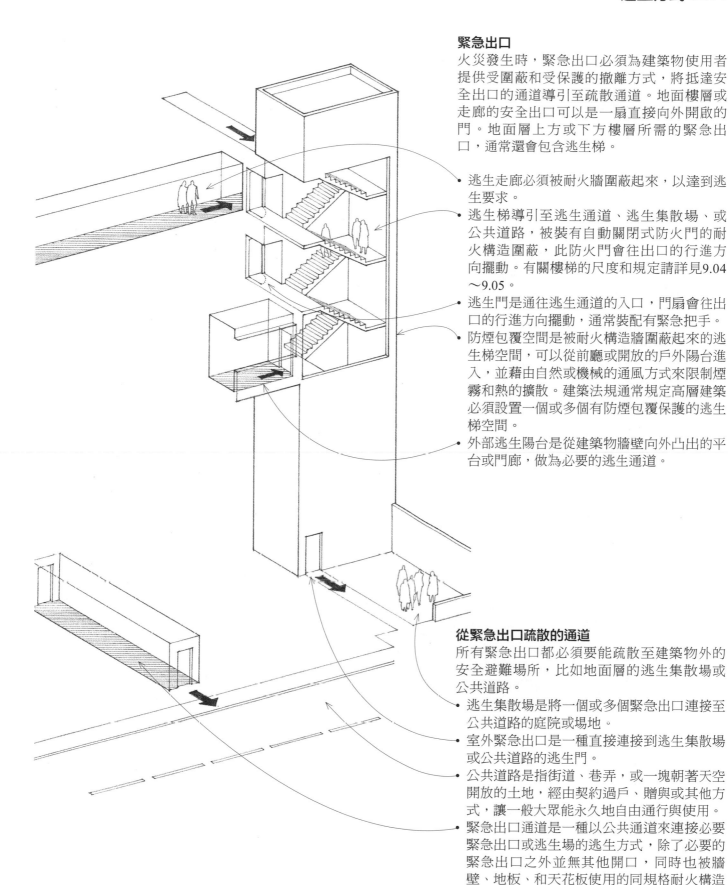

緊急出口

火災發生時，緊急出口必須為建築物使用者提供受圍蔽和受保護的撤離方式，將抵達安全出口的通道導引至疏散通道。地面樓層或走廊的安全出口可以是一扇直接向外開啟的門。地面層上方或下方樓層所需的緊急出口，通常還會包含逃生梯。

• 逃生走廊必須被耐火牆圍蔽起來，以達到逃生要求。

• 逃生梯導引至逃生通道、逃生集散場、或公共道路，被裝有自動關閉式防火門的耐火構造圍蔽，此防火門會往出口的行進方向擺動。有關樓梯的尺度和規定請詳見9.04～9.05。

• 逃生門是通往逃生通道的入口，門扇會往出口的行進方向擺動，通常裝配有緊急把手。

• 防煙包覆空間是被耐火構造牆圍蔽起來的逃生梯空間，可以從前廳或開放的戶外陽台進入，並藉由自然或機械的通風方式來限制煙霧和熱的擴散。建築法規通常規定高層建築必須設置一個或多個有防煙包覆保護的逃生梯空間。

• 外部逃生陽台是從建築物牆壁向外凸出的平台或門廊，做為必要的逃生通道。

從緊急出口疏散的通道

所有緊急出口都必須要能疏散至建築物外的安全避難場所，比如地面層的逃生集散場或公共道路。

• 逃生集散場是將一個或多個緊急出口連接至公共道路的庭院或場地。

• 室外緊急出口是一種直接連接到逃生集散場或公共道路的逃生門。

• 公共道路是指街道、巷弄，或一塊朝著天空開放的土地，經由契約過戶、贈與或其他方式，讓一般大眾能永久地自由通行與使用。

• 緊急出口通道是一種以公共通道來連接必要緊急出口或逃生場的逃生方式，除了必要的緊急出口之外並無其他開口，同時也被牆壁、地板、和天花板使用的同規格耐火構造圍蔽起來。

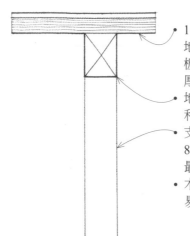

- 1"（25）厚的雌雄榫槽式接合地板或1／2"（13）厚的膠合板設置在至少3"（75）厚的木厚板上。
- 地板樑最小為6×10；屋頂樑和桁架構件最小為4×6。
- 支撐樓板載重的柱最小為8×8；僅支撐屋頂載重的柱最小為6×6。
- 木材可以透過化學處理來降低易燃性。

重木（第四類）構造 請詳見2.08

防火材料、組件、和構造都有因應其用途需要的耐火等級。耐火等級的制定是依據標準的時間—溫度曲線，將一個全尺寸的樣本置於溫度下，視材料或組件預期能夠抵抗火燒而不致塌陷、出現可能讓火焰或高溫氣體通過的任何開口、或在未受火的一側會不會超出某一特定溫度的情形，建立以小時為單位的時間長度。因此，耐火構造涉及的層面包括了降低材料的易燃性和控制火勢蔓延。

用來提供防火保護的材料必須是不易燃的，並且能承受極高的溫度而不崩解。防火材料也必須是低導體，才能隔絕受保護的材料而不受火產生的熱所影響。這樣的材料包括混凝土、通常內含輕骨料、石膏、或蛭石墁料、石膏牆板，與各種礦物纖維產品。

本頁和次頁呈現的是各種構造組件的耐火等級取樣。如欲了解更詳細的規格，請查詢美國保險商實驗室（Underwriters' Laboratories, Inc.）的材料清單或官方建築法規。也可參照2.06中主要建築物構件的耐火等級表。

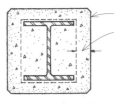

- 鋼筋混凝土
- 混凝土保護層和鋼部件的尺寸與厚度決定了防火等級。

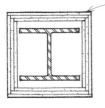

- 黏土或頁岩磚，搭配磚並以砂漿填充
- 建築油毛紙可防止黏結。

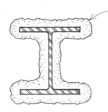

- 多層石膏板、或塗布在金屬網或石膏孔板上的珍珠岩石膏或蛭石石膏

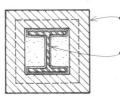

- 噴塗耐火覆蓋層是石膏墁料、摻有無機黏結劑的礦物纖維、或氯氧鎂水泥的混合物，利用噴槍的空氣壓力噴塗，提供阻擋火災熱的溫度屏障。

- 液體填充柱是指在空心結構鋼柱中填滿水，增加其耐火性能。如果暴露在火焰中，水會吸收熱、透過對流上升而除熱，並以來自儲水槽或都市供水總管中較冷的水替換。

結構鋼
- 由於結構鋼的強度會被火的高溫削弱，因此需做保護措施，才能符合特定的構造類型。

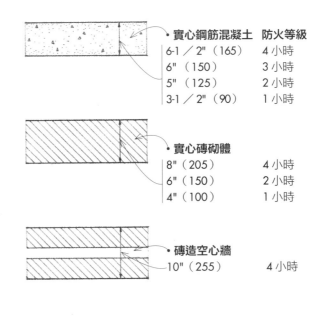

- **實心鋼筋混凝土** **防火等級**

6-1／2"（165）	4 小時
6"（150）	3 小時
5"（125）	2 小時
3-1／2"（90）	1 小時

- **實心磚砌體**

8"（205）	4 小時
6"（150）	2 小時
4"（100）	1 小時

- **磚造空心牆**

10"（255）	4 小時

- **混凝土砌體牆**

8"（205）	2 ～ 4 小時
6"（150）	1-1／2 小時
4"（100）	1 小時

混凝土和砌體牆
- 所有砌體牆的等級都會因為塗布波特蘭水泥或石膏墁料而增加。

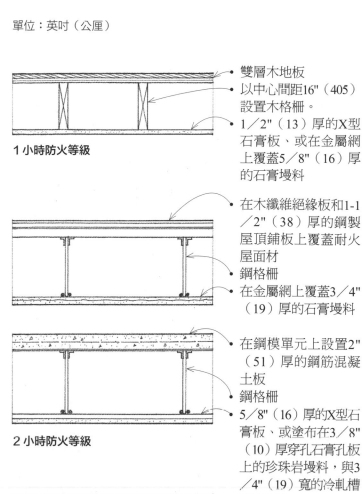

1 小時防火等級

- 雙層木地板
- 以中心間距16"（405）設置木格柵。
- 1／2"（13）厚的X型石膏板、或在金屬網上覆蓋5／8"（16）厚的石膏墁料

- 在木纖維絕緣板和1-1／2"（38）厚的鋼製屋頂鋪板上覆蓋耐火屋面材
- 鋼格柵
- 在金屬網上覆蓋3／4"（19）厚的石膏墁料

2 小時防火等級

- 在鋼模單元上設置2"（51）厚的鋼筋混凝土板
- 鋼格柵
- 5／8"（16）厚的X型石膏板、或塗布在3／8"（10）厚穿孔石膏孔板上的珍珠岩墁料，與3／4"（19）寬的冷軋槽型鋼相連

- 和上列類似，但有2-1／2"（64）厚的板，和塗布在金屬網上3／4"（19）厚的蛭石石膏墁料
- 板厚3"（75）
- 鋼筋混凝土格柵
- 1"（25）厚的蛭石石膏墁料覆蓋在與3／4"（19）寬、中心間距12"（305）的冷軋槽型鋼相連的金屬網上
- 1-1／2"（38）厚的砂—礫石混凝土頂層
- 8"（205）厚的預製混凝土板，所有接縫都填入灌漿
- 6-1／2"（165）厚的一般混凝土板或5"（125）厚的膨脹頁岩混凝土板

4 小時防火等級

樓板和屋頂

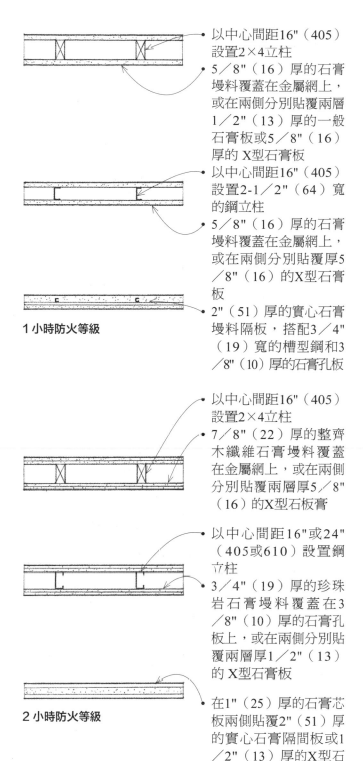

- 以中心間距16"（405）設置2×4立柱
- 5／8"（16）厚的石膏墁料覆蓋在金屬網上，或在兩側分別貼覆兩層1／2"（13）厚的一般石膏板或5／8"（16）厚的X型石膏板
- 以中心間距16"（405）設置2-1／2"（64）寬的鋼立柱
- 5／8"（16）厚的石膏墁料覆蓋在金屬網上，或在兩側分別貼覆厚5／8"（16）的X型石膏板
- 2"（51）厚的實心石膏墁料隔板，搭配3／4"（19）寬的槽型鋼和3／8"（10）厚的石膏孔板

1 小時防火等級

- 以中心間距16"（405）設置2×4立柱
- 7／8"（22）厚的整齊木纖維石膏墁料覆蓋在金屬網上，或在兩側分別貼覆兩層厚5／8"（16）的X型石板膏
- 以中心間距16"或24"（405或610）設置鋼立柱
- 3／4"（19）厚的珍珠岩石膏墁料覆蓋在3／8"（10）厚的石膏孔板上，或在兩側分別貼覆兩層厚1／2"（13）的X型石膏板
- 在1"（25）厚的石膏芯板兩側貼覆2"（51）厚的實心石膏隔間板或1／2"（13）厚的X型石膏板

2 小時防火等級

牆和隔間

美國施工規範協會綱要編碼 07 80 00：防火防煙保護

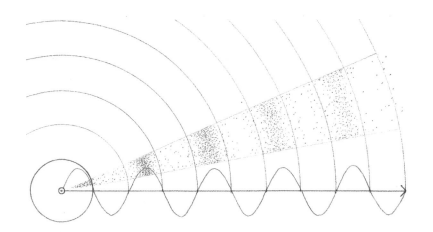

聲學是物理學的一個分支,探討聲音的產生、控制、傳輸、接收、和效果。聲音可定義為,機械輻射能藉由空氣或其他介質像縱向壓力波一樣傳送時,刺激聽覺器官所引發的知覺。

- 聲波是在空氣或彈性介質中會引發聽覺的縱向壓力波。
- 聲音在海平面上、在空氣中行進的速度約為每秒1,087英呎(0.4公里),在水中行進的速度約為每秒4,500英呎(1.4公里),在木材中約為每秒11,700英呎(3.6公里),在鋼材中則約為每秒18,000英呎(5.5公里)。

- 等響度曲線是代表聲壓位準的曲線,同一曲線上不同頻率的聲音會被聽眾判定為一樣的響亮。

- 噴氣機起飛時

- 打雷
- 交響樂團

- 動力鋸
- 近距離喊叫

- 面對面說話

- 安靜的辦公室
- 耳語

- 沙沙作響的樹葉

| 15.7 | 62.5 | 250 | 1000 | 4000 | 16,000 |

- 疼痛臨界值即是聲音強度高到讓人耳產生疼痛感的程度,一般大約為130分貝。

- 分貝(decibel, dB)是從最小可感知到聲音的0分貝到疼痛臨界值130分貝之間的均勻刻度,是用來表達聲音的相對壓力或強度的單位。分貝是以對數標度來測量,因為在強度連續變化、而比率仍維持不變的狀況下,聲音壓力或強度的增加對感知來說也是相等的。因此在數學上,兩個聲源的分貝位準不能相加:例如60分貝+60分貝=63分貝,而不是120分貝。

- 聽力臨界值是能夠刺激聽覺的最小聲壓,通常為20微帕斯卡(micropascals)或者0分貝。
- 聲音頻率是正常人耳可聽見的頻率範圍,從15赫茲~20,000赫茲。赫茲(Hertz, Hz)是頻率的國際單位(SI unit),等於每秒一個週期。

- 都普勒效應(Doppler effect)是當音源與聽眾彼此相對運動時,頻率明顯改變的現象,音源與聽眾彼此接近時頻率增加,分開時頻率降低。

聲學設計是為了讓封閉空間中的演說或音樂能被清楚聽見,需要進行的規劃、塑形、和完成面、家具陳設的作業。

• 音源的圖像

• 音源

• 反射表面是能反射入射聲音的非吸收性表面,用來再引導空間中的聲音。為了達到功效,反射表面應該至少在一個尺度上等於或大於被反射聲音的最低頻率波長。

• 繞射聲音是指空氣傳音因為行進路線中的障礙物而回繞彎曲。

• 反射聲音是指未被吸收的空氣傳音在撞擊表面後返回原處,反射角等於入射角。

• 空氣傳音會從音源直接傳遞至聽者。在房間裡,人的耳朵會先聽到直達的聲音,之後才聽到反射的聲音。當直接聲音失去強度時,反射聲音的重要性則會增加。

• 聲音衰減是指聲波的每一單位面積的能量或壓力下降情形,這是由於隨著與音源距離的增加而被吸收、散射、或在三維空間中傳播所導致。

• 殘響是指封閉空間內的聲音持續現象,在音源已停止後由聲音的多重反射所引起。殘響時間是指在封閉空間內發出的一個聲音要降低60分貝所需的時間,以秒為單位。

• 共鳴是由共振引起的聲音強化與延長現象,一物體的振動是由振動週期完全相同的鄰近物體所引起。

• 回聲是聲波從受阻礙的表面反射所形成的重複聲音,由於聲響夠大、接收到的時間夠慢,所以能清楚地與音源做出區隔;當平行表面相距超過60英呎(18公尺)時,可能會出現回聲。

• 顫音是因為聲波在兩個平行面之間來回反射所引發的一連串快速回音,由於每一次的反射都有足夠的時間,所以聽眾能意識到分散且不連續的訊號。

• 聚焦是聲波從凹面反射出去後的匯聚現象。

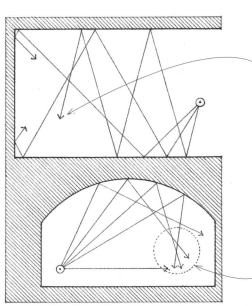

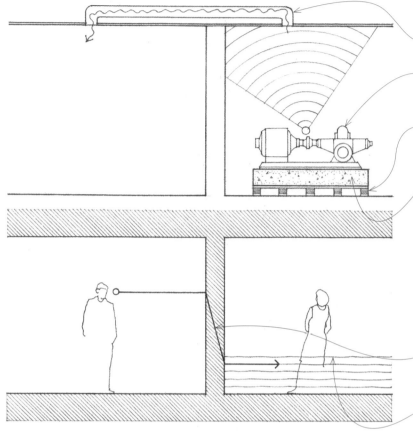

噪音是任何不想聽見的、惱人的、不和諧的、或是會干擾人聽力的聲音。不受歡迎的噪音應該盡可能在音源處就受到控制。

• 塊狀側面傳播路徑能使聲音穿過氣室空間，沿著像配管和管路之類的互連結構前進。
• 選擇使用低宋等級的機械設備。宋（sone）是主觀的響度單位，等於1,000赫茲的參考聲音具有40 dB的強度。
• 使用彈性座和可彎曲的波紋管，將設備的振動與建築結構和供應系統隔開，以減少振動和噪音傳遞到支撐結構的情形。
• 慣性塊是一塊使用於振動機械設備的沉重混凝土基座，可與減振器結合，增加設備的質量並減低振動運動的可能性。

噪音抑制

抑制噪音從一個空間傳到另一空間的需求程度取決於音源的位準，以及聽者能接受的聲音侵擾位準。空間中能被感知到的或明顯的聲音位準均與下列因素有關：

• 聲音穿透牆壁、地板、和天花板結構的傳輸損耗；
• 受音空間的吸音品質；
• 遮音或背景聲音的位準會提高同一場所中其他聲音的可聽度臨界值。
• 背景噪音或環境聲音都是環境中常出現的聲音，通常是外部和內部音源的複合聲音，但是聽者並不會清楚地辨識出來。

• 白噪聲是不變且不受阻礙的聲音，具有與所有給定頻帶相同的強度，能夠遮蔽或清除不想要的聲音。

非常嘈雜

噪音嘈

中度嘈雜

安靜

很安靜

聲音強度位準，單位為分貝（dB）

63　125　250　500　1000　2000　4000

• 倍頻帶的中心頻率，單位為赫茲（Hz）

• 噪音定規曲線是表示聲壓位準跨越背景噪音頻譜的序列曲線之一，在各種環境中都不應該超出該曲線的數值。由於人耳對低音頻的聲音較不敏感，因此較低音頻範圍內的較高噪音位準是可被接受的。

傳輸耗損

- 傳輸損耗（transmission loss, TL）是測量建築材料或構造組件在防止空氣傳音傳輸的性能時所採用的方法，等於在1／3倍頻帶、測試中心頻率125～4,000赫茲的所有聲音通過材料或組件時所減弱的聲音強度，以分貝表示。

- 平均傳輸損耗是測量建築材料和構造組件在防止空氣傳音傳輸的性能時所用的單一數值評等，等於在9個測試頻率下測得TL值的平均值。

- 傳聲等級（sound transmission class, STC）是測量建築材料和構造組件在防止空氣傳音傳輸的性能時所用的單一數值評等，透過比對材料或組件的實驗室TL測試曲線和標準的頻率曲線得出。STC等級愈高，建材或構造的隔音值就愈大。敞開大門的STC等級為10；一般構造為30～60；特殊構造則需要高於60。

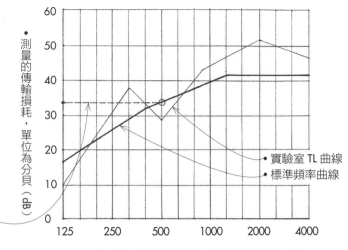

測量的傳輸損耗，單位為分貝（dB）

- 實驗室 TL 曲線
- 標準頻率曲線

• 1／3倍頻帶的中心頻率，單位為赫茲（Hz）

增強構造組件TL等級的三個因素包括：獨立分層、質量、和吸音能力。

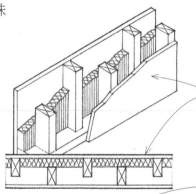

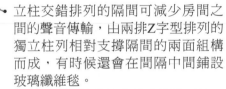

- 立柱交錯排列的隔間可減少房間之間的聲音傳輸，由兩排Z字型排列的獨立柱列相對支撐隔間的兩面組構而成，有時候還會在間隔中間鋪設玻璃纖維毯。

- 彈性座是可彎曲的支撐或附件系統，例如彈性槽型板和線夾，能使房間表面正常振動，而不會將振動運動和隨之產生的噪音傳到支撐結構中。

- 空氣空間會加遽傳輸損耗。

- 將貫穿管道的穿孔和其他開口、以及牆壁和地板的裂縫都密封起來，以維持隔音的連續性。

- 聲學質量透過傳遞介質的慣性和彈性來抵抗聲音的傳輸。一般來說，愈重且密度愈大的物體，對聲音傳輸的抵抗能力愈好。

- 吸音係數用來測量材料在指定頻率下的吸音效率，等於在該頻率下，入射聲能被材料吸收，經過計算比值後所得出的小數值。

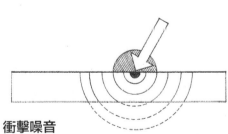

衝擊噪音

衝擊噪音是由物理性衝擊引發的結構傳音，例如行走或移動家具所引發的聲音。

- 衝擊隔音等級（impact insulation class, IIC）是測量地板—天花板構造在防止衝擊噪音傳輸的性能時所用的單一數值評等。IIC等級愈高，構造在隔離衝擊噪音時的效能愈好。目前IIC評等已經取代了先前使用的衝擊噪音評等（INR），約等於一給定構造的INR等級＋51分貝。

A.18 材料圖例

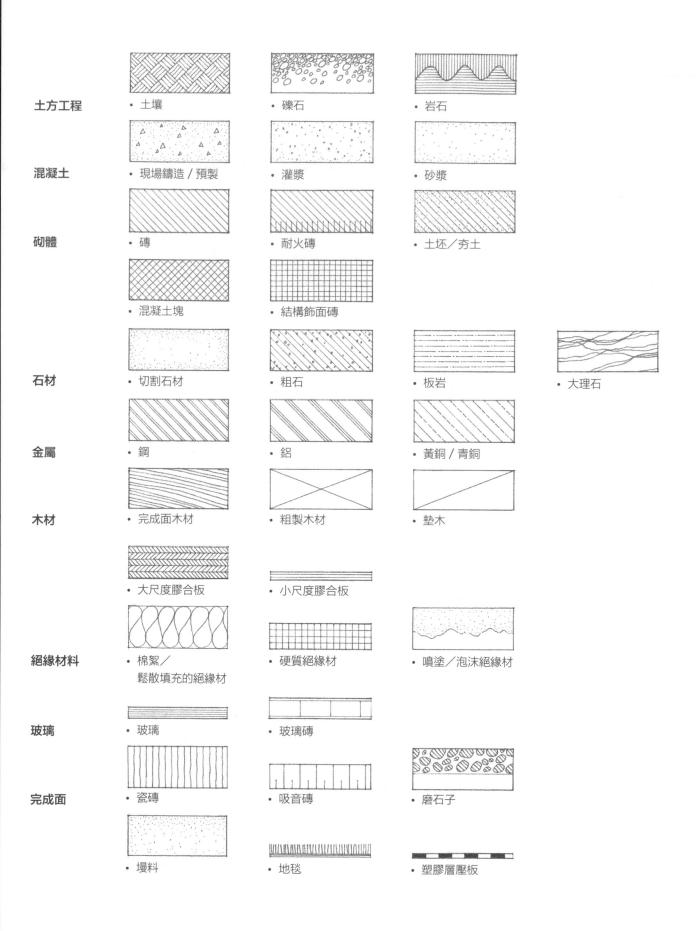

土方工程
- 土壤
- 礫石
- 岩石

混凝土
- 現場鑄造／預製
- 灌漿
- 砂漿

砌體
- 磚
- 耐火磚
- 土坯／夯土
- 混凝土塊
- 結構飾面磚

石材
- 切割石材
- 粗石
- 板岩
- 大理石

金屬
- 鋼
- 鋁
- 黃銅／青銅

木材
- 完成面木材
- 粗製木材
- 墊木

- 大尺度膠合板
- 小尺度膠合板

絕緣材料
- 棉絮／鬆散填充的絕緣材
- 硬質絕緣材
- 噴塗／泡沫絕緣材

玻璃
- 玻璃
- 玻璃磚

完成面
- 瓷磚
- 吸音磚
- 磨石子
- 墁料
- 地毯
- 塑膠層壓板

美國施工規範協會（Construction Specifications Institute, CSI）制定的綱要編碼（MasterFormat®），為的是讓施工規定、產品、和活動的訊息都能達到一致的標準，並且促進建築師、承包商、規範制定者、和供應商之間有更良好的溝通。綱要編碼是北美洲目前商業設計和營建計畫案中最廣為採用的規範書寫標準。

2004年，美國施工規範協會及其姐妹組織——加拿大施工規範協會（Construction Specifications Canada, CSC）共同頒布了新的綱要編碼版本，此版本採用的六位數編碼方案能夠提供比1995年的五位數版本更大的彈性和擴延空間。2004年版本也從16個項目增至50個，以反映營建業的創新和日趨複雜的特性，例如建築資訊模型（Building Information Modeling, BIM）、生命週期成本，以及污染、整治、和維護的議題。更新版本於2010年、2012年和2016年發布。

綱要編碼將篇章號碼（section number）和主標題（subject title）歸納成兩個主要的群組：採購與契約要求群組（Procurement and Contracting Requirements Group）〕項目00〕和規格群組（Specifications Group），後者更進一步細分為五個次群組（subgroup）：

- 一般要求次群組：項目01
  General Requirements Subgroup
- 設施施工次群組：項目02～19
  Facility Construction Subgroup
- 設備服務次群組：項目20～29
  Facility Services Subgroup
- 基地與基礎設施次群組：項目30～39
  Site and Infrastructure Subgroup
- 處理設備次群組：項目40～49
  Process Equipment Subgroup

共有50個標題或項目（division），其中一部分預留為將來使用。每個項目都是由同一個數字和標題所定義的多個篇章（section）所組成，且根據所涉及的廣度與深度分層編排。

規格群組
設施施工次群組
項目 04 一砌體

- 第一對數字代表項目或第一級。
- 第二對數字代表第二級。
- 第三對數字代表第三級。

04 21 13.13：磚單層砌體

- 如果細部最好使用額外的分類層級來表示時，可在末端附加一對數字，並於前方加註一個點。

採購與契約要求群組 PROCUREMENT AND CONTRACTING REQUIREMENTS GROUP
項目 00 —— 採購與契約要求
PROCUREMENT AND CONTRACTING REQUIREMENTS

00 10 00 招商 Solicitation
00 20 00 採購說明 Instructions for Procurement
00 30 00 採購資訊 Available Information
00 40 00 採購形式與補充 Procurement Forms and Supplements
00 50 00 承包形式與補充 Contracting Forms and Supplements
00 60 00 計畫形式 Project Forms
00 70 00 契約條件 Conditions of the Contract
00 80 00 未定義 Unassigned
00 90 00 修正、澄清與修訂 Revisions, Clarifications, and Modifications

規格群組 SPECIFICATIONS GROUP
一般要求次群組 General Requirements Subgroup
項目 01 —— 一般要求 GENERAL REQUIREMENTS

01 00 00 一般要求 General Requirements
01 10 00 概要 Summary
01 20 00 價款與付款程序 Price and Payment Procedures
01 30 00 行政要求 Administrative Requirements
01 40 00 品質要求 Quality Requirements
01 50 00 臨時設施與控制 Temporary Facilities and Controls
01 60 00 產品要求 Product Requirements
01 70 00 執行與竣工要求 Execution and Closeout Requirements
01 80 00 性能要求 Performance Requirements
01 90 00 生命週期活動 Life-Cycle Activities

設施施工次群組 Facility Construction Subgroup
項目 02 —— 現有條件 EXISTING CONDITIONS

02 00 00 現有條件 Existing Conditions
02 10 00 未定義 Unassigned
02 20 00 評估 Assessment
02 30 00 地下調查 Subsurface Investigation
02 40 00 拆除與結構移動 Demolition and Structure Moving
02 50 00 基地整治 Site Remediation
02 60 00 污染場地的材料清除 Contaminated Site Material Removal
02 70 00 水汙染整治 Water Remediation
02 80 00 設施修復 Facility Remediation
02 90 00 未定義 Unassigned

項目 03 —— 混凝土 CONCRETE

03 00 00 混凝土 Concrete
03 10 00 混凝土成形與配件 Concrete Forming and Accessories
03 20 00 混凝土強化 Concrete Reinforcing
03 30 00 現場澆置混凝土 Cast-in-Place Concrete
03 40 00 預鑄混凝土 Precast Concrete
03 50 00 澆鑄鋪板與襯板 Cast Decks and Underlayment
03 60 00 灌漿 Grouting
03 70 00 巨積混凝土 Mass Concrete
03 80 00 混凝土切削與鑽孔 Concrete Cutting and Boring
03 90 00 未定義 Unassigned

項目 04 —— 砌體 MASONRY

04 00 00 砌築 Masonry
04 10 00 未定義 Unassigned
04 20 00 單元砌體 Unit Masonry
04 30 00 未定義 Unassigned
04 40 00 石材組合 Stone Assemblies
04 50 00 耐火砌體 Refractory Masonry
04 60 00 耐腐蝕砌體 Corrosion-Resistant Masonry
04 70 00 廠製砌體 Manufactured Masonry
04 80 00 未定義 Unassigned
04 90 00 未定義 Unassigned

項目 05 —— 金屬 METALS

05 00 00 金屬 Metals
05 10 00 結構金屬構架 Structural Metal Framing
05 20 00 金屬格柵 Metal Joists
05 30 00 金屬承板 Metal Decking
05 40 00 冷成形金屬構架 Cold-Formed Metal Framing
05 50 00 金屬製品 Metal Fabrications
05 60 00 未定義 Unassigned
05 70 00 裝飾金屬 Decorative Metal
05 80 00 未定義 Unassigned
05 90 00 未定義 Unassigned

項目 06 —— 木材、塑膠與複合材料
WOOD, PLASTICS, AND COMPOSITES

06 10 00 粗木作 Rough Carpentry
06 20 00 細木作 Finish Carpentry
06 30 00 未定義 Unassigned
06 40 00 建築木作 Architectural Woodwork
06 50 00 結構塑膠 Structural Plastics
06 60 00 塑膠製品 Plastic Fabrications
06 70 00 結構複合材料 Structural Composites
06 80 00 複合材料製品 Composite Fabrications
06 90 00 未定義 Unassigned

項目 07 —— 熱與溼度防護
THERMAL AND MOISTURE PROTECTION

07 00 00 熱與溼度防護 Thermal and Moisture Protection
07 10 00 防潮與防水 Dampproofing and Waterproofing
07 20 00 熱防護 Thermal Protection
07 25 00 天候屏障 Weather Barriers
07 30 00 陡坡屋頂 Steep Slope Roofing
07 40 00 屋面與壁板 Roofing and Siding Panels
07 50 00 屋面膜 Membrane Roofing
07 60 00 泛水板與鈑金 Flashing and Sheet Metal
07 70 00 屋頂與牆壁特殊件及配件
        Roof and Wall Specialties and Accessories
07 80 00 防火與防煙 Fire and Smoke Protection
07 90 00 格柵防護 Joint Protection

項目 08 —— 開口 OPENINGS

08 00 00 開口 Openings
08 10 00 門與門框 Doors and Frames
08 20 00 未定義 Unassigned
08 30 00 特殊門與門框 Specialty Doors and Frames
08 40 00 入口、店面櫥窗與帷幕牆
        Entrances, Storefronts, and Curtain Walls
08 50 00 窗戶 Windows
08 60 00 屋頂窗與天窗 Roof Windows and Skylights
08 70 00 五金 Hardware
08 80 00 玻璃鑲嵌 Glazing
08 90 00 百葉與通風口 Louvers and Vents

項目 09 —— 完成面 FINISHES

09 00 00 完成面 Finishes
09 10 00 未定義 Unassigned
09 20 00 墁料與石膏板 Plaster and Gypsum Board
09 30 00 鋪磚 Tiling
09 40 00 未定義 Unassigned
09 50 00 天花板 Ceilings
09 60 00 地板 Flooring
09 70 00 牆壁完成面 Wall Finishes
09 80 00 聲學處理 Acoustic Treatment
09 90 00 油漆與塗料 Painting and Coating

項目 10 —— 特殊設備 SPECIALTIES

10 00 00 特殊設備 Specialties
10 10 00 資訊特殊設備 Information Specialties
10 20 00 室內特殊設備 Interior Specialties
10 30 00 壁爐與火爐 Fireplaces and Stoves
10 40 00 安全特殊設備 Safety Specialties
10 50 00 儲存用的特殊設備 Storage Specialties
10 60 00 未定義 Unassigned
10 70 00 室外特殊設備 Exterior Specialties
10 80 00 其他特殊設備 Other Specialties
10 90 00 未定義 Unassigned

項目 11 —— 設備 EQUIPMENT

11 00 00 設備 Equipment
11 10 00 車輛與行人設備 Vehicle and Pedestrian Equipment
11 20 00 商用設備 Commercial Equipment
11 30 00 住宅設備 Residential Equipment
11 40 00 食物供應設備 Foodservice Equipment
11 50 00 教育與科學設備 Educational and Scientific Equipment
11 60 00 娛樂設備 Entertainment and Recreational Equipment
11 70 00 醫療設備 Healthcare Equipment
11 80 00 設施管理與操作設備 Facility Management and Operation
        Equipment
11 90 00 其他設備 Other Equipment

項目 12 —— 家具 FURNISHINGS

12 00 00 家具 Furnishings
12 10 00 藝術品 Art
12 20 00 窗戶飾品 Window Treatments
12 30 00 櫥櫃 Casework
12 40 00 家具與配件 Furnishings and Accessories
12 50 00 家具 Furniture
12 60 00 各式座椅 Multiple Seating
12 70 00 未定義 Unassigned
12 80 00 未定義 Unassigned
12 90 00 其他家具 Other Furnishings

項目 13 —— 特殊構造 SPECIAL CONSTRUCTION

13 00 00 特殊構造 Special Construction
13 10 00 特殊設施構件 Special Facility Components
13 20 00 特殊用途房間 Special Purpose Rooms
13 30 00 特殊結構 Special Structures
13 40 00 綜合構造 Integrated Construction
13 50 00 特殊儀器 Special Instrumentation
13 60 00 未定義 Unassigned
13 70 00 未定義 Unassigned
13 80 00 未定義 Unassigned
13 90 00 未定義 Unassigned

項目 14 —— 輸送設備 CONVEYING EQUIPMENT

14 00 00 輸送設備 Conveying Equipment
14 10 00 送貨升降機 Dumbwaiters
14 20 00 升降機 Elevators
14 30 00 手扶梯與自動步道 Escalators and Moving Walks
14 40 00 提升機 Lifts
14 50 00 未定義 Unassigned
14 60 00 未定義 Unassigned
14 70 00 輸送轉盤 Turntables
14 80 00 鷹架 Scaffolding
14 90 00 其他輸送設備 Other Conveying Equipment

項目 15 - 19 備用 RESERVED

設施服務次群組
Facility Services Subgroup

項目 20 —— 備用 RESERVED

項目 21 —— 制火 FIRE SUPPRESSION

21 00 00 制火 Fire Suppression
21 10 00 水基制火系統 Water-Based Fire-Suppression Systems
21 20 00 消防系統 Fire-Extinguishing Systems
21 30 00 消防泵浦 Fire Pumps
21 40 00 制火用儲水 Fire-Suppression Water Storage
21 50 00 未定義 Unassigned
21 60 00 未定義 Unassigned
21 70 00 未定義 Unassigned
21 80 00 未定義 Unassigned
21 90 00 未定義 Unassigned

項目 22 —— 配管 PLUMBING

22 00 00 配管 Plumbing
22 10 00 配管工程管道 Plumbing Piping
22 20 00 未定義 Unassigned
22 30 00 配管設備 Plumbing Equipment
22 40 00 配管裝置 Plumbing Fixtures
22 50 00 游泳池與噴水池配管系統 Pool and Fountain Plumbing Systems
22 60 00 實驗室與醫療設施的氣體和真空設施
　　　　　Gas and Vacuum Systems for Laboratory and Healthcare Facilities
22 70 00-22 90 00 未定義 Unassigned

項目 23 —— 暖通空調系統 HEATING, VENTILATING, AND AIR-CONDITIONING（HVAC）

23 00 00 暖通空調 Heating, Ventilating, and Air-Conditioning （HVAC）
23 10 00 設施燃料系統 Facility Fuel Systems
23 20 00 暖通空調系統的管道與泵浦 HVAC Piping and Pumps
23 30 00 暖通空調系統的空氣分配 HVAC Air Distribution
23 40 00 暖通空調系統的空氣淨化裝置 HVAC Air Cleaning Devices
23 50 00 中央供暖設備 Central Heating Equipment
23 60 00 中央冷卻設備 Central Cooling Equipment
23 70 00 中央暖通空調設備 Central HVAC Equipment
23 80 00 分散式暖通空調設備 Decentralized HVAC Equipment
23 90 00 未定義 Unassigned

項目 24 —— 備用 RESERVED

項目 25 —— 整合自動化 INTEGRATED AUTOMATION

25 00 00 整合自動化 Integrated Automation
25 10 00 整合自動化網絡設備 Integrated Automation Network Equipment
25 20 00 未定義 Unassigned
25 30 00 整合自動化儀器與終端裝置
　　　　　Integrated Automation Instrumentation and Terminal Devices
25 40 00 未定義 Unassigned
25 50 00 整合自動化設施控制 Integrated Automation Facility Controls
25 60 00 未定義 Unassigned
25 70 00 未定義 Unassigned
25 80 00 未定義 Unassigned
25 90 00 整合自動化控制程序 Integrated Automation Control Sequences

項目 26 —— 電力 ELECTRICAL

26 00 00 電力 Electrical
26 10 00 中壓配電 Medium-Voltage Electrical Distribution
26 20 00 低壓配電 Low-Voltage Electrical Distribution
26 30 00 設施電力生成與儲存設備
　　　　　Facility Electrical Power Generating and Storing Equipment
26 40 00 電力與陰極保護 Electrical and Cathodic Protection
26 50 00 照明 Lighting
26 60 00 未定義 Unassigned
26 70 00 未定義 Unassigned
26 80 00 未定義 Unassigned
26 90 00 未定義 Unassigned

項目 27 —— 通訊 COMMUNICATIONS

27 00 00 通訊 Communications
27 10 00 結構化布設電纜 Structured Cabling
27 20 00 數據通訊 Data Communications
27 30 00 語音通訊 Voice Communications
27 40 00 音訊 - 視訊通訊 Audio-Video Communications
27 50 00 分散式通訊與監控系統
        Distributed Communications and Monitoring Systems
27 60 00–27 90 00 未定義 Unassigned

項目 28 —— 電子設備的安全與保全
ELECTRONIC SAFETY AND SECURITY

28 00 00 電子設備的安全與保全 Electronic Safety and Security
28 10 00 電子存取管制 Electronic Access Control
28 20 00 電子監視 Electronic Surveillance
28 30 00 電子檢測、警報與監控 Security Detection, Alarm, and
        Monitoring
28 40 00 生命安全 Life Safety
28 50 00 特殊系統 Specialized Systems
28 60 00 未定義 Unassigned
28 70 00 未定義 Unassigned
28 80 00 未定義 Unassigned
28 90 00 未定義 Unassigned

項目 29 —— 備用 RESERVED

基地與基礎設施次群組
Site and Infrastructure Subgroup

項目 30 —— 備用 RESERVED

項目 31 —— 土方 EARTHWORD

31 00 00 土方 Earthwork
31 10 00 基地清理 Site Clearing
31 20 00 土方搬運 Earth Moving
31 30 00 土方工程的方法 Earthwork Methods
31 40 00 支撐與托底工程 Shoring and Underpinning
31 50 00 開挖支撐與保護 Excavation Support and Protection
31 60 00 特殊基礎與承重元素
        Special Foundations and Load-Bearing Elements
31 70 00 隧道與開採工程 Tunneling and Mining
31 80 00 未定義 Unassigned
31 90 00 未定義 Unassigned

項目 32 —— 室外補強 EXTERIOR IMPROVEMENTS

32 00 00 室外補強 Exterior Improvements
32 10 00 基層、碎石料與鋪面 Bases, Ballasts, and Paving
32 20 00 未定義 Unassigned
32 30 00 基地補強 Site Improvements
32 40 00 未定義 Unassigned
32 50 00 未定義 Unassigned
32 60 00 未定義 Unassigned
32 70 00 溼地 Wetlands
32 80 00 灌溉 Irrigation
32 90 00 植栽 Planting

項目 33 —— 公用事業 UTILITIES

33 00 00 公用事業 Utilities
33 10 00 水公用事業 Water Utilities
33 20 00 未定義 Unassigned
33 30 00 衛生下水道 Sanitary Sewerage
33 40 00 雨水公用事業 Stormwater Utilities
33 50 00 碳氫化合物公用事業 Hydrocarbon Utilities
33 60 00 水循環與蒸汽能源公用事業 Hydronic and Steam Energy Utilities
33 70 00 電力公用事業 Electrical Utilities
33 80 00 通訊公用事業 Communications Utilities
33 90 00 未定義 Unassigned

項目 34 —— 運輸 TRANSPORTATION

34 00 00 運輸 Transportation
34 10 00 導軌／鐵軌 Guideways／Railways
34 20 00 牽引動力 Traction Power
34 30 00 未定義 Unassigned
34 40 00 運輸訊號與控制設備 Transportation Signaling and Control Equipment
34 50 00 運輸收費設備 Transportation Fare Collection Equipment
34 60 00 未定義 Unassigned
34 70 00 運輸構造與設備 Transportation Construction and Equipment
34 80 00 橋樑 Bridges
34 90 00 未定義 Unassigned

項目 35 —— 航道與海運構造
WATERWAY AND MARINE CONSTRUCTION

35 00 00 航道與海運構造 Waterway and Marine Construction
35 10 00 航道與海運訊號與控制設備
        Waterway and Marine Signaling and Control Equipment
35 20 00 航道與海運構造與設備
        Waterway and Marine Construction and Equipment
35 30 00 海岸構造 Coastal Construction
35 40 00 航道構造與設備 Waterway Construction and Equipment
35 50 00 海運構造與設備 Marine Construction and Equipment
35 60 00 未定義 Unassigned
35 70 00 水壩構造與設備 Dam Construction and Equipment
35 80 00 未定義 Unassigned
35 90 00 未定義 Unassigned

項目 36 - 39 —— 備用 RESERVED

處理設備次群組
Process Equipment Subgroup

項目 40 —— 流程整合 PROCESS INTEGRATION

40 00 00 流程整合 Process Integration
40 10 00 氣體與蒸氣處理管道 Gas and Vapor Process Piping
40 20 00 液體處理管道 Liquids Process Piping
40 30 00 固體與混合材料管道與流槽
    Solid and Mixed Materials Piping and Chutes
40 40 00 處理管道與設備的保護
    Process Piping and Equipment Protection
40 50 00 未定義 Unassigned
40 60 00 處理控制與企業管理系統 Process Control and Enterprise
    Management Systems
40 70 00 處理流程的儀器 Instrumentation for Process Systems
40 80 00 處理系統的功能驗證 Commissioning of Process Systems
40 90 00 主要控制裝置 Primary Control Devices

項目 41 組 —— 材料處理與操作設備
MATERIAL PROCESSING AND HANDLING EQUIPMENT

41 00 00 材料處理與操作設備
    Material Processing and Handling Equipment
41 10 00 塊狀材料處理設備 Bulk Material Processing Equipment
41 20 00 片狀材料操作設備 Piece Material Handling Equipment
41 30 00 製造設備 Manufacturing Equipment
41 40 00 貨櫃處理與包裝 Container Processing and Packaging
41 50 00 材料儲存 Material Storage
41 60 00 移動工廠設備 Mobile Plant Equipment
41 70 00 未定義 Unassigned
41 80 00 未定義 Unassigned
41 90 00 未定義 Unassigned

項目 42 —— 供暖、冷卻、和乾燥設備
PROCESS HEATING, COOLING, AND DRYING EQUIPMENT

42 00 00 供暖、冷卻、和乾燥設備
    Process Heating, Cooling, and Drying Equipment
42 10 00 供暖處理設備 Process Heating Equipment
42 20 00 冷卻處理設備 Process Cooling Equipment
42 30 00 乾燥處理設備 Process Drying Equipment
42 40 00 未定義 Unassigned
42 50 00 未定義 Unassigned
42 60 00 未定義 Unassigned
42 70 00 未定義 Unassigned
42 80 00 未定義 Unassigned
42 90 00 未定義 Unassigned

項目 43 —— 程序用氣體與液體的處理、淨化與儲存設備
PROCESS GAS AND LIQUID HANDLING, PURIFICATION, AND STORAGE EQUIPMENT

43 00 00 程序用氣體與液體的處理、淨化與儲存設備
    Process Gas and Liquid Handling, Purification, and Storage Equipment
43 10 00 氣體處理設備 Gas Handling Equipment
43 20 00 液體處理設備 Liquid Handling Equipment
43 30 00 氣體與液體淨化設備 Gas and Liquid Purification Equipment
43 40 00 氣體與液體儲存 Gas and Liquid Storage
43 50 00 未定義 Unassigned
43 60 00 未定義 Unassigned
43 70 00 未定義 Unassigned
43 80 00 未定義 Unassigned
43 90 00 未定義 Unassigned

項目 44 —— 污染與廢棄物控制設備
POLLUTION AND WASTE CONTROL EQUIPMENT

44 00 00 污染與廢棄物控制設備 Pollution and Waste Control Equipment
44 10 00 空氣汙染控制 Air Pollution Control
44 20 00 噪音汙染控制 Noise Pollution Control
44 40 00 水處理設備 Water Treatment Equipment
44 50 00 固定廢棄物控制 Solid Waste Control
44 60 00 廢熱處理設備 Waste Thermal Processing Equipment
44 70 00 未定義 Unassigned
44 80 00 未定義 Unassigned
44 90 00 未定義 Unassigned

項目 45 —— 工業專用製造設備
INDUSTRY–SPECIFIC MANUFACTURING EQUIPMENT

45 00 00 工業專用製造設備 Industry-Specific Manufacturing Equipment
45 20 00 使用者定義的紡織品與成衣製造設備 User-Defined Textiles
    and Apparel Manufacturing Equipment
45 30 00 使用者定義的石油與煤炭產品製造設備 User-Defined
    Petroleum and Coal Products Manufacturing Equipment
45 40 00 使用者定義的加工金屬產品製造設備 User-Defined Fabricated
    Metal Product Manufacturing Equipment
45 50 00 使用者定義的家具與相關產品製造設備 User-Defined
    Furniture and Related Product Manufacturing Equipment
45 60 00 未定義 Unassigned
45 70 00 未定義 Unassigned
45 80 00 未定義 Unassigned
45 90 00 未定義 Unassigned

項目 46 —— 水與污水設備 WATER AND WASTEWATER EQUIPMENT

46 00 00 水與污水設備 Water and Wastewater Equipment

46 10 00 未定義 Unassigned

46 20 00 水與污水的初步處理設備 Water and Wastewater Preliminary Treatment Equipment

46 30 00 水與污水的化學加藥設備 Water and Wastewater Chemical Feed Equipment

46 40 00 水與污水的淨化與混合設備 Water and Wastewater Clarification and Mixing Equipment

46 50 00 水與污水的二次處理設備 Water and Wastewater Secondary Treatment Equipment

46 60 00 水與污水的進階處理設備 Water and Wastewater Advanced Treatment Equipment

46 70 00 水與污水的殘餘物操作與處理
Water and Wastewater Residuals Handling and Treatment

46 80 00 未定義 Unassigned

46 90 00 未定義 Unassigned

項目 47 —— 保留 RESERVED

項目 48 —— 發電 ELECTRICAL POWER GENERATION

48 00 00 發電 Electrical Power Generation

48 10 00 發電設備 Electrical Power Generation Equipment

48 20 00 未定義 Unassigned

48 30 00 汽電共生發電 Combined Heat and Power Generation

48 40 00 未定義 Unassigned

48 50 00 未定義 Unassigned

48 60 00 未定義 Unassigned

48 70 00 發電試驗 Electrical Power Generation Testing

48 80 00 未定義 Unassigned

48 90 00 未定義 Unassigned

項目 49 —— 保留 RESERVED

美國建築元件分類法II（UNIFORMAT II）〔美國材料與試驗協會標準 E1557〕為建築物的所有生命週期階段提供圖面說明、經濟分析、和管理時的一致參考標準，包括計劃、規劃、設計、營建、營運、和處置。UNIFORMAT II 的格式依據元件的分類來制定，定義如下：主要元件，常見於大多數建築物中，不管設計規範、施工方法、或使用材料為何，都會執行它被賦予的功能。功能性建築元件的例子有基礎、上部結構、樓梯、和水管。因此，UNIFORMAT II 不只有別於、也能補充 MasterFormat®（綱要編碼）分類系統的不足，因為後者是依據詳細的材料估算，以及與建築物的營建、營運、和維護有關的工作來分類、制定。

UNIFORMAT II 的組織化結構認為在方案設計階段，透過功能性建築元件來溝通建築資訊，會比透過建築材料或產品更為有效，而且這樣的元件分類系統也較容易被客戶和其他沒有技術背景的人所理解。功能性元件全面且一致的分類方式使得必要的成本資訊在設計過程的早期階段就能得到評估，進而在計畫初始階段，能更快且更精準地確認替代設計決策的經濟效益分析。

UNIFORMAT II 以英文字母加上數字的命名方式將建築元件分類成三個層級。第一級共有七組：
- A組：底部結構，包括基礎和地下室構造
- B組：建築物外殼，包括上部結構、外部包覆層、和屋頂
- C組：室內，包括室內構造、樓梯和室內完成面
- D組：輸送、配管、暖通空調、防火和電力系統
- E組：設備和家具
- F組：特殊構造與拆除
- G組：建築基地作業

每一個主群組元件都會再向下區分出第二級元件（B10, B20⋯）和第三級獨立元件（B1010, B1020, B2010, B2020⋯）。第四級則能將獨立元件拆成更小的次元件（B1011, B1012, B1013⋯）。

美國材料與試驗協會建築元件分類法II（E1557）
ASTM UNIFORMAT II Classification for Building Elements（E1557）

第 1 級 群組 Group	第 2 級 群組元件 Group Elements	第 3 級 獨立元件 Individual Elements
A. 底部結構 Substructure	A10 基礎 Foundations	A1010 標準基礎 Standard Foundations A1020 特殊基礎 Special Foundations
	A20 路基圍封 Subgrade Enclosures	A2010 路基圍封牆 Walls for Subgrade Enclosures
	A40 板式基礎 Slabs on Grade	A4010 標準板式基礎 Standard Slabs-on-Grade
		A4020 結構性板式基礎 Structural Slabs-on-Grade
		A4030 板溝槽 Slab Trenches
		A4040 基坑與基面 Pits and Bases
		A4090 板式基礎的補充構件 Slab-On-Grade Supplementary Components
	A60 水與氣體降減 Water and Gas Mitigation	A6010 建築物底部排水 Building Subdrainage A6020 釋放氣體降減 Off-Gassing Mitigation
	A90 底部結構相關活動 Substructure Related Activities	A9010 底部結構疏散 Substructure Excavation A9020 構造脫水 Construction Dewatering A9030 疏散支援 Excavation Support A9040 土壤處理 Soil Treatment

A.26 美國建築元件分類法II

美國材料與試驗協會建築元件分類法II（E1557）
ASTM UNIFORMAT II Classification for Building Elements（E1557）

第 1 級 群組 Group	第 2 級 群組元件 Group Elements	第 3 級 獨立元件 Individual Elements
B. 外殼 　Shell	B10 上層結構 Superstructure	B1010 地板構造 Floor Construction B1020 屋頂構造 Roof Construction B1080 樓梯 Stairs
	B20 外部垂直圍封 　　Exterior Vertical Enclosures	B2010 外牆 Exterior Walls B2020 對外窗 Exterior Windows B2050 對外門與格柵 Exterior Doors and Grilles B2070 對外百葉與通風口 Exterior Louvers and Vents B2080 對外牆附屬物 Exterior Wall Appurtenances B2090 對外牆特殊構造 Exterior Wall Specialties
	B30 外部水平圍封 　　Exterior Horizontal Enclosures	B3010 屋面 Roofing B3020 屋面附屬物 Roof Appurtenances B3040 交通乘載水平圍封 Traffic Bearing Horizontal Enclosures B3060 水平開口 Horizontal Openings B3080 頭頂外部圍封 Overhead Exterior Enclosures
C. 室內 　Interiors	C10 室內構造 　　Interior Construction	C1010 室內隔間 Interior Partitions C1020 室內窗 Interior Windows C1030 室內門 Interior Doors C1040 室內格柵與大門 Interior Grilles and Gates C1060 高架地板構造 Raised Floor Construction C1070 懸吊天花構造 Suspended Ceiling Construction C1090 室內特殊構造 Interior Specialties
	C20 室內完成面 Interior Finishes	C2010 牆完成面 Wall Finishes C2020 室內製品 Interior Fabrications C2030 地板 Flooring C2040 樓梯完成面 Stair Finishes C2050 天花完成面 Ceiling Finishes C2090 室內完成面期程 Interior Finish Schedules

美國材料與試驗協會建築元件分類法II（E1557）
ASTM UNIFORMAT II Classification for Building Elements（E1557）

第1級 群組 Group	第2級 群組元件 Group Elements	第3級 獨立元件 Individual Elements
D. 服務 Services	D40 防火保護 Fire Protection	D4010 制熱 Fire Suppression D4030 防火保護特殊件 Fire Protection Specialties
	D50 電力 Electrical	D5010 設施發電 Facility Power Generation D5020 電子服務與分配 Electrical Service and Distribution D5030 一般用途電力 General Purpose Electrical Power D5040 照明 Lighting D5080 其他電力系統 Miscellaneous Electrical Systems
	D60 通訊 Communications	D6010 數據通訊 Data Communications D6020 語音通訊 Voice Communications D6030 音訊－視訊通訊 Audio-Video Communication D6060 分散式通訊與監控 Distributed Communications and Monitoring D6090 通訊補充零件 Communications Supplementary Components
	D70 電子安全與保全 Electronic Safety and Security	D7010 存取控制與入侵偵測 Access Control and Intrusion Detection D7030 電子監控 Electronic Surveillance D7050 偵測與警示 Detection and Alarm D7070 電子監測與控制 Electronic Monitoring and Control D7090 電子安全與保全的補充零件 Electronic Safety and Security Supplementary Components
	D80 整合自動化 Integrated Automation	D8010 整合自動化設施控制 Integrated Automation Facility Controls
E. 設備與家具 Equipment & Furnishings	E10 設備 Equipment	E1010 車輛與行人設備 Vehicle and Pedestrian Equipment E1030 商業設備 Commercial Equipment E1040 機構設備 Institutional Equipment E1060 住宅設備 Residential Equipment E1070 娛樂休閒設備 Entertainment and Recreational Equipment E1090 其他設備 Other Equipment
	E20 家具 Furnishings	E2010 固定式家具 Fixed Furnishings E2020 移動式家具 Movable Furnishings
F. 特殊構造與拆除 Special Construction & Demolition	F10 特殊構造 Special Construction	F1010 整合構造 Integrated Construction F1020 特殊結構 Special Structures F1030 特殊機能構造 Special Function Construction F1050 特殊設施構件 Special Facility Components F1060 運動休閒特殊構造 Athletic and Recreational Special Construction F1080 特殊儀器 Special Instrumentation
	F20 設施整治 Facility Remediation	F2010 有害物料整治 Hazardous Materials Remediation
	F30 拆除 Demolition	F3010 結構拆除 Structure Demolition F3030 選擇性拆除 Selective Demolition F3050 結構移動 Structure Moving

美國材料與試驗協會建築元件分類法II（E1557）
ASTM UNIFORMAT II Classification for Building Elements（E1557）

第1級 群組 Group	第2級 群組元件 Group Elements	第3級 獨立元件 Individual Elements
G. 建築物基地作業 Building Sitework	G10 基地準備工作 Site Preparation	G1010 基地清理 Site Clearing G1020 基地元件拆除 Site Elements Demolition G1030 基地元件遷移 Site Element Relocations G1050 基地整治 Site Remediation G1070 基地土方 Site Earthwork
	G20 基地改善 Site Improvements	G2010 車道 Roadways G2020 停車場 Parking Lots G2030 步行廣場與走道 Pedestrian Plazas and Walkways G2040 機場 Airfields G2050 運動、休閒、遊樂區域 Athletic, Recreational, and Playfield Areas G2060 基地發展 Site Development G2080 景觀 Landscaping
	G30 Liquid and Gas Site Utilities	G3010 水利設施 Water Utilities G3020 衛生下水道設施 Sanitary Sewerage Utilities G3030 暴雨排水設施 Storm Drainage Utilities G3050 基地能源分配 Site Energy Distribution C3060 基地燃料分配 Site Fuel Distribution G3090 液體與氣體基地設施補充零件 Liquid and Gas Site Utilities Supplementary Components
	G40 基地電力公共設施 Site Electrical Utilities	G4010 電力分配 Electrical Distribution G4020 基地照明 Site Lighting
	G50 基地通訊 Site Communications	G5010 基地通訊系統 Site Communications Systems
	G90 其他現場構造 Miscellaneous Site Construction	G9010 隧道 Tunnels
Z. 一般情況 General Conditions	Z10 一般要求 General Requirements Z70 稅金、許可、保險與債券 Taxes, Permits, Insurance, and Bonds Z90 費用與預備金 Fees and Contingencies	

LEEDR第4版
新建築與重大增改建工程
For New Construction & Major Renovations

Integrative Process　　　　　　　　整合程序

IP Credit 1		整合程序認證 1		1

Location &Transportation　　　　位置與交通　　　　　　　　可能得分：16

LT Credit 1	LEED for Neighborhood Development Location	位置與交通認證 1	社區開發地理位置的 LEED 認證	16
LT Credit 2	Sensitive Land Protection	位置與交通認證 2	敏感土地的保護	1
LT Credit 3	High Priority Site	位置與交通認證 3	高度優先級基地	2
LT Credit 4	Surrounding Density and Diverse Uses	位置與交通認證 4	基地周圍密度與多功能使用	5
LT Credit 5	Access to Quality Transit	位置與交通認證 5	優質公共運輸可及性	5
LT Credit 6	Bicycle Facilities	位置與交通認證 6	腳踏車設施	1
LT Credit 7	Reduced Parking Footprint	位置與交通認證 7	減少停車位佔地面積	1
LT Credit 8	Green Vehicles	位置與交通認證 8	綠色車輛	1

Sustainable Sites　　　　　　　　永續基地　　　　　　　　　可能得分：10

SS Prereq	Construction Activity Pollution Prevention	永續基地的必要條件 1	施工活動污染防治	必要項目
SS Credit 1	Site Assessment	永續基地認證 1	基地評估	1
SS Credit 2	Site Development - Protect or Restore Habitat	永續基地認證 2	基地開發 —— 棲息地的保護或修復	2
SS Credit 3	Open Space	永續基地認證 3	開放空間	1
SS Credit 4	Rainwater Management	永續基地認證 4	雨水管理	3
SS Credit 5	Heat Island Reduction	永續基地認證 5	減少熱島效應	2
SS Credit 6	Light Pollution Reduction	永續基地認證 6	減少光害	1

Water Efficiency　　　　　　　　　用水效率　　　　　　　　　可能得分：11

WE Prereq 1	Outdoor Water Use Reduction	用水效率的必要條件 1	減少室外用水	必要項目
WE Prereq 2	Indoor Water Use Reduction	用水效率的必要條件 2	減少室內用水	必要項目
WE Prereq 3	Building-Level Water Metering	用水效率的必要條件 3	建築物樓層的水計量	必要項目
WE Credit 1	Outdoor Water Use Reduction	用水效率認證 1	減少室外用水	2
WE Credit 2	Indoor Water Use Reduction	用水效率認證 2	減少室內用水	6
WE Credit 3	Cooling Tower Water Use	用水效率認證 3	冷卻水塔的水利用	2
WE Credit 4	Water Metering	用水效率認證 4	水的計量	1

Energy & Atmosphere　　　　　　能源與大氣　　　　　　　　可能得分：33

EA Prereq 1	Fundamental Commissioning and Verification	能源與大氣的必要條件 1	基本功能與驗證	必要項目
EA Prereq 2	Minimum Energy Performance	能源與大氣的必要條件 2	最低限度的能源效能	必要項目
EA Prereq 3	Building-Level Energy Metering	能源與大氣的必要條件 3	建築物樓層的能源計量	必要項目
EA Prereq 4	Fundamental Refrigerant Management	能源與大氣的必要條件 4	基本冷媒控管	必要項目
EA Credit 1	Enhanced Commissioning	能源與大氣認證 1	加強功能	6
EA Credit 2	Optimize Energy Performance	能源與大氣認證 2	能源性能最佳化	18
EA Credit 3	Advanced Energy Metering	能源與大氣認證 3	進階能源計量	1
EA Credit 4	Demand Response	能源與大氣認證 4	需求回應	2
EA Credit 5	Renewable Energy Production	能源與大氣認證 5	再生能源製造	3
EA Credit 6	Enhanced Refrigerant Management	能源與大氣認證 6	加強冷媒控管	1
EA Credit 7	Green Power and Carbon Offsets	能源與大氣認證 7	綠能與碳補償	2

Materials & Resources

					可能得分：13
MR Prereq 1	Storage and Collection of Recyclables	材料與資源的必要條件 1	回收資源的儲存與收集		必要項目
MR Prereq 2	Construction and Demolition Waste Management Planning	材料與資源的必要條件 2	施工與拆除廢棄物管理計畫		必要項目
MR Credit 1	Building Life-Cycle Impact Reduction	材料與資源認證 1	降低建築物生命週期的衝擊		5
MR Credit 2	Building Product Disclosure and Optimization - Environmental Product Declarations	材料與資源認證 2	建築產品宣告與最佳化 ── 產品第三類環境宣告		2
MR Credit 3	Building Product Disclosure and Optimization - Sourcing of Raw Materials	材料與資源認證 3	建築產品宣告與最佳化 ── 開採原物料		2
MR Credit 4	Building Product Disclosure and Optimization - Material Ingredients	材料與資源認證 4	建築產品宣告與最佳化 ── 材料成分		2
MR Credit 5	Construction and Demolition Waste Management	材料與資源認證 5	施工與拆除廢棄物管理		2

Indoor Environmental Quality

					可能得分：16
EQ Prereq 1	Minimum Indoor Air Quality Performance	室內環境品質的必要條件 1	最低限度的室內空氣品質表現		必要項目
EQ Prereq 2	Environmental Tobacco Smoke Control	室內環境品質的必要條件 2	環境菸害控制		必要項目
EQ Credit 1	Enhanced Indoor Air Quality Strategies	室內環境品質認證 1	室內空氣品質強化策略		2
EQ Credit 2	Low-Emitting Materials	室內環境品質認證 2	低逸散性材料		3
EQ Credit 3	Construction Indoor Air Quality Management Plan	室內環境品質認證 3	施工期間施工室內空氣品質管理計畫		1
EQ Credit 4	Indoor Air Quality Assessment	室內環境品質認證 4	室內空氣品質評估		2
EQ Credit 5	Thermal Comfort	室內環境品質認證 5	熱舒適度		1
EQ Credit 6	Interior Lighting	室內環境品質認證 6	室內照明		2
EQ Credit 7	Daylight	室內環境品質認證 7	自然採光		3
EQ Credit 8	Quality Views	室內環境品質認證 8	高品質視野		1
EQ Credit 9	Acoustic Performance	室內環境品質認證 9	聲學表現		1

Innovation

					可能得分：6
IN Credit 1	Innovation	創新認證 1	創新		5
IN Credit 2	LEED Accredited Professional	創新認證 2	LEED 認證的專業人員		1

Regional Priority

					可能得分：4
RP Credit 1	Regional Priority: Specific Credit	區域優先性認證 1	區域優先性：特定認證		1
RP Credit 2	Regional Priority: Specific Credit	區域優先性認證 2	區域優先性：特定認證		1
RP Credit 3	Regional Priority: Specific Credit	區域優先性認證 3	區域優先性：特定認證		1
RP Credit 4	Regional Priority: Specific Credit	區域優先性認證 4	區域優先性：特定認證		1

總積分 110

為了獲得 LEED 認證，建案必須符合每個類別中的必要條件和性能基準或選擇性的認證項目。
根據得分多寡，該建案會被授予合格、銀級、金級、或白金級認證。
- 合格認證：40～49分
- 銀級認證：50～59分
- 金級認證：60～79分
- 白金級認證：80分以上

職業與同業公會

美國建築師協會
American Institute of Architects
www.aia.org

美國建築設計協會
American Institute of Building Design
www.aibd.org

美國土木工程師協會
American Society of Civil Engineers
www.asce.org

美國室內設計師協會
American Society of Interior Designers
www.asid.org

美國景觀設計師協會
American Society of Landscape Architects
www.asla.org

建築 2030
Architecture 2030
www.architecture2030.org

美國總承包商協會
Associated General Contractors of America
www.agc.org

英國建築研究院
Building Research Establishment
www.bre.co.uk

加拿大建築協會
Canadian Construction Association
www.cca-acc.com

美國營建管理協會
Construction Management
Association of America
www.cmaanet.org

加拿大施工規範協會
Construction Specifications Canada
www.csc-dcc.ca

美國施工規範協會
Construction Specifications Institute
www.csinet.org

美國國家環境保護局
Environmental Protection Agency
www.epa.gov

住宅創新研究實驗室
Home Innovation Research Labs
www.homeinnovation.com

保險服務辦公室
Insurance Services Office
www.iso.com

麥格羅 - 希爾建設公司
McGraw-Hill Construction
www.construction.com

美國建築註冊登記委員會
National Council of Architectural
Registration Boards
www.ncarb.org

美國建築科學研究所
National Institute of Building Sciences
www.nibs.org

美國專業工程師學會
National Society of Professional Engineers
www.nspe.org

智慧住宅合作聯盟
Partnership for Advancing Technology
in Housing
www.pathnet.org

加拿大皇家建築協會
Royal Architectural Institute of Canada
www.raic.org

美國註冊建築師協會
Society of American Registered Architects
www.sara-national.org

加州結構工程師協會
Structural Engineers Association
of California
www.seaoc.org

美國政府出版局
U.S. Government Printing Office
www.gpoaccess.gov

城市土地學會
Urban Land Institute
www.uli.org

美國能源部
U.S. Department of Energy
www.eere.energy.gov

美國住房及城市發展部
U.S. Department of Housing and
Urban Development
www.portal.hud.gov

美國司法部 2010 年
身心障礙者法案無障礙設計標準
U.S. Department of Justice
2010 ADA Standards for Accessible Design
www.ada.gov

美國勞工部職業安全和健康管理局
U.S. Department of Labor
Occupational Safety and
Health Administration
www.osha.gov

美國綠建築協會
U.S. Green Building Council
new.usgbc.org

道奇數據分析公司
Dodge Data & Analytics
www.construction.com

綠建築倡議組織
Green Building Initiative
www.thegbi.org

A.32 職業與同業公會

美國施工規範協會項目 03 · 混凝土

美國混凝土協會
American Concrete Institute
www.concrete.org

美國混凝土承包商協會
American Society for Concrete Contractors
www.ascconline.org

建築預鑄協會
Architectural Precast Association
www.archprecast.org

鋼筋混凝土協會
Concrete Reinforcing Steel Institute
www.crsi.org

美國預鑄混凝土協會
National Precast Concrete Association
precast.org

波特蘭水泥協會
Portland Cement Association
www.cement.org

後張力協會
Post-Tensioning Institute
www.post-tensioning.org

預鑄／預應力混凝土協會
Precast ╱ Prestressed Concrete Institute
www.pci.org

強化鋼筋協會
Wire Reinforcement Institute
www.wirereinforcementinstitute.org

加拿大水泥協會
Cement Association of Canada
www.cement.ca

美國施工規範協會項目 04 · 砌體

磚業協會
Brick Industry Association
www.brickinfo.org

膨脹頁岩、黏土及板岩協會
Expanded Shale, Clay and Slate Institute
www.escsi.org

美國印第安石灰岩協會
Indiana Limestone Institute of America
www.iliai.com

國際砌體協會
International Masonry Institute
www.imiweb.org

美國大理石協會
Marble Institute of America
www.marble-institute.com

美國砌體協會
Masonry Institute of America
www.masonryinstitute.org

美國混凝土砌築產業協會
National Concrete Masonry Association
www.ncma.org

美國施工規範協會項目 05 · 金屬

鋁業協會
Aluminum Association
www.aluminum.org

美國鋼構造協會
American Institute of Steel Construction
www.aisc.org

美國鋼鐵產業協會
American Iron and Steel Institute
www.steel.org

美國銲接協會
American Welding Society
www.aws.org

美國鋅協會
American Zinc Association
www.zinc.org

冷成形鋼工程協會
Cold-Formed Steel Engineers Institute
www.cfsei.org

銅業發展協會
Copper Development Association
www.copper.org

美國建築金屬製造商協會
National Association of Architectural Metals Manufacturers
www.naamm.org

北美特殊鋼協會
Specialty Steel Institute of North America
www.ssina.com

鋼承板協會
Steel Deck Institute
www.sdi.org

鋼格柵協會
Steel Joist Institute
www.steeljoist.org

美國施工規範協會項目 06‧木材、塑膠、複合材料

美國森林及紙業協會
American Forest & Paper Association
www.afandpa.org

美國木構造協會
American Institute of Timber Construction
www.aitc-glulam.org

美國膠合板協會
American Plywood Association
www.apawood.org

美國木業協會
American Wood Council
www.awc.org

美國木材保存協會
American Wood-Preservers Association
www.awpa.com

美國建築木作協會
Architectural Woodwork Institute
www.awinet.org

加拿大木業協會
Canadian Wood Council
www.cwc.ca

熱帶保護木棉基金會
Ceiba Foundation for Tropical Conservation
www.ceiba.org

複合板材協會
Composite Panel Association
www.compositepanel.org

美國農業部林務局林產品實驗室
Forest Products Laboratory
USDA Forest Service
www.fpl.fs.fed.us

森林管理委員會
Forest Stewardship Council
www.us.fsc.org

美國硬木協會
National Hardwood Lumber Association
www.nhla.org

東北木材製造商協會
Northeastern Lumber Manufacturers
Association
www.nelma.org

美國塑膠工業協會
Society of the Plastics Industry
www.plasticsindustry.org

南方森林產品協會
Southern Forest Products Association
www.sfpa.org

建築結構構件行業協會
Structural Building Components Association
www.sbcindustry.com

美國西部紅杉木材協會
Western Red Cedar Lumber Association
www.wrcla.org

西部木材產品協會
Western Wood Products Association
www.wwpa.org

美國施工規範協會項目 07‧熱與溼度防護

黏合劑與填縫劑協會
Adhesive and Sealant Council
www.ascouncil.org

瀝青屋面製造商協會
Asphalt Roofing Manufacturers Association
www.asphaltroofing.org

纖維素絕緣材料製造商協會
Cellulose Insulation Manufacturers
Association
www.cellulose.org

北美絕緣材料製造商協會
North American Insulation Manufacturers
Association

www.naima.org

珍珠岩協會
Perlite Institute
www.perlite.org

聚異氰脲酸酯絕緣材料製造商協會
Polyisocyanurate Insulation Manufacturers
Association
www.polyiso.org

結構絕緣板協會
Structural Insulated Panel Association
www.sips.org

灰泥製造商協會
Stucco Manufacturers Association
www.stuccomfgassoc.com

蛭石協會
Vermiculite Association
www.vermiculite.org

外部絕緣與完成面系統業協會
EIFS Industry Members Association
www.eima.com

美國屋面工程承包商協會
National Roofing Contractors Association
www.nrca.net

國際建築圍封結構顧問協會
International Institute of Building Enclosure
Consultants
www.rci online.org

A.34 職業與同業公會

美國施工規範協會項目 08 · 開口

美國建築製造商協會
American Architectural Manufacturers
Association
www.aamanet.org

美國五金製造商協會
American Hardware Manufacturers
Association
www.ahma.org

門與五金協會
Door and Hardware Institute
www.dhi.org

北美玻璃協會
Glass Association of North America
www.glasswebsite.com

美國門窗等級評定委員會
National Fenestration Rating Council
www.nfrc.org

鋼門協會
Steel Door Institute
www.steeldoor.org

鋼窗協會
Steel Window Institute
www.steelwindows.com

門窗製造商協會
Window and Door Manufacturers
Association
www.wdma.com

美國施工規範協會項目 09 · 完成面

美國塗料協會
American Coatings Association
www.paint.org

美國牆面與天花板工業協會
Association of the Wall and Ceiling
Industries International
www.awci.org

地毯工業協會
Carpet and Rug Institute
www.carpet-rug.com

天花板與內裝系統構造協會
Ceilings and Interior Systems Construction
Association
www.cisca.org

瓷磚經銷商協會
Ceramic Tile Distributors Association
www.ctdahome.org

石膏協會
Gypsum Association
www.gypsum.org

楓木地板製造商協會
Maple Flooring Manufacturers Association
www.maplefloor.org

美國聲學顧問委員會
National Council of Acoustical Consultants
www.ncac.com

美國磨石子與馬賽克協會
National Terrazzo and Mosaic Association
www.ntma.com

美國木地板協會
National Wood Flooring Association
www.woodfloors.org

美國塗料協會
Painting Contractors Association
www.pdca.org

搪瓷協會
Porcelain Enamel Institute
www.porcelainenamel.com

彈性地板協會
Resilient Floor Covering Institute
www.rfci.com

加拿大磨石子、瓷磚與大理石協會
Terrazzo, Tile and Marble Association
of Canada
www.ttmac.com

北美磁磚協會
Tile Council of North America
www.tcnatile.com

乙烯基協會
Vinyl Institute
www.vinylinfo.org

壁紙協會
Wallcoverings Association
www.wallcoverings.org

美國硬木資訊中心
American Hardwood Information Center
www.hardwoodinfo.com

裝飾硬木協會
Decorative Hardwoods Association
www.decorativehardwoods.org

美國施工規範協會項目 10 · 特殊設備

櫥櫃製造商協會
Kitchen Cabinet Manufacturers Association
www.kcma.org

美國廚衛協會
National Kitchen and Bath Association
www.nkba.org

美國施工規範協會項目 11 · 設備

美國安全工程師協會
American Society of Safety Engineers
www.asse.org

家電製造商協會
Association of Home Appliance
Manufacturers
www.aham.org

商用食品設備服務協會
Commercial Food Equipment Service
Association
www.cfesa.com

美國固體廢棄物管理協會
National Solid Wastes Management
Association
www.nswma.org

北美固體廢棄物協會
Solid Waste Association of North America
www.swana.org

美國施工規範協會項目 12 · 家具

美國家具設計師協會
American Society of Furniture Designers
www.asfd.com

商務與機構家具製造商協會
Business and Institutional Furniture
Manufacturers Association
www.bifma.org

家用家具協會
Home FurnishingsAssociation
www.myhfa.org

國際工業織物協會
Industrial Fabrics Association International
www.ifai.com

國際家具設計協會
International Furnishings and
Design Association
www.ifda.com

國際室內設計協會
International Interior Design Association
www.iida.org

北美特殊鋼工業協會
Specialty Steel Industry of North America
www.ssina.com

美國施工規範協會項目 13 · 特殊構造

美國噴水滅火系統協會
American Fire Sprinkler Association
www.firesprinkler.org

美國制火系統協會
Fire Suppression Systems Association
www.fssa.net

金屬建材製造商協會
Metal Building Manufacturers Association
www.mbma.com

模組化建築學會
Modular Building Institute
www.modular.org

美國消防協會
National Fire Protection Association
www.nfpa.org

鋼構造協會
Steel Construction Institute
www.steel-sci.org

美國施工規範協會項目 14·輸送系統

運輸設備製造商協會
Conveyor Equipment Manufacturers Association
www.cemanet.org

材料搬運協會
Material Handling Institute
www.mhi.org

美國電梯工業公司
National Elevator Industry , Inc.
www.neii.org

美國電梯安全管理協會
National Association of Elevator
Safety Authorities
www.naesai.org

美國電梯承包商協會
National Association of Elevator Contractors
www.naec.org

美國施工規範協會項目 23·暖通空調系統（HVAC）

美國瓦斯協會
American Gas Association
www.aga.org

美國暖房冷凍空調工程師學會
American Society of Heating, Refrigeration,
and Air-Conditioning Engineers
www.ashrae.org

美國機械工程師學會
American Society of Mechanical Engineers
www.asme.org

住宅通風協會
Home Ventilating Institute
www.hvi.org

美國施工規範協會項目 26·電力

照明工程學會
Illuminating Engineering Society
www.iesna.org

國際照明設計師協會
International Association of
Lighting Designers
www.iald.org

美國電器製造商協會
National Electrical Manufacturers
Association
www.nema.org

美國施工規範協會項目 32·

外觀改善

美國混凝土鋪面協會
American Concrete Pavement Association
www.acpa.org

美國混凝土管協會
American Concrete Pipe Association
www.concrete-pipe.org

美國衛生工程協會
American Society of Sanitary Engineering
www.asse-plumbing.org

美國瀝青協會
Asphalt Institute
www.asphaltinstitute.org

瀝青再生與回收協會
Asphalt Recycling & Reclaiming Association
www.arra.org

施工與拆除回收協會
Construction & Demolition Recycling
Association
www.cdrecycling.org

深基礎協會
Deep Foundations Institute
www.dfi.org

國際基礎鑽探協會
International Association of
Foundation Drilling
www.adsc-iafd.com

美國給排水協會
Plumbing and Drainage Institute
www.pdionline.org

標準規範與各級標準的贊助機構

美國國家標準協會
American National Standards Institute
www.ansi.org

美國試驗與材料協會
American Society for Testing and Materials
www.astm.org

美國安全工程師學會
American Society of Safety Engineers
www.asse.org

國際規範委員會
International Code Council
www.iccsafe.org

國際標準化組織
International Organization for Standardization
www.iso.org

美國國家標準與技術中心
National Institute of Standards and Technology
www.nist.gov

加拿大國家研究委員會
National Research Council of Canada
www.nrc-cnrc.gc.ca

美國保險商實驗室
Underwriters' Laboratories
www.ul.com

國際管道暖通機械認證協會
International Association of Plumbing and
Mechanical Officials
www.iapmo.org

參考書目

- Allen, Edward. *Fundamentals of Building Construction*, 6th ed. John Wiley & Sons, 2013.
- Allen, Edward, and Joseph Iano. *The Architect's Studio Companion: Rules of Thumb fo•r Preliminary Design*, 6th ed. John Wiley & Sons, 2017.
- Allen, Edward, and Patrick Rand. *Architectural Detailing: Function, Con-structibility, Aesthetics*, 3rd ed. John Wiley & Sons, 2016.
- Ambrose, James. *Simplified Design of Building Structures*, 3rd ed. John Wiley & Sons, 1997.
- Ambrose, James. *Simplified Design of Masonry Structures*. John Wiley & Sons, 1997.
- Ambrose, James, and Harry Parker. *Simplified Design of Wood Structures, 6th ed.* John Wiley & Sons, 2009.
- Ambrose, James, and Patrick Tripeny. *Building Structures, 3rd ed.* John Wiley & Sons, 2011.
- Ambrose, James, and Patrick Tripeny. *Simplified Design of Concrete Structures*, 8th ed. John Wiley & Sons, 2007.
- Ambrose, James, and Patrick Tripeny. *Simplified Design of Steel Structures*, 8th ed. John Wiley & Sons, 2007.
- Ambrose, James, and Patrick Tripeny. S*implified Engineering for Architects and Builder*s, 12th ed. John Wiley & Sons, 2016.
- American Concrete Institute. *Building Code Requirements for Structural Concrete*. ACI, 2014.
- American Institute of Architects, Dennis J. Hall, Editor. *Architectural Graphic Standards*, 12th ed. John Wiley & Sons, 2016.
- American Institute of Timber Construction. *Timber Construction Manual*, 6th ed. John Wiley & Sons, 2013.
- American Society of Heating, Refrigeration, and Air-Conditioning Engineers. A*SHRAE GreenGuide: Design, Construction, and Operation of Sustainable Buildings*, 5th ed. ASHRAE, 2018.
- Ballast, David Kent. *Handbook of Construction Tolerances*, 2nd ed. John Wiley & Sons, 2007.
- Barrie, Donald S., and Boyd C. Paulson. *Professional Construction Manage-ment*, 3rd ed. McGraw-Hill, 2001.
- Bockrath, Joseph T. *Contracts and the Legal Environment for Engineers and Architects*, 7th ed. McGraw-Hill, 2013.
- Cavanaugh, William J., Gregory C. Tocci, and Joseph A. Wilkes, editors. *Ar-chitectural Acoustics: Principles and Practice*, 2nd ed. John Wiley & Sons, 2009.
- Ching, Francis D. K. *Architectural Graphics*, 6th ed. John Wiley & Sons, 2015.
- Ching, Francis D. K. *Architecture: Form, Space, & Order*, 4th ed. John Wiley & Sons, 2015.
- Ching, Francis D. K. *A Visual Dictionary of Architecture*, 2nd ed. John Wiley & Sons, 2011.
- Ching, Francis D. K., Barry Onouye, and Doug *Zuberbuhler. Building Structures Illustrated: Patterns, Systems, and Design*, 2nd ed. John Wiley & Sons, 2014.
- Ching, Francis D. K., and Steven R. Winkel. *Building Codes Illustrated: A Guide to Understanding the 2018 International Building Code*, 6th ed. John Wiley & Sons, 2018.
- Curran, Mary Ann, Ed. *Life Cycle Assessment Handbook: A Guide for Envi-ronmentally Sustainable Products*. John Wiley & Sons, 2012.
- Dilaura, David, Kevin Houser, Richard Mistrick, and Gary Steffy, Eds. T*he Lighting Handbook*, 10th ed. Illuminating Engineering Society, 2011.
- Dykstra, Alison. *Construction Project Management: A Complete Introduction*. Kirshner Publishing, 2012.
- Grondzik, Walter T., and Alison G. Kwok. *Mechanical and Electrical Equipment for Buildings*, 13th ed. John Wiley & Sons, 2019.
- Harrington, Gregory E, P.E., and Kristin Bigda, P.E. NFPA 101: *Life Safety Code Handbook 2018*. National Fire Protection Association, 2018.
- International Code Council. *2018 International Building Code*. International Code Council, 2018.
- International Code Council. *2018 International Energy Conservation Code*. International Code Council, 2018.
- International Code Council. *2018 International Fire Code*. International Code Council, 2018.
- International Code Council. *2018 International Green Construction Code*. International Code Council, 2018.
- International Code Council. *2018 International Mechanical Cod*e. Interna-tional Code Council, 2018.
- International Code Council. *2018 International Plumbing Code*. International Code Council, 2018.

- International Code Council. 2018 *International Residential Code for One- and Two-Family Dwellings*. International Code Council, 2018.
- Johnston, David W. *Formwork for Concrete, 8th ed.* American Concrete Institute, 2014.
- Masonry Institute of America. *Reinforced Masonry Engineering Handbook, 8th ed.* Masonry Institute of America, 2017.
- Masonry Society. *Masonry Designers Guide*, 8th edition. Masonry Society, 2013.
- PCI Handbook Committee. *PCI Design Handbook: Precast and Prestressed Concrete*, 8th ed. Prestressed Concrete Institute, 2017.
- National Roofing Contractors Association. *NRCA Roofing Manual*, 2019 Boxed Set. NRCA, 2019.
- O' Brien, James, and Fredric L. Plotnick. *CPM in Construction Management*, 8th ed. McGraw-Hill, 2016.
- Onouye, Barry, and Kevin Kane. *Statics and Strength of Materials for Archi-tecture and Building Construction*, 4th ed. Pearson, 2012.
- Patterson, James. *Simplified Design for Building Fire Safety*. John Wiley & Sons, 1993.
- Reynolds, Donald E., and R.S. Means Staff. *Residential & Light Commercial Construction Standards*, 3rd ed. R.S. Means, 2008.
- Schodek, Daniel L., and Martin Bechtold. *Structures*, 7th ed. Pearson, 2014.
- Scott, James G. *Architectural Building Codes: A Graphic Reference*. John Wiley & Sons, 1997.
- Simmons, H. Leslie. *Olin's Construction: Principles, Materials, and Methods*, 9th ed. John Wiley & Sons, 2012.
- Wakita, Osamu A., Nagy R. Bakhoum, and Richard M. Linde. *Professional Practice of Architectural Working Drawings*, 5th ed. John Wiley & Sons, 2017.
- Williams, Alan. *Seismic and Wind Forces: Structural Design Examples*, 5th ed. International Code Council, 2018.

中英詞彙對照表

中文	英文	章節
數字‧英文		
LEED® 領先能源與環境設計綠建築評分認證系統	LEED（Leadership in Energy and Environmental Design）	1.04, A.29–30
BREEAM 英國建築研究環境評估方法	Building Research Establishment Environmental Assessment Method	1.06
三劃		
三路開關	three-way switch	11.36
三點鉸接構架	three-hinged frame	2.19
上部結構	superstructure	2.03, 3.02–3.24
口袋式滑門	pocket sliding door	8.04, 8.12
土地使用分區管制	zoning ordinances	1.28–1.30
土坯構造	adobe construction	5.31
大片刨花板	waferboard	12.14
大樑	girder	2.21,4.36
女兒牆	parapet	詳見各章
山牆	gable	6.16
山牆封簷板	bargeboard	6.21
工型鋼	I-beam（S）steel beam	4.16
工程地板	engineered flooring	10.16
四劃		
不可恢復的光耗損因數	nonrecoverable light loss factor（NRLLF）	11.46
中豎框	mullion	8.22–8.33
互鎖式（搭接式）接頭	interlocking（overlapping）joint	2.36
內凹飾材	cove molding	10.26
公制轉換係數	metric conversion factor	A.08–A.09
分模劑	parting compound	5.07
分線插座	split-wired receptacle	11.36
化糞池	septic tank	11.29
升板建造法	lift-slab construction	4.10
反向回水供暖系統	reverse return heating system	11.11
反射罩	reflector	11.43
天窗	dormer；skylight	6.16, 6.18
太陽能吸熱牆（特朗布牆）	Trombe wall	1.21
方石牆	ashlar wall	5.33
方位角	azimuth	1.18
方槽接頭	dado joint	10.24
方頭螺栓	lag bolt	12.19
日光空間	solarium	1.21, 8.38
日光空間；日光室	sunspace；solarium	8.38

中文	英文	章節
日光採集	daylight harvesting	11.45
木材半圓切法	half-round slicing	10.29
木材平切法；平面切法	flat；plain slicing	10.29
木材徑切（四分之一切）法	quarter slicing	10.29
木材旋切法	rotary cutting	10.29
木材劈切法	rift cutting	10.29
木板瓦	wood shingle	7.03, 7.33
木桁架式椽條	trussed rafter	6.32
毛石	rustication	5.33
水平外推力	horizontal thrust	2.19
水錘	water hammer	11.24
火藥鉚釘	explosive rivet	12.20
牛頓運動定律	Newton's laws of motion	2.12, 2.14
比例	proportion	2.24, 詳見各章
尺度	scale	2.25, 詳見各章
尺寸	dimension, size	2.24, 詳見各章
五劃		
主動式太陽能系統	active solar energy system	11.15
充氣式結構	pneumatic structure	2.35
凹角	reentrant corner	2.27
加載	surcharge	1.35
包覆系統	enclosure system	2.03
可恢復的光耗損因數	recoverable light loss factor（RLLF）	11.46
台架（粗鑿縱樑）	carriage（rough stringer）	9.08
四路開關	four-way switche	11.36
四管暖通空調系統	tour-pipe HVAC system	11.18
外部絕緣與完成面系統	exterior insulation and finish system（EIFS）	7.23, 7.38
外覆板（材）	sheathing	5.46, 6.23
夯土構造	rammed-earth（pisé de terre）construction	5.32
平台構架	platform framing	4.28, 5.42
平板瓦	shingle tile	7.08
平板門	flush door	8.05, 8.08
平屋頂	flat roof	6.17
平嵌條	reglet	7.19, 8.28
平開窗	casement window	8.23
正面打釘	facenail	4.28, 5.43
永續性	sustainability	1.03
瓦屋頂	tile roofing	7.08

中文	英文	章節
瓦時電錶	Watt-hour meter	11.31
生命週期評估	life-cycle assessment	12.03
生命週期盤查	life-cycle inventory	12.03
生質能源	biomass energy	11.07
白華	efflorescence	12.06
白熾燈	incandescent lamp	11.39, 11.41
石板瓦	slate shingle	7.07
石膏板	gypsum board	10.09–10.11
石膏孔板	gypsum lath	10.04–10.05
石籠護岸	revetment of gabions	1.34
立板	riser	9.03–9.08
立柱構架	stud framing	5.43–5.45
立管	standpipe	11.25
立牆平澆施工法	tilt-up construction	5.13
必要項目	prerequisite	2.05, A.29-30
平面桁架系統	planar truss system	8.36
六劃		
交叉（十字）斜撐	cross bracing	2.26, 4.10
交叉脊	hip	6.16
交叉脊支椽	hip jack	6.17
光伏科技	photovoltaic（PV）technology	11.32
光束展開度	beam spread	11.46
光耗損因數	light loss factor	11.46
全水式暖通空調系統	all-water HVAC system	11.18
全室通風	whole-house ventilation	7.49
全氣式暖通空調系統	all-air HVAC system	11.18
冰水主機	chilled water plant	11.17
向上配水系統	upfeed water system	11.23
地下室管線空間	crawl space	3.04, 3.11
地下排水	subsurface drainage	1.25
地下連續壁（泥漿牆）	slurry wall	3.07
地中壁	cross wall	1.36, 5.11–5.32
地役權	easement	1.28
地界線	property line	1.28
地毯針距	carpeting gauge	10.21
地震負載	earthquake load	2.12, 4.14, 5.35
地磚	quarry tile	10.12
地壓	ground pressure	2.10
多段式開關	multi-level switching	11.45
托底工程	underpinning	3.06
托臂	corbel	5.10–5.12, 5.25
曲面幾何圓頂	geodesic dome	2.32

中文	英文	章節
有色或吸熱玻璃	tinted or heat-absorbing	12.16
有效長度係數	effective length factor	2.15
汙水豎管（糞管）	soil stack	11.28
污水井泵浦	sump pump	11.28
灰水	graywater	11.29
灰泥	stucco	7.36, 12.22
百葉	louver	1.22, 6.20, 7.49
自由體圖	free-body diagram	2.14
自攻螺釘	self-tapping screw	4.24, 5.39
自鑽螺釘（鑽尾螺釘）	self-drilling screw	4.24, 5.39
浮力通風	buoyancy-driven ventilation	2.06
全熱交換器；熱回收通風機／系統	heat-recovery ventilator（HRV）,	1.06, 7.49
斜肋構架／斜向網格	diagrid／diagonal grid	2.29-30
安全玻璃	safety glazing	8.31-8.32, 第 8 章, 12.17-18
七劃		
伸縮縫	expansion joint	7.50–7.51
低輻射玻璃	low-emissivity（low-e）glass	12.16
兵樁／兵樑	soldier piles／beam	3.07
利用係數	coefficient of utilization（CU）	11.46
吸音天花板	acoustical ceiling	10.22–10.23
坍度試驗	slump test	12.05
坐浴盆	bidet	9.27
夾持角鋼	clip angle	4.36
快速震盪	oscillation	2.11
扭轉不規則性	torsional irregularity	2.27
扭彎	twist	12.12
扶手	handrail	9.04
扶壁式擋土牆	counterfort wall	1.36
扶壁	buttress	2.21
抗搖支撐件	sway bracing	6.28
抗震伸縮縫	seismic joint	2.27
束型管	bundled tube structure	2.28
沉降	settlement	3.03
沉箱基礎	caisson foundation	3.06, 3.26
角鋼型楣樑	steel angle lintel	5.21
防火間隔	fire separation	2.09
防風林	windbreak trees	1.17
防風雨條	weatherstripping	8.21
抗災設計；韌性設計	resilient design	1.09
抗災設計研究所	Resilient Design Institute	1.09
八劃		
使用分區	occupancy separation	2.09
使用者照明控制	occupancy lighting control	11.45

中文	英文	章節
使用類別	occupancy classification	2.09
供水總管	water main	11.22
兩段式開關	bi-level switching	11.45
周邊供暖系統	perimeter heating system	11.10
固定（剛性）接頭	fixed（rigid）joint	2.36
固定窗	fixed window	8.23
固定構架	fixed frame	2.19
定向纖維板	oriented strand board（OSB）	12.14
岩盤基礎	rock caisson	3.26
底部結構	substructure	3.02
底漆	primer	12.22
底層地板	subflooring	4.26, 4.32
底層襯墊	underlayment	4.32
延性	ductile	12.02
弦桿	chord	2.18
房間空室比	room cavity ratio	11.46
房間表面塵埃減能	room surface dirt depreciation	11.46
抽水馬桶	water closet	9.27, 11.24
拋石護岸	revetment of riprap	1.34
放電燈	discharge lamp	11.40–11.41
杯彎	cup	12.12
板玻璃	plate glass	8.29, 12.16
板結構	plate structure	2.22
板樑	plate girder	4.16
泛水片／板	flashing	7.02, 7.18–7.23
波特蘭水泥	Portland cement	12.04
直接回水供暖系統	direct return heating system	11.11
直橫料帷幕牆系統	stick glazed curtain wall system	8.33
空心牆	cavity wall	5.17–5.28
空氣支撐式結構	air-supported pneumatic structure	2.35
空氣流動	air motion	11.04, 11.06
空間構架	space frame	2.20, 6.10
空腹式鋼格柵	open-web steel joist	4.19, 6.12
芯板	coreboard	10.09
表面淨距離	face clearance	8.29
金氏水泥	Keene's cement	10.03
金屬屋面	metal roofing	7.10–7.11
金屬絲網玻璃	wired glass	12.16
金屬網	metal lath	10.04–10.05
長短砌法	long-and-short work	5.34
門（窗）邊框	jamb	8.03, 8.22
門弓器	closers	8.20
門止	door stop	8.03
門鞍	saddle	8.03
門檻	threshold	8.03, 8.21
阻尼機制	damping mechanism	2.28

中文	英文	章節
雨水下水道	storm sewer	1.25, 3.14, 11.28
雨屏牆系統	rainscreen wall system	7.23
雨淋板	clapboard	7.23
空間量體	spatial volume	2.21-22
空氣屏障	air barrier	7.23, 7.29, 7.48
空氣淨化立面	air-cleaning facade	8.41
直交式集成板材	cross-laminated timber, CLT	4.41, 6.28, 12.15
承重面	bearing surface	2.21
承重牆	bearing wall	詳見各章
九劃		
便利出線口（雙連插座）	convenience outlet（duplex receptacle）	11.36
厚底施工	thickset process	10.13
厚板一樑構架	plank-and-beam framing	4.38, 6.24
厚板地板	plank flooring	10.16–10.17
咬入深度	bite	8.29
城垛形樑	castellated beam	4.16
封邊格柵	trimmer joist	4.21
屋谷	valley	6.16
屋谷支樑	valley jack	6.17
屋谷椽條	valley rafter	6.17
屋面	roofing	7.02
屋脊	ridge	6.16, 7.20
屋脊板	ridge board	6.16–6.20
英國建築科學中心	Building Research Establishment, BRE	1.06
玻璃翼板系統	glass fin system	8.36
玻璃帷幕牆	glazed curtain wall	8.33-8.38, 8.42
重型木構	heavy timber	2.08, 4.38, 5.48, 12.15
十劃		
桁格節點	panel point	2.18
屏障牆系統	barrier wall system	7.23
屏障牆系統	barrier wall system	7.23
建築物油毛氈	building felt	10.17
建築退縮	setback	1.28–1.29
建築障礙法案	Architectural Barriers Act（ABA）	2.07
後拉法	posttensioning	4.08–4.09
恆溫器	thermostat	11.13-11.36
恢復力矩	restoring moment	2.12
拱	arch	2.19, 2.31, 5.20
拱心石	keystone	5.20
拱石	voussoir	5.20
拱肩；層間（牆）	spandrel	5.20, 7.22, 8.33

中文	英文	章節
拱座	skewback	5.20
拱頂	vault	2.31
拱腹；簷底；底面	soffit	5.20, 6.16
施工縫	construction joint	3.19
染色劑	stain	12.21
柔性鋪面	flexible pavement	1.38–1.39
柱基座	plinth block	10.27
柱基礎	pole foundation	3.04, 3.22
活動縫	movement joint	7.50–7.51
活載重	live load	2.10, 4.02,
玻璃中豎框系統	glass mullion system	8.15
玻璃磚	glass block	5.29–5.30
砂漿	mortar	5.15
砌體	masonry	5.04–5.27, 12.06
美國材料與試驗協會	American Society for Testing and Materials（ASTM）	1.12, 2.07, A.25
美國身心障礙者法案之無障礙執行準則	Americans with Disabilities Act（ADA）Accessibility Guidelines	詳見各章
美國保險商實驗室	Underwriters' Laboratories（UL）	7.14, 11.30
美國建築元件分類法 II	UNIFORMAT II	A.25–A.28
美國施工規範協會綱要編碼	Construction Specifications Institute（CSI）MasterFormat	A.19–A.24
計量壩料	gauging plaster	10.03
重力向下配水系統	gravity downfeed water system	11.23
重力式擋土牆	gravity wall	1.36
重疊接頭	lap joint	10.25
限定用途／限定樓層升降機	limited use／limited access（LU／LA）elevator	9.15
風門	register	11.21
風機室	fan room	11.17
倒開窗	hopper window	8.23
借光窗	borrowed light	8.07
剛性構架	rigid frame	2.26, 6.07
剛性鋪面	rigid pavement	1.38–1.39
剛度	stiffness	12.02
埋頭螺栓和螺母	countersunk head and nut	5.50
套管樁	cased pile	3.25
弱（軟）層	weak（soft）story	2.23
扇形梯級	winding stair	9.07
挫屈	buckling	2.15
格狀桁架管結構	latticed truss tube structure	2.24
格框擋土牆	cribbing wall	1.30
桁架	truss	2.18, 6.08, 6.28
桁架管結構	trussed tube structure	2.28

中文	英文	章節
桁條	purlin	6.17, 6.25
桁樑	trussed beam	6.30
框角條	casing bead	10.04
框緣	architrave	10.27
氣水式暖通空調系統	air-water HVAC system	11.19
氣室	bonnet（plenum）	11.1
氣膨式結構	air-inflated pneumatic structure	2.35
浪形瓦	pantile	7.08
浮式木地板	floating wood flooring	10.17
浮式玻璃	float glass	12.16–12.17
浮式基礎	floating foundation	3.09
疼痛臨界值	threshold of pain	A.14
眩光	glare	11.38
能源回收通風	energy-recovery ventilation	7.49
能源效率等級	energy efficiency rating	11.09
起始條	starter strip	7.05–7.06
起拱點	spring	5.20
迴轉半徑	radius of gyration	2.15
退火玻璃	annealed glass	12.16
逃生方式	means of egress	A.10–A.11
逃生門五金	panic hardware	8.20
配平設計	trim design	8.19
配電盤	panelboard	11.33
配管裝置	plumbing fixture	9.27, 11.26
釘板條；墊高材	furring	10.07
骨材	aggregate	12.04
高強度放電燈	high-intensity discharge（HID）lamp	11.41
高層結構	high-rise structure	2.12, 2.28
活建築挑戰	Living Building Challenge, LBC	1.08
被動式節能屋	Passive House（德：Passivhaus）	1.07
被動式熱源	passive heat source	1.07
釘接集成材	nail-laminated timber, NLT	4.41, 6.28–29, 12.16
高分子分散液晶科技	polymer dispersed liquid crystal, PDLC	8.41
桅桿桁架系統	mast truss system	8.37
紋理	grain	2.25, 詳見各章
十一劃		
乾式立管	dry standpipe	11.25
乾式回管供暖系統	dry return heating system	11.11
乾式玻璃裝配	dry glazing	8.28–8.29
側向穩定性	lateral stability	2.26–2.27
側彎	bow	12.12
剪力板	shear plate	5.49

中文	英文	章節
剪力圖	shear diagram	2.15
剪力牆	shear wall	2.26–2.27
副檻座	subsill	8.22
動載重	dynamic load	2.10–2.12
區域空室法（流明法）	zonal cavity method（lumen method）	11.46
國際建築規範	International Building Code（IBC）	2.07–2.09
基地分析	site analysis	1.11
基地平面圖	site plan	1.40–1.41
基地說明	site description	1.42
基底整平條	base screed	10.04
基礎排水	dewatering	3.07
基礎隔震	base isolation	2.28
基礎樑	grade beam	3.09
基礎牆	foundation wall	3.10
巢狀板	cellular decking	4.22, 6.14
帳篷結構	tent structure	2.35
帷幕牆	curtain wall	7.24, 8.31
帷幕牆：直橫料系統	stick system	8.33
帷幕牆：柱蓋板和層間牆系統	column-cover-and-spandrel system	8.33
帷幕牆：單元系統	unit system	8.33
帷幕牆：單元和中豎框系統	unit-and-mullion system	8.33
強化玻璃	tempered glass	12.16
強制熱風供暖	forced-air heating	11.10
捲門	coiling door	8.13
排架	bent	2.26
採光屋頂（鐘樓式屋頂）	roof monitor	1.23
接地故障斷路器	ground fault interrupter（GFI）	11.33, 11.36
接頭；接縫	joint	2.06, 5.26, 7.50
控制縫	control joint	7.50
斜向打釘	toenail	4.28, 5.43
斜坡；坡道	ramp	1.31, 9.03
斜屋頂	pitched roof	6.03
斜帶	rake	6.16, 6.21
斜張結構	cable-stayed structure	2.34
斜撐構架	braced frame	2.26
斜撐管結構	braced tube structure	2.28
旋轉門	revolving door	8.16
條狀基腳	strip footing	3.09
梯田化、平台化	bench terracing	1.15
梯鼻	nosing	9.05, 9.10
液壓升降機	hydraulic elevator	9.15
深基礎	deep foundation	3.05, 3.24

中文	英文	章節
混凝土空心磚	concrete masonry unit（CMU）	12.07
淺基礎	shallow foundation	3.05, 3.08–3.23
清漆（凡立水）	varnish	12.21
現場發泡絕緣材	foamed-in-place insulation	7.41
現場澆置混凝土	cast-in-place concrete	3.15–3.26
瓷磚	ceramic tile	10.12–10.14
粒片板	particleboard	12.14
粗混凝土	béton brut	5.09
粗鑿開口	rough opening	8.03, 8.22
細長比	slenderness ratio	2.13, 5.37
終端再熱系統	terminal reheat system	11.18
組合板樑	flitch beam	4.35
組合樑	built-up beam	4.35
被動式太陽能設計	passive solar design	1.21
設計風壓	design wind pressure	2.11
貫穿螺栓	through-bolt	5.50
軛板	yoke	5.07
逐點法	point method	11.46
通氣豎管	vent stack	11.28
連樑（懸挑）基腳	strap（cantilever）footing	3.09
陶瓷馬賽克磚	ceramic mosaic tile	10.12
涵構	context	1.02, 1.11, 1.19
密集式發展	compact development	1.04, 1.09
動態立面	dynamic façade	8.40
規格木料；規格材	dimension lumber	4.41–42, 12.13–16
強脊結構系統	strong-back system	8.36
十二劃		
單元和中豎框玻璃帷幕牆系統	unit-and-mullion glazed curtain wall system	8.33
單元玻璃帷幕牆系統	unit glazed curtain wall system	8.33
單板等級	veneer grade	12.14
單風管暖通空調系統	single-duct HVAC system	11.18
單管供暖系統	one-pipe heating system	11.11
單層壁	wythe	5.14, 5.26
單懸窗	single-hung window	8.23
嵌入式沉箱	socketed caisson	3.26
插承式管接頭	bell-and-spigot pipe joint	11.27
插座	receptacle	11.36
晶格圓頂	lattice dome	2.32
減壓接縫	relief joint	7.37
無套管樁	uncased pile	3.25
無頭螺栓	stud bolt	7.26
發光二極體	light-emitting diode（LED）	11.42

中文	英文	章節
硬質泡沫絕緣材	rigid foam insulation	7.41, 7.46
窗戶格板	pane	8.22
窗扇	sashe	8.22
窗格條	muntin	8.22
結節	knot	12.12
結構系統	structural system	2.03, 2.15–2.36
絕緣玻璃	insulating glass	8.28, 12.16
量規	gauge	4.23
開挖支撐系統	excavation support systems	3.07
開環接頭	split-ring connector	5.49
間隔準則	spacing criteria（SC）	11.46
間隔樑	spaced beam	4.35
隅石	quoin	5.34
隅撐	knee bracing	2.26, 6.28
棕地	brownfield	1.09
發電皮層立面	energy generating skin	8.41
單向跨距系統	one-way spanning system	2.22–23, 4.11
結構玻璃立面	structural glass façade	8.36
結構網格	structural grid	2.24–25, 5.48
植生科技立面	plant-based technologies	8.41
智慧型立面	smart façade	8.40
十三劃		
階梯式基腳	stepped footing	3.09, 3.17
傳教（西班牙）瓦	mission（Spanish）tile	7.08
傾角	batter	1.36
傾覆力矩	overturning moment	2.12
圓頂	domes	2.32
填角銲	fillet weld	4.24, 6.13
填隙	caulk	7.52
填縫劑	sealant	7.52
搭疊式壁板	shiplap siding	7.34
楣板	header	4.26–5.26, 5.45
楣樑	lintel	2.19, 5.21, 5.45
溢水孔	weep hole	1.37, 5.17, 8.15
溢流線	flood level	11.26
溫度鋼筋	temperature steel	1.36
溼度線圖	psychrometric chart	11.05
滑升門	overhead door	8.13
滑門	sliding door	8.04, 8.11
滑動窗	sliding window	8.23
煙道	flue	9.18–9.20
照明器具	luminaire	11.43
照明器具塵埃減能	luminaire dirt depreciation	11.46

中文	英文	章節
碎石料；安定器	ballast	7.12, 11.40
稜角瓦	arris tile	7.08
腰板	wainscot	10.28
腰線層	stringcourse	5.34
腹板	web	2.18
落水管	downspout	1.24
裝置外伸管	fixture runout	11.24
路緣斜坡	curb ramp	1.31
路權	rights-of-way	1.28
隔倉式擋土牆	bin wall	1.34
隔離縫	isolation joint	3.19, 7.50
零力部件	zero-force member	2.18
預拉法	pretensioning	4.08
預熱器	preheater	11.17
預鑄混凝土牆系統	precast concrete wall system	5.10–5.12, 7.27
飾帶	fascia	6.21
鳩尾接頭	dovetail joint	10.25
墁料	plaster	10.03–10.08
墊片	washer	12.19
墊高釘	furring nail	7.36
對花樣式	matching pattern	10.29
對接接頭	butt joint	2.36
截光角	cutoff angle	11.43
摺板結構	folded plate structure	2.20
摺疊門	folding door	8.04, 8.12
摻合劑	admixture	12.04
榫眼—榫舌式接頭	mortise-and-tenon joint	10.25
構架管結構	framed tube structure	2.28
滯洪池	holding pond	1.25
滲水坑	seepage pit	11.29
滴水石；滴水設計	dripstone	5.34
滾輪接頭	roller joint	2.36
演色性指數	color rendering index（CRI）	11.41
端點固定樑	fixed-end beam	2.17
箍筋	stirrup	4.04
管中管結構	tube-in-tube structure	2.28
管樁	pipe pile	3.25
電致變色（電色）玻璃	electrochromic glass	8.41
十四劃		
蒙皮應力板	stressed-skin panel	4.38–4.39
蒸氣緩凝材	vapor retarder	7.12, 7.45
蓆式（筏式）基礎	mat（raft）foundation	3.09
蓋頂石	copestone	5.34
輕型鋼立柱	light-gauge stud	5.39–5.40

中文	英文	章節
輕型鋼格柵	light-gauge steel joist	4.23–4.25
輕捷型構架	balloon framing	4.28, 5.41
鉸接接頭	pinned joint	2.36
鉸接構架	hinged frame	2.19
閥門分水栓	corporation stop	11.22
雌雄榫接式壁板	tongue-and-groove siding	7.35
綠建築倡議組織	Green Building Initiative, GBI	1.06
綠色環球認證	Green Globe	1.06
實體碳排放	embodied carbon footprint	2.06
網格薄殼	gridshell	8.37
十五劃		
劈木板瓦	wood shake	7.03–7.05
噴流距離	throw（T）	11.21
墩柱	pier	3.14, 5.11
寬翼型鋼	wide-flange（W）steel	4.16, 5.37
層（砌體）	course	5.26
廢水豎管	waste stack	11.28
彈性	elasticity	12.02
彈性地板	resilient flooring	10.19
摩擦樁	friction pile	3.24–3.25
撐柱	shoring	4.10
撓度	deflection	2.16
槽切；槽口	rabbet	10.24
槽型鋼	steel channel（C）	4.16
樁偏心	pile eccentricity	3.24
樁基礎	pile foundation	3.06, 3.24
熱水（水循環）供暖	hot-water（hydronic）heating	11.11
熱水器	water heater	11.23
熱硬化玻璃	heat-strengthened glass	12.16
熱質量	thermal mass	1.20, 8.38, 11.09
盤軌	plate rail	10.26
箱式暖通空調系統	packaged HVAC system	11.19
箱形大樑	box girder	4.16
箱形樓梯	box stair	9.09
箱型樑	box beam	4.35
緩衝器	buffer	9.14
膠合板	plywood	1.28
膠合積層材	glue-laminated timber	4.35, 6.24
衛生排水系統	sanitary drainage system	11.27–11.28
衝擊載重	impact load	2.08
衝擊噪音	impact noise	A.17
調諧質量阻尼	tuned mass damper	2.28
質量牆系統	mass wall system	7.23
踏板	tread	9.03–9.08

中文	英文	章節
踢腳板	kick plate	9.12
輪裂	shake	12.12
遮篷窗	awning window	8.23
鋪面磚	paver tile	10.12
養護劑	curing compound	3.19, 12.12
銷接層壓集成材	dowel laminated timber, DLT	4.41–42, 6.28–29, 12.16
十六劃		
噪音抑制	noise reduction	A.16
壁柱	pilaster	5.19
導線管	conduit	11.34
擋土條板	lagging	3.07
擋土牆	retaining wall	1.35–1.37
擋椅線	chair rail	10.26, 10.28
樹脂囊	pitch pocket	12.12
橋接件	bridging	4.20–4.27
橫框和豎框（框板）門	rail and stile door	8.05, 8.09
橫飾板；飾壁	frieze board	7.34, 10.26
橫擋	transom	8.07
燈流明衰減	lamp lumen depreciation	11.46
獨立基腳	isolated footing	3.09
磨石子地板	terrazzo flooring	10.15
積層平行束狀材	parallel strand lumber（PSL）	4.35
積層單板材	laminated veneer lumber（LVL）	4.35
膨脹螺栓	expansion bolt	12.20
螢光燈	fluorescent lamp	11.40, 11.41
輸氣劑	air-entraining agent	5.15, 12.04
輻射供暖	radiant heating	11.13–11.14
鋼承板	steel bearing plate	4.14
鋼格板	bar grating	9.11–9.13
鋼筋插條	steel dowel	3.10 3.16, 5.04
隨選式熱水系統	on-demand water-heating system	11.23
靜載重	static load	2.10
儲熱屋頂池	roof pond	1.21
壓條和板相間的壁板	batten-and-board siding	7.35
壓貫作用	consolidation	3.03
應變	strain	12.02
溼式立管	wet standpipe	11.25
溼式玻璃裝配	wet glazing	8.28
溼式通氣管	wet vent	11.28
燭光分布曲線（配光曲線）	Candlepower distribution curve	11.43
縱裂	check	12.12
翼片管對流器	fin-tube convector	11.11
聯邦公平住房法案	Federal Fair Housing Act（FFHA）	2.07

中文	英文	章節
聲音衰減	attenuation	A.15
聲音頻率	audio frequency	A.14
薄底施工	thinset process	10.13–10.15
薄殼結構	shell structure	2.33
薄膜結構	membrane structure	2.35
螺栓接合	bolted connection	2.36, 12.19
螺釘	screw	12.19
十七劃		
錨定物	deadman	1.37
錨定螺栓	anchor bolt	12.20
黏土磚	clay tile	5.28
黏合劑	adhesive	12.2
點銲鋼絲網	welded wire fabric	12.05
環境敏感度	environmentally sensitive	1.04, 1.09, 1.28
壓電元件	piezoelectric elememt	8.41
十八劃以上		
擴底式基腳	spread footing	3.08–3.09
擴底樁	pedestal pile	3.25
擴展式集氣供暖系統	extended plenum heating system	11.10
擴散	spread（S）	11.21
擴散器	diffuser	11.21
擺動門（平拉門）	swinging door	8.04
斷面模數	section modulus	2.16
檻座	sill	8.22, 10.27
瀉水台	water table	5.34
續行滑門	bypass sliding door	8.04
翹曲	waring	12.12
轉軸門	pivoted door	8.14
鎢絲鹵素燈	tungsten-halogen lamp	11.39, 11.41
鎧裝電纜	armored（BX）cable	11.34
雙向格子板	two-way waffle slab	4.06
雙折疊門	bifold door	8.04
雙風管暖通空調系統	dual-duct HVAC system	11.18
雙懸窗	double-hung window	8.23
穩定角	angle of repose	1.13
簷口	cornice	10.26, 10.28
簷邊落水溝	gutter	1.24, 7.17
邊缺	wane	12.12
邊緣淨距離	edge clearance	8.29
懸空模板	flying form	4.10
懸挑	cantilever	2.17
懸挑椽	lookout rafter	6.17
懸掛結構	suspension structure	2.34

中文	英文	章節
懸臂樑	overhanging beam	2.17
護角條	corner bead	10.04–10.11
護柵	guardrail	9.04
護牆板	baseboard	10.26
彎曲力矩	bending moment	2.16
彎折鋼筋	bent bar	4.04
彎鉤	hook	4.04
灑水頭	sprinkler	2.07, 11.25
聽力臨界值	threshold of hearing	A.14
鑄型（塑型）接頭	molded（shaped）joint	2.36
顫動	flutter	2.11, 2.34
變壓器	transformer	11.31
雙向跨距系統	two-way spanning system	2.22–23, 4.41–42, 12.15–16
懸浮粒子裝置	suspended particle device, SPD	8.41
響應式玻璃	responsive glass and glazing	8.41
纜索桁架系統	cabled truss system	8.37
纜網系統	cable net system	8.37

DO3206

圖解建築構造（第六版全譯本）

原 著 書 名 ／ Building Construction Illustrated, sixth edition
原 出 版 社 ／ John Wiley & Sons, Inc.
作　　　者 ／ Francis D. K. Ching
譯　　　者 ／ 林佳瑩
編　　　輯 ／ 邱靖容、何湘葳
業 務 經 理 ／ 羅越華
總 編 輯 ／ 蕭麗媛
視 覺 總 監 ／ 陳栩椿

發 行 人 ／ 何飛鵬
出　　　版 ／ 易博士文化
　　　　　　城邦文化事業股份有限公司
　　　　　　台北市中山區民生東路二段 141 號 8 樓
　　　　　　電話：(02) 2500-7008　　傳真：(02) 2502-7676
　　　　　　E-mail：ct_easybooks@hmg.com.tw
發　　　行 ／ 英屬蓋曼群島商家庭傳媒股份有限公司城邦分公司
　　　　　　台北市中山區民生東路二段 141 號 11 樓
　　　　　　書虫客服服務專線：(02) 2500-7718、2500-7719
　　　　　　服務時間：週一至週五上午 09:30-12:00；下午 13:30-17:00
　　　　　　24 小時傳真服務：(02) 2500-1990、2500-1991
　　　　　　讀者服務信箱：service@readingclub.com.tw
　　　　　　劃撥帳號：19863813
　　　　　　戶名：書虫股份有限公司
香港發行所 ／ 城邦（香港）出版集團有限公司
　　　　　　香港灣仔駱克道 193 號東超商業中心 1 樓
　　　　　　電話：(852) 2508-6231　　傳真：(852) 2578-9337
　　　　　　E-mail：hkcite@biznetvigator.com
馬新發行所 ／ 城邦（馬新）出版集團【Cite (M) Sdn. Bhd.】
　　　　　　41, Jalan Radin Anum, Bandar Baru Sri Petaling,
　　　　　　57000 Kuala Lumpur, Malaysia.
　　　　　　電話：（603）90563833　　傳真：(603) 90576622
　　　　　　E-mail：services@cite.my
美編・封面 ／ 林雯瑛
製 版 印 刷 ／ 卡樂彩色製版印刷有限公司

國家圖書館出版品預行編目（CIP）資料

圖解建築構造/Francis D. K. Ching 著；林佳瑩譯.
- 二版 . - 臺北市：易博士文化，城邦文化事業股
份有限公司出版：英屬蓋曼群島商家庭傳媒股份
有限公司城邦分公司發行, 2023.03
　面；　公分
譯自：Building construction illustrated, 6th ed.
ISBN 978-986-480-272-2(平裝)

1.CST: 建築物構造

441.55　　　　　　　　　　　　112000608

Building Construction Illustrated
by Francis D. K. Ching
Copyright © 2019 by John Wiley & Sons, Inc.
Traditional Chinese edition copyright © 2019 Easybooks Publications, a Division of Cité Publishing Group Ltd.
All Rights Reserved. This translation published under license with the original publisher John Wiley & Sons, Inc.

2021 年 5 月 25 日初版
2023 年 3 月 16 日二版 1 刷
ISBN 978-986-480-272-2
定價 2100 元　HK$700

Printed in Taiwan
著作權所有，翻印必究
缺頁或破損請寄回更換